细工花制作全书

松毬　著

U0293355

河南科学技术出版社
· 郑州 ·

作者序

我是松毬，个人兴趣是手工艺，所以各个种类的都有尝试。因为友人托我做娃娃版本的发饰，就这样开始做起了细工花。等回过神来已经过了好几年，一直做到了现在。

平时教学都是口述加上操作示范，原本就有将教学内容编集成书的打算，但是自己编目录时却编成了奇怪的东西，只好一直搁置。编辑的出现真是帮了大忙，相较于之前可以说是进展神速，到现在除了这篇序以外都完成了。

这本书收录了圆形花瓣、尖形花瓣等基础花形及其变化衍生的花形，也收录了紫阳花、水仙、莲花、牡丹这些较复杂的进阶花形，还有搭配各种配件做成饰品的做法等，从简单到复杂，可以循序渐进地练习。

现在由于信息发达，细工花也流行至西方。与东方纤细优美的风格迥异，西方的手工艺人多使用色彩鲜艳、带有光泽的缎带来折花，形成另一种大开大放的风格。

迷途之里工作室店长兼讲师

目录

content

Chapter 01

基础花形制作

Chapter 02

衍生花形制作

Chapter 03

组合成形

垂坠制作

金属配件

Chapter 04

进阶花形制作

工具材料介绍

布

制作细工花的主要材料是正方形的布片，只要是平织纹无弹性的布种，包括棉布、绒布、不织布、纱布等基本上都可以拿来折花瓣。

以下为常用的几种布料。

棉布

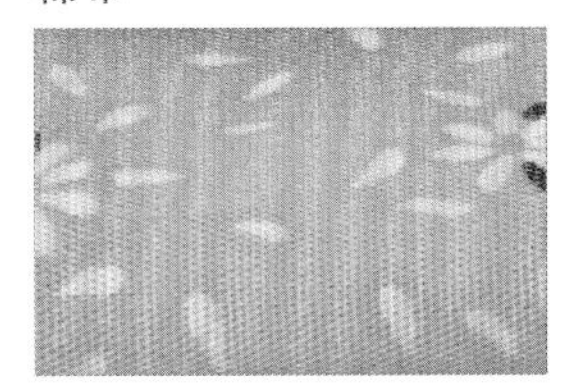

特性：易于折出折痕，容易上手，对所有花种都适用。
因其吸水性佳，可以吸收大量用于定型的稀释糨糊，也适合制作需要塑形的特殊花种。

款式：颜色选择众多，也有各种厚度。

※ 本书示范时使用了棉布。在实际制作时可以选用其他面料。

棉麻布

特性：棉纤维与麻纤维的混纺布料，一般比棉布厚，也比棉布硬，适合制作圆形花瓣、梅花系列及其变化形态的花种。

仿古布

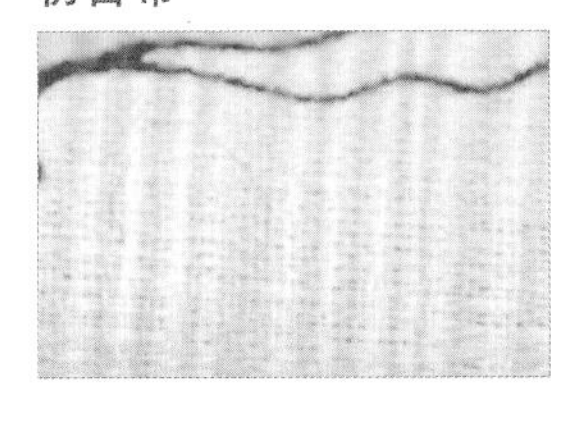

特性：本质上是棉布，由于织法的差异，仿古布的纤维显得较粗，厚度与棉麻布相近，同样适合制作圆形花瓣、梅花系列及其变化形态的花种。

款式：颜色通常温润柔和，适合内敛风格的花朵。

缎布

特性：布面自身带有光泽，可以做出华丽的花朵，材质是蚕丝或化学纤维，较难折出折痕。因布料柔软，不适合做大尺寸的花瓣；也因吸水性差，不适合制作需要塑形的特殊花瓣，较适合制作尖形花瓣及其变化形态的花种。

款式：颜色选择较少，纯色居多。

羽二重

特性：2 根经纱、1 根纬纱组成的平织布，轻薄、柔软、有光泽，常用于制作和服的内里。
材质是蚕丝，也被称为正绢。
细致的纤维适合制作变化多样的花朵。
难度较大，适合有制作经验的人使用。

缩缅

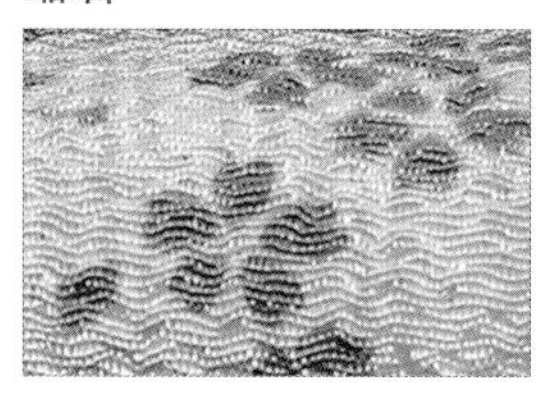

特性：经纱经过捻绞织出的布料，布面有凹凸纹路；虽然材质是蚕丝，但厚度相当有分量，本身也自带光泽，几乎适合制作所有花种，但不适合太小的尺寸。
因产地和经纱捻绞数量的不同，有丹后缩缅、长滨缩缅、鬼缩缅、鹑缩缅等品种。

款式：颜色鲜艳，也有材质是化学纤维的缩缅。

工具材料

尖头镊子

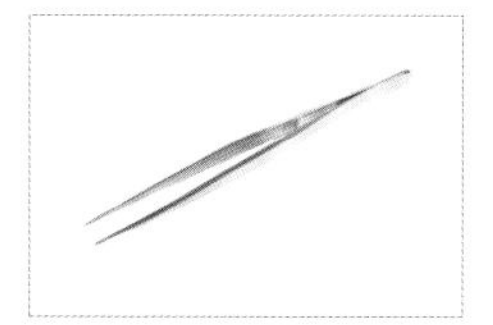

可代替手指进行各项细部动作。

手工艺小剪刀

全书主要使用的剪刀，尖头、锋利、用着顺手即可，一般建议使用小把的，比较省力。

拼布小剪刀

尖头、锐利的小剪刀，用于剪出不易毛边的细部形状。也可以用全新的剪刀代替，但不要再剪布以外的东西（如纸，上过胶的布、线等）。

裁布剪刀

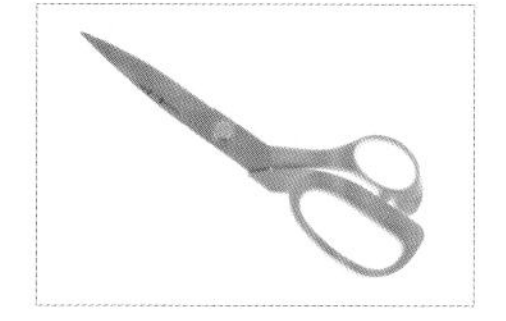

裁剪布料。

美工刀

用于切割保丽龙球。

圆规刀

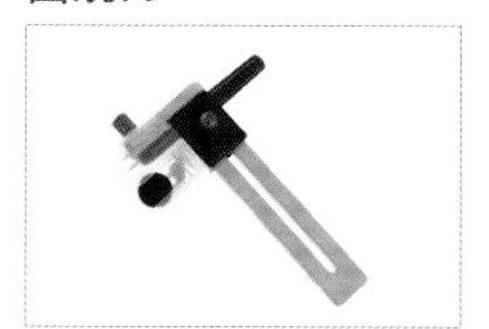

带有刀片的圆规，可以轻松切割出圆形，用于切割圆形的底台。

轮刀

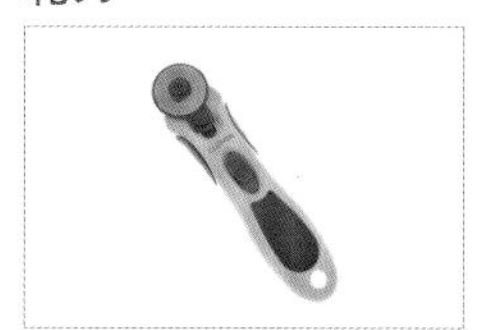

刀片是轮子形状的裁刀，裁直线专用。

笔

画线用。

手缝针

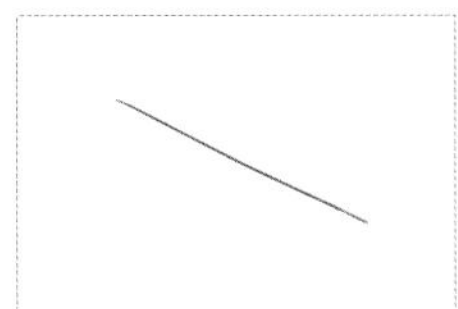

缝花瓣用，最好使用 7 号以下的针。

手缝线

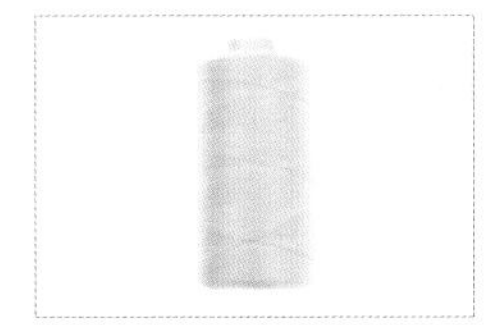

较粗的线，缝花瓣用。

黑线

较细的线，用于将几根铁丝绑在一起，为了与手缝线区分开，本书示范中使用黑线。实际制作中也可以使用其他颜色的线代替。

绣线

山茶花的花蕊材料，一般使用金黄色，也可依布料颜色搭配。

斜口钳

剪断铁丝、铝线。

平口尖嘴钳

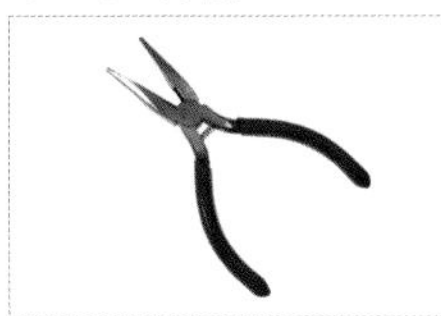

拗折 C 圈、T 针、9 针、铁丝、铝线等。

圆嘴钳

拗折 T 针、9 针。

牙签

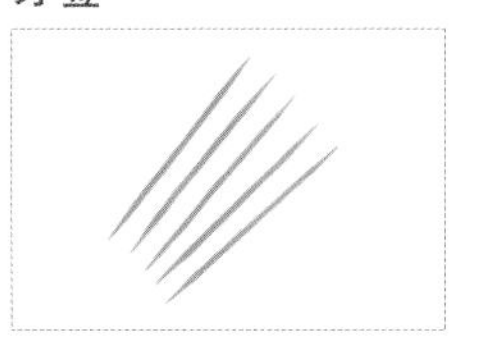

给细小的部位上胶。

保丽龙胶

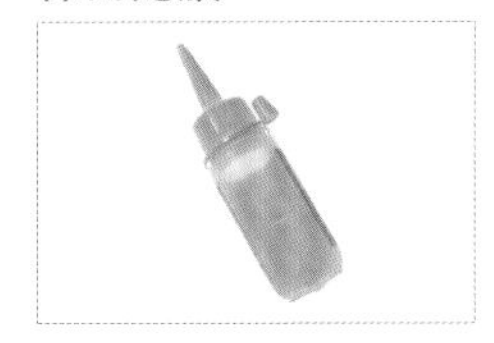

粘贴花瓣、底台等，本书主要使用的胶。

瞬间胶（膏状）

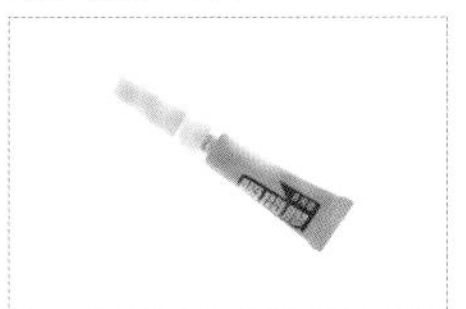

粘贴花朵与金属配件，与液状的相比，膏状的不容易乱流。

瞬间胶（液状）

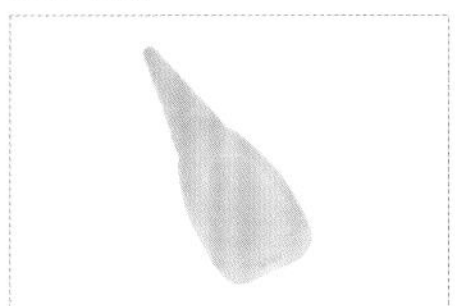

用于加强固定金属配件，具有比较强的渗透性，可以渗进缝隙。

糨糊

花瓣定型用。

水

稀释糨糊用。

调色盘

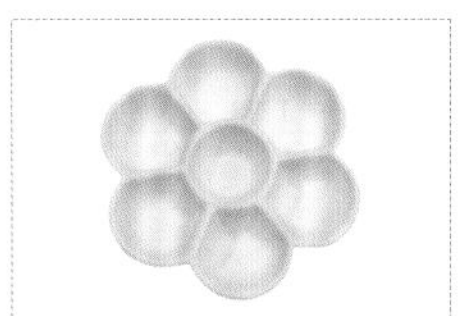

稀释糨糊的容器。

水彩笔

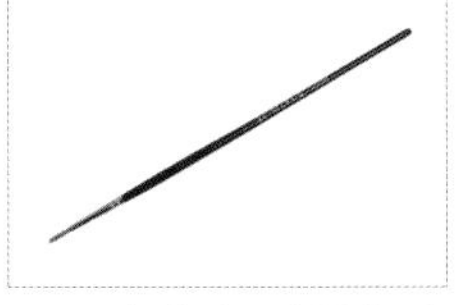

用于在布上刷糨糊水定型，2 号或 4 号即可，不需要太大的型号。

胶带

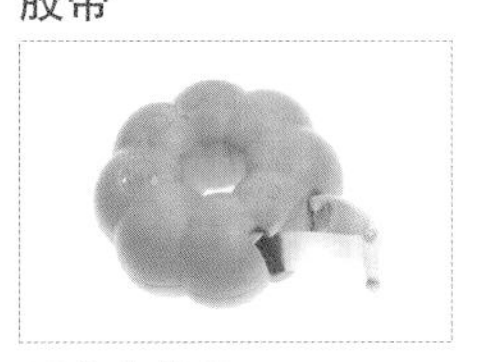

固定藤花用。

热熔胶枪、热熔胶

组装细工花和各种配件时用。

尺子

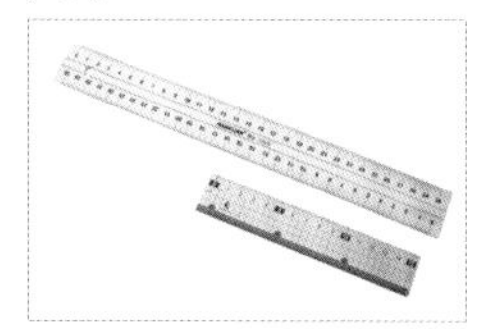

测量长度。

裁尺

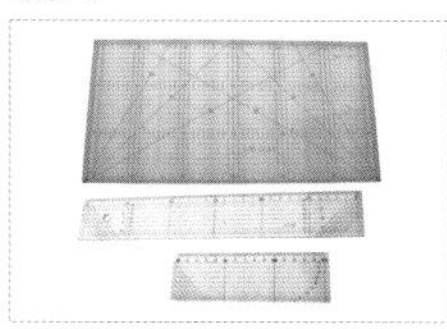

比一般的尺子要厚，横向、竖向都标有刻度，配合轮刀专用，裁切布料。

圆洞尺

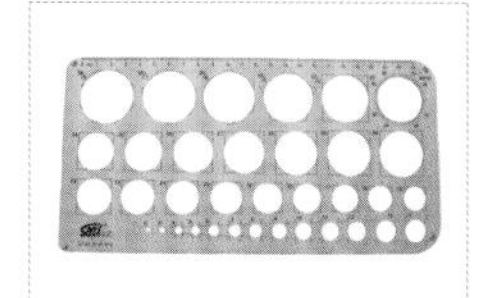

挖有各种尺寸圆形的尺子，可以直接在纸上描画出各种尺寸的圆形。

格线垫板

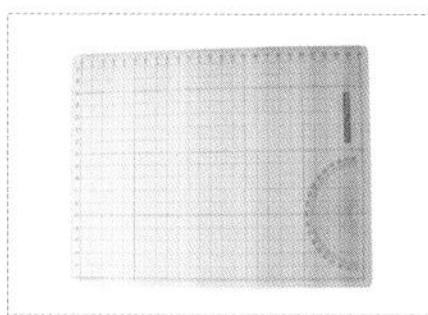

有格线的塑胶垫板，制作藤花时对齐用，选用不易粘材质的雾面（亮面的易粘住）。

切割垫

普通的切割垫，裁布及切割卡纸、保丽龙球的时候垫在底下。

珠针

在半球形底台上作为对齐用的基准。

锥子

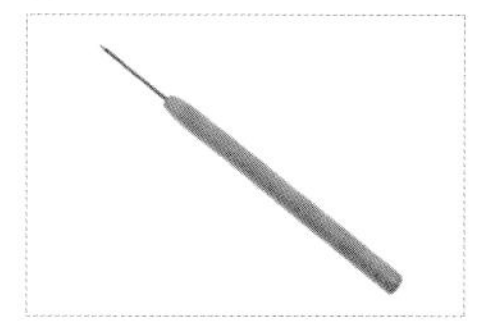

打洞用。

各色卡纸（200g/m^2）

作为底台的卡纸，可以依花朵的颜色选择不同的颜色。

厚纸板（750g/m^2）

用来制作弹簧夹底台的卡纸，很厚。

透明塑料片

透明的塑料片，剪成圆形作为珠珠片的底台。

保丽龙球

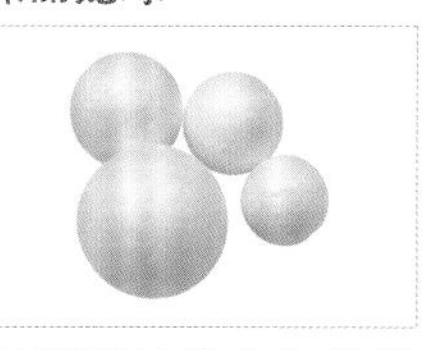

切开可以用来制作半球形底台。

铁丝

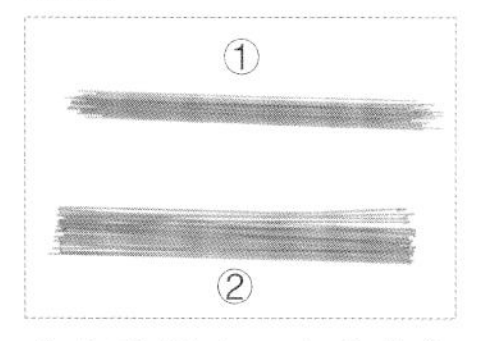

有各种尺寸，本书中主要使用 22 号（图①）和 24 号（图②）的铁丝。

0.7mm 蚕丝线

有弹性，串珠用。

2mm 铝线

制作鹤的脖子。

花蕊

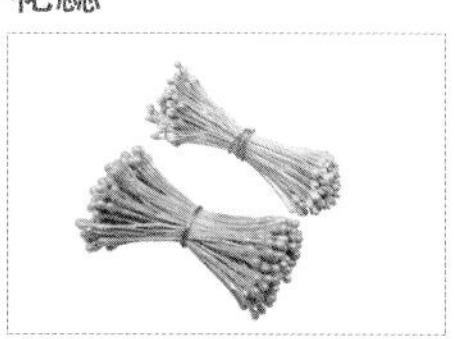

作为花蕊的材料，通常是整束一起卖，有各种颜色。

金属花蕊

作为花蕊的金属零件。

金属零件

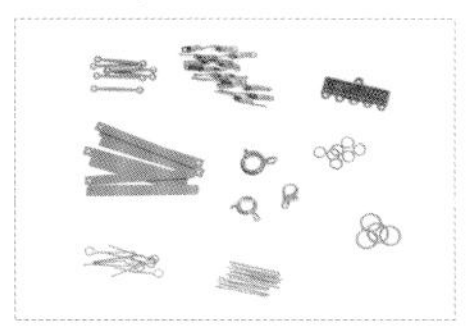

包括C圈、T针、9针、弹簧扣等金属零件。

黑色胶带

组装金属配件时使用。

黑色缎带

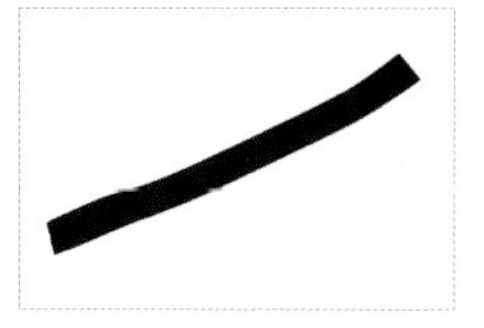

与金属配件组装时使用，若佩戴者非黑发，则改用与发色同色的缎带。

梳子

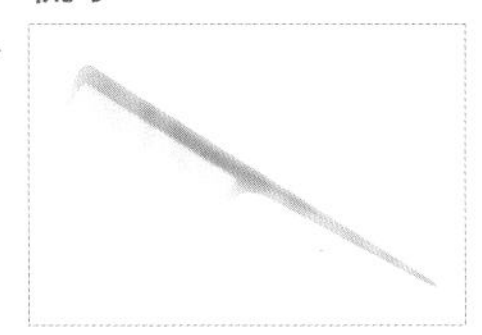

用于梳整绣线。

三角盘

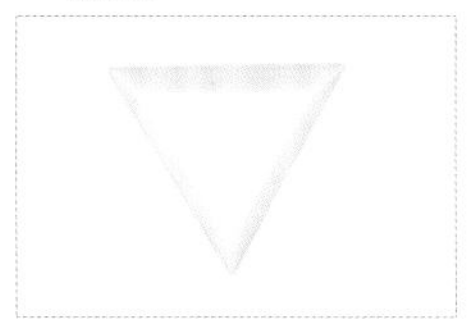

盛放零件，尤其是数量多的珠子。

金属细棍

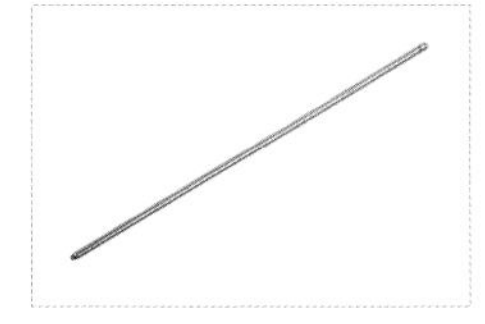

绕铁丝时使用。

打火机

用来烧熔缎带和绳子。

金属配件

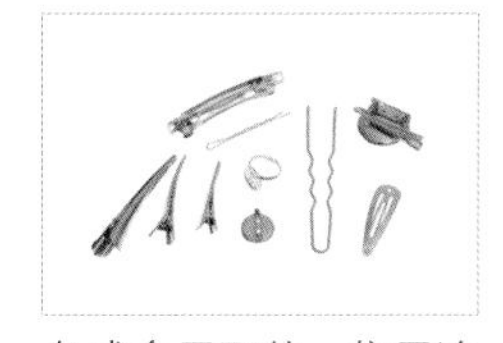

各式金属配件，依用途搭配细工花做成饰品。

珠子

作为花芯的材料，有各种尺寸和颜色。

平底钻

作为花芯的材料，有各种尺寸和颜色。

铃铛

藤花的坠饰材料，有各种尺寸和颜色。

水晶珠

藤花的坠饰材料，有各种形状、尺寸和颜色。

裁布的方法

剪刀裁布方法

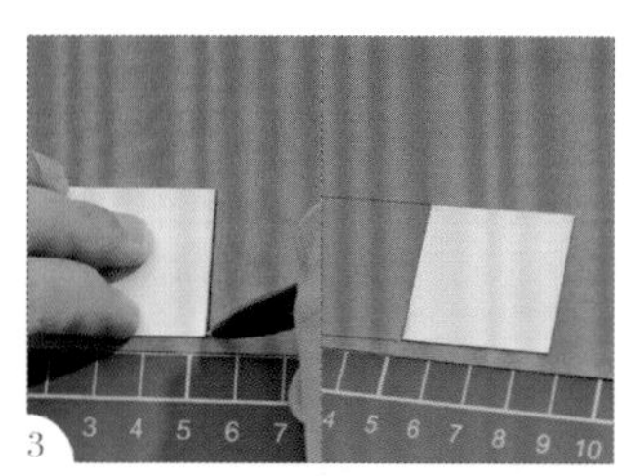

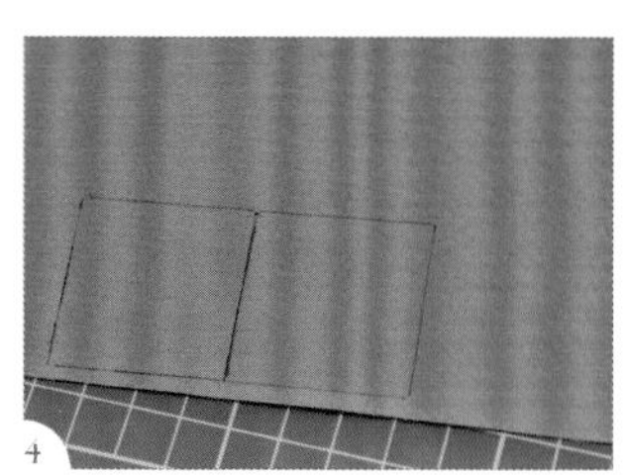

1. 用厚纸板剪出所需尺寸的正方形纸型。
2. 纸型边缘顺着布纹摆放。（注：不可以摆斜，否则裁出来的布片折起花瓣来容易歪斜。）
3. 笔尖贴齐纸型，在布上画出正方形。
4. 取下纸型。
5. 用剪刀顺着画好的线裁剪。
6. 剪下正方形布片。

轮刀裁布方法

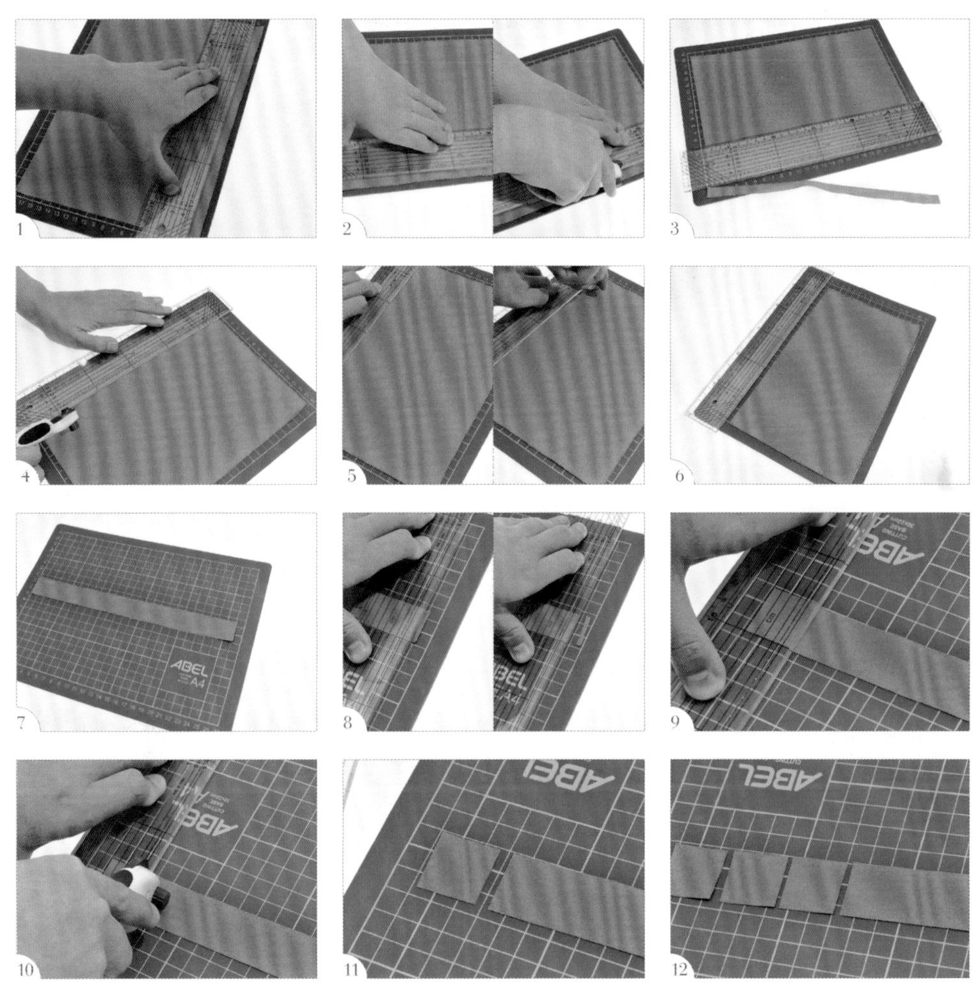

1. 将裁尺边缘顺着布纹摆放。
2. 用手压牢裁尺，将轮刀刀片贴齐裁尺边缘往前滑动。（注：刀片一定要贴齐裁尺边缘，不然很容易滚到裁尺上切到手指。）
3. 滑动的力度不需要太大，若是布较厚不容易切断可以多滑几次，将布边切下来。（注：不要太过用力裁布，否则容易发生意外。）
4. 把布和垫板一起旋转 180° ，将裁尺上的刻度对齐切好的布边。
5. 再次将刀片贴齐裁尺边缘，往前滑动。（注：若是左撇子，布、裁尺、刀片的摆放方式则左右相反。）
6. 切下所需尺寸的布条。
7. 取下布条，横放。
8. 将裁尺上垂直的刻度对齐布条边缘，切掉布边。
9. 把布和垫板一起旋转 180° ，将裁尺上的刻度对齐切好的布边。
10. 将刀片贴齐裁尺边缘，滑动裁切。
11. 切下正方形布片。
12. 重复步骤 9~11，切出所需数量的布片。

制作底台

圆形卡纸底台——无铁丝 I

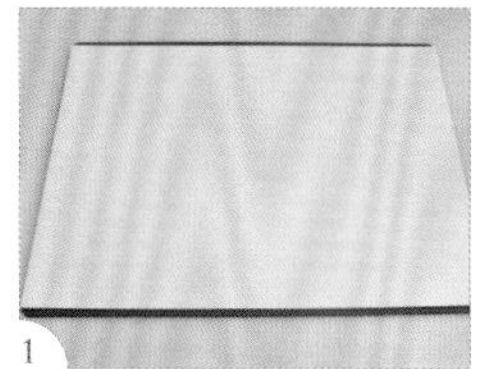
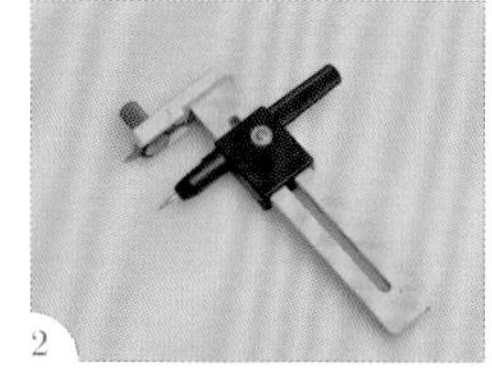
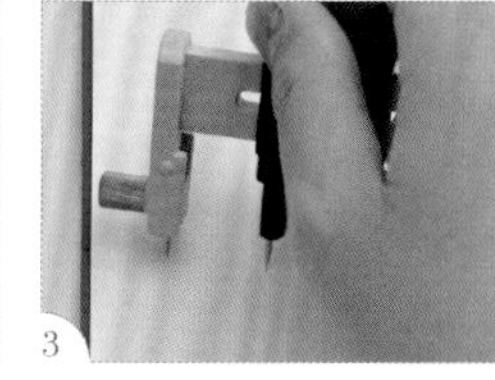
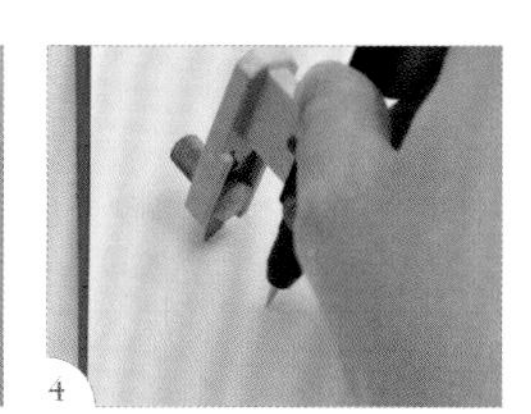
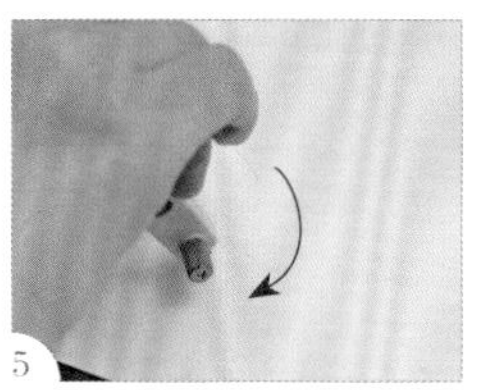
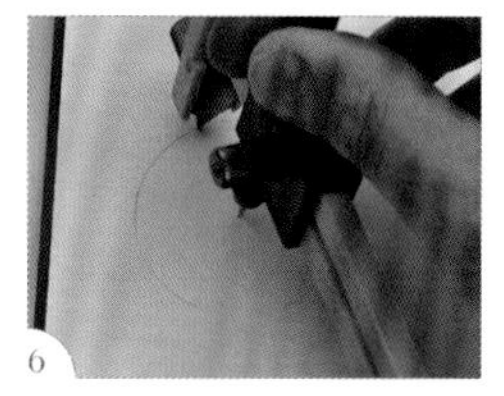
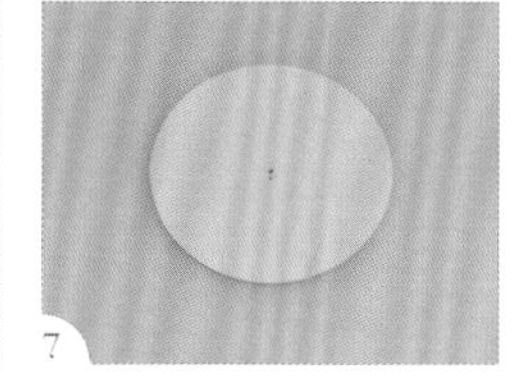

1. 底台使用较厚的白卡纸。（注：也可以替换成其他颜色的卡纸。）
2. 取出圆规刀。
3. 将圆规刀打开，调成需要的半径后固定，把带针的那端刺入卡纸。（注：底下需垫切割垫，或者垫其他有厚度的东西。）
4. 针尖不动，转动圆规刀，用刀片在卡纸上划切出圆弧。
5. 转一整圈，用刀片在卡纸上切出完整的圆形。
6. 若是卡纸较厚，刀片不容易切断的时候，多转几圈切割，不要硬用力一刀割完。
7. 将圆形卡纸取出，完成基本的圆形卡纸底台。

圆形卡纸底台——无铁丝 II

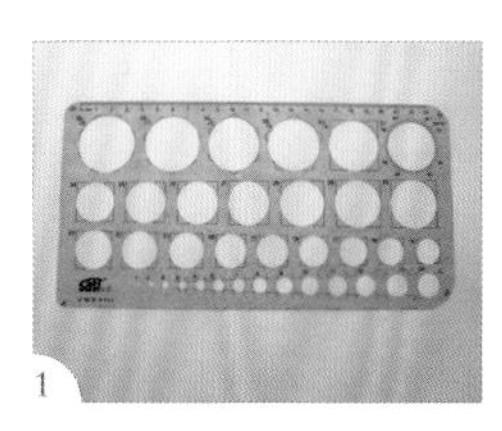
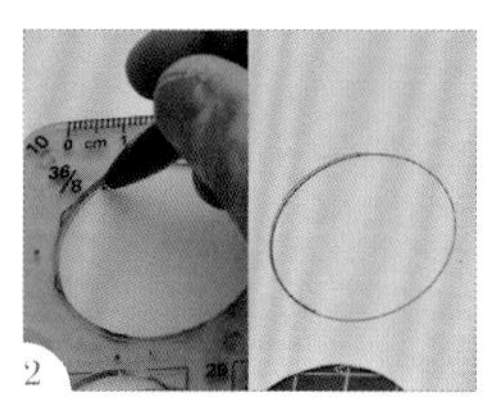
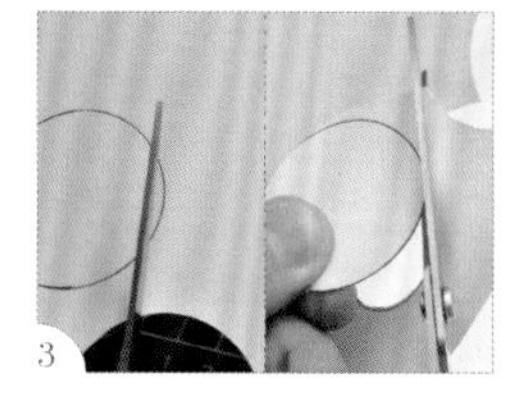
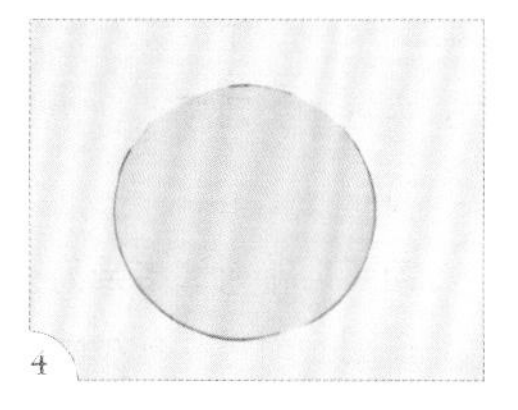

1. 取出圆洞尺。
2. 把圆洞尺放在卡纸上用手压住，笔尖顺着圆形的内框画圆。
3. 用剪刀沿着圆形的笔迹剪下。
4. 完成基本的圆形卡纸底台。

圆形卡纸底台——有铁丝

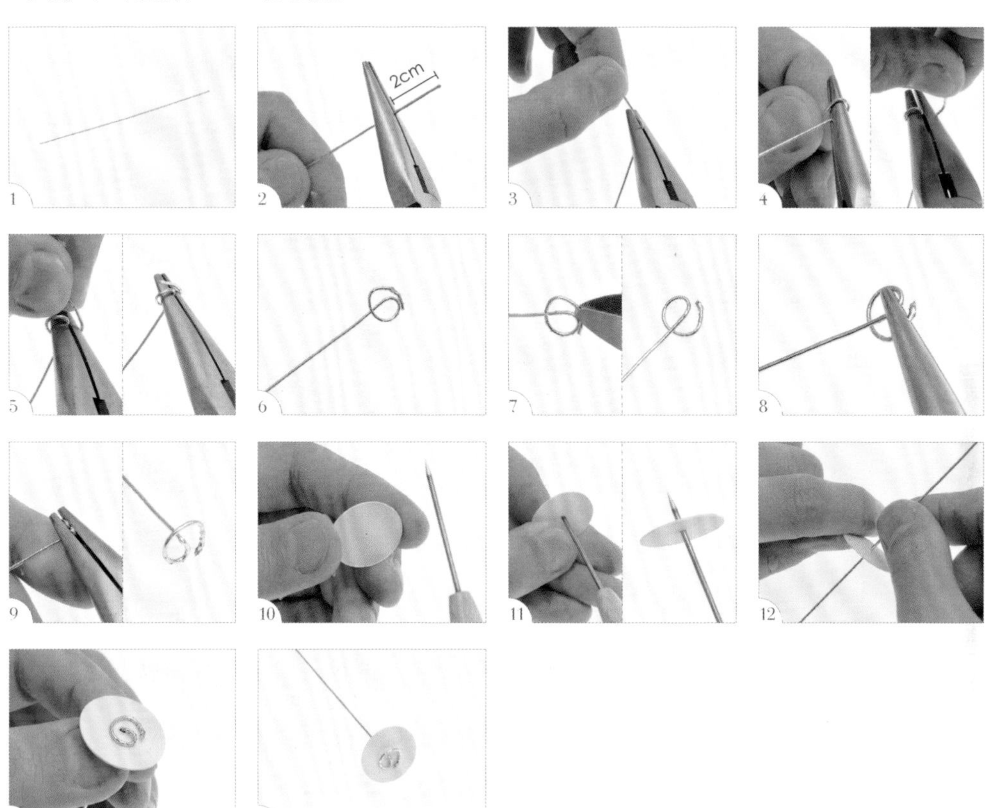

1. 使用 22 号铁丝。
2. 一端留出 2cm，用尖嘴钳夹住。
3. 用手指捏住或用另一把钳子夹住留出的铁丝，拗折。
4. 顺着尖嘴钳的弧度绕圈。
5. 将铁丝绕回原点。
6. 将铁丝取下。
7. 用斜口钳剪掉多余的铁丝。
8. 用尖嘴钳夹住铁丝圈的一半。
9. 将步骤 8 中的铁丝扭折 90° 。
10. 取一把锥子和一个圆形卡纸。（注：圆形卡纸的做法参考 P.12。）
11. 把锥子刺入圆形卡纸的圆心处，扎一个洞。
12. 将折好的铁丝穿入圆心处的洞。
13. 穿到底，使铁丝圈平贴卡纸。
14. 有铁丝的圆形卡纸底台完成。（注：在搭配没有平台的配件时，会需要用到有铁丝的底台。）

◈半球形底台——无铁丝

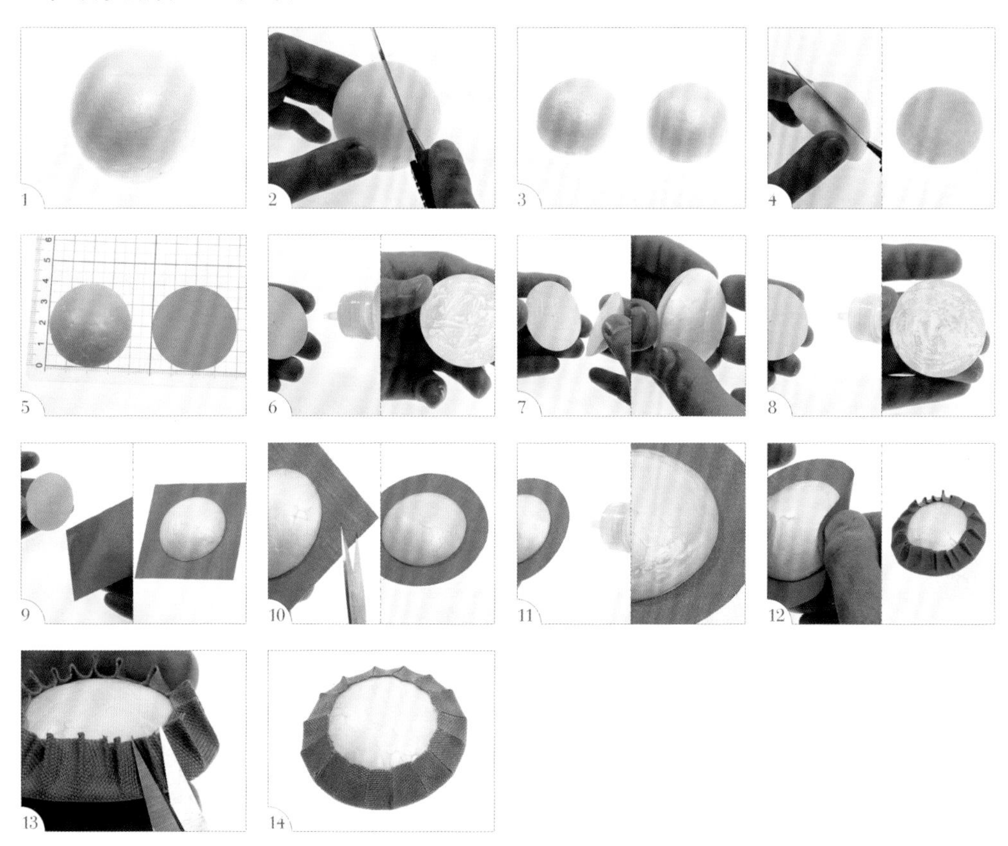

1. 取一个大小合适的保丽龙球。（注：球的直径依花形尺寸而定。）
2. 将球沿着赤道线的痕迹切成两半。（注：保丽龙球在制作过程中一定会留有赤道线。）
3. 取其中半个保丽龙球做底台。
4. 刀片与保丽龙球切面平行切割。（注：轻轻地切，同个位置多切几次，不要强求一次切断。）
5. 做一个与切好的保丽龙球切面一样的圆形卡纸。（注：圆形卡纸制作方法可参考 P.12。）
6. 在卡纸的一面上胶。
7. 将卡纸和切好的保丽龙球底部粘在一起。
8. 在卡纸的另一面上胶。
9. 粘在布片中央。
10. 将布留出一定的宽度，剪成圆形。
11. 在切好的保丽龙球表面的边缘上一圈胶。
12. 将布翻折起来，包住切好的保丽龙球。
13. 用剪刀沿着切好的保丽龙球表面把布的褶皱修齐。
14. 完成半球形底台。（注：多层的花朵通常都会使用这种形状的底台。）

◈半球形底台——有铁丝

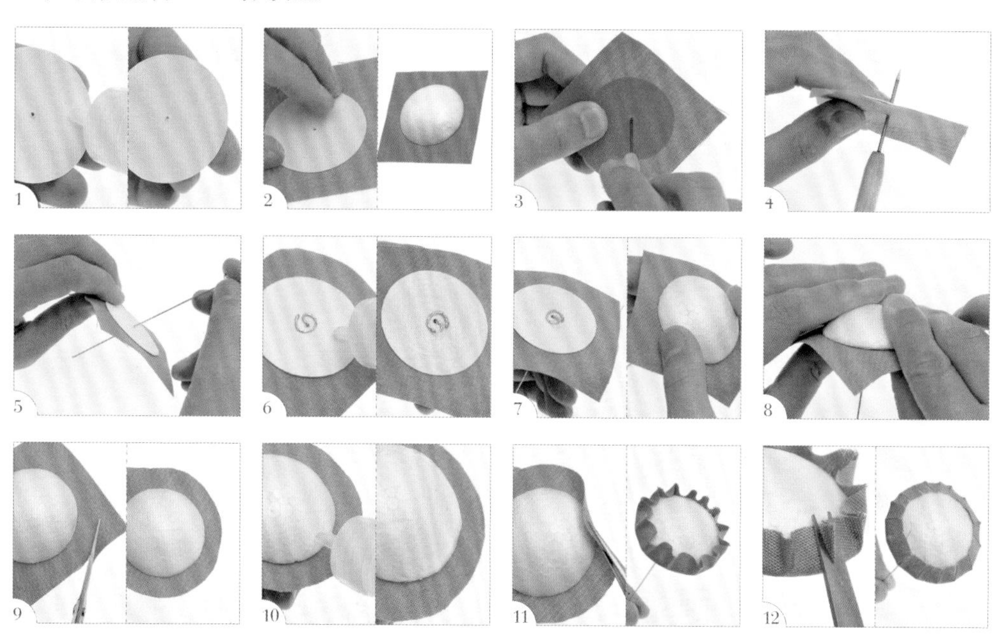

1. 在圆形卡纸的一面上胶。（注：圆形卡纸的做法可参考 P.12。）
2. 把卡纸粘在布片中央。
3. 从布片的那一面，用锥子刺入圆心位置。
4. 将布连同卡纸一起刺穿，扎一个洞。
5. 将折好的铁丝从卡纸那面穿入圆心处的洞。
6. 在卡纸上面连同铁丝圈一起涂上胶。
7. 粘上切好的保丽龙球。
8. 因为有突起的铁丝，用手指压紧，将切好的保丽龙球与卡纸粘牢。
9. 将布留出一定的宽度，剪成圆形。
10. 在切好的保丽龙球表面的边缘上一圈胶。
11. 将布翻折起来，包住切好的保丽龙球。
12. 布的褶皱用剪刀沿着切好的保丽龙球表面修齐。
13. 完成有铁丝的半球形底台。（注：多层的花朵在搭配没有平台的配件时，都会使用这种形状的底台。）

锥形底台

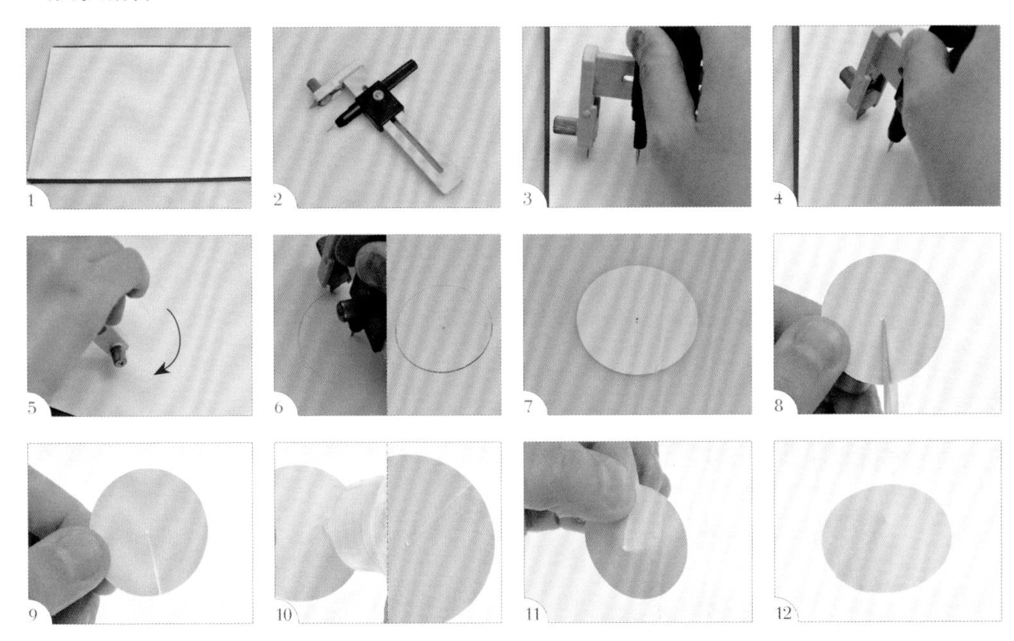

1. 底台使用 400g/m^2 的白卡纸。（注：也可以替换成其他颜色。）
2. 取出圆规刀。
3. 将圆规刀打开，调成需要的半径后固定，把带针的那端刺入卡纸。（注：底下需垫切割垫，或者垫其他有厚度的东西。）
4. 转动圆规刀，用刀片在卡纸上划切出圆弧。
5. 继续转动。
6. 转一整圈，切出一个完整的圆形。（注：若是卡纸较厚，刀片不容易切断的时候，多转几圈切割，不要硬用力一刀割完。）
7. 将圆形卡纸取出，完成基本的圆形底台。
8. 将圆形底台朝圆心剪开。
9. 如图，沿着圆的半径剪开。
10. 在剪口边缘涂上少许胶。
11. 将剪口两边的卡纸重叠粘成一个圆锥形，用手指捏紧。（注：重叠的角度依各作品中附带的纸型标注。）
12. 完成锥形底台。

Chapter

基础花形制作

Basic flower production

基础花形制作 *1*

圆形花瓣

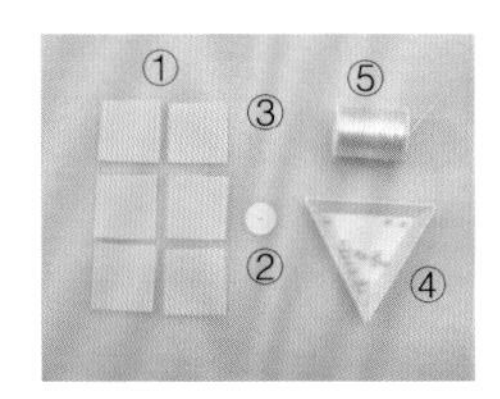

工具材料

① 布 6 片（3.5cm×3.5cm）
② 圆形卡纸底台（直径 1.8cm）
③ 圆形透明胶片（直径 1.2cm）
④ 珠子 19 颗（直径 3mm）
⑤ 0.7mm 蚕丝线

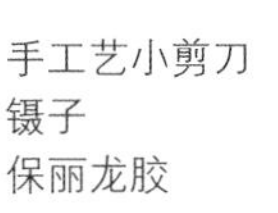

手工艺小剪刀
镊子
保丽龙胶

圆形花瓣
制作视频

原大尺寸

圆形透明胶片
（直径 1.2cm）

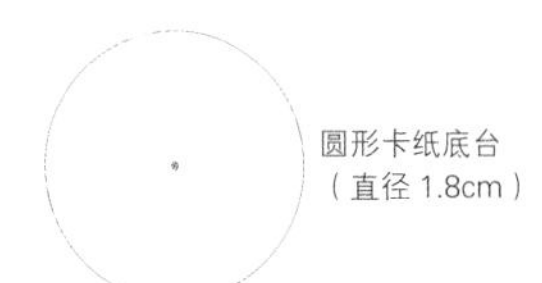

圆形卡纸底台
（直径 1.8cm）

布（3.5cm×3.5cm）

步骤说明

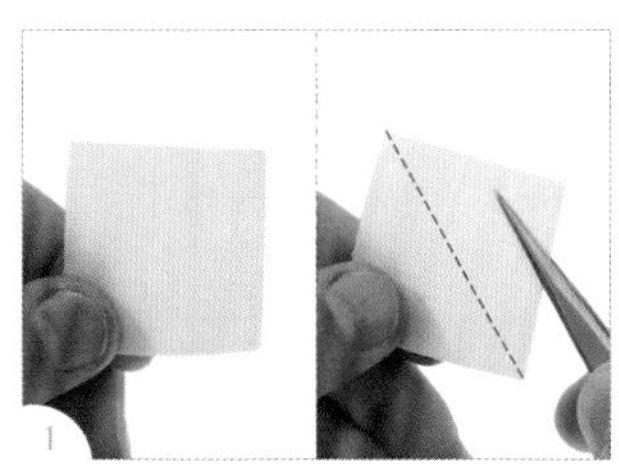

1 拿起 1 片布片，用镊子夹住一角。

2 将布片沿对角线对折成三角形。

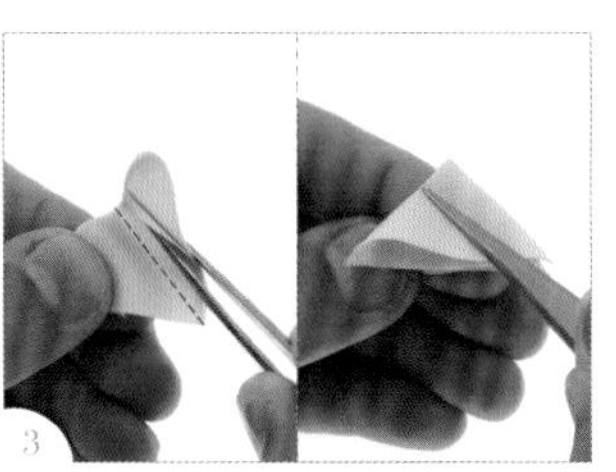

3 沿三角形的垂直中线再次对折。

4 用镊子夹住三角形的正中间。

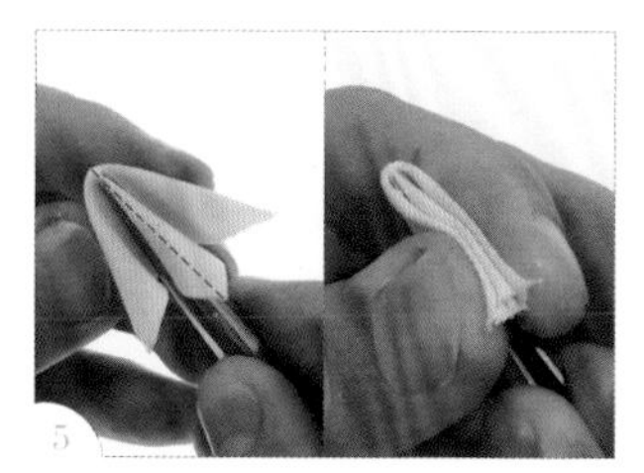

以步骤 3 的折线为中线，将两边分别翻起对折。

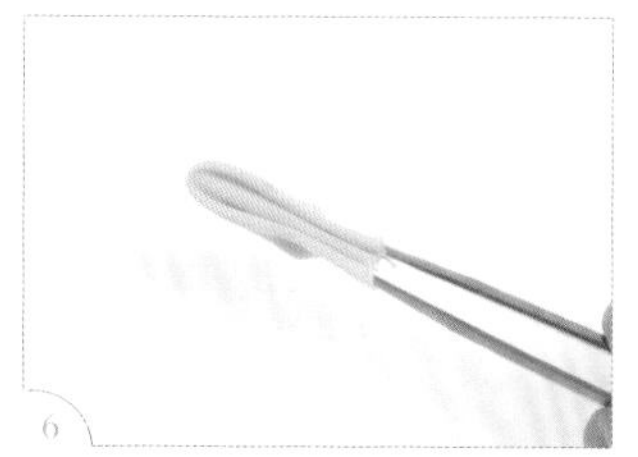

用镊子夹住。

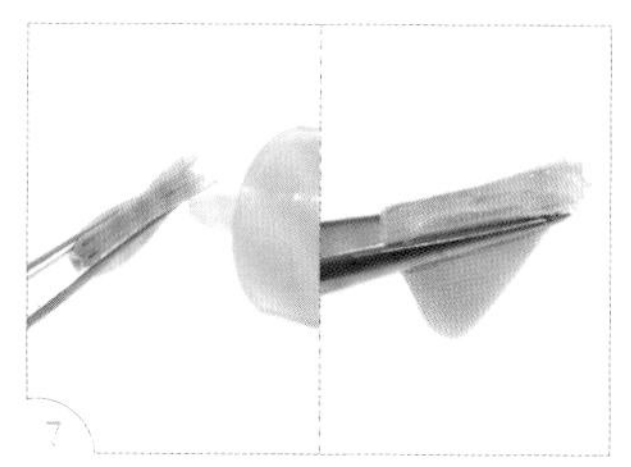

翻到背面，在布边开口处上胶。

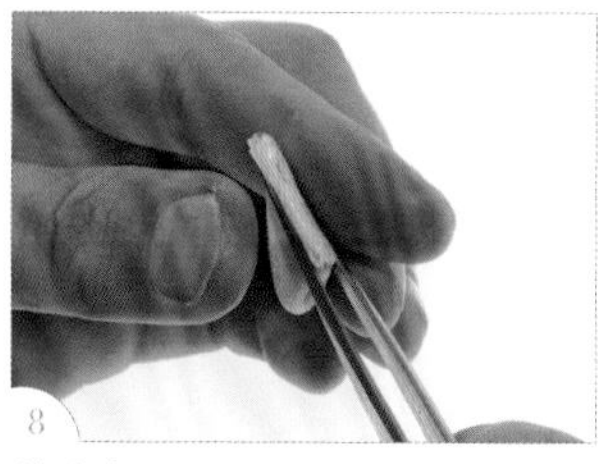

待胶半干。（注：触摸时不粘手，但仍有软度即可。）

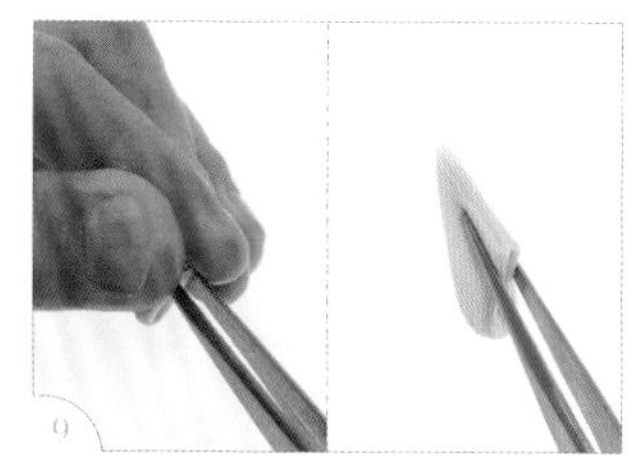

用手指捏紧布边。

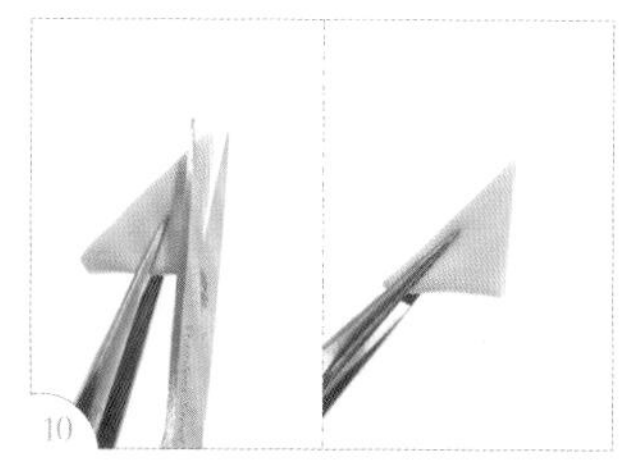

用剪刀稍微修齐胶面。（注：若有线头露出，需一起修掉。）

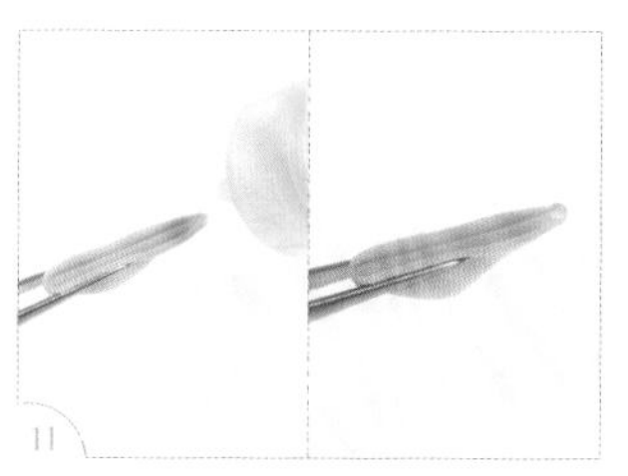

翻到正面，在尖端开口处上少许胶。

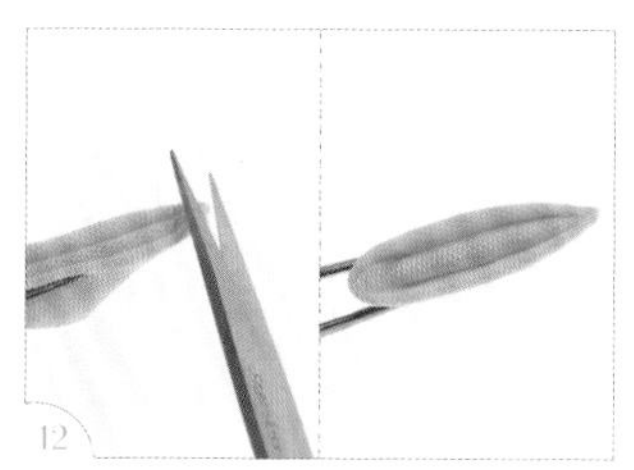

待胶半干后，修齐尖端。

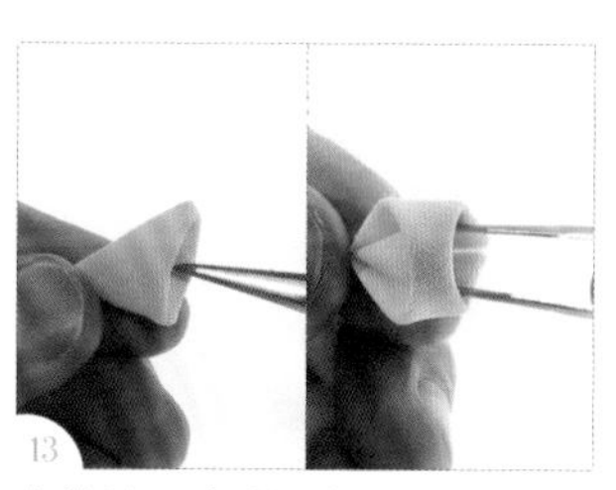

将花瓣尾端对折处用镊子撑开，使花瓣撑圆。

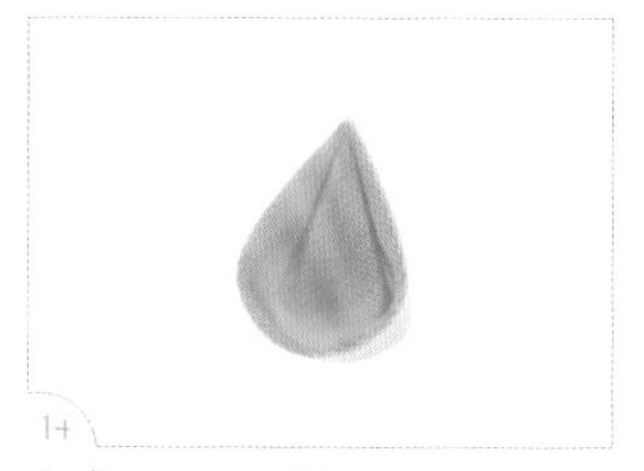

完成 1 片圆形花瓣。

重复步骤 1~13，将所需的 6 片花瓣制作完成。

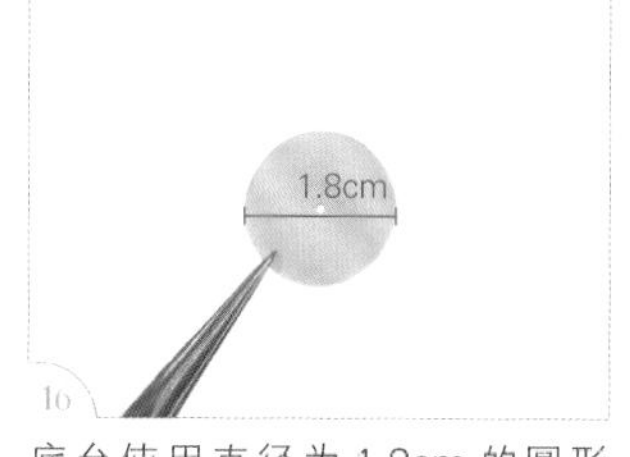

底台使用直径为 1.8cm 的圆形卡纸。（注：圆形卡纸的做法可参考 P.12。）

将底台上胶。

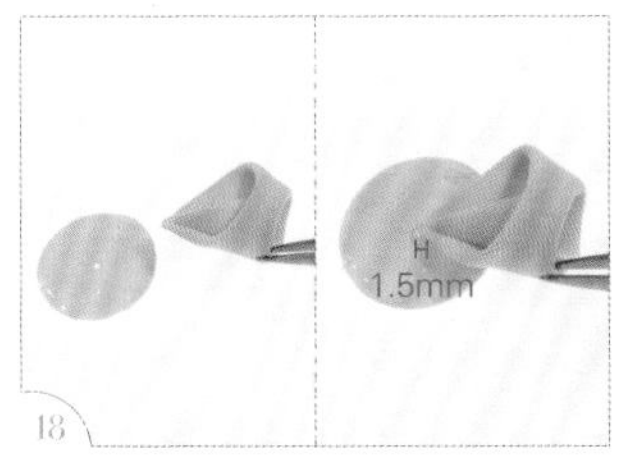

先粘 1 片花瓣，花瓣尖端距离圆心 1.5mm。

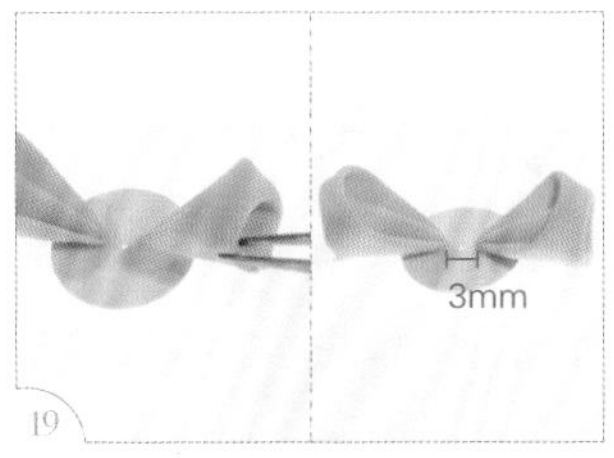

将第 2 片花瓣粘在第 1 片花瓣对面，2 片花瓣尖端间隔 3mm。

依序粘上第 3 片和第 4 片花瓣。

重复步骤 20，将另一边粘上花瓣。

将 6 片花瓣都粘在底台上，完成花朵主体。

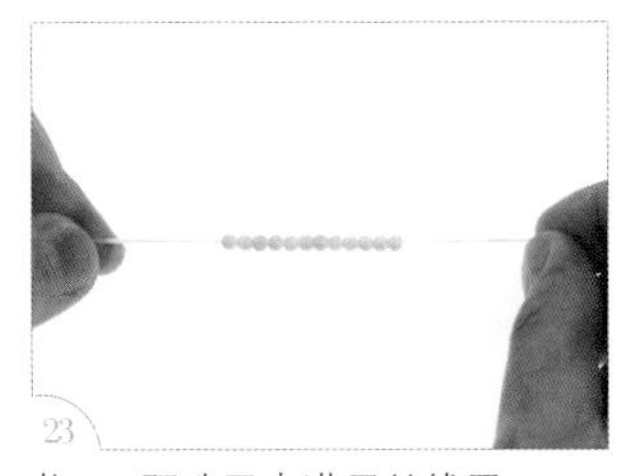

将 12 颗珠子串进蚕丝线里。

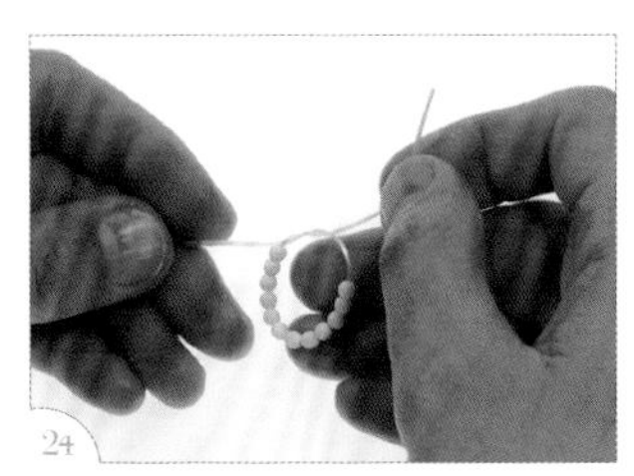

将蚕丝线打结。

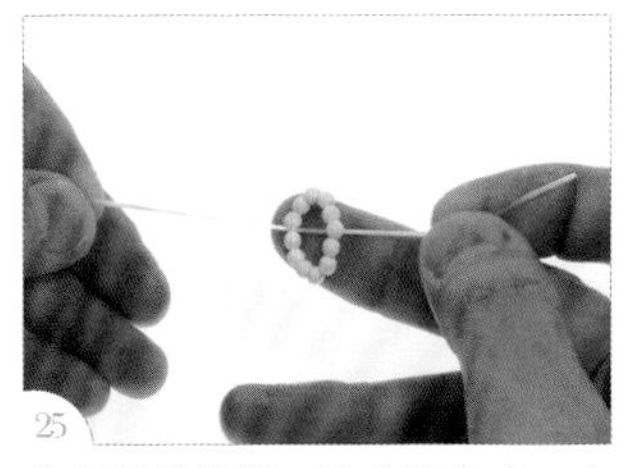

将蚕丝线拉紧，将珠子串成 1 个大的珠珠圈。

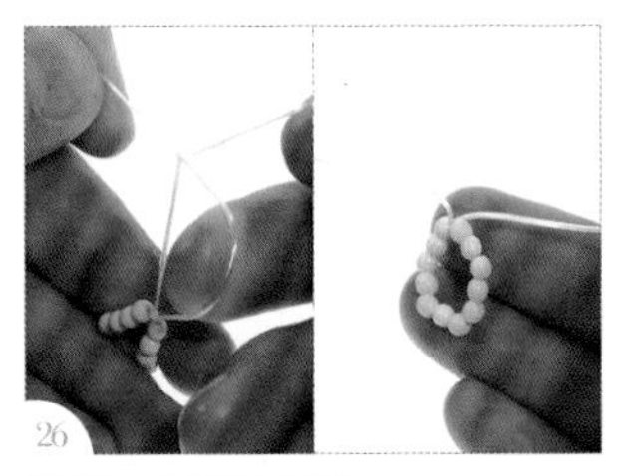

再打一个结后拉紧。

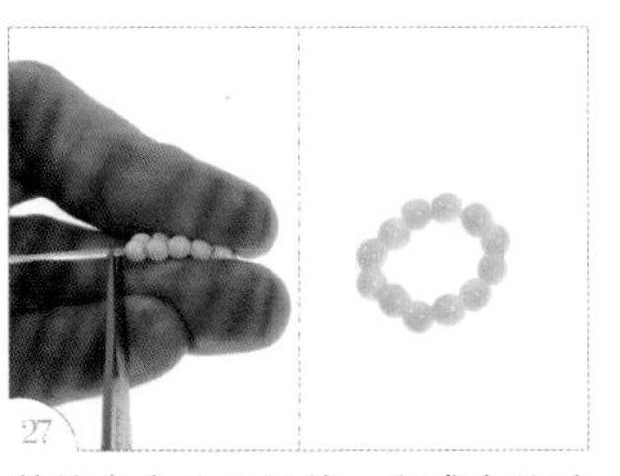

剪掉多余的蚕丝线，完成大的珠珠圈。

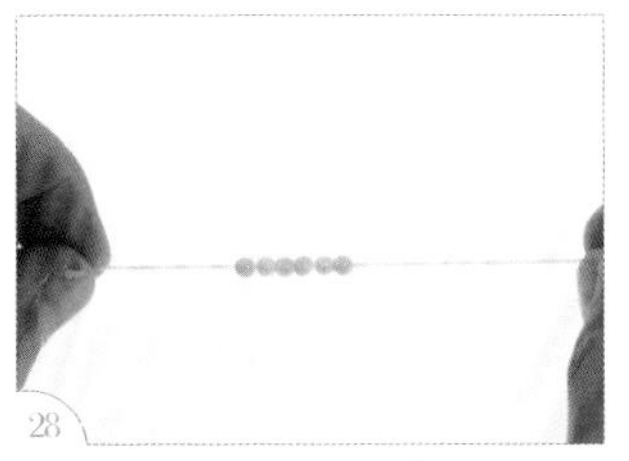

将 6 颗珠子串进蚕丝线里。

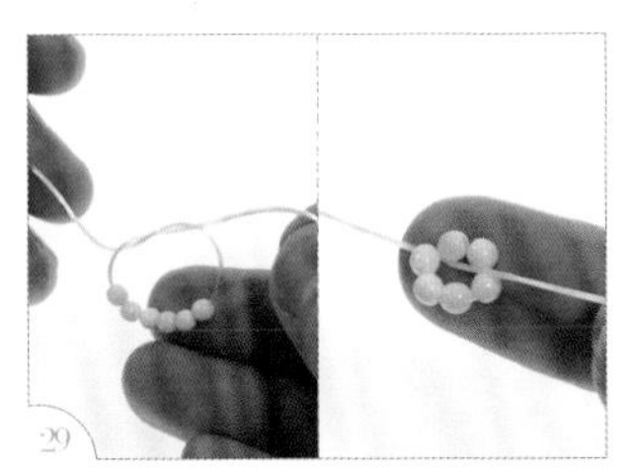
将蚕丝线打结，并拉紧。

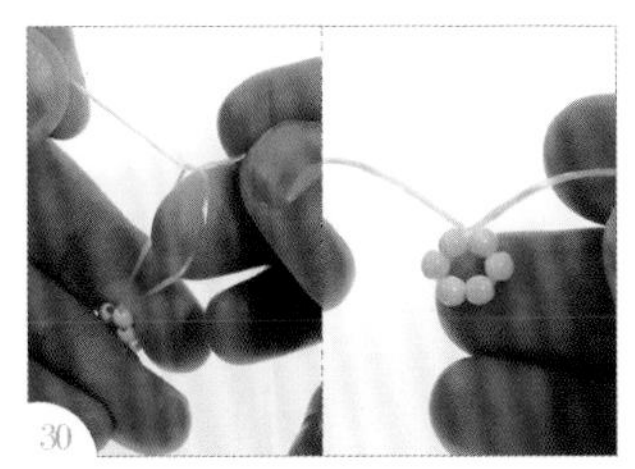
再打一个结后拉紧。

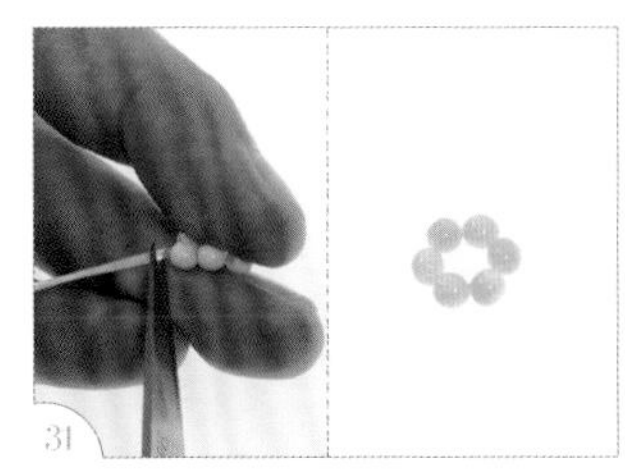
剪掉多余的蚕丝线，完成小的珠珠圈。

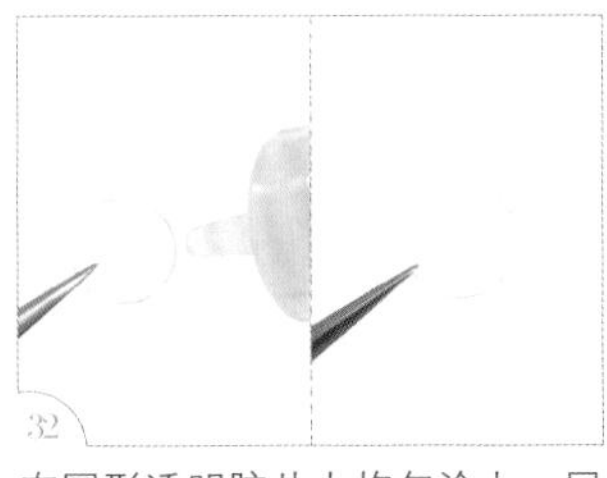
在圆形透明胶片上均匀涂上一层胶。（注：薄薄的一层即可，不要过多。）

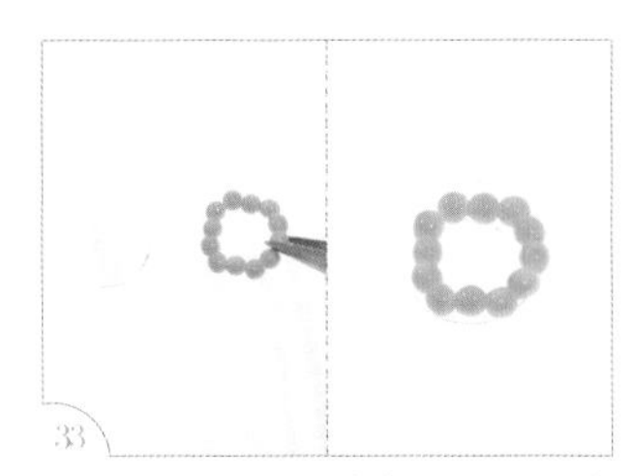
取大的珠珠圈，粘在圆形透明胶片上。

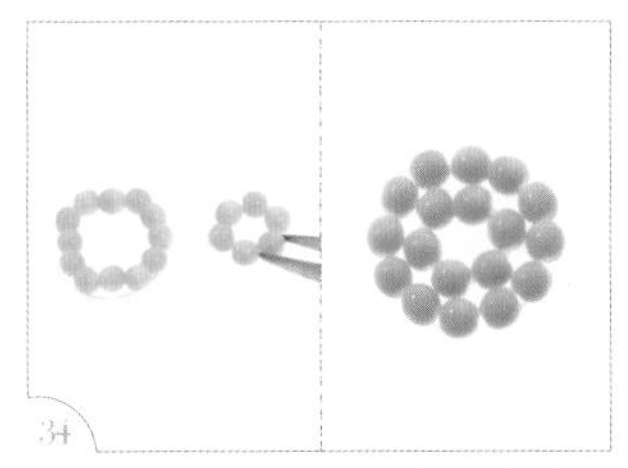
取小的珠珠圈，粘在大的珠珠圈中间。

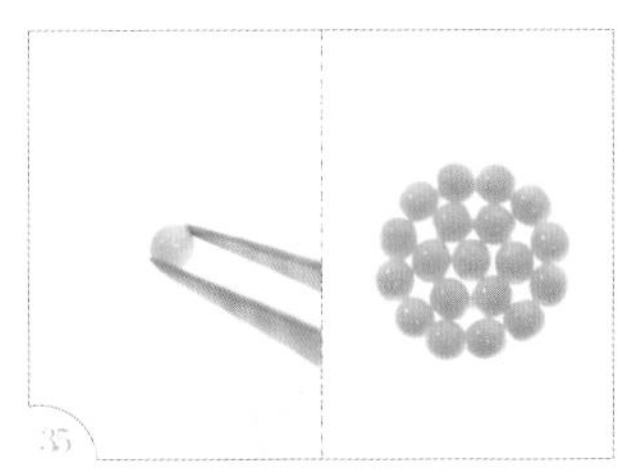
取剩下的 1 颗珠子放进小珠珠圈中央，完成珠珠片。

在花朵中心处上胶。

将珠珠片放进花朵中心处，完成圆形花瓣。

小提醒

1 朵花的花瓣数量可以自由变化搭配，但最好不要少于 5 片花瓣。

尖形花瓣

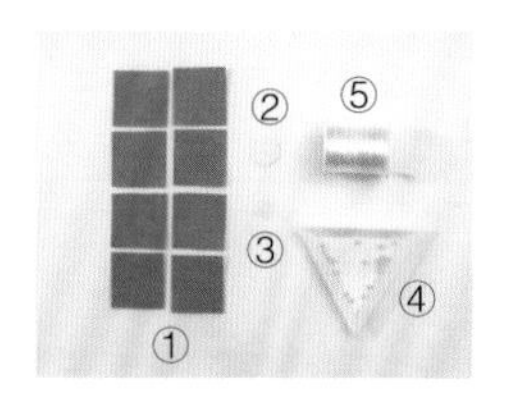

工具材料

① 布 8 片（3.5cm × 3.5cm）
② 圆形卡纸底台（直径 1.8cm）
③ 圆形透明胶片（直径 1.2cm）
④ 珠子 19 颗（直径 3mm）
⑤ 0.7mm 蚕丝线

手工艺小剪刀
镊子
保丽龙胶

尖形花瓣
制作视频

原大尺寸

步骤说明

拿起 1 片布片，用镊子夹住一角。

将布片沿对角线对折成三角形。

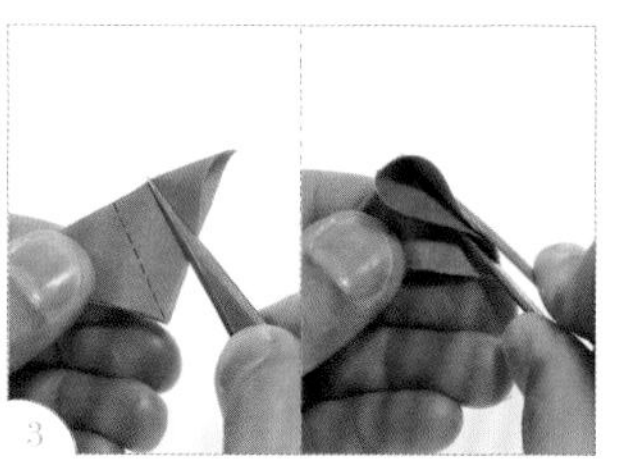

沿三角形的垂直中线再次对折。

用镊子夹住三角形的正中间。

将三角形再次对折。

用镊子夹住。

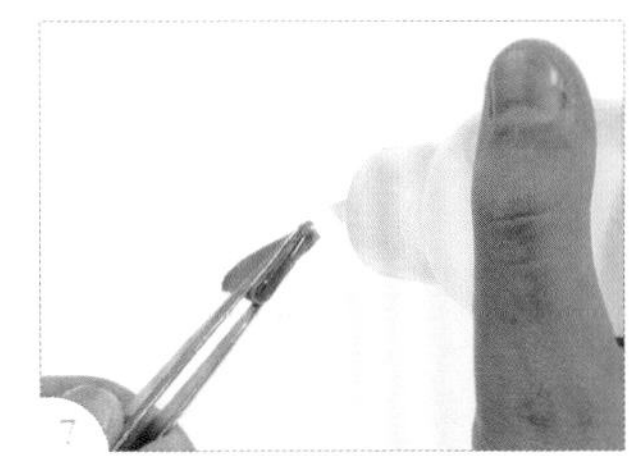

翻到背面，在布边开口处上胶。

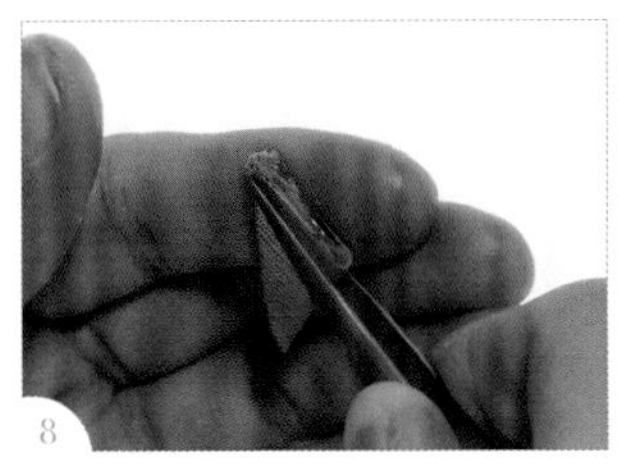

待胶半干。（注：触摸时不粘手，但仍有软度即可。）

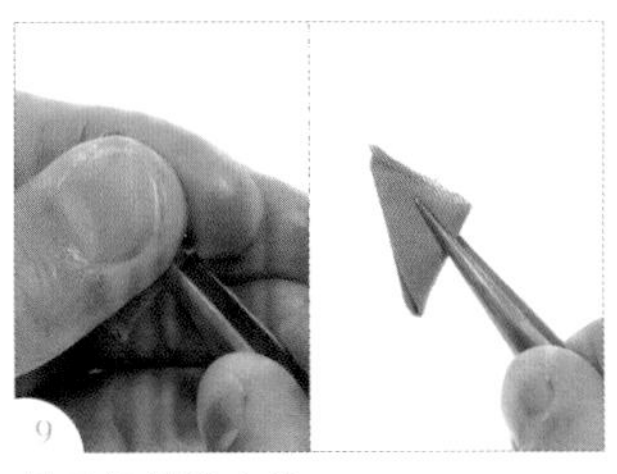

用手指捏紧布边。

用剪刀稍微修齐胶面。（注：若有线头露出，需一起修掉。）

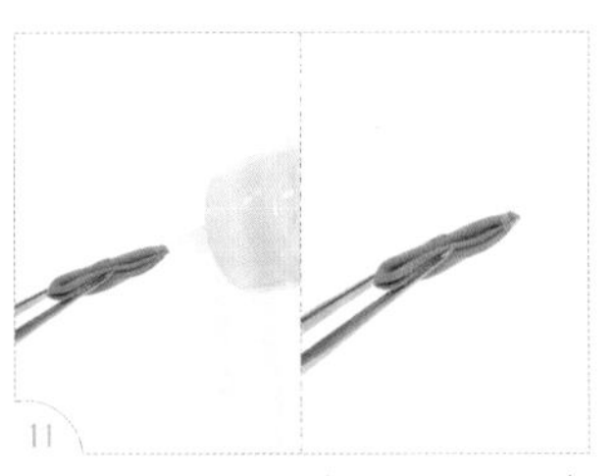

翻到正面，在尖端开口处上少许胶。

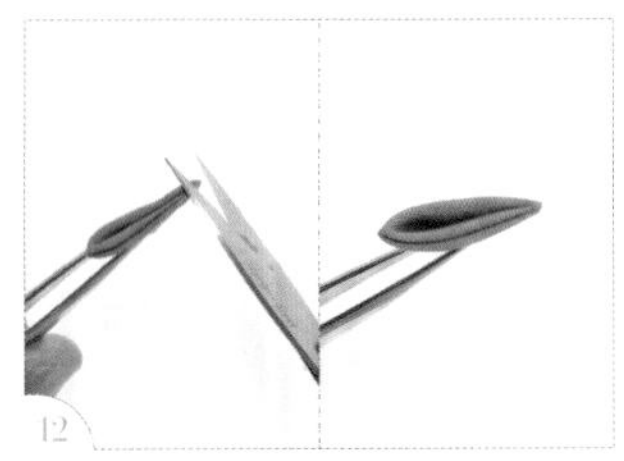

待胶半干后，修齐尖端。

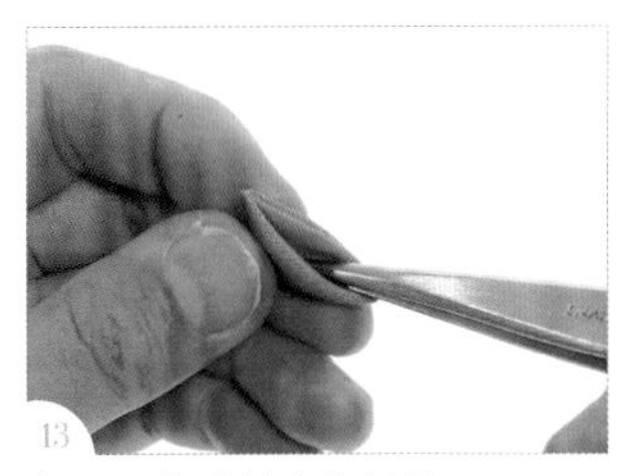

将镊子伸进斜边的折缝。

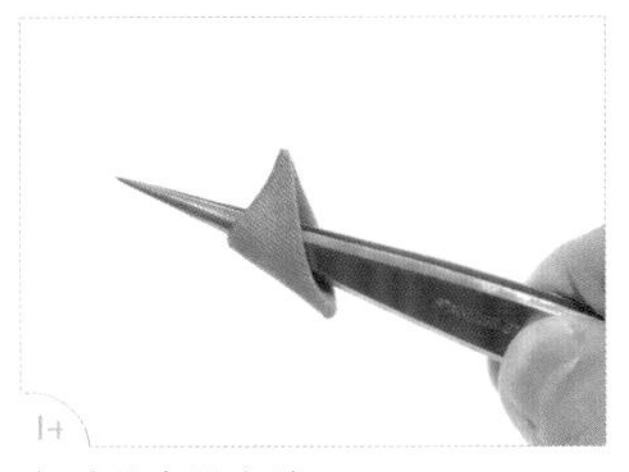

穿过黏合的布边。

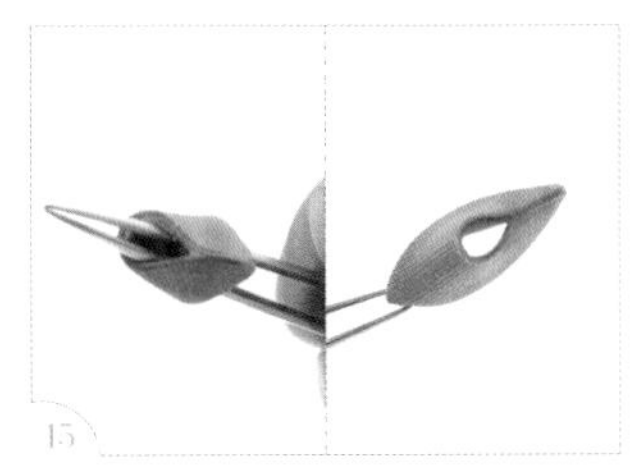

将布边撑开一点呈水滴形。

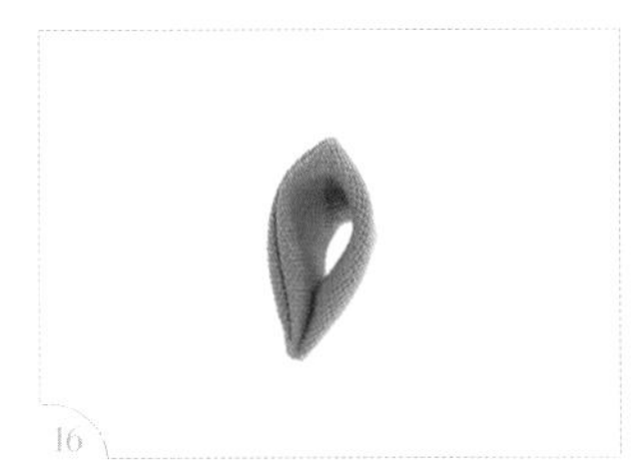

完成 1 片尖形花瓣。

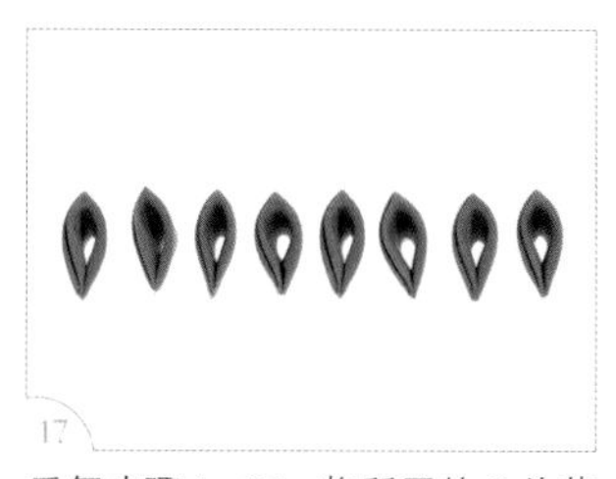

重复步骤 1~15，将所需的 8 片花瓣制作完成。

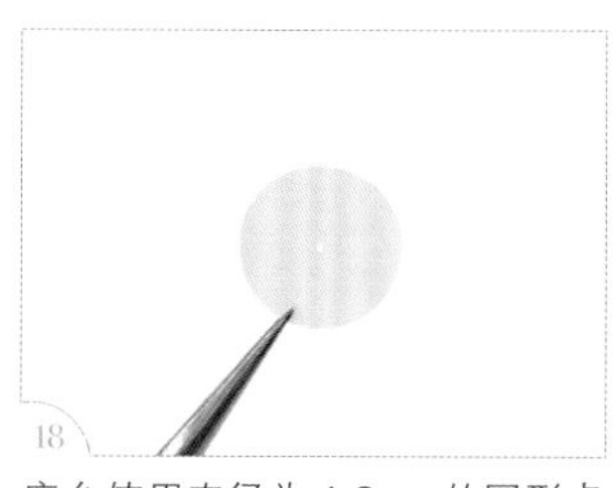

底台使用直径为 1.8cm 的圆形卡纸。（注：圆形卡纸的做法可参考 P.12。）

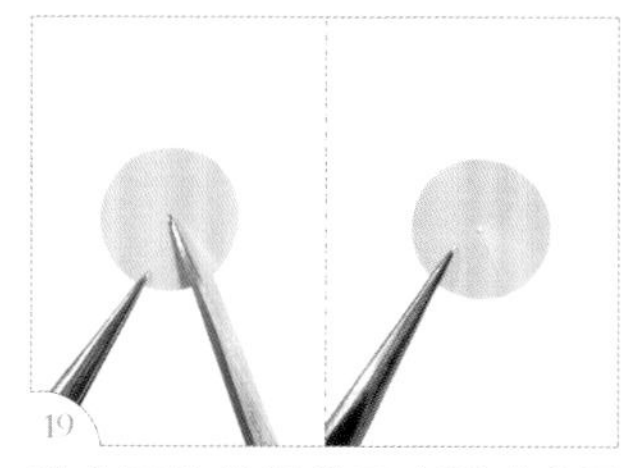

沿着圆的半径剪开（要对准圆心）。

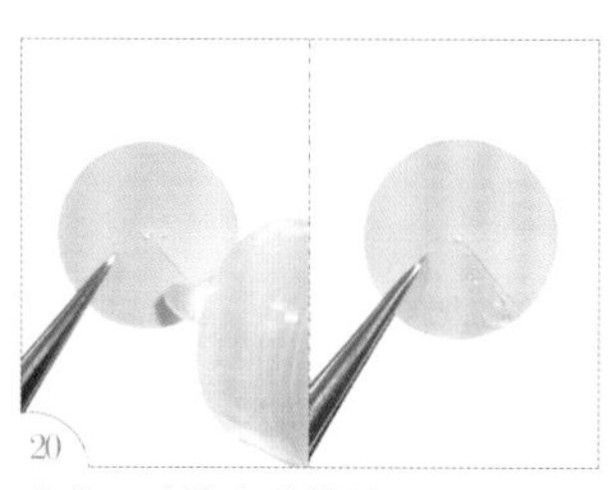

在剪口边缘上少许胶。

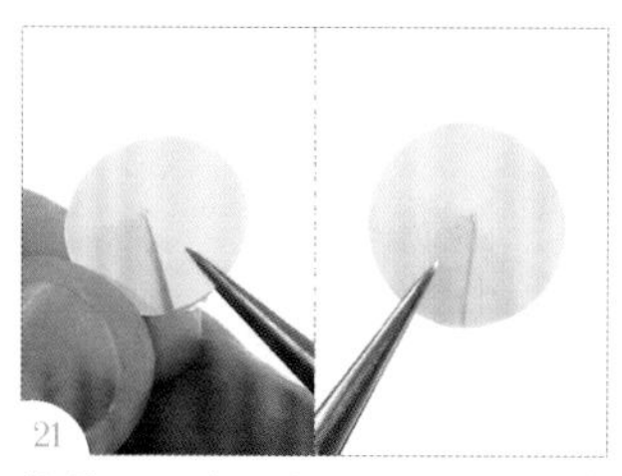

将剪口两边的卡纸重叠后，粘成一个锥形底台。

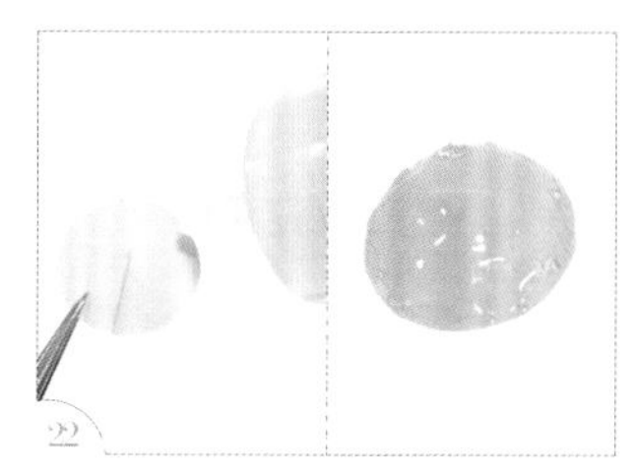

将底台上胶。

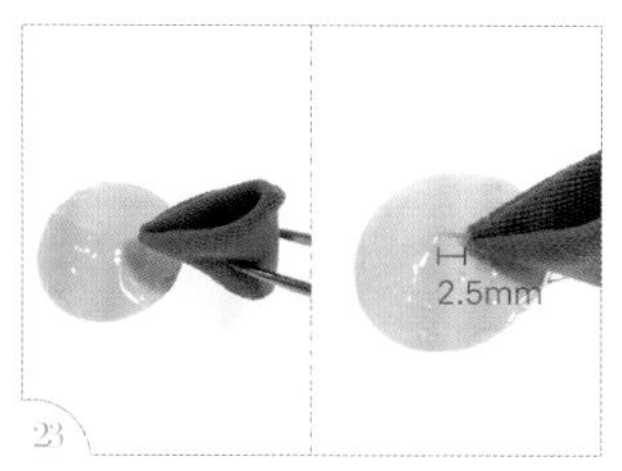

先粘 1 片花瓣，花瓣尖端距离圆心 2.5mm。

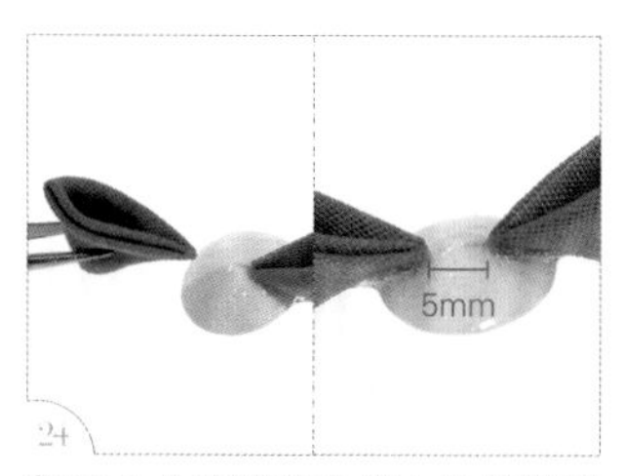

将第 2 片花瓣粘在第 1 片花瓣对面，2 片花瓣尖端间隔 5mm。

垂直方向粘上第 3 片花瓣。

第 4 片花瓣粘上后，呈十字状。

在每 2 片花瓣中间粘上 1 片花瓣。

将 8 片花瓣粘好，完成花朵主体。

将 12 颗珠子串进蚕丝线里。

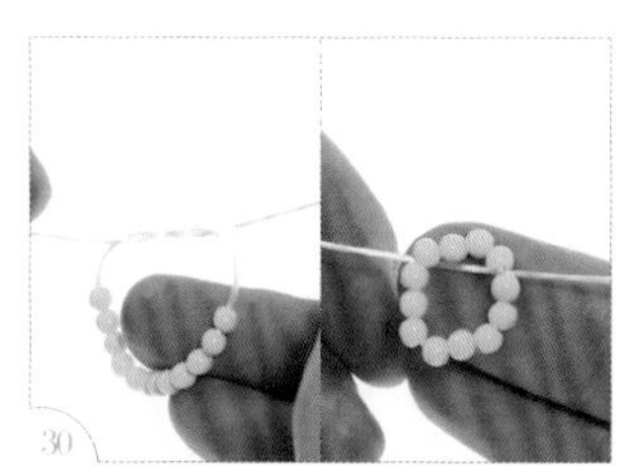

将蚕丝线打结。

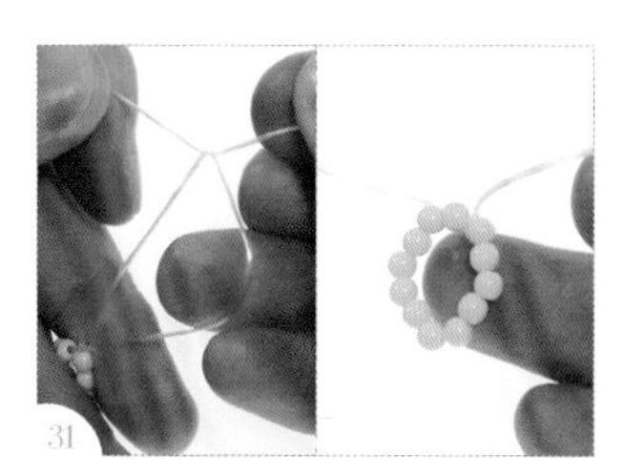

再打一个结后拉紧。

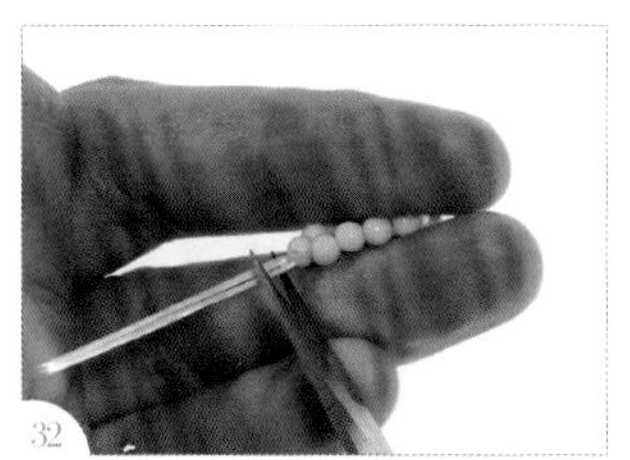

剪掉多余的蚕丝线。

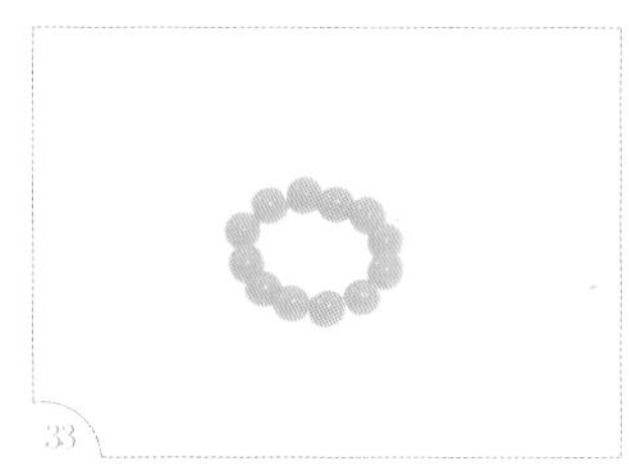

完成大的珠珠圈。

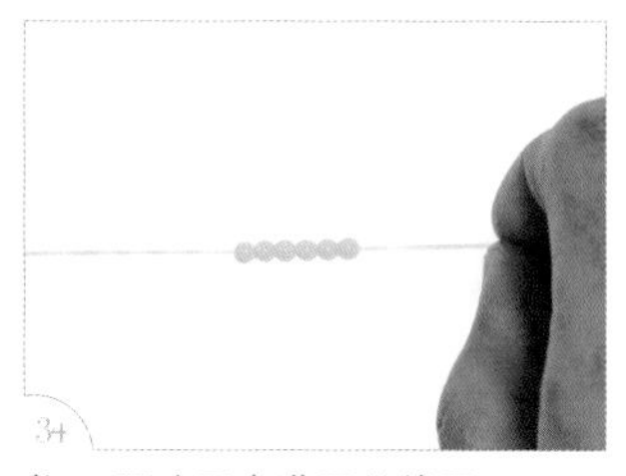

将 6 颗珠子串进蚕丝线里。

将蚕丝线打结，并拉紧。

再打一个结后拉紧。

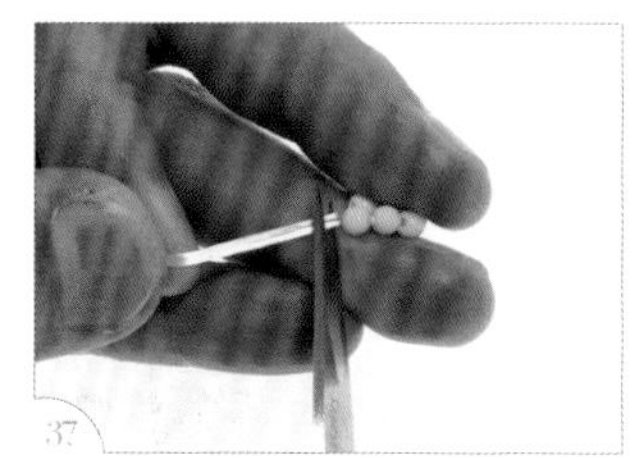

剪掉多余的蚕丝线。

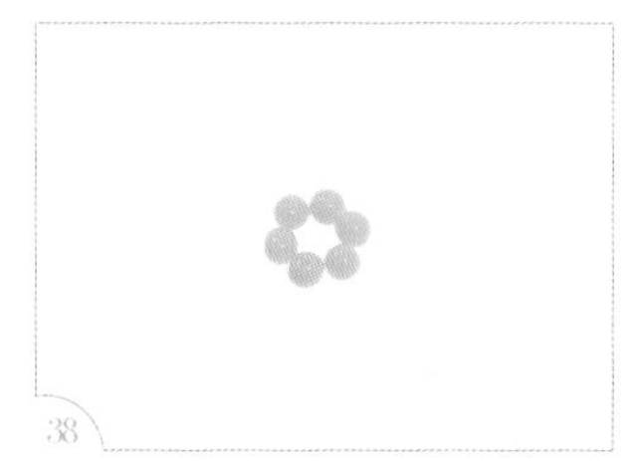

完成小的珠珠圈。

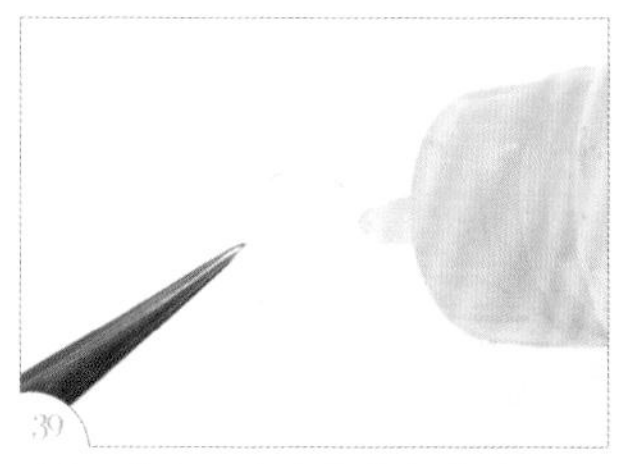

在圆形透明胶片上均匀涂上一层胶。（注：薄薄的一层即可，不要过多。）

取大的珠珠圈，粘在圆形透明胶片上。

取小的珠珠圈，粘在大的珠珠圈中间。

取剩下的 1 颗珠子放进小珠珠圈中央。

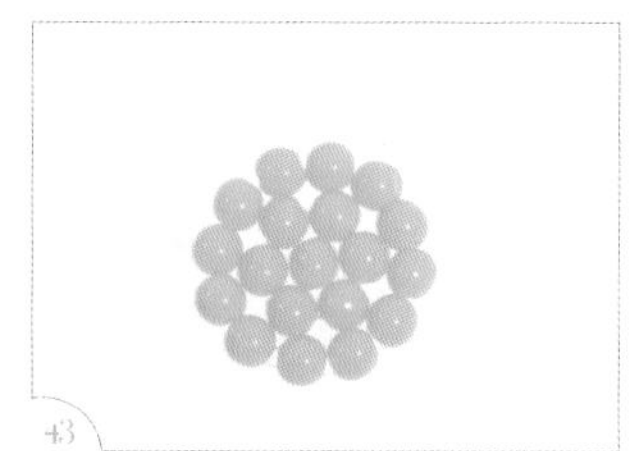

完成珠珠片。

在花朵中心处上胶。

将珠珠片放进花朵中心处。

完成尖形花瓣。

1 朵花的花瓣数量可以自由变化搭配，但最好不要少于 6 片花瓣。

基础花形制作 3

梅花花瓣

工具材料

① 布 5 片（3.5cm × 3.5cm）
② 圆形透明胶片（直径 0.6cm）
③ 珠子 7 颗（直径 3mm）
④ 0.7mm 蚕丝线

手工艺小剪刀
镊子
保丽龙胶

梅花花瓣
制作视频

原大尺寸

圆形透明胶片
（直径 0.6cm）

布（3.5cm × 3.5cm）

步骤说明

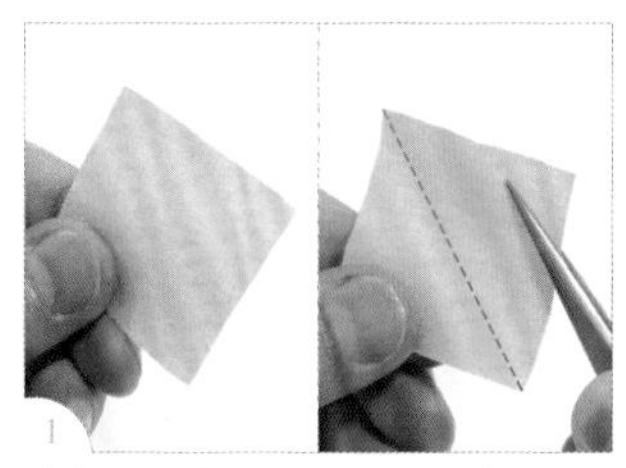

拿起 1 片布片，用镊子夹住一角。

将布片沿对角线对折成三角形。

沿三角形的垂直中线再次对折。

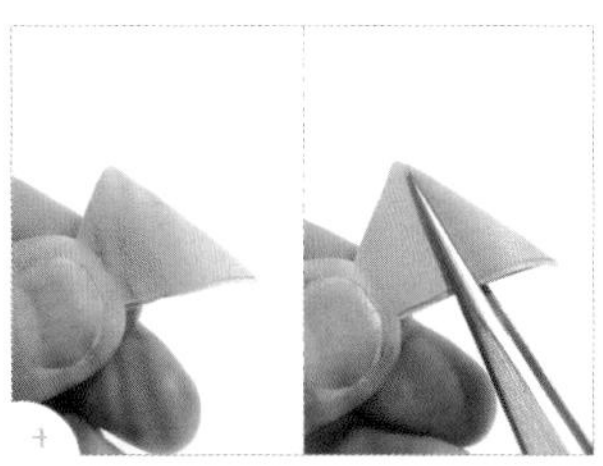

用镊子夹住三角形的正中间。

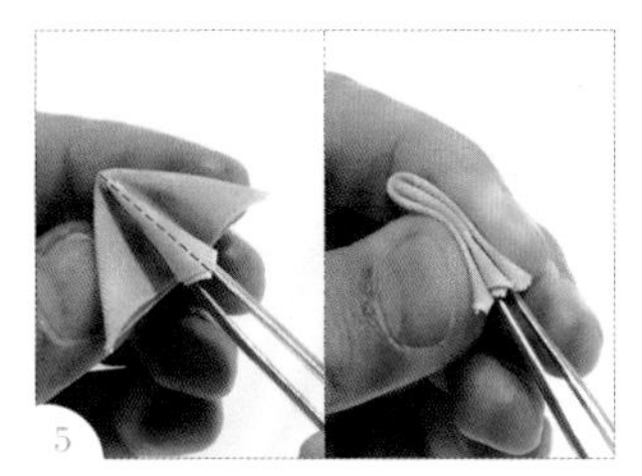

以步骤 3 的折线为中线，将两边分别翻起对折。

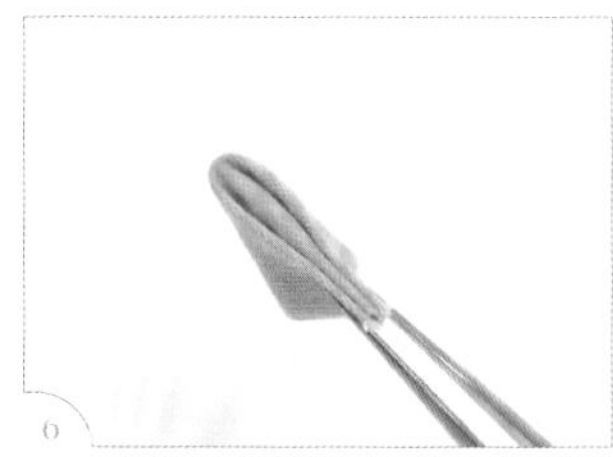

用镊子夹住。

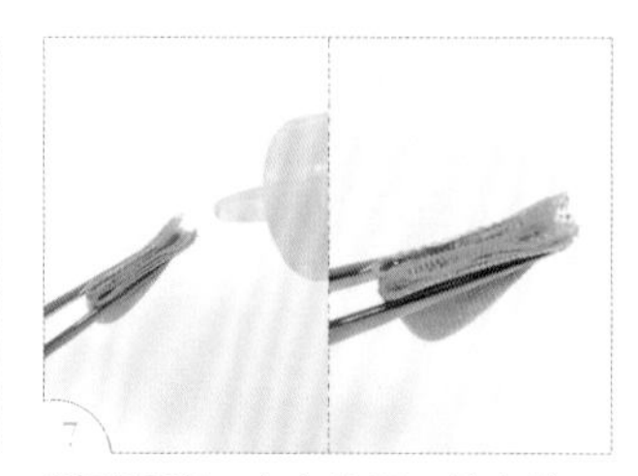

翻到背面，在布边开口处上胶。

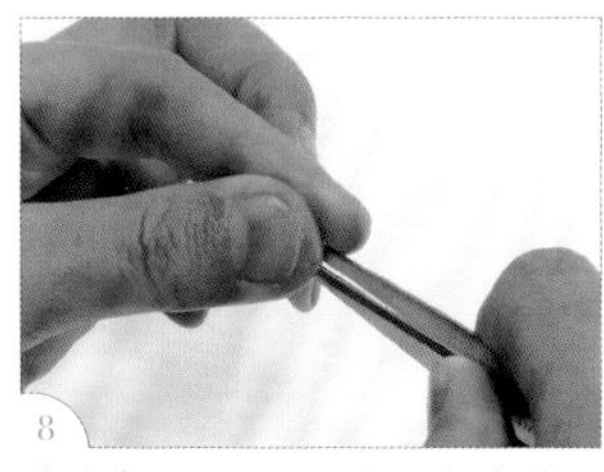

待胶半干后，用手指捏紧布边。（注：触摸时不粘手，但仍有软度即可。）

用剪刀稍微修齐胶面。（注：若有线头露出，需一起修掉。）

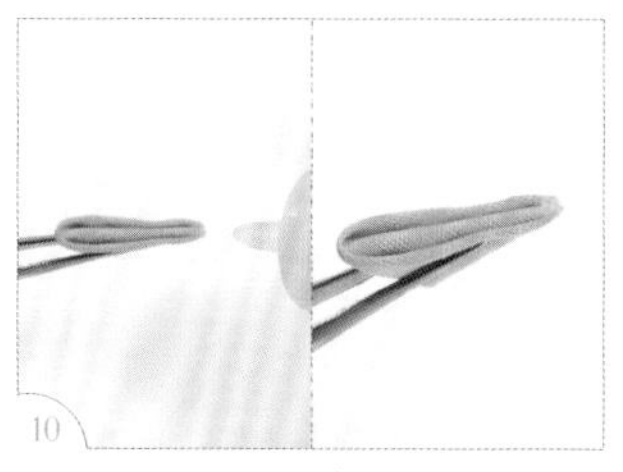

翻到正面，在尖端开口处上少许胶。

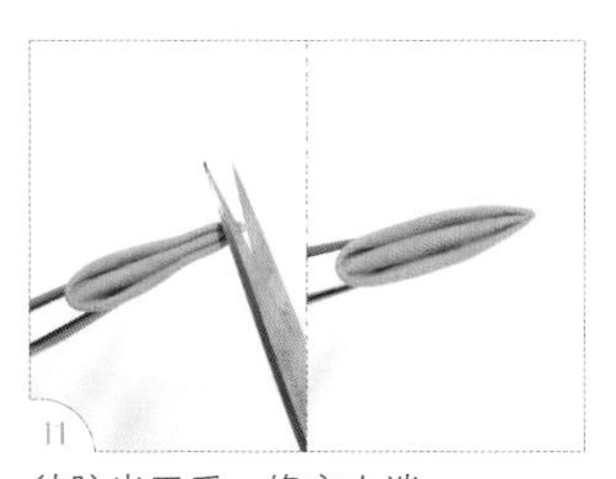

待胶半干后，修齐尖端。

将剪刀伸进后端的开口，剪开上胶的布边。

将花瓣打开。

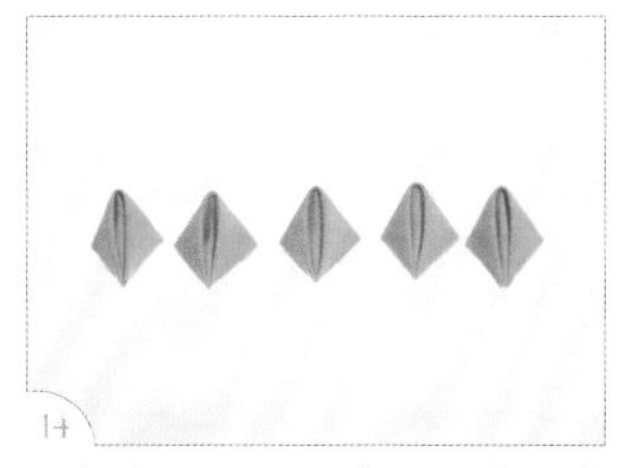

重复步骤 1~13，将所需的 5 片花瓣制作完成。

将花瓣翻到背面，并将上胶的外层布边贴齐。

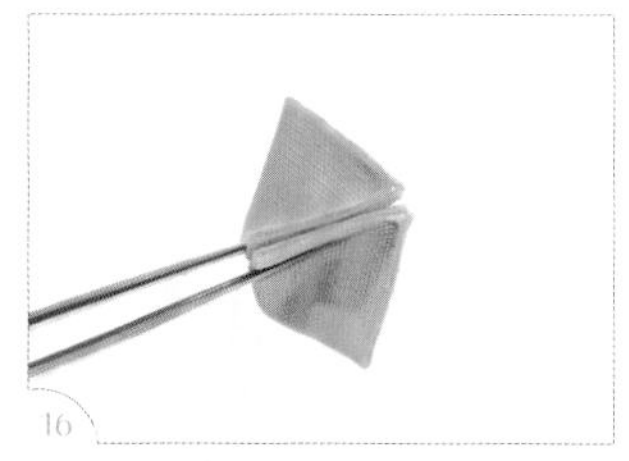

用镊子夹紧。

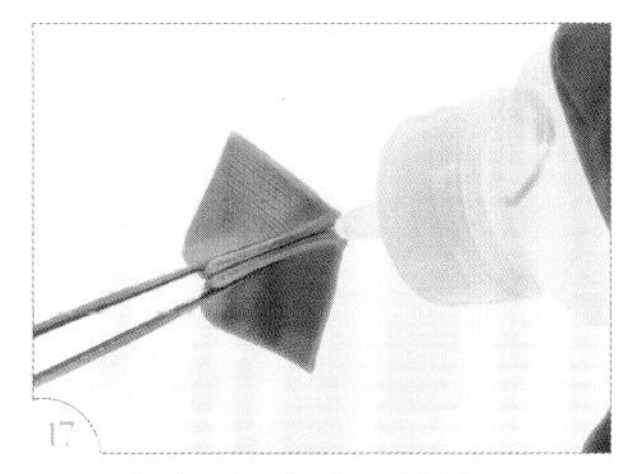

在贴齐的布边处上少许胶。

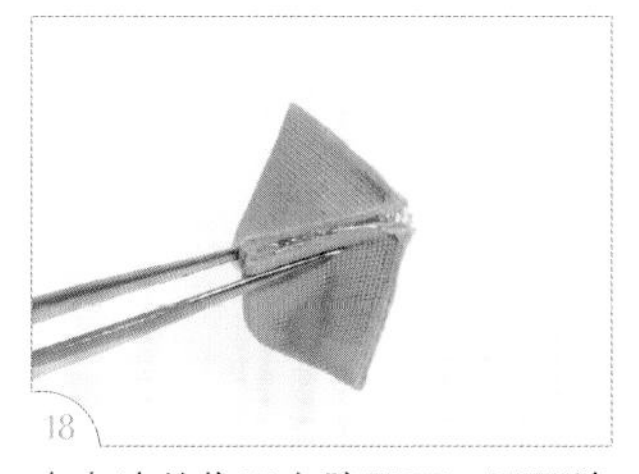

在布边的位置上胶即可，不要涂到区域外。

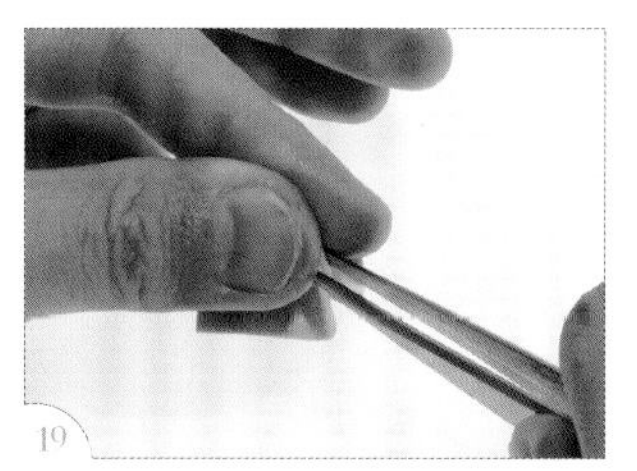

待胶半干后，用手指捏紧布边。（注：触摸时不粘手，但仍有软度即可。）

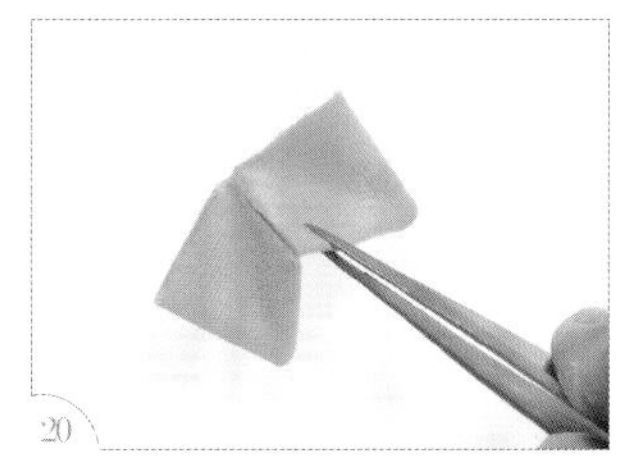

如图，2 片花瓣粘在一起了。

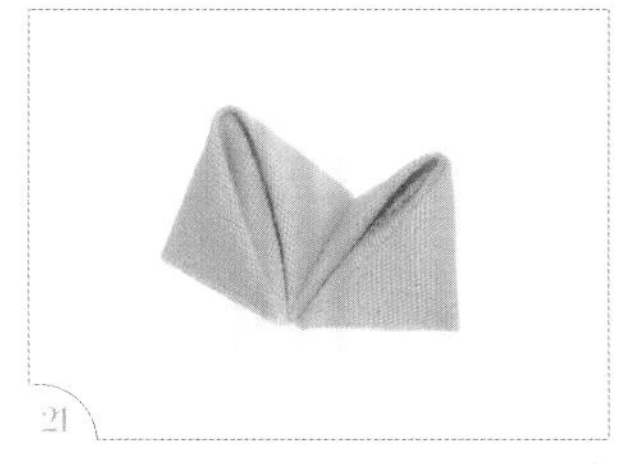

翻到正面确认有无溢胶，2 片花瓣只有底部布边粘在一起。

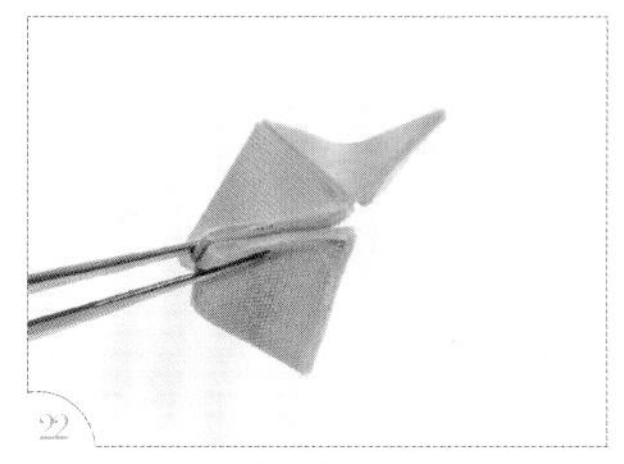

用同样的方法，将第 3 片花瓣粘好。

如图将第 4 片、第 5 片花瓣粘好。（注：右侧为正面的样子。）

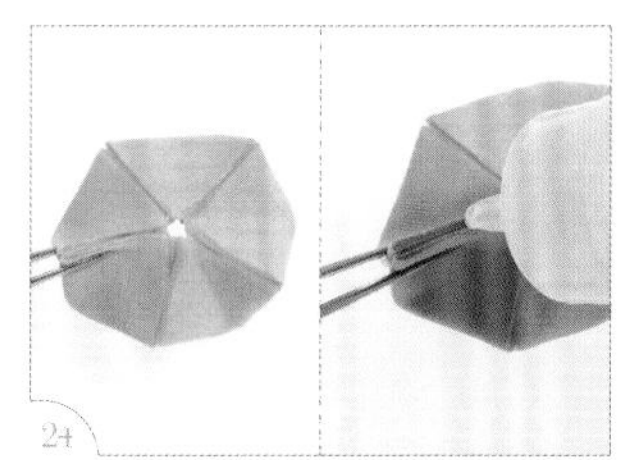

将第 5 片和第 1 片的布边夹紧后，上胶粘在一起。

如图，梅花花瓣全部粘好。

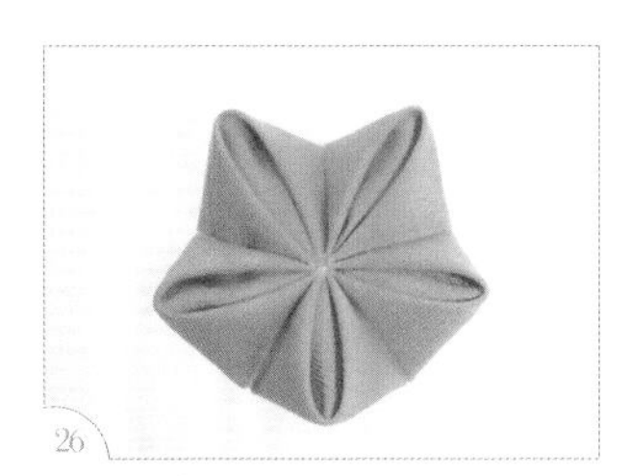

翻到梅花正面。

将镊子翻转，把尾端伸进花瓣中央凹陷处。

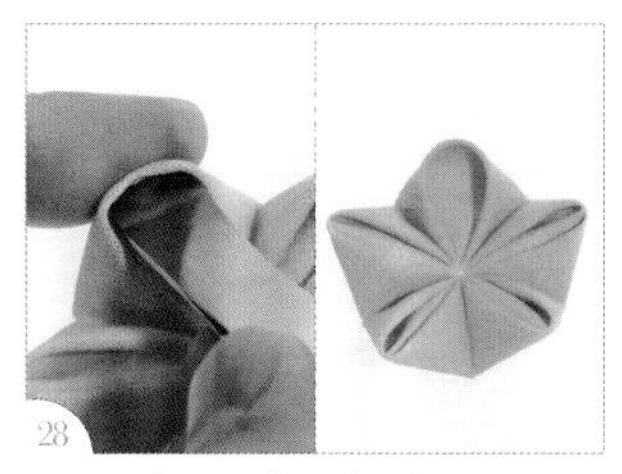

用手指轻压外侧，将花瓣撑圆。

将 5 片花瓣都撑圆，完成梅花主体。

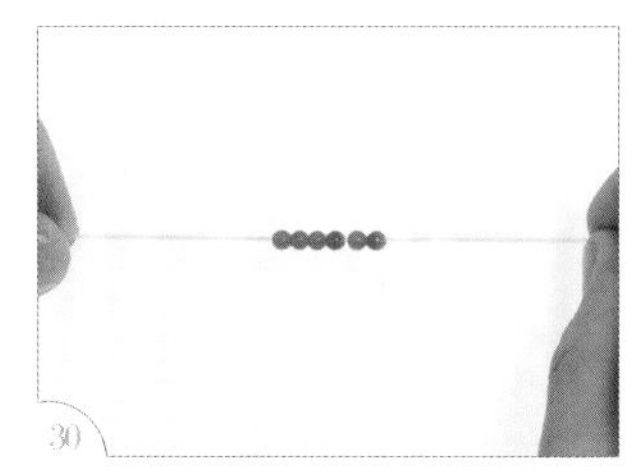
将 6 颗珠子串进蚕丝线里。

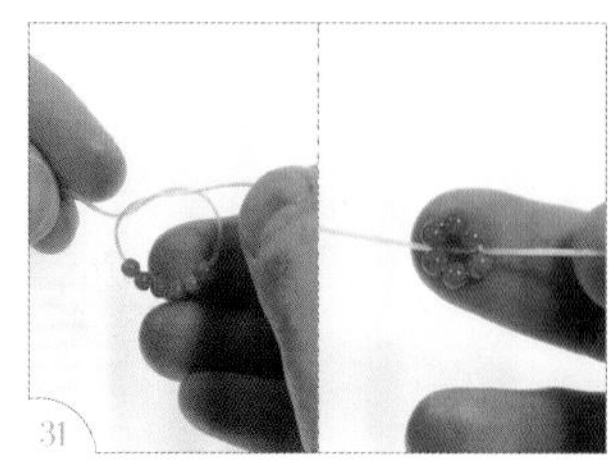
将蚕丝线打结。

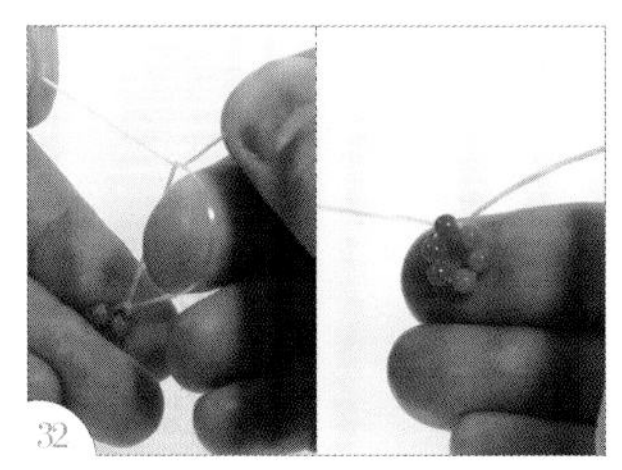
再打一个结后拉紧。

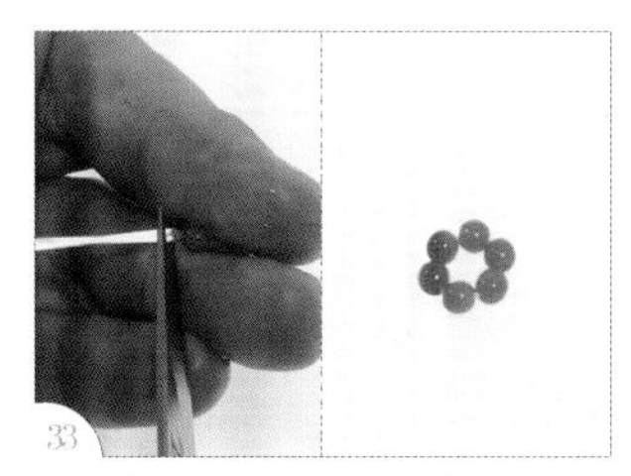
剪掉多余的蚕丝线，完成珠珠圈。

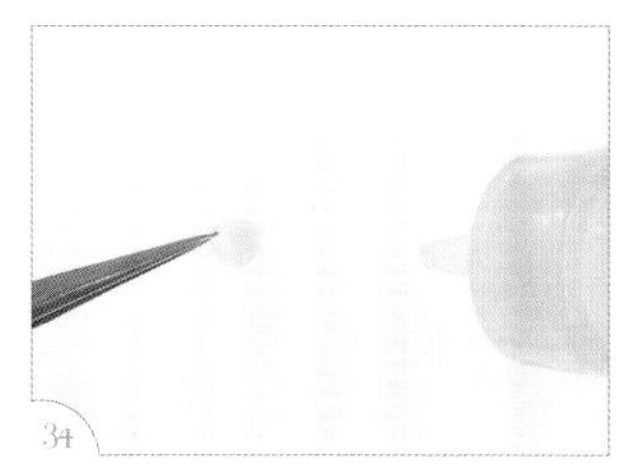
在圆形透明胶片上均匀涂上一层胶。（注：薄薄的一层即可，不要过多。）

取珠珠圈，粘在圆形透明胶片上。

将剩下的 1 颗珠子放进珠珠圈的中央。

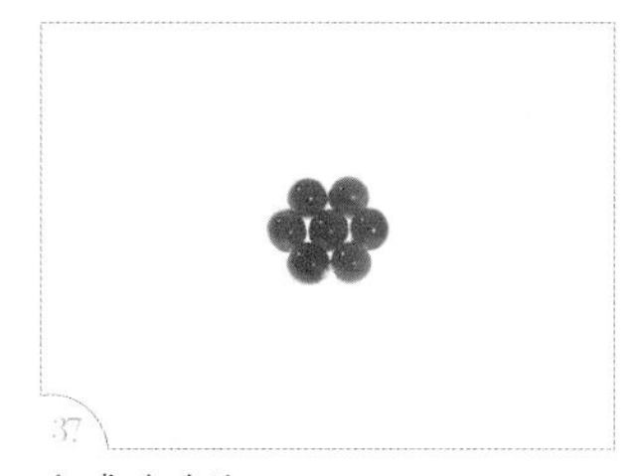
完成珠珠片。

在花朵中心处上胶。

将珠珠片放进花朵中心处。

完成梅花。

可以增加花瓣的数量，做成 6 瓣、7 瓣梅花。但 1 朵花的花瓣不能少于 5 片。

基础花形制作 4

菱形花瓣

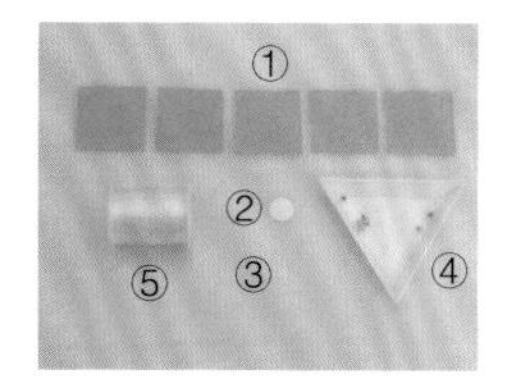

工具材料

① 布 5 片（3.5cm × 3.5cm）
② 圆形卡纸底台（直径 1.2cm）
③ 圆形透明胶片（直径 0.6cm）
④ 珠子 7 颗（直径 3mm）
⑤ 0.7mm 蚕丝线

手工艺小剪刀
镊子
保丽龙胶

菱形花瓣
制作视频

原大尺寸

圆形透明胶片
（直径 0.6cm）

圆形卡纸底台
（直径 1.2cm）

布（3.5cm × 3.5cm）

步骤说明

1 拿起 1 片布片，用镊子夹住一角。

2 将布片沿对角线对折成三角形。

3 沿三角形的垂直中线再次对折。

4 用镊子夹住三角形的正中间。

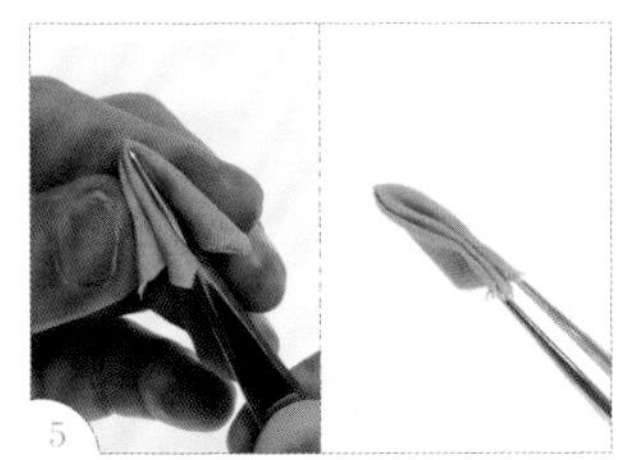

将三角形再次对折。

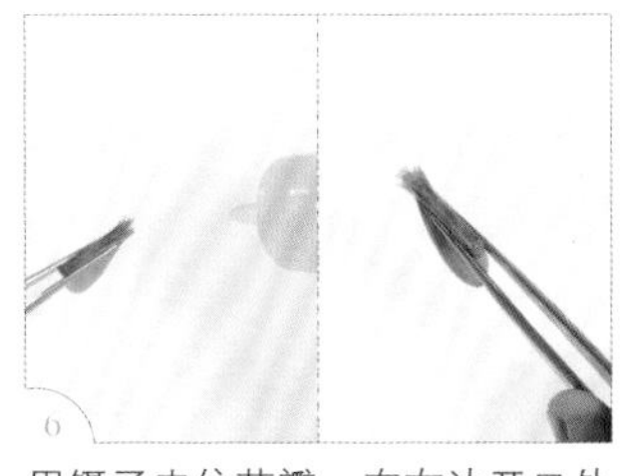

用镊子夹住花瓣，在布边开口处上胶。

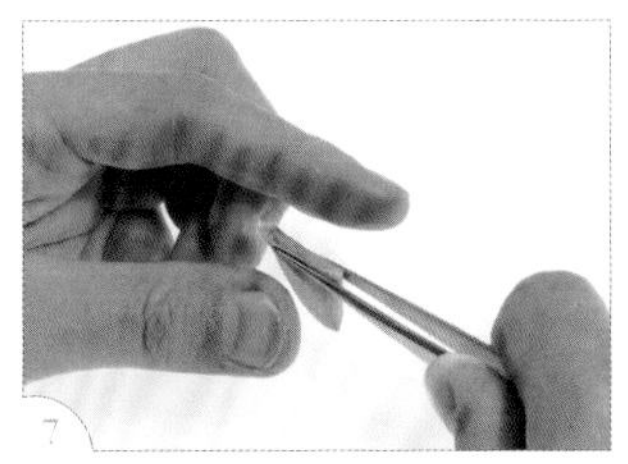

待胶半干。（注：触摸时不粘手，但仍有软度即可。）

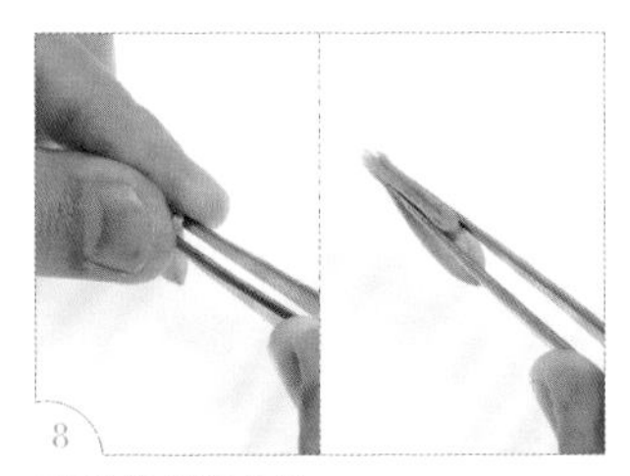

用手指捏紧布边。

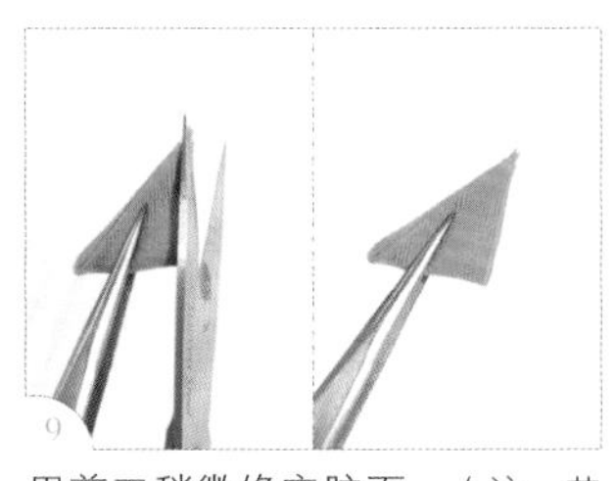

用剪刀稍微修齐胶面。（注：若有线头露出，需一起修掉。）

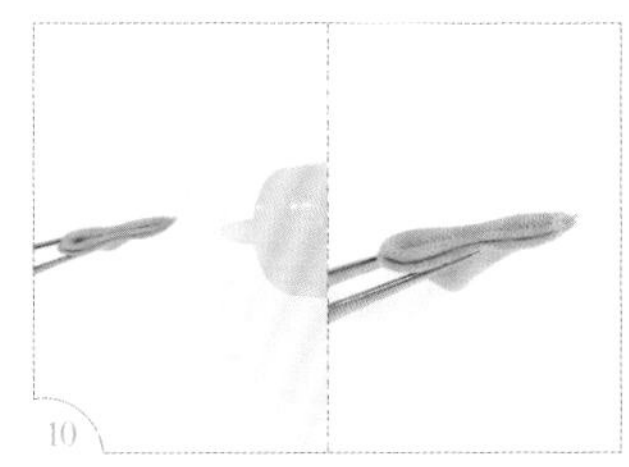

翻到正面，在尖端开口处上少许胶。

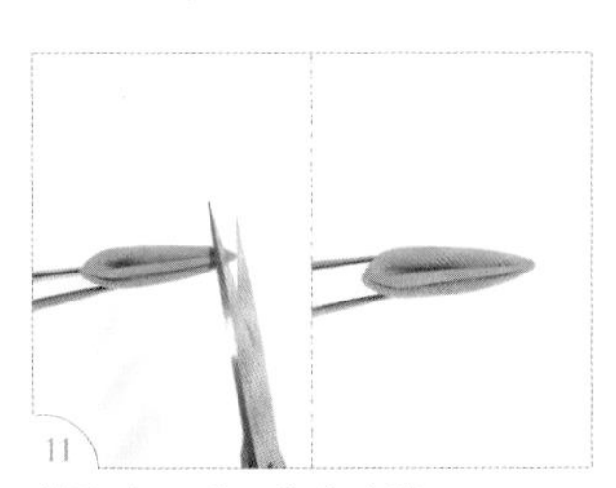

待胶半干后，修齐尖端。

将剪刀伸进尖端中央缝隙。

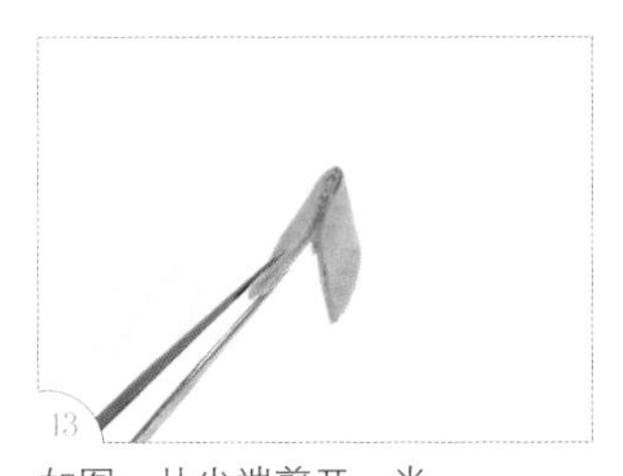

如图，从尖端剪开一半。

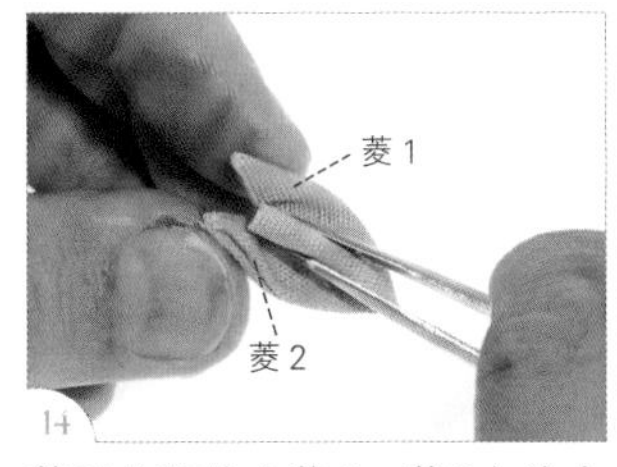

剪开的两片（菱 1、菱 2）往上翻折。

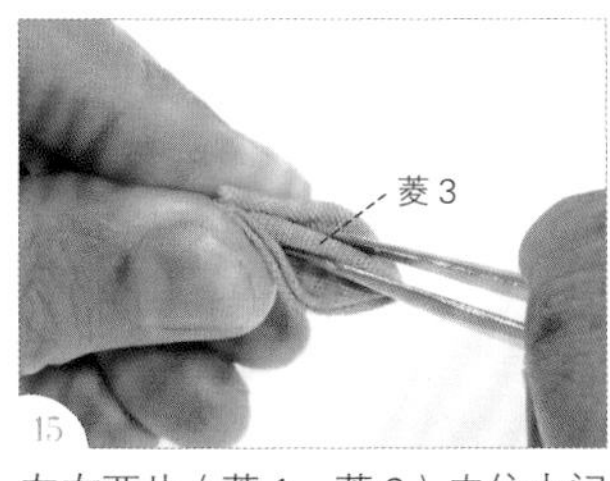

左右两片（菱 1、菱 2）夹住中间（菱 3），不要让布边露出。

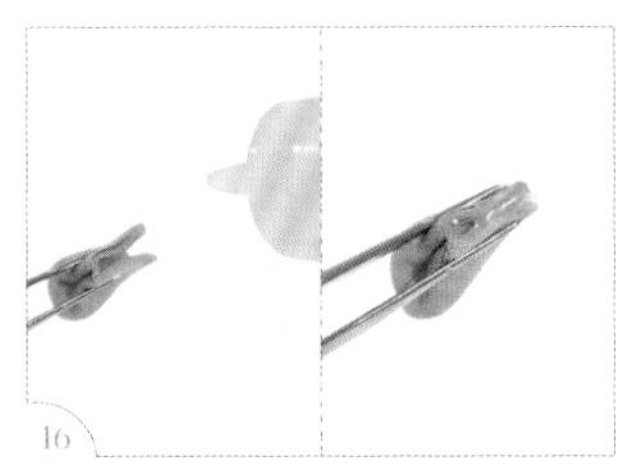

用镊子夹住，翻到背面，在底部上胶。

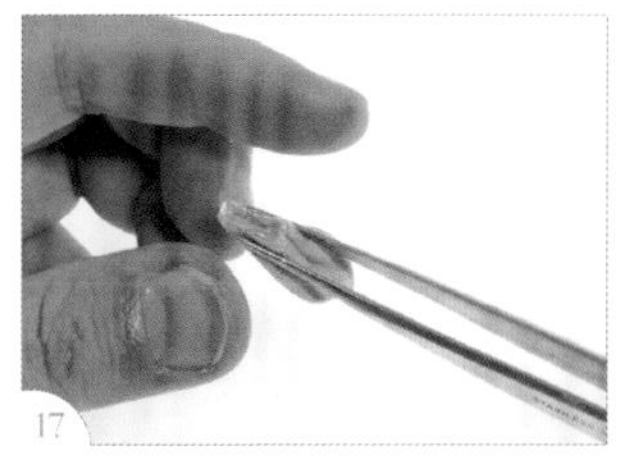

待胶半干。（注：触摸时不粘手，但仍有软度即可。）

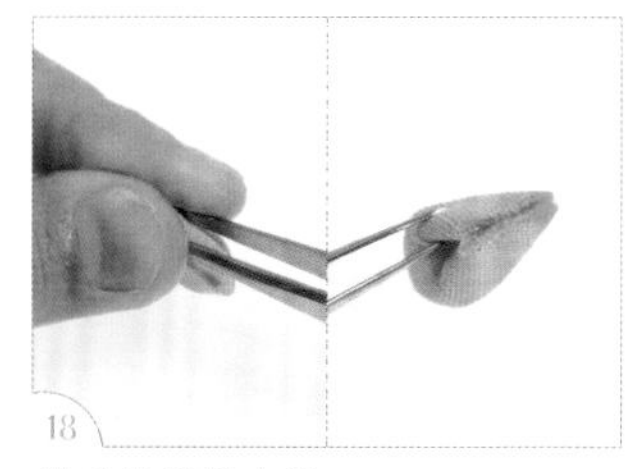

用手指捏紧布边。

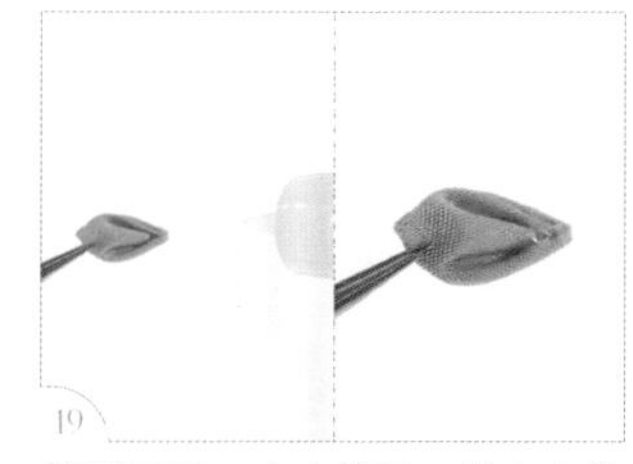

翻到正面，在尖端开口处上少许胶。

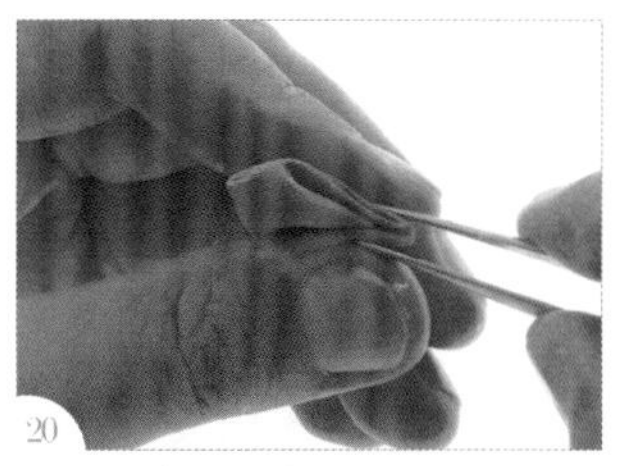

捏紧尖端开口处。

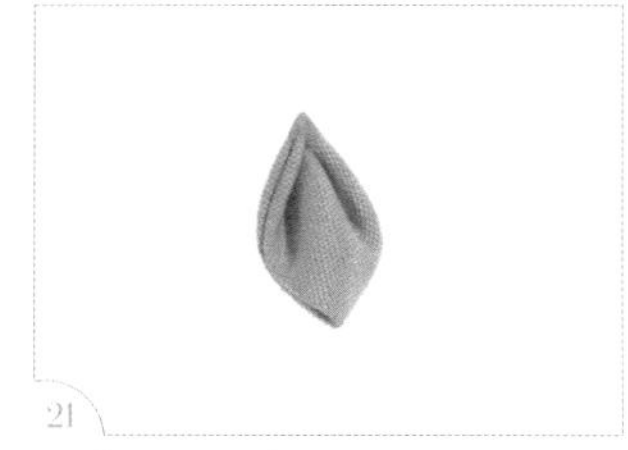

完成第 1 片花瓣。

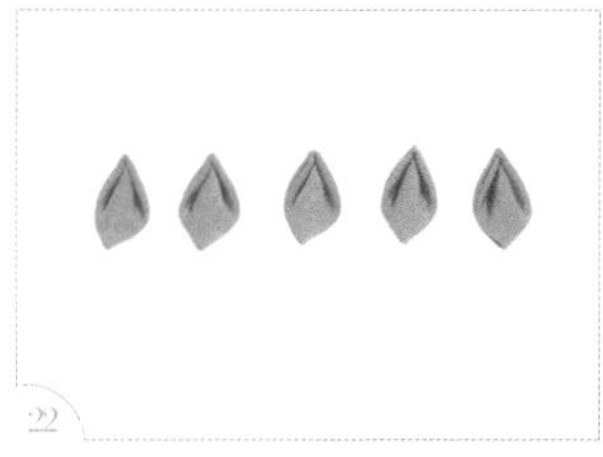

重复步骤 1~20，将所需的 5 片花瓣制作完成。

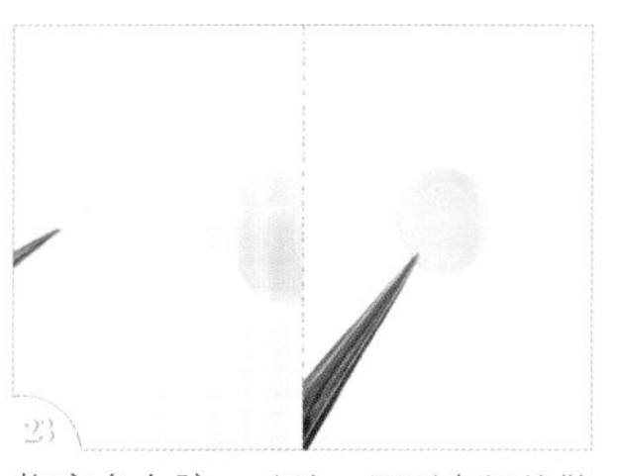

将底台上胶。（注：圆形卡纸的做法可参考 P.12。）

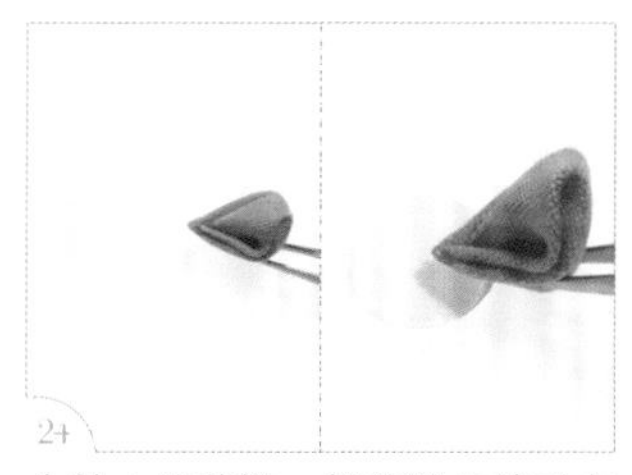

先粘 1 片花瓣，将花瓣尖端对齐圆心。

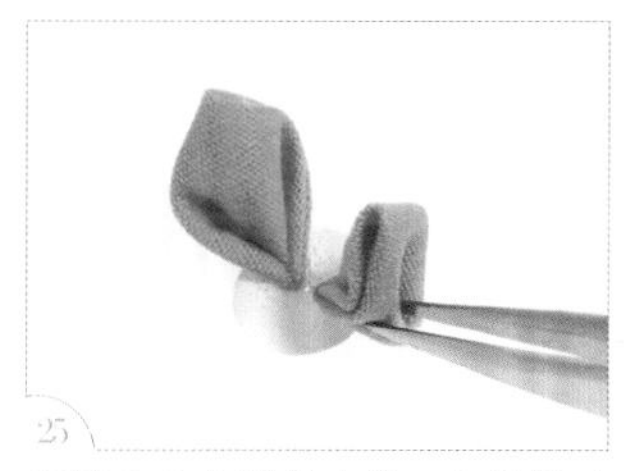

将第 2 片花瓣粘在第 1 片花瓣对面偏一点的位置。

粘上第 3 片花瓣。

粘上第 4 片花瓣。

将 5 片花瓣都粘在底台上，完成花朵主体。

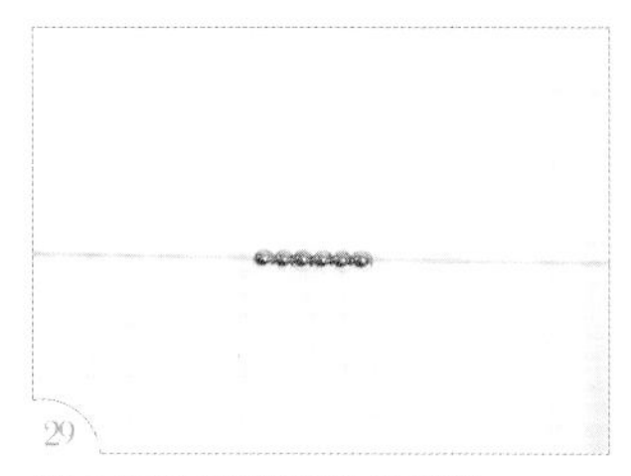

将 6 颗珠子串进蚕丝线里。

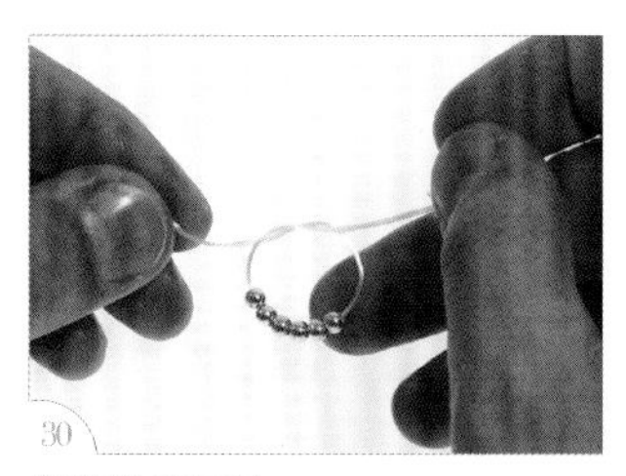

将蚕丝线打结。

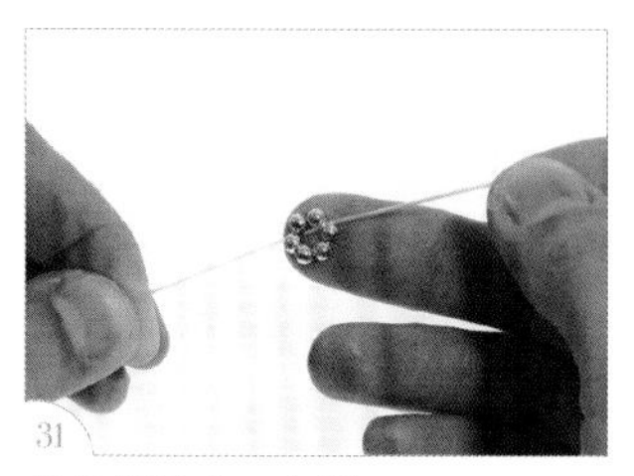

把线拉紧成一个圈。

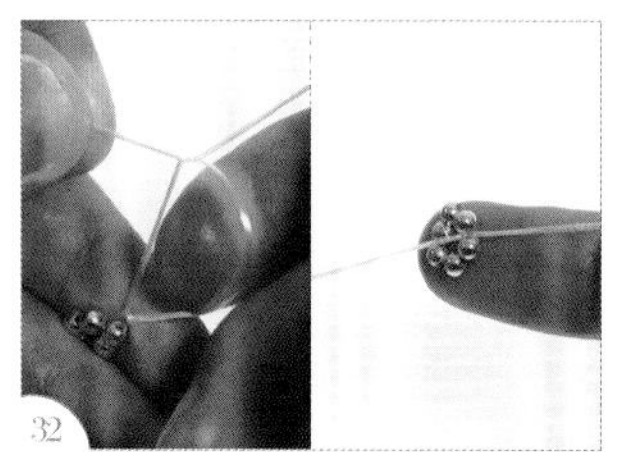

再打一个结后拉紧。

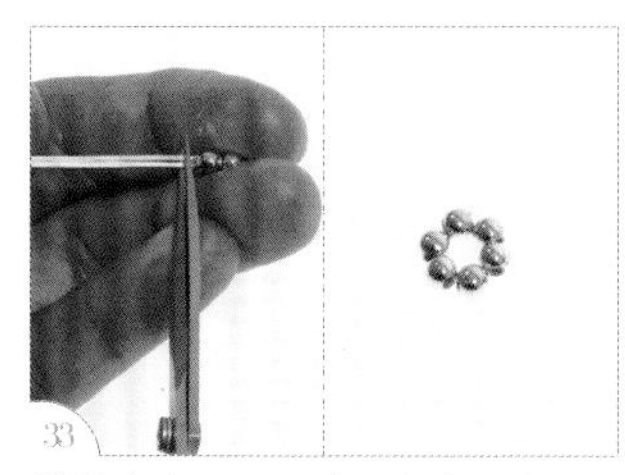

剪掉多余的蚕丝线，完成珠珠圈。

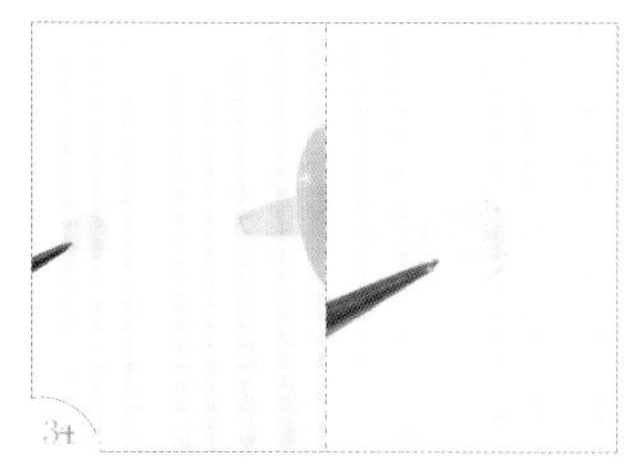

在圆形透明胶片上均匀涂上一层胶。（注：薄薄的一层即可，不要过多。）

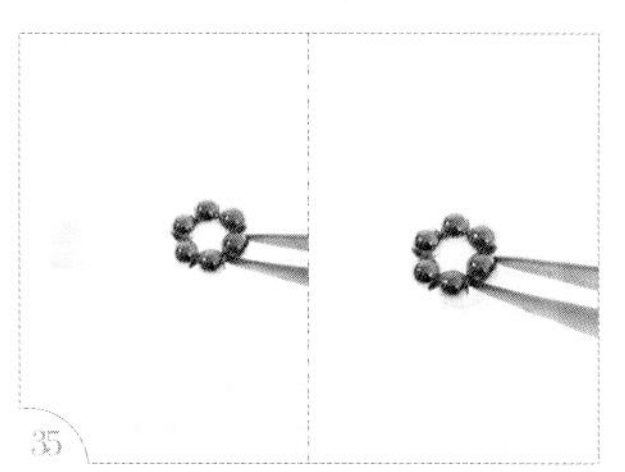

取珠珠圈，粘在圆形透明胶片上。

取剩下的 1 颗珠子放进珠珠圈的中央。

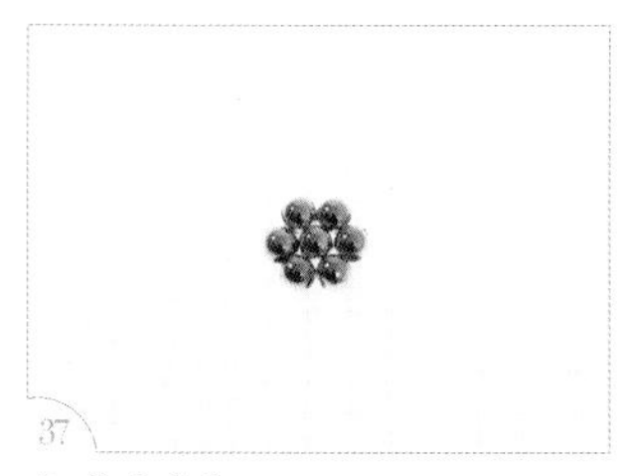

完成珠珠片。

在花朵中心处上胶。

将珠珠片放进花朵中心处。

完成菱形花瓣。

基础花形制作 5

叶子

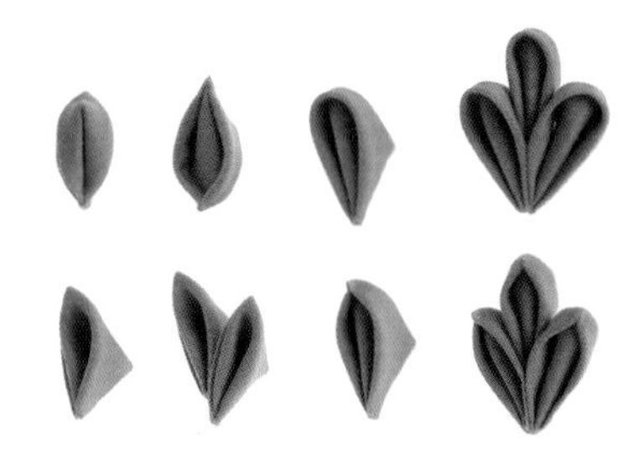

工具材料

① 布

镊子　　保丽龙胶
牙签　　手工艺小剪刀

步骤说明

圆形叶子

拿起 1 片布片。

将布片沿对角线对折成三角形。

沿三角形的垂直中线再次对折。

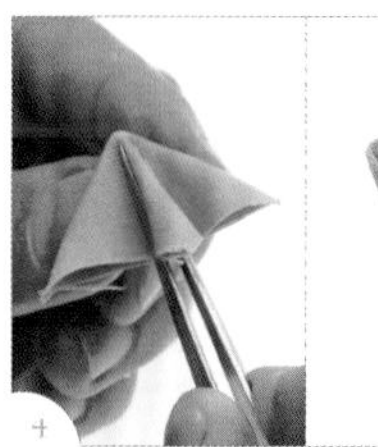

用镊子夹住三角形正中间，将两边分别翻起对折。

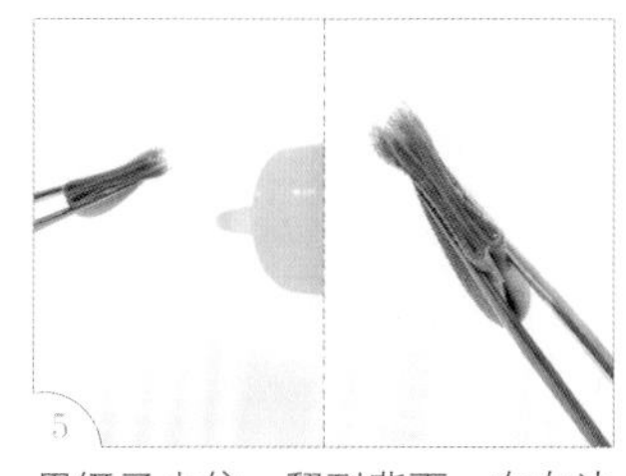

用镊子夹住，翻到背面，在布边开口处上胶。

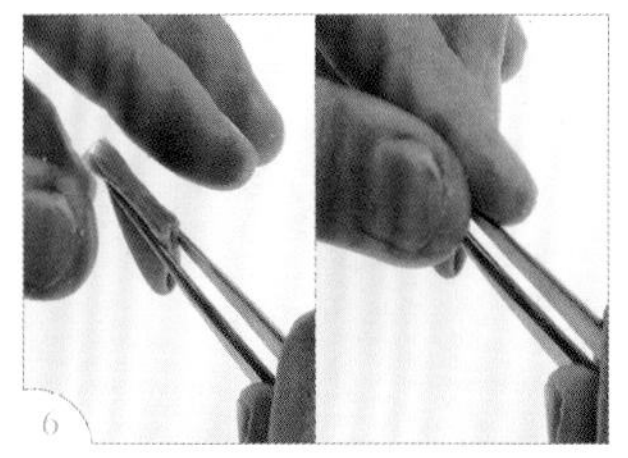

待胶半干后，用手指捏紧布边。（注：触摸时不粘手，但仍有软度即可。）

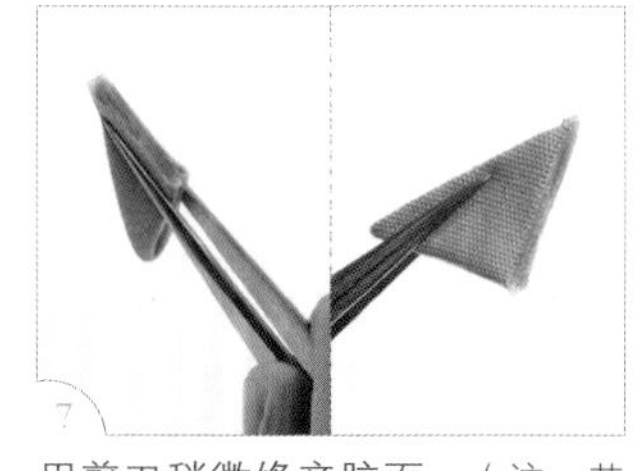

用剪刀稍微修齐胶面。（注：若有线头露出，需一起修掉。）

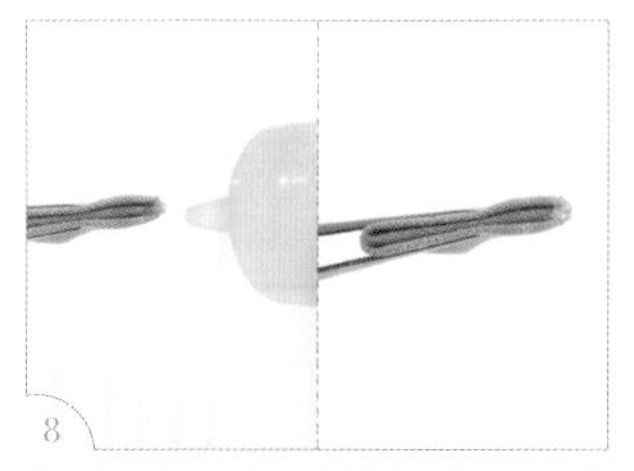

翻到正面，在尖端开口处上少许胶。

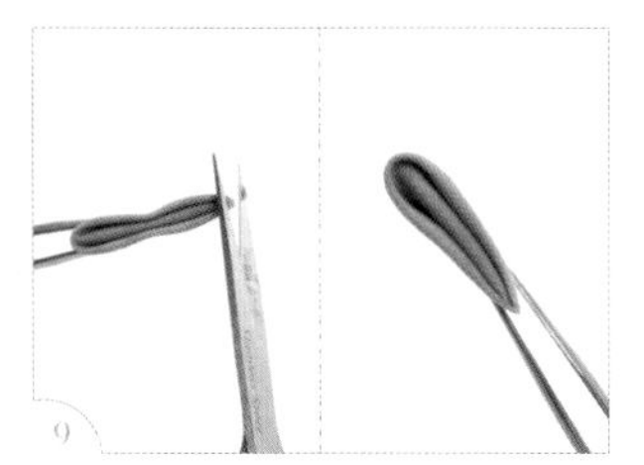
待胶半干后，修齐尖端。

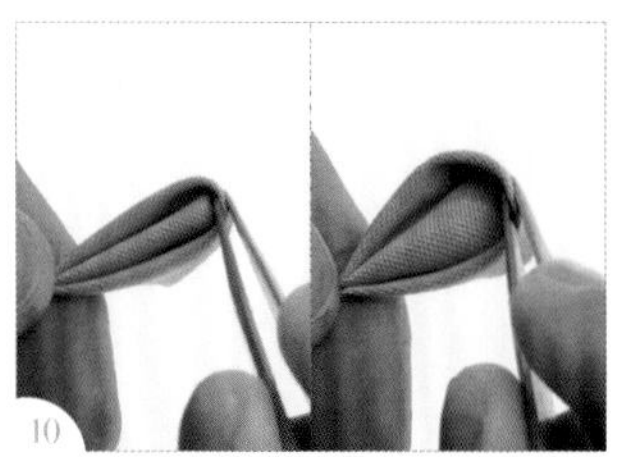
用镊子夹住叶子外缘往内翻，将叶子翻圆。

完成圆形叶子。

三合一圆形叶子

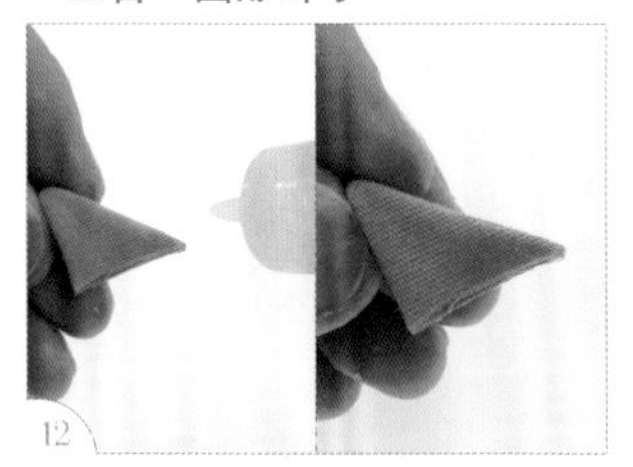
在 1 片圆形叶子右侧上胶。

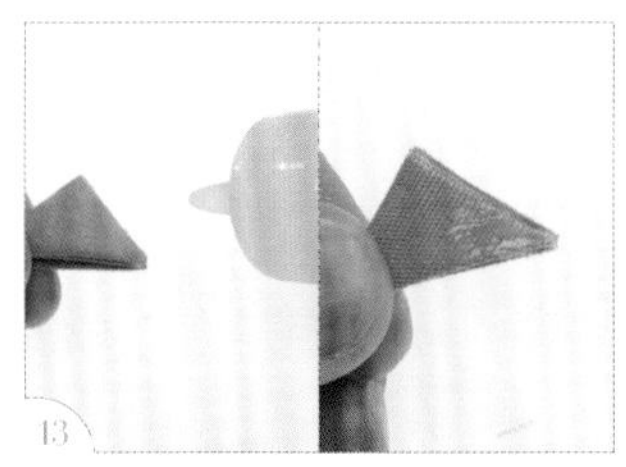
取第 2 片圆形叶子，在左侧上胶。

将 2 片圆形叶子的尖端对齐靠在一起。

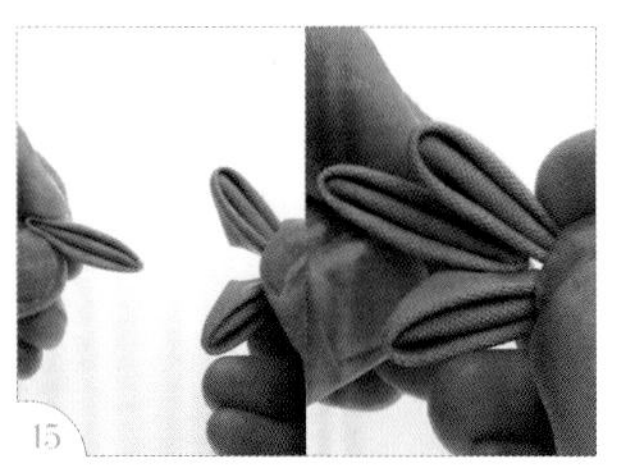
取第 3 片圆形叶子，尖端稍微往下，夹在第 1 片和第 2 片叶子的中间。

用手指捏紧上胶的位置。

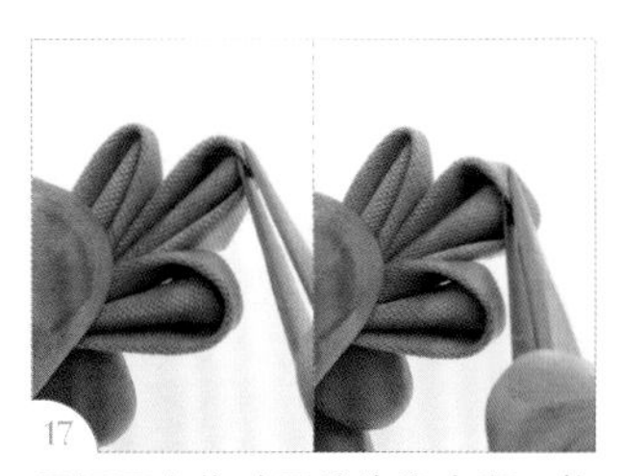
用镊子夹住叶子外缘往内翻，将叶子翻圆。

完成三合一圆形叶子。

三合一有尖角的圆形叶子

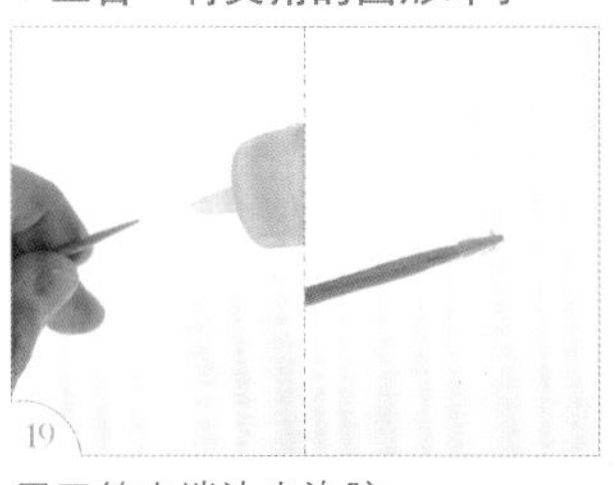
用牙签尖端沾少许胶。

在圆形叶子弧形内缘的中间点处上胶。

用镊子夹紧外缘的中间点，捏出尖角。

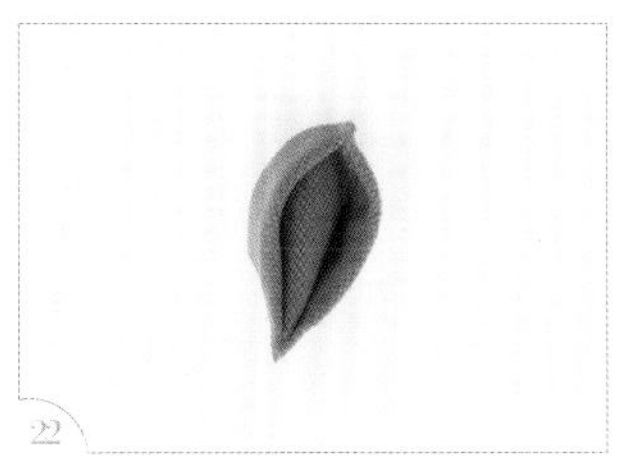

完成有尖角的圆形叶子。

重复步骤 12~21 做 3 片叶子，并粘在一起，完成三合一有尖角的圆形叶子。

尖形叶子

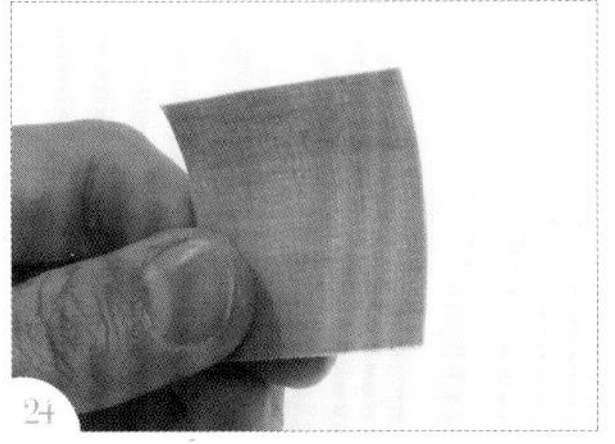

拿起 1 片布片。

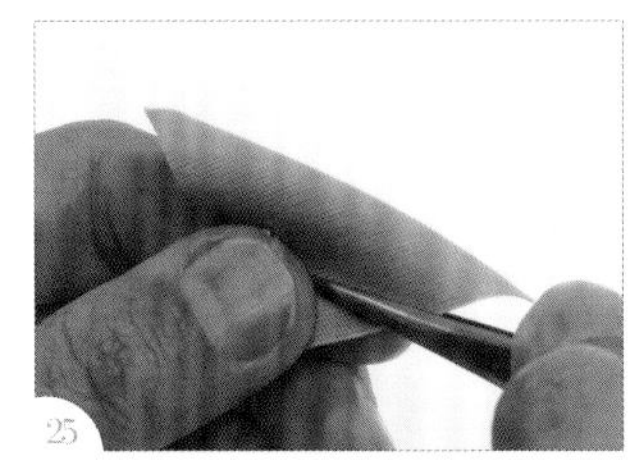

将布片沿对角线对折成三角形。

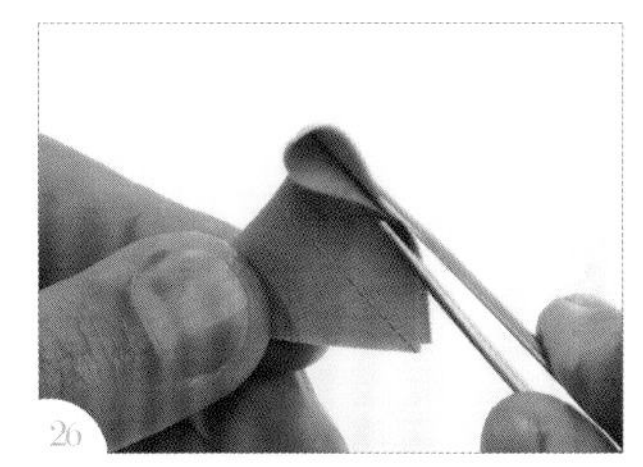

沿三角形的垂直中线再次对折。

夹住三角形的正中间。

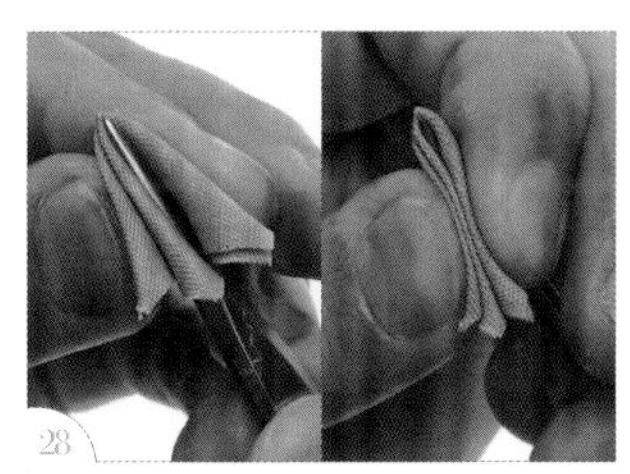

将三角形再次对折。

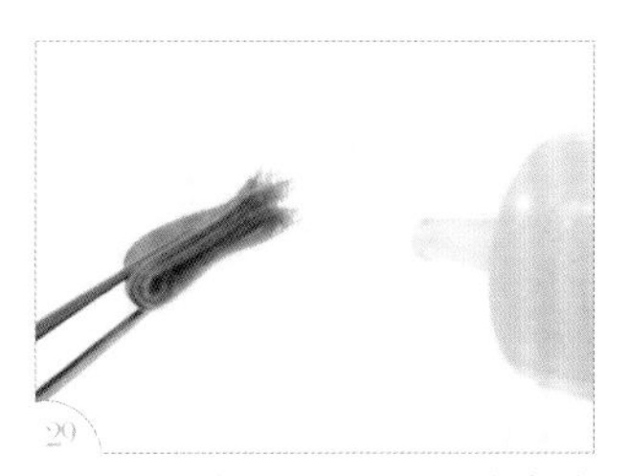

用镊子夹住，翻到背面，在布边开口处上少许胶。

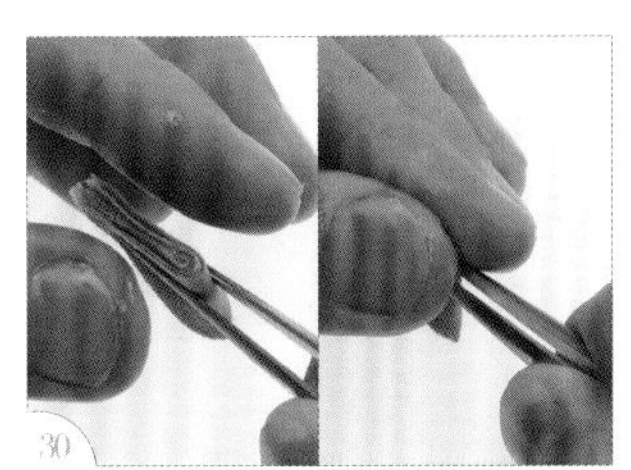

待胶半干后，用手指捏紧布边。（注：触摸时不粘手，但仍有软度即可。）

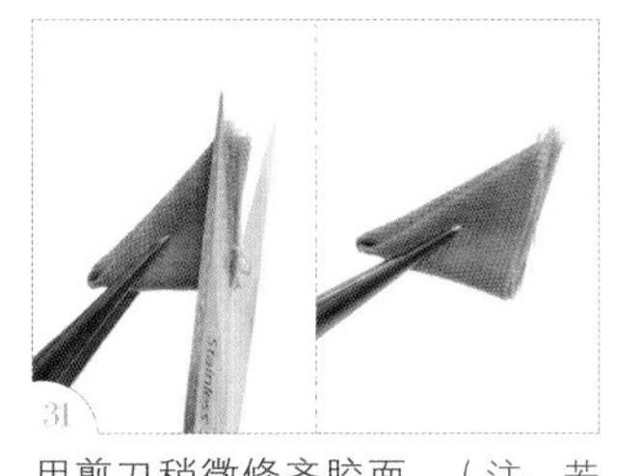

用剪刀稍微修齐胶面。（注：若有线头露出，需一起修掉。）

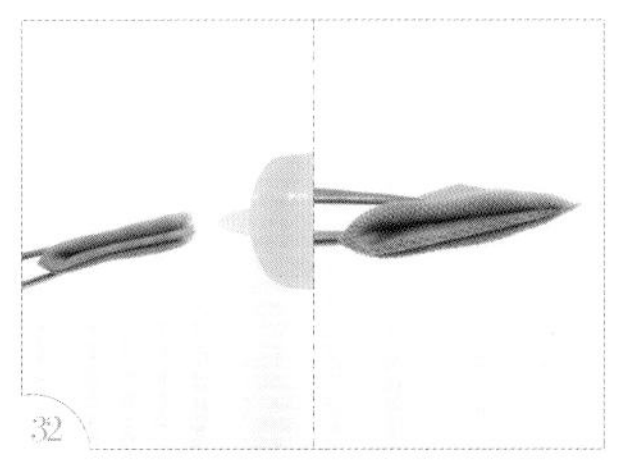

翻到正面，在尖端开口处上少许胶。

待胶半干后，修齐尖端。

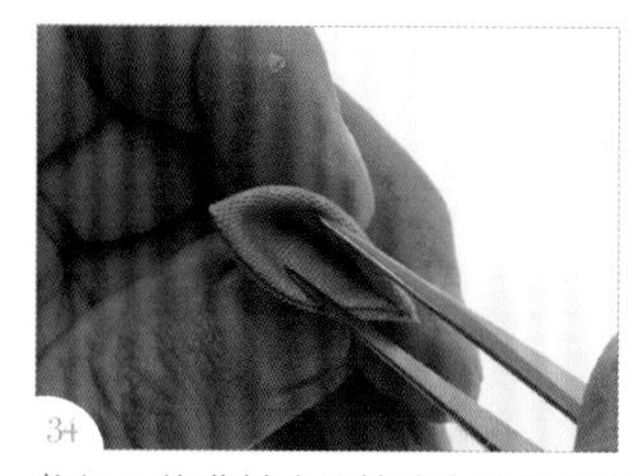

将镊子伸进斜边的缝隙中并把布撑开。

完成尖形叶子。

※二合一尖形叶子

在 1 片尖形叶子一侧上少许胶。

粘上另 1 片尖形叶子。

完成二合一尖形叶子。

※外翻的尖形叶子

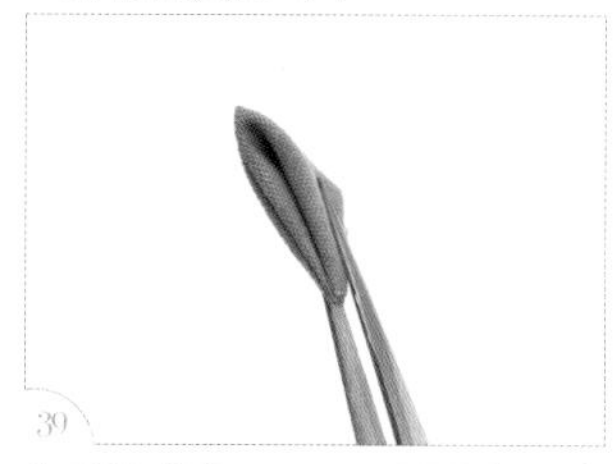

先重复步骤 24~33，再用镊子夹紧上胶的位置。

翻到背面。

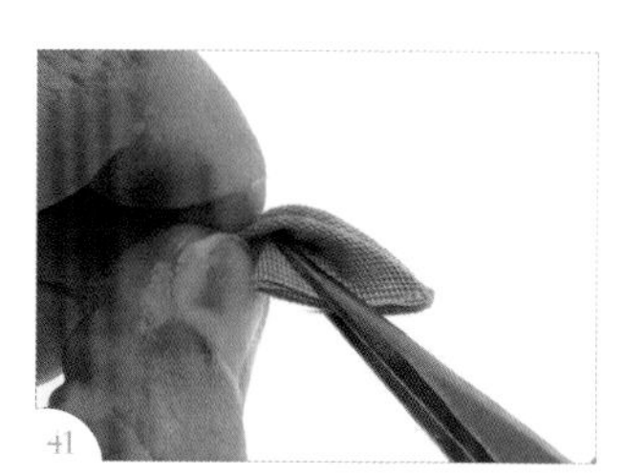

捏住叶片的外端，将正面翻折到背面。

完成外翻的尖形叶子。（注：底部在外翻的过程中不能散开。）

各种叶子均可任意组合。

衍生花形制作

Derived flower production

衍生花形制作 1

双层 尖形花瓣

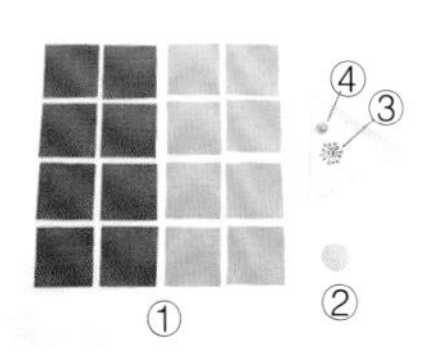

工具材料

① 布8片（红）+8片（粉）（3.5cm×3.5cm）
② 圆形卡纸底台（直径 1.8cm）
③ 金属花蕊
④ 珠子（直径8mm）

手工艺小剪刀
镊子
保丽龙胶

原大尺寸

布（3.5cm×3.5cm）

步骤说明

1 需要内、外层两种颜色的布片，先拿起 1 片内层颜色的布片。

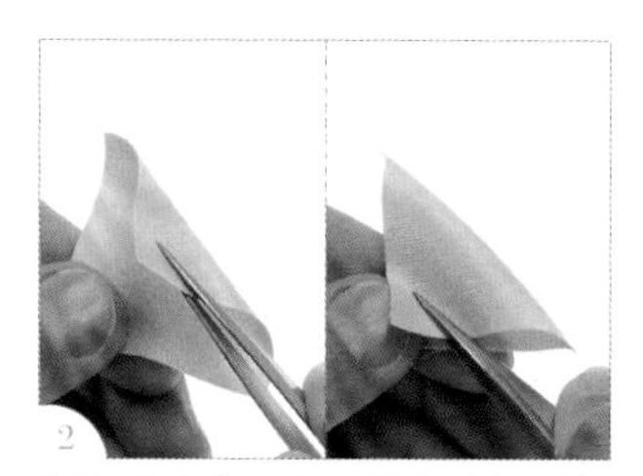

2 用镊子夹住一角，将布片沿对角线对折成三角形。

3 沿三角形的垂直中线再次对折。

4 内层折好后备用。

拿起 1 片外层颜色的布片。

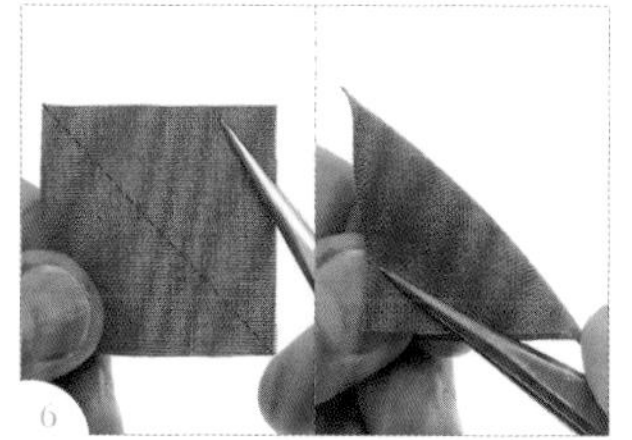

用镊子夹住一角，将布片沿对角线对折成三角形。

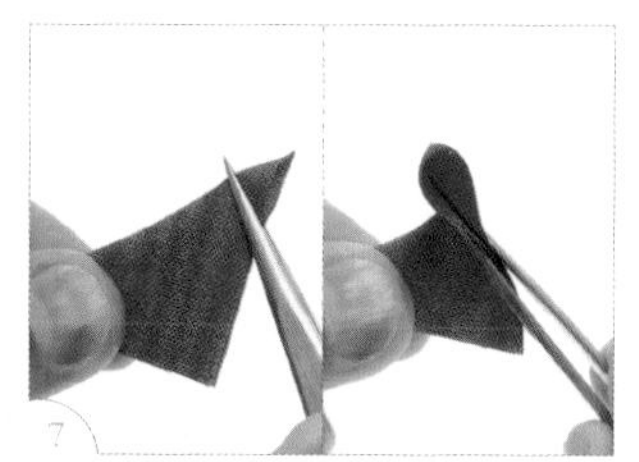

沿三角形的垂直中线再次对折。

外层折好后备用。

将内层、外层的三角形重叠。

内层叠在外层上面。

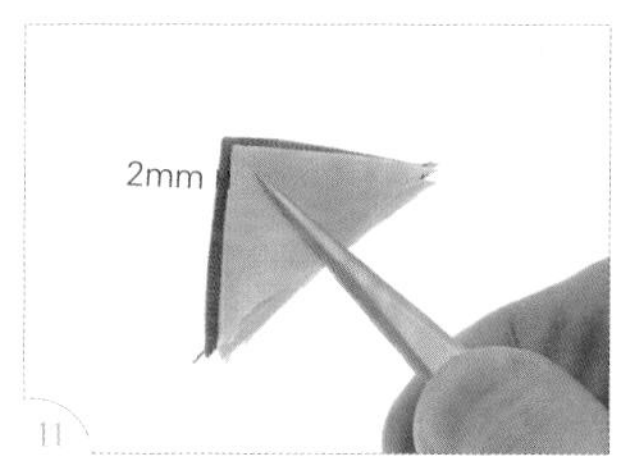

外层的直角边缘露出 2mm，不要被完全遮住，用镊子夹住三角形的正中间。

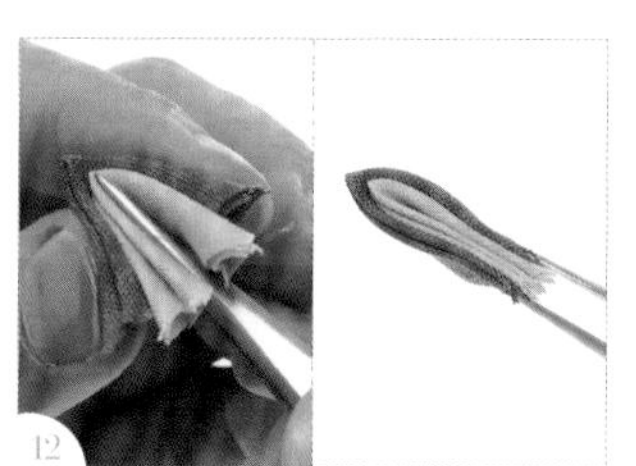

将两层三角形一起对折。

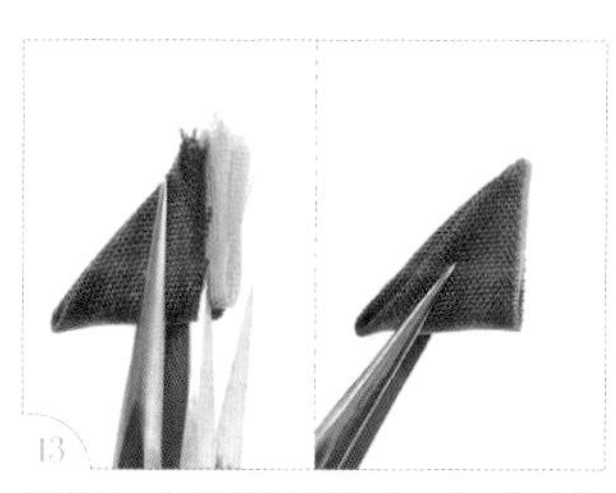

用镊子夹住翻到侧面，将露出的内层布修剪掉。

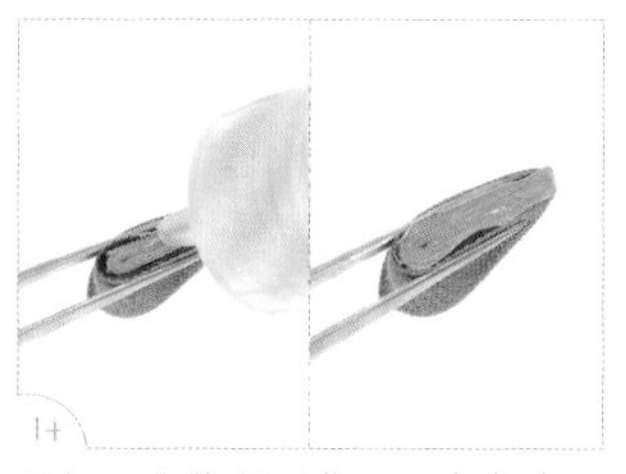

用镊子夹住翻到背面，在布边开口处上少许胶。

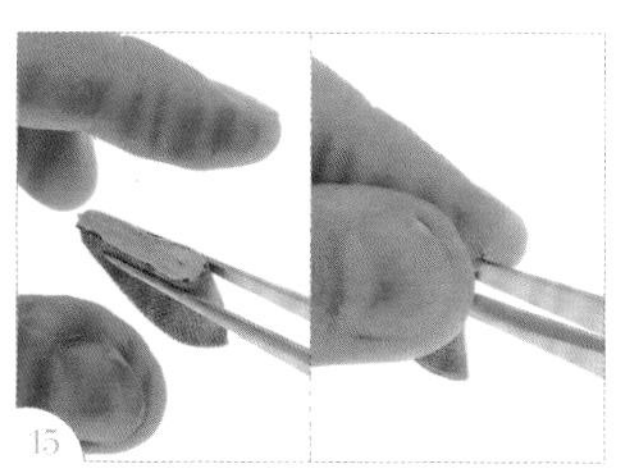

待胶半干后，用手指捏紧布边。（注：触摸时不粘手，但仍有软度即可。）

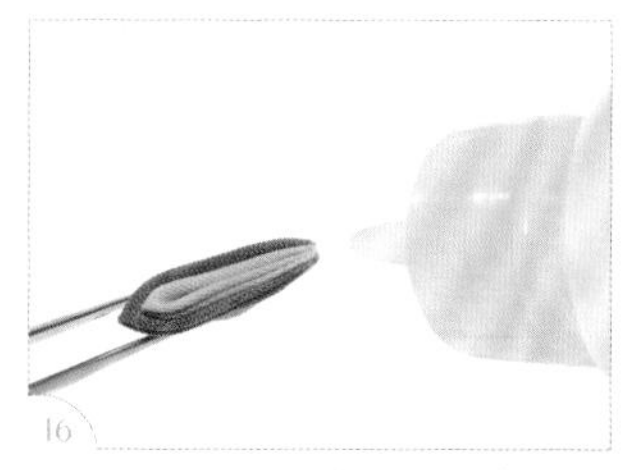

翻到正面，在尖端处上少许胶。

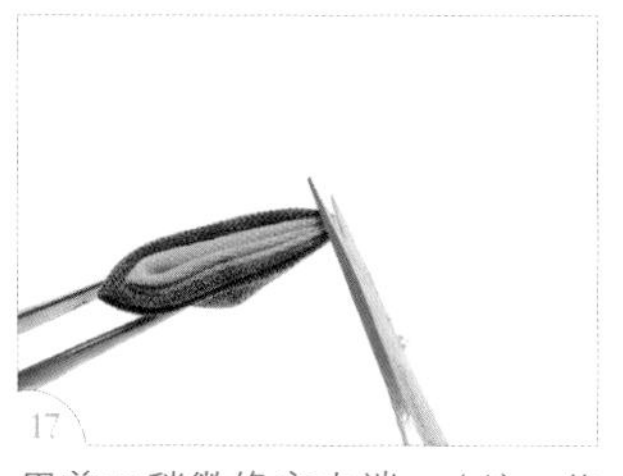

用剪刀稍微修齐尖端。（注：若有内层布凸出，修剪至与外层布对齐。）

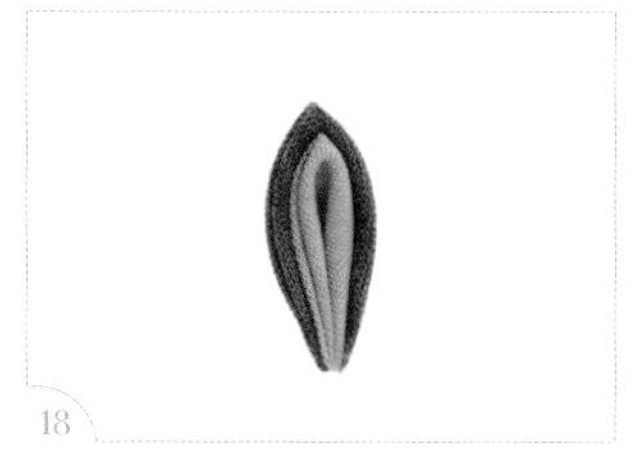

完成 1 片花瓣。

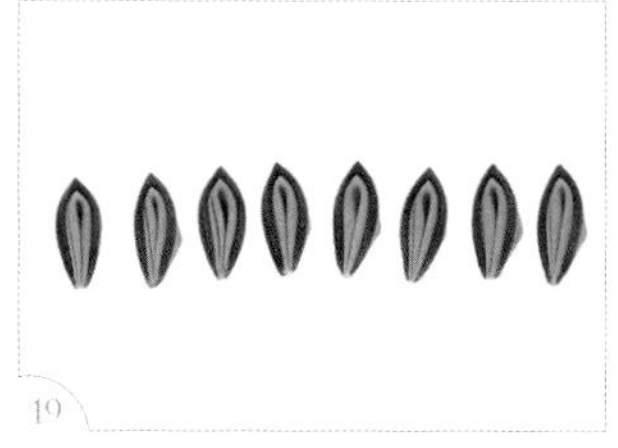

重复步骤 1~17，将所需的 8 片花瓣制作完成。

底台使用直径为 1.8cm 的圆形卡纸。（注：圆形卡纸的做法可参考 P.12。）

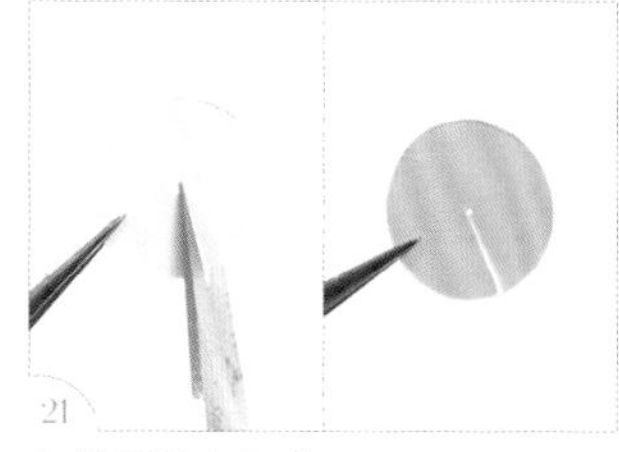

沿着圆的半径剪开。

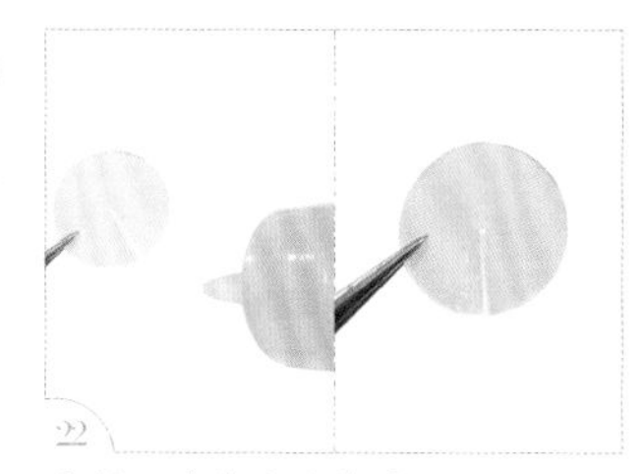

在剪口边缘上少许胶。

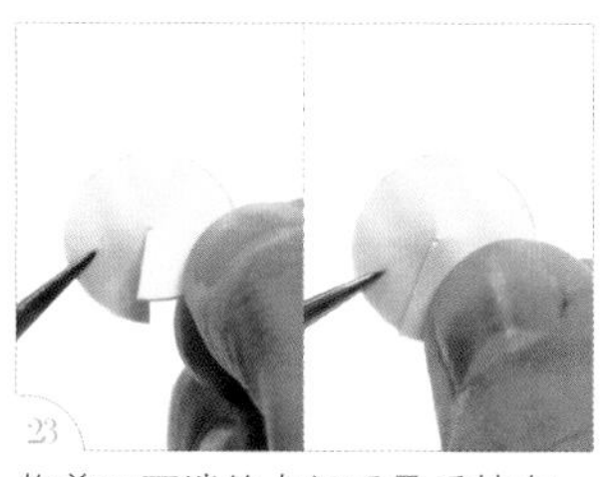

将剪口两端的卡纸重叠后粘在一起。

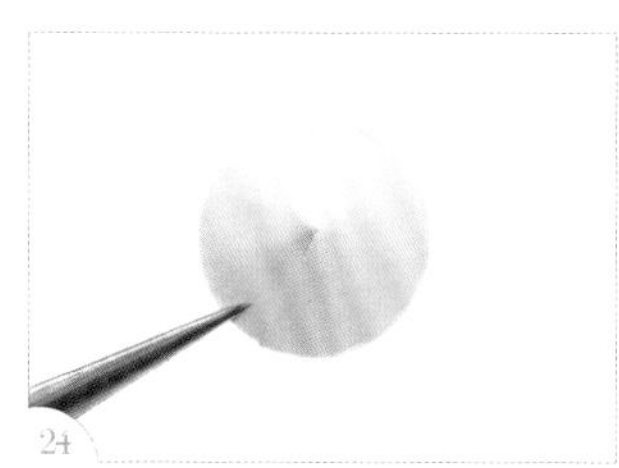

粘成一个锥形底台。

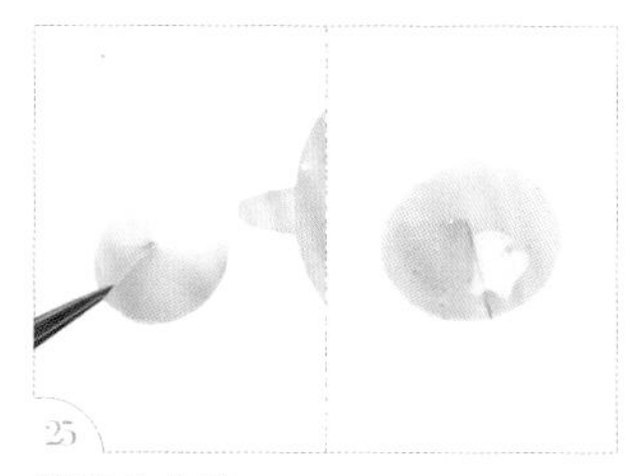

将底台上胶。

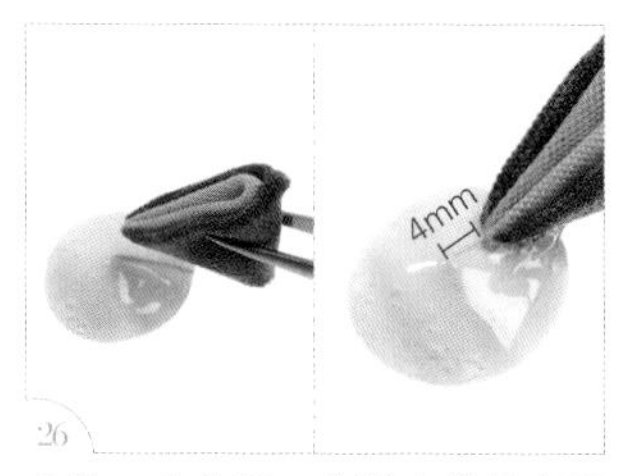

先粘 1 片花瓣，花瓣尖端朝向圆心，距离圆心 4mm。

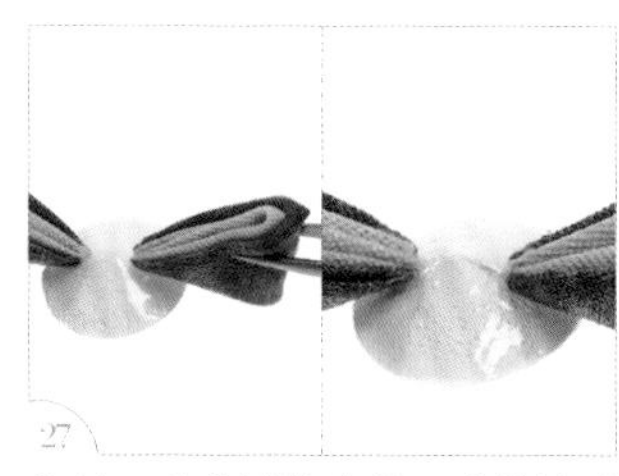

将第 2 片花瓣粘在第 1 片花瓣对面，同样距离圆心 4mm。

在 2 片花瓣中间粘上第 3 片花瓣。

如图粘上第 4 片花瓣，呈十字状。

分别在每 2 片花瓣中间粘上剩下的花瓣。

重复步骤 30，将 8 片花瓣全部粘上，完成花朵主体。

在花朵中心处上胶。

将金属花蕊放进花朵中心处。

在金属花蕊中心处上少许胶。

将珠子放进金属花蕊中心处。

完成双层尖形花瓣。

用同样的做法可以做成三层花、四层花，但花朵层数越多，最好使用越薄的布。

衍生花形制作 2

双层梅花

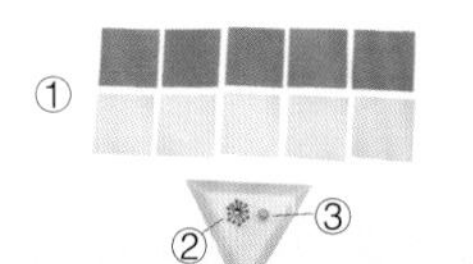

工具材料

① 布 5 片（蓝）+5 片（浅蓝）（3.5cm×3.5cm）
② 金属花蕊
③ 珠子（直径 8mm）

手工艺小剪刀
镊子
保丽龙胶

原大尺寸

布（3.5cm×3.5cm）

步骤说明

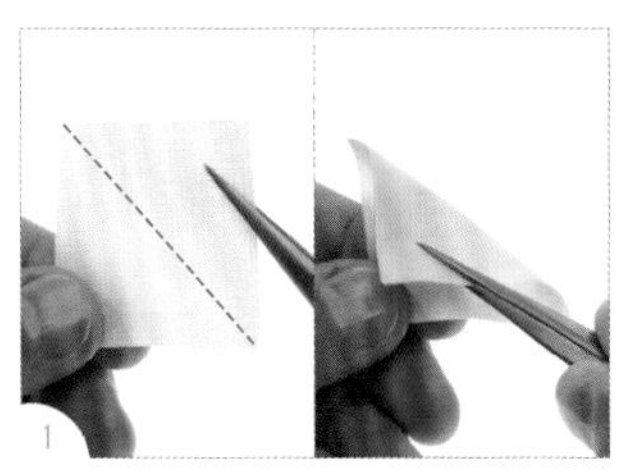

1 取 1 片内层颜色的布片，用镊子将布片沿着对角线对折成三角形。

2 内层折好后备用。

3 取 1 片外层颜色的布片，用镊子将布片沿着对角线对折成三角形。

4 外层折好后备用。

5 将内层、外层的三角形重叠。

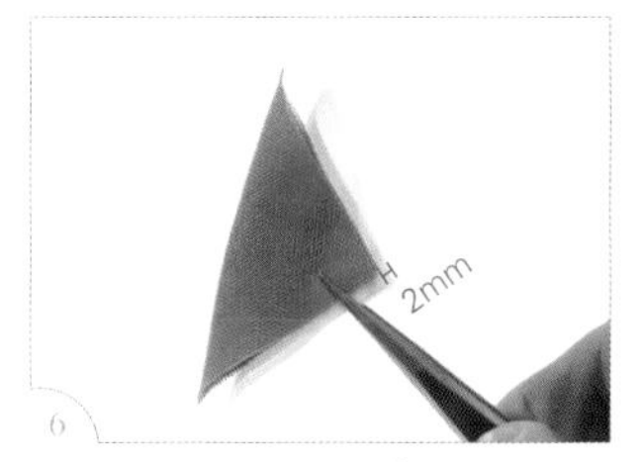

外层的直角边缘露出 2mm，不要完全被遮住。

用镊子夹住两层三角形。

将两层三角形一起对折。

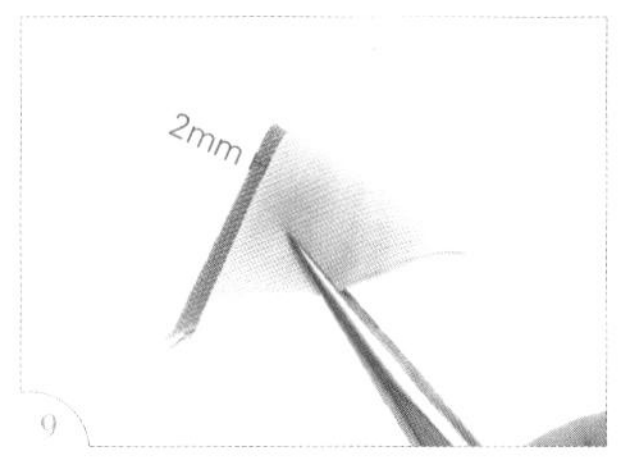

这样外层就会露出 2mm 宽的布料。（注：若在折叠的时候位置偏移，折完后再稍微调整即可。）

用镊子夹住内层三角形的中间。

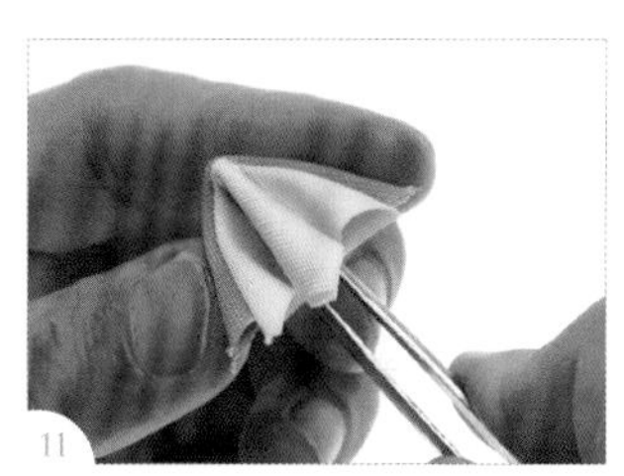

将两边分别翻起对折。

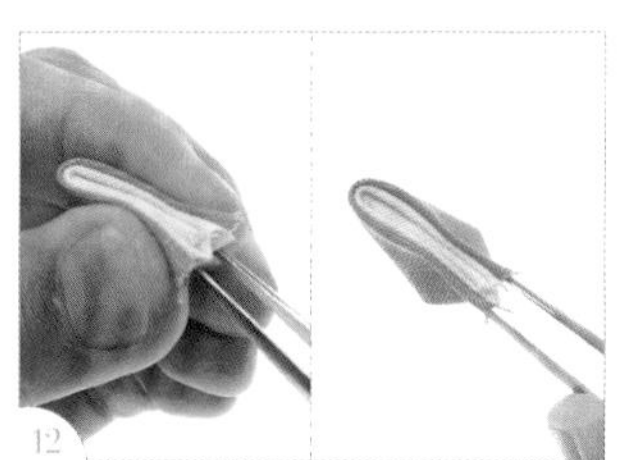

将内层的布折边与外层贴齐。（注：不要让内层的布折边凸出。）

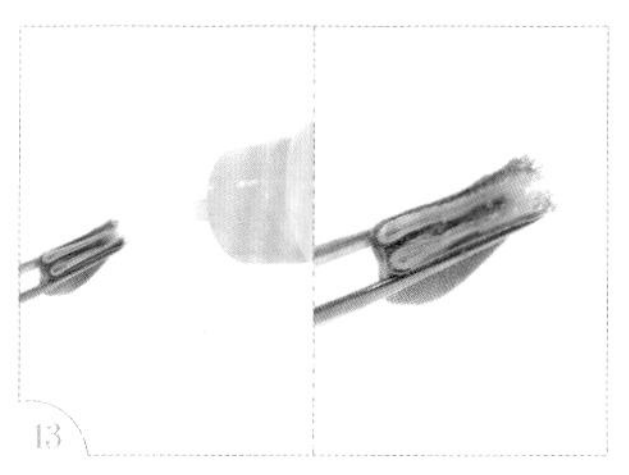

用镊子夹住，在毛边的开口处均匀上胶。（注：胶量可稍微多一点，并确认无气泡。）

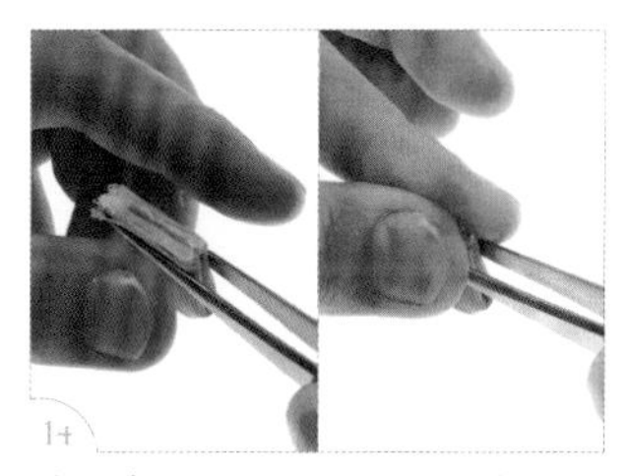

待胶半干后，用手指捏紧布边。（注：触摸时不粘手，但仍有软度即可。）

用剪刀稍微修齐胶面。（注：若有内层布露出，需一起修掉。）

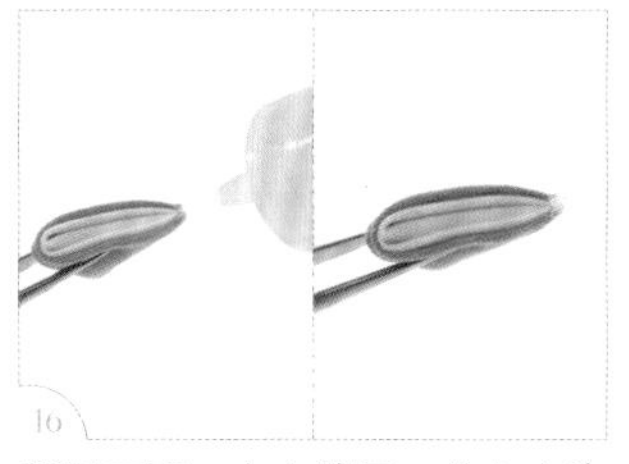

翻到正面，在尖端开口处上少许胶。

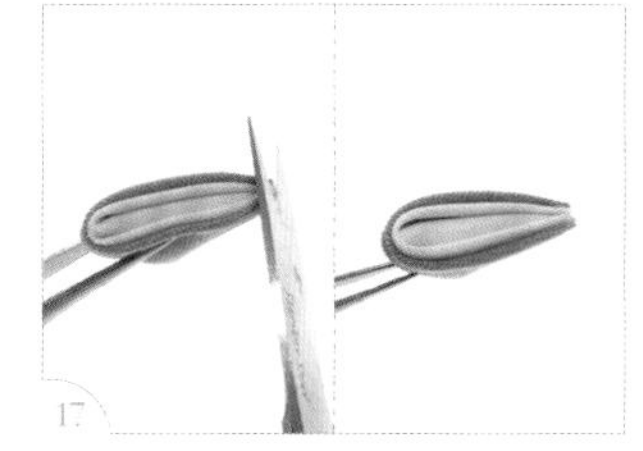

待胶半干后，修齐尖端。

将剪刀伸进后端的开口处正中间，剪开上胶的布边。（注：只剪开上胶处，不要剪到布。）

将花瓣打开。（注：左右两边各自的内、外层不能分离。）

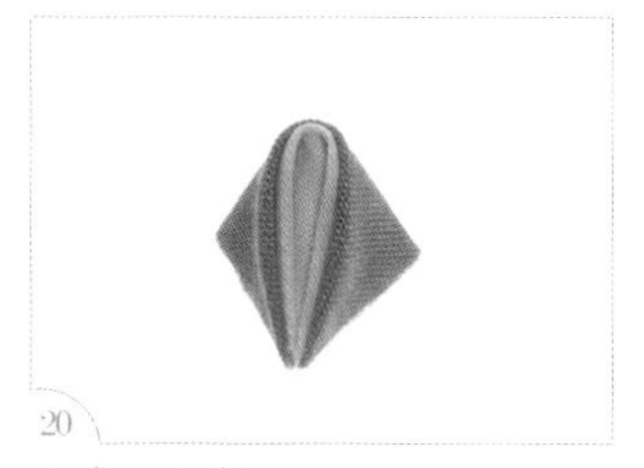

完成 1 片花瓣。

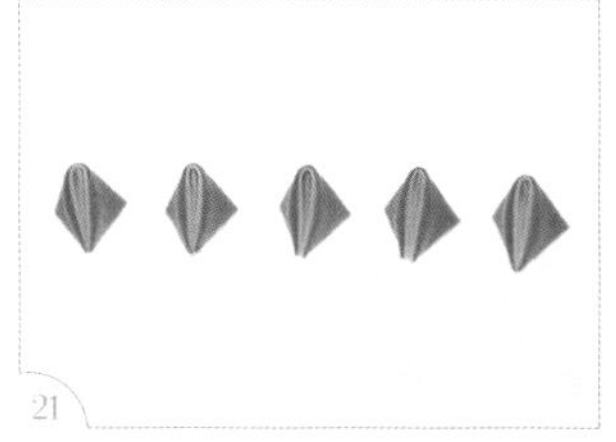

重复步骤 1~19，将所需的 5 片花瓣制作完成。

将花瓣翻到背面，并将上胶的外层布边贴齐。

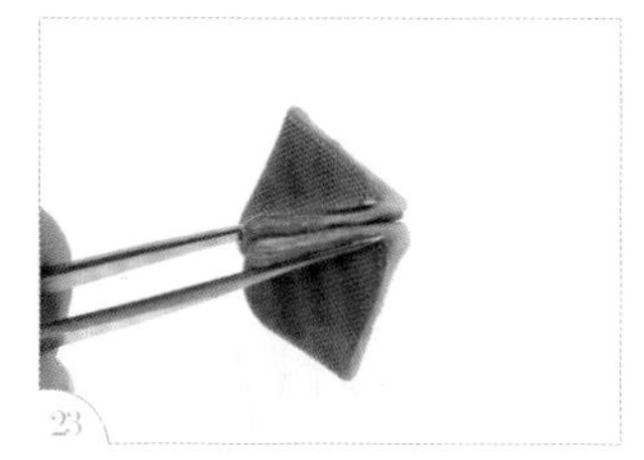

用镊子夹紧。

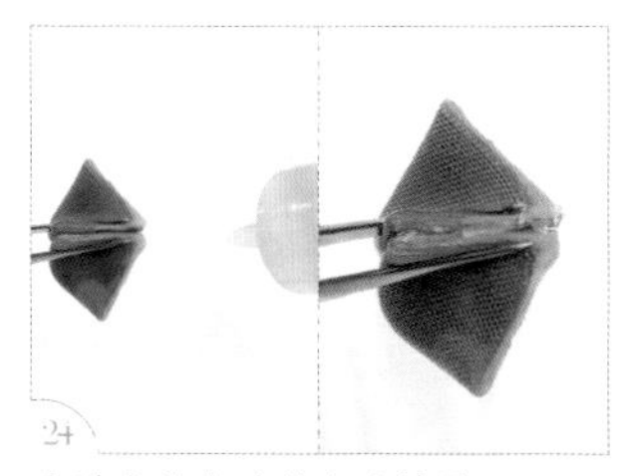

在贴齐的布边处上少许胶。

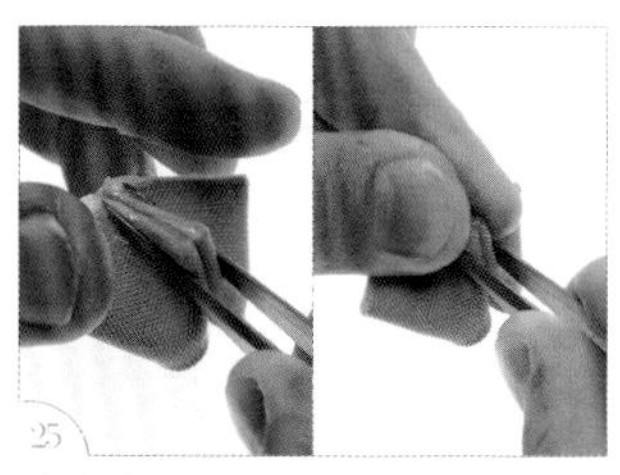

待胶半干后，用手指捏紧布边。（注：触摸时不粘手，但仍有软度即可。）

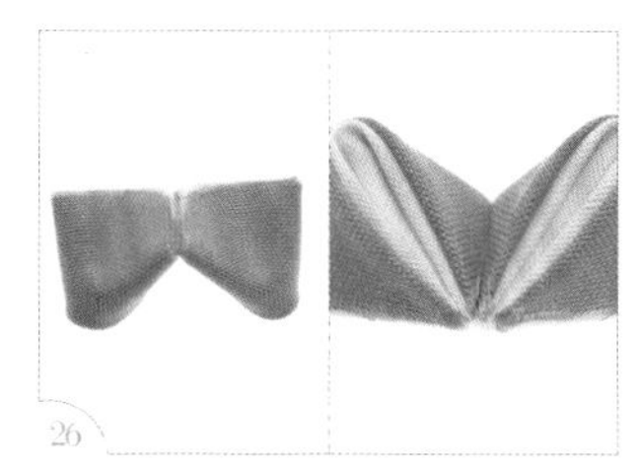

2 片花瓣黏合完成。（注：正面的接缝处不能露出内层布。）

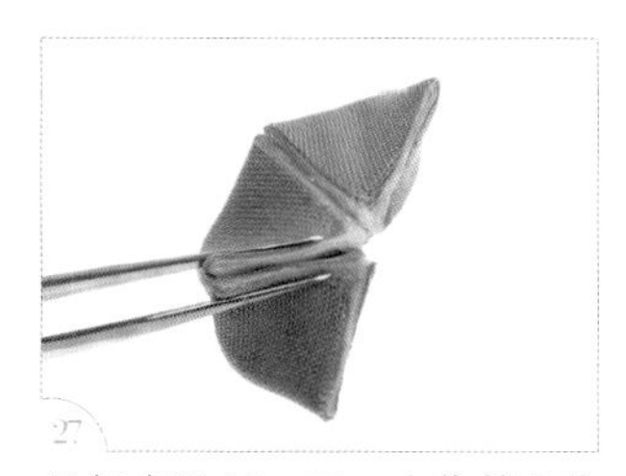

重复步骤 22、23，夹住第 2 片和第 3 片花瓣。

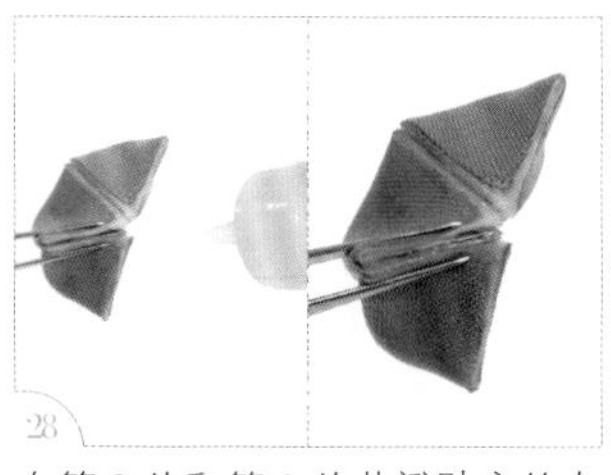

在第 2 片和第 3 片花瓣贴齐的布边处上胶。

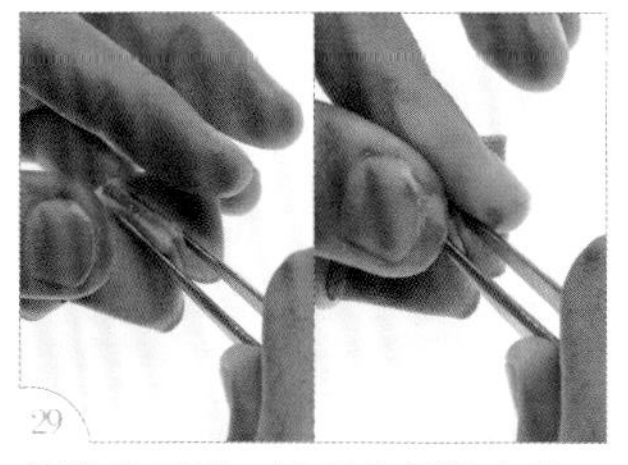

待胶半干后，用手指捏紧布边。（注：触摸时不粘手，但仍有软度即可。）

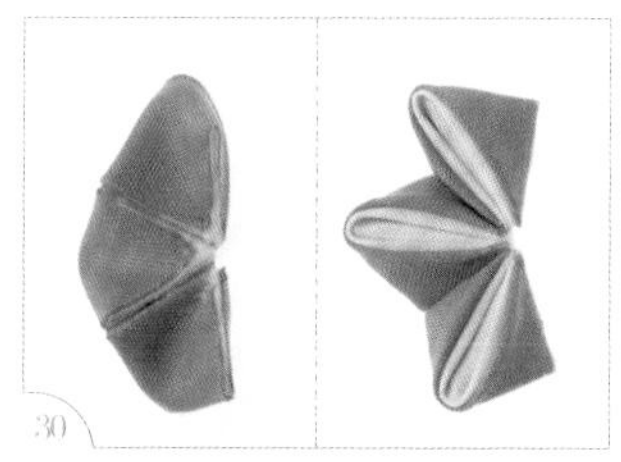

第 3 片花瓣黏合完成。

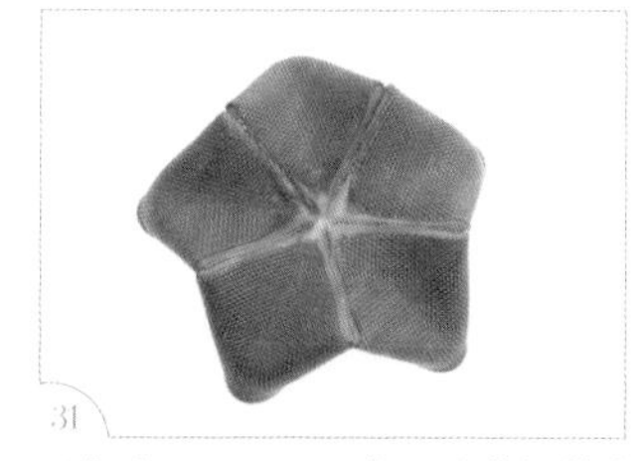

重复步骤 22~25，将 5 片花瓣粘在一起。

翻到正面。（注：布比较厚或花瓣比较多时，花中央会出现无法闭合的小洞，只要洞小于花蕊就没关系。）

将镊子的尾端对准花瓣。

把镊子伸进内层布中央凹陷处。

用手指轻压外侧，将花瓣撑圆。

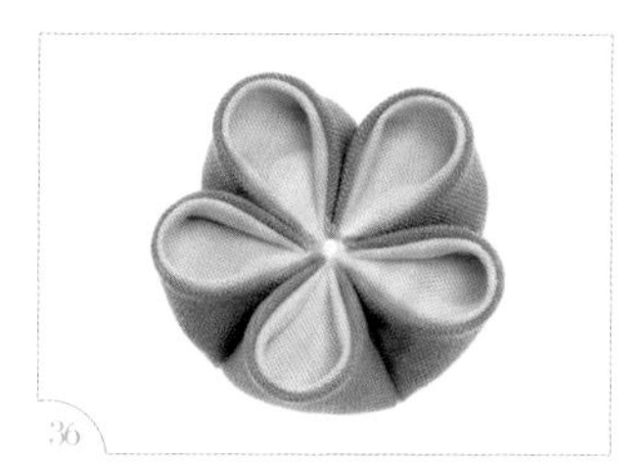

重复步骤 33~35，将 5 片花瓣都撑圆。

在花朵中心处上胶。

将金属花蕊放进花朵中心处。

在金属花蕊中心处上少许胶。

将珠子放进金属花蕊中心处。

完成双层梅花。

小提醒

参考这种方法可以制作三层花、四层花，如果布的厚薄不同，最厚的必须摆在最外层。

衍生花形制作 3

单层樱花

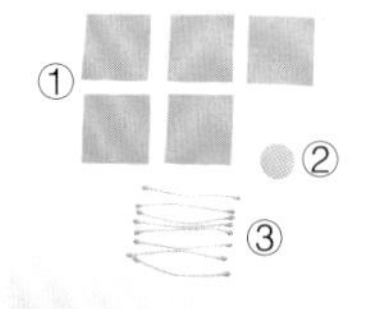

工具材料

① 布 5 片（3.5cm×3.5cm）
② 圆形卡纸底台（直径 1.8cm）
③ 花蕊 8 根

手工艺小剪刀
镊子
保丽龙胶
调色盘
糨糊
水
水彩笔

原大尺寸

布（3.5cm×3.5cm）

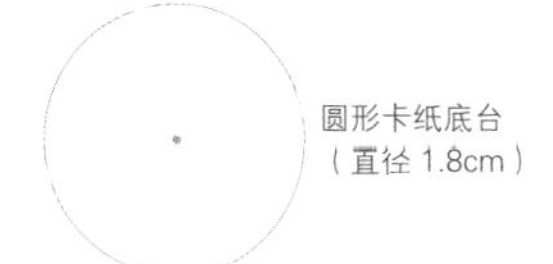

步骤说明

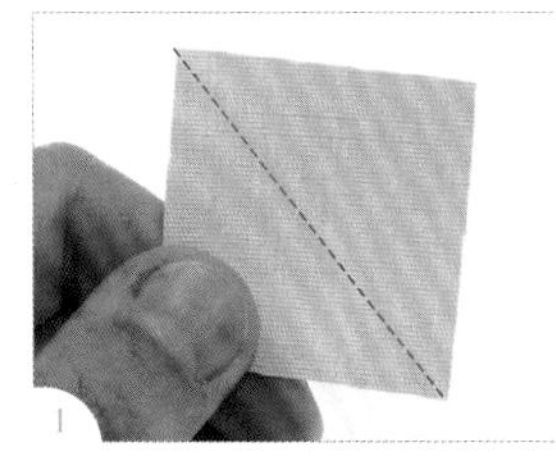

拿起 1 片布片，用镊子夹住一角。

将布片沿对角线对折成三角形。

沿三角形的垂直中线再次对折。

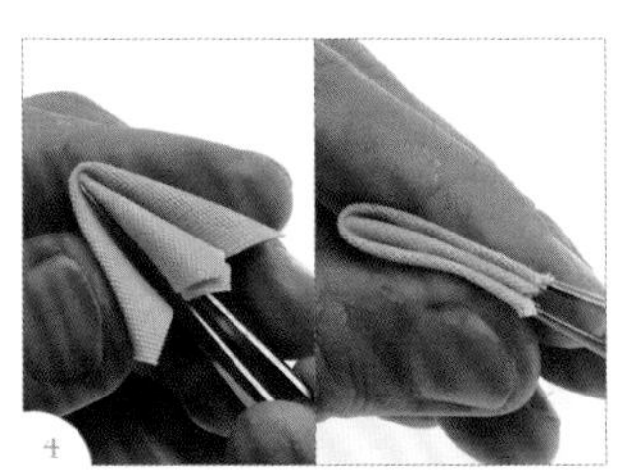

用镊子夹住三角形的正中间，以步骤 3 的折线为中线，将两边分别翻起对折。

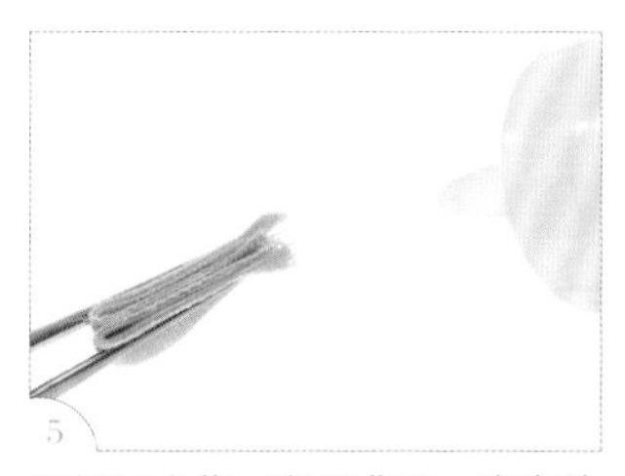

用镊子夹住，翻到背面，在布边开口处上胶。

待胶半干后，用手指捏紧布边。（注：触摸时不粘手，但仍有软度即可。）

用剪刀稍微修齐胶面。（注：若有线头露出，需一起修掉。）

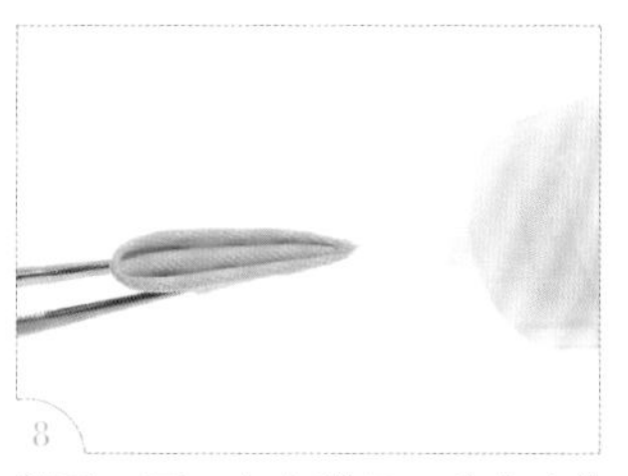

翻到正面，在尖端开口处上少许胶。

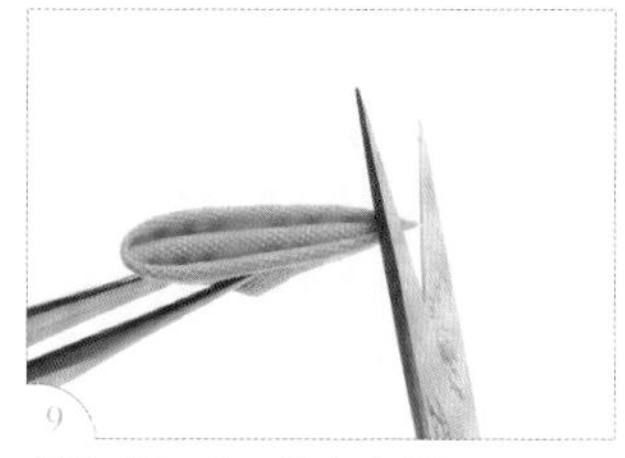

待胶半干后，修齐尖端。

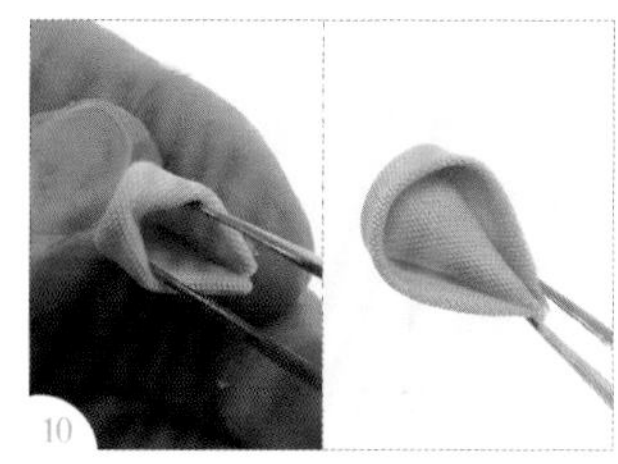

将花瓣尾端对折处用镊子撑开，使花瓣撑圆。

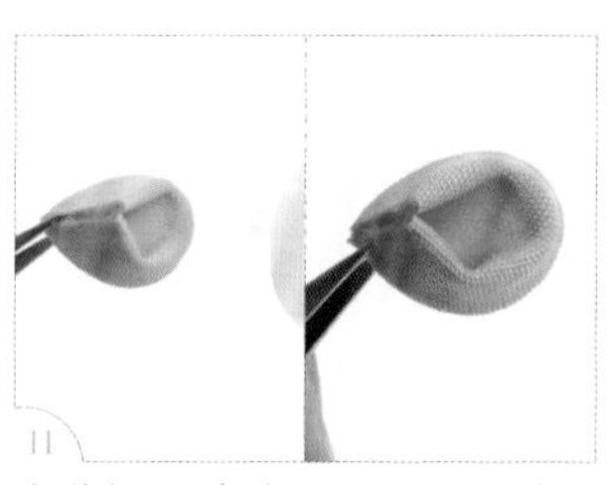

在花瓣尾端撑开的洞里上胶。（注：胶不要过多，涂均匀即可。）

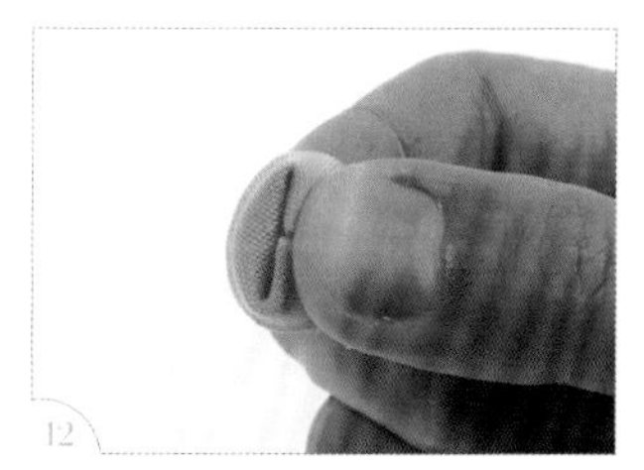

捏紧上胶处。

如图，将上胶处整理平整。

取出糨糊。

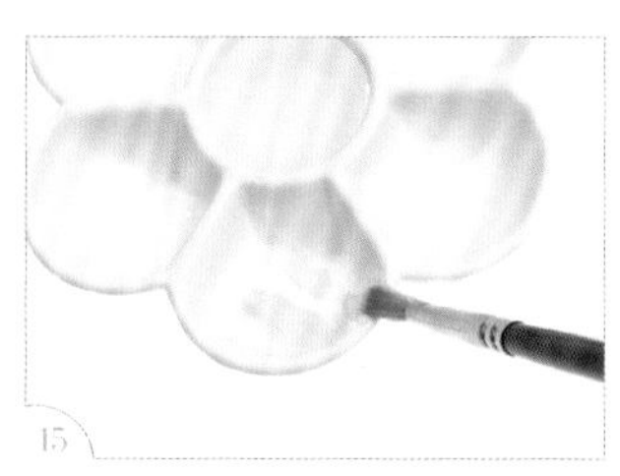

取适量糨糊和水，比例约为2：1。

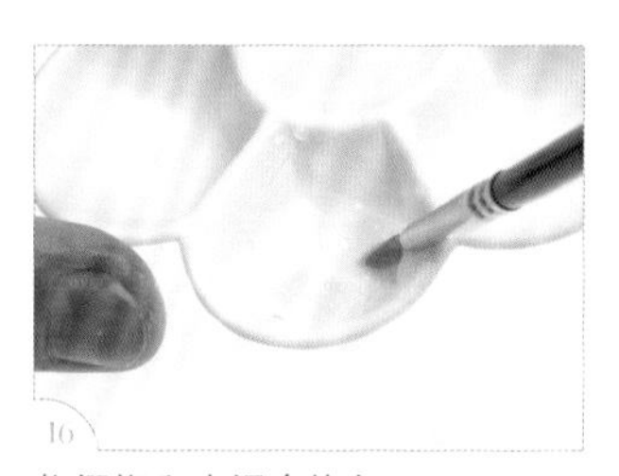

将糨糊和水混合均匀。

用水彩笔把糨糊水刷在花瓣弧形的位置。

等糨糊水渗透进布里。（注：打湿的布会比布干的地方颜色稍微深一点。）

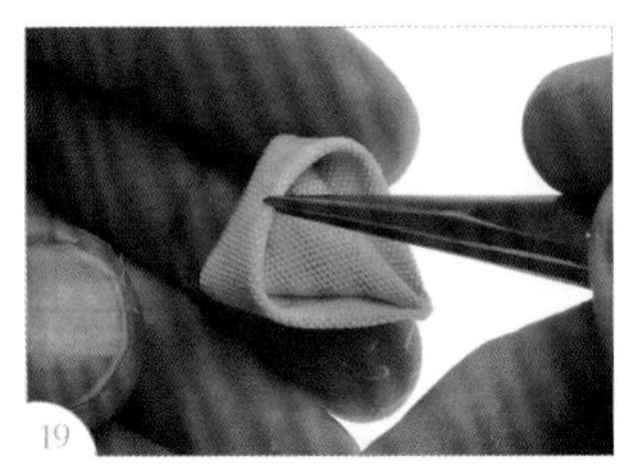

等待至七成干。（注：颜色深的区域恢复到原本的颜色，但还没有完全变硬。）

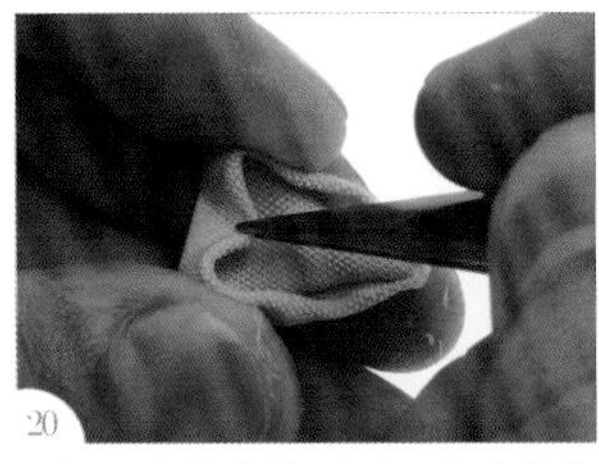

用镊子夹住花瓣弧形正中央的位置，往内侧拉。

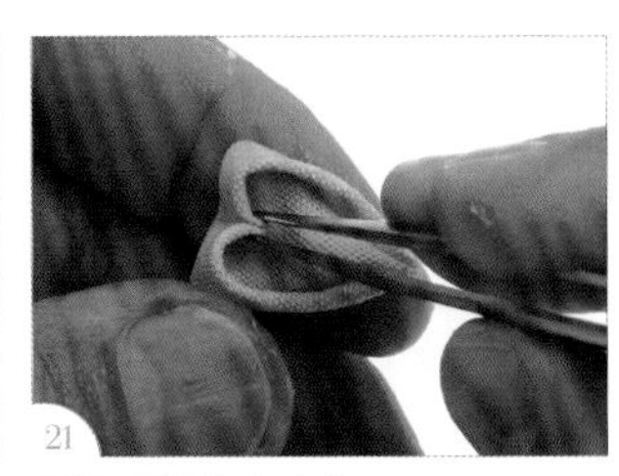

用镊子捏出内尖角。

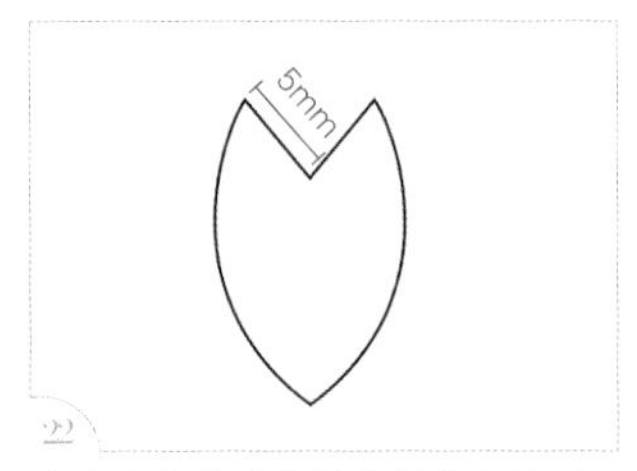

内尖角和外尖角的位置参考图示。

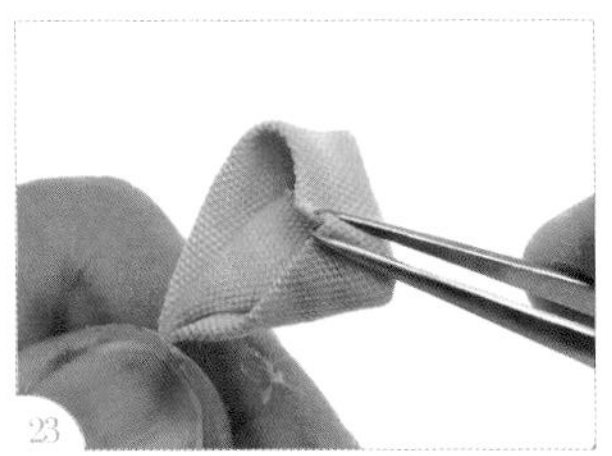

在距离内尖角 5mm 的位置捏出外尖角。

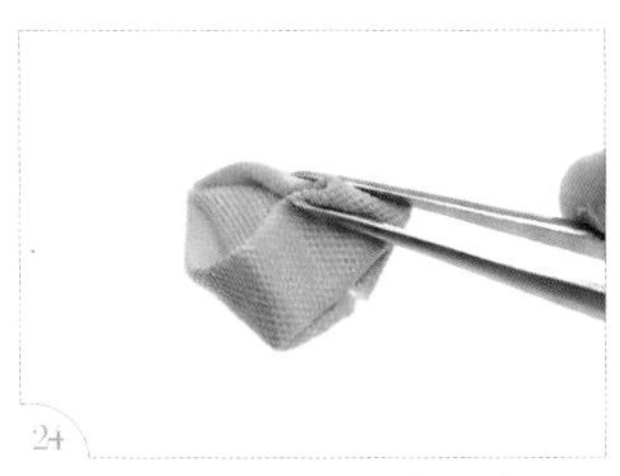

在另一侧 5mm 处捏出对称的外尖角。

完成 1 片樱花花瓣。

重复步骤 1~24，将所需的 5 片花瓣制作完成。

将圆形卡纸底台上胶。（注：圆形卡纸的做法可参考 P.12。）

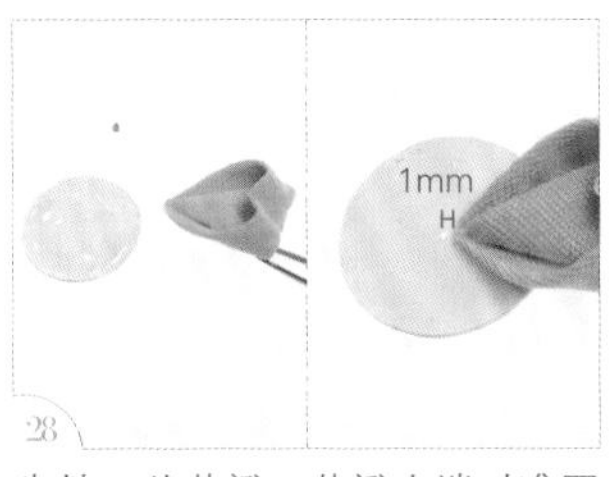

先粘 1 片花瓣，花瓣尖端对准圆心，距离圆心 1mm。

将第 2 片花瓣粘在第 1 片花瓣对面偏一点的位置。

紧贴着第 2 片花瓣粘上第 3 片花瓣，它们和第 1 片花瓣的尖端间隔 2mm。

如图粘上第 4 片花瓣。

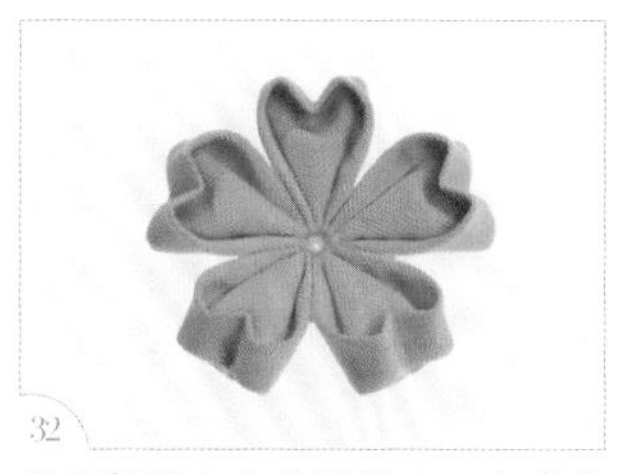

最后将第 5 片花瓣粘上，完成花朵主体。

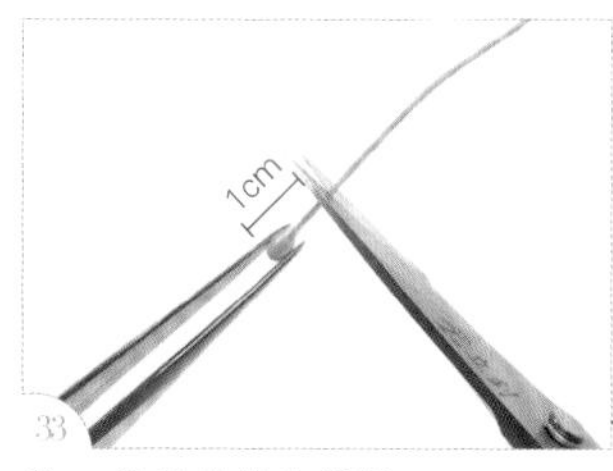

将 8 根花蕊从头端剪下 1cm。

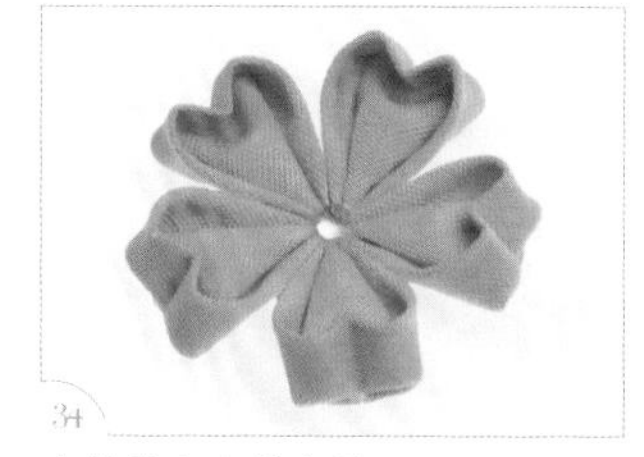

在花朵中心处上胶。

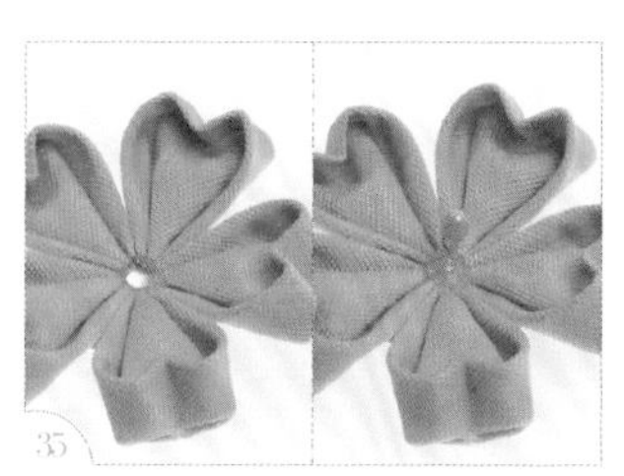

待胶半干，将剪下的花蕊插进花朵中心处。

完成单层樱花。

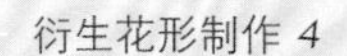

衍生花形制作 4

双层樱花

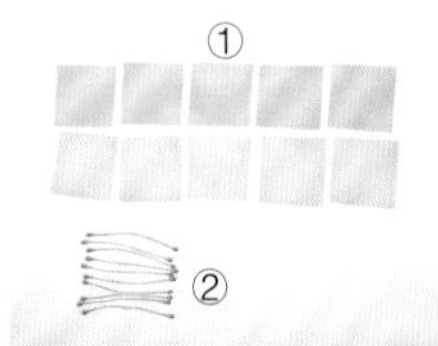

工具材料

① 布 5 片（粉）+5 片（绿）（3.5cm×3.5cm）
② 花蕊 10 根

镊子
保丽龙胶
牙签

手工艺小剪刀

原大尺寸

布（3.5cm×3.5cm）

步骤说明

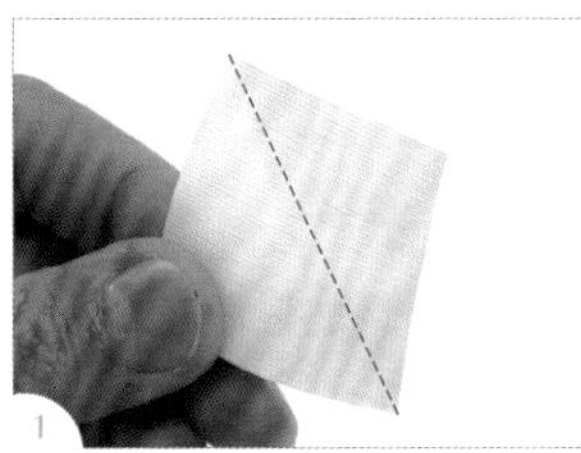

需要内、外层两种颜色的布片。先拿起 1 片内层颜色的布片。

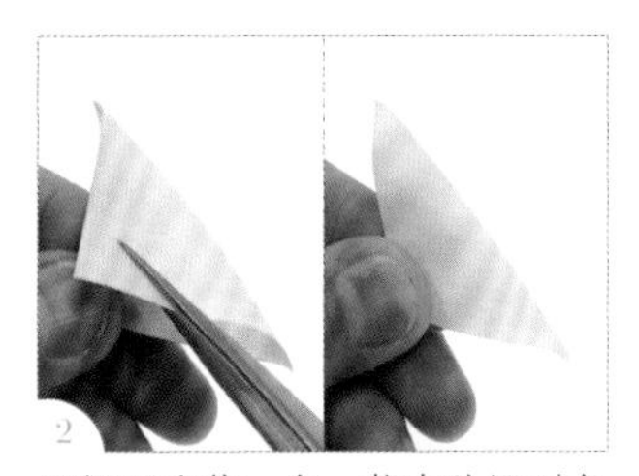

用镊子夹住一角，将布片沿对角线对折成三角形后备用。

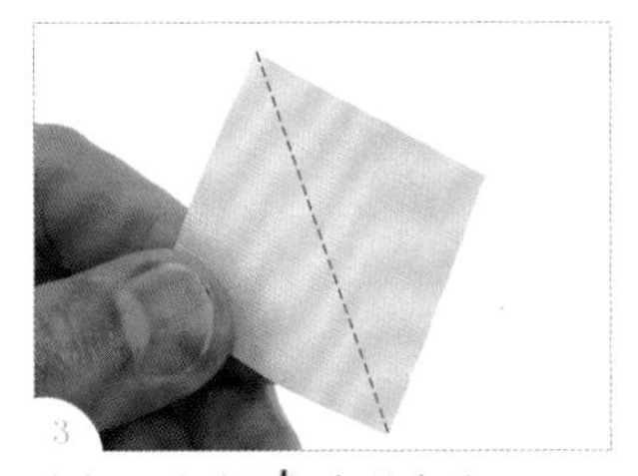

拿起 1 片外层颜色的布片。

用镊子夹住一角，将布片沿对角线对折成三角形。

将内层、外层三角形重叠。

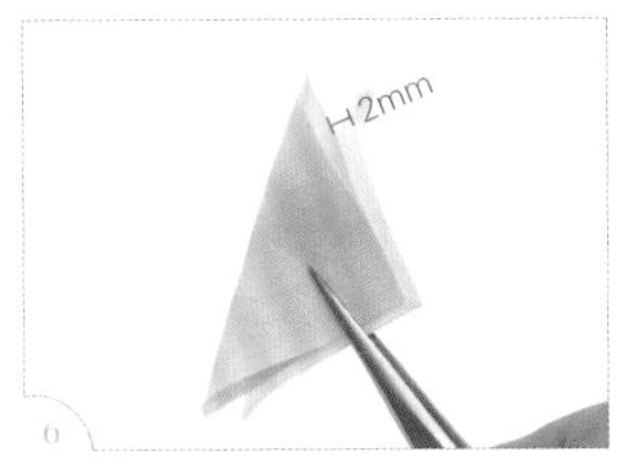

内层的直角边缘留下 2mm，不要完全遮住。

用镊子将两层三角形一起夹住。

将两层三角形一起对折。

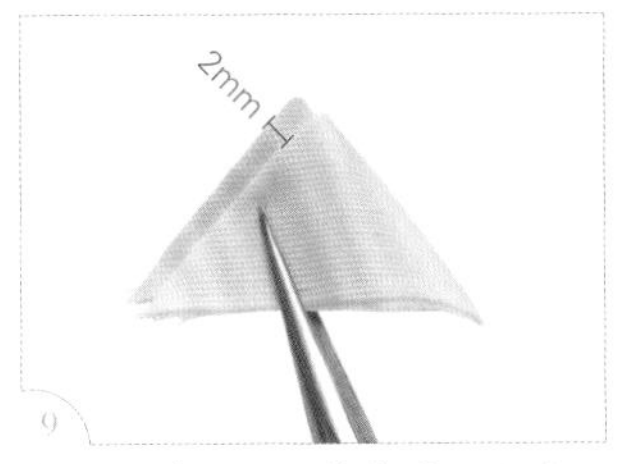

外层露出 2mm 的宽度。（注：若在对折的时候位置偏移，折完后再稍微调整即可。）

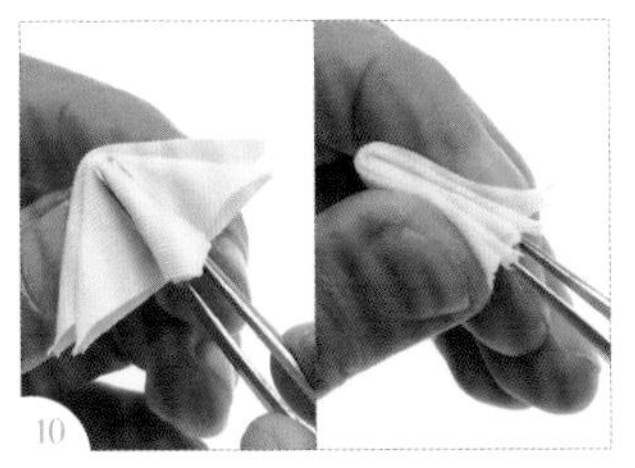

用镊子夹住内层三角形的中间，将两层布的两边分别翻起对折。

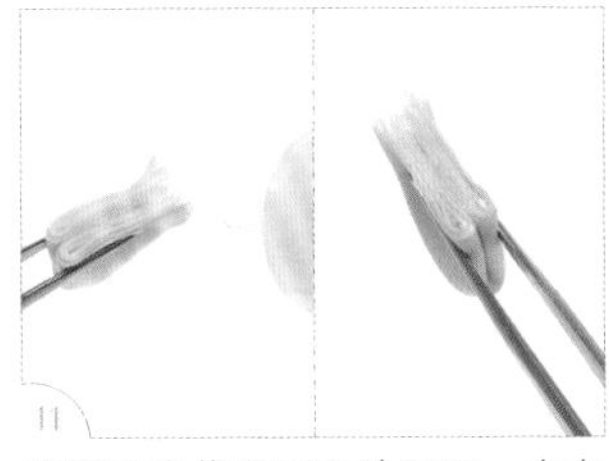

用镊子夹住翻到毛边那面，在布边开口处上胶。

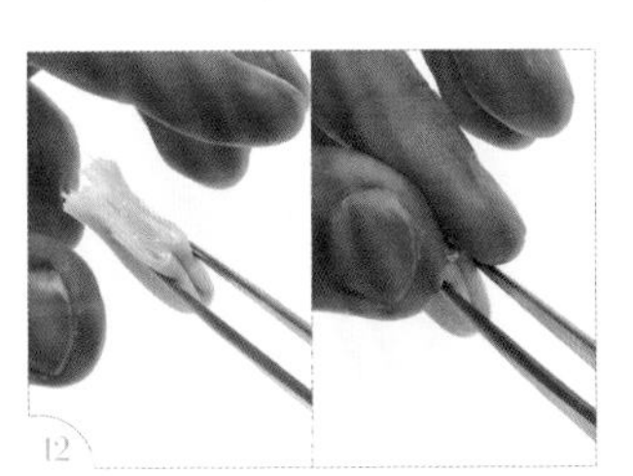

待胶半干后，用手指捏紧布边。（注：触摸时不粘手，但仍有软度即可。）

用剪刀稍微修齐胶面。（注：若有内层布露出，需一起修掉。）

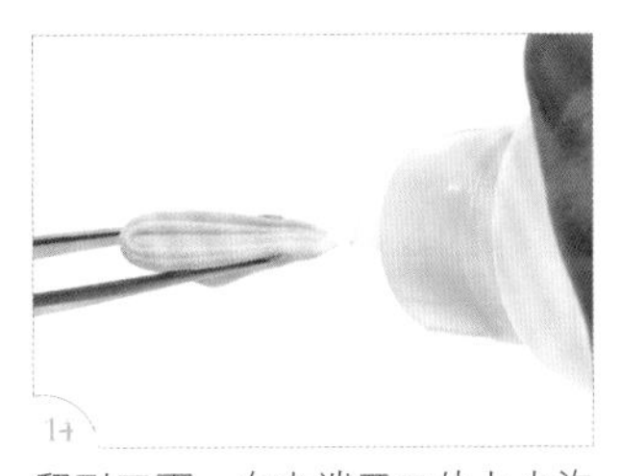

翻到正面，在尖端开口处上少许胶。

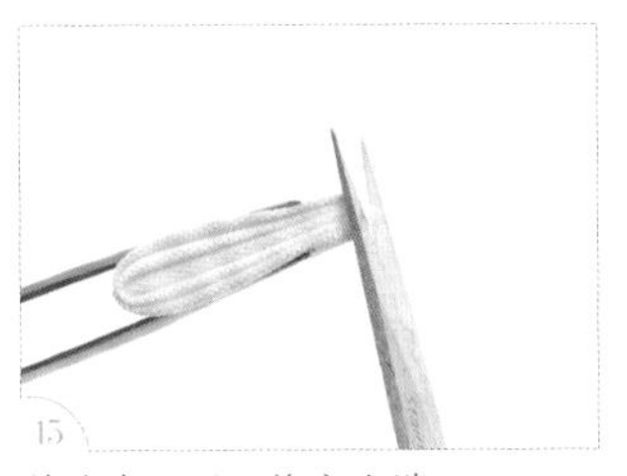

待胶半干后，修齐尖端。

将剪刀伸进后端的开口正中间，剪开上胶的布边。

将花瓣打开。

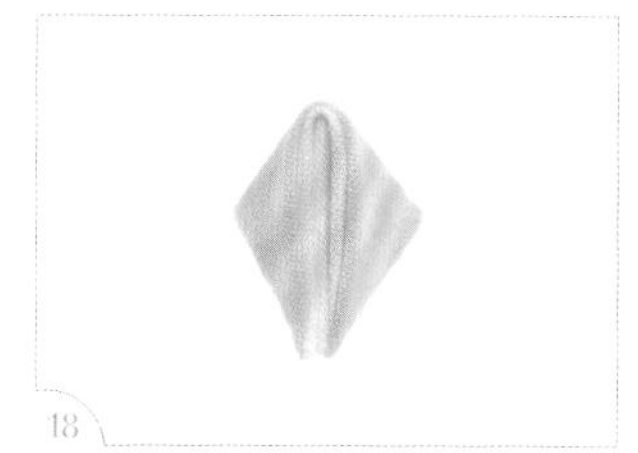

完成 1 片花瓣。

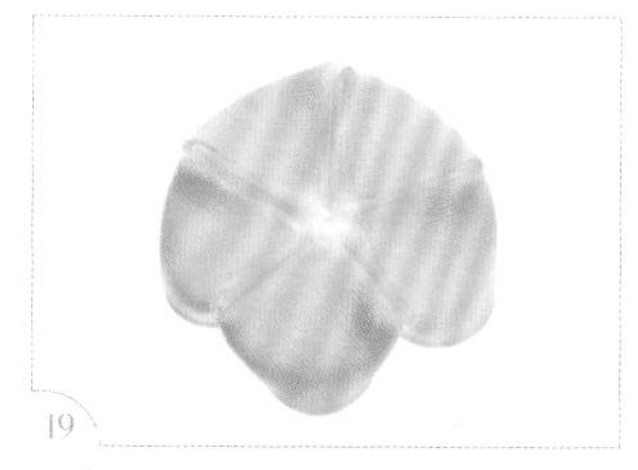

重复步骤 1~17，将所需的 5 片花瓣制作完成，并粘在一起完成花朵主体。（注：花瓣黏合的做法可参考 P.28、P.29 的步骤 15~24。）

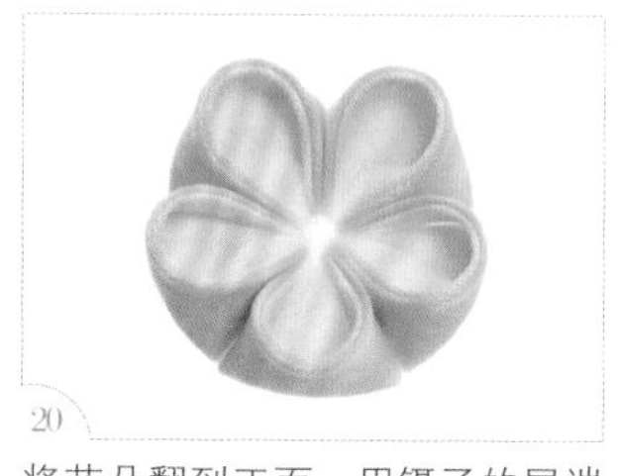

将花朵翻到正面，用镊子的尾端将花瓣撑圆。

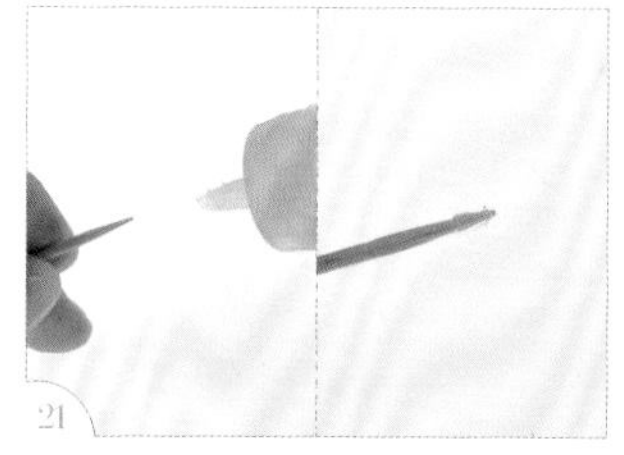

用牙签尖端沾少许胶。

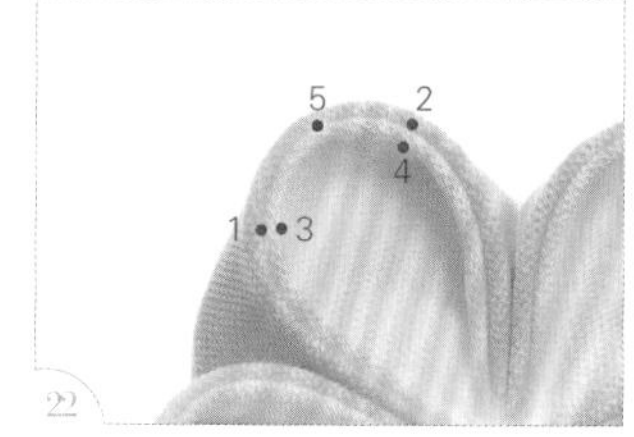

用牙签在图上的 5 个位置上胶。

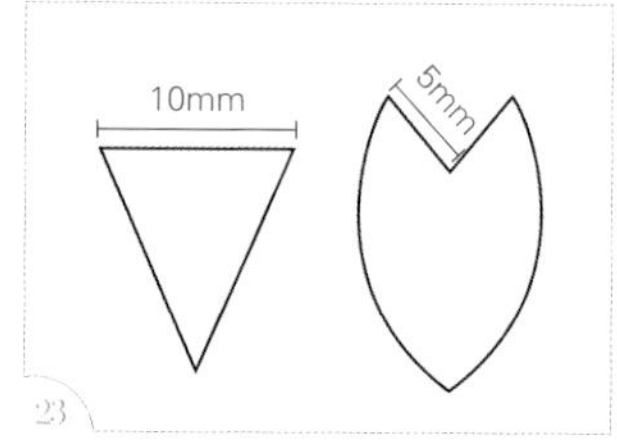

内尖角和外尖角的位置参考图示。

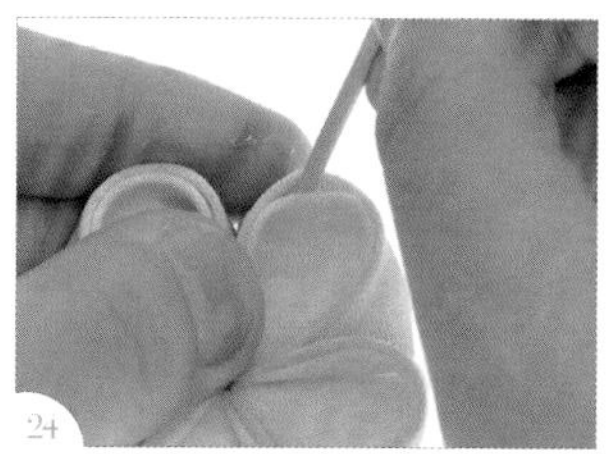

按照步骤 22 标示的位置，将牙签插入位置 1 上胶。

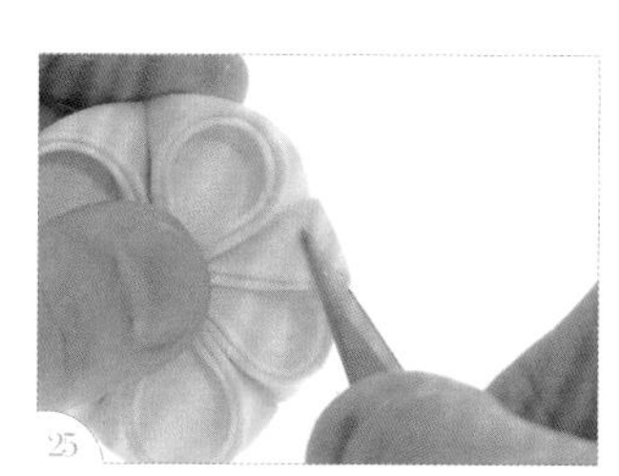

用镊子夹住，捏出外尖角。

按照步骤 22 标示的位置在右边的位置 2 上胶。

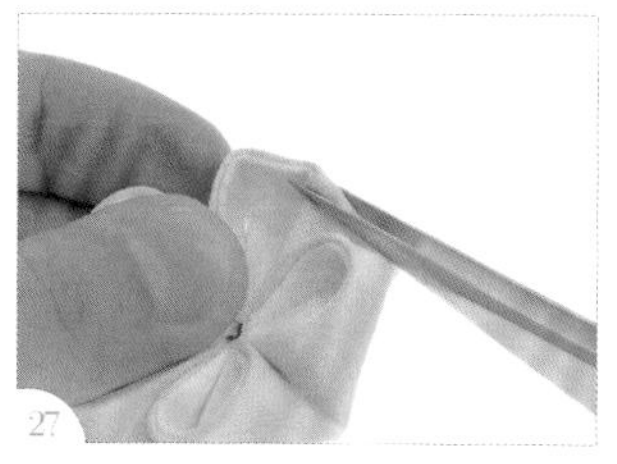

用镊子夹住，捏出另一个外尖角。

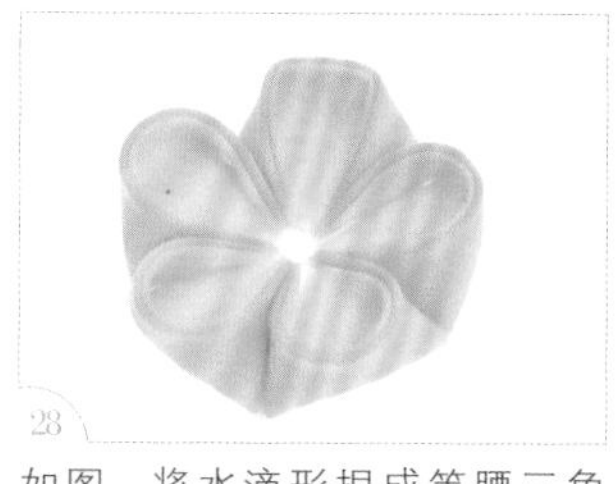

如图，将水滴形捏成等腰三角形。

按照步骤 22 标示的位置在位置 3（内层布）里侧上胶。

用镊子夹住，加强尖角形状。

如图，两层上胶可以让花瓣的尖角形状更加明显。（注：如果使用很薄的布，可以省略一层胶。）

按照步骤 22 标示的位置，在位置 4（内层布）里侧上胶。

用镊子夹住，加强尖角形状。

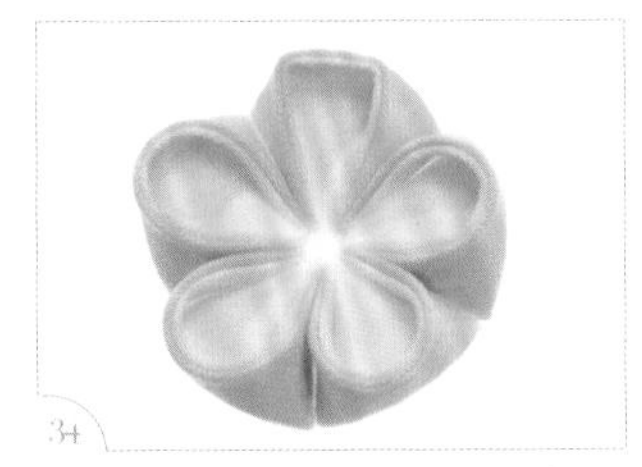
如图，等腰三角形的尖角更加明显。

稍微撑开花瓣弧形正中央位置的两层布。

按照步骤 22 标示的位置，用牙签伸进去在位置 5 上胶。

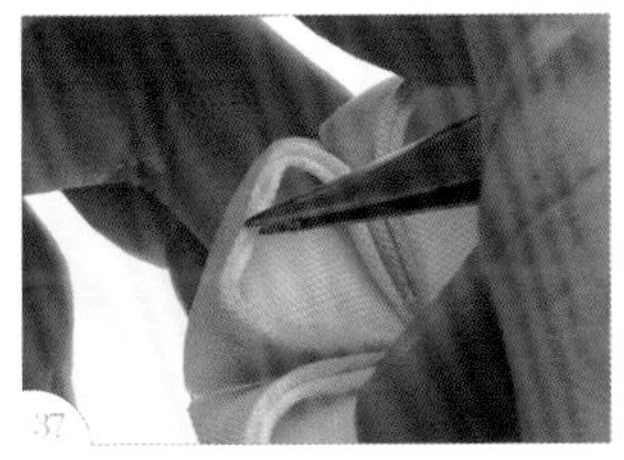
用镊子尖端夹住花瓣弧形正中央位置的两层布。

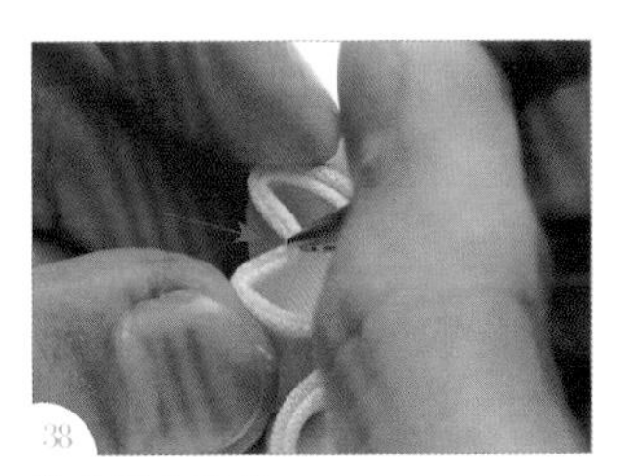
往内侧方向拉。

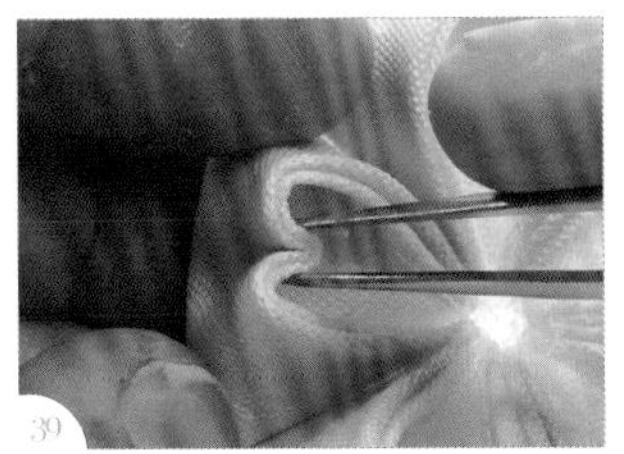
用镊子夹住，捏出内尖角。

完成 1 片花瓣。

重复步骤 24~39，将 5 片花瓣的内、外尖角完成。

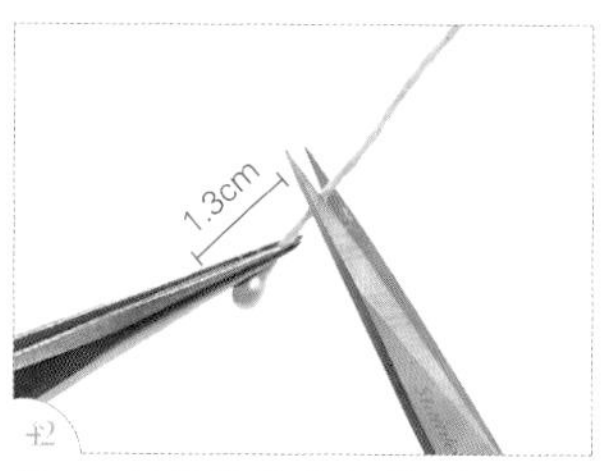

将 10 根花蕊从中间剪断，成为 20 根。把其中 5 根距头端 1.3cm 剪下。

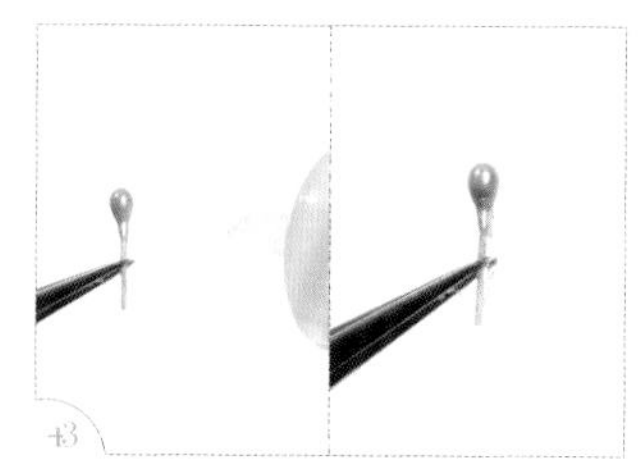

在花蕊的侧面上少许胶。

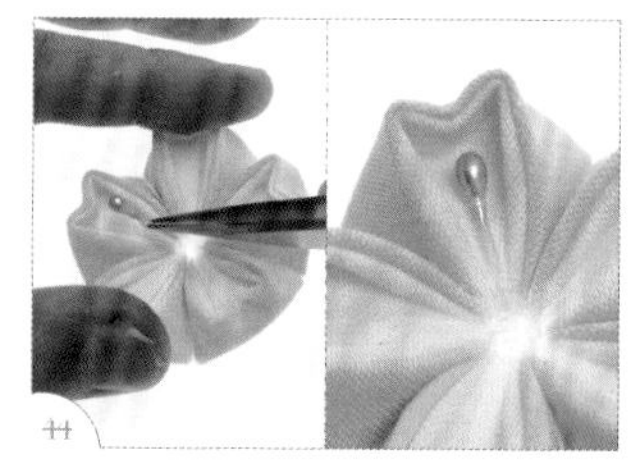

将花蕊平躺着放进花瓣中央。

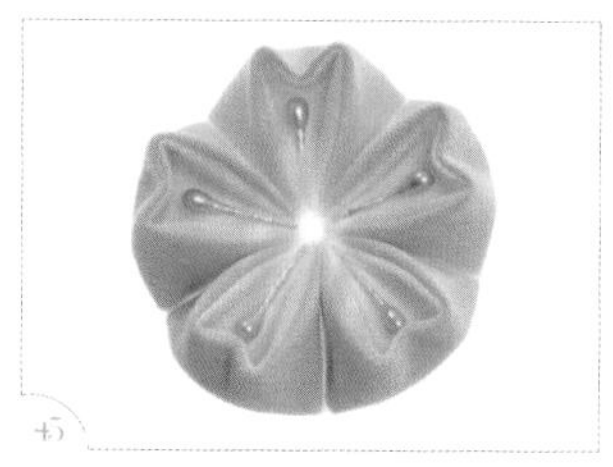

重复步骤 42~44，将 5 根花蕊粘贴完成。

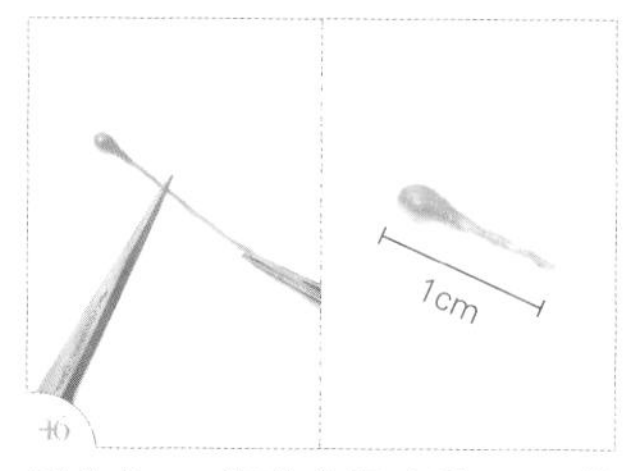

剩余的 15 根花蕊距头端 1cm 剪下。

在花朵中心处上胶。

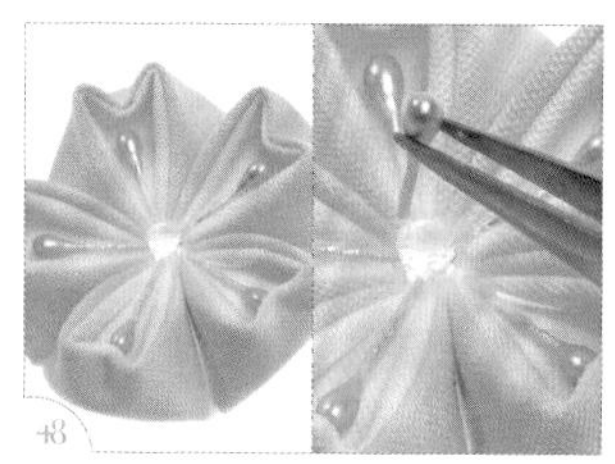

将 1cm 的花蕊根部插进花朵中心处。

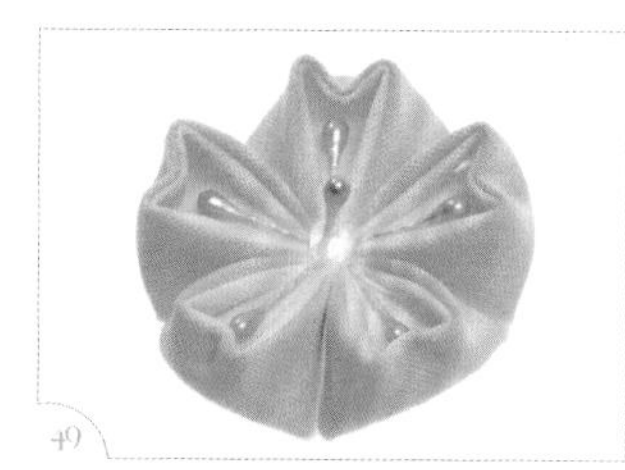

注意不要碰歪已粘好的 5 根长花蕊。

将剩余的花蕊插进花朵中心处，完成双层樱花。

衍生花形制作 5

桔梗

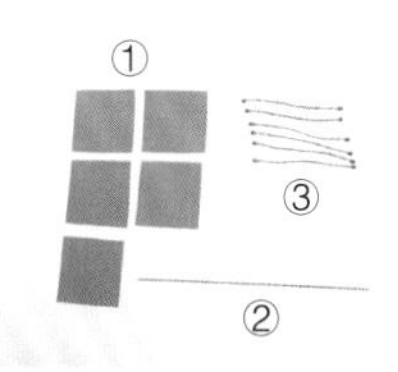

工具材料

① 布 5 片（3.5cm×3.5cm）
② 22 号铁丝（10cm）
③ 花蕊 6 根

手工艺小剪刀
镊子
保丽龙胶
牙签
斜口钳

原大尺寸

布（3.5cm×3.5cm）

步骤说明

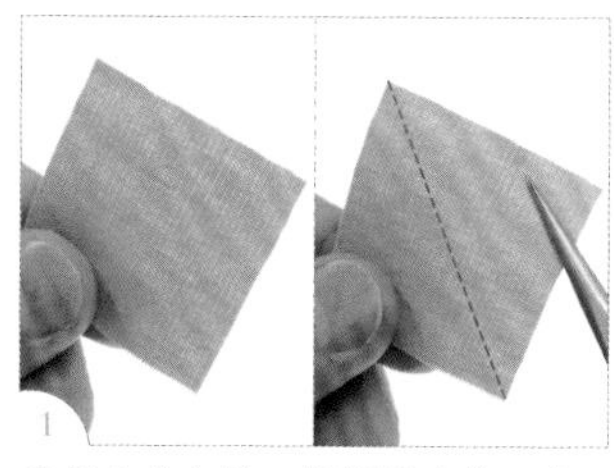

拿起 1 片布片，用镊子夹住一角。

将布片沿对角线对折成三角形。

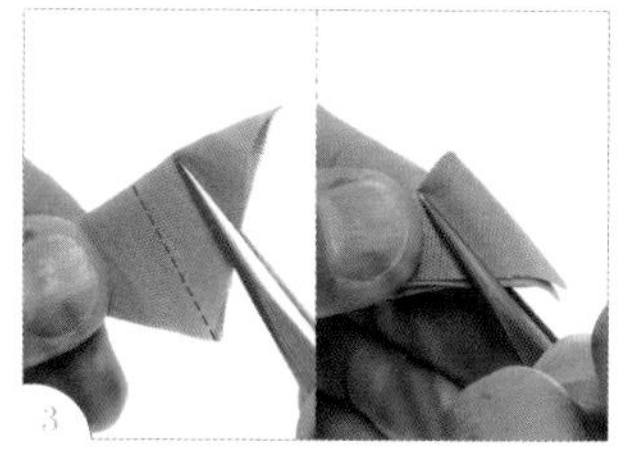

沿三角形的垂直中线再次对折。

用镊子夹住三角形的正中间。

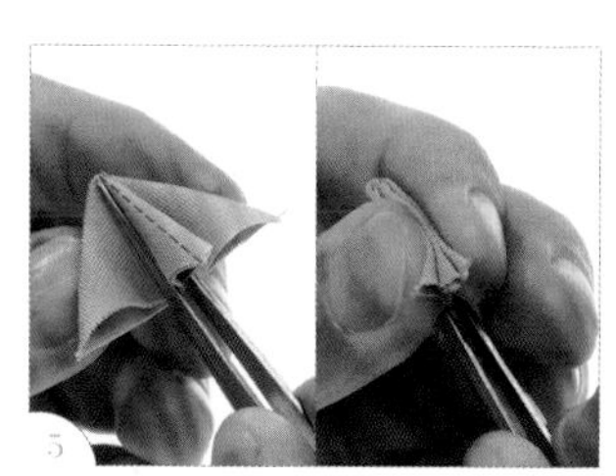

以步骤 3 的折线为中线，将两边分别翻起对折。

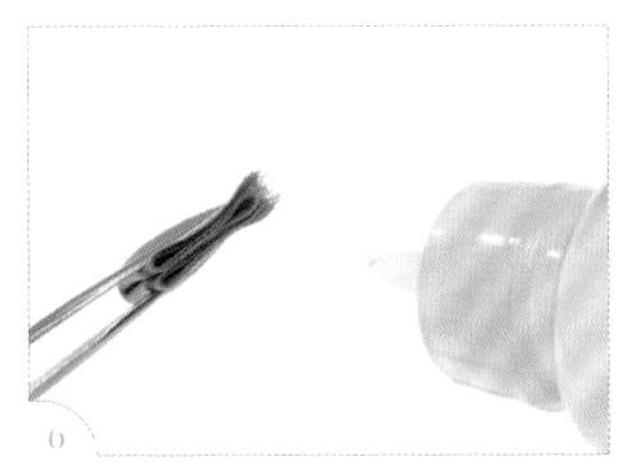

用镊子夹住，翻到背面，在布边开口处上胶。

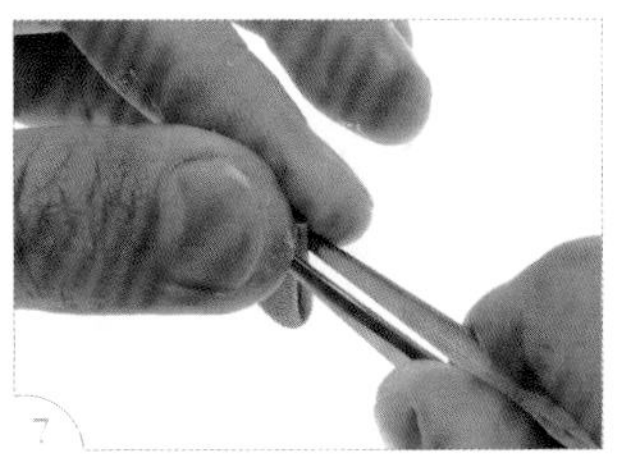

待胶半干后，用手指捏紧布边。（注：触摸时不粘手，但仍有软度即可。）

用剪刀稍微修齐胶面。（注：若有线头露出，需一起修掉。）

翻到正面，在尖端开口处上少许胶。

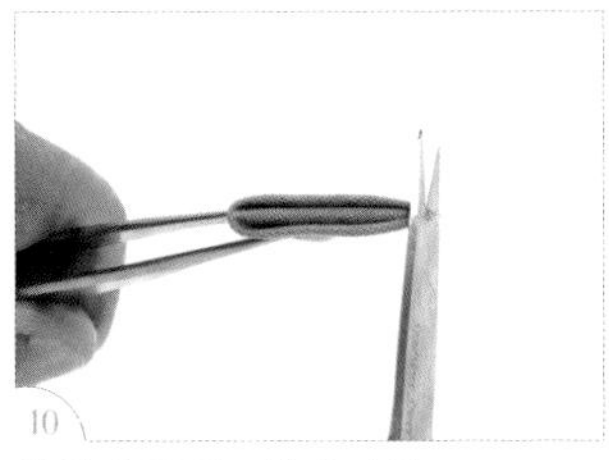

待胶半干后，修齐尖端。

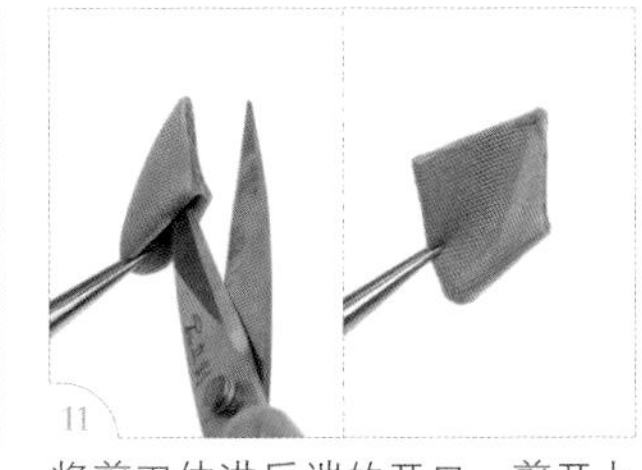

将剪刀伸进后端的开口，剪开上胶的布边。

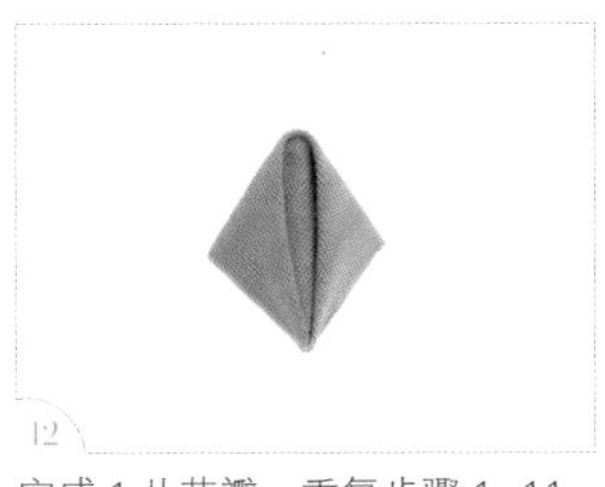

完成 1 片花瓣。重复步骤 1~11，将所需的 5 片花瓣制作完成。

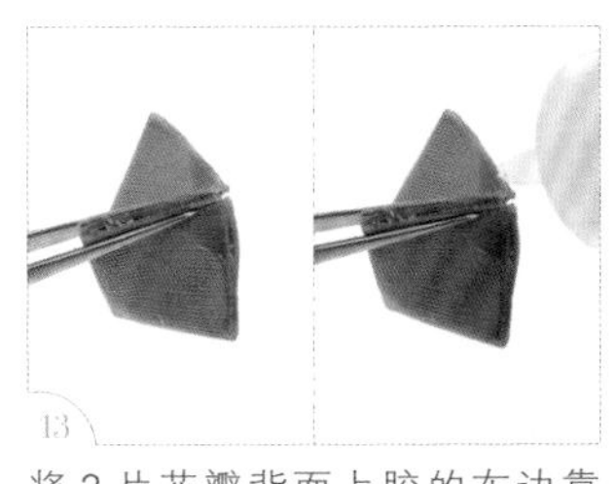

将 2 片花瓣背面上胶的布边靠近，粘在一起。

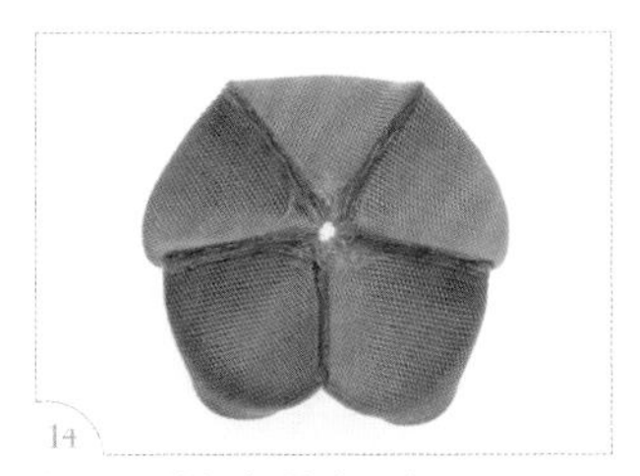

将 5 片花瓣都粘在一起。

用镊子尾端将花瓣撑圆。

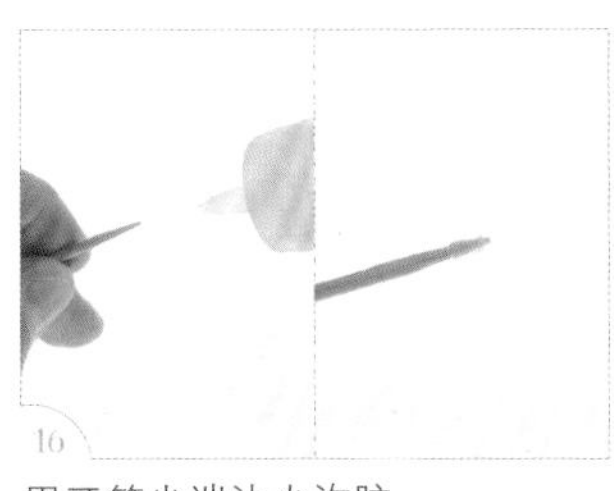

用牙签尖端沾少许胶。

在花瓣弧线中间内侧布的位置上少许胶。

用镊子捏出尖角。

重复步骤 16~18，依序将其他花瓣捏出尖角。

5 片花瓣的尖角制作完成。

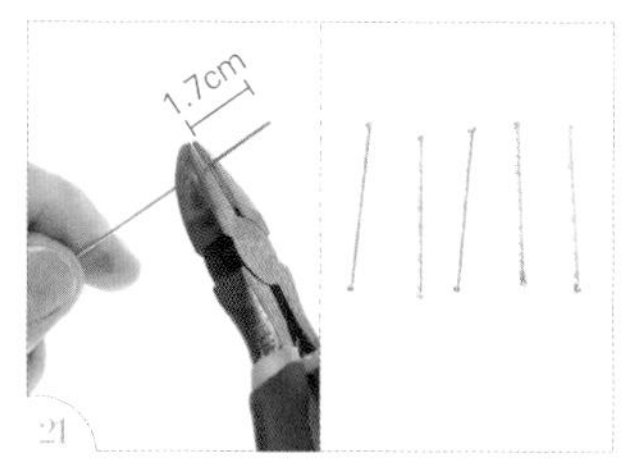

用斜口钳将铁丝剪成长 1.7cm 的段，共剪 5 根。

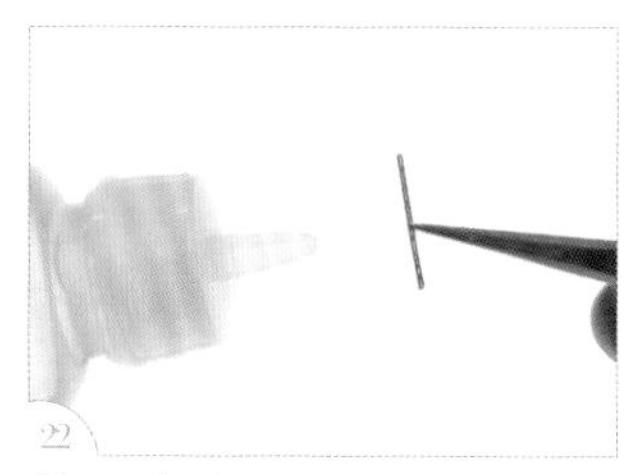

铁丝一侧沾上少量的胶。

从花瓣凹处粘进去，两端分别对准捏出的尖角与花中心。

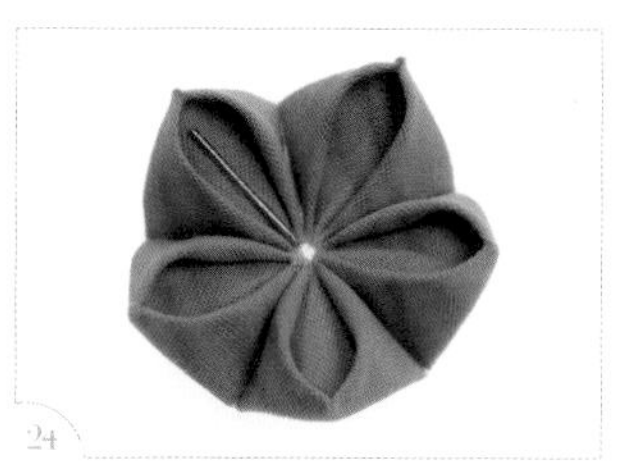

铁丝一端抵住花中心，另一端不要碰到尖角。

重复步骤 22~24，将 5 根铁丝粘好。

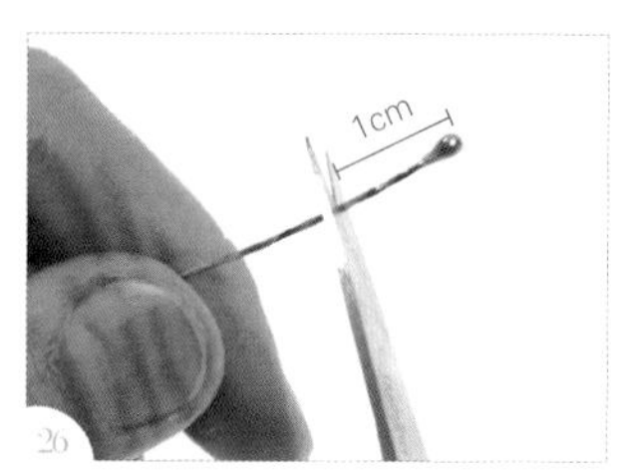

花蕊距头部 1cm 剪下。

在花朵中心处上胶。

待胶半干，将剪下的花蕊一根根插进花朵中心处。

完成桔梗。

衍生花形制作 6

雏菊

工具材料

① 布 8 片（3.5cm×3.5cm）
② 圆形卡纸底台（直径 1.8cm）
③ 花蕊 10 根

手工艺小剪刀
镊子
保丽龙胶
牙签

原大尺寸

布（3.5cm×3.5cm）

圆形卡纸底台
（直径 1.8cm）

步骤说明

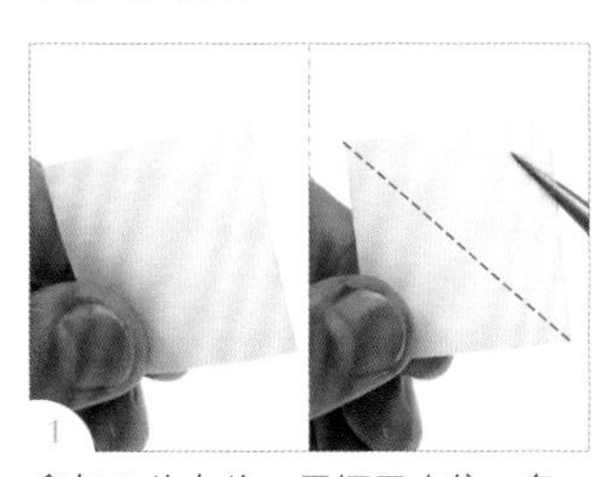

拿起 1 片布片，用镊子夹住一角。

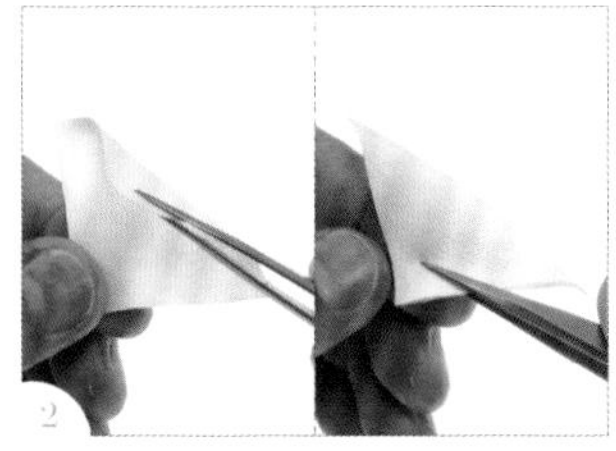

将布片沿对角线对折成三角形。

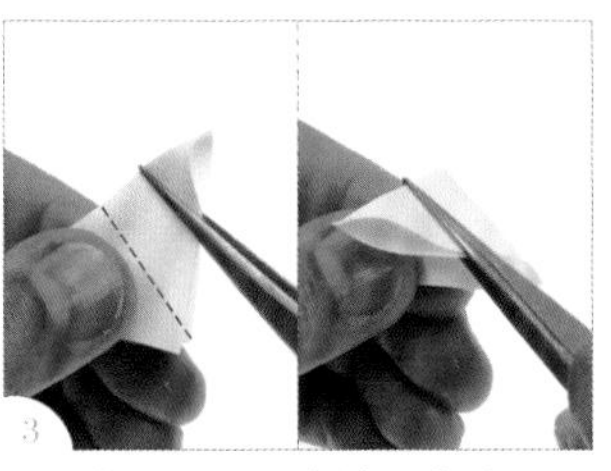

沿三角形的垂直中线再次对折。

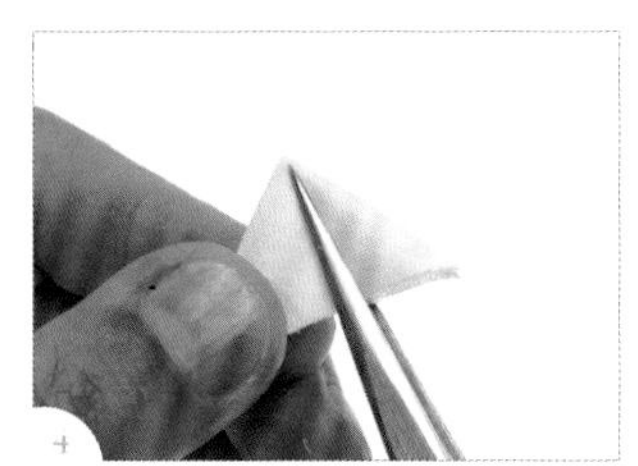

用镊子夹住三角形的正中间。

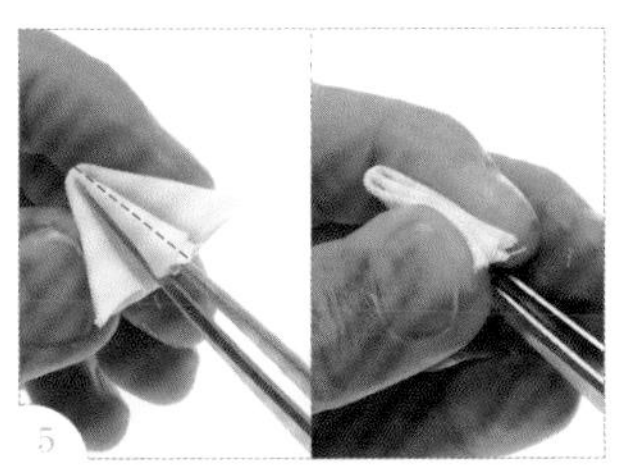

以步骤 3 的折线为中线，将两边分别翻起对折。

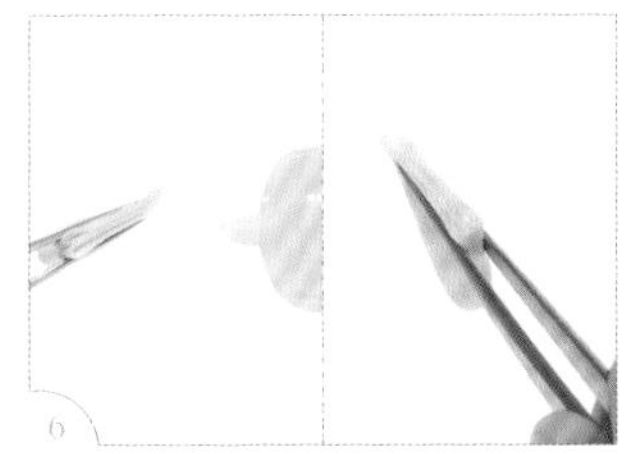

用镊子夹住，翻到背面在布边开口处上胶。

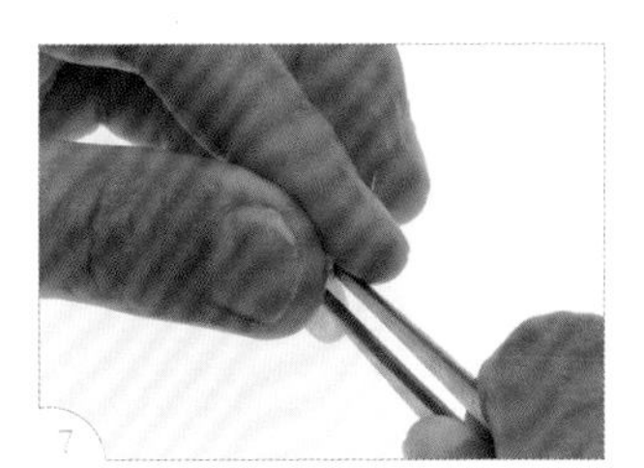

待胶半干后，用手指捏紧布边。（注：触摸时不粘手，但仍有软度即可。）

用剪刀稍微修齐胶面。（注：若有线头露出，需一起修掉。）

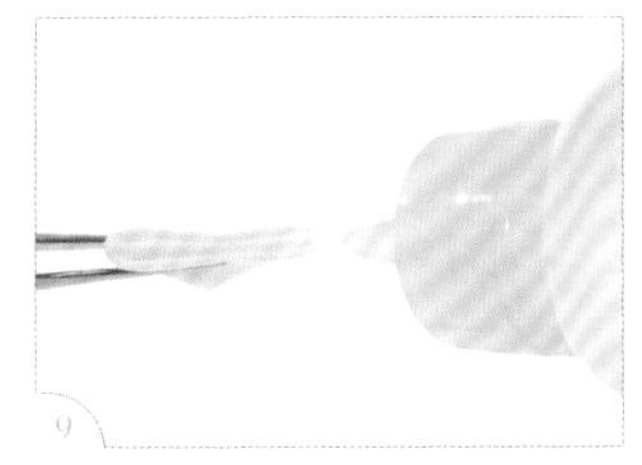

翻到正面，在尖端开口处上少许胶。

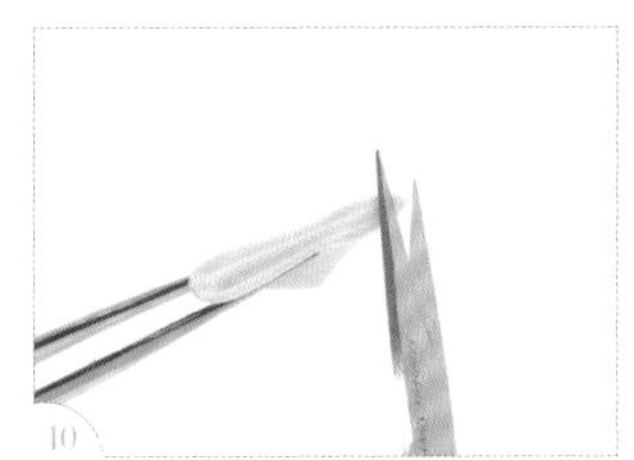

待胶半干后，修齐尖端。

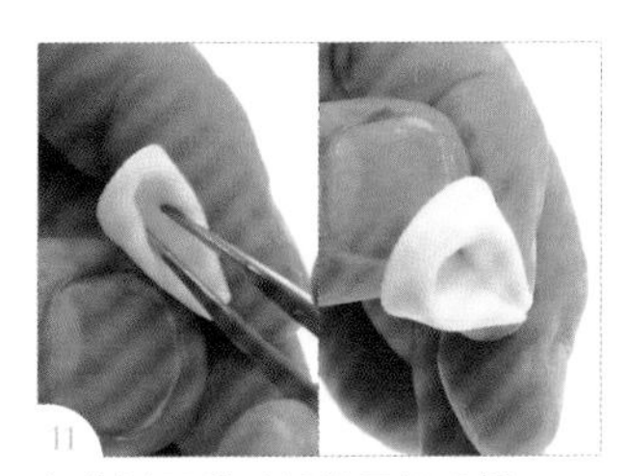

把花瓣尾端对折处用镊子撑开。

将花瓣撑圆。

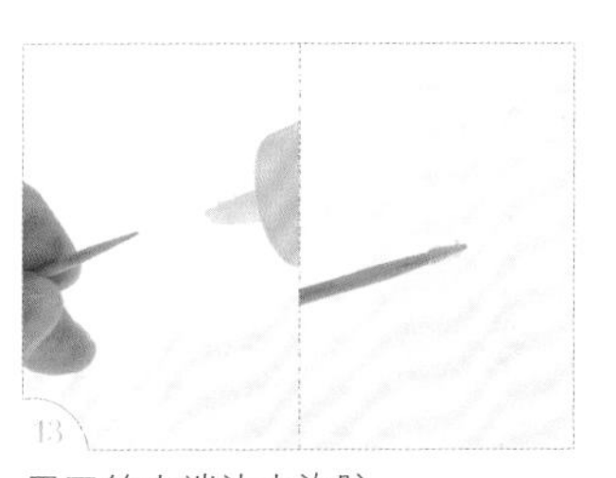

用牙签尖端沾少许胶。

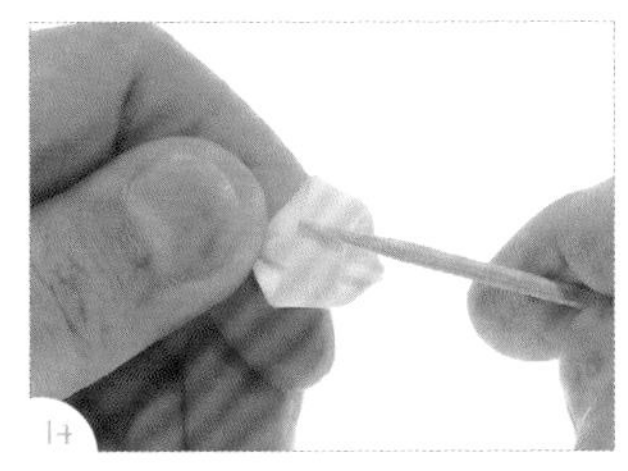

在花瓣弧线中间外侧布的位置上少许胶。

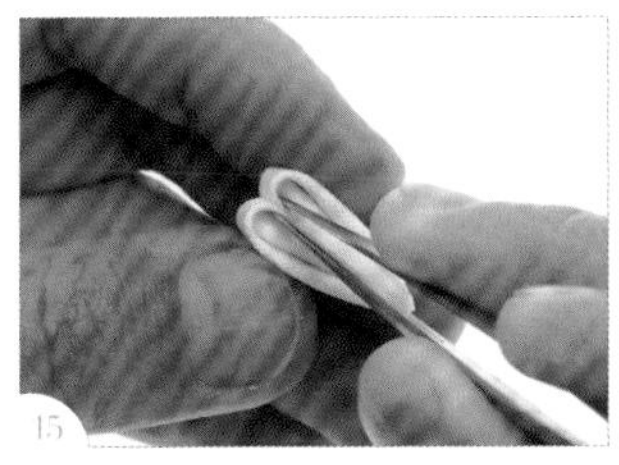

从花瓣内侧夹紧中间，捏出朝内的尖角。

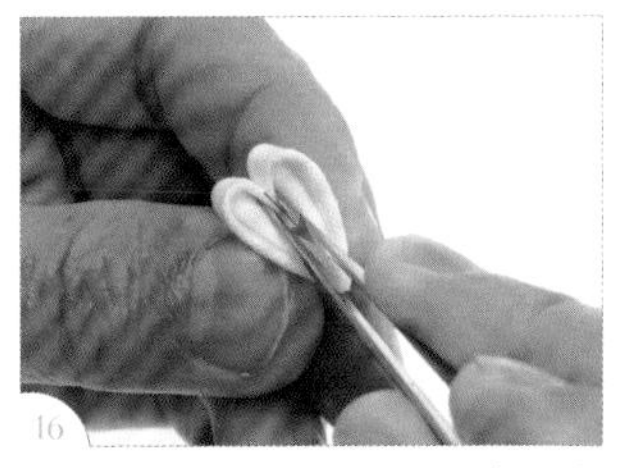

捏住尖角，并往花瓣尖端方向拉。

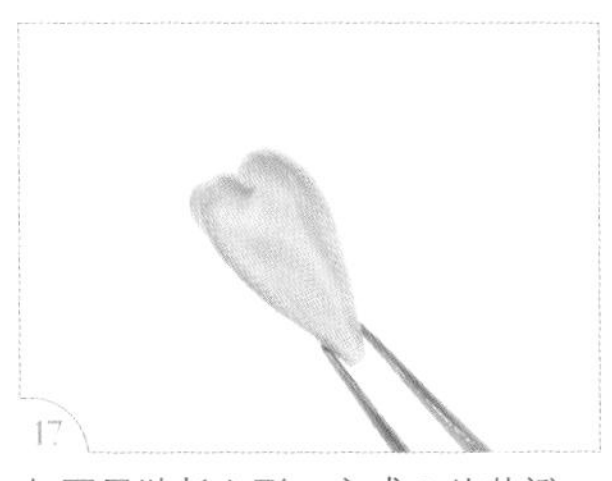

如图呈狭长心形，完成 1 片花瓣。

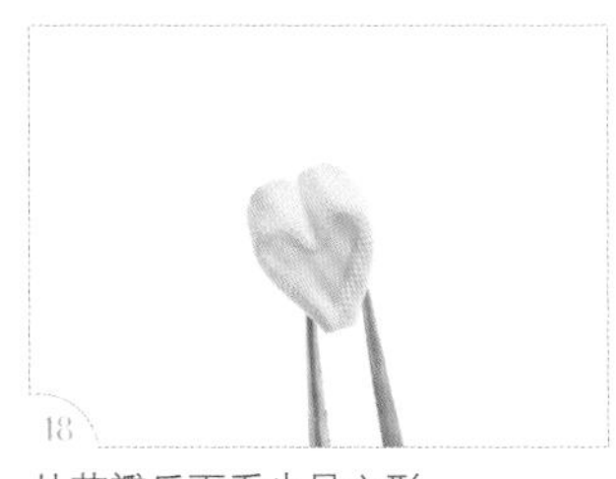

从花瓣反面看也是心形。

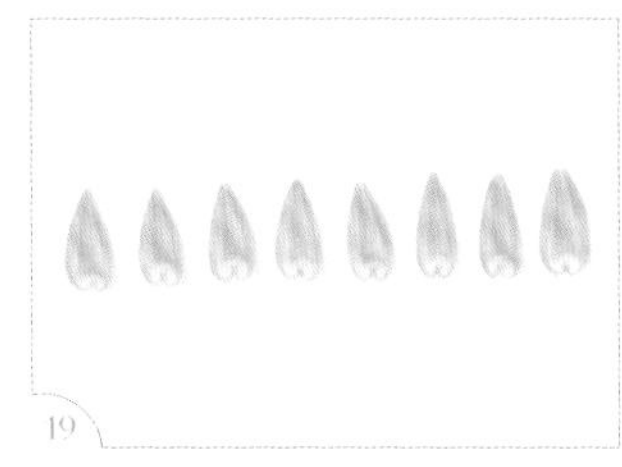

重复步骤 1~16，将所需的 8 片花瓣制作完成。

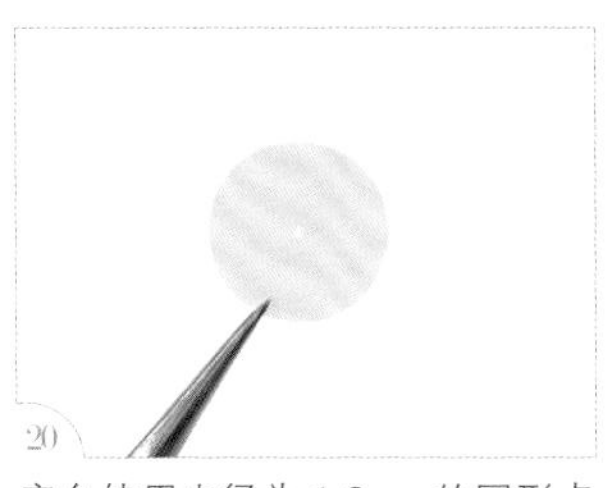

底台使用直径为 1.8cm 的圆形卡纸。（注：圆形卡纸的做法可参考 P.12。）

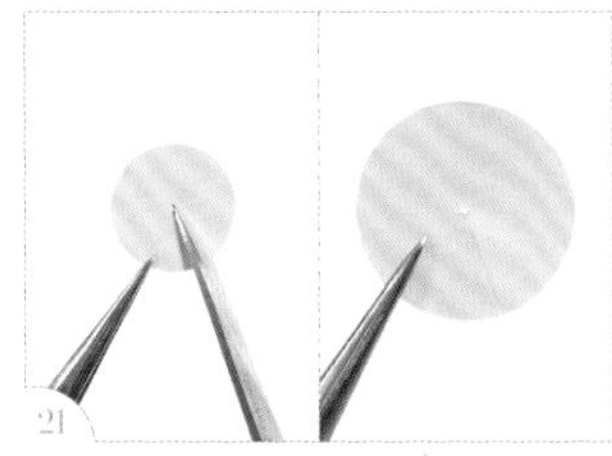

沿着圆的半径剪开。

在剪口边缘处上少许胶。

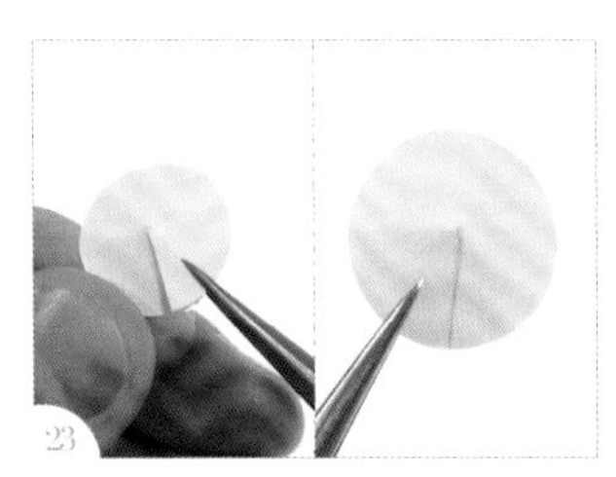

将剪口两端的卡纸重叠后，粘成一个锥形底台。

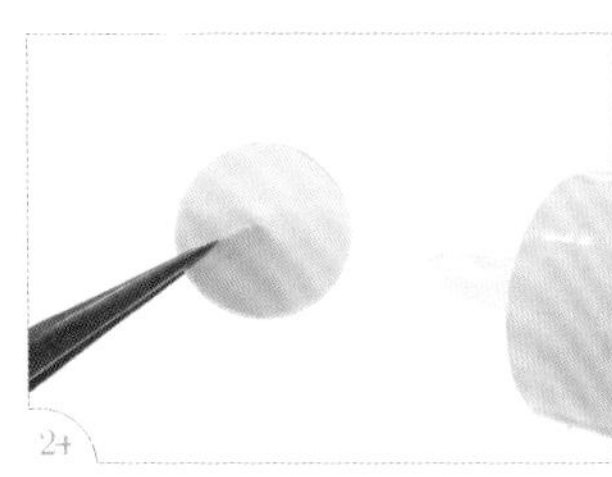

给锥形底台上胶。

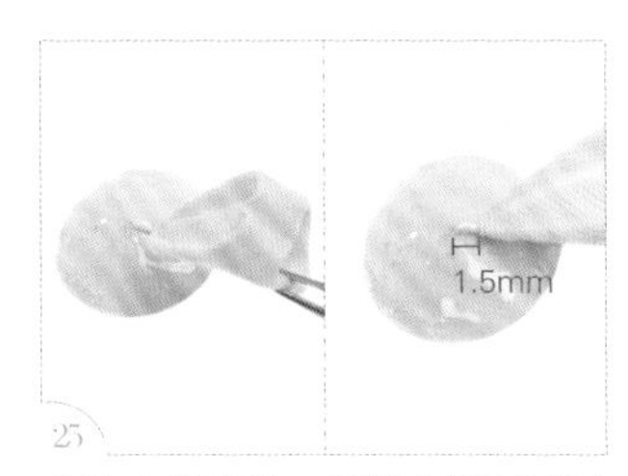

先粘 1 片花瓣。花瓣尖端对准圆心，距离圆心 1.5mm。

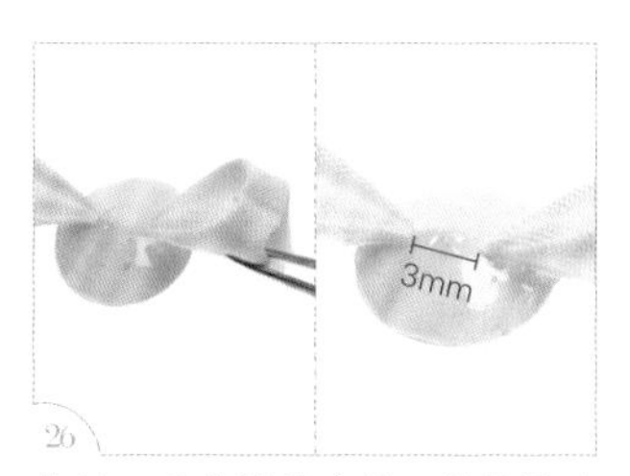

将第 2 片花瓣粘在第 1 片花瓣对面。2 片花瓣尖端间隔 3mm。

按照图示粘上第 3 片花瓣。

按照图示粘上第 4 片花瓣，呈十字状。

在每两片花瓣的中间再粘 1 片花瓣。

将 8 片花瓣都粘在锥形圆台上，完成花朵本体。

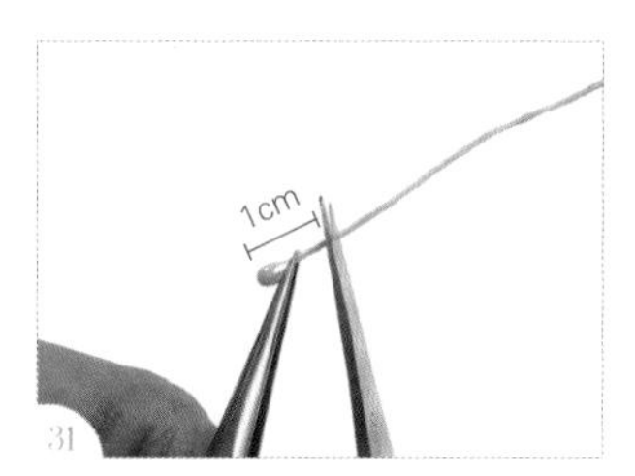

将全部花蕊距头部 1cm 剪下。

在花朵中心处上胶。

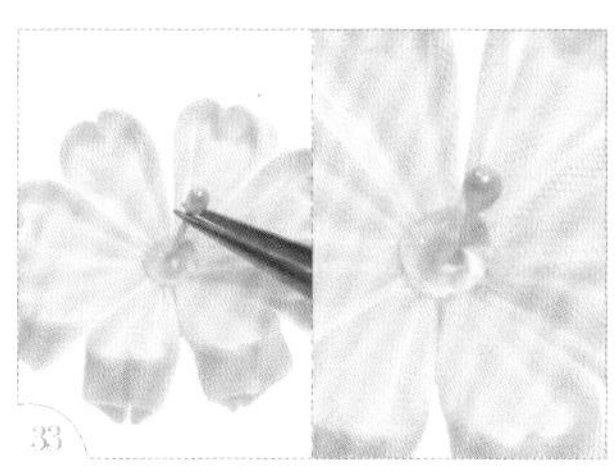

待胶半干，将剪下的一根花蕊插进花朵中心处。

将剩余的花蕊插进花朵中心处，完成雏菊。

衍生花形制作 7

多重梅菊花

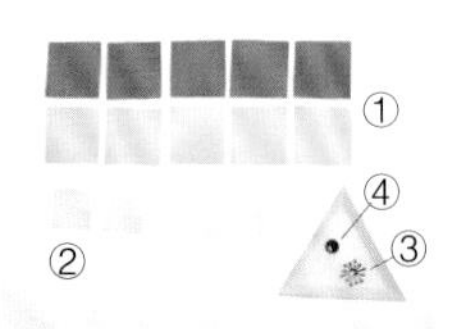

工具材料

① 布两色各 5 片（3.5cm × 3.5cm）
② 布 5 片（2.5cm × 2.5cm）
③ 金属花蕊
④ 平底钻

手工艺小剪刀
镊子
保丽龙胶
手缝线
手缝针

原大尺寸

布（3.5cm × 3.5cm）

布（2.5cm × 2.5cm）

步骤说明

1 拿起 1 片边长 3.5cm 的布片，用镊子夹住一角。

2 将布片沿对角线对折成三角形。

3 沿三角形的垂直中线再次对折。

4 用镊子夹住三角形的正中间。

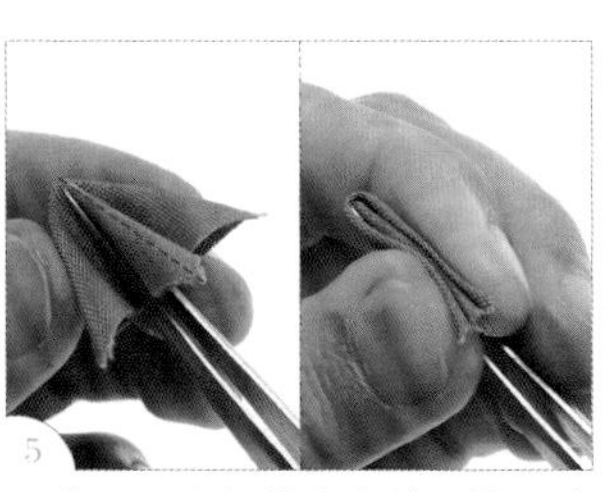

5 以步骤 3 的折线为中线，将两边分别翻起对折。

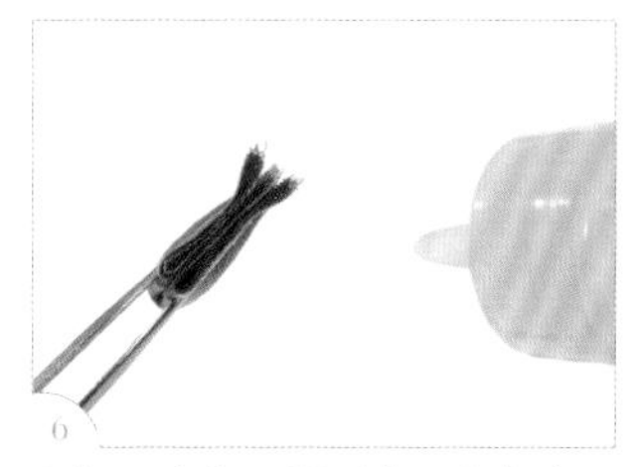

用镊子夹住，翻到背面在布边开口处上胶。

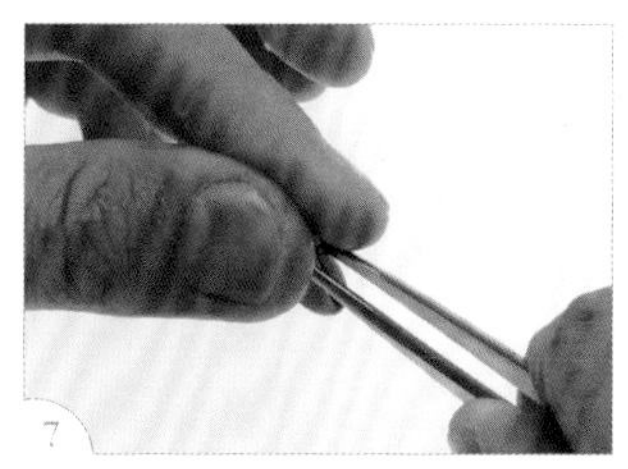

待胶半干后，用手指捏紧布边。（注：触摸时不粘手，但仍有软度即可。）

用剪刀稍微修齐胶面。（注：若有线头露出，需一起修掉。）

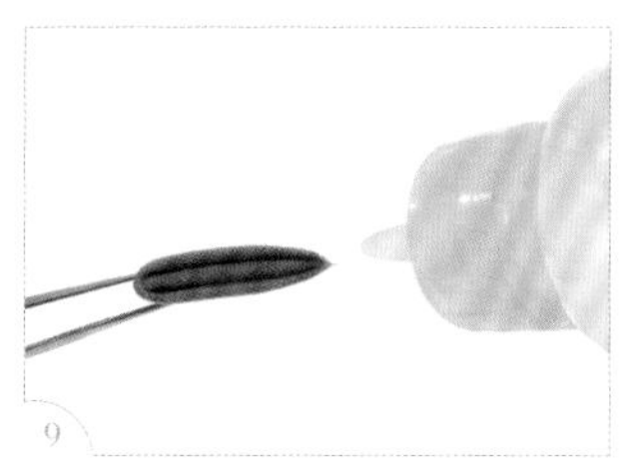

翻到正面在尖端开口处上少许胶，待胶半干后，修齐尖端。

将剪刀伸进后端的开口，剪开上胶的布边。

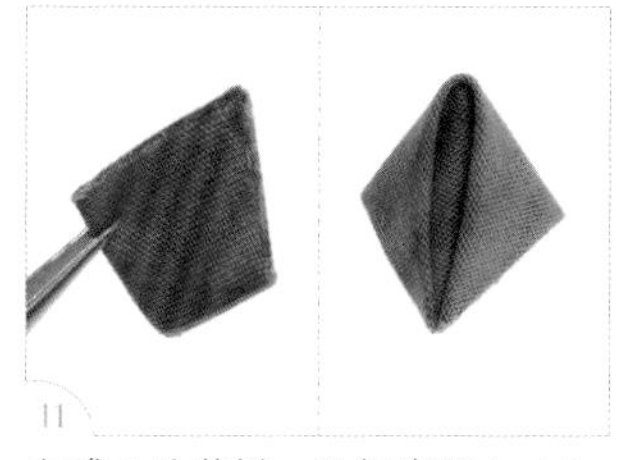

完成 1 片花瓣。重复步骤 1~10，将所需的 5 片梅花花瓣制作完成。

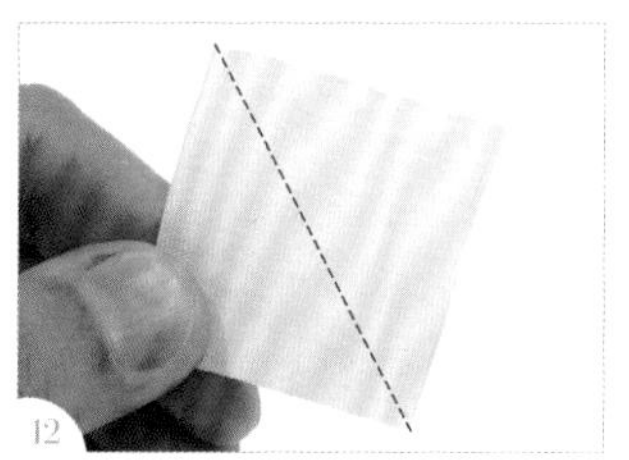

拿起 1 片边长 3.5cm 的布片，用镊子夹住一角。

将布片沿对角线对折成三角形。

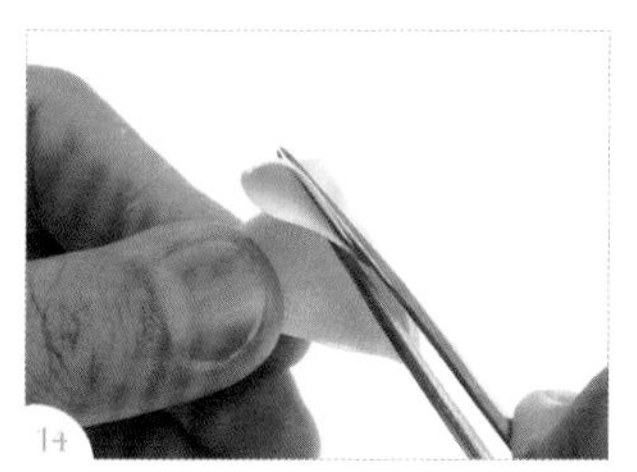

沿三角形的垂直中线再次对折。

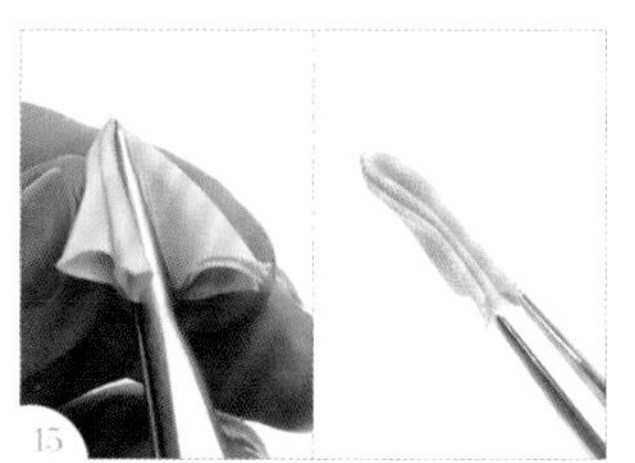

夹住三角形的正中间，将三角形再次对折。

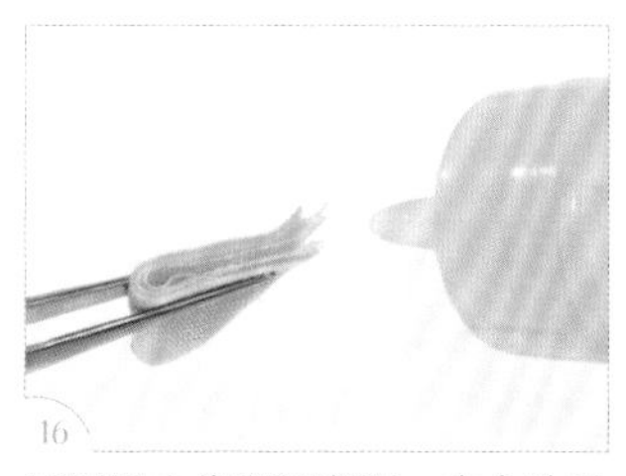

用镊子夹住翻到背面，在布边开口处上胶。

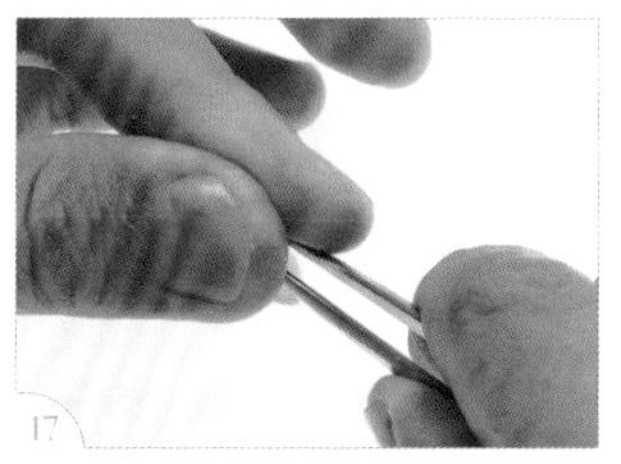

待胶半干后，用手指捏紧布边。（注：触摸时不粘手，但仍有软度即可。）

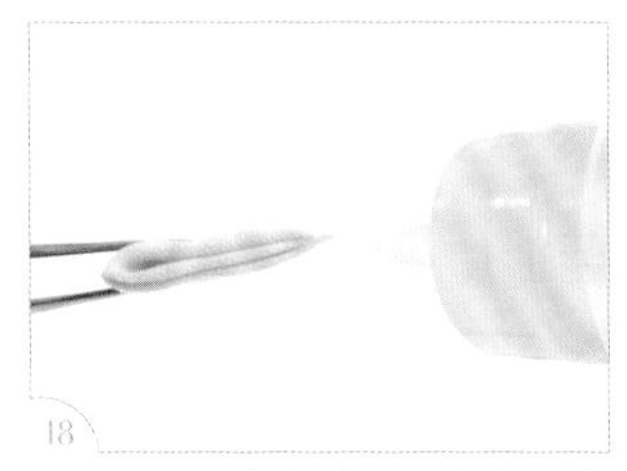

翻到正面，在尖端开口处上少许胶。

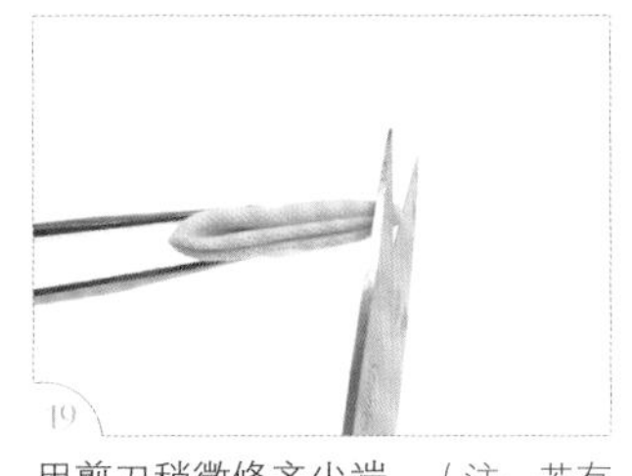

用剪刀稍微修齐尖端。（注：若有线头露出，需一起修掉。）

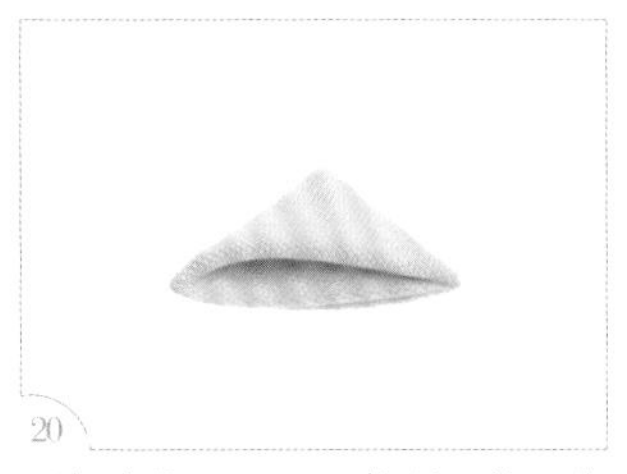

重复步骤 12~19，将所需的 5 片尖形花瓣制作完成。

用 2 片梅花花瓣夹住 1 片尖形花瓣。

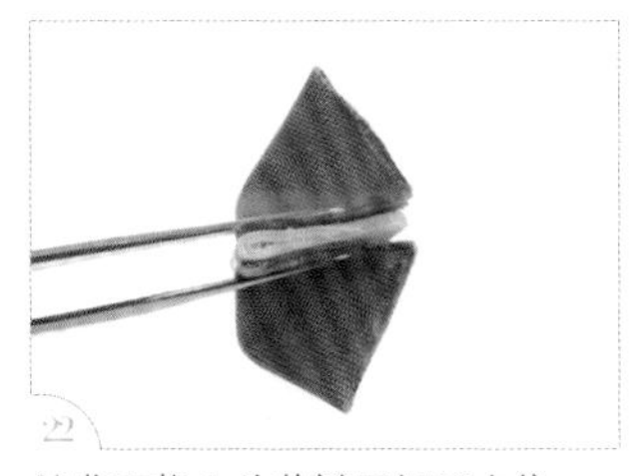

从背面将 3 片花瓣用镊子夹住。

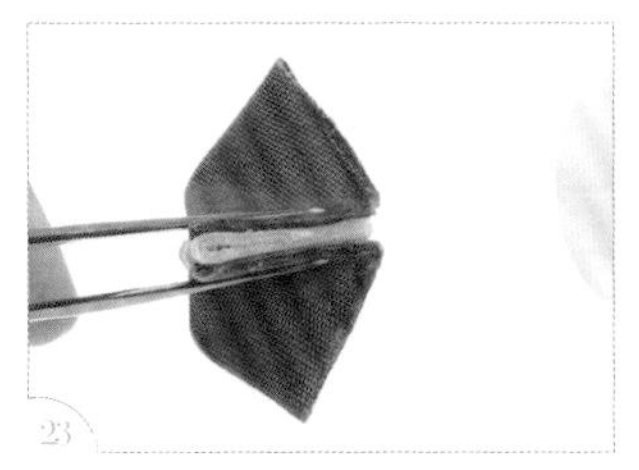

在夹住的布边位置上胶。

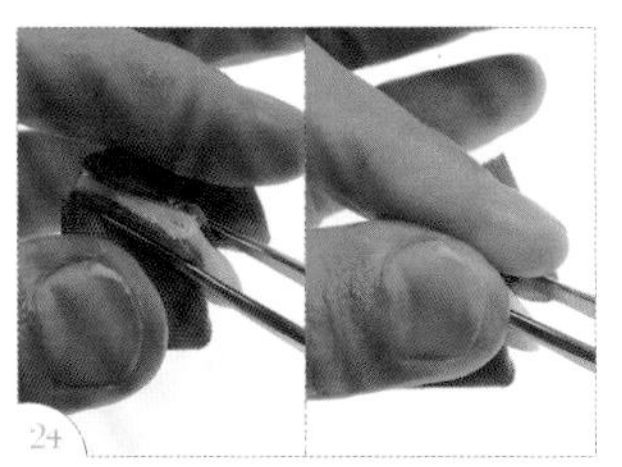

待胶半干后，用手指捏紧布边。

3 片花瓣粘在一起了。

图示是正面的样子。

再取 1 片梅花花瓣和 1 片尖形花瓣，与一侧的梅花花瓣粘在一起。

图示是粘好后正面和反面的样子。

将全部的 5 片梅花花瓣和 5 片尖形花瓣都粘在一起。

翻到正面，将镊子尾端伸进梅花瓣中间，使花瓣撑圆。

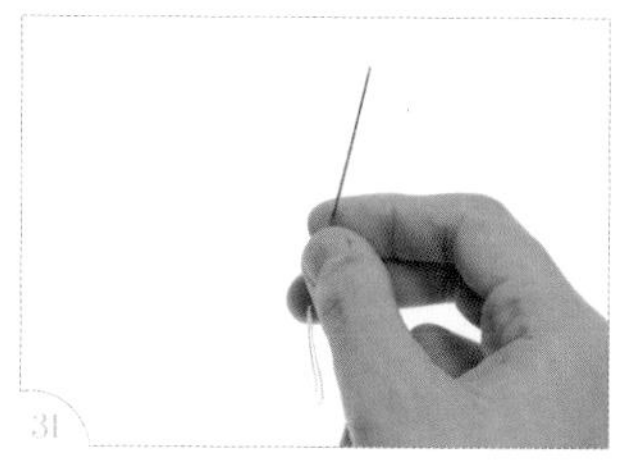

取手缝针并穿线。

把手缝针从梅花花瓣里面的一侧戳入，穿透尖形花瓣。

从相邻的梅花花瓣出针，位置距离花朵中心处 1cm。

将手缝线打两个结后拉紧。

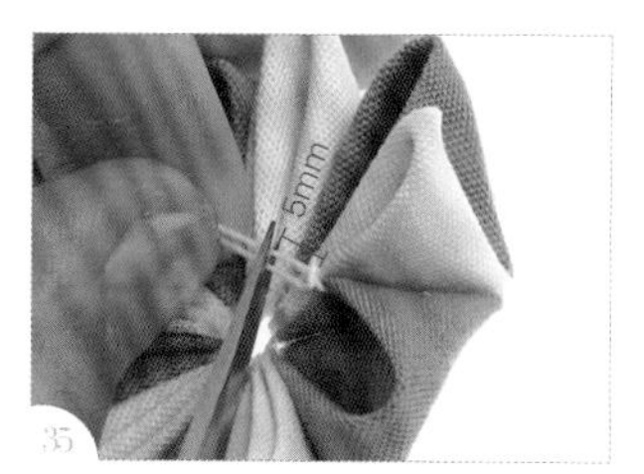

将手缝线头留下 5mm，多余的剪掉。

在打结的位置向花朵中心处上少许胶。

把留下的线头与花朵粘在一起。

重复步骤 32~37，将 5 个位置都缝好。第二层梅菊花完成。

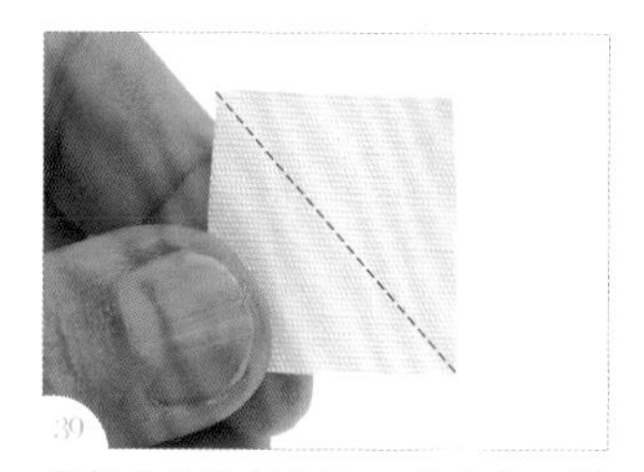

拿起 1 片边长 2.5cm 的布片，用镊子夹住一角。

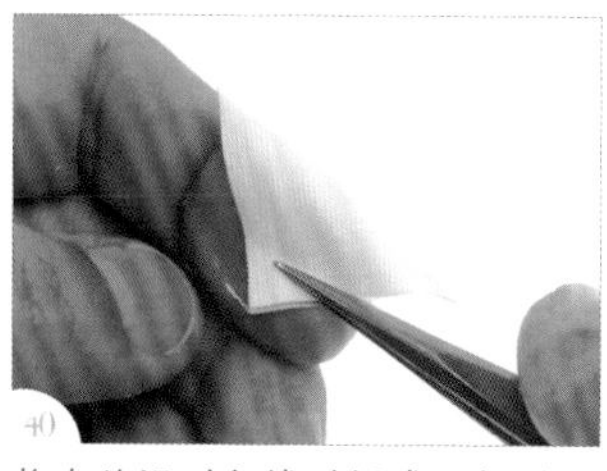

将布片沿对角线对折成三角形。

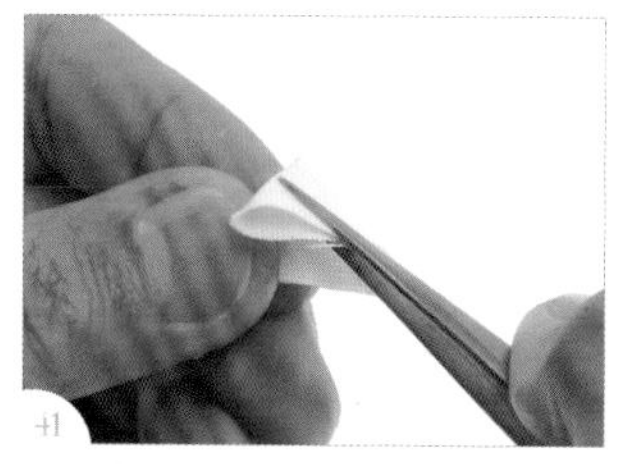

沿三角形的垂直中线再次对折。

用镊子夹住三角形的正中间，将两边分别翻起对折。

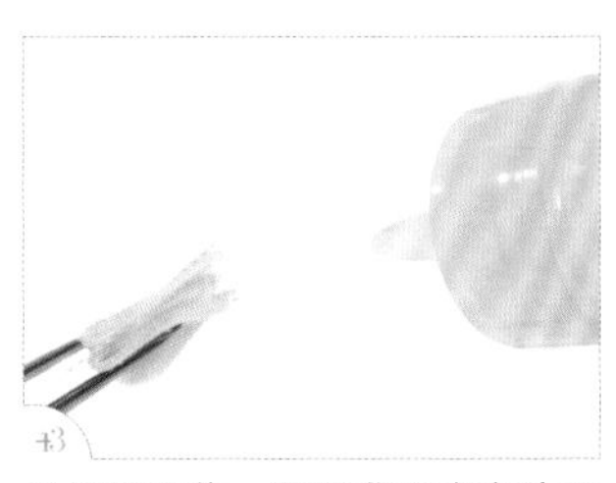

用镊子夹住，翻到背面在布边开口处上胶。

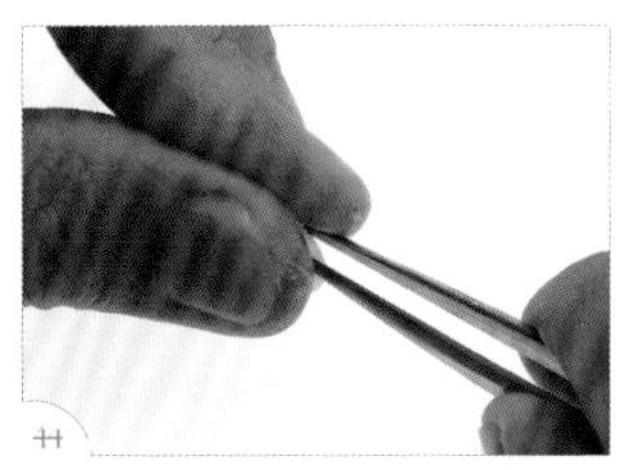

待胶半干，用手指捏紧布边后，用剪刀稍微修齐胶面。

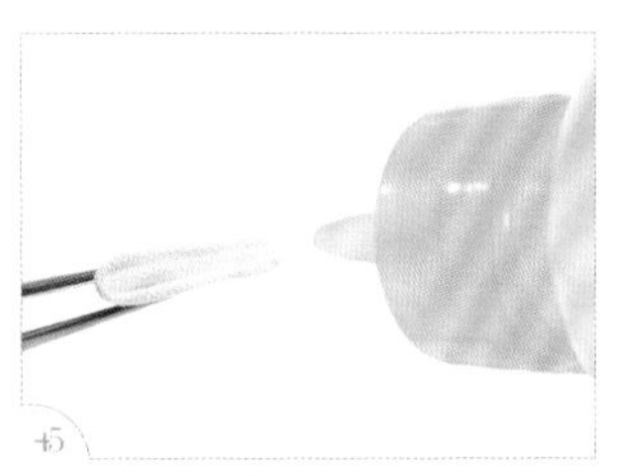

翻到正面，在尖端开口处上少许胶。

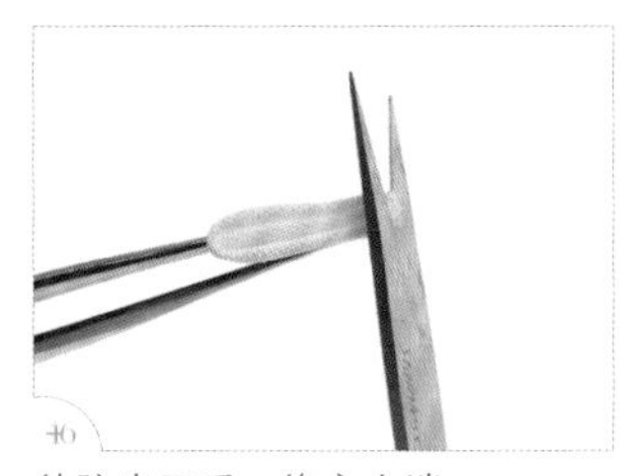

待胶半干后，修齐尖端。

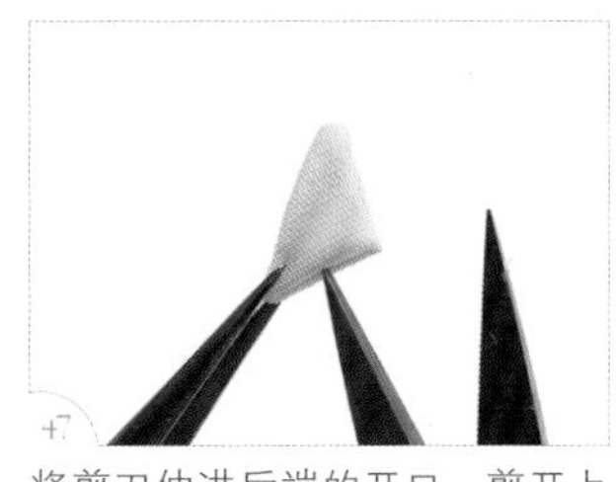

将剪刀伸进后端的开口，剪开上胶的布边。

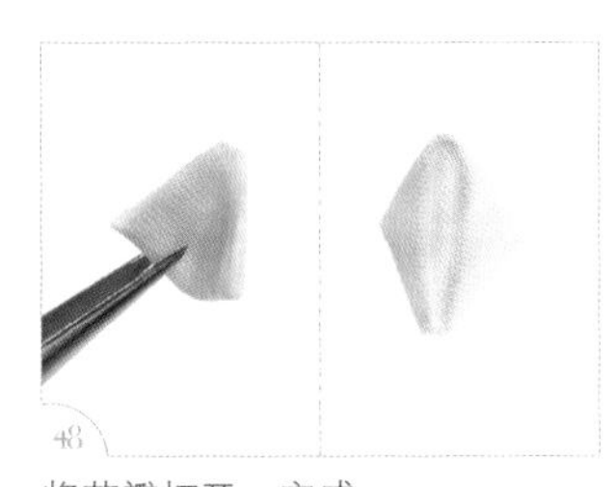

将花瓣打开，完成。

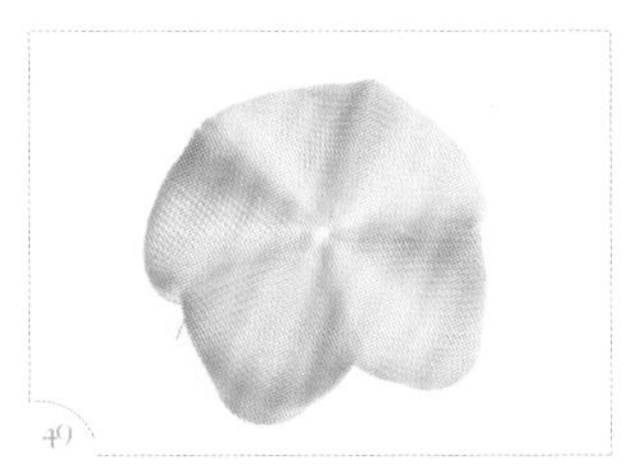

重复步骤 39~48，将 5 片花瓣完成后，黏合成第一层梅花。（注：花瓣黏合的做法可参考 P.28、P.29 的步骤 15~24。）

用镊子尾端将花瓣撑圆。第一层梅菊花完成。

翻到背面，在花瓣黏合处的 5 条布边处上胶。

翻回正面，取步骤 38 完成的第二层梅菊花。

把第一层梅菊花粘在第二层梅菊花的上方。

如图，第一层要盖住第二层的缝线。

在花朵中心处上胶。

将金属花蕊放进花朵中心处。

在金属花蕊中心处上胶。

将平底钻放进金属花蕊中心处。

完成多重梅菊花。

衍生花形制作 *8*

重梅

工具材料

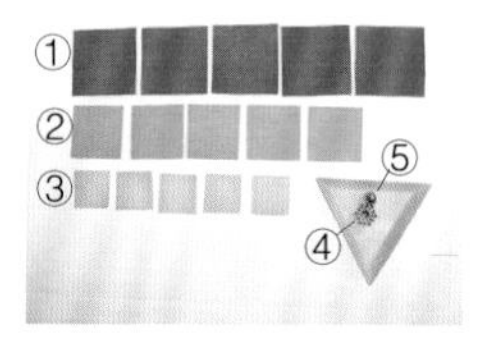

① 布 5 片（4.5cm × 4.5cm）

② 布 5 片（3.5cm × 3.5cm）

③ 布 5 片（2.5cm × 2.5cm）

④ 金属花蕊

⑤ 珠子（直径 8mm）

手工艺小剪刀
镊子
保丽龙胶

原大尺寸

布（4.5cm × 4.5cm）

布（3.5cm × 3.5cm）

布（2.5cm × 2.5cm）

步骤说明

拿起 1 片边长 4.5cm 的布片，用镊子夹住一角。

将布片沿对角线对折成三角形。

沿三角形的垂直中线再次对折。

用镊子夹住三角形的正中间。

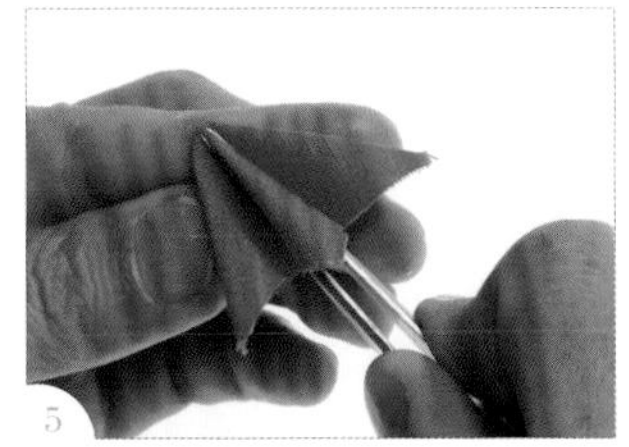

将两边分别翻起对折。

用镊子夹住。

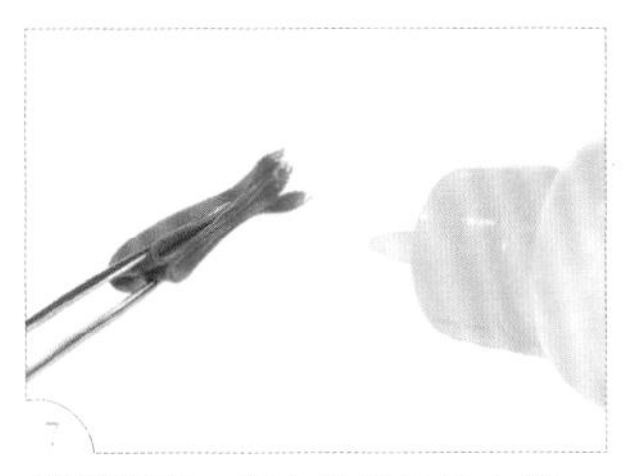

翻到背面，在布边开口处上胶。

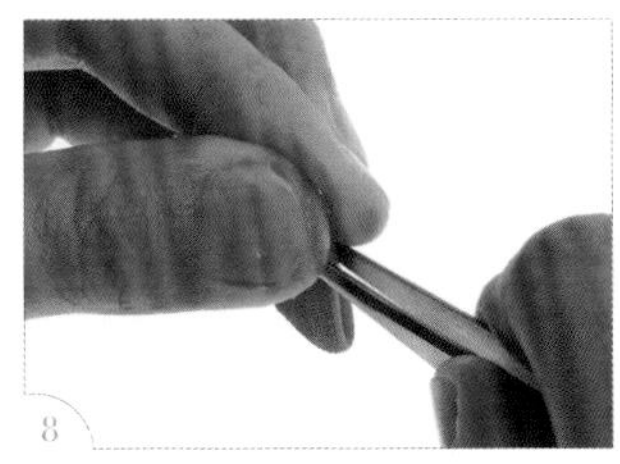

待胶半干后，用手指捏紧布边。（注：触摸时不粘手，但仍有软度即可。）

用剪刀稍微修齐胶面。（注：若有线头露出，需一起修掉。）

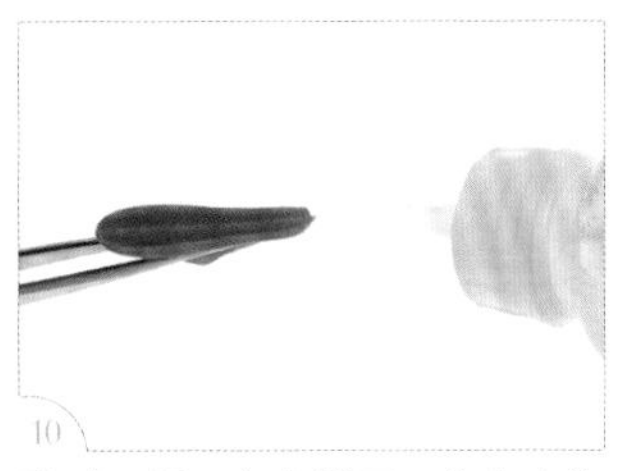

翻到正面，在尖端开口处上少许胶。

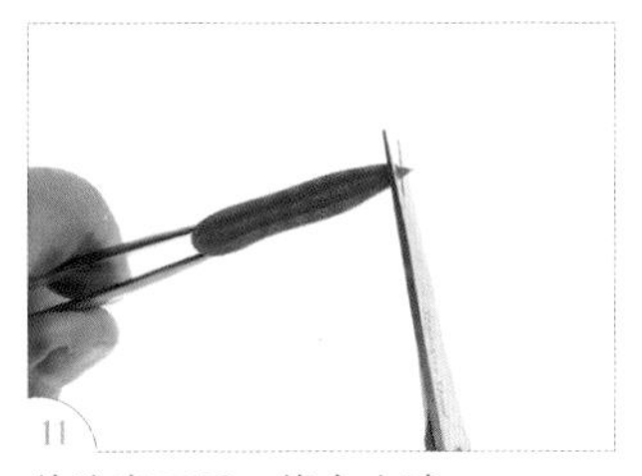

待胶半干后，修齐尖端。

将剪刀伸进后端的开口，剪开上胶的布边。

将花瓣打开。

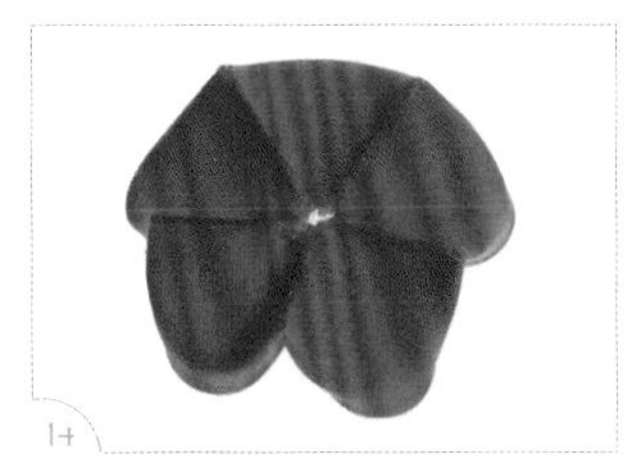

重复步骤 1~13，将所需的 5 片花瓣制作完成后粘在一起。（注：花瓣黏合的做法可参考 P.28、P.29 的步骤 15~24。）

翻到正面，用镊子尾端将花瓣撑圆。4.5cm 的花朵制作完成。

拿起 1 片边长 3.5cm 的布片，用镊子夹住一角。

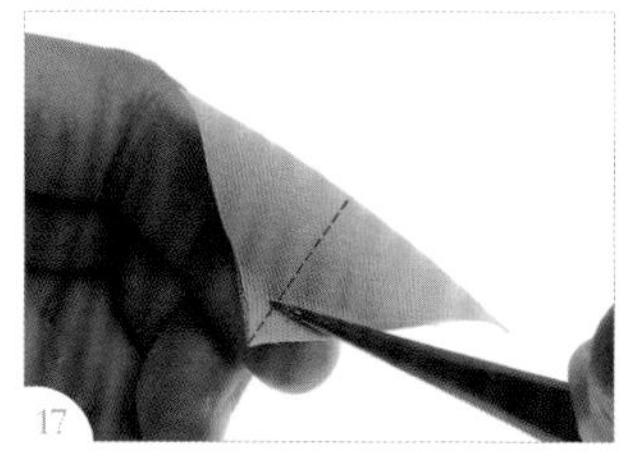

将布片沿对角线对折成三角形。

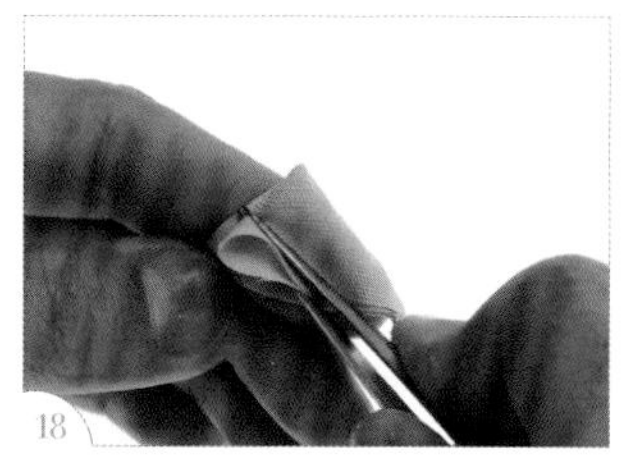

沿三角形的垂直中线再次对折。

用镊子夹住三角形的正中间。

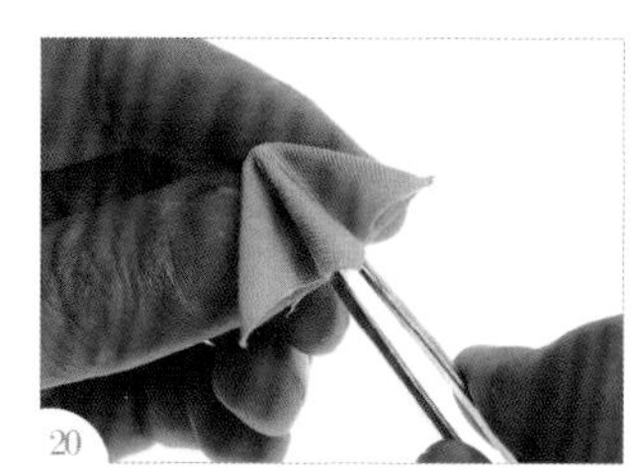

将两边分别翻起对折。

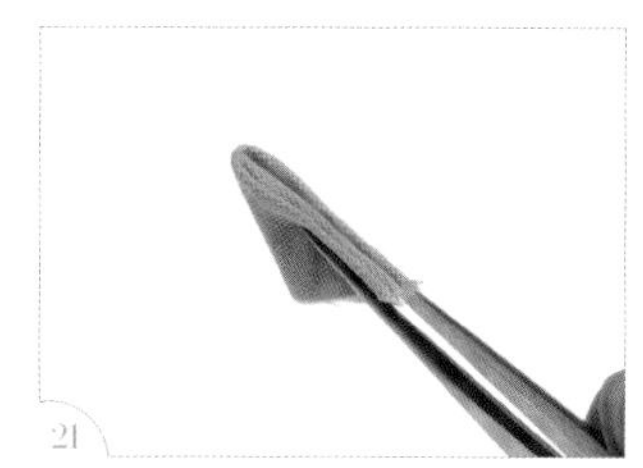

用镊子夹住。

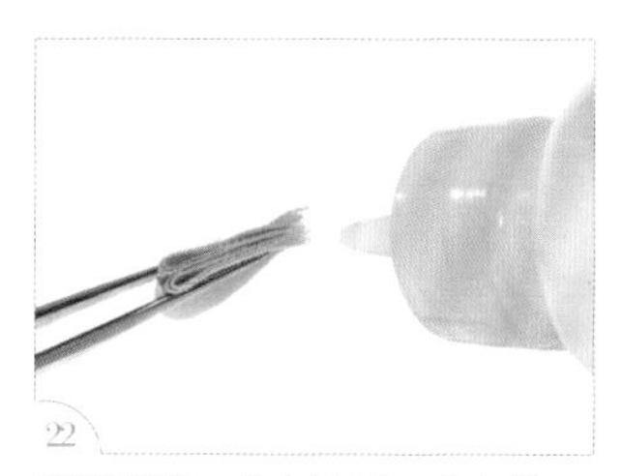

翻到背面，在布边开口处上胶。

待胶半干后，用手指捏紧布边。（注：触摸时不粘手，但仍有软度即可。）

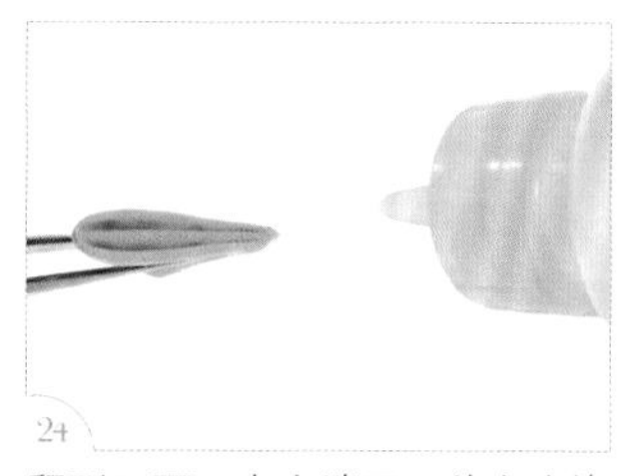

翻到正面，在尖端开口处上少许胶。

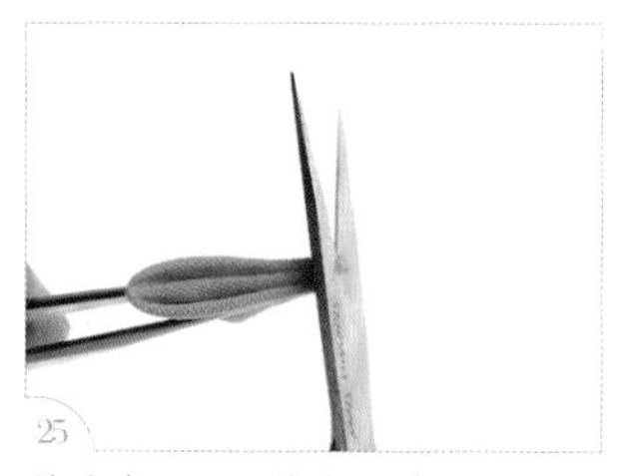

待胶半干后，修齐尖端。

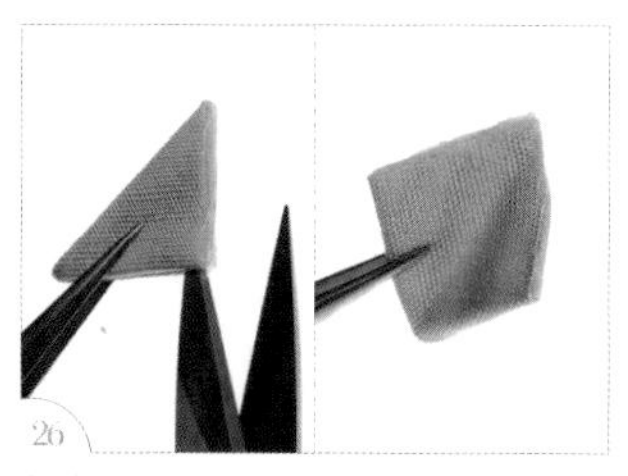

将剪刀伸进后端的开口，剪开上胶的布边。

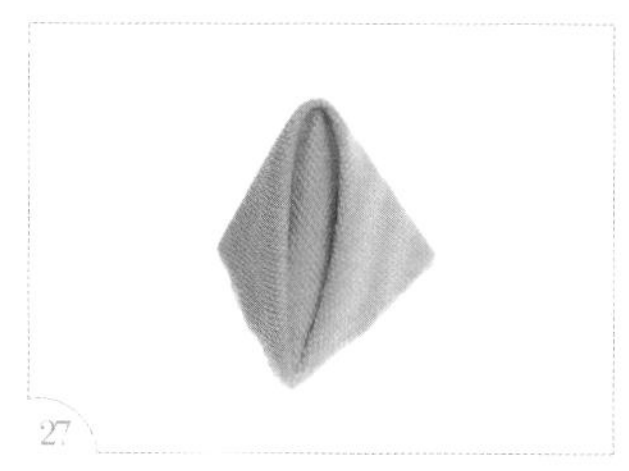

将花瓣打开。

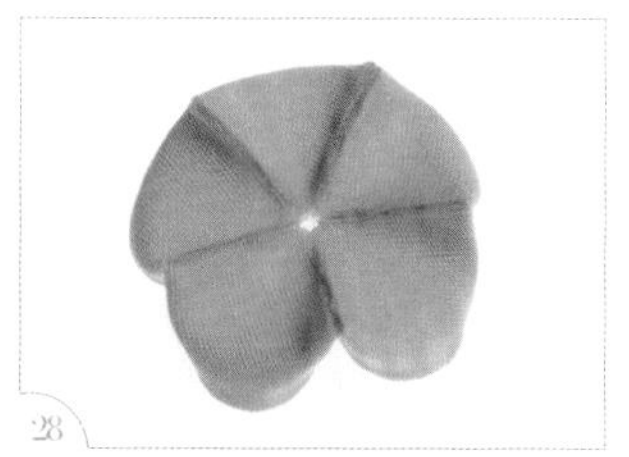

重复步骤 16~27，将所需的 5 片花瓣制作完成后粘在一起。（注：花瓣黏合的做法可参考 P.28、P.29 的步骤 15~24。）

翻到正面，用镊子尾端将花瓣撑圆，3.5cm 的花朵制作完成。

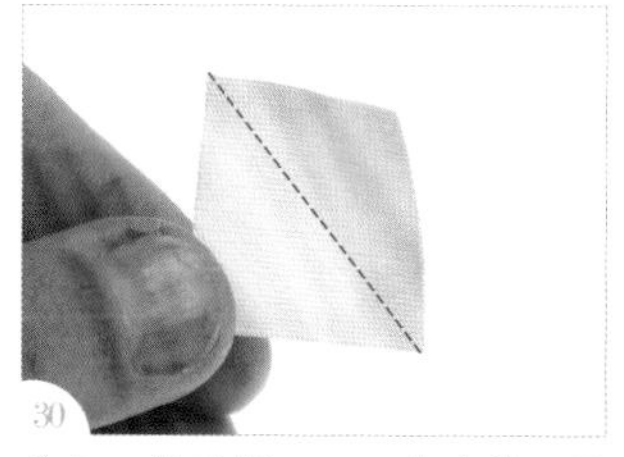

拿起 1 片边长 2.5cm 的布片，用镊子夹住一角。

将布片沿对角线对折成三角形。

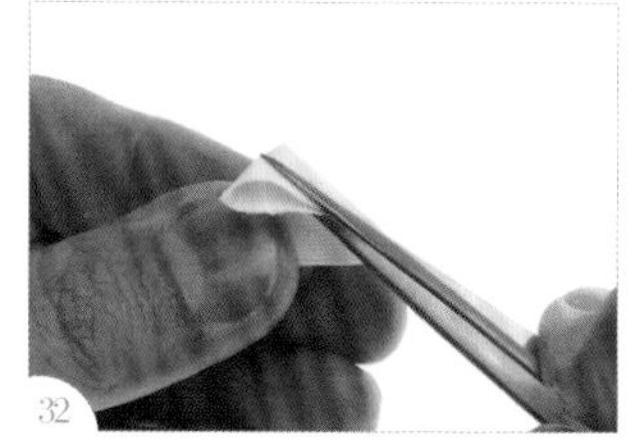

沿三角形的垂直中线再次对折。

用镊子夹住三角形的正中间。

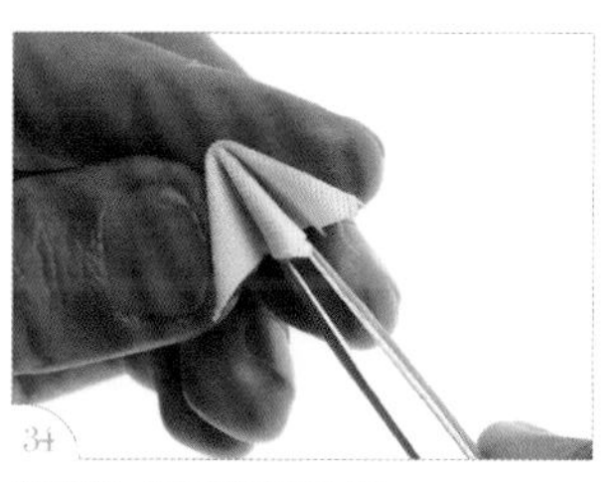

将两边分别翻起对折。

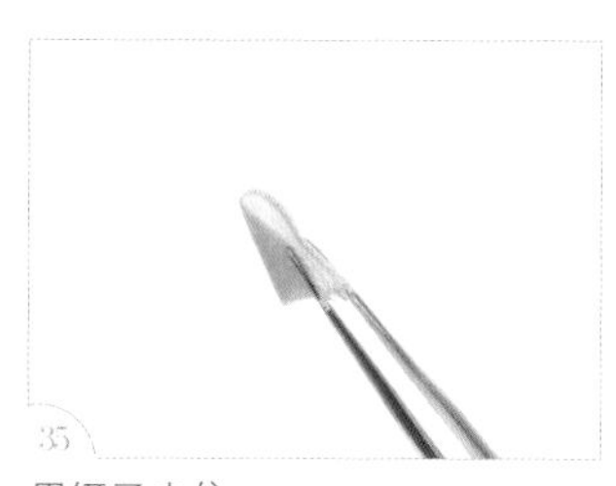

用镊子夹住。

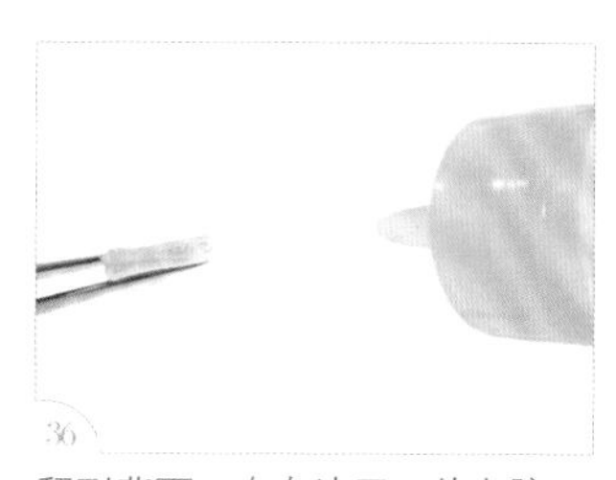

翻到背面，在布边开口处上胶。

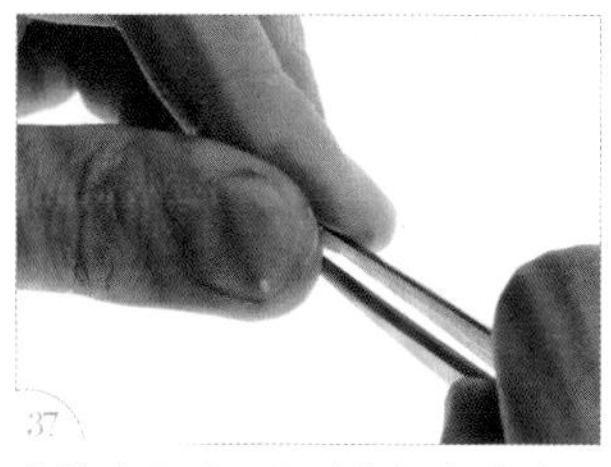

待胶半干后，用手指捏紧布边。（注：触摸时不粘手，但仍有软度即可。）

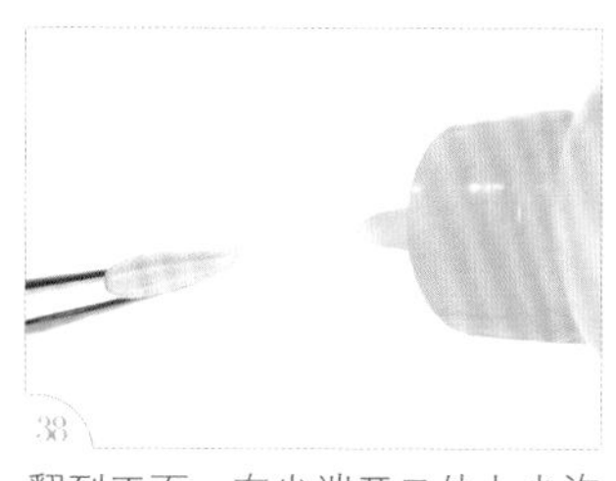

翻到正面，在尖端开口处上少许胶。

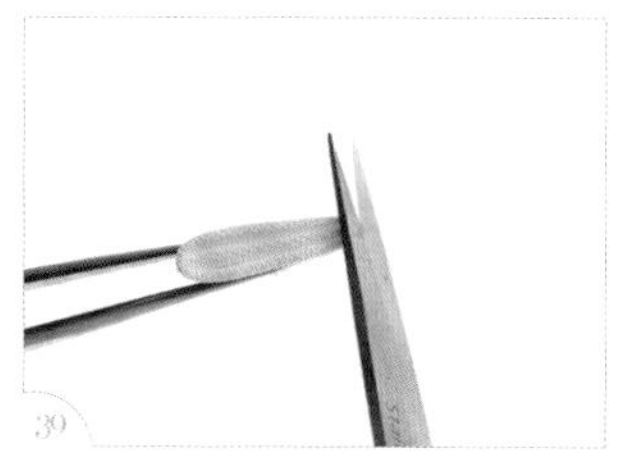

待胶半干后，修齐尖端。

将剪刀伸进后端的开口，剪开上胶的布边。

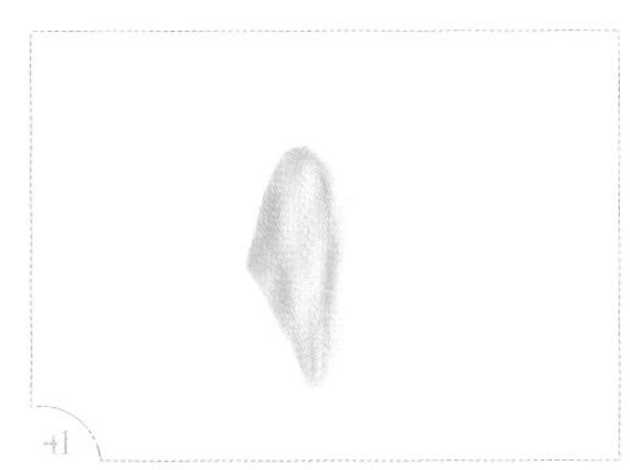

将花瓣打开。

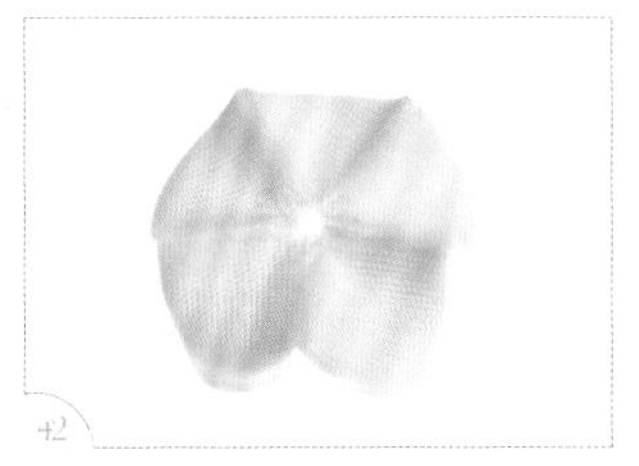

重复步骤 30~41，将所需的 5 片花瓣制作完成后粘在一起。（注：花瓣黏合的做法可参考 P.28、P.29 的步骤 15~24。）

翻到正面，用镊子尾端将花瓣撑圆。2.5cm 的花朵制作完成。

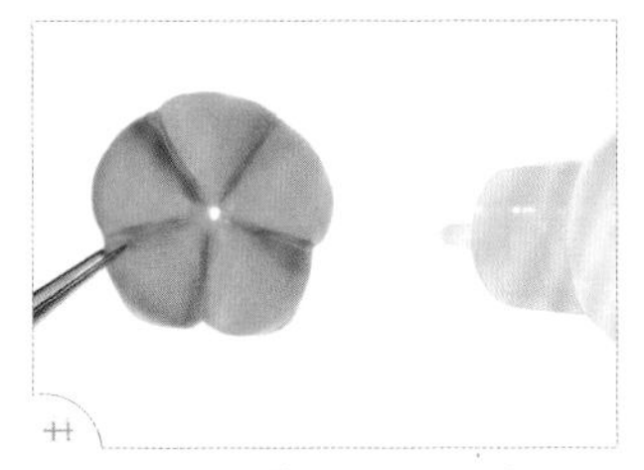

取 3.5cm 的花朵，翻到背面，在 5 条布边处上胶。

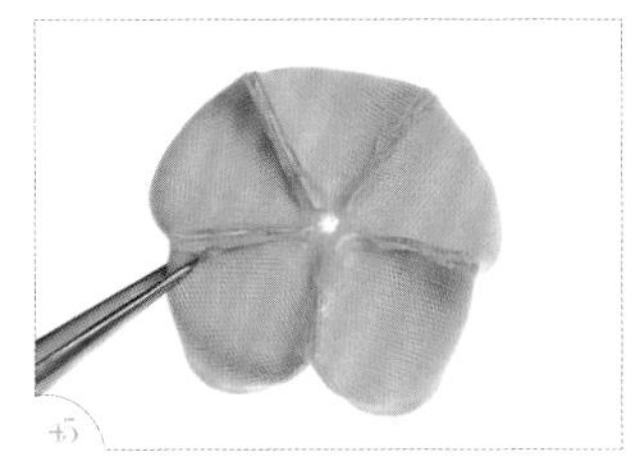

如图，整条布边从外端到中央处涂上胶。

将花朵翻回正面。

把 3.5cm 的花朵粘在 4.5cm 的花朵上面。

两层的花瓣交错着摆放。

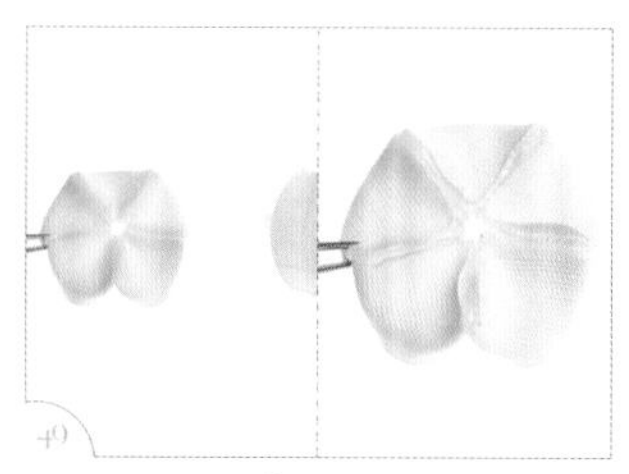

取 2.5cm 的花朵，翻到背面，在 5 条布边处上胶。胶尽量不要溢出直线范围。

将花朵翻回正面。

把 2.5cm 的花朵粘在 3.5cm 的花朵上面。

两层的花瓣交错着摆放。

在花朵中心处上胶。

将金属花蕊放进花朵中心处。

在金属花蕊中心处上胶。

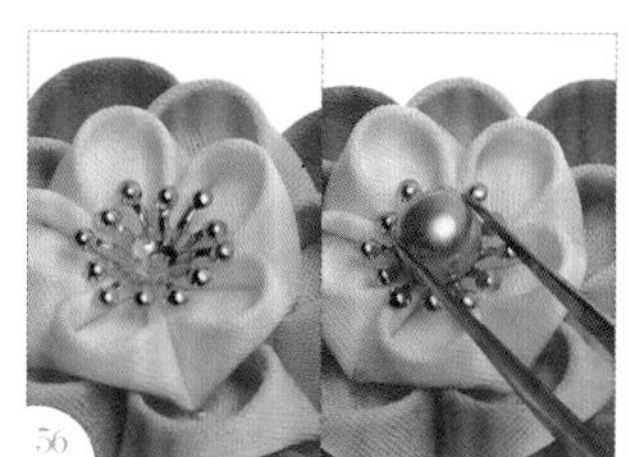

将珠子放进金属花蕊中心处。

完成重梅。

这里以三重梅做示范，但只要两层以上就可以称为重梅。也可以和其他种类的花瓣搭配，或是增减花瓣数与层数，做出不一样的效果。

衍生花形制作 9

重菊

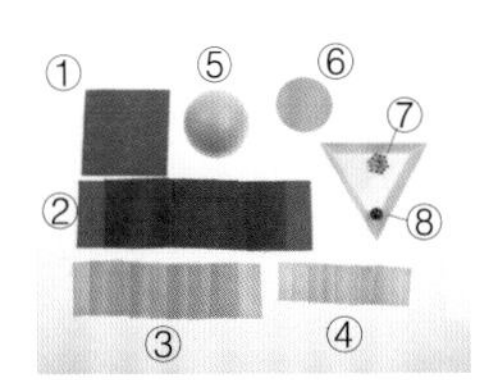

工具材料

①布 1 片（6cm×6cm）

②布 8 片（4.5cm×4.5cm）

③布 8 片（3.5cm×3.5cm）

④布 8 片（2.5cm×2.5cm）

⑤保丽龙球（直径 5cm）

⑥圆形卡纸底台（直径 4cm）

⑦金属花蕊

⑧珠子（直径8mm）

手工艺小剪刀
镊子
保丽龙胶
珠针
刀片
格线垫板

原大尺寸

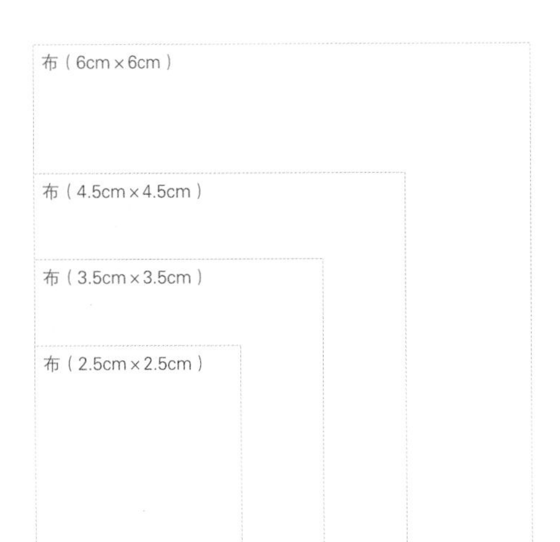

步骤说明

底台使用 5cm 的保丽龙球制作。

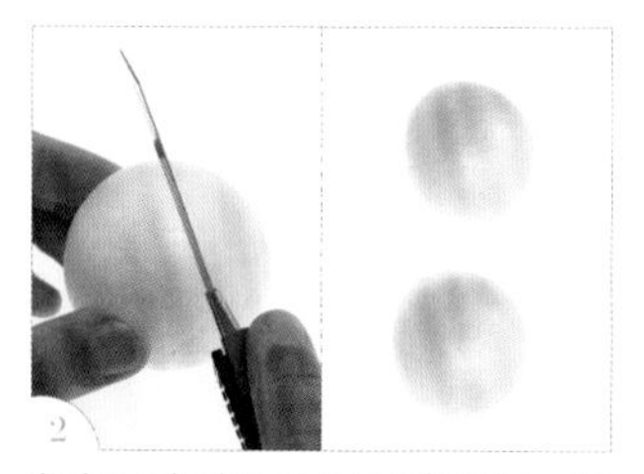

将保丽龙球从中间切成两半，只需要其中一半。

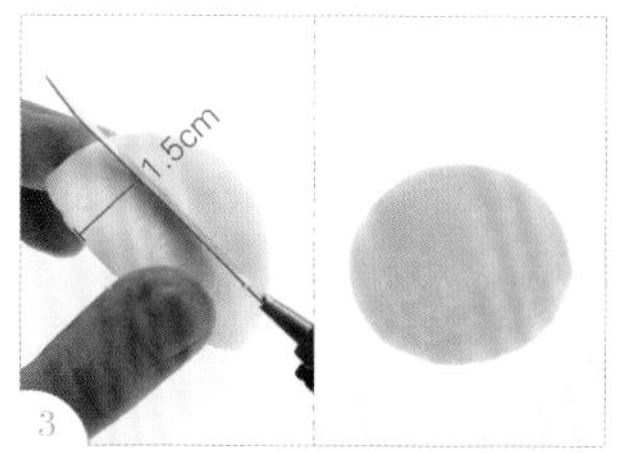

沿半颗保丽龙球边缘 1.5cm 平行切下。

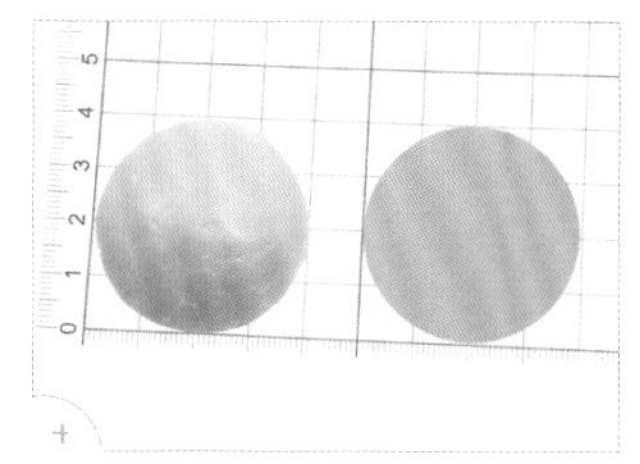

切好的保丽龙球底面直径为4cm。

取一个直径 4cm 的圆形卡纸，在卡纸的一面上胶。（注：圆形卡纸的做法可参考 P.12。）

将卡纸粘在切好的保丽龙球底部。

在卡纸的另一面上胶。

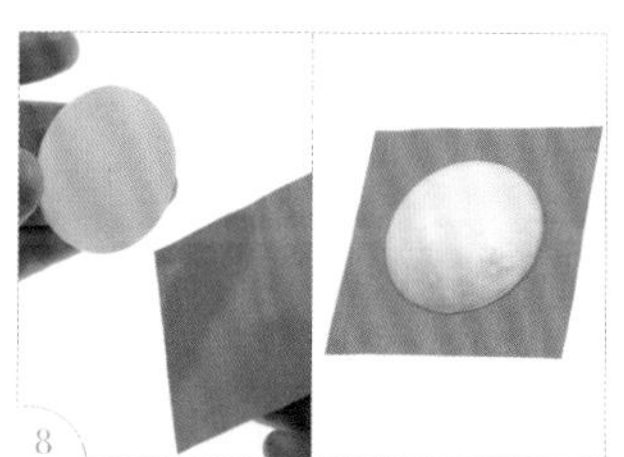

粘在边长 6cm 的布片中央。

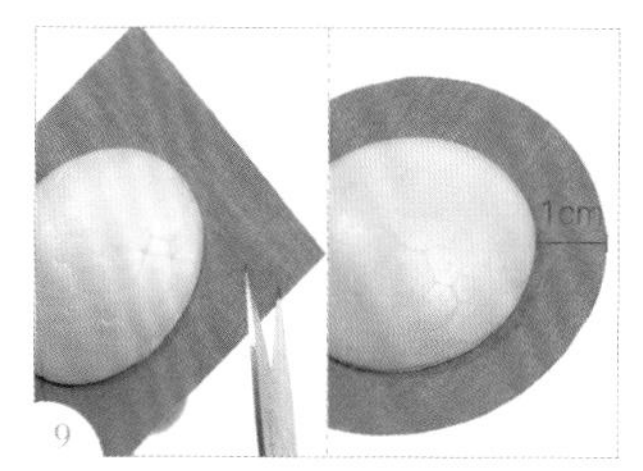

圆形卡纸周围留 1cm 宽的布，其余的布剪掉。

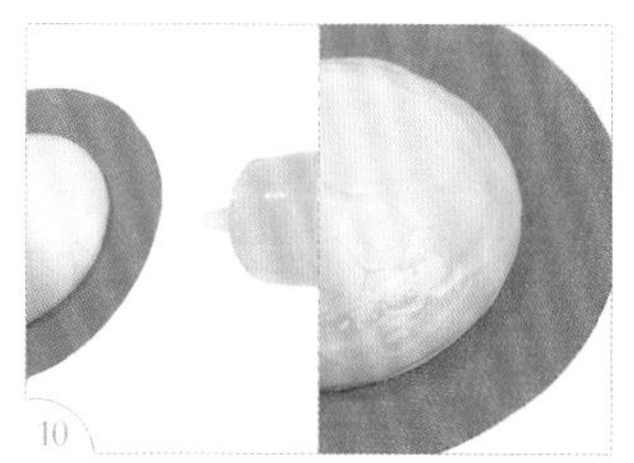

从保丽龙球底面边缘向上 1cm 的区域上胶一圈。

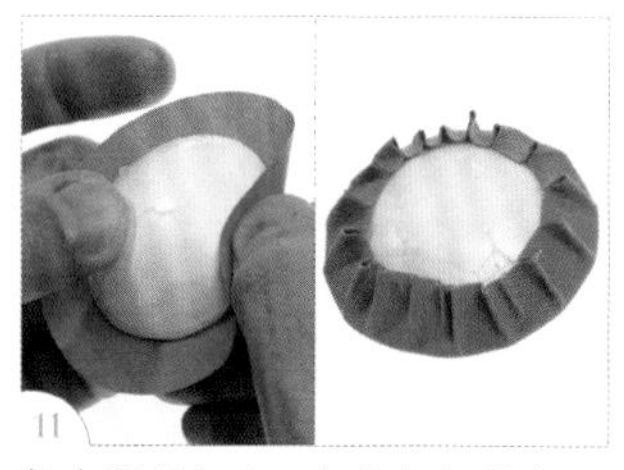

将布翻折起来，包住切好的保丽龙球。

用剪刀修齐布的褶皱，完成底台。

拿起 1 片边长 4.5cm 的布片，用镊子夹住一角，将布片沿对角线对折成三角形。

沿三角形的垂直中线再次对折。

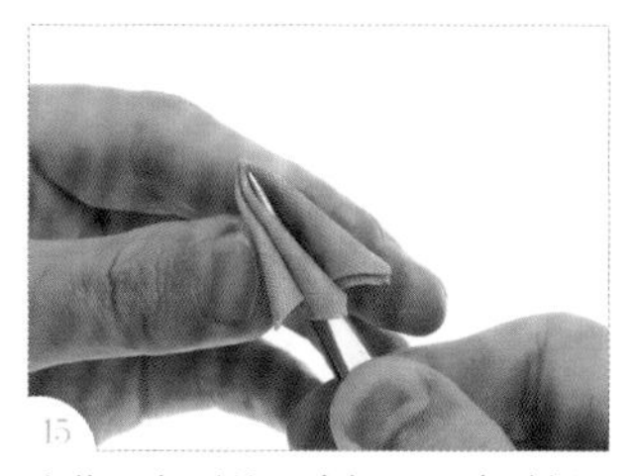

夹住三角形的正中间，再次对折。

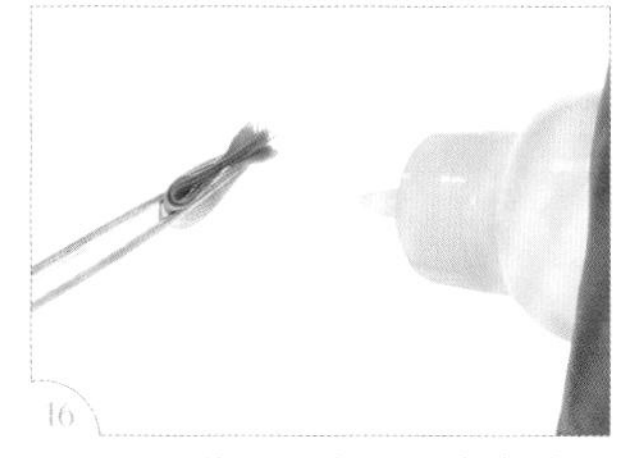

用镊子夹住翻到背面，在布边开口处上胶。

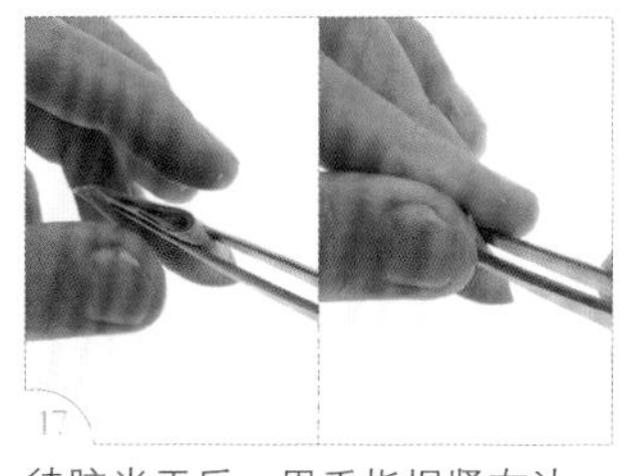

待胶半干后，用手指捏紧布边。（注：触摸时不粘手，但仍有软度即可。）

用剪刀稍微修齐胶面。（注：若有线头露出，需一起修掉。）

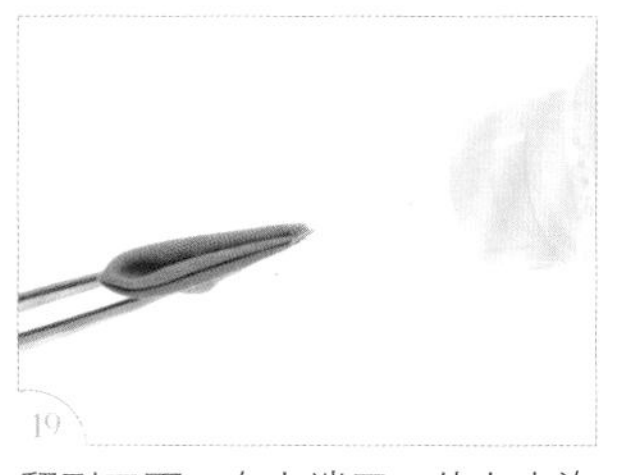

翻到正面，在尖端开口处上少许胶。

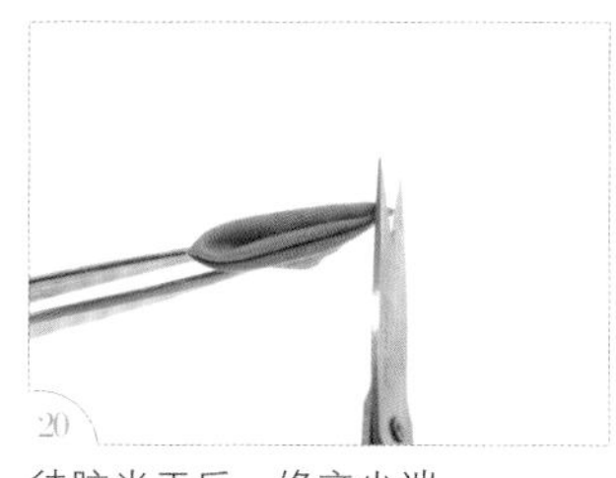

待胶半干后，修齐尖端。

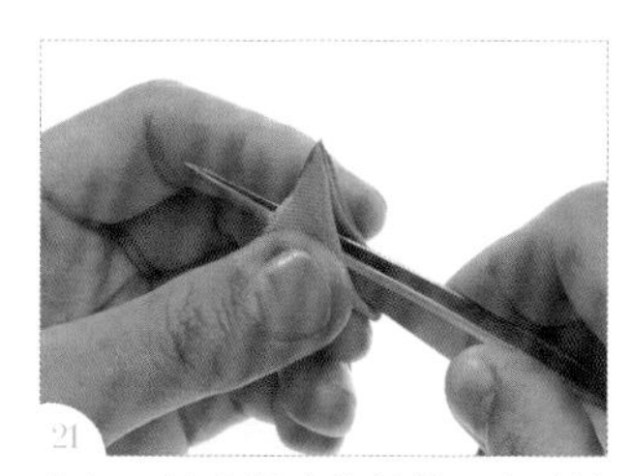

将镊子伸进斜边的折缝，穿过粘在一起的布边。

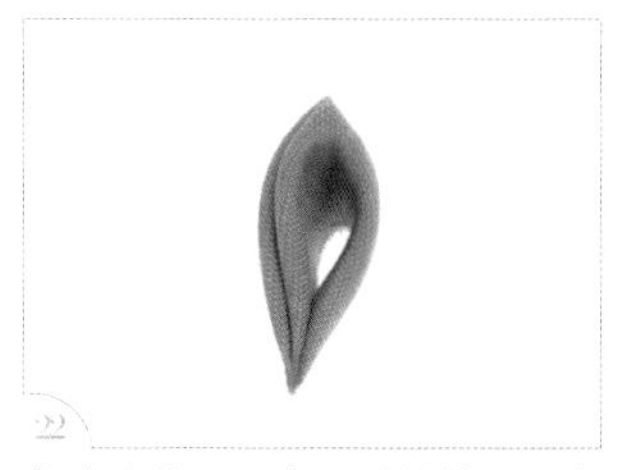

将布边撑开一半，继续撑圆呈水滴形，完成 1 片尖形花瓣。

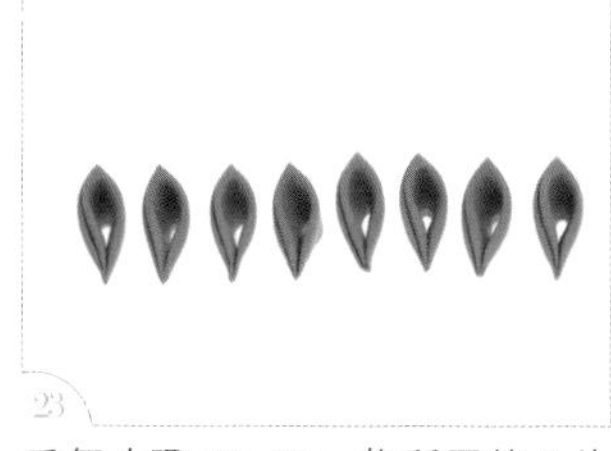

重复步骤 13~22，将所需的 8 片 4.5cm 的花瓣制作完成。

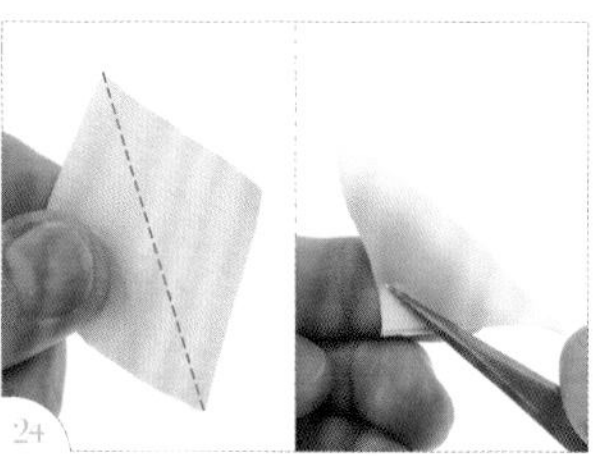

拿起 1 片边长 3.5cm 的布片，用镊子夹住一角，将布片沿对角线对折成三角形。

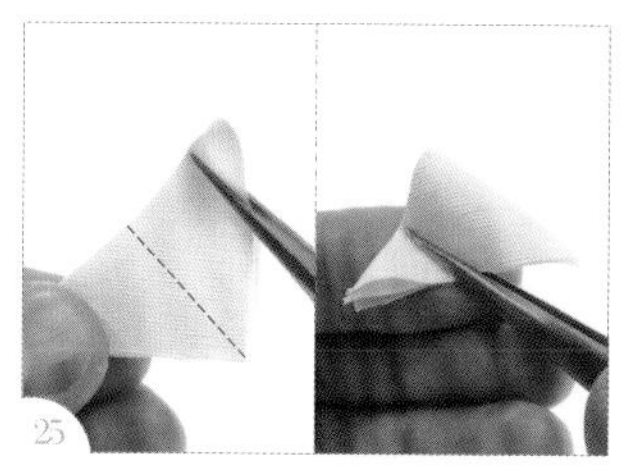

沿三角形的垂直中线再次对折。

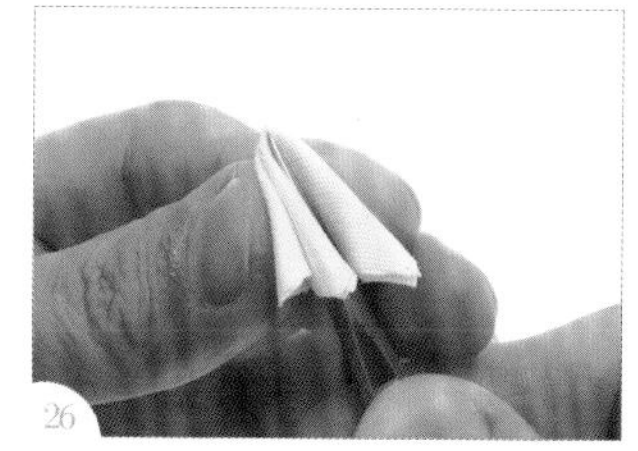

夹住三角形的正中间，再次对折。

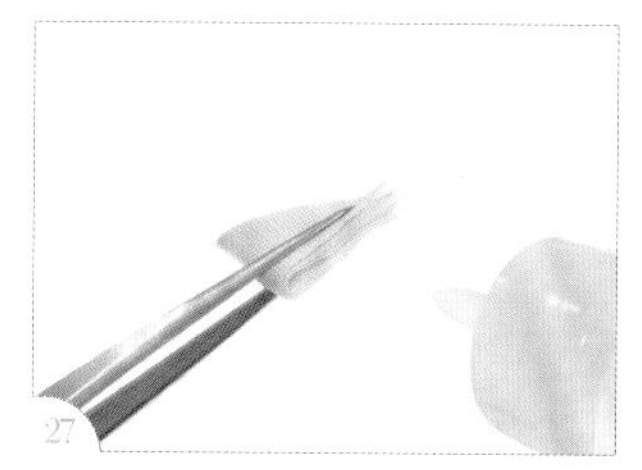

用镊子夹住翻到背面，在布边开口处上胶。

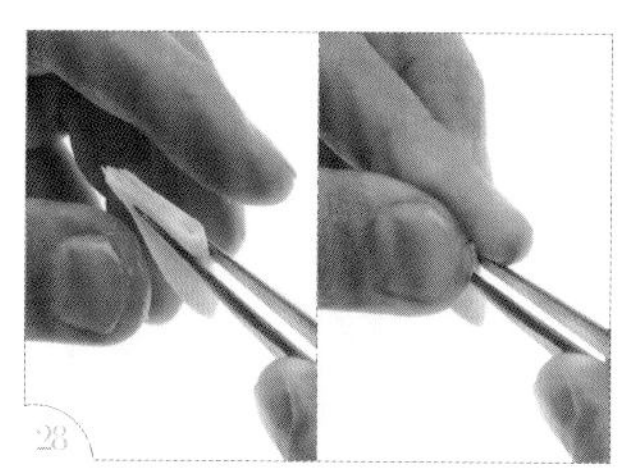

待胶半干后，用手指捏紧布边。（注：触摸时不粘手，但仍有软度即可。）

用剪刀稍微修齐胶面。（注：若有线头露出，需一起修掉。）

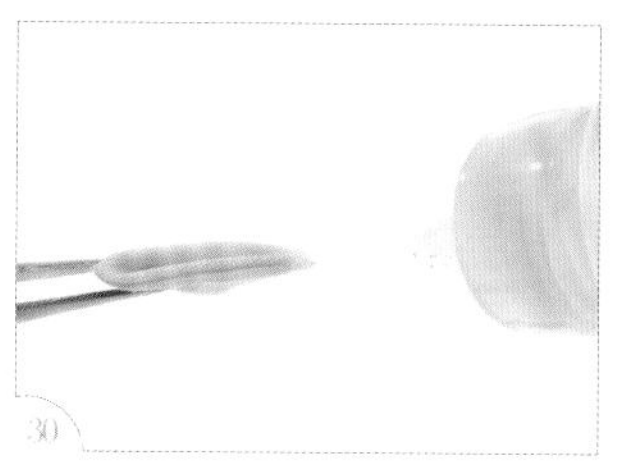

翻到正面，在尖端开口处上少许胶。

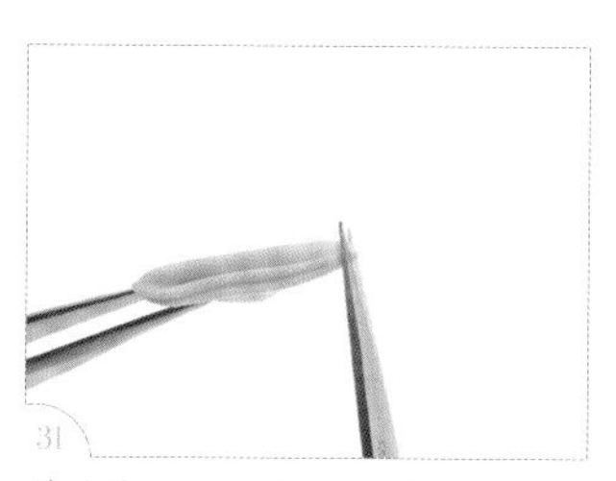

待胶半干后，修齐尖端。

将镊子伸进斜边的折缝，穿过粘在一起的布边。

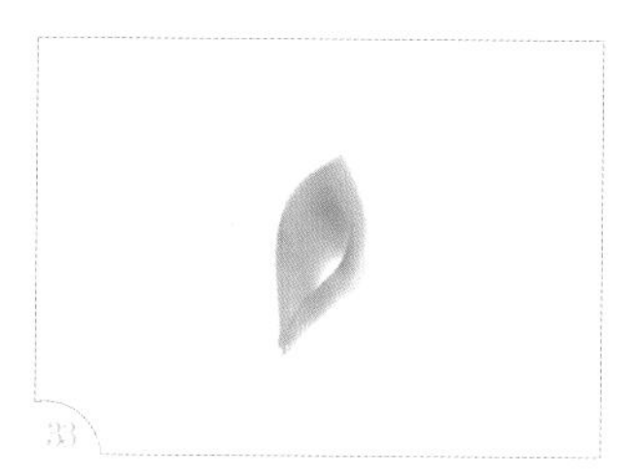

将布边撑开 1/2，撑圆呈水滴形，完成 1 片尖形花瓣。

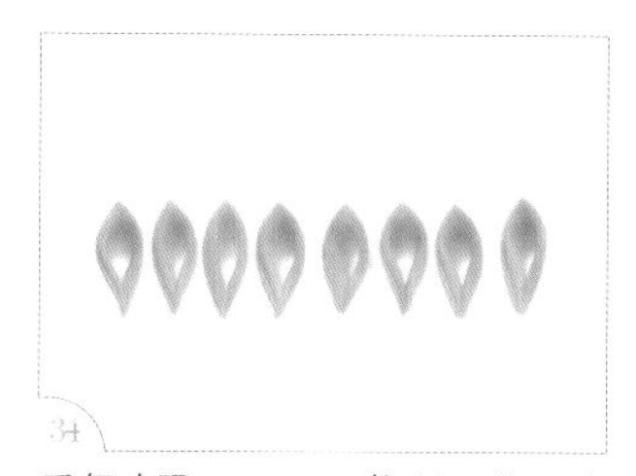

重复步骤 24~33，将所需的 8 片 3.5cm 的花瓣制作完成。

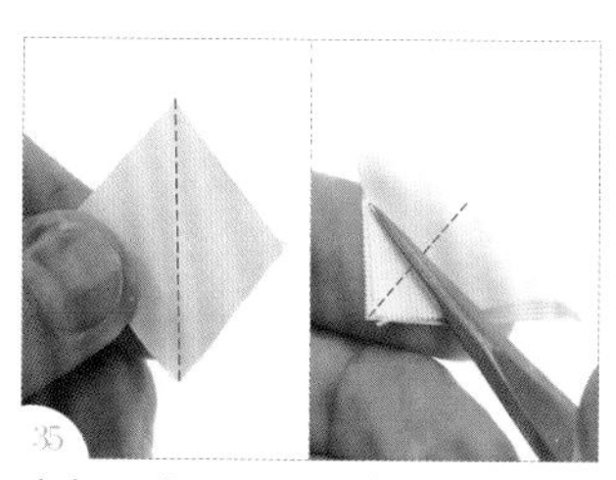

拿起 1 片 2.5cm 的布片，用镊子夹住一角，将布片沿对角线对折成三角形。

沿三角形的垂直中线再次对折。

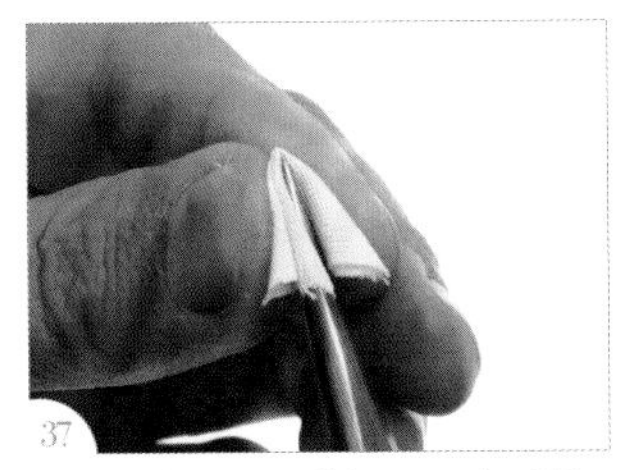

夹住三角形的正中间，再次对折。

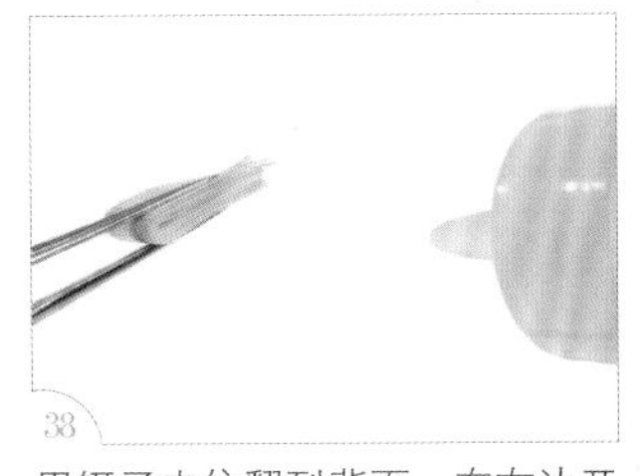

用镊子夹住翻到背面，在布边开口处上胶。

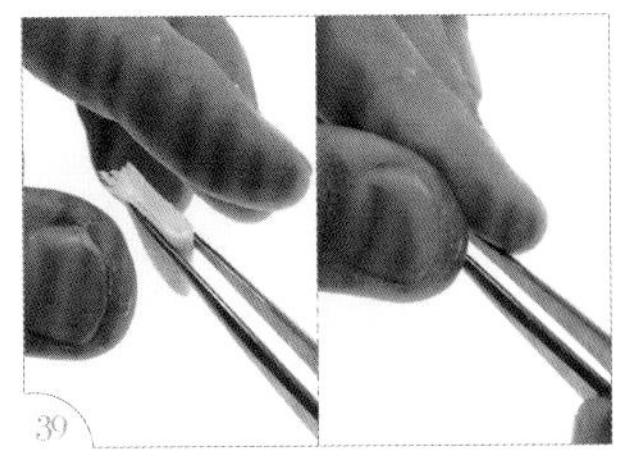

待胶半干后，用手指捏紧布边。（注：触摸时不粘手，但仍有软度即可。）

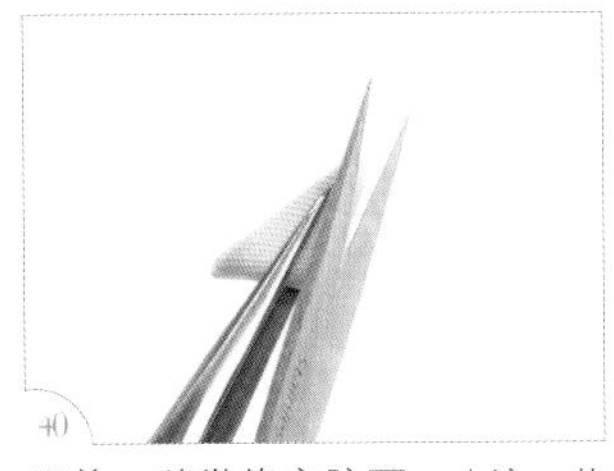

用剪刀稍微修齐胶面。（注：若有线头露出，需一起修掉。）

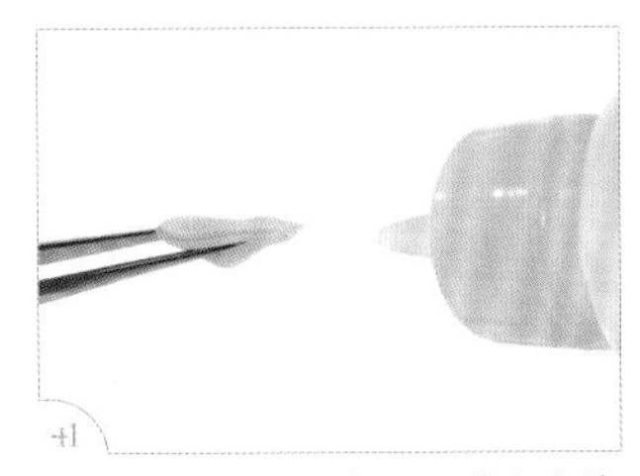

翻到正面，在尖端开口处上少许胶。

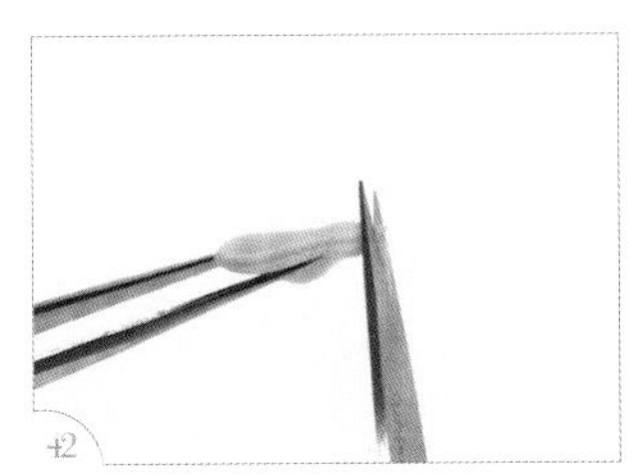

待胶半干后，修齐尖端。

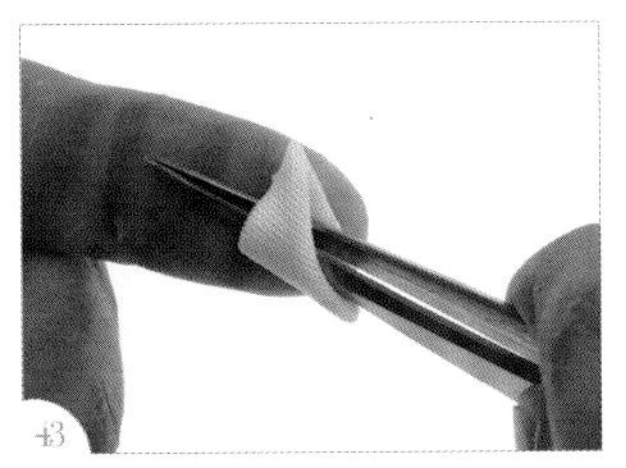

将镊子伸进斜边的折缝，穿过黏合的布边。

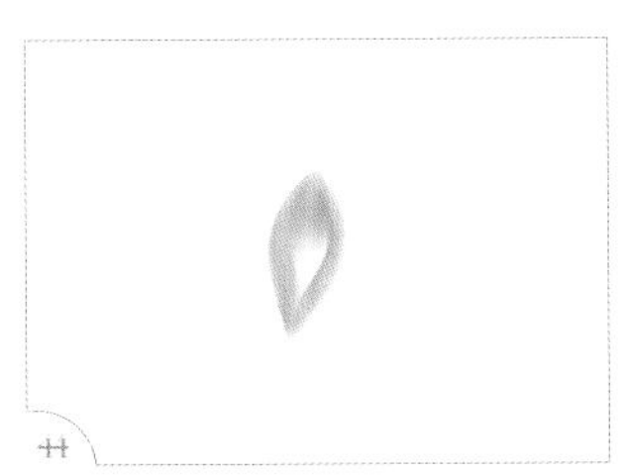

将布边撑开 1/2，撑圆呈水滴形，完成 1 片尖形花瓣。

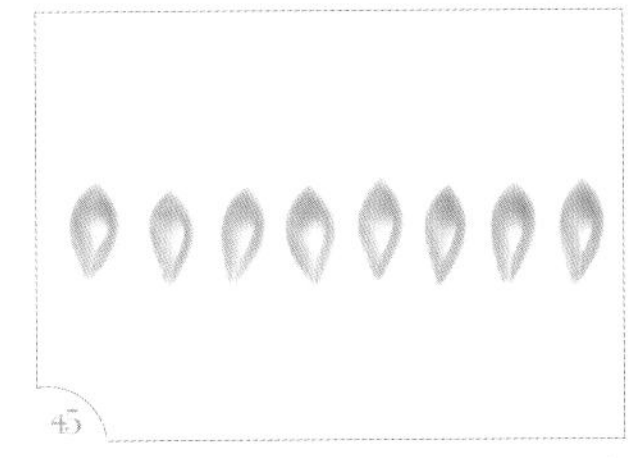

重复步骤 35~44，将所需的 8 片 2.5cm 的花瓣制作完成。

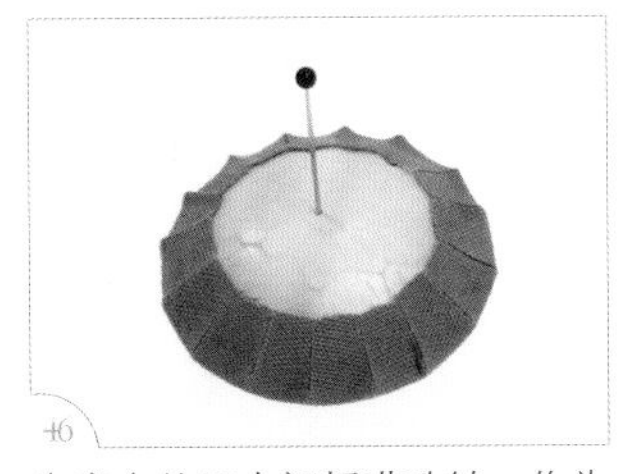

在底台的正中间插进珠针，作为对齐的基准。

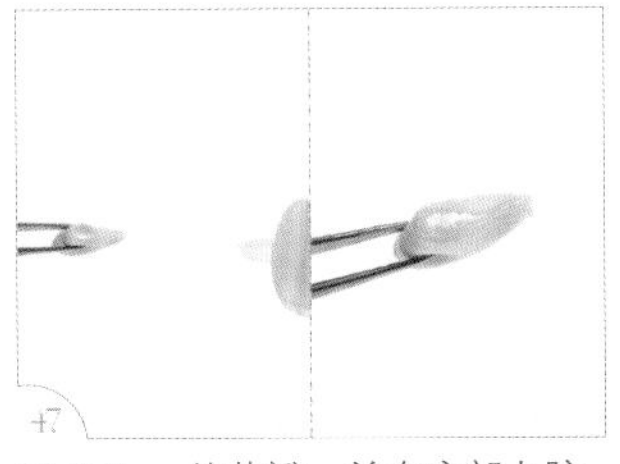

取 2.5cm 的花瓣，并在底部上胶。

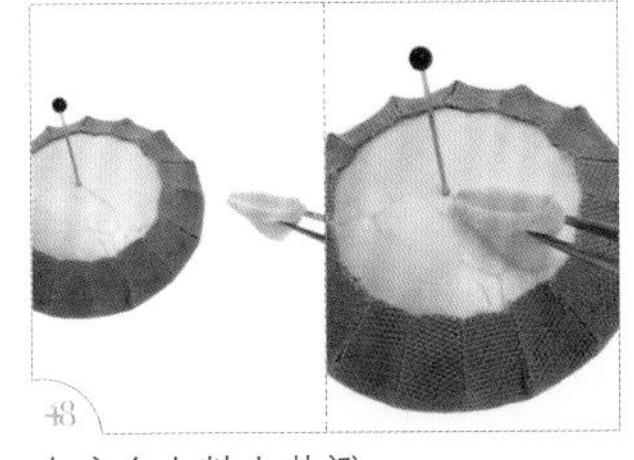

在底台上粘上花瓣。

因折好的花瓣形状不规则，不方便测量尺寸，本书中“2.5cm 的花瓣”是指用边长 2.5cm 的正方形布片折成的花瓣。其他尺寸的花瓣以此类推。

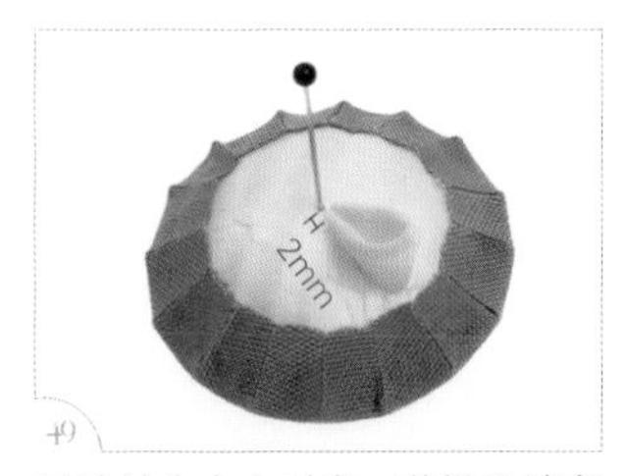

以珠针为中心对齐，花瓣尖端离中心 2mm。

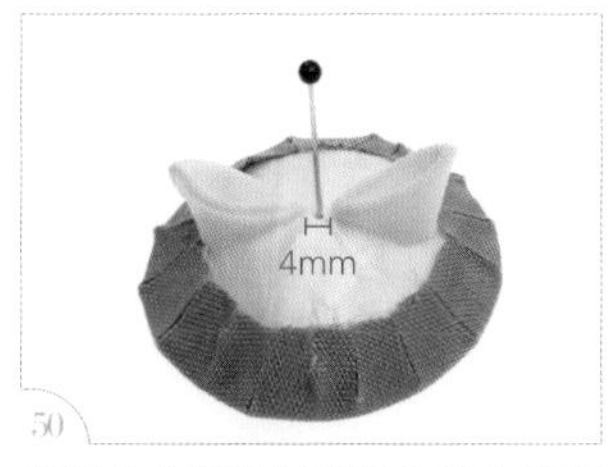

在第 1 片花瓣对面粘上第 2 片花瓣，2 片花瓣间隔 4mm。

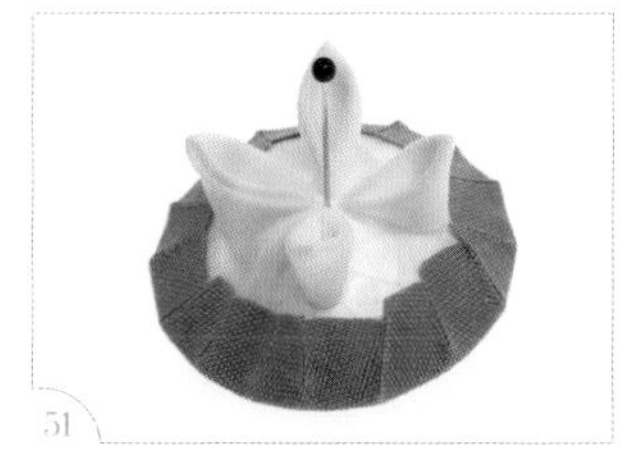

重复步骤 47~50，将 4 片花瓣呈十字状粘在底台上。

再取 4 片花瓣，如图所示粘在底台上。

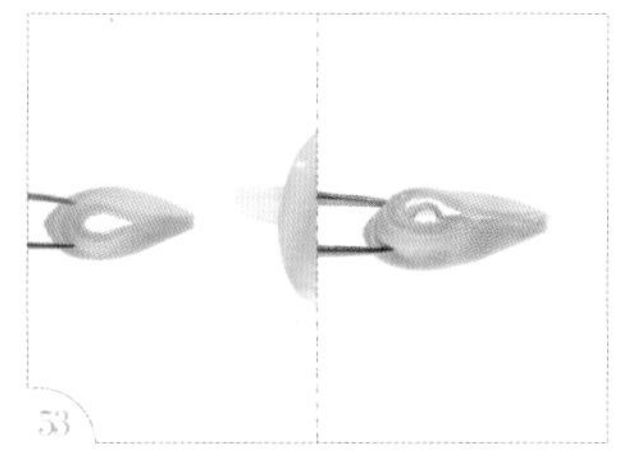

取 3.5cm 的花瓣，并在底部上胶。

将花瓣稍微插进第一层花瓣的间隔中。

第二层花瓣的尾端对齐底台的边缘。

重复步骤 53~55，将 8 片花瓣粘好。

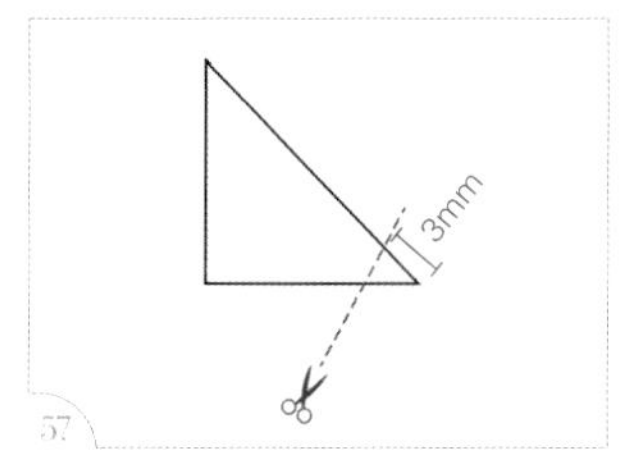

按照图示在布上画线。（注：图示为侧面图。）

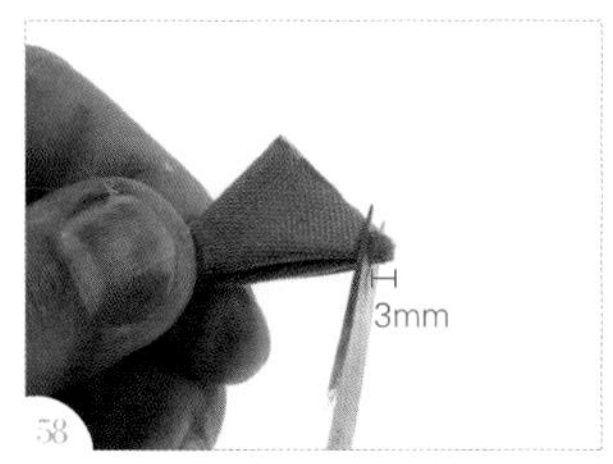

依照上图所示，将 4.5cm 的花瓣尖端剪掉 3mm。

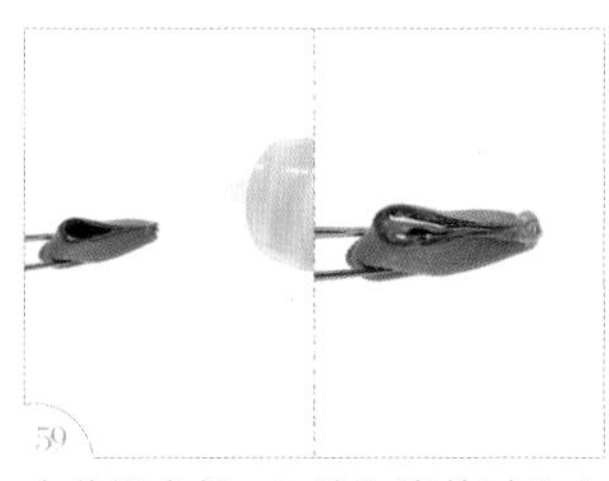

在花瓣底部 1/2 处和修剪过的尖端处上胶。

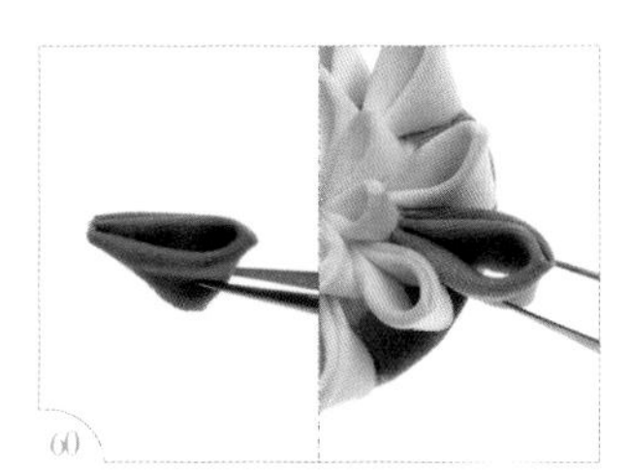

插进第二层花瓣的间隔中，尖端粘住第一层花瓣的尾端。

如图，第三层花瓣会有一部分悬空。

重复步骤 58~60，将 8 片花瓣粘好。

拔掉作为中心点的珠针。

在花朵中心处上胶。

将金属花蕊放进花朵中心处。

在金属花蕊中心处上少许胶。

将珠子放进金属花蕊中心处。

完成重菊。

重菊的花瓣数和层数可以根据自己的喜好增减，最后一层按照教程制作即可。

衍生花形制作 10

重菱形瓣

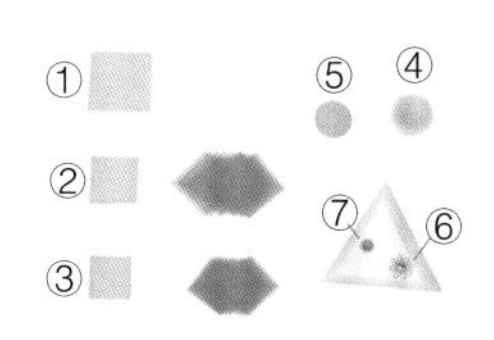

工具材料

① 布 1 片（4cm×4cm）
② 布 12 片（2.5cm×2.5cm）
③ 布 12 片（2cm×2cm）
④ 保丽龙球半颗（直径 3cm）
⑤ 圆形卡纸底台（直径 2.5cm）
⑥ 金属花蕊
⑦ 珠子（直径 8mm）

手工艺小剪刀
镊子
保丽龙胶
珠针
刀片

原大尺寸

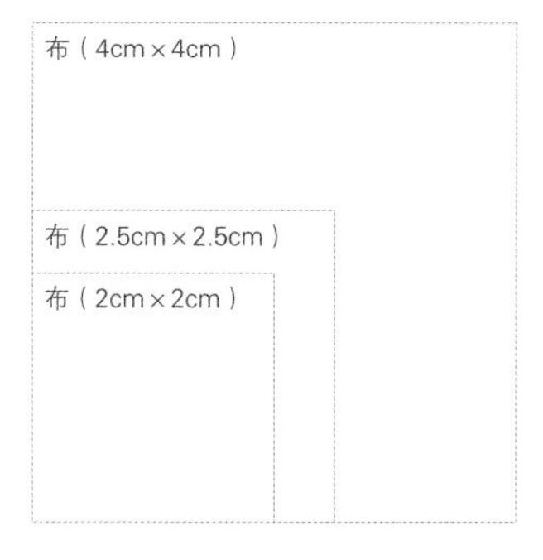

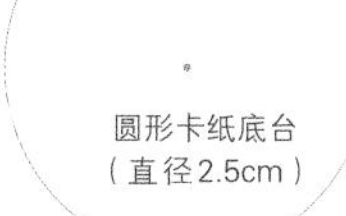

步骤说明

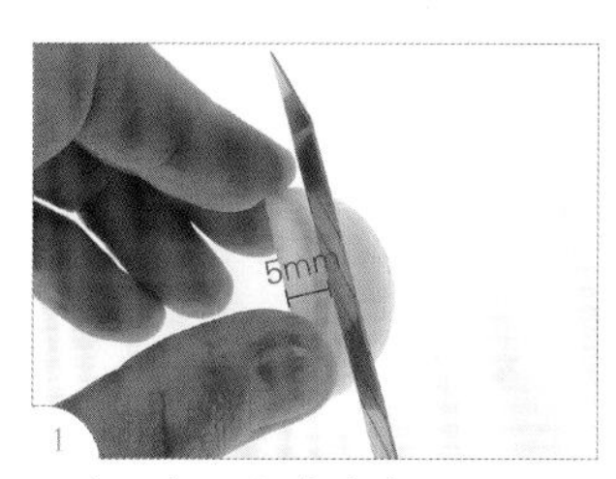

沿半颗保丽龙球边缘 5mm 平行切下。

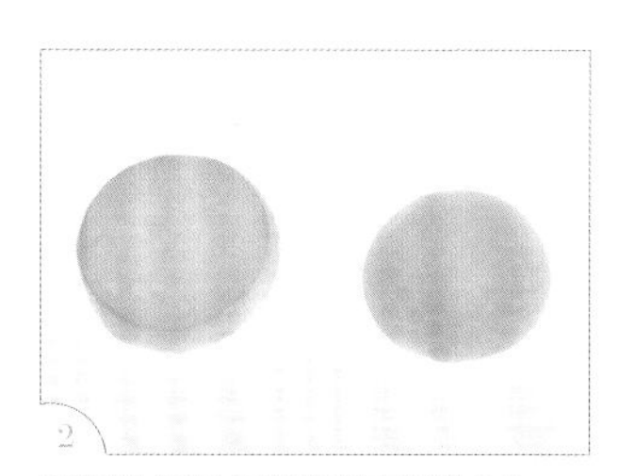

切好的保丽龙球底面直径为2.5cm。

在卡纸的一面上胶。（注：圆形卡纸的做法可参考 P.12。）

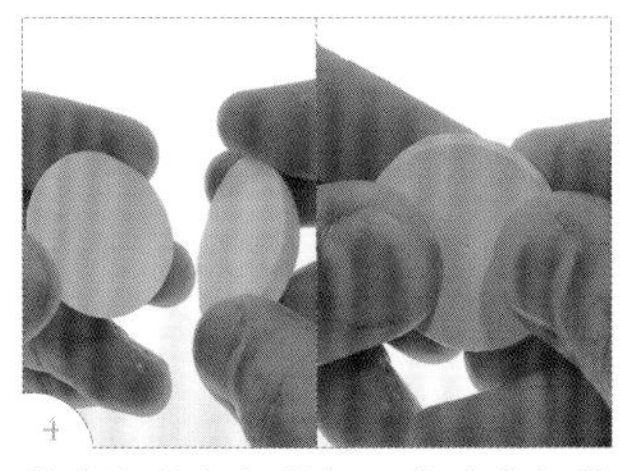
将卡纸和切好的保丽龙球底部粘在一起。

在卡纸的另一面上胶。

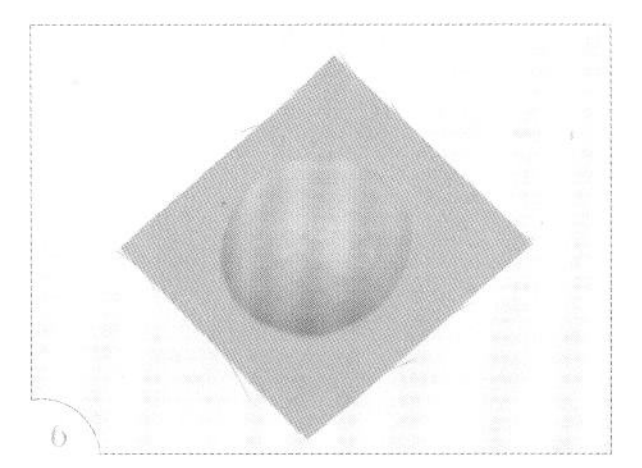
粘在边长 4cm 的布片中央。

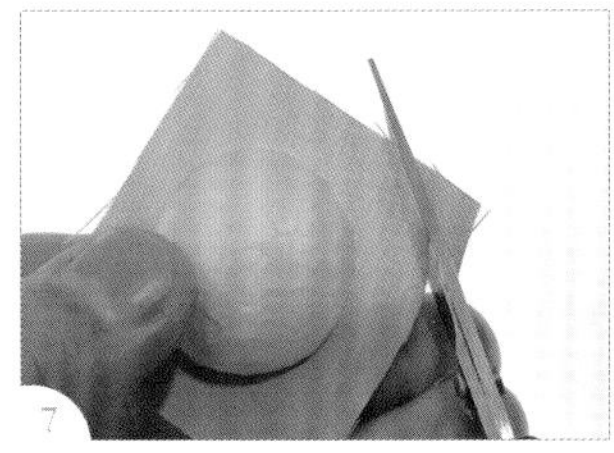
将布剪成圆形，比保丽龙球的半径大 1cm。

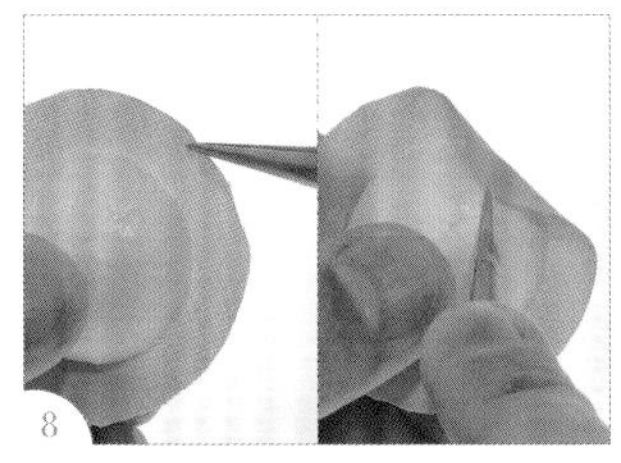
在切好的保丽龙球边缘上一圈胶，将布翻折起来，包住保丽龙球。

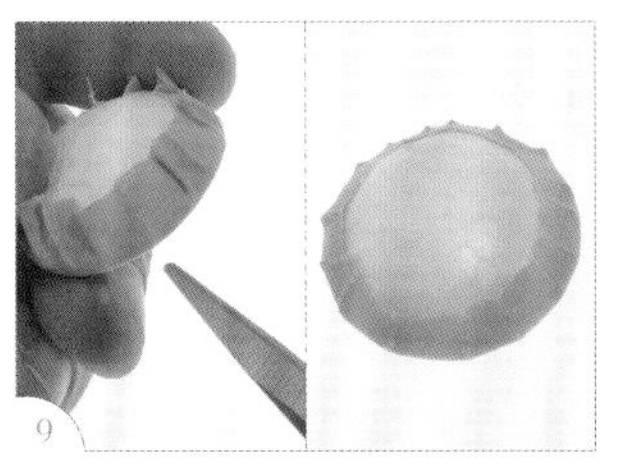
用剪刀修剪掉布的褶皱，使表面尽量平整。

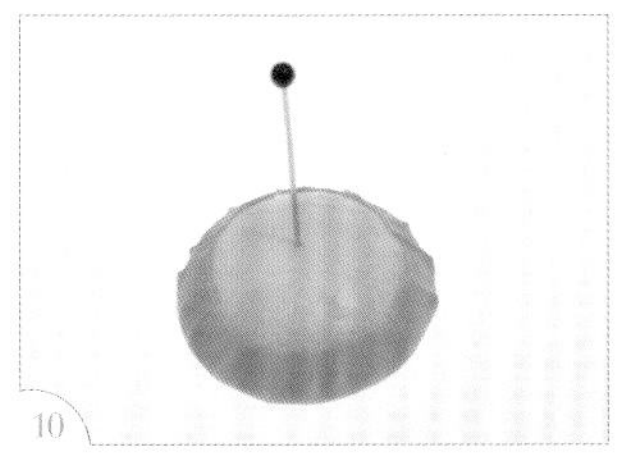
在切好的保丽龙球中央插一根珠针，完成底台。

拿起 1 片布片，用镊子夹住一角。

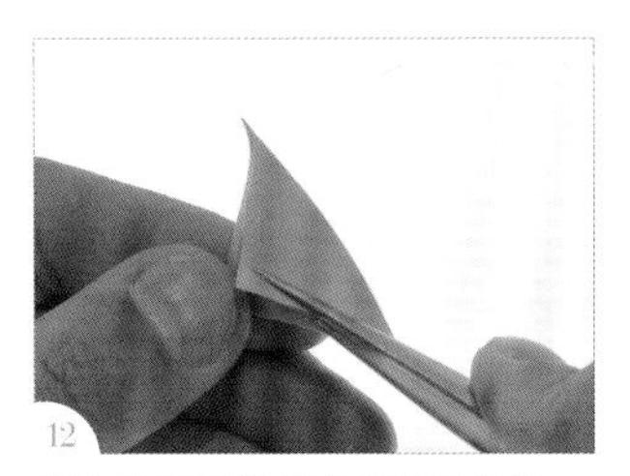
将布片沿对角线对折成三角形。

沿三角形的垂直中线再次对折。

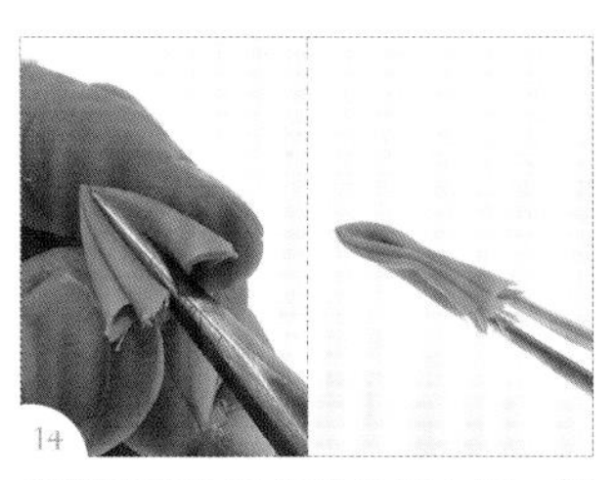
用镊子夹住三角形的正中间，将三角形再次对折。

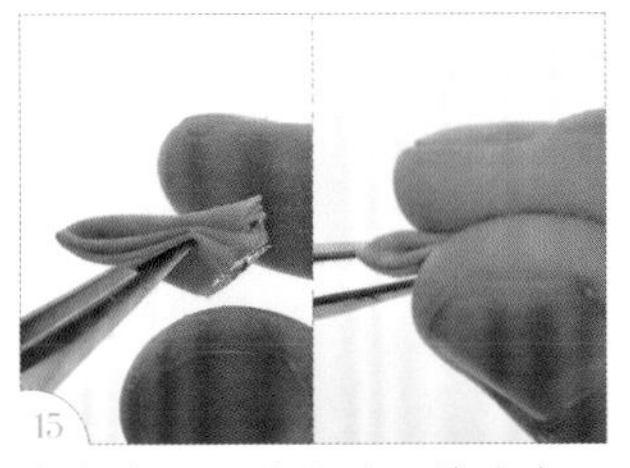

在布边开口处上胶，待胶半干后，用手指捏紧布边。（注：触摸时不粘手，但仍有软度即可。）

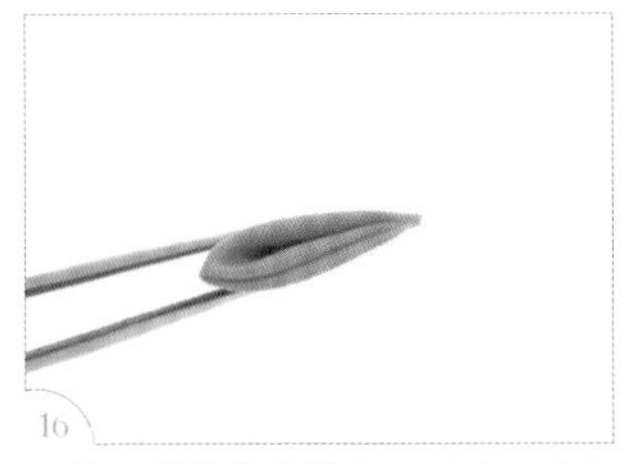

用剪刀稍微修齐胶面。（注：若有线头露出，需一起修掉。）

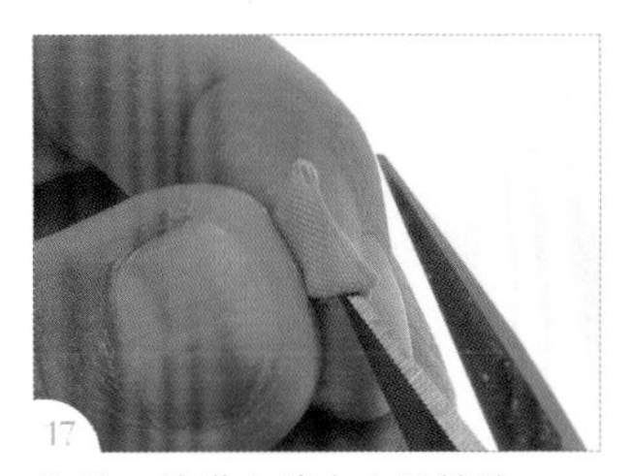

将剪刀伸进尖端中央的缝隙。

剪开胶面的一半。

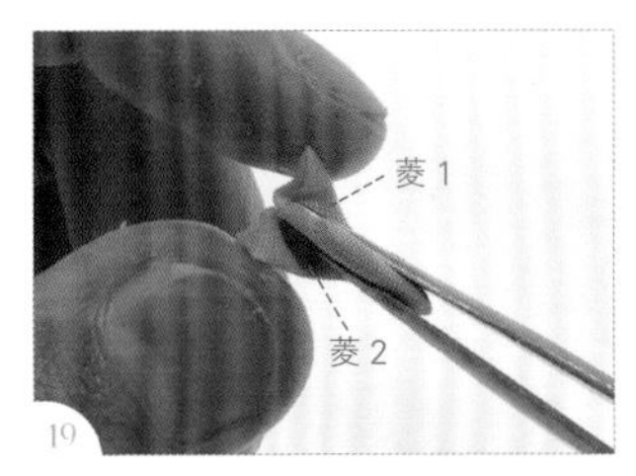

用镊子夹住中间，将剪开的两片（菱 1、菱 2）往上翻折。

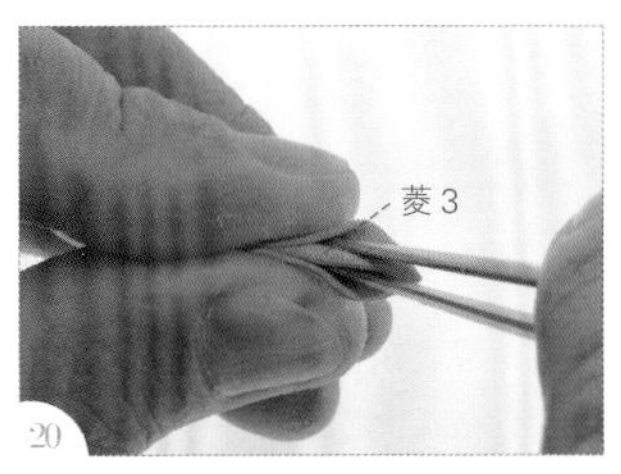

左右两片（菱 1、菱 2）夹住中央尖端的布边（菱 3）。

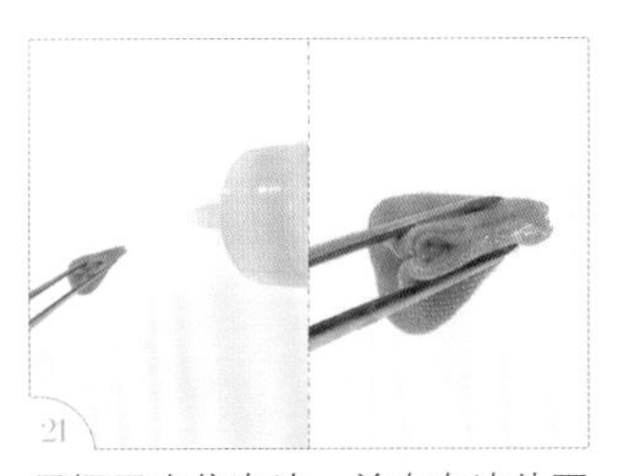

用镊子夹住布边，并在布边处再次上胶固定。

待胶半干后用手指捏紧布边，完成 1 片菱形花瓣。

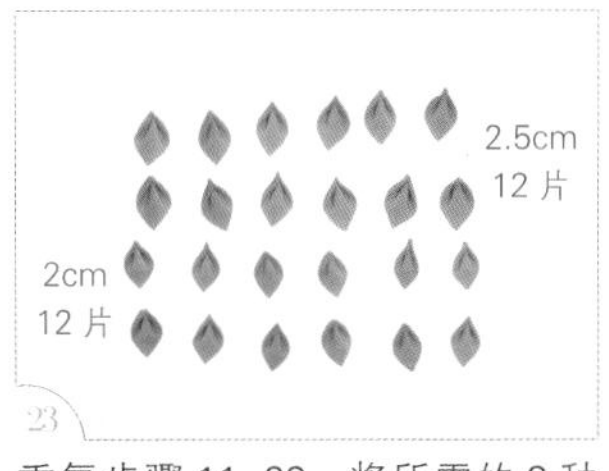

重复步骤 11~22，将所需的 2 种尺寸的花瓣制作完成。

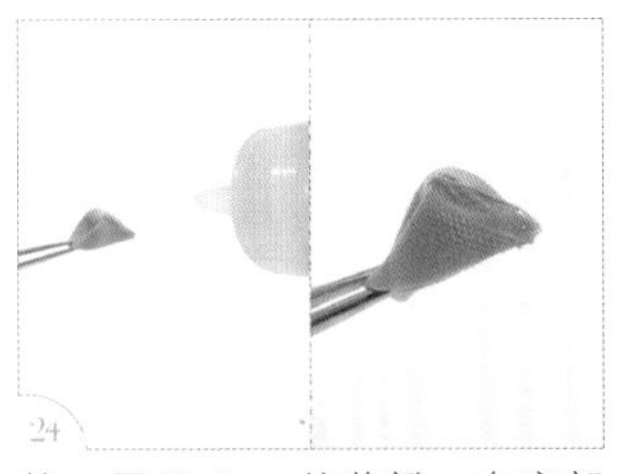

第一层用 2cm 的花瓣，在底部上胶。

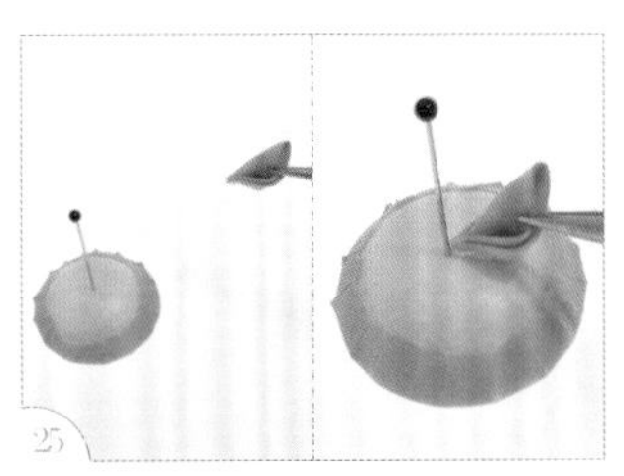

将花瓣粘在底台上。

将花瓣尖端贴在中心的珠针处。

重复步骤 24~26，将第一层 6 片花瓣粘在底台上。

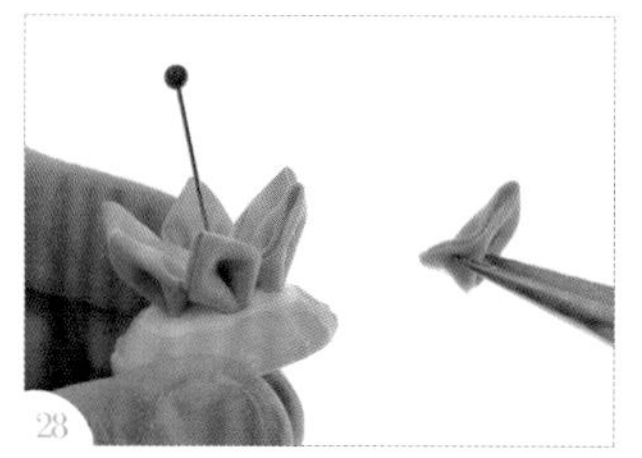

第二层用 2cm 的花瓣，在底部上胶并插进第一层花瓣的间隔处。

重复步骤 28，将第二层 6 片花瓣粘在底台上。

第三层用 2.5cm 的花瓣，在底部上胶。

插进第二层花瓣的间隔处。

重复步骤 30、31，将第三层 6 片花瓣粘在底台上。

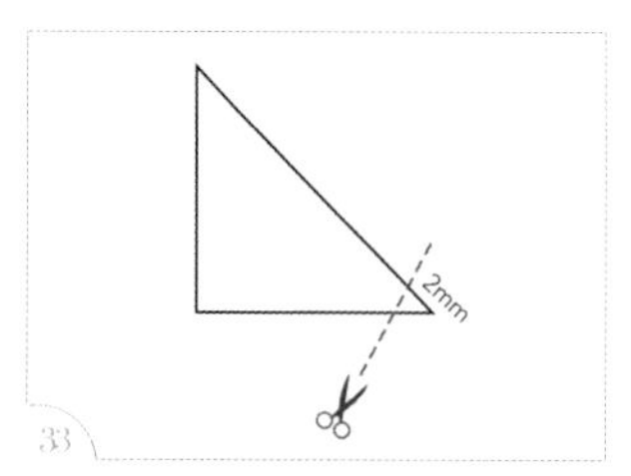

按照图示在第四层 2.5cm 的花瓣上画线。（注：为侧面图。）

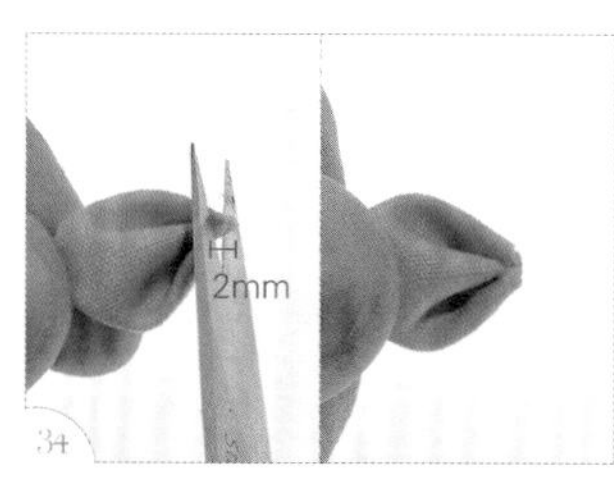

取 1 片第四层 2.5cm 的花瓣，依左图所示，将尖端剪掉 2mm。

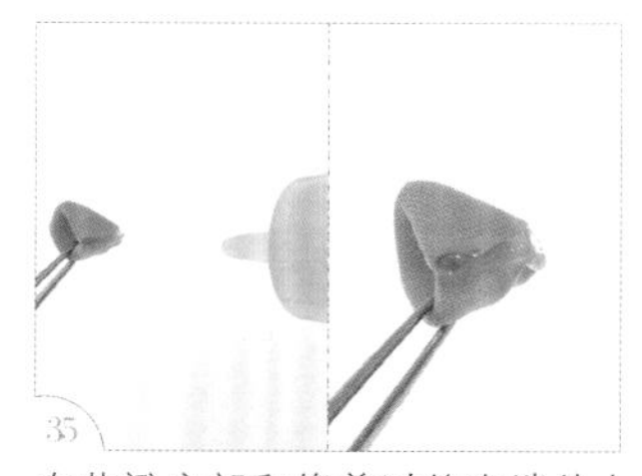

在花瓣底部和修剪过的尖端处上胶。

粘在第三层花瓣的间隔处。

尖端贴住第二层花瓣的尾端。

从侧面看，花瓣的角度要逐层向外绽开。

重复步骤 34~38，将第四层 6 片花瓣粘在底台上。

拔掉中心的珠针。

在花朵中心处上胶。

将金属花蕊放进花朵中心处。

在金属花蕊中心处上少许胶。

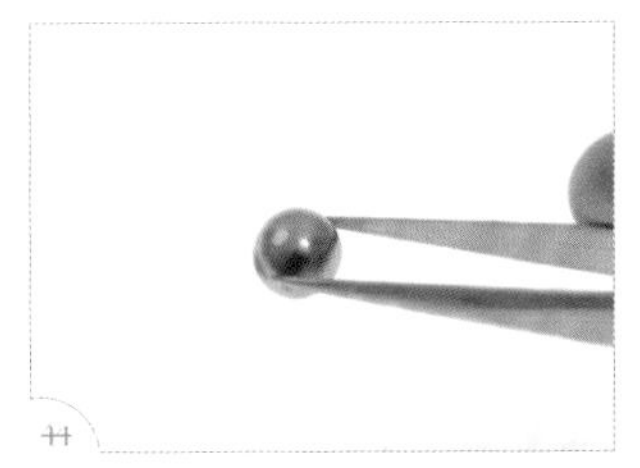

用镊子夹住珠子。

将珠子放进金属花蕊中心处。

完成重菱形瓣。

重圆形瓣

工具材料

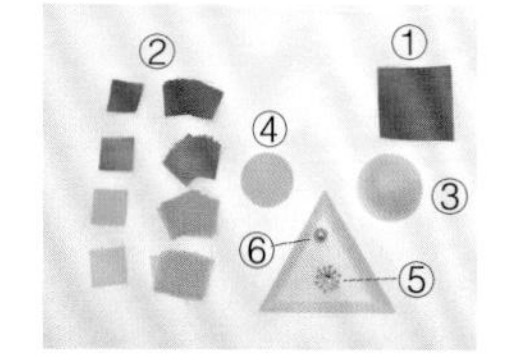

① 布 1 片（4.5cm × 4.5cm）
② 布 12+12+12+12 片（2cm × 2cm）
③ 保丽龙球半颗（直径4cm）
④ 圆形卡纸底台（直径3.2cm）
⑤ 金属花蕊
⑥ 珠子（直径8mm）

手工艺小剪刀　珠针
镊子　刀片
保丽龙胶

原大尺寸

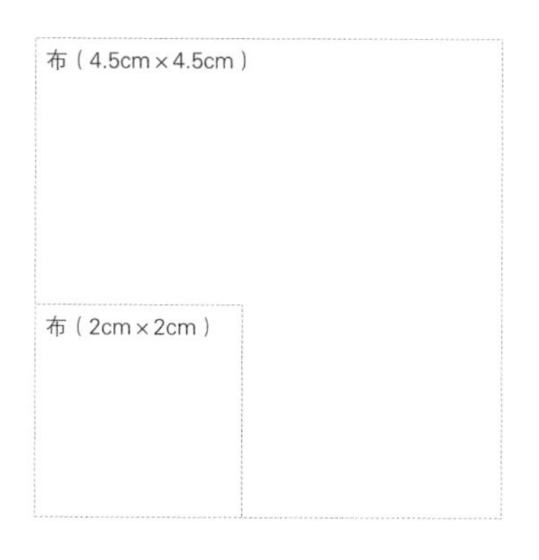

步骤说明

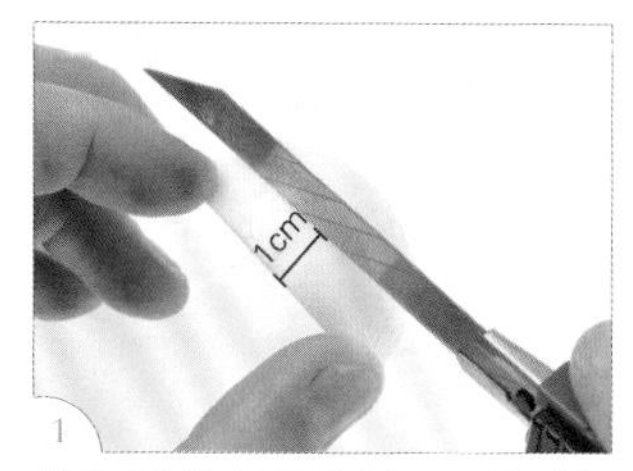

沿半颗保丽龙球边缘 1cm 平行切下。

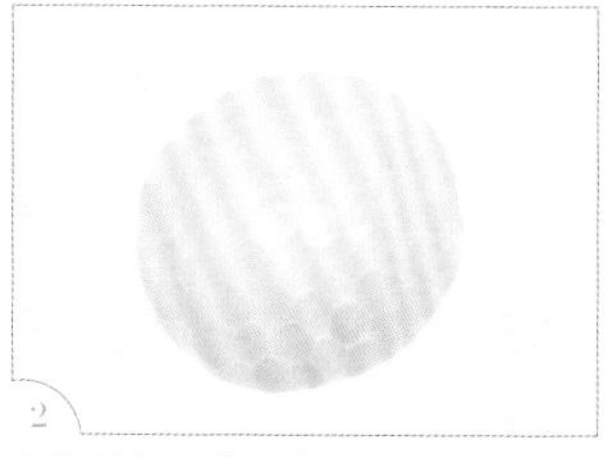

切好的保丽龙球底面直径为3.2cm。

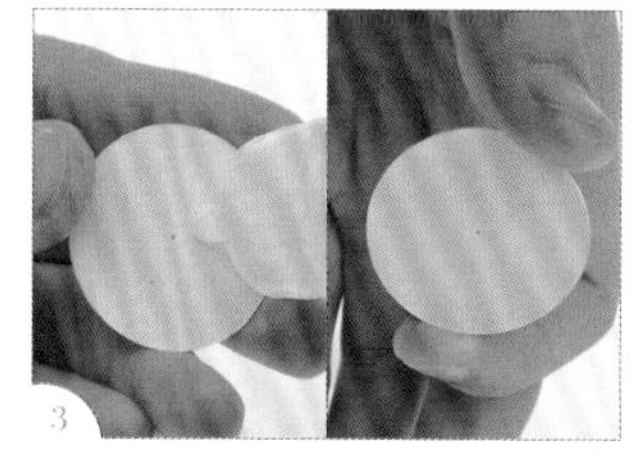

在卡纸的一面上胶。（注：圆形卡纸的做法可参考 P.12。）

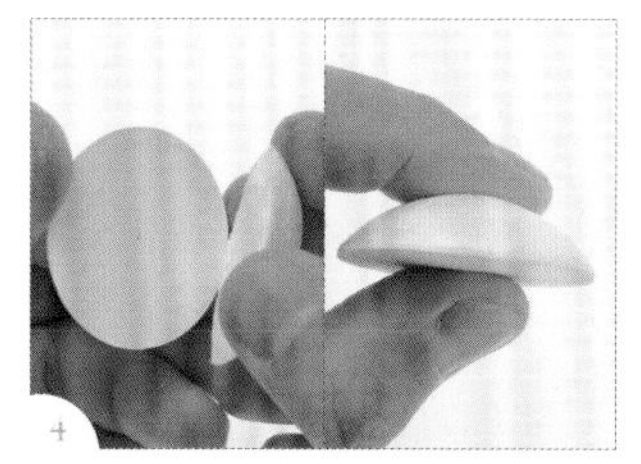

将卡纸和切好的保丽龙球底部粘在一起。

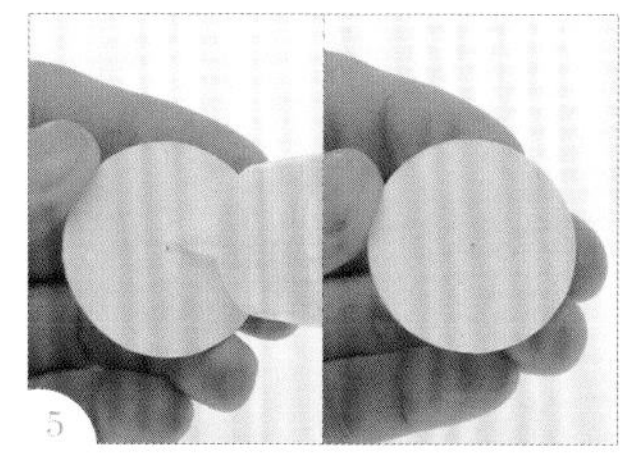

在卡纸的另一面上胶。

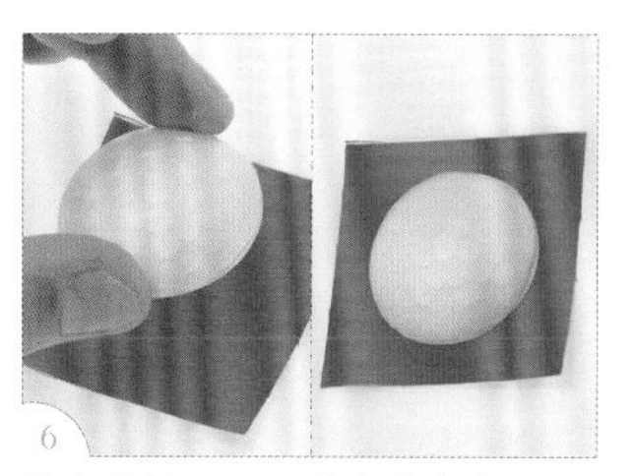

粘在边长 4.5cm 的布片中央。

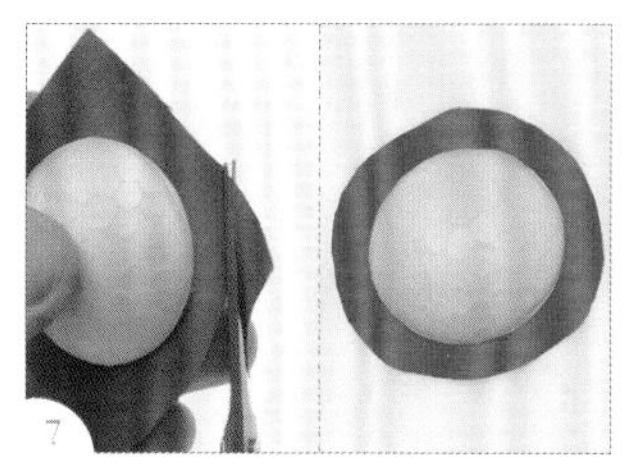

将布剪成圆形。

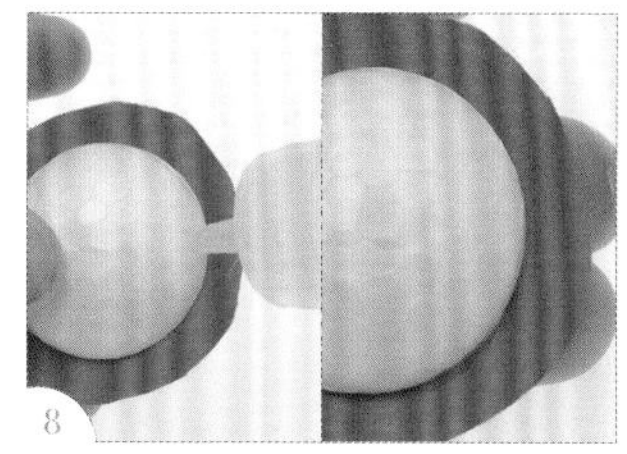

在切好的保丽龙球边缘处上一圈胶。

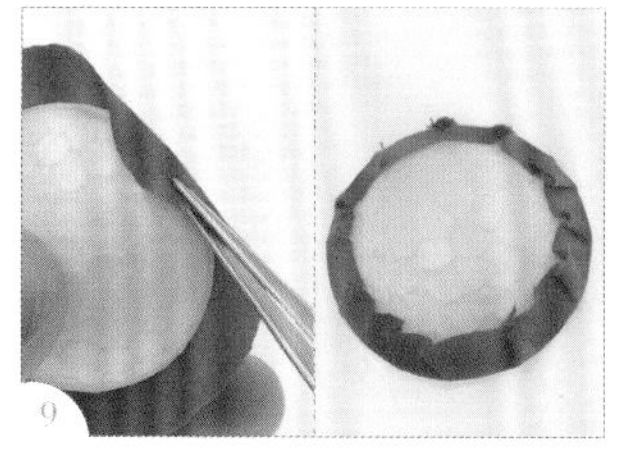

将布翻折起来，包住切好的保丽龙球。

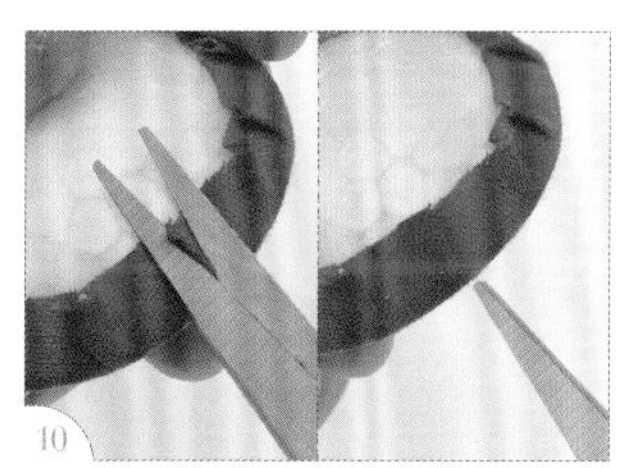

用剪刀修剪掉布的褶皱，使表面尽量平整。

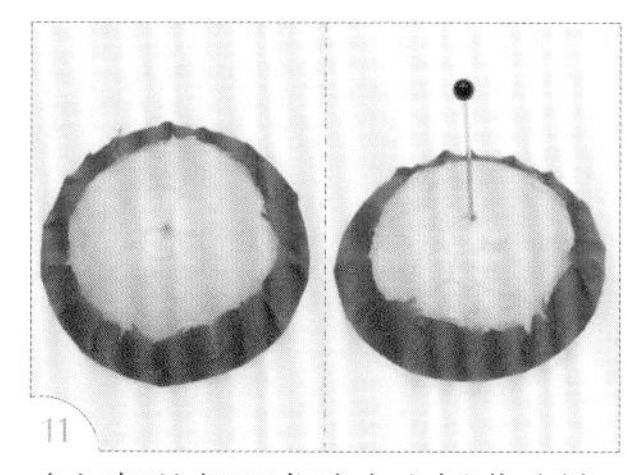

在切好的保丽龙球中央插进珠针，完成底台。

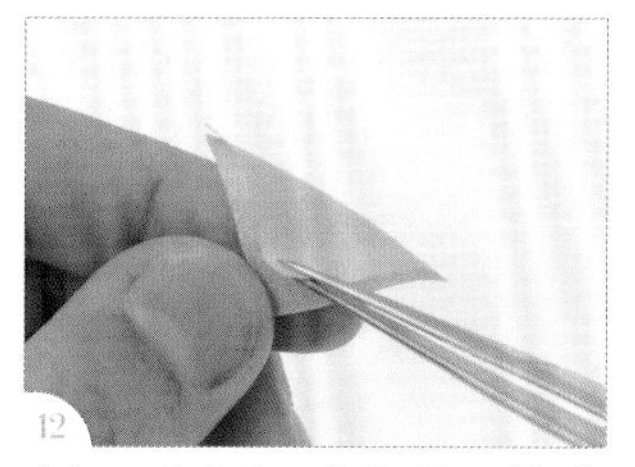

拿起 1 片布片，将布片沿对角线对折成三角形。

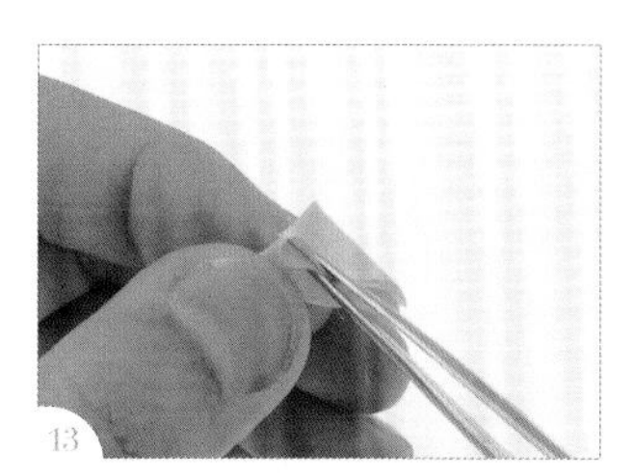

沿三角形的垂直中线再次对折。

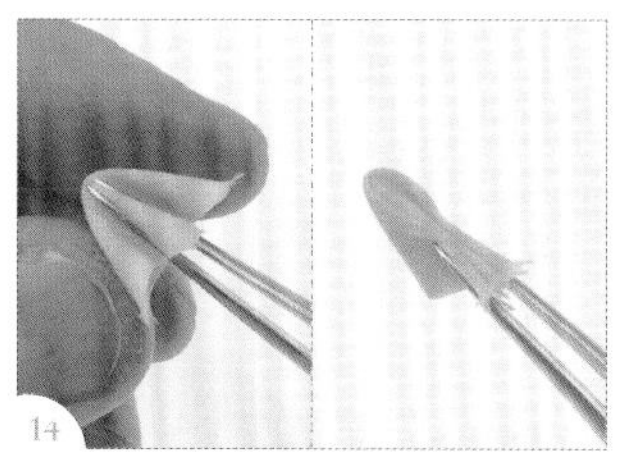

用镊子夹住三角形的正中间，将两边分别翻起对折，用镊子夹住。

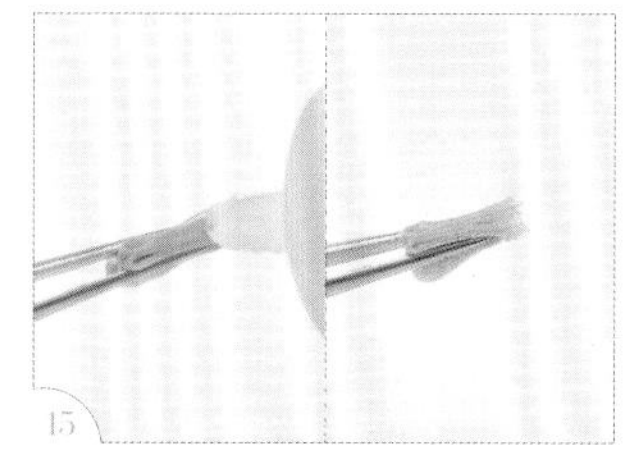

翻到背面，在布边开口处上胶。

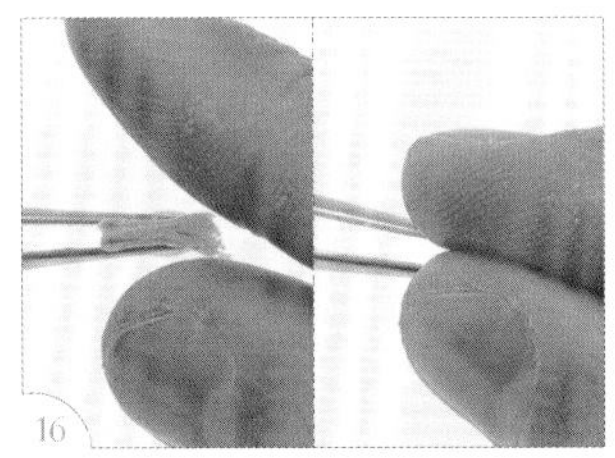

待胶半干后，用手指捏紧布边。（注：触摸时不粘手，但仍有软度即可。）

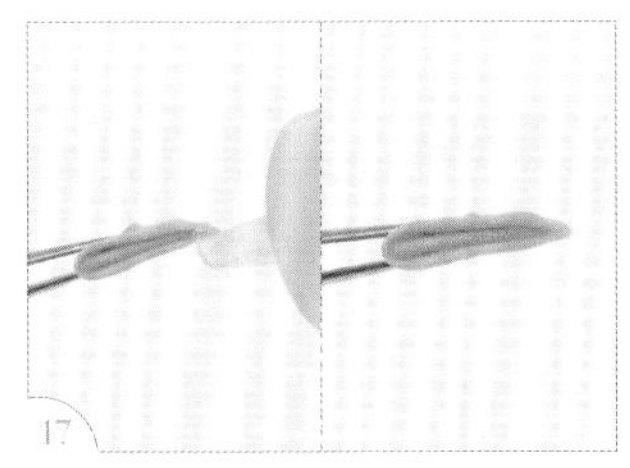

翻到正面，在尖端开口处上胶。

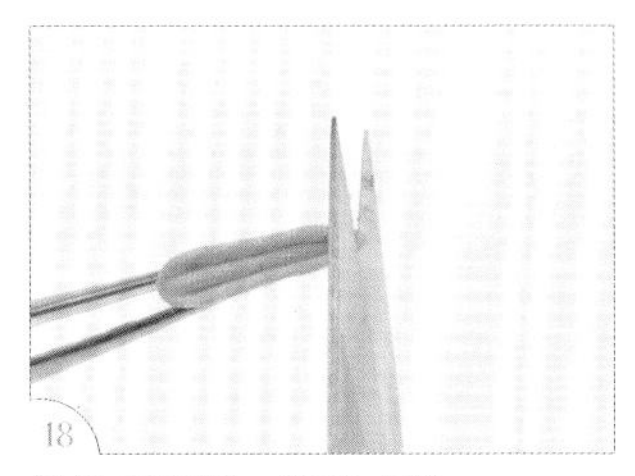

待胶半干后，修齐尖端。

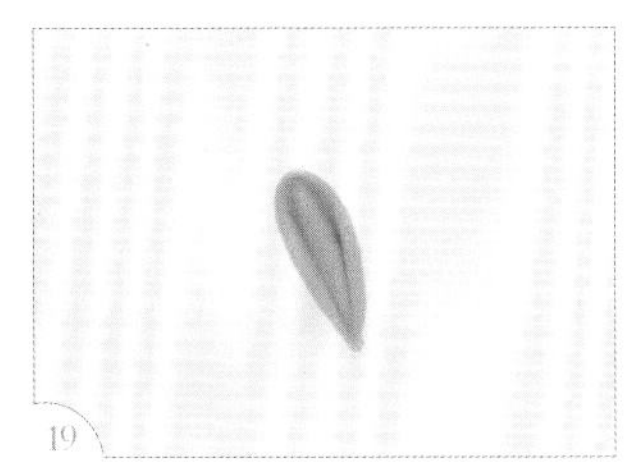

完成 1 片圆形花瓣。

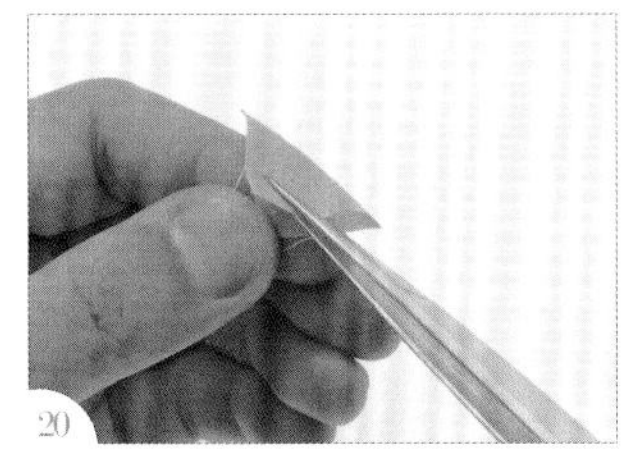

拿起 1 片布片，将布片沿对角线对折成三角形。

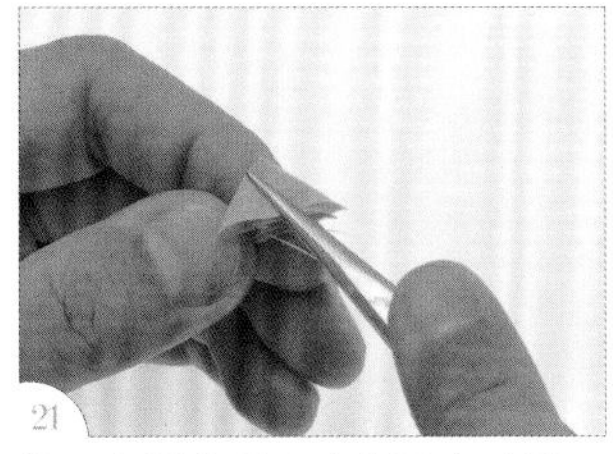

沿三角形的垂直中线再次对折。

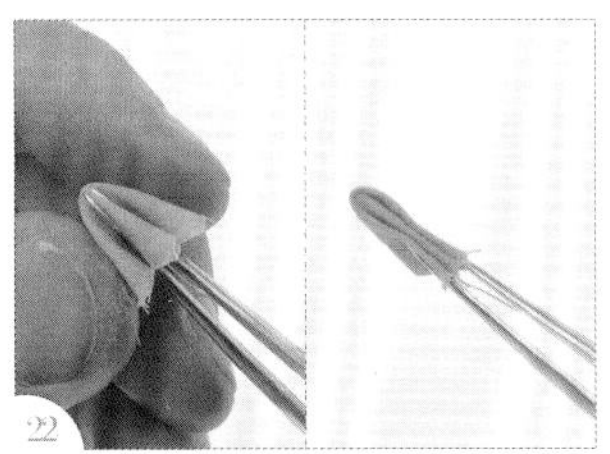

用镊子夹住三角形的正中间，将两边分别翻起对折，用镊子夹住。

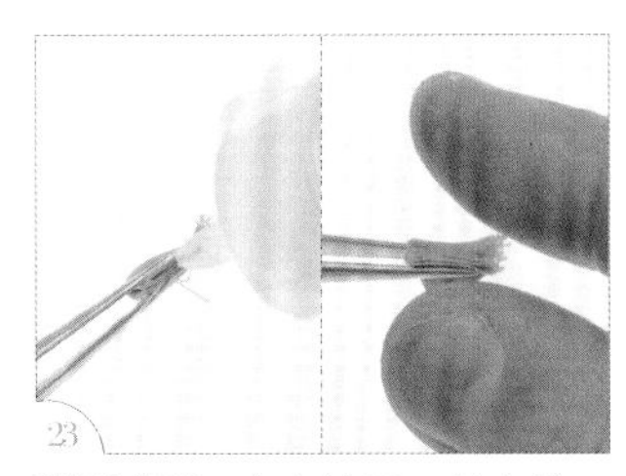

翻到背面，在布边开口处上胶，待胶半干后，用手指捏紧布边。

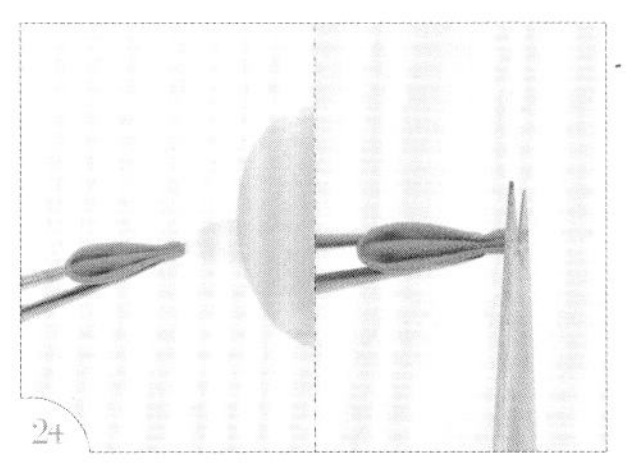

翻到正面，在尖端开口处上少许胶，待胶半干后，修齐尖端。

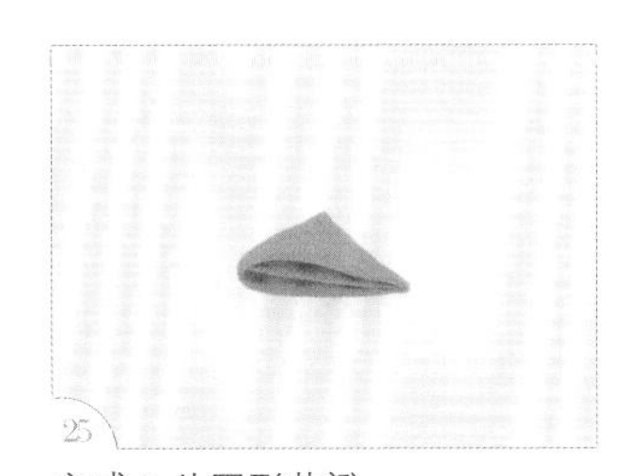

完成 1 片圆形花瓣。

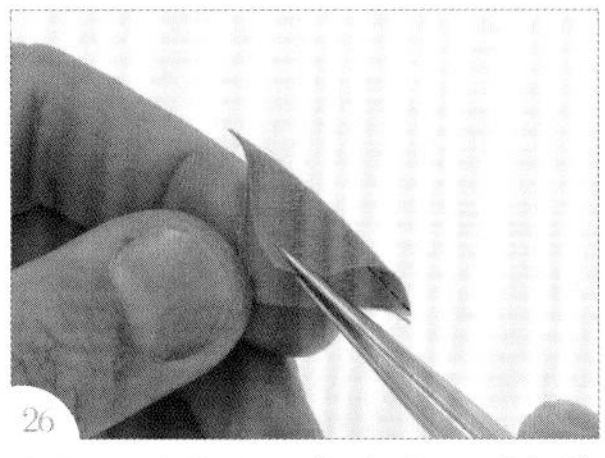

拿起 1 片布片，将布片沿对角线对折成三角形。

沿三角形的垂直中线再次对折。

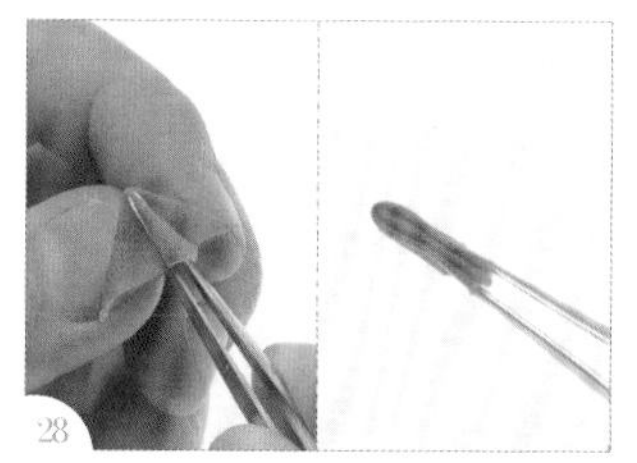

用镊子夹住三角形的正中间，将两边分别翻起对折，用镊子夹住。

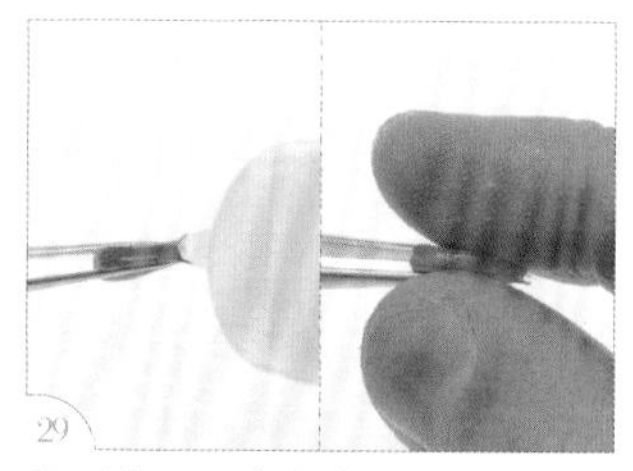

翻到背面，在布边开口处上胶，待胶半干后，用手指捏紧布边。

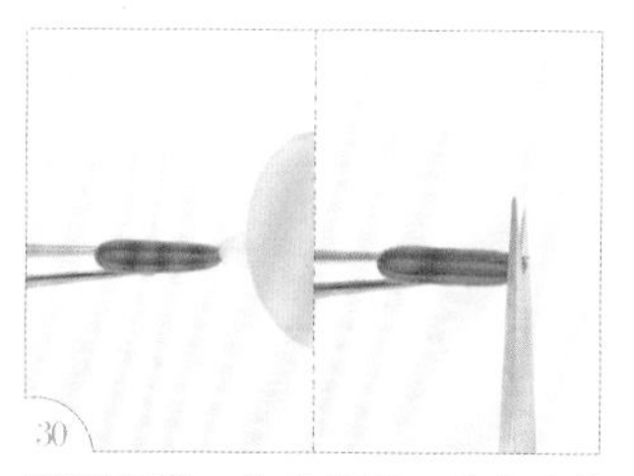

翻到正面，在尖端开口处上少许胶，待胶半干后，修齐尖端。

完成 1 片圆形花瓣。

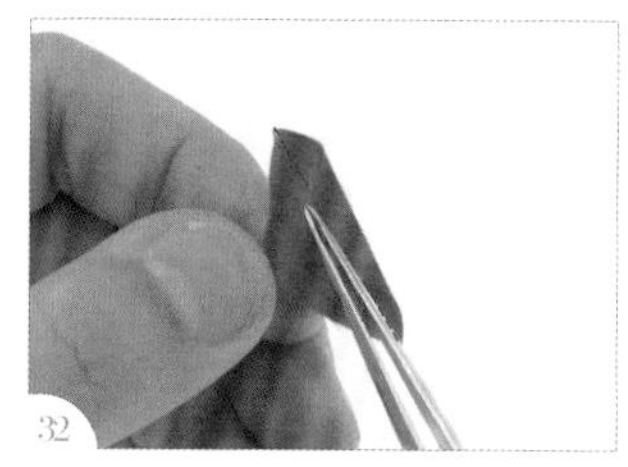

拿起 1 片布片，将布片沿对角线对折成三角形。

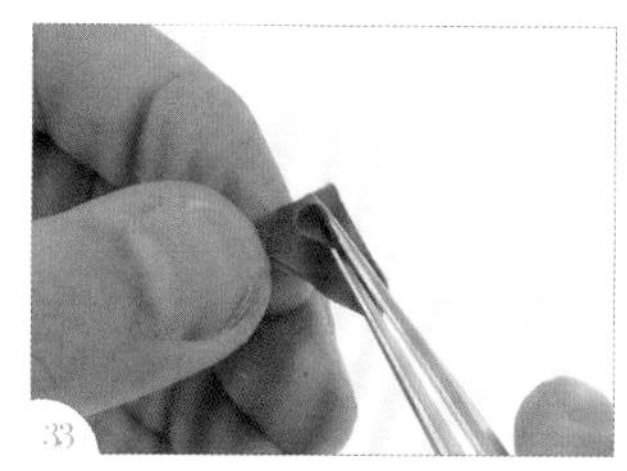

沿三角形的垂直中线再次对折。

用镊子夹住三角形的正中间，将两边分别翻起对折，用镊子夹住。

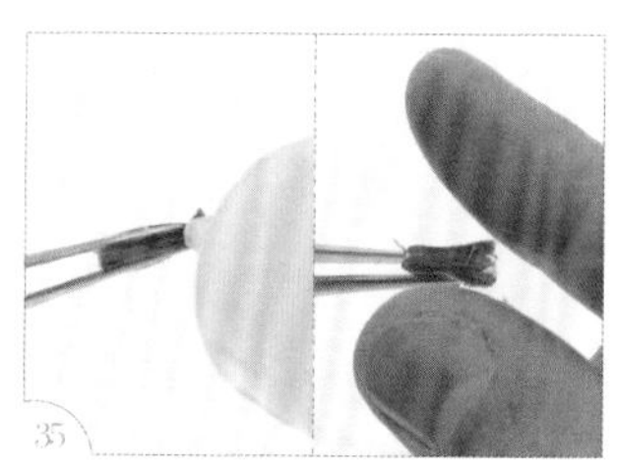

翻到背面，在布边开口处上胶，待胶半干后，用手指捏紧布边。

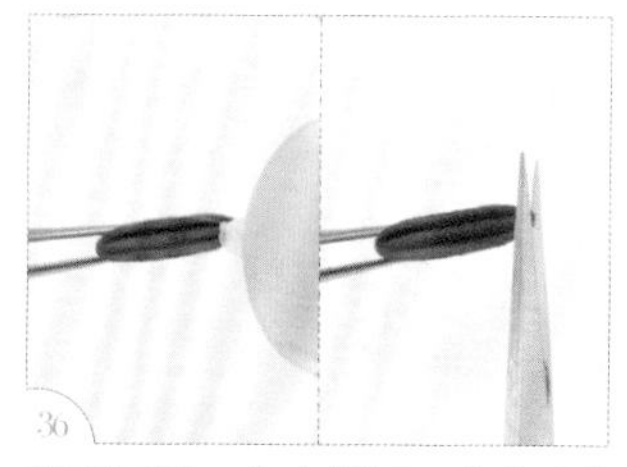

翻到正面，在尖端开口处上少许胶，待胶半干后，修齐尖端。

完成 1 片圆形花瓣。

用同样的方法完成四层各 12 片的花瓣。

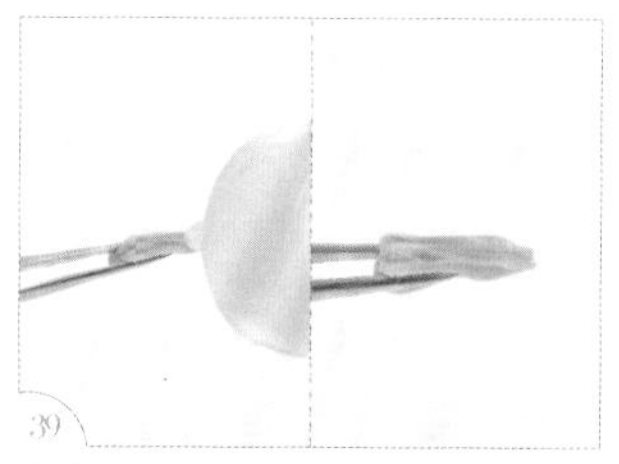

先粘第一层。取 1 片花瓣并在底部上胶。

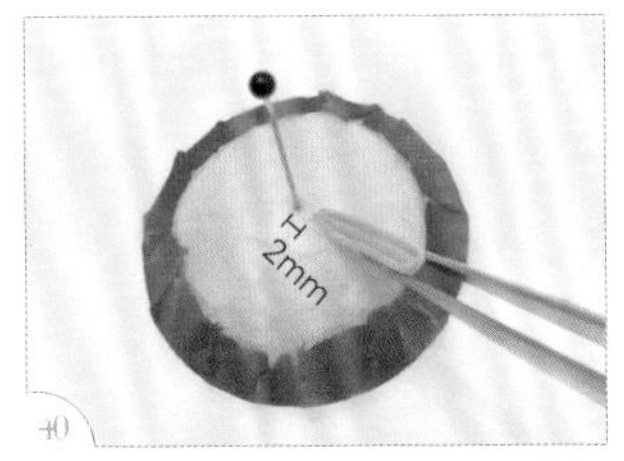

在底台中心处插一根珠针，花瓣尖端离中心 2mm 粘在底台上。

在第 1 片花瓣对面粘上第 2 片花瓣，2 片花瓣间隔 4mm。

重复步骤 39、40，将第一层 12 片花瓣粘在底台上。

用镊子夹住花瓣外缘往内翻，将花瓣拗圆。

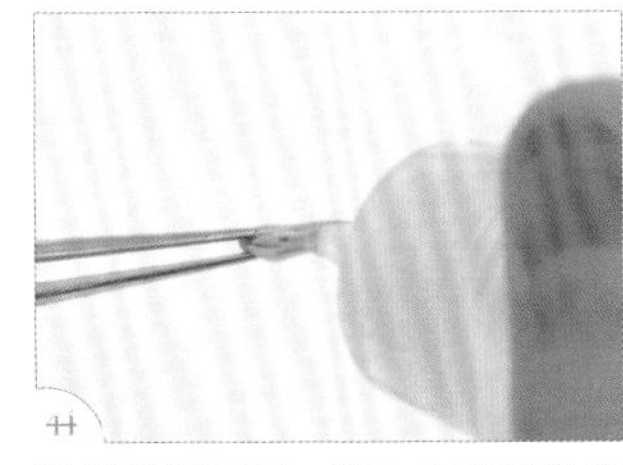

开始粘第二层。取 1 片花瓣并在底部上胶。

粘在第一层花瓣的两片花瓣中间。

花瓣长度的一半插进第一层的间隔。

重复步骤 44~46，将第二层 12 片花瓣粘在底台上。

用镊子夹住花瓣外缘往内翻，将第二层花瓣拗圆。

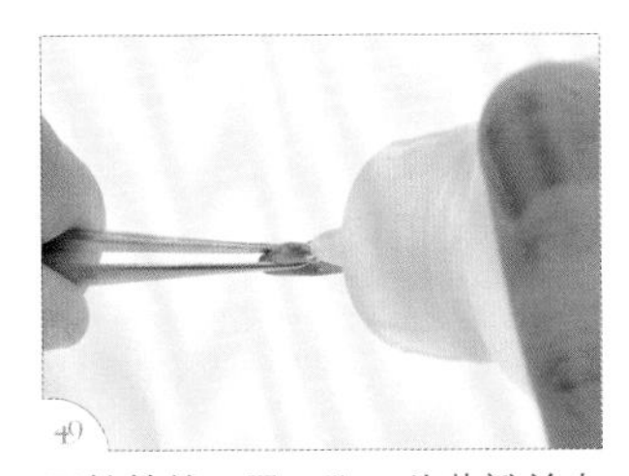

开始粘第三层。取一片花瓣并在底部上胶。

粘在第二层花瓣的两片花瓣中间。

尖端粘在第一层花瓣的尾端。

如图，第三层花瓣对齐第一层花瓣，呈一条直线。

重复步骤 49~51，将第三层 12 片花瓣粘在底台上，用镊子夹住花瓣外缘往内翻，将花瓣拗圆。

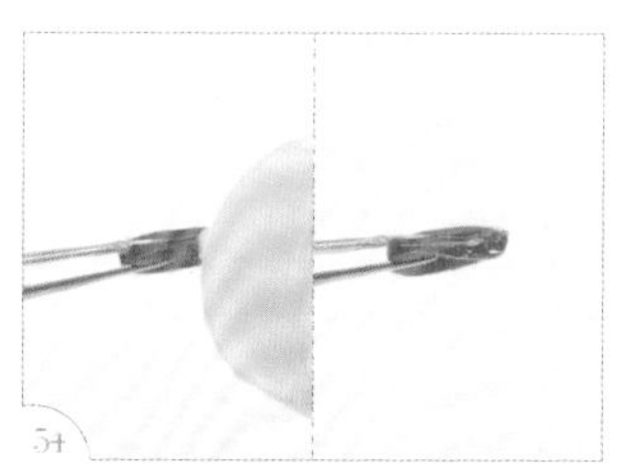

开始粘第四层花瓣。取 1 片花瓣并在底部上胶。

粘在第三层花瓣的间隔处。

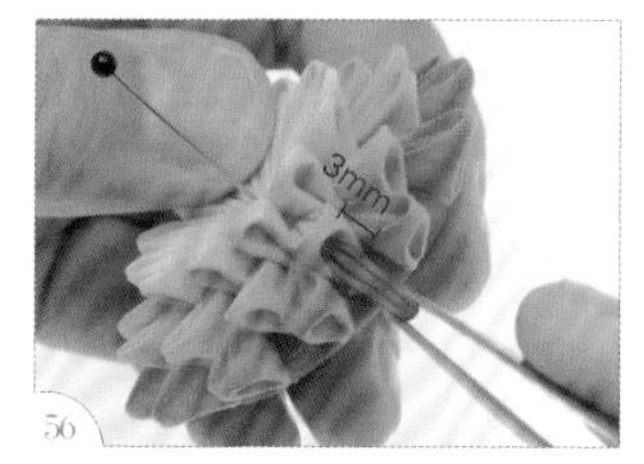

尖端插进第二层花瓣的后端凹处 3mm。

如图，第四层花瓣对齐第一层花瓣，呈一条直线。

重复步骤 54~56，将第四层 12 片花瓣粘在底台上，用镊子夹住花瓣外缘往内翻，将花瓣拗圆。

拔掉作为中心的珠针，在花朵中心处上胶。

将金属花蕊放进花朵中心处。

在金属花蕊中心处上少许胶。

将珠子放进金属花蕊中心。

完成重圆形瓣。

衍生花形制作 *12*

重圆加尖形瓣

工具材料

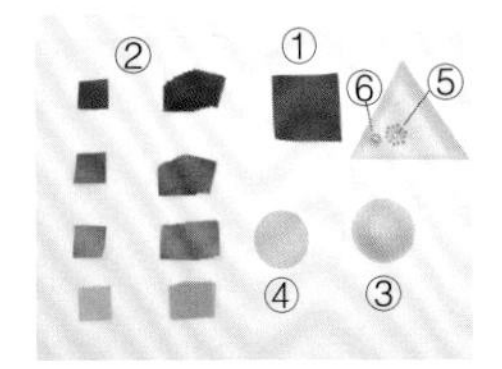

① 布 1 片（4.5cm×4.5cm）
② 布 8+16+16+16 片（2cm×2cm）
③ 保丽龙球半颗（直径4cm）
④ 圆形卡纸底台（直径3.5cm）
⑤ 金属花蕊
⑥ 珠子（直径8mm）

手工艺小剪刀　　珠针
镊子　　　　　　刀片
保丽龙胶

原大尺寸

布（4.5cm×4.5cm）

布（2cm×2cm）

步骤说明

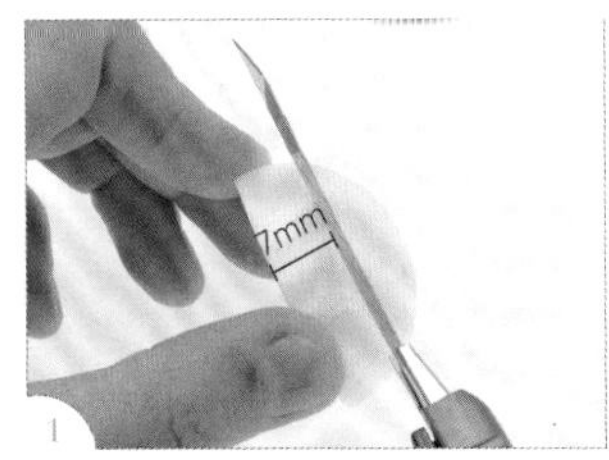

沿半颗保丽龙球边缘 7mm 平行切下。

切好的保丽龙球底面直径为 3.5cm。

在卡纸的一面上胶。（注：圆形卡纸的做法可参考 P.12。）

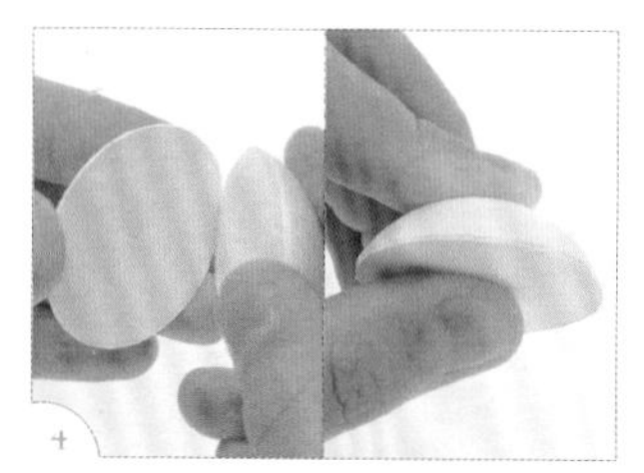

将卡纸和切好的保丽龙球底部粘在一起。

在卡纸的另一面上胶。

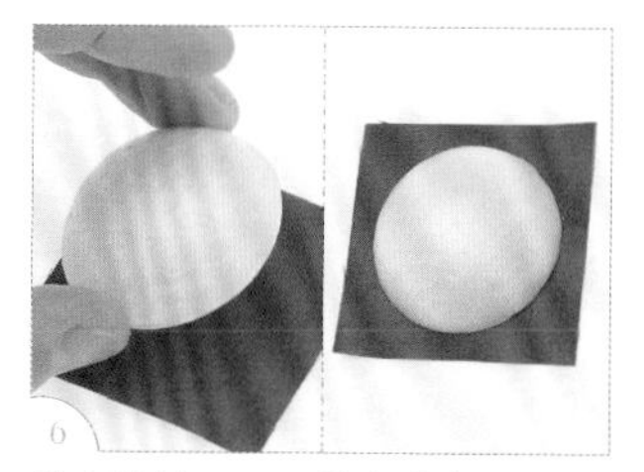

粘在边长 4.5cm 的布片中央。

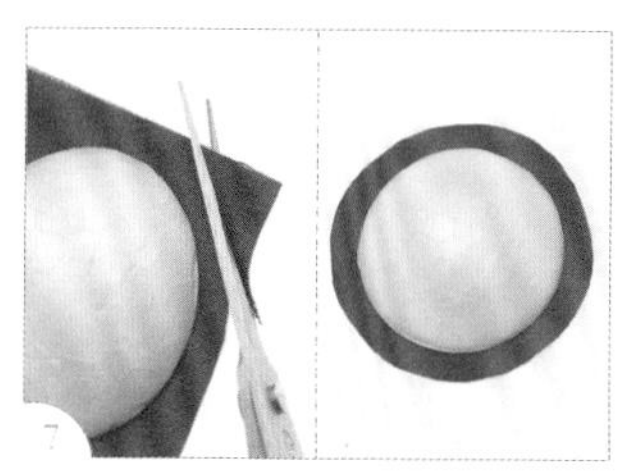

将布剪成圆形。

在切好的保丽龙球的边缘上一圈胶。

将布翻折起来，包住切好的保丽龙球。

布的褶皱用剪刀修齐。

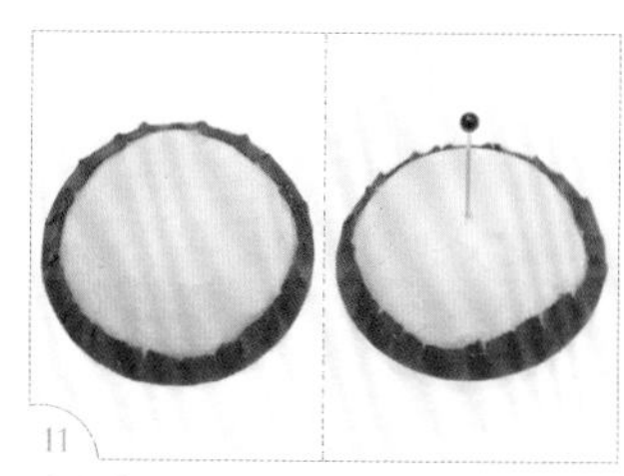

在切好的保丽龙球中央插进珠针，完成底台。

拿起 1 片布片，将布片沿对角线对折成三角形。

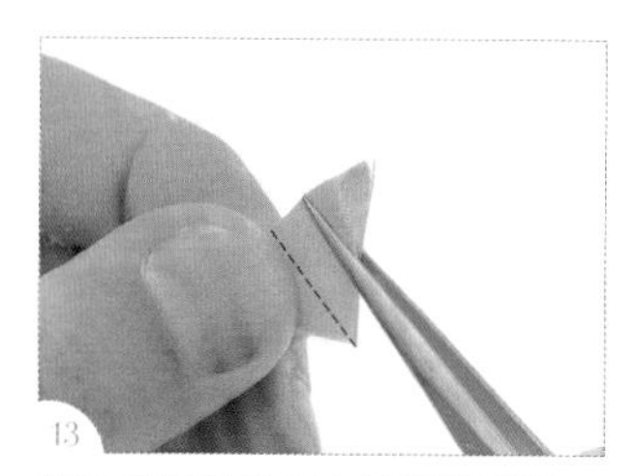

沿三角形的垂直中线再次对折。

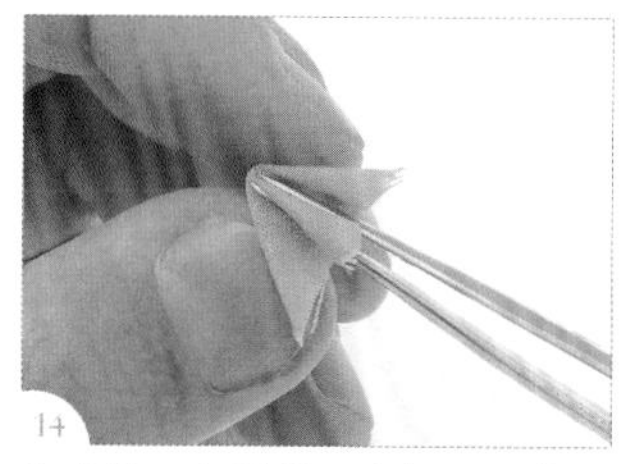

先夹住三角形的正中间，再将两边分别翻起对折，用镊子夹住。

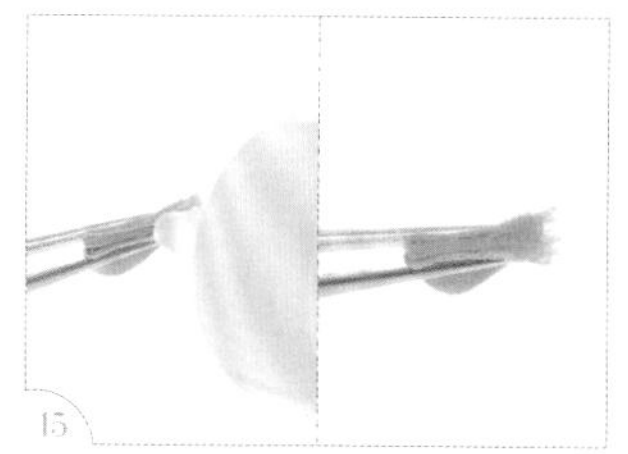

翻到背面，在布边开口处上胶。

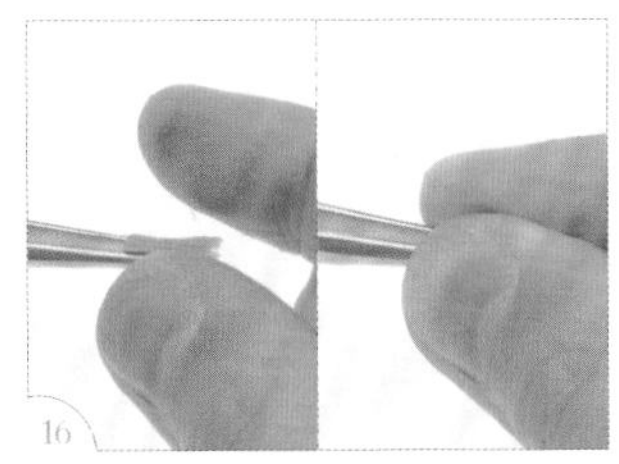

待胶半干后，用手指捏紧布边。（注：触摸时不粘手，但仍有软度即可。）

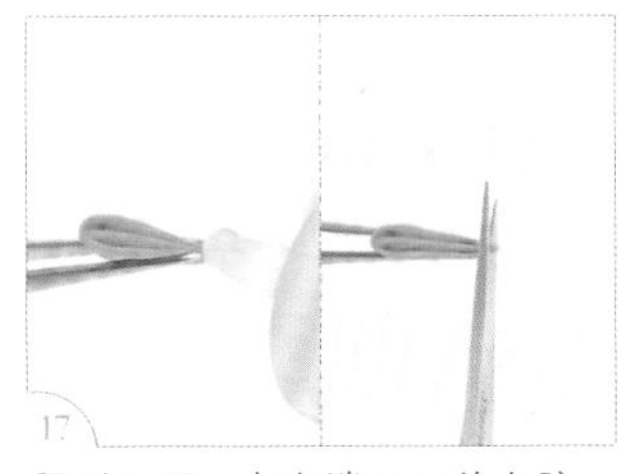

翻到正面，在尖端开口处上胶，待胶半干后修齐胶面。

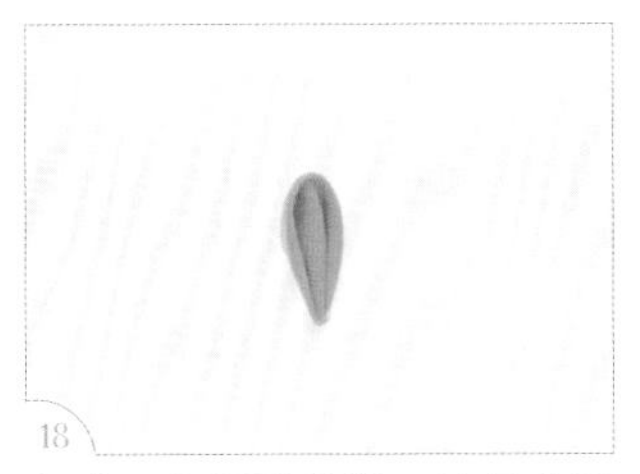

完成 1 片圆形花瓣。重复步骤 12~17，将第一层所需的 8 片花瓣制作完成。

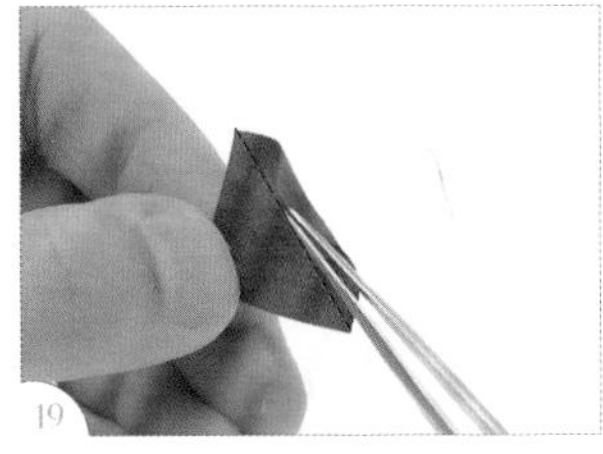

拿起 1 片布片，将布片沿对角线对折成三角形。

沿三角形的垂直中线再次对折。

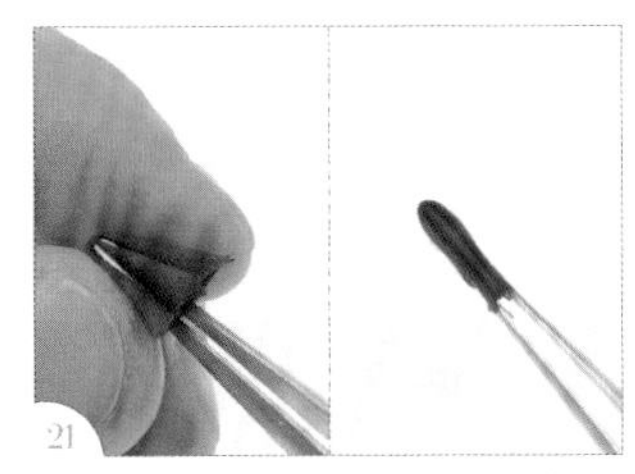

先夹住三角形的正中间，再将两边分别翻起对折，用镊子夹住。

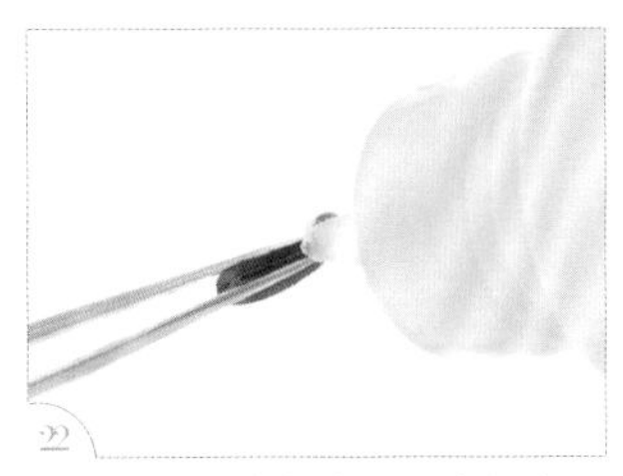

翻到背面，在布边开口处上胶。

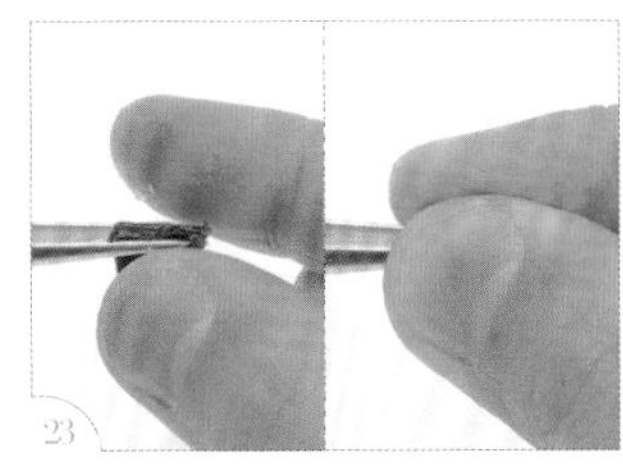

待胶半干后，用手指捏紧布边。（注：触摸时不粘手，但仍有软度即可。）

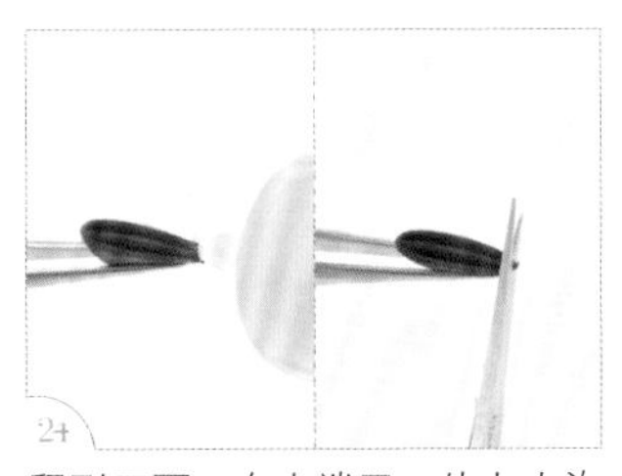

翻到正面，在尖端开口处上少许胶，待胶半干后修齐胶面。

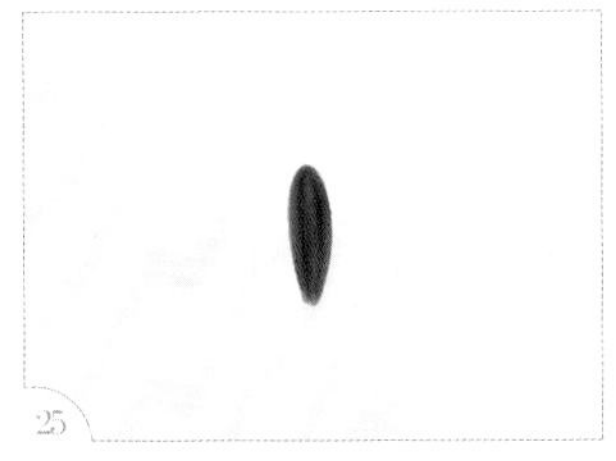

完成 1 片圆形花瓣。重复步骤 19~24，将第四层所需的 16 片花瓣制作完成。

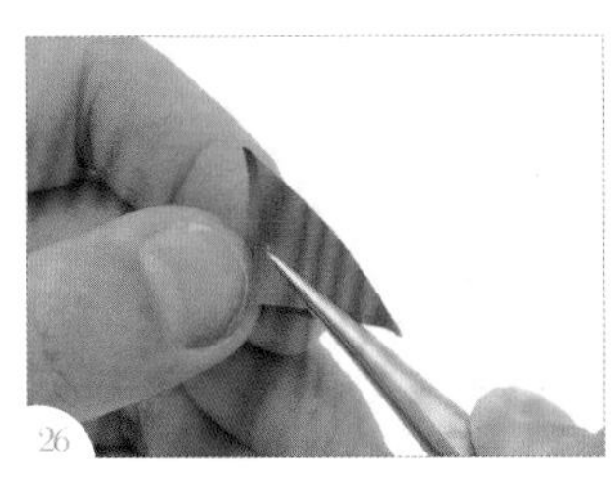

拿起 1 片布片，将布片沿对角线对折成三角形。

沿三角形的垂直中线再次对折。

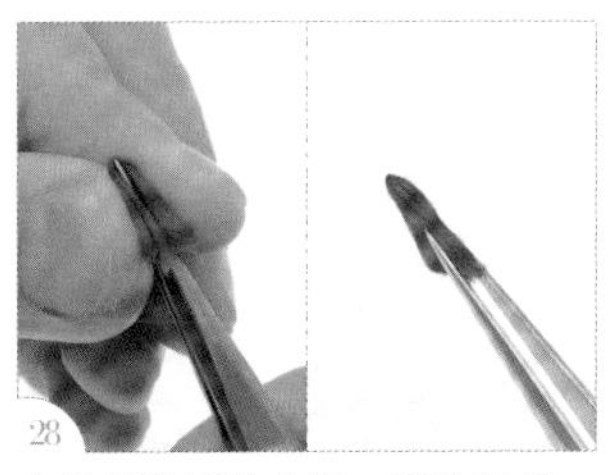

夹住三角形的中间，再次对折，用镊子夹住。

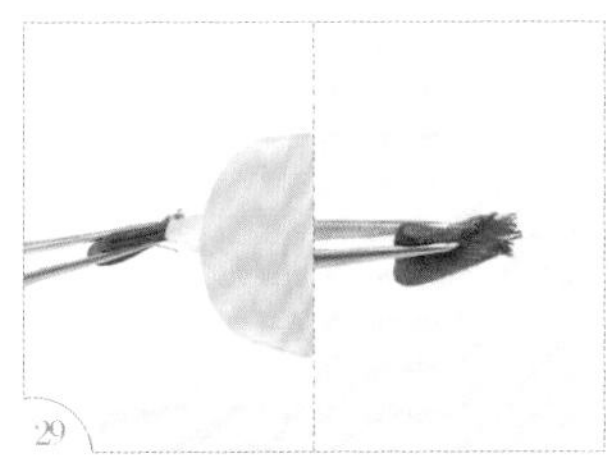

翻到背面，在布边开口处上胶。

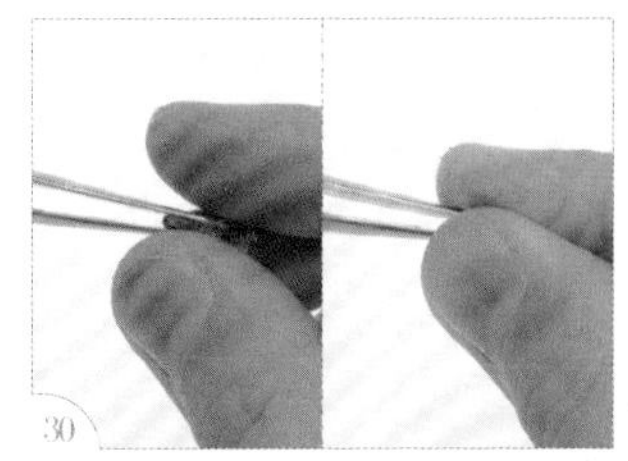

待胶半干后，用手指捏紧布边。（注：触摸时不粘手，但仍有软度即可。）

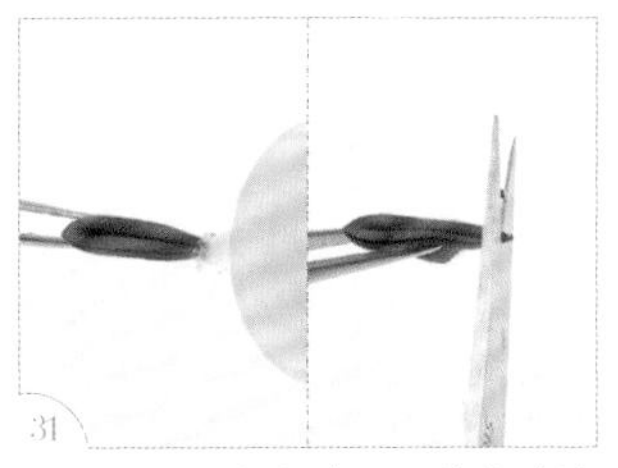

翻到正面，在尖端开口处上少许胶，待胶半干后修齐胶面。

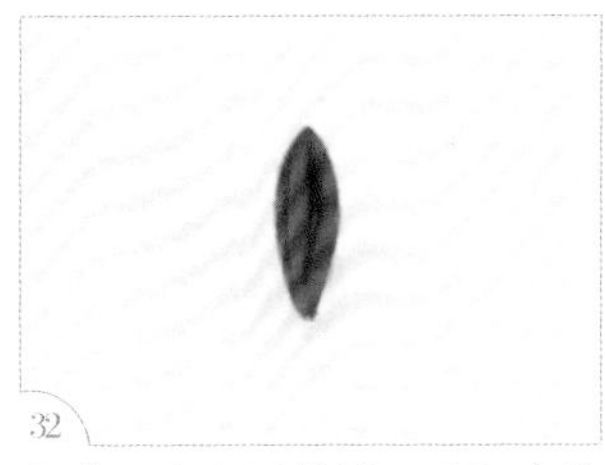

完成 1 片尖形花瓣，重复步骤 26~31，将第二层所需的 16 片花瓣制作完成。

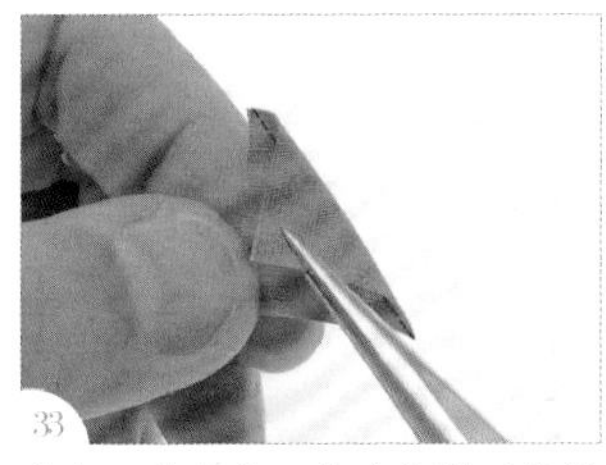

拿起 1 片布片，将布片沿对角线对折成三角形。

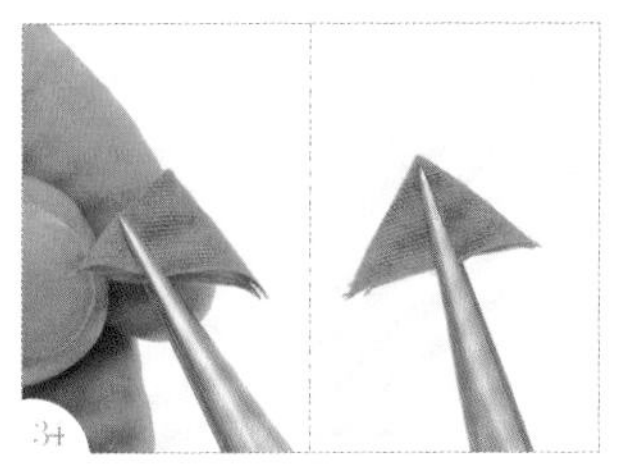

沿三角形的垂直中线再次对折。

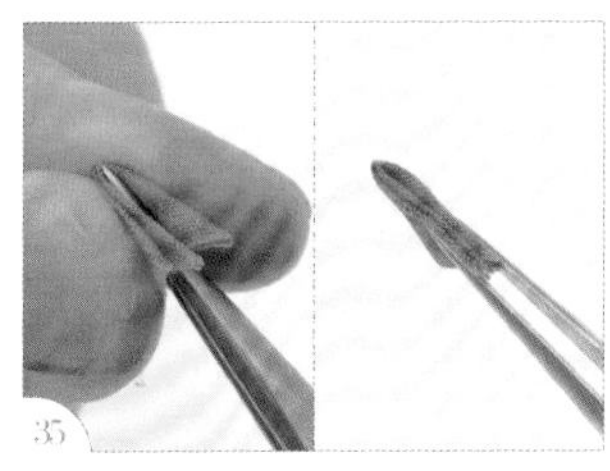

夹住三角形的中间，再次对折，用镊子夹住。

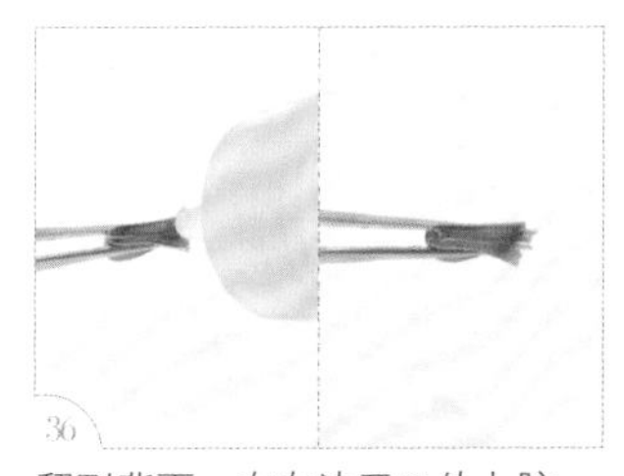

翻到背面，在布边开口处上胶。

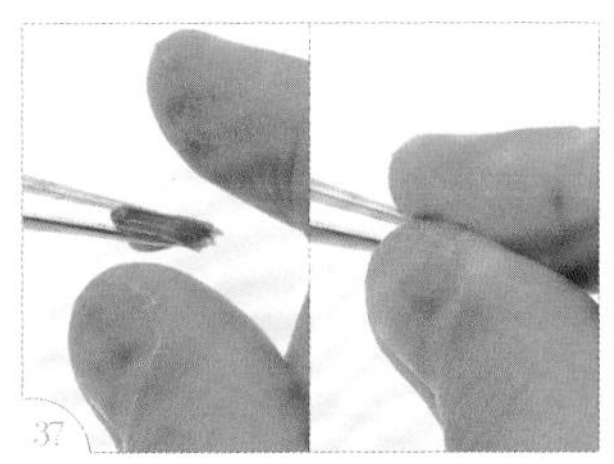

待胶半干后，用手指捏紧布边。（注：触摸时不粘手，但仍有软度即可。）

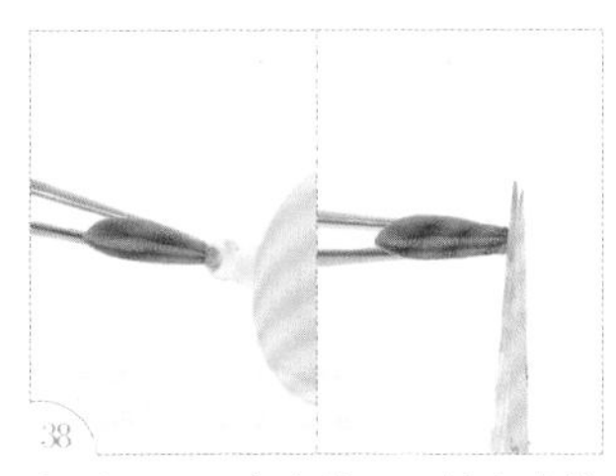

翻到正面，在尖端开口处上少许胶，待胶半干后修齐胶面。

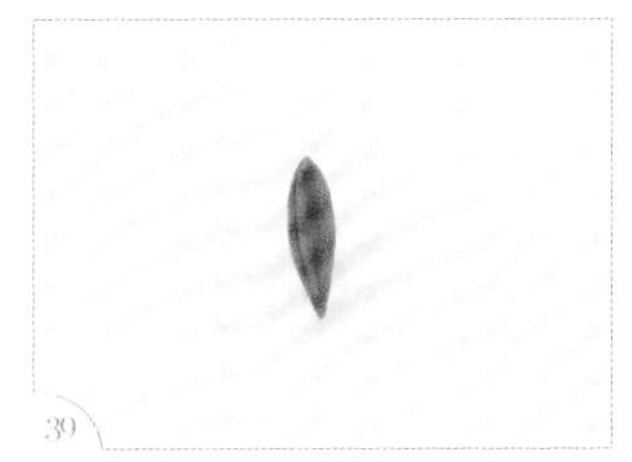

完成 1 片尖形花瓣。重复步骤 33~38，将第三层所需的 16 片花瓣制作完成。

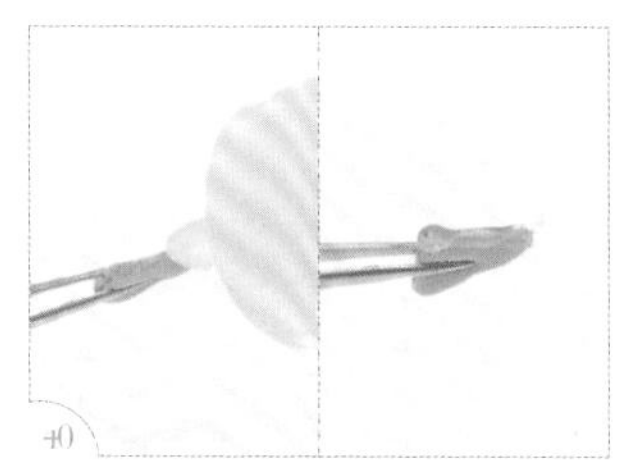
取第一层的 1 片花瓣，并在底部上胶。

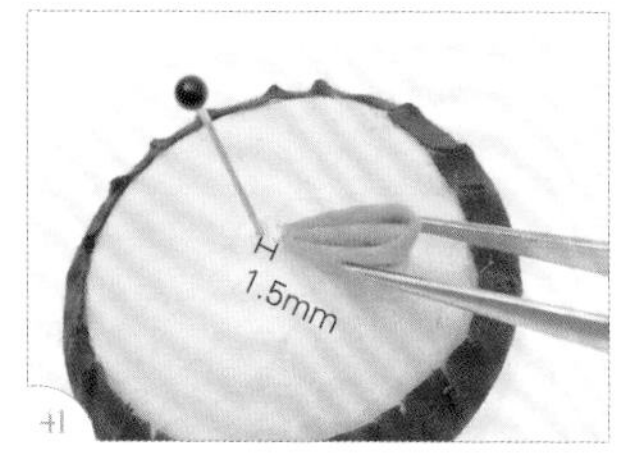

在底台上粘上花瓣后，以珠针为中心对齐，花瓣尖端距离中心 1.5mm。

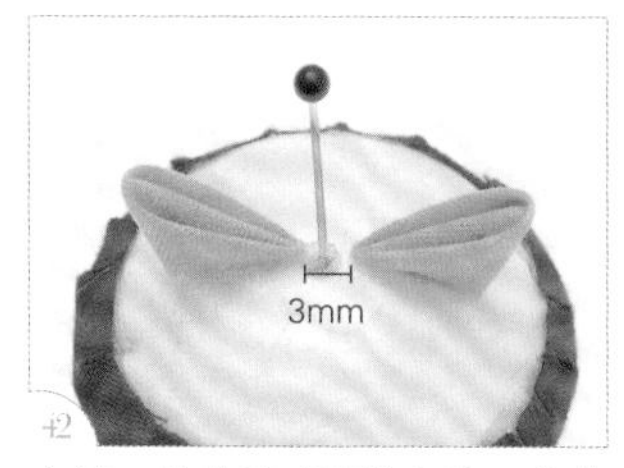

在第 1 片花瓣对面粘上第 2 片花瓣，2 片花瓣间隔 3mm。

重复步骤 40~42，将第一层 8 片花瓣粘在底台上。

用镊子夹住花瓣外缘往内翻，将第一层 8 片花瓣拗圆。

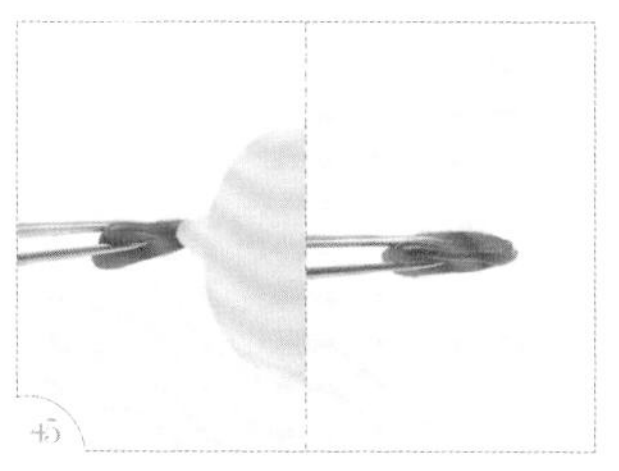
取第二层的 1 片花瓣，并在底部上胶。

粘在第一层花瓣的两片花瓣中间。花瓣的一半长度插进第一层的间隔。

取第二层花瓣，将花瓣的一半对齐并插进第一层花瓣尾端的凹洞里。

重复步骤 45~47，将第二层 16 片花瓣粘在底台上。

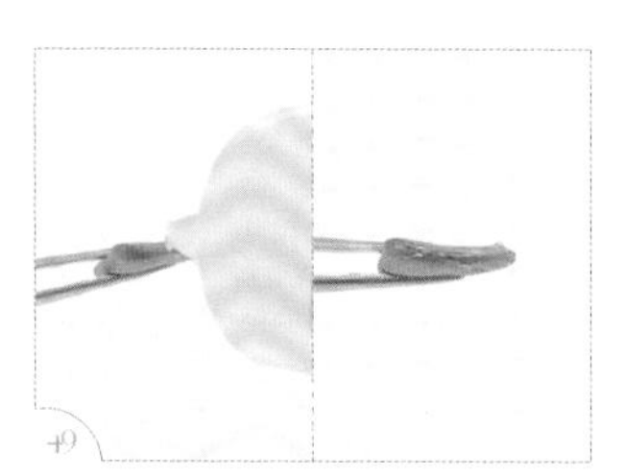
取第三层的 1 片花瓣，并在底部上胶。

将第三层花瓣的尖端贴紧第一层花瓣，插进第二层花瓣的间隔里，粘好。

如图，花瓣尖端对齐圆心的方向。

重复步骤 49~51，将第三层 16 片花瓣粘在底台上。

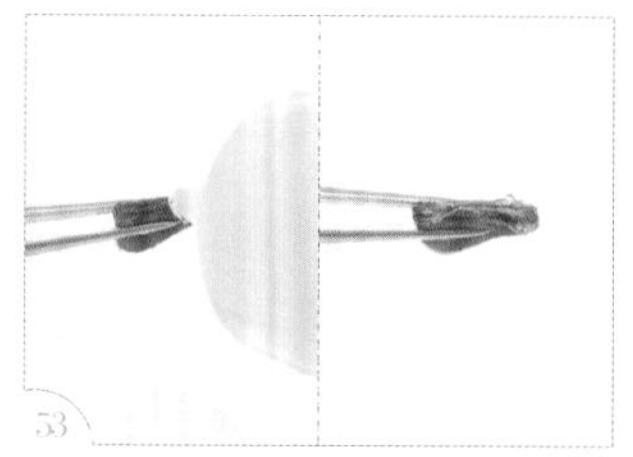

取第四层的 1 片花瓣，并在底部上胶。

将第四层花瓣的尖端贴紧第二层花瓣，插进第三层花瓣的间隔里，粘好。

如图，第四层花瓣对齐第二层花瓣，呈一条直线。

重复步骤 53~55，将第四层 16 片花瓣粘在底台上，并用镊子夹住花瓣外缘往内翻，将花瓣拗圆。

拔掉作为中心点的珠针。

在花朵中心处上胶。

将金属花蕊放进花朵中心处。

在金属花蕊中心处上少许胶。

将珠子放进金属花蕊中心处。

完成重圆加尖形瓣。

左边是 4 层的重圆加尖形瓣，右边是 4 层的重圆形瓣，可以对比一下看看效果。

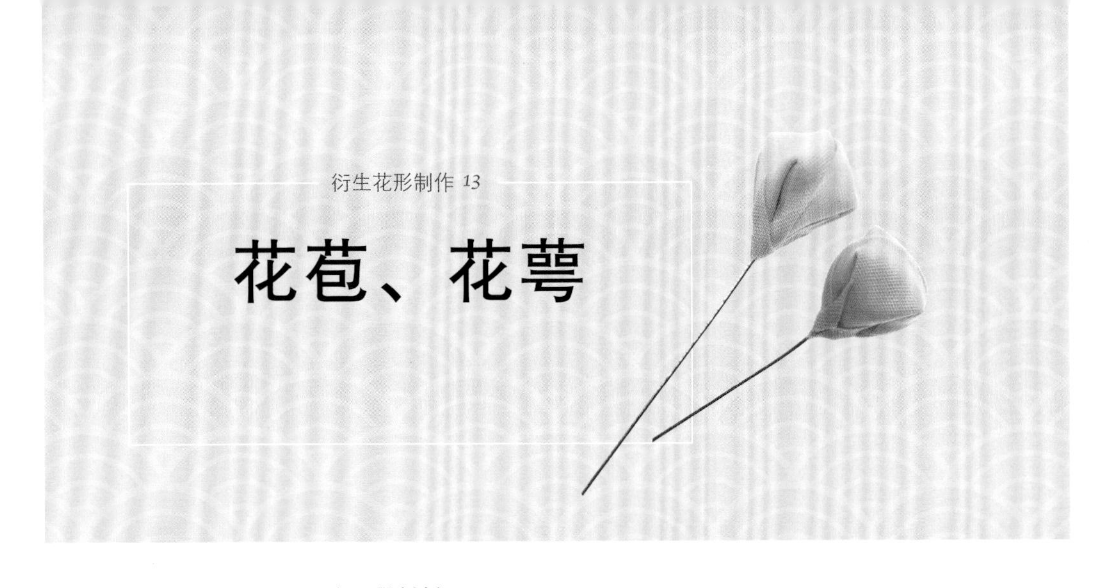

衍生花形制作 13

花苞、花萼

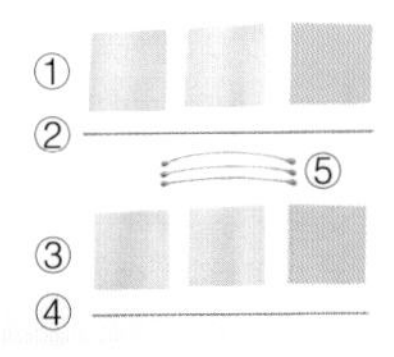

工具材料

①布 2 片（粉）+1 片（绿）（3.5cm×3.5cm）

②22 号铁丝（10cm）

③布 2 片（粉）+1 片（绿）（3.5cm×3.5cm）

④22 号铁丝（10cm）

⑤花蕊 3 根

手工艺小剪刀
拼布小剪刀

镊子
调色盘
糨糊
水

水彩笔
保丽龙胶
平口尖嘴钳

原大尺寸

步骤说明

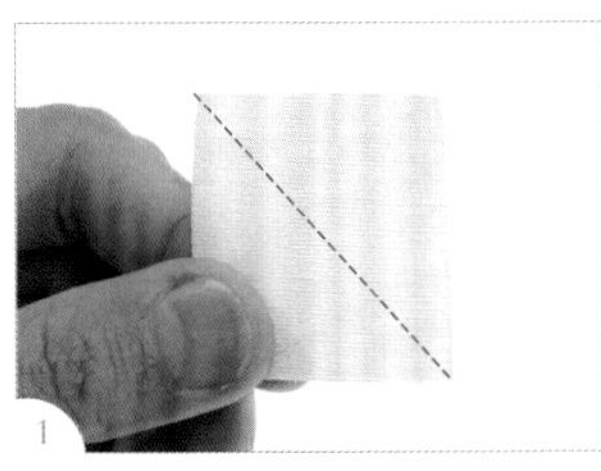

1 拿起 1 片布片，用镊子夹住一角。

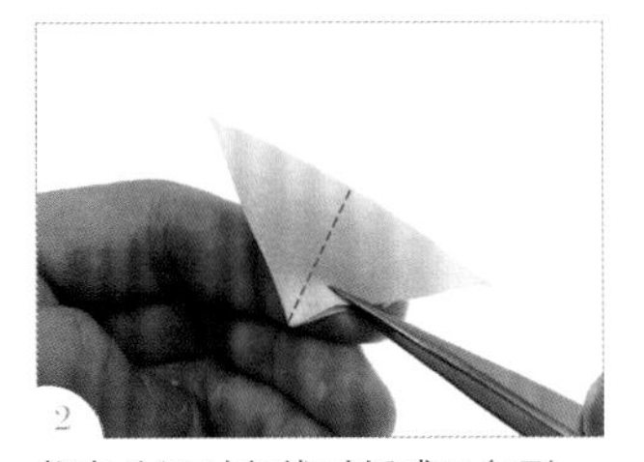

2 将布片沿对角线对折成三角形。

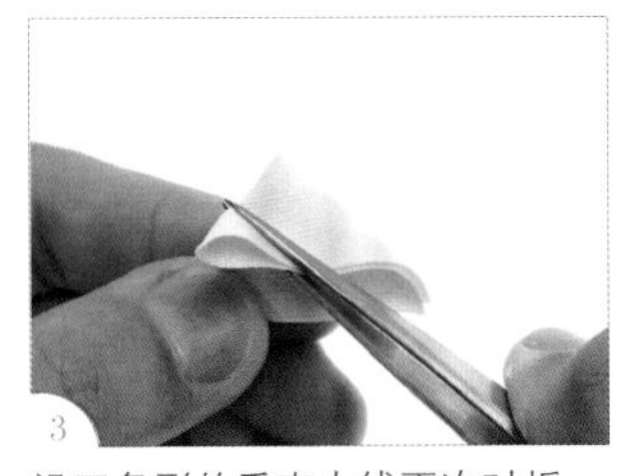

3 沿三角形的垂直中线再次对折。

4 用镊子夹住三角形的正中间。

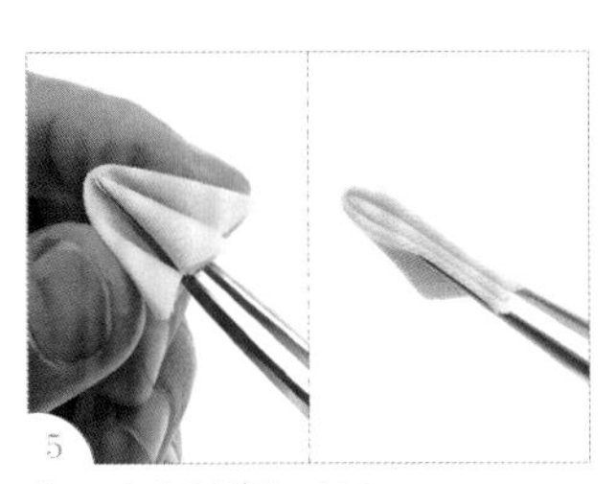

5 将两边分别翻起对折。

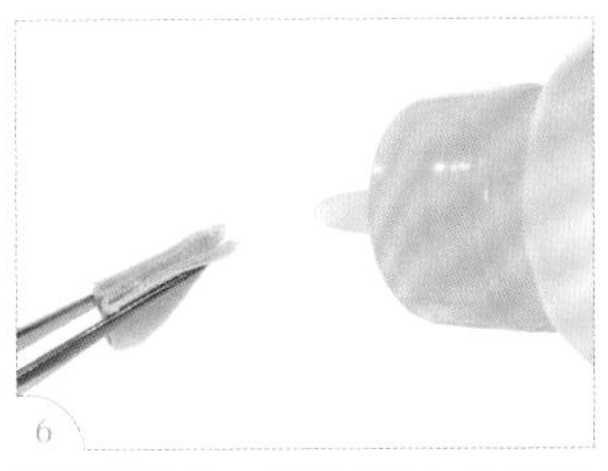

用镊子夹住，翻到背面，在布边开口处上胶。

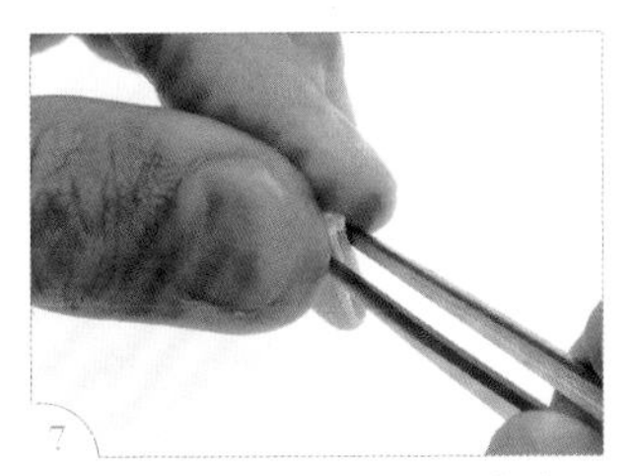

待胶半干后，用手指捏紧布边。（注：触摸时不粘手，但仍有软度即可。）

用剪刀修齐胶面。

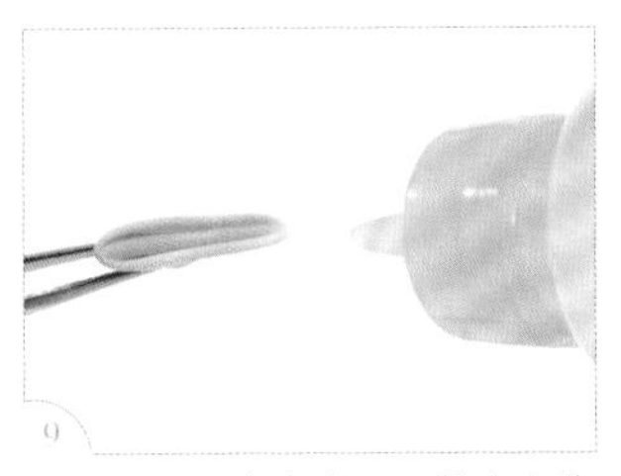

翻到正面，在尖端开口处上少许胶。

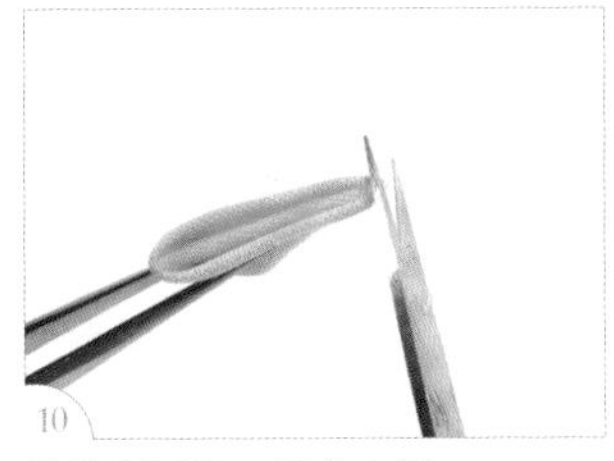

待胶半干后，修齐尖端。

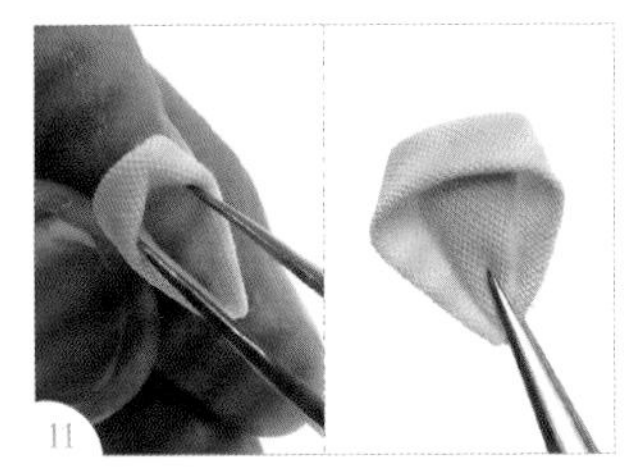

将花瓣尾端对折处用镊子撑圆。

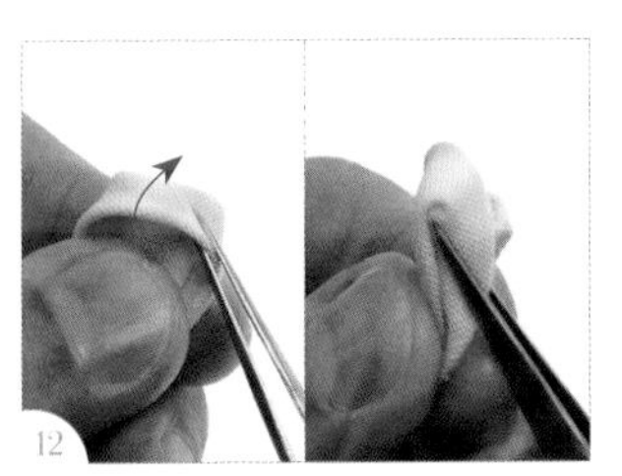

用镊子夹住花瓣圆弧处，将正面翻折到背面。

重复步骤 12，将另一边也翻折到背面。完成 1 片花瓣。

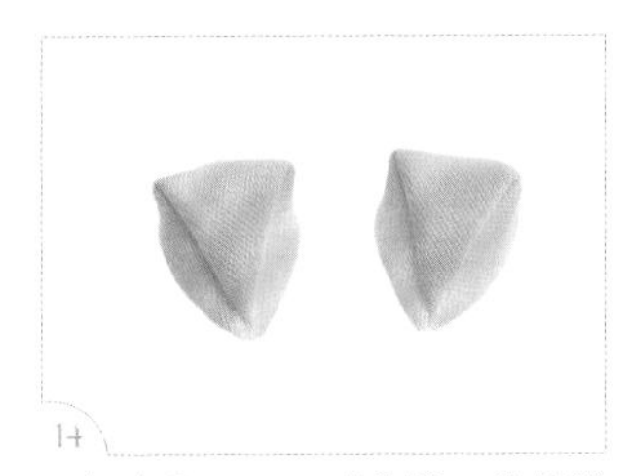

重复步骤 1~13，共制作 2 片花瓣备用。

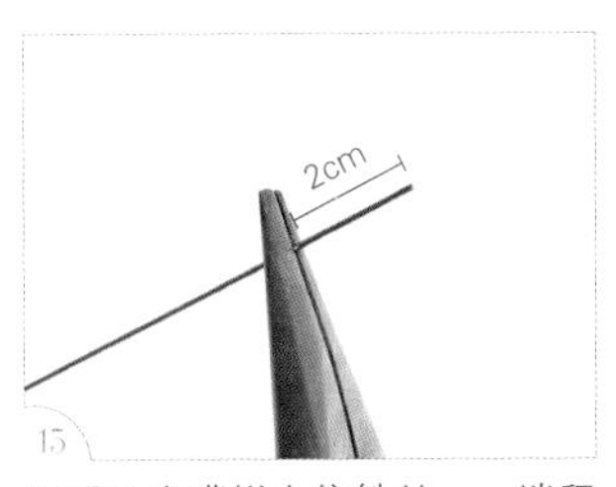

用平口尖嘴钳夹住铁丝，一端留 2cm 左右铁丝。

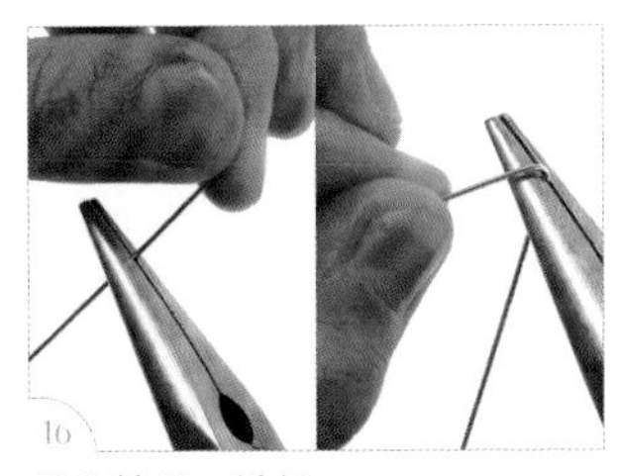

抓住铁丝，拗折。

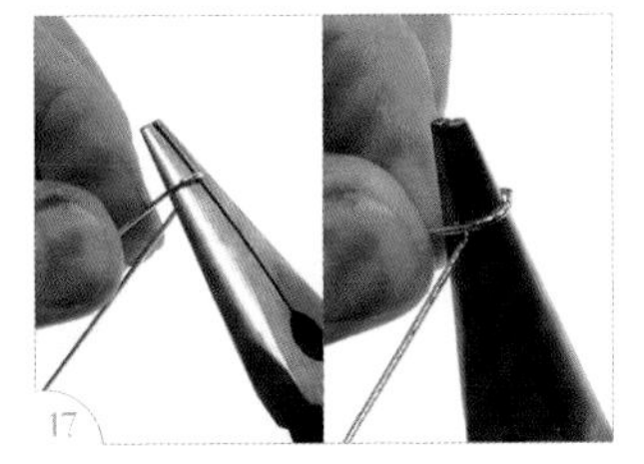

将铁丝沿着平口尖嘴钳拗折，绕一圈。

※没开的花苞

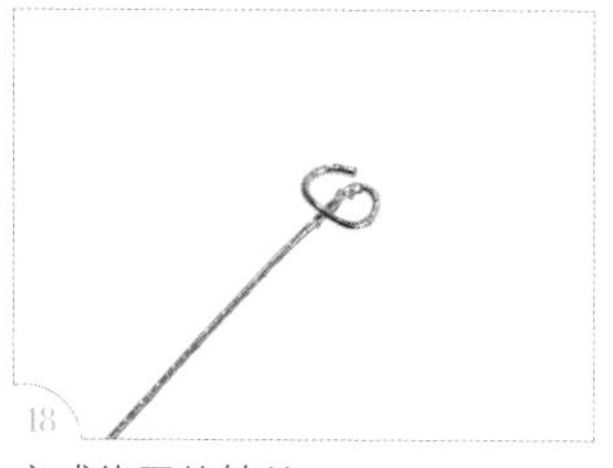
完成绕圈的铁丝。

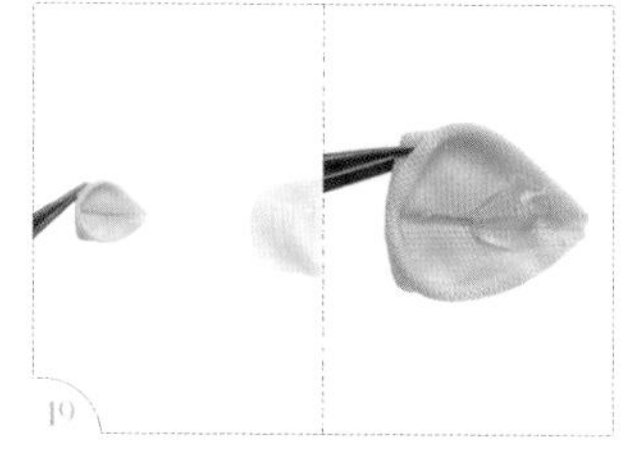
在花瓣尖端凹处上胶。

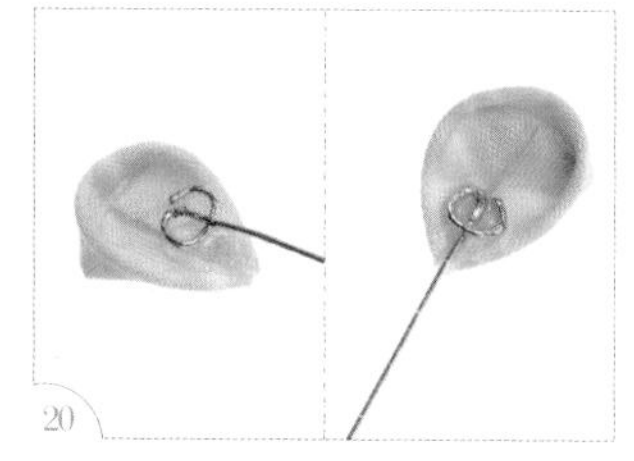
将铁丝绕圈的部分粘进花瓣尖端凹处。

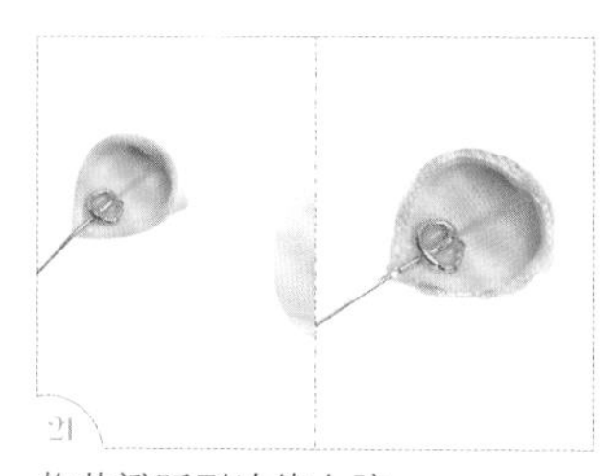
将花瓣弧形边缘上胶。

盖上另 1 片花瓣。

将 2 片花瓣稍微压紧，粘在一起。

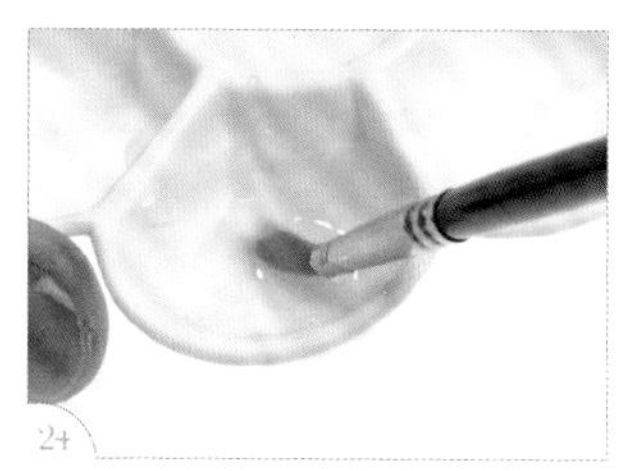
把糨糊和水按照 2 ：1 的比例混合均匀。

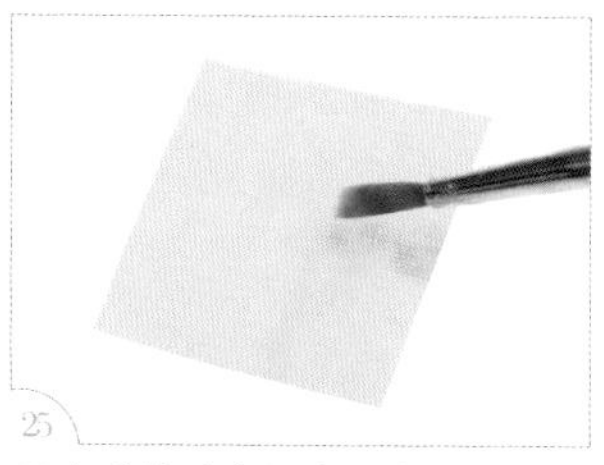
用水彩笔刷在绿色的布片上，糨糊水必须渗透进布里。

等待至完全干透。

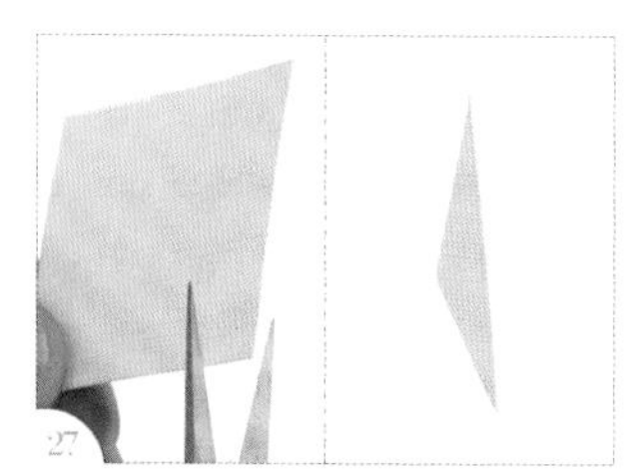
剪出细长的三角形。

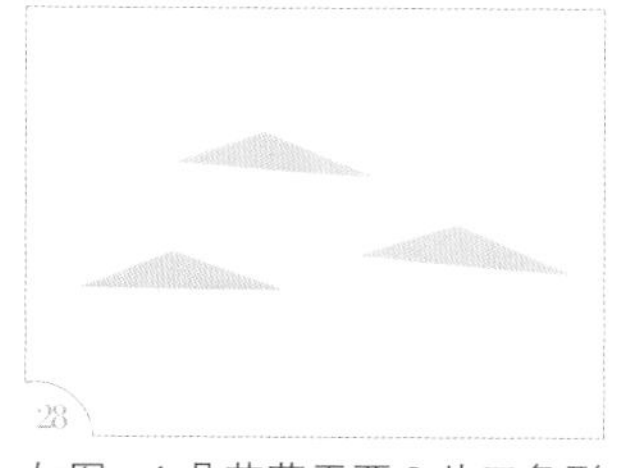
如图，1 朵花苞需要 3 片三角形做花萼。

剪刀与最长边垂直，对准钝角的位置剪开一半。

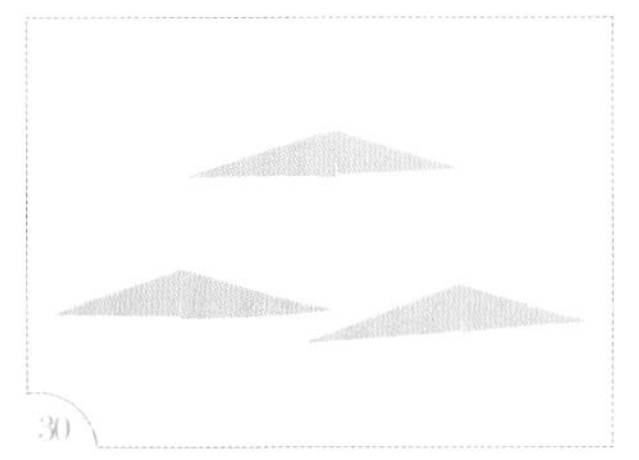

重复步骤 29，将 3 片三角形都剪开一半。

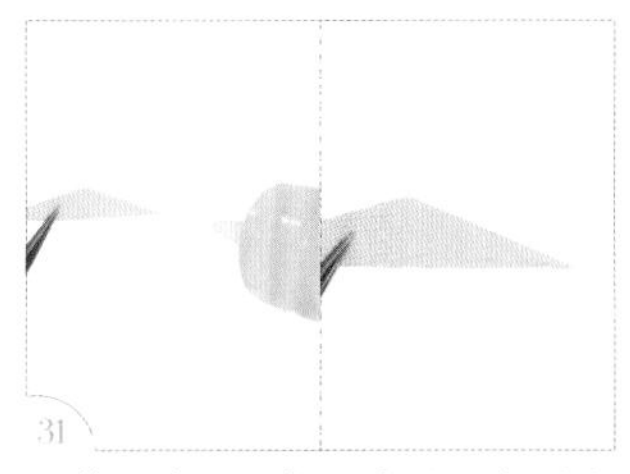

以剪口为界，将一半的三角形上胶。（注：薄薄的一层胶即可，不要过多。）

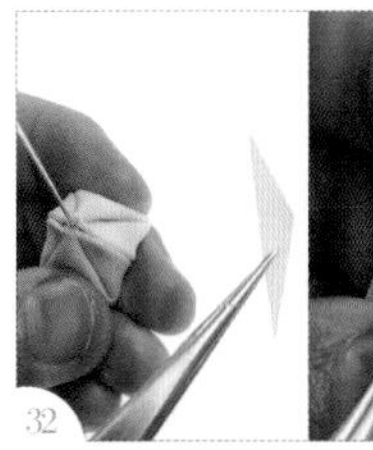

把三角形翻面，上胶面朝下，将剪口卡住铁丝。

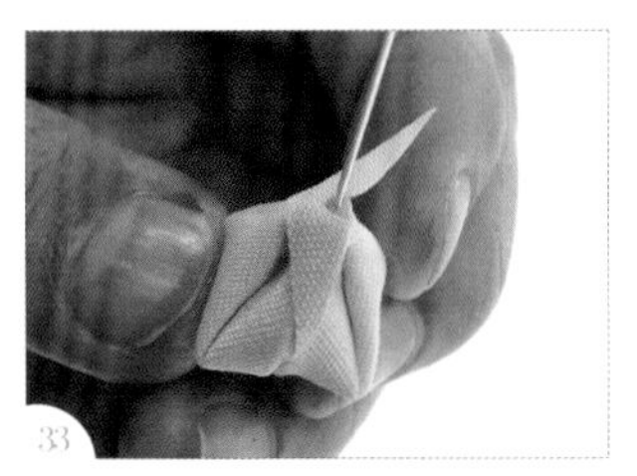

将上胶的一半三角形向下贴住花苞。

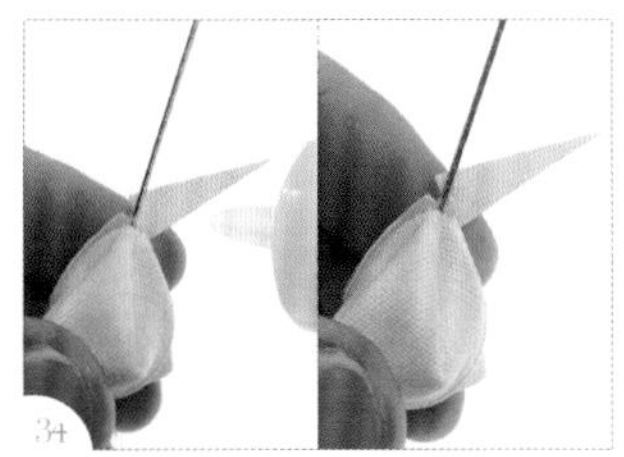

再把另一半的三角形上胶。

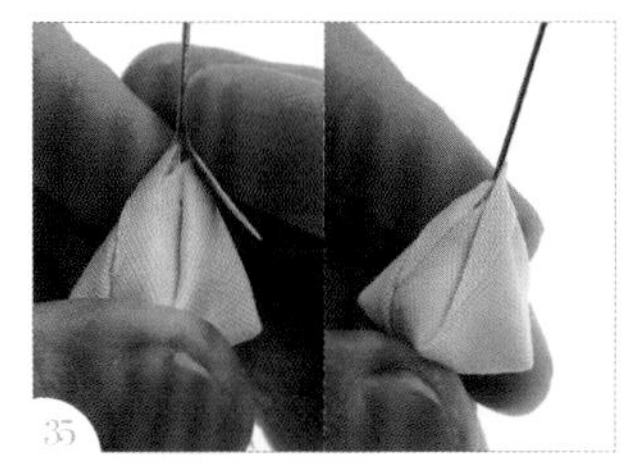

顺着花苞的形状，将另一半的三角形贴上。

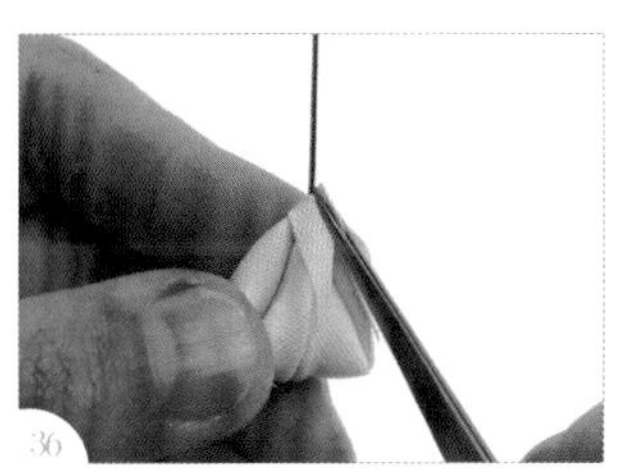

用镊子夹住三角形中间多余的布。

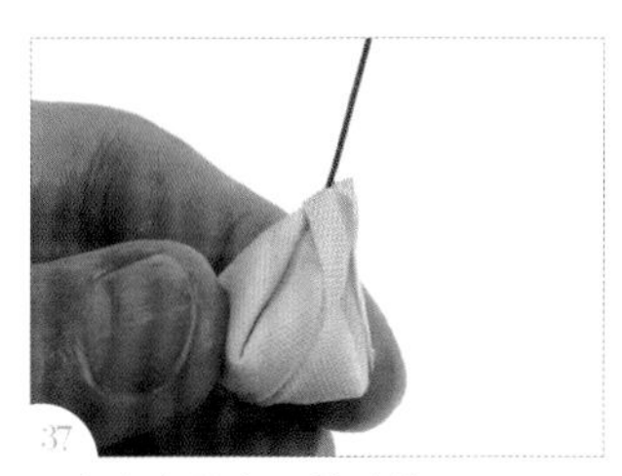

捏紧多余的布，使边缘明显。

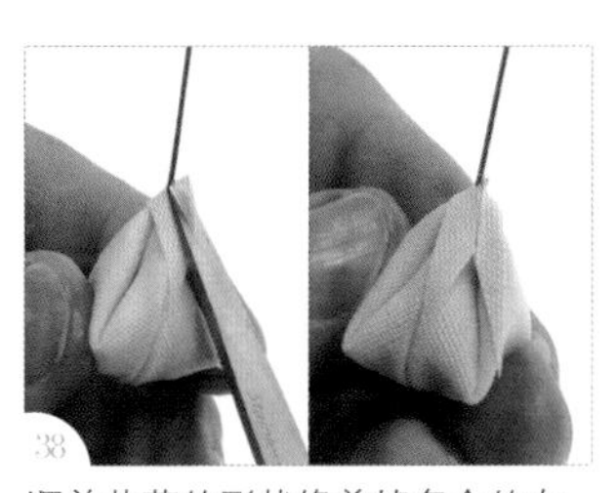

顺着花苞的形状修剪掉多余的布。

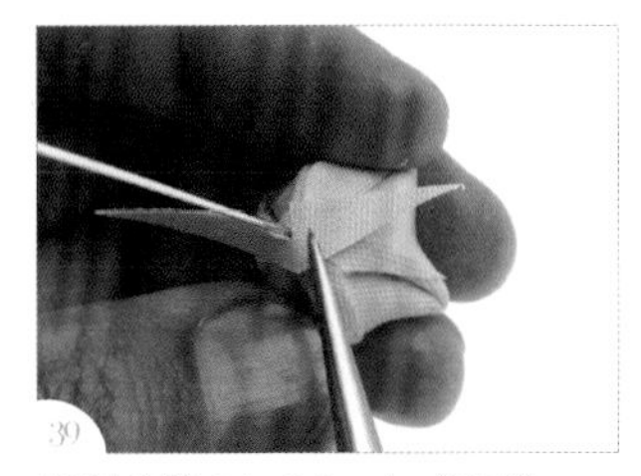

重复步骤 31~38，完成花萼。

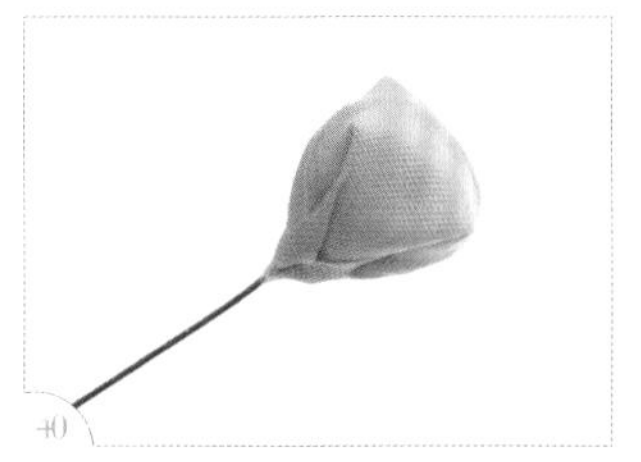

如图，让花萼的 6 个尖角自然分布，不要过密或过疏。

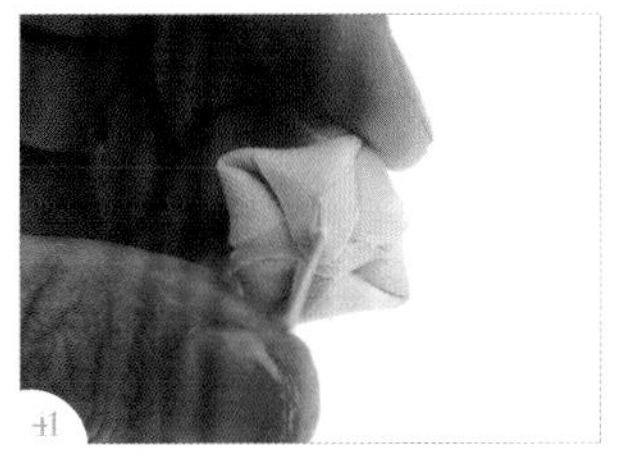

完成没开的花苞。

※半开的花苞

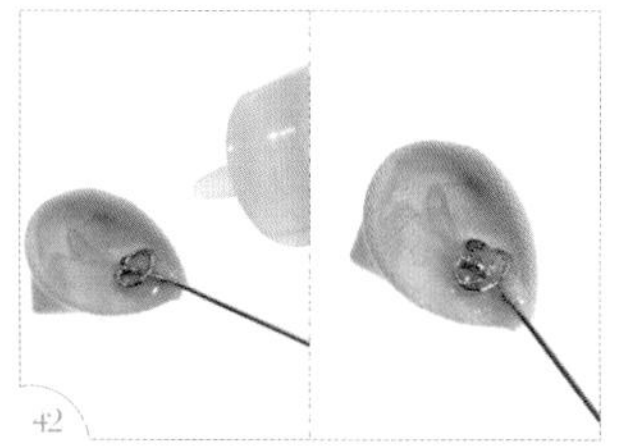

重复步骤 1~20，在铁丝绕圈处上胶，粘进花瓣尖端凹处。

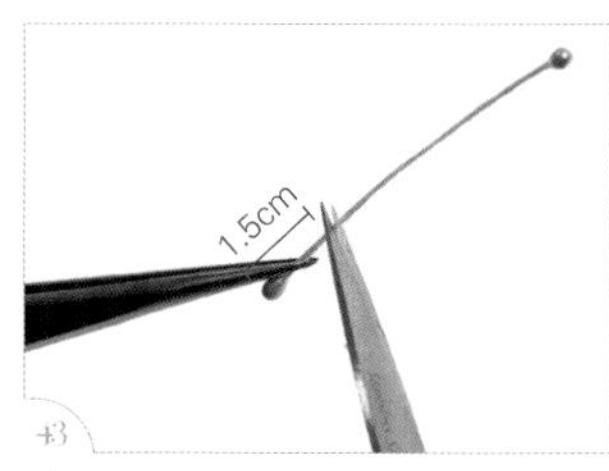

剪下 1.5cm 花蕊。

把所有的花蕊剪好，粘成一束。

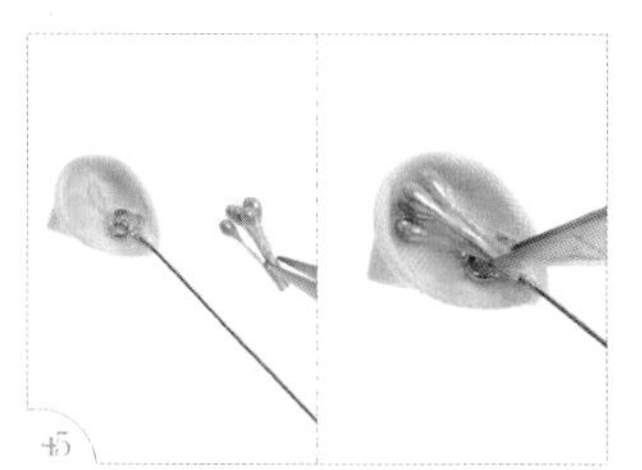

把一束花蕊放进花瓣中央粘住。

在花蕊根部上胶。

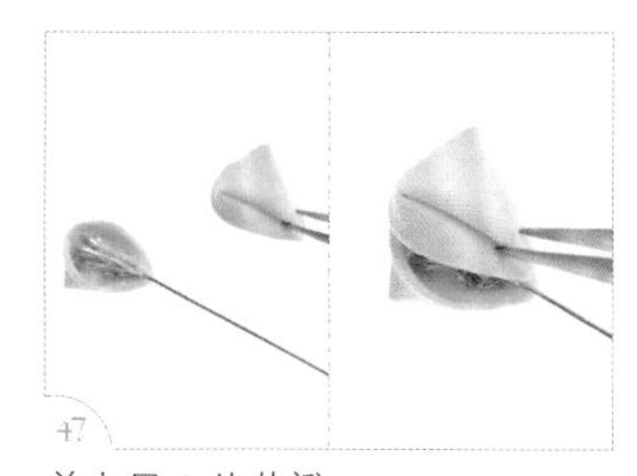

盖上另 1 片花瓣。

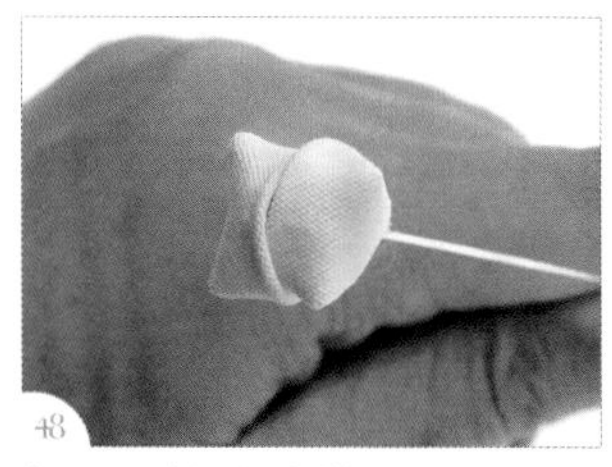

将 2 片花瓣左右错开，不要完全重合。

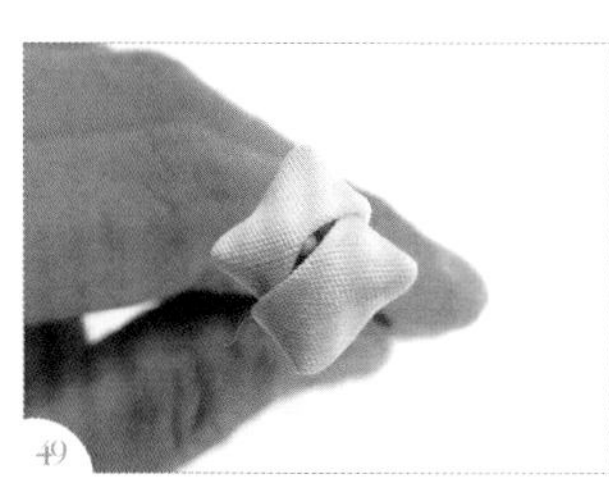

待胶干后，拉开 2 片花瓣，让花蕊稍微露出。

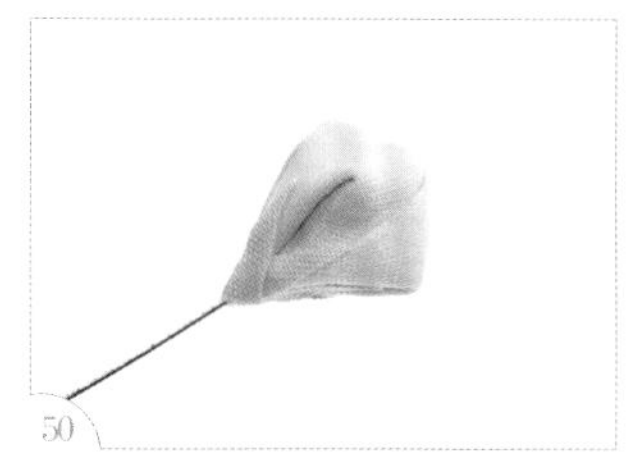

重复步骤 24~39，粘好花萼，完成半开的花苞。

Chapter

03

×

组合成形

Combination

❀

垂坠制作

1

藤花

工具材料

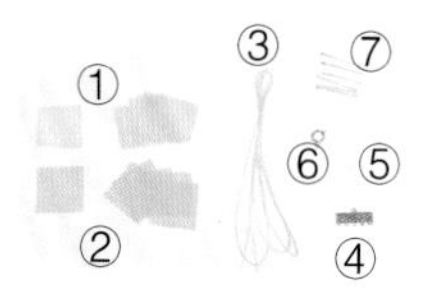

① 布 淡黄色 8 片（2.5cm × 2.5cm）
② 布 绿色 6 片（2.5cm × 2.5cm）
③ 直径 1mm 细绳
④ 金属吊片
⑤ C 圈
⑥ 弹簧扣
⑦ T 针

珠子、铃铛 任意
手工艺小剪刀
镊子
保丽龙胶
胶带
平口尖嘴钳
圆嘴钳
格线垫板

步骤说明

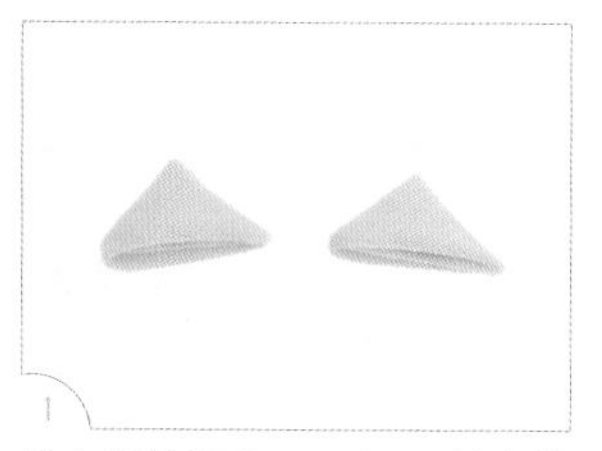

1 将布料按照 P.18、P.19 的方法制作 2 片圆形花瓣。

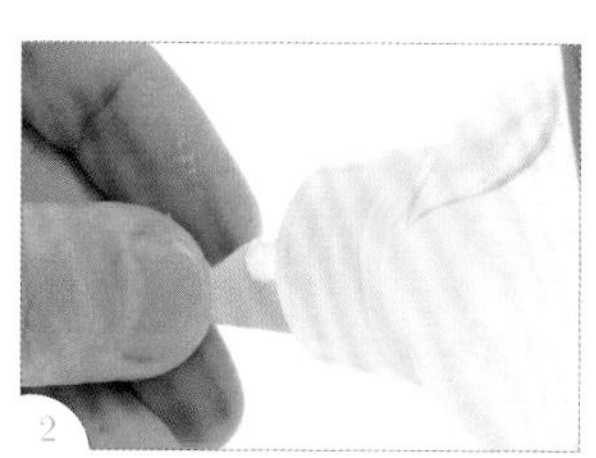

2 在其中 1 片花瓣的侧面底部上少许胶。

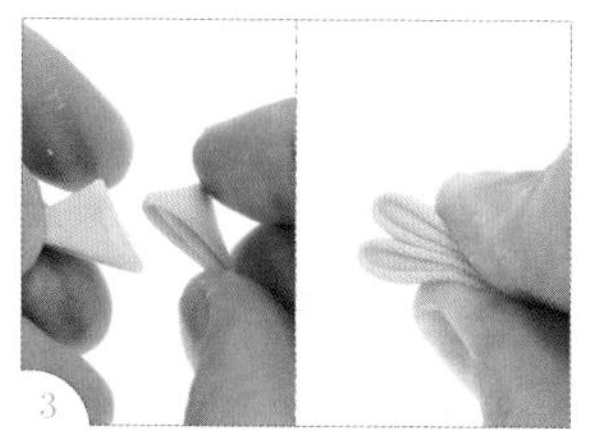

3 并排粘上第 2 片花瓣，捏住上胶处并压紧。

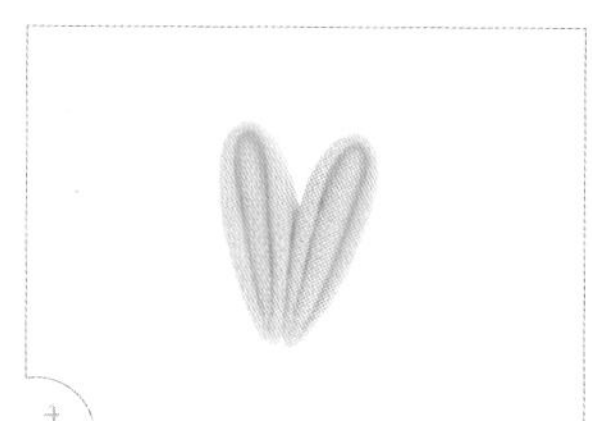

4 完成 1 组双瓣花瓣。

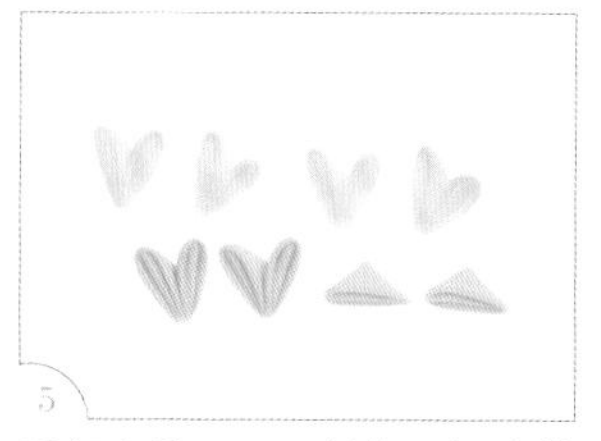

5 重复步骤 1~4，制作 4 组淡黄色双瓣花瓣、2 组绿色双瓣花瓣。再制作 2 片圆形花瓣备用。

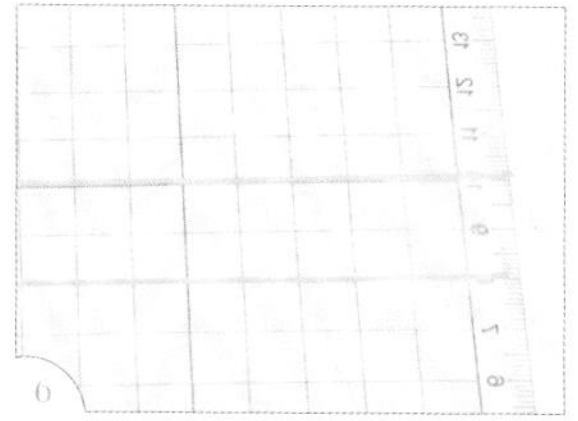

6 剪下适当长度的细绳，用胶带粘在格线垫板上。

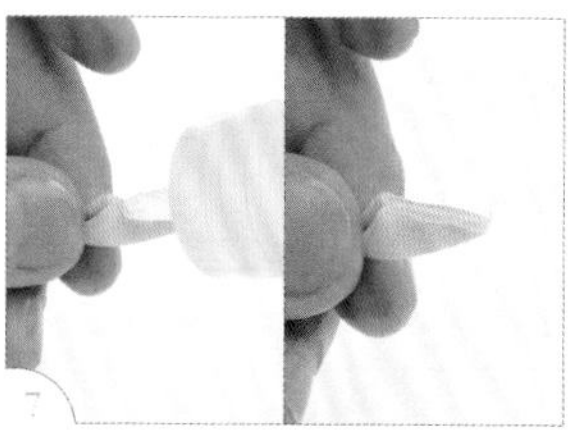

7 先粘最尾端的花瓣。取 1 片圆形花瓣，并在底部上胶。

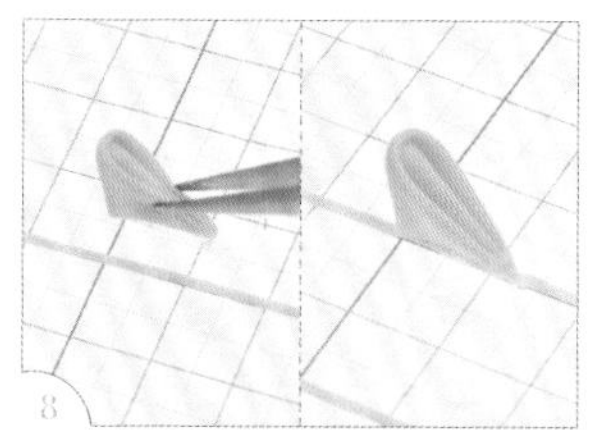

8 用镊子夹住，上胶的位置朝下，对齐格线粘在细绳上。

取 1 组绿色双瓣花瓣，并在底部上胶。

用镊子夹住，上胶的位置朝下，粘在细绳上。

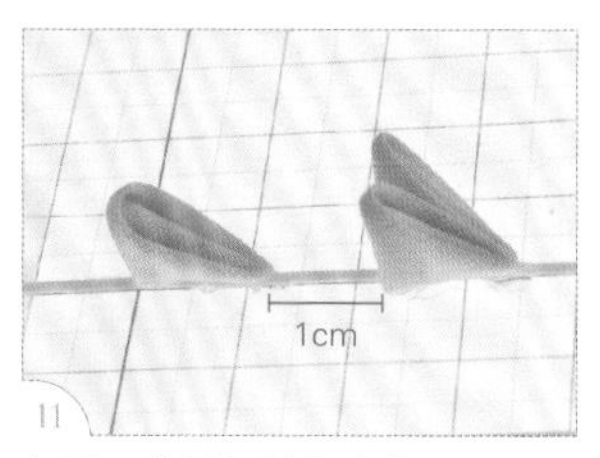

如图，花瓣间的距离为 1cm。

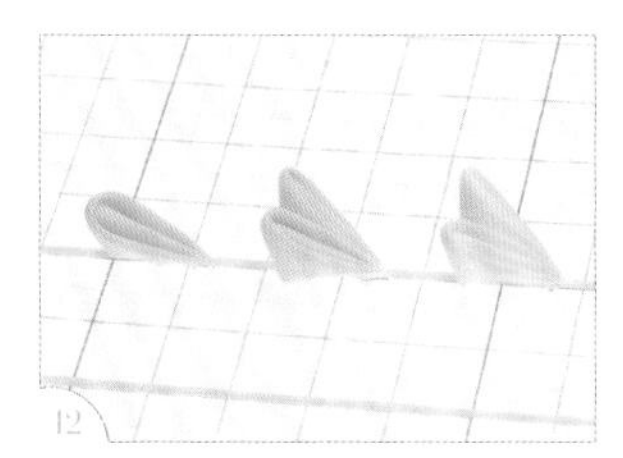

依序粘上其余的花瓣。

按照设计好的数量和配色，将所有花瓣粘贴完成。共做 2 份。

待胶干后，将整条细绳连同花瓣一起从垫板上取下来。

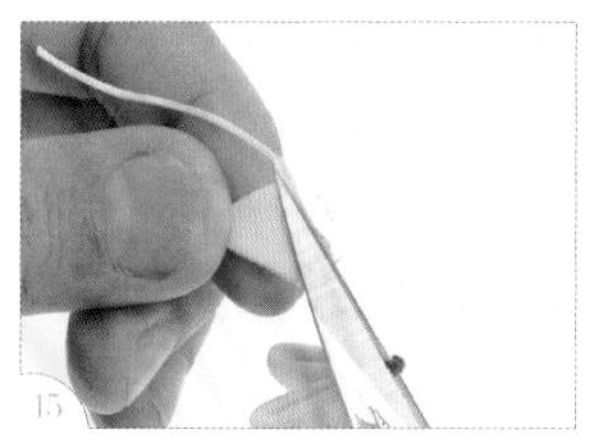

沿着花瓣边缘，将多余的胶修剪掉。

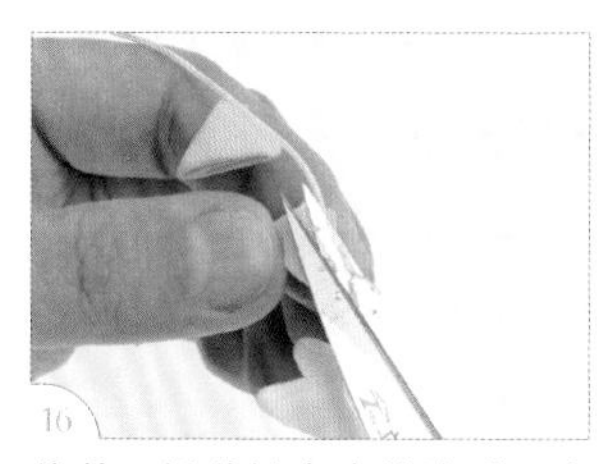

修剪双瓣花瓣多余的胶时，注意不要剪到花瓣或细绳。

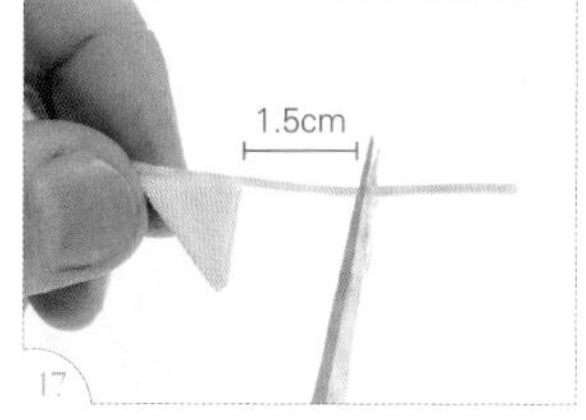

修剪尾端的细绳，留下 1.5cm。

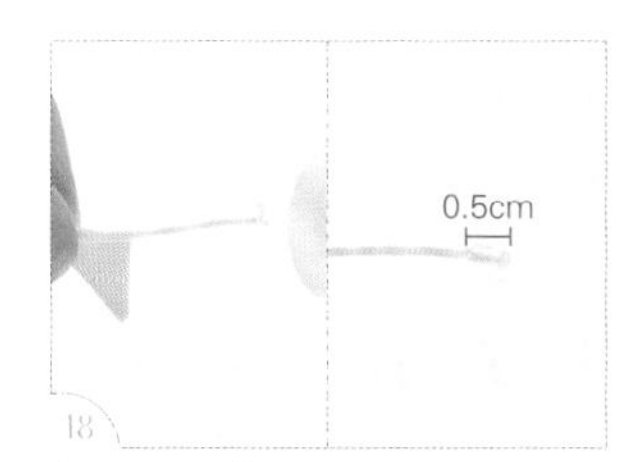

将细绳尾端 0.5cm 涂上胶。

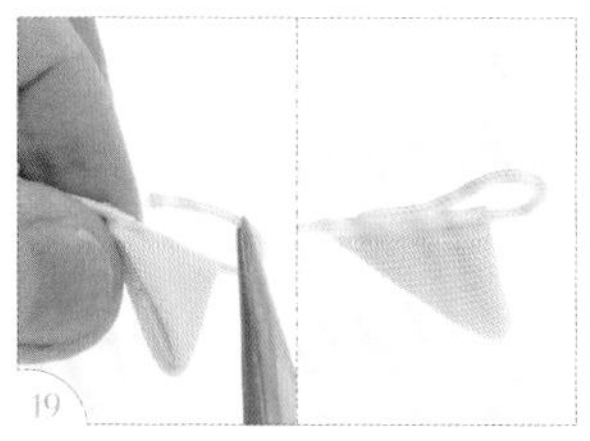

弯折细绳，与花瓣背后的细绳粘在一起。如图所示留下一部分不要粘住，形成绳圈。

用同样的方法将另一条细绳的绳圈粘在一起，完成 2 串藤花。

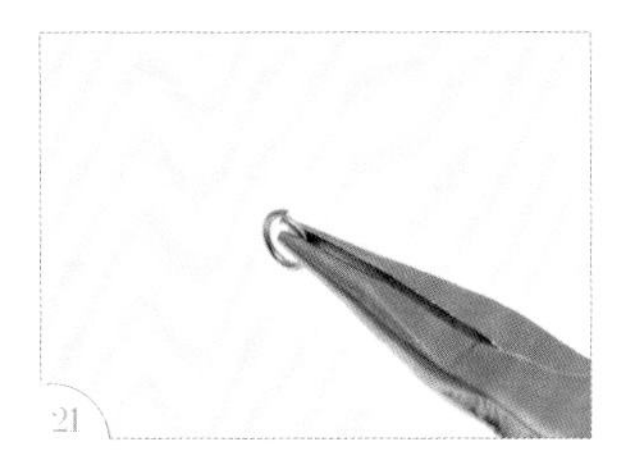

用尖嘴钳夹住C圈开口的一侧。

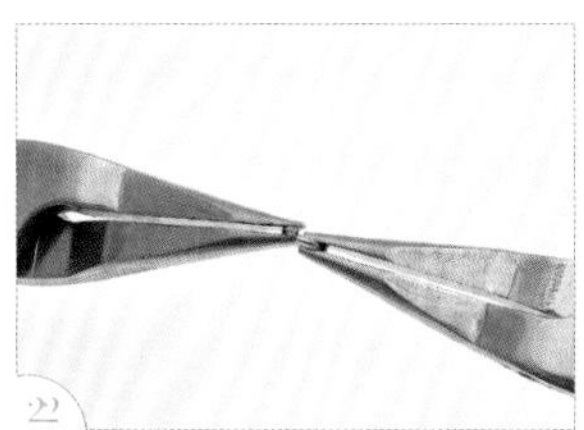

用另一把尖嘴钳夹住C圈开口的另一侧。（注：只有一把钳子时，可以用一只手捏住C圈）

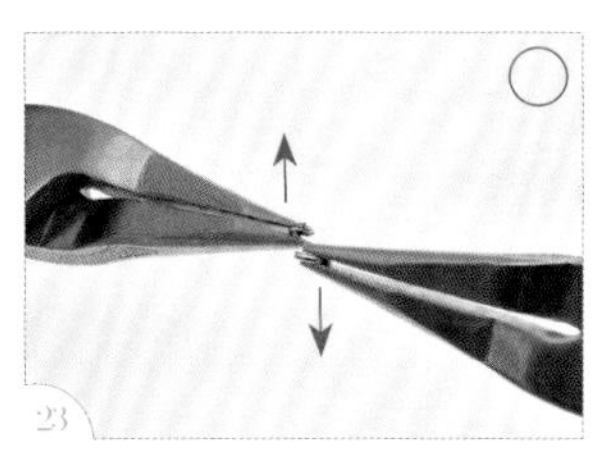

将C圈两侧上下错开扳动，打开开口。

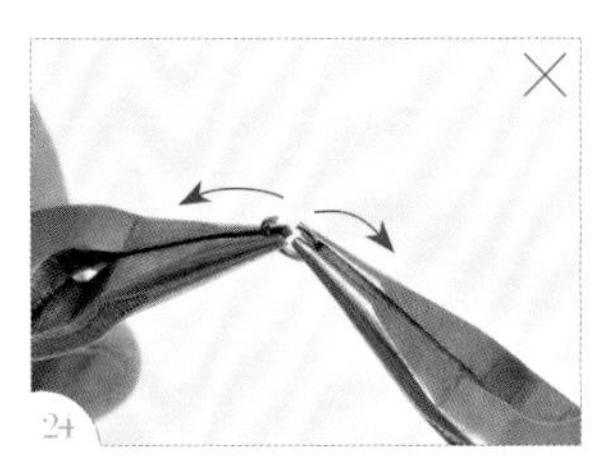

注意：如果左右扳开，这种方式是错误的，会导致闭合C圈时无法密合。

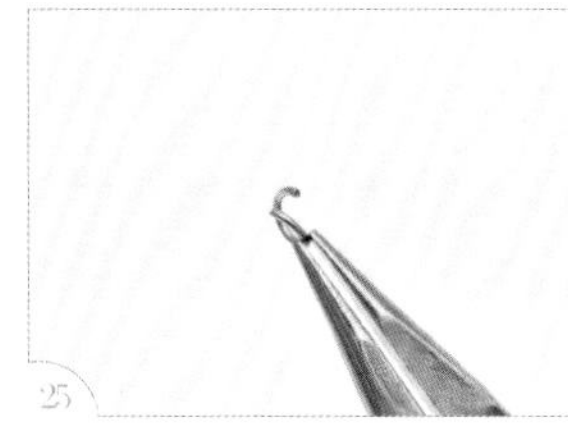

以正确的方式打开C圈。

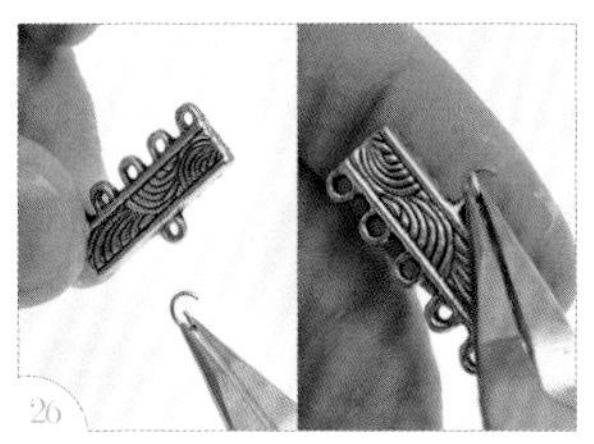

将金属吊片顶端的圈套入C圈。

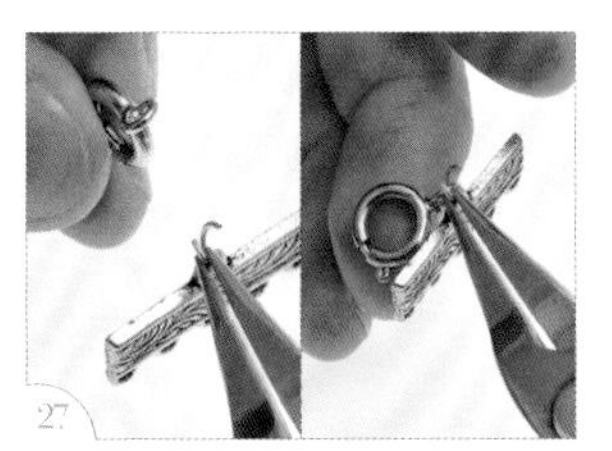

将弹簧扣底端的圈也套入C圈。

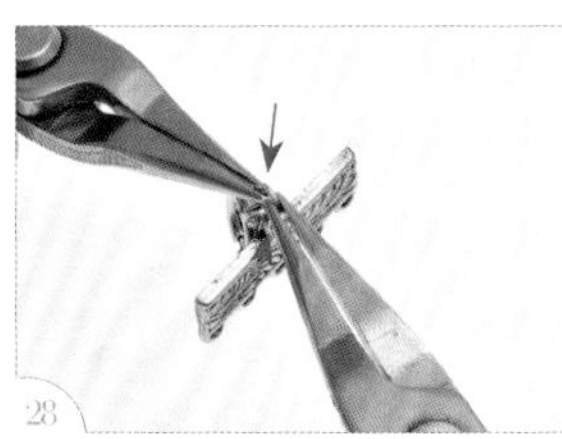

上下反向扳动，闭合C圈。

如图，3个零件串接完成。

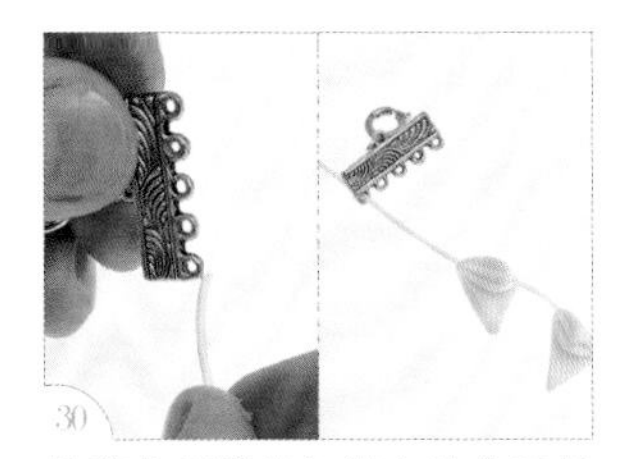

将藤花顶端的细绳穿进金属吊片一端的洞。

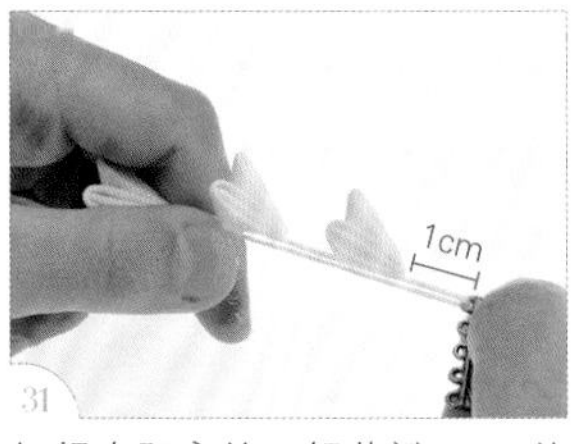

细绳在距离第1组花瓣1cm的位置折回。

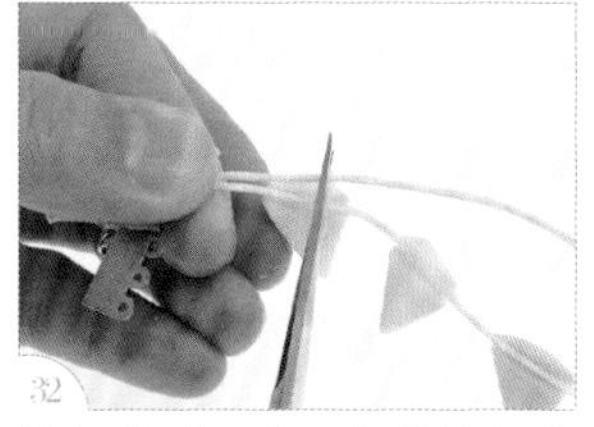

将细绳对齐第1组花瓣的背面，剪掉多余的细绳。

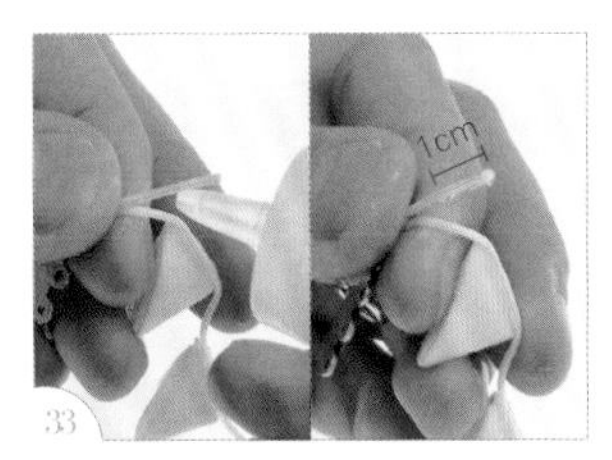

细绳尾端 1cm 上胶。

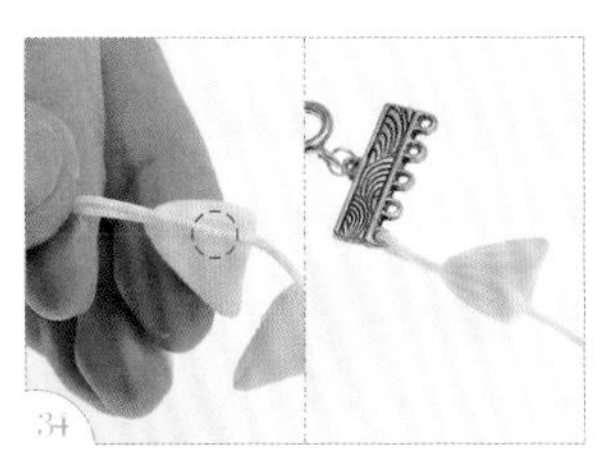

弯折细绳，与花瓣背后的细绳粘在一起。

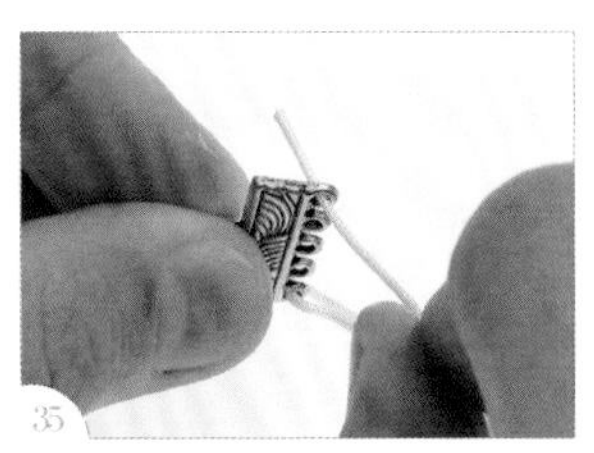

将另一串藤花顶端的细绳穿进金属吊片另一端的洞。

调节第 2 串藤花的高度，与第 1 串藤花对齐。

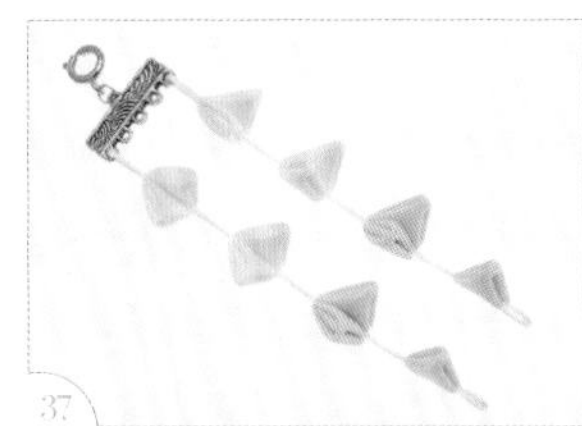

重复步骤 31~34，修剪并粘上第 2 串藤花的细绳。

※直洞珠子坠饰

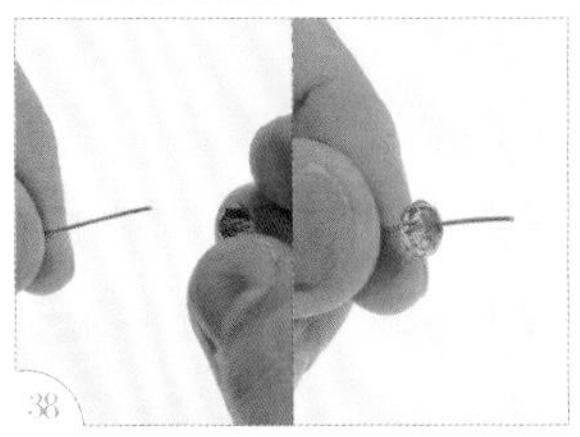

制作藤花尾端的坠饰。将珠子穿在 T 针上。

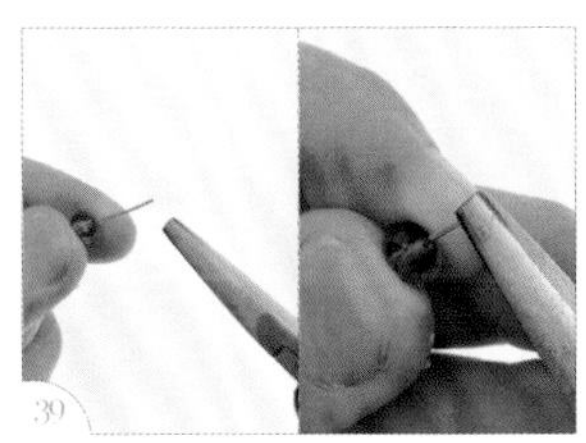

用圆嘴钳夹住 T 针凸出珠子的部分。

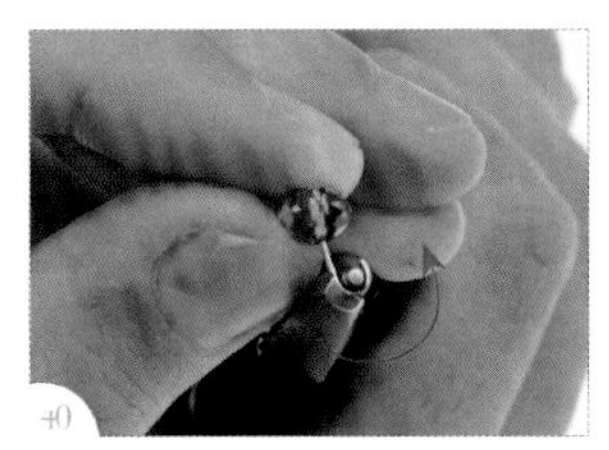

转动圆嘴钳，将T针卷成圆形。

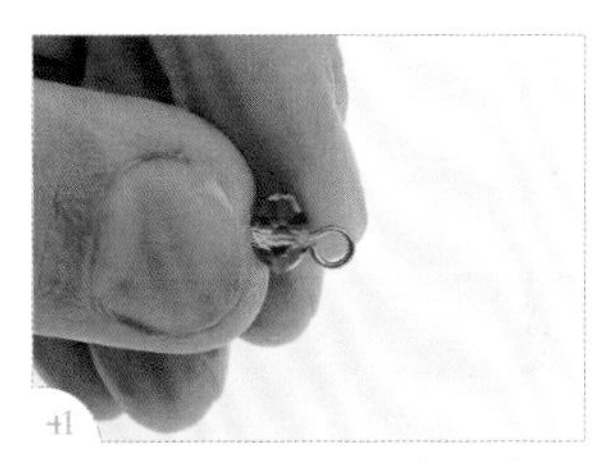

卷到底后，用圆嘴钳将卷好的 T 针在根部往反方向拗折。

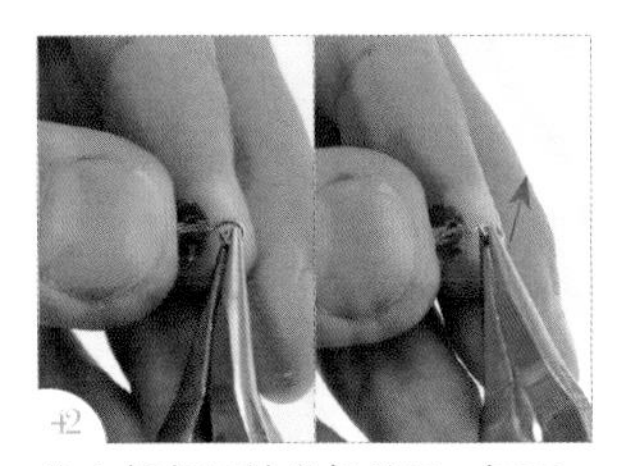

往上扳起T针卷好的圈，打开。

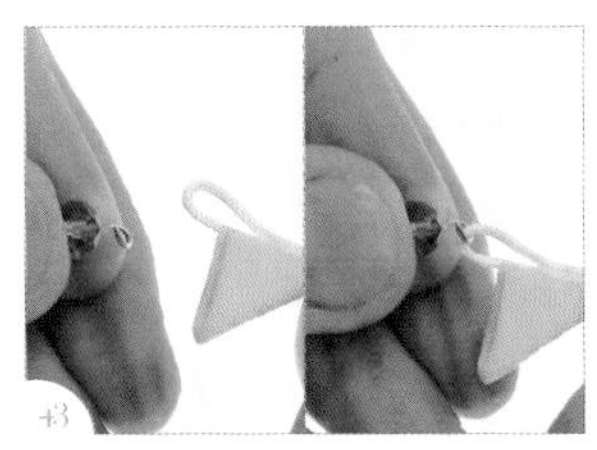

套入藤花尾端的绳圈。

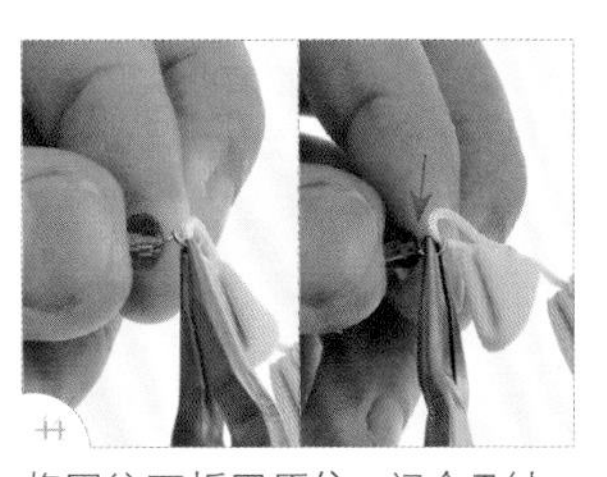

将圈往下扳回原位，闭合T针。

重复步骤 38~44，将 2 串藤花的尾端都加上直洞珠子作为坠饰，完成。

※铃铛坠饰

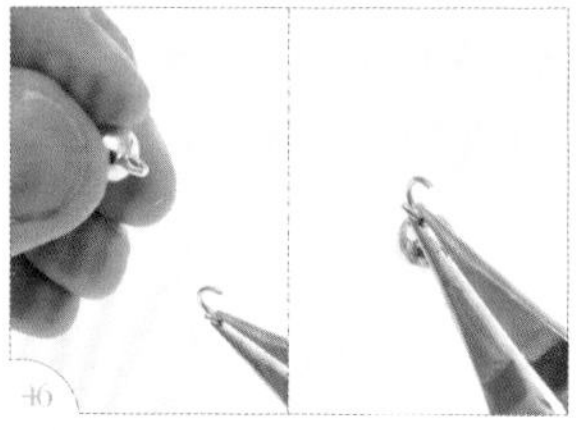

将铃铛顶端的圈套入打开的 C 圈。

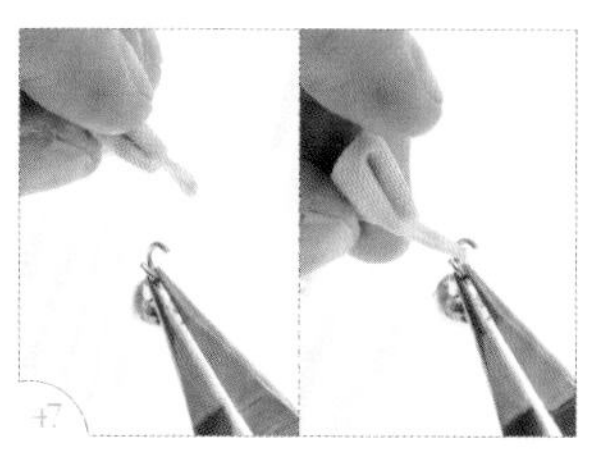

将 C 圈再套入藤花尾端的绳圈。

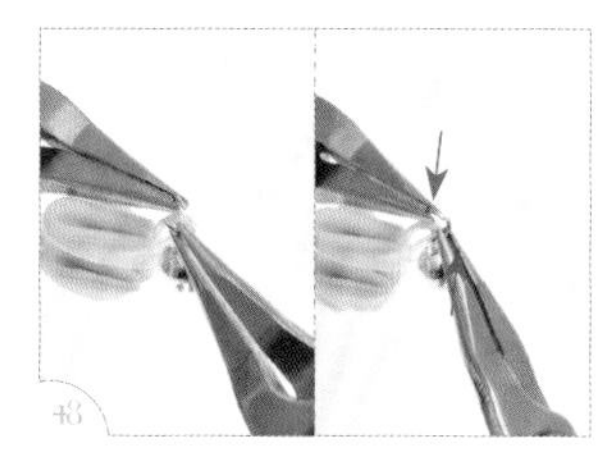

上下反向扳动，关闭 C 圈。

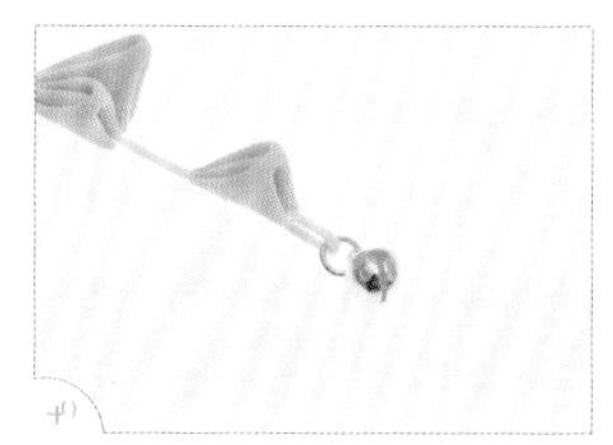

重复步骤 46~48，将 2 串藤花的尾端都加上铃铛作为坠饰，完成。

※横洞珠子坠饰

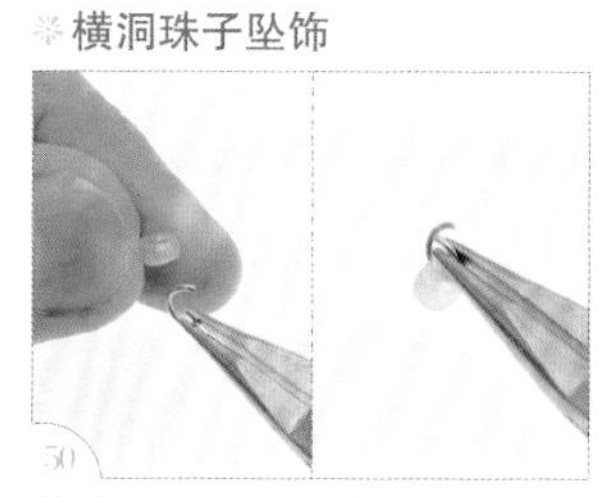

将珠子套入打开的 C 圈。

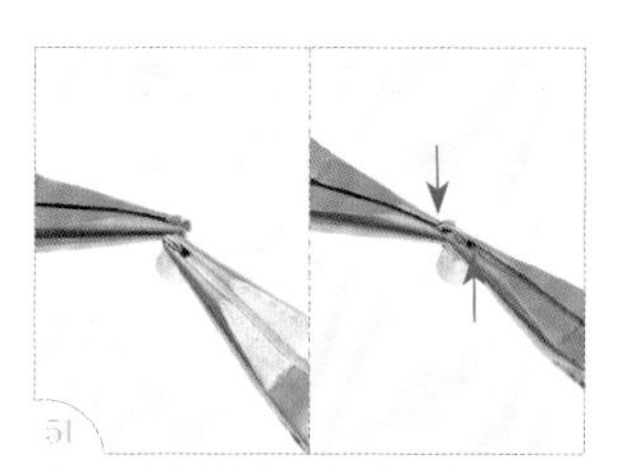

上下反向扳动，闭合 C 圈。

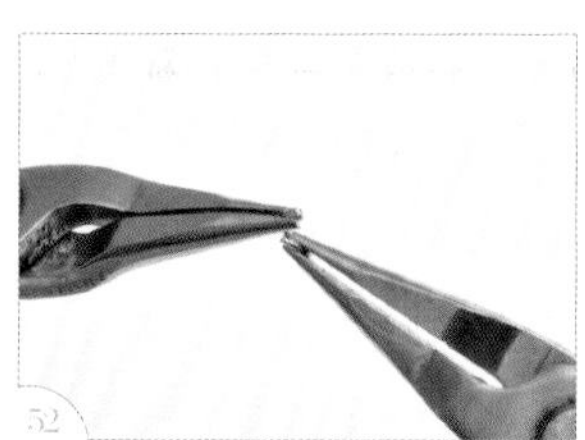

将另 1 个 C 圈两侧上下错开扳动，打开开口。

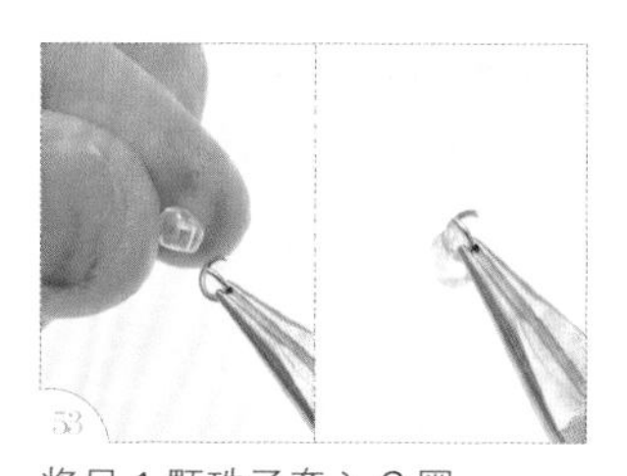

将另 1 颗珠子套入 C 圈。

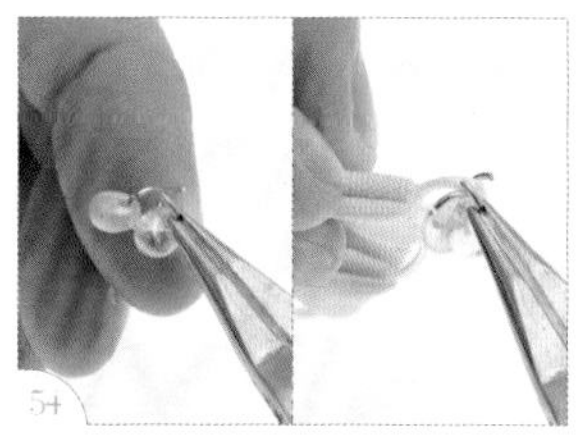

最后将 C 圈套入藤花尾端的绳圈。

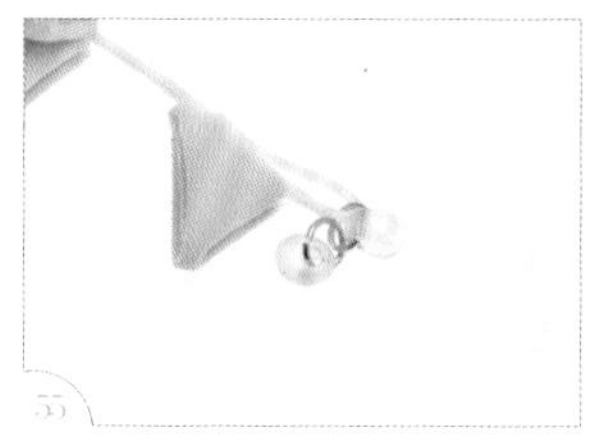

闭合 C 圈。

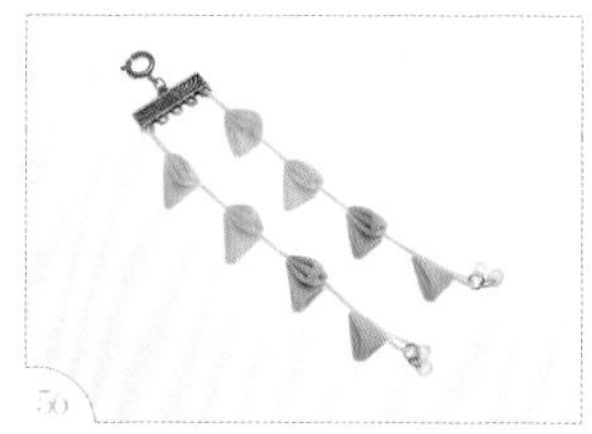

重复步骤 50~55，将 2 串藤花的尾端都加上横洞珠子作为坠饰，完成。

垂坠制作

2

流苏

工具材料

① 流苏	手工艺小剪刀
② C 圈	平口尖嘴钳
③ 弹簧扣	镊子
	打火机

步骤说明

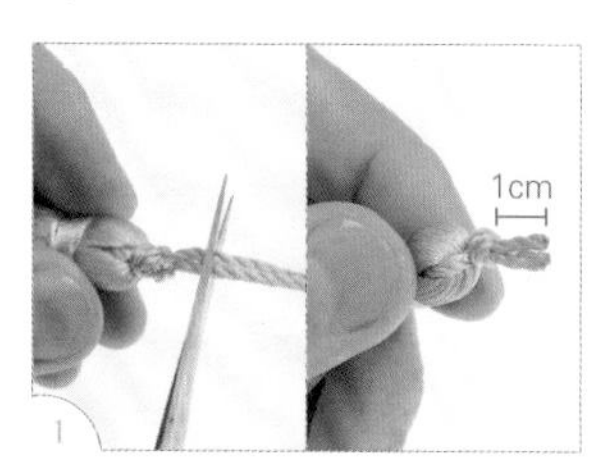

剪掉流苏顶端多余的绳子，留下 1cm。

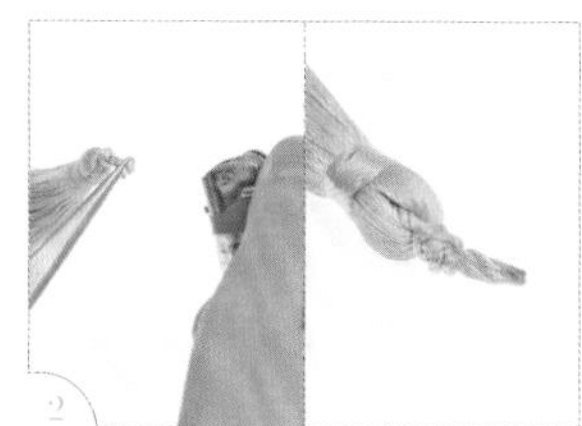

用打火机稍微烧绳子的断口，使绳子熔化并粘住，不再脱线。

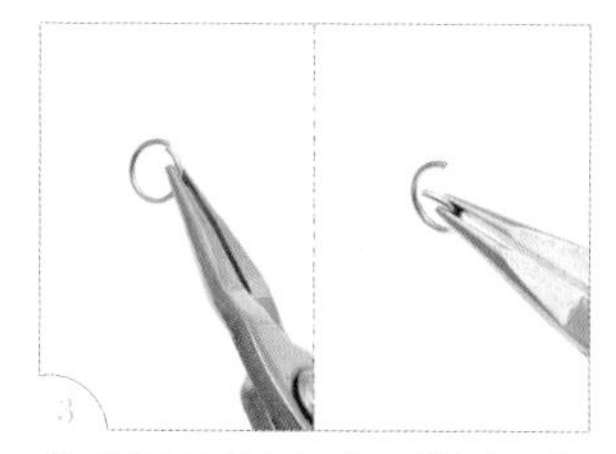

将 C 圈两侧上下错开扳动，打开开口。

将流苏顶端的绳圈套入 C 圈。

将弹簧扣底端的圈套入 C 圈。

闭合 C 圈，完成。

垂坠制作
3

银片

工具材料

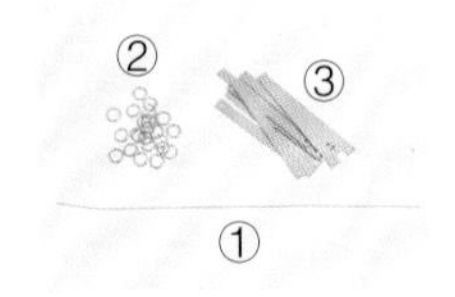

①24号铁丝　金属细棍或竹签
②C圈　平口尖嘴钳
③银片

步骤说明

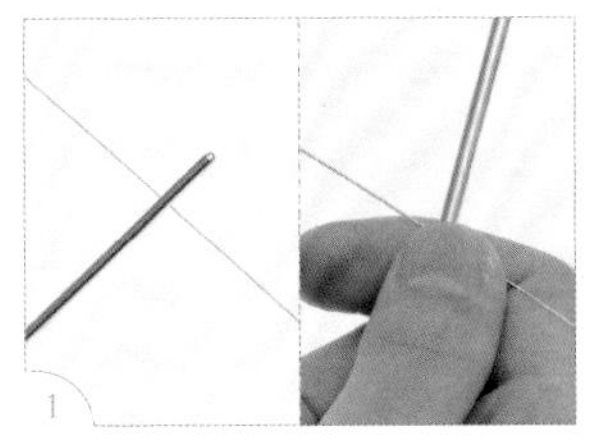

用金属细棍作为轴心，放上铁丝压住。（注：也可以用竹签或圆珠笔芯之类的物品作为轴心。）

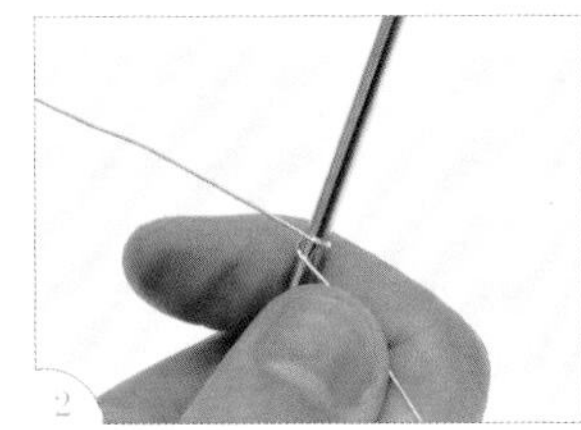

顺着轴心缠绕，将铁丝绕成圈。

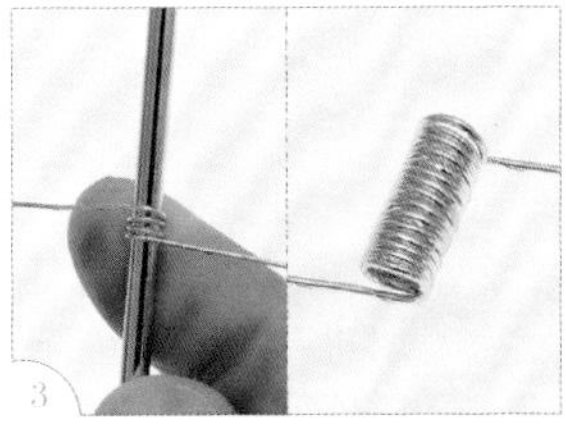

紧贴前一圈继续缠绕铁丝，直到完成所需要的圈数，抽出轴心。（注：铁丝圈的数量等于银片的数量。）

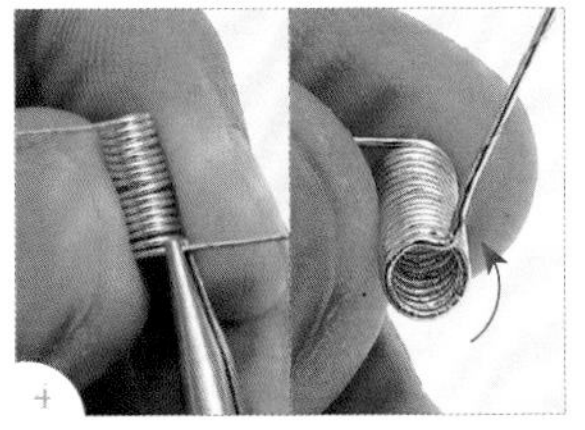

用尖嘴钳尖端夹住铁丝圈结束的位置，拗折90°。

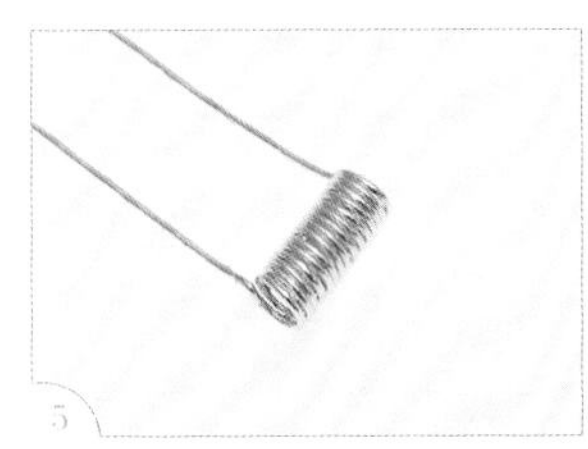

另一端同样拗折90°。

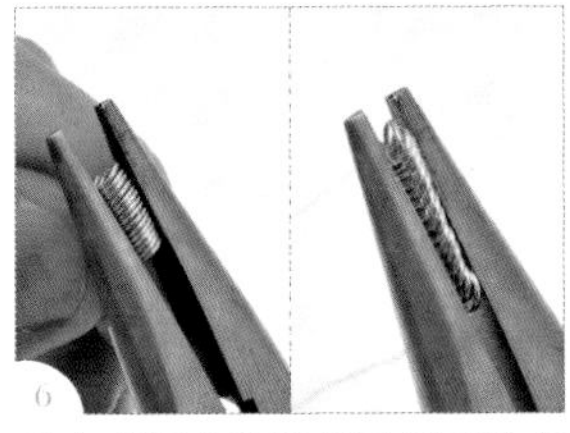

用尖嘴钳夹住铁丝圈侧面的部分，斜向压扁。（注：使用无齿的平口尖嘴钳，才不会在铁丝上留下痕迹。）

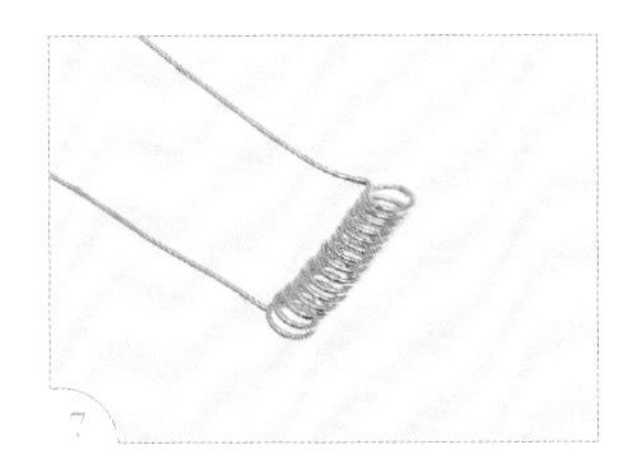

如图，所有铁丝圈要倒向同一个方向。

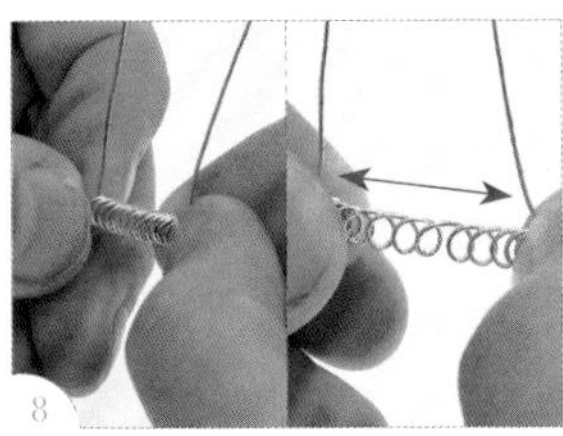

抓住铁丝圈的两端，左右拉开。

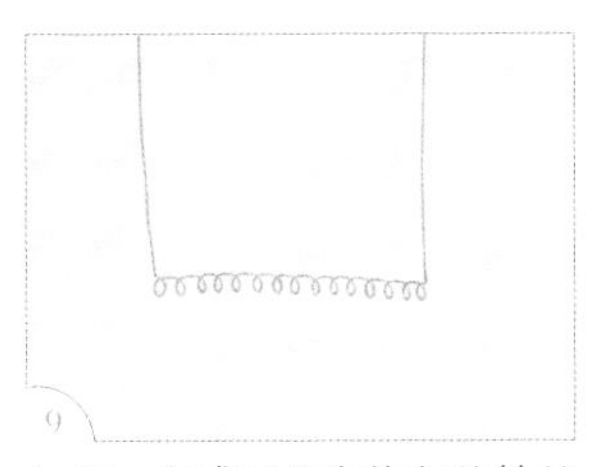

如图，完成了分布均匀的铁丝圈。

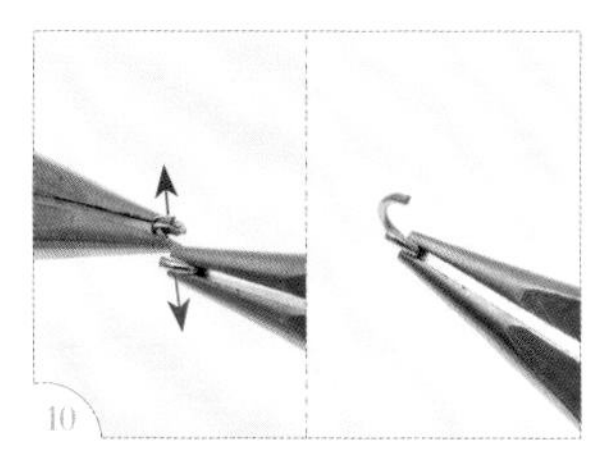

将 C 圈两侧上下错开扳动，打开开口。

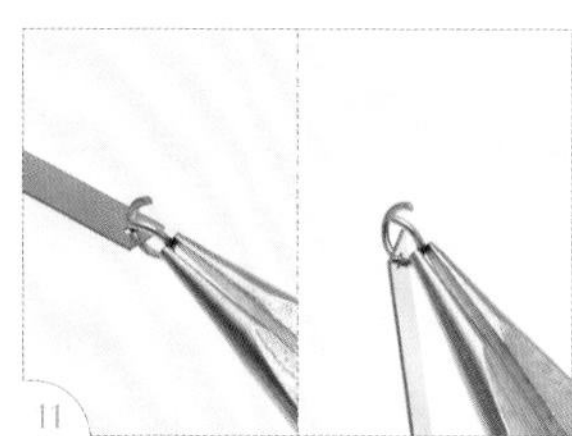

将银片顶端的洞套入 C 圈。

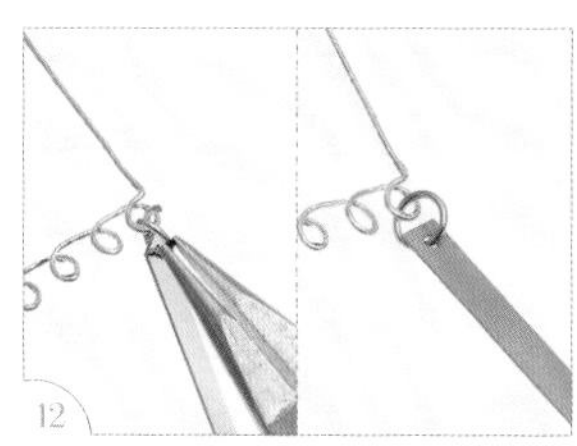

将铁丝圈套入 C 圈，闭合 C 圈。

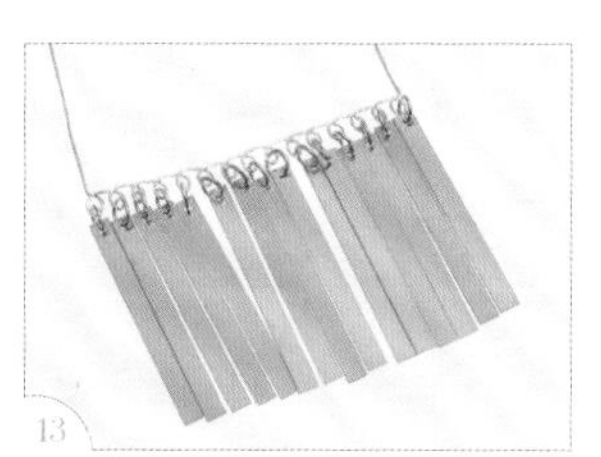

重复步骤 10~12，将全部银片串接完成。

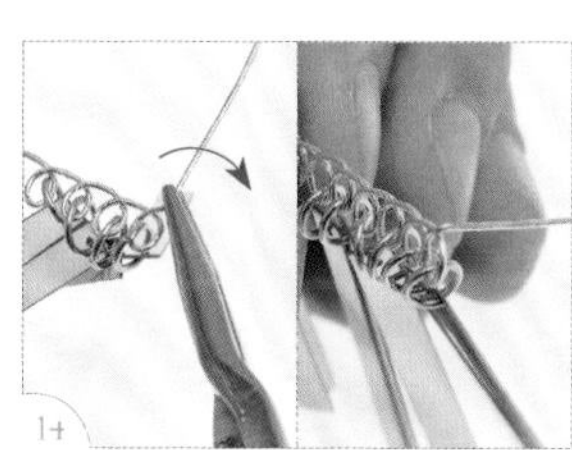

用尖嘴钳尖端夹住铁丝圈一端拗折 90° 。

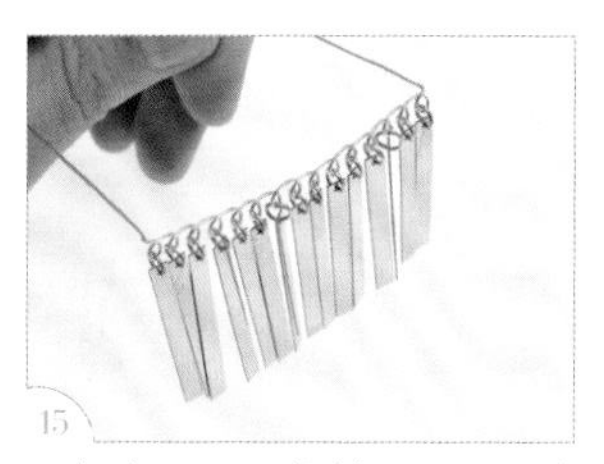

重复步骤 14，将铁丝圈另一端拗折 90° 。

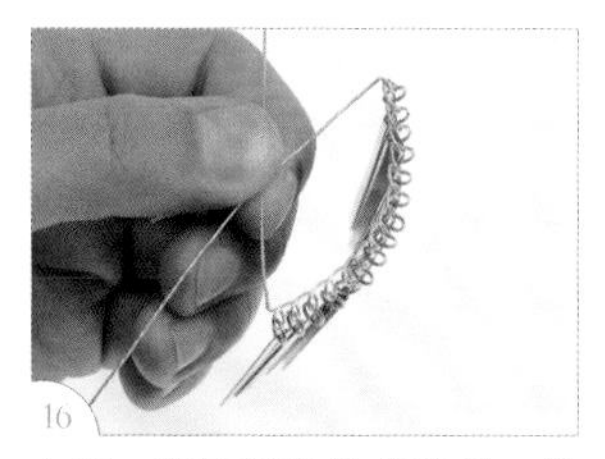

如图，将两端的铁丝交叉，铁丝圈与银片形成弧度。

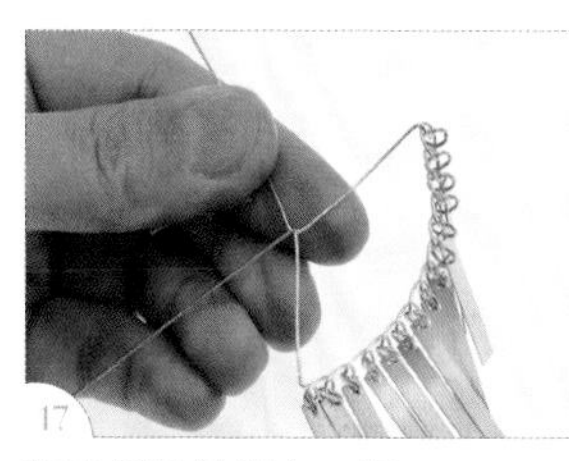

将 2 根铁丝绕在一起。

将 2 根铁丝绕 3 ~ 5 圈，完成银片。

❀
垂坠制作
4

链 条

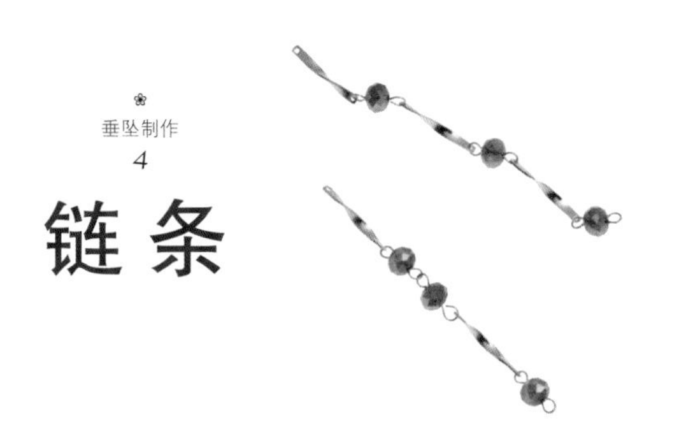

工具材料

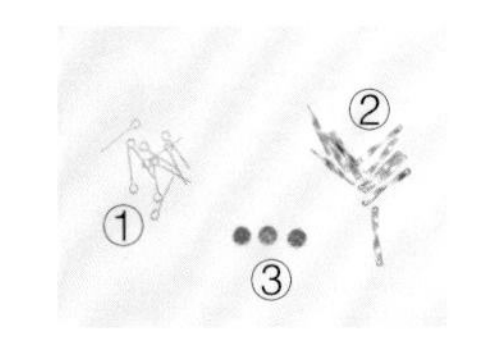

①9 针　　平口尖嘴钳
②金属零件　圆嘴钳
③珠子

步骤说明

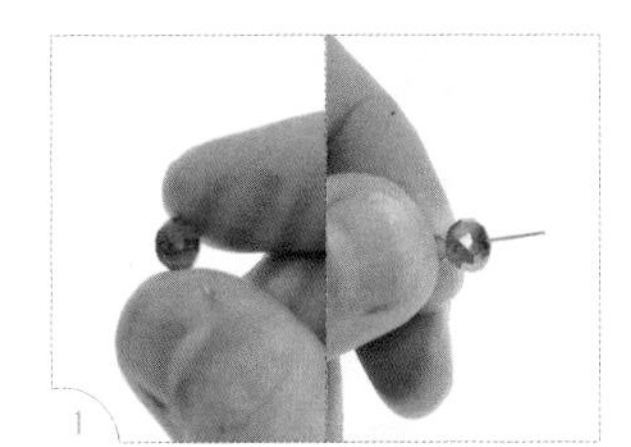

将珠子穿入 9 针。

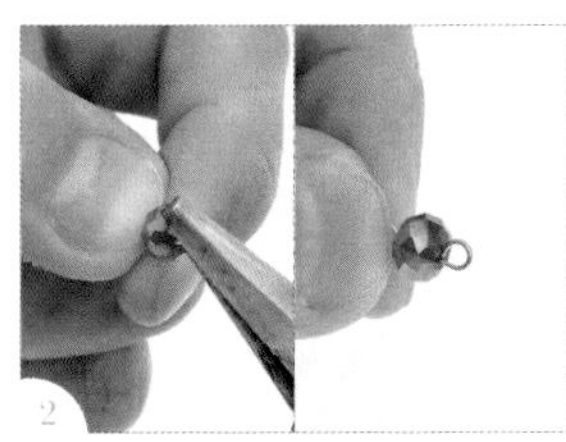

用圆嘴钳夹住 9 针凸出珠子的部分，转动圆嘴钳将 9 针卷成圆形。

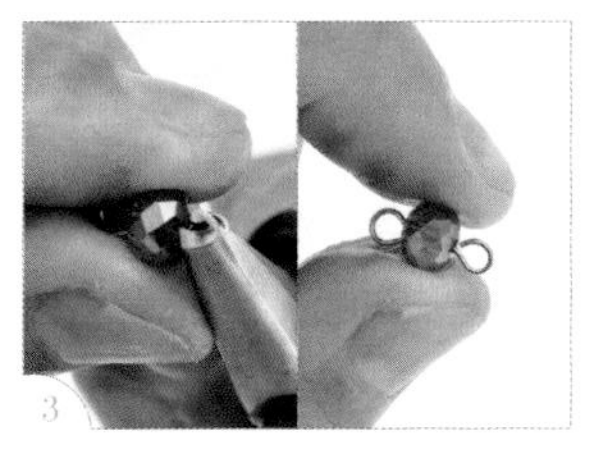

卷到底后，用圆嘴钳将卷好的 9 针在根部往反方向拗折。

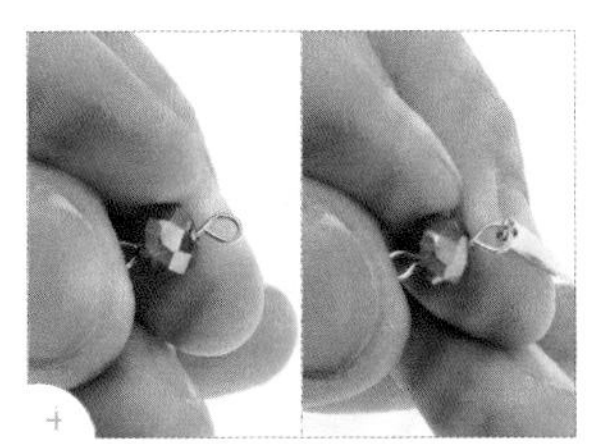

往上扳起 9 针卷好的圈，打开，套入金属零件。

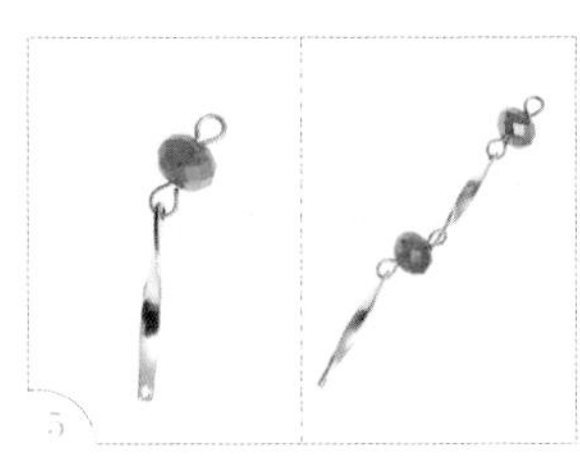

将圈往下扳回原位，闭合 9 针，重复前面的步骤，串接珠子与金属零件。

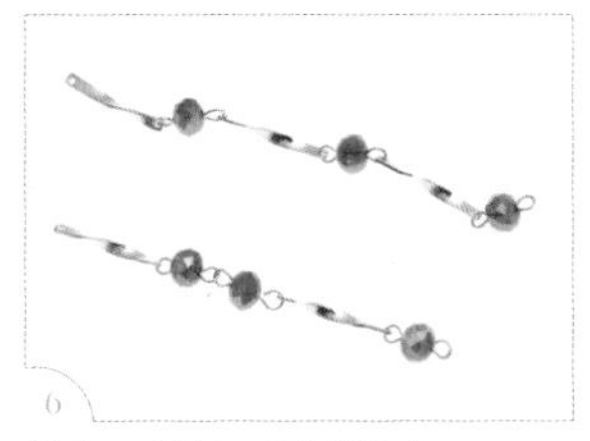

链条可以任意排列组合。

金属配件

1

别针台

工具材料

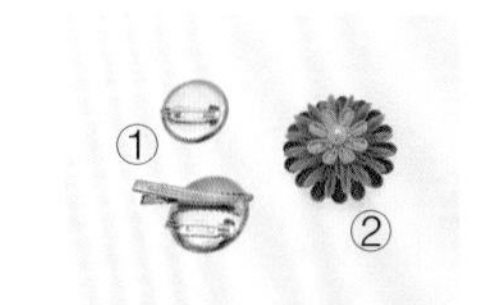

① 别针台
② 花朵 任意

镊子
9 针
链条 任意
热熔胶、热熔胶枪
瞬间胶（膏状）

步骤说明

1 取具有平台的别针台和花朵。（注：别针台也有同时兼具别针和发夹的款式。）

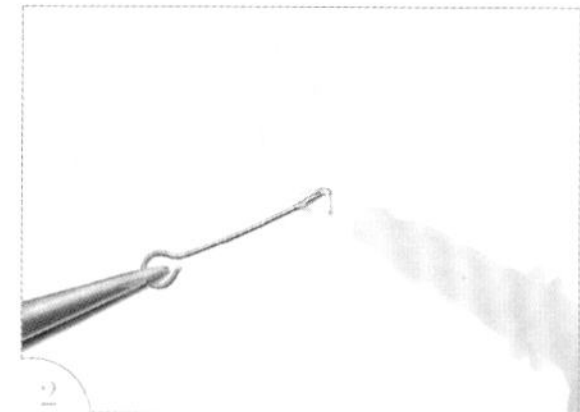

2 取 9 针，在直的那一端涂上瞬间胶，膏状的比起液状的更稳定不容易乱流。

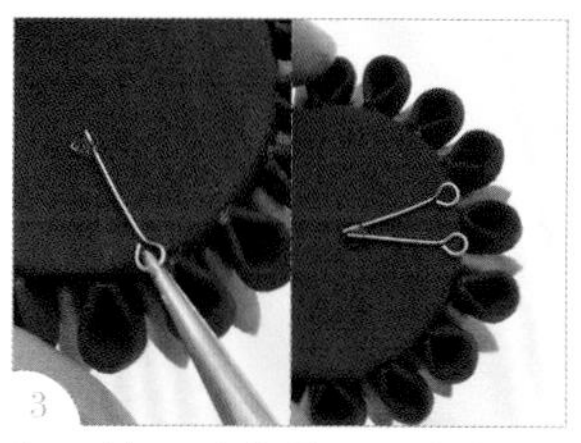

3 把 9 针平贴在花朵的底部，9 针的圆圈不要超出花朵边缘。

4 热熔胶枪预热，在平台上挤上热熔胶，但不可超出平台。

5 待胶稍微冷却。

6 将平台上胶面朝下，粘在花朵背面，但不要盖到 9 针的圈。

7 待胶冷却，不搭配坠饰的话到此步骤即完成。

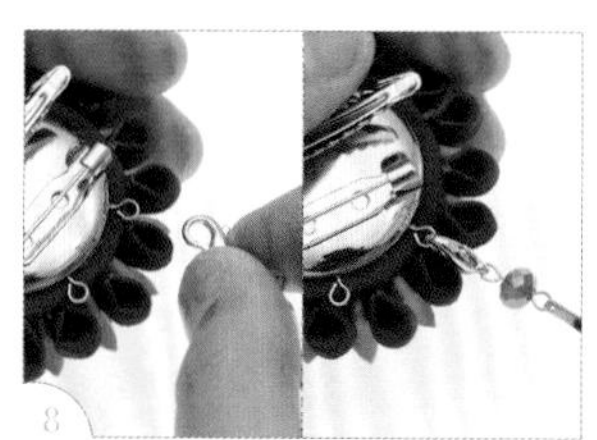

8 如需搭配坠饰，打开坠饰的弹簧扣，扣住 9 针的圆圈。

9 完成。

金属配件
2

尖嘴夹

工具材料

① 有平台的尖嘴夹
② 没有平台的尖嘴夹
③ 花朵 任意
④ 坠饰 任意

热熔胶、热熔胶枪
瞬间胶（膏状）
瞬间胶（液状）
平口尖嘴钳
斜口钳

步骤说明

有平台的尖嘴夹

1 依花朵大小选择带有平台的尖嘴夹。

2 在平台上涂上瞬间胶。

3 将平台上胶面朝下，粘在花朵背面中心。

4 待胶干，完成。

没有平台的尖嘴夹

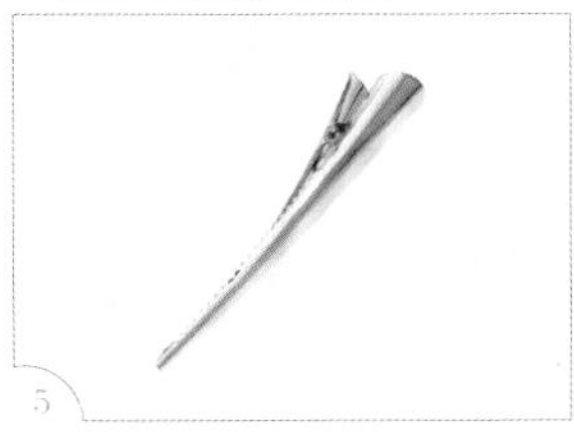

5 选一个没有平台的尖嘴夹。

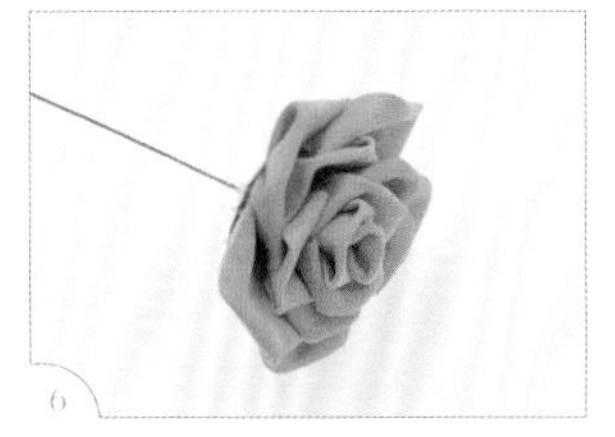

6 花朵背面粘上铁丝。（注：铁丝粘贴方法可参考 P.124。）

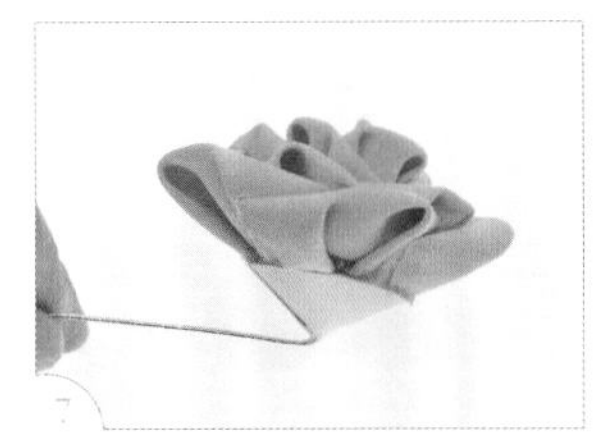

从铁丝根部的位置拗折 90° 。

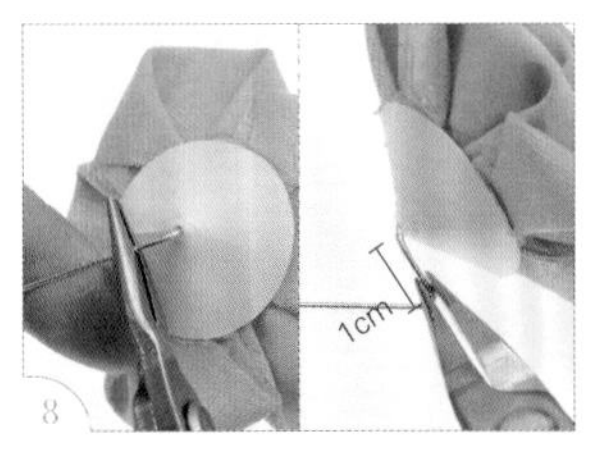

距离铁丝根部 1cm 的位置，用尖嘴钳再次拗折。

将铁丝穿过尖嘴夹中间，在 1cm 拗折位置卡住尖嘴夹边缘。

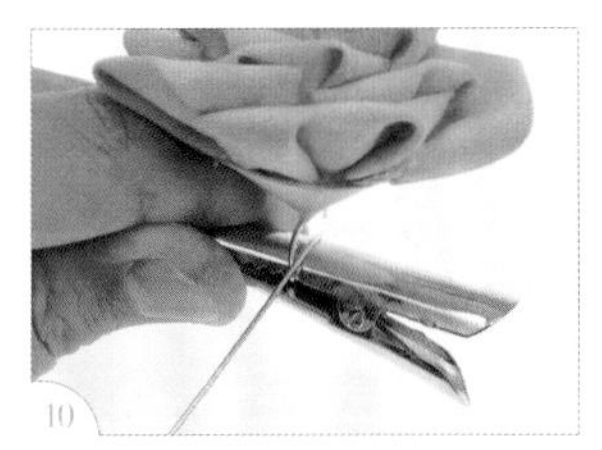

将铁丝缠绕尖嘴夹一圈。

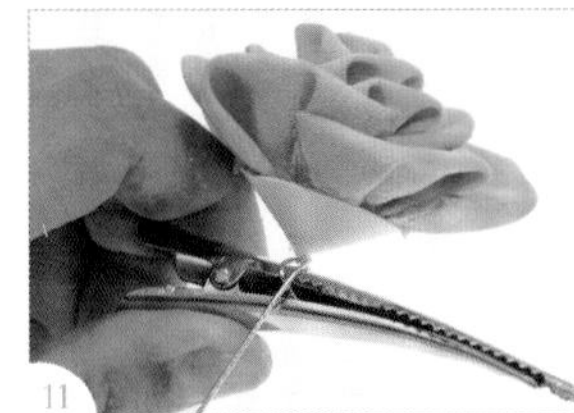

铁丝绕过花朵底部，弯折 180° 。

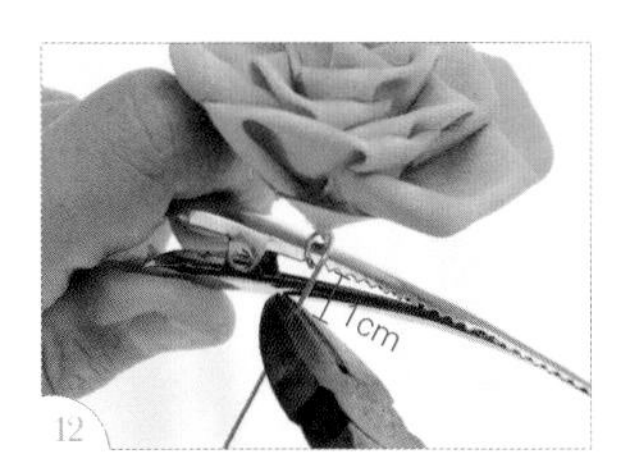

留下 1cm 的铁丝，用斜口钳剪掉多余的铁丝。

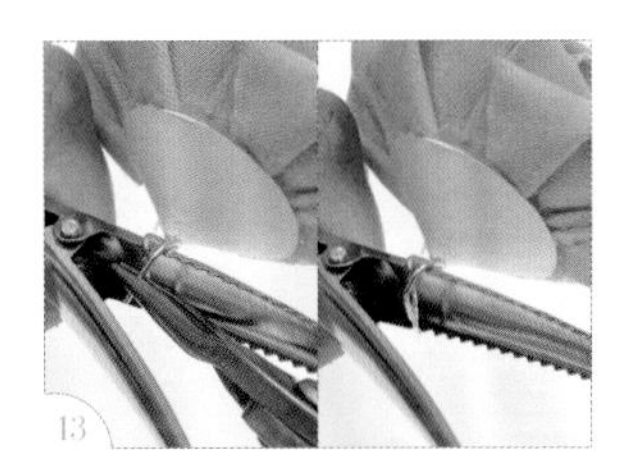

将留下的铁丝拗进尖嘴夹里面。

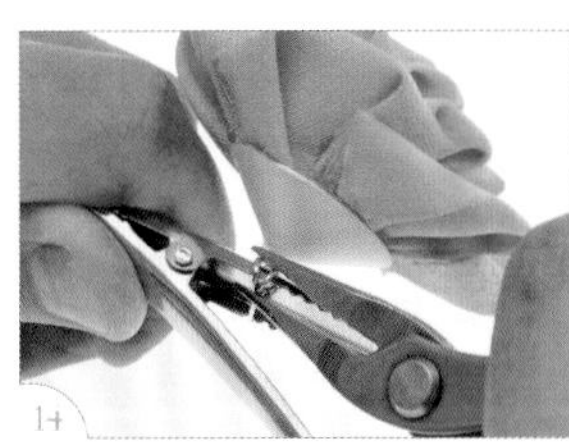

夹紧铁丝，使其紧贴尖嘴夹表面。

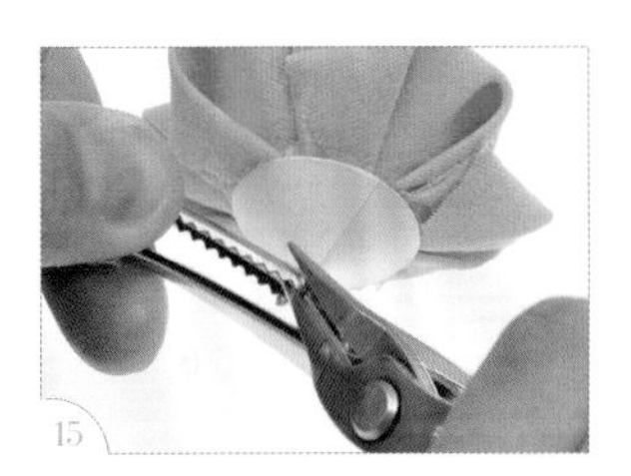

重复步骤 14，将另一边夹紧。

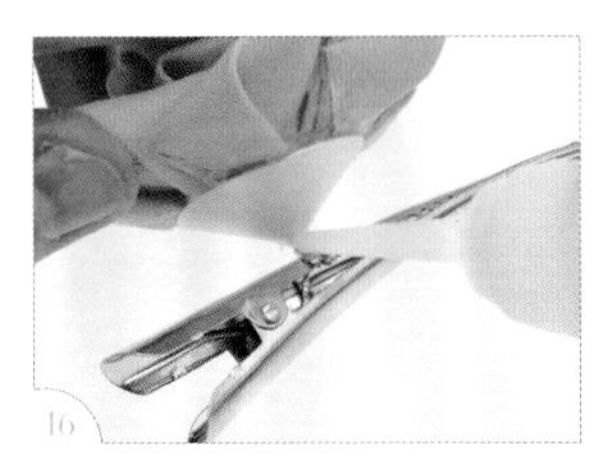

在铁丝缠绕的位置滴进液状瞬间胶。（注：液状的瞬间胶具有比较高的渗透性，可以渗进铁丝和尖嘴夹的缝隙。）

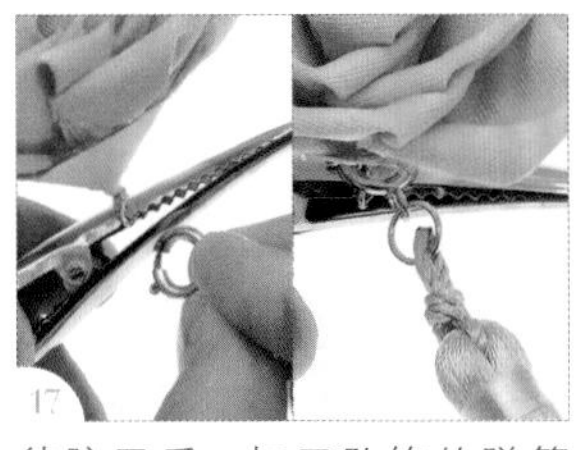

待胶干后，打开坠饰的弹簧扣，扣住花朵根部的铁丝。

做成可拆卸的款式，完成。

❀
金属配件
3

水滴夹

工具材料

① 水滴夹
② 花朵 任意
③ 串好的银片

手工艺小剪刀
黑线
手缝线
瞬间胶（液状）
平口尖嘴钳
斜口钳

步骤说明

1 选带孔洞的水滴夹。

2 选一朵花朵，粘好铁丝。（注：铁丝粘贴方法可参考 P.124。）

3 用尖嘴钳夹住铁丝根部 1cm 的位置，拗折 90° 。

4 取串好的银片，将铁丝靠在花朵拗折的铁丝位置，并用黑线缠绕固定。

5 将黑线绕三四圈后打结，绑紧。

6 剪掉多余的黑线。

用尖嘴钳夹住黑线绑住的铁丝。

将 3 根铁丝缠绕成一束。

将铁丝缠绕完成后，用斜口钳修剪尾端分岔的部分。

用尖嘴钳夹住铁丝上黑线绑住的位置，把铁丝拗折 90° 。

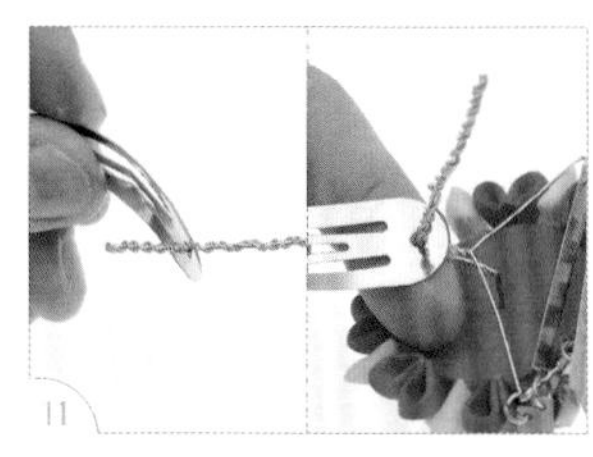

将铁丝从上方穿进水滴夹的孔洞。

用钳子把铁丝往回折，夹住水滴夹前端。

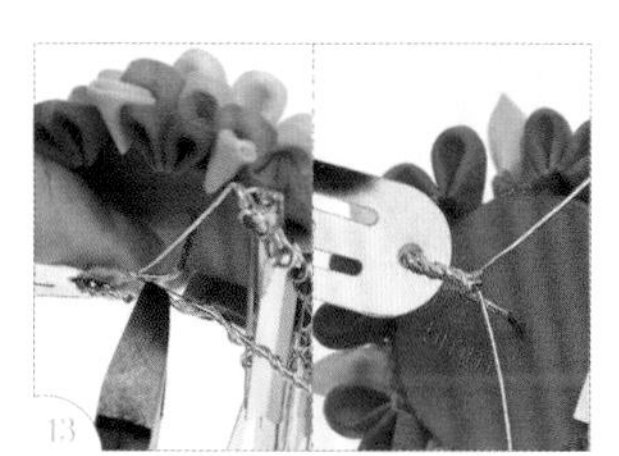

留下 5mm，剪掉多余的铁丝。

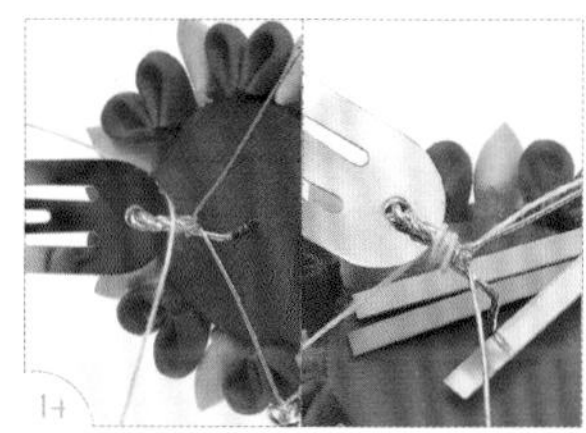

再取一根白线，将 5mm 的铁丝和黑线处缠绕固定。（注：示范中为了区分而使用了黑、白两种颜色的线。实际操作中使用同一种线即可。）

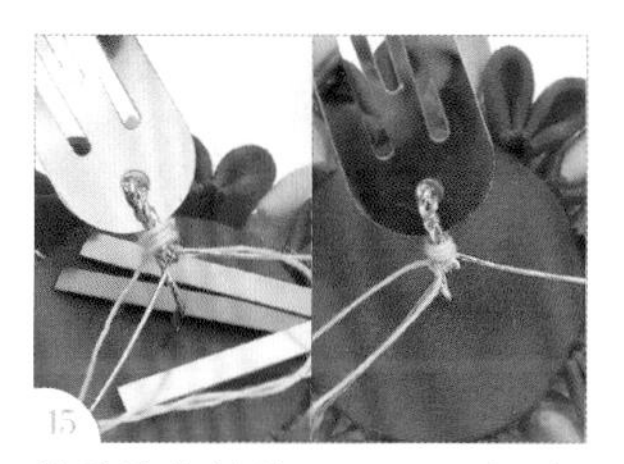

将线缠绕铁丝 3 ~ 5 圈后，打结并绑紧。

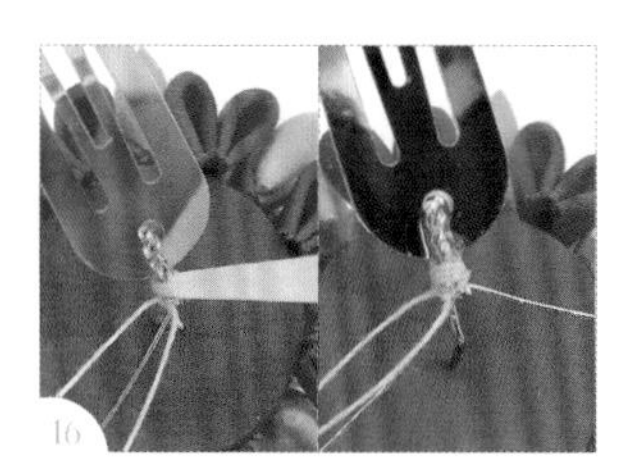

在缠绕的位置滴瞬间胶。（注：液态的具有比较高的渗透性，可以渗进线和铁丝和水滴夹的缝隙粘紧。）

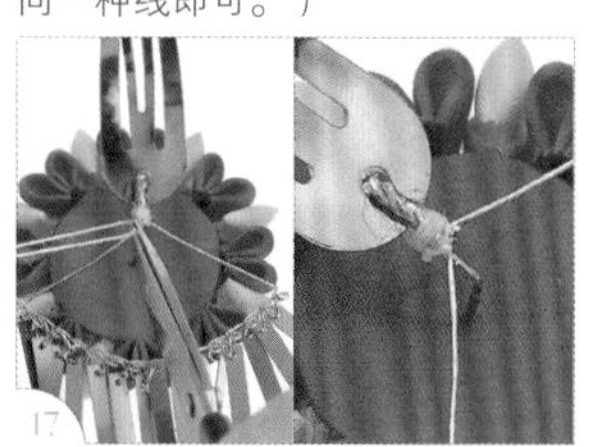

待胶干后，修剪掉多余的手缝线。

完成。

金属配件

4

弹簧夹

工具材料

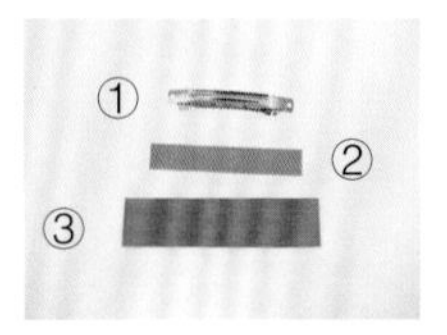

①弹簧夹（8cm）

②750g 纸板（9cm × 1.5cm）

③布（12cm × 3cm）

花叶用布 任意

保丽龙胶

镊子

热熔胶、热熔胶枪

平底钻

步骤说明

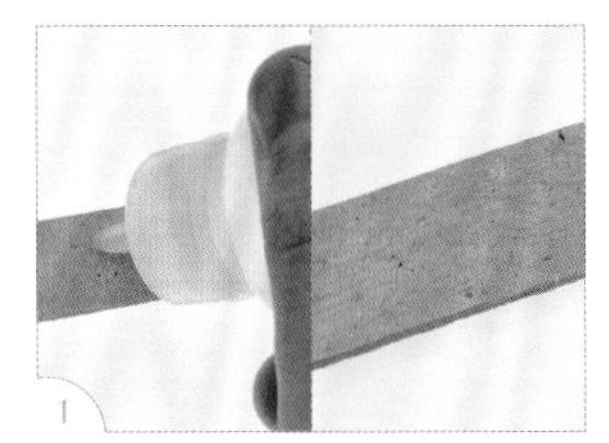

1 在纸板上均匀地涂一层保丽龙胶。（注：越薄的布需要涂的胶也越薄，不然胶容易透过布料。）

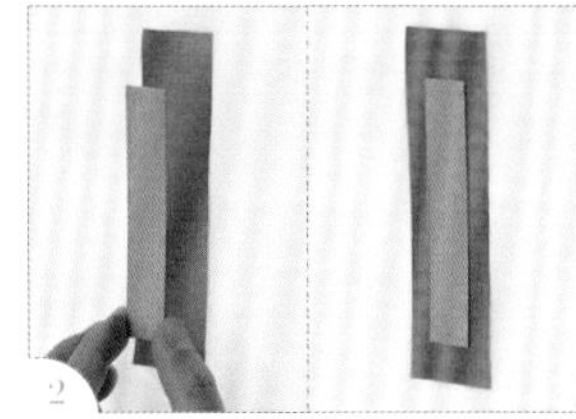

2 上胶面朝下，粘在布片中央。

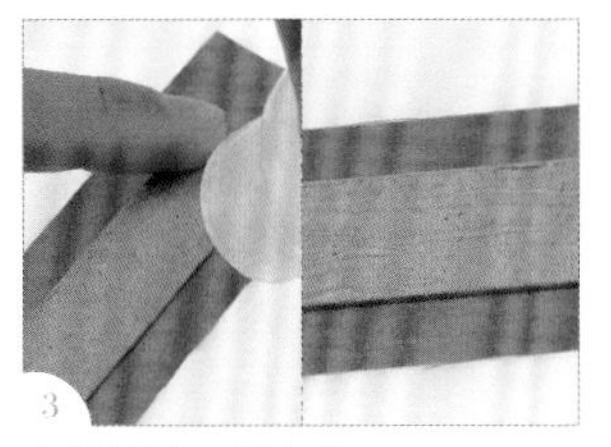

3 在纸板另一面上胶。

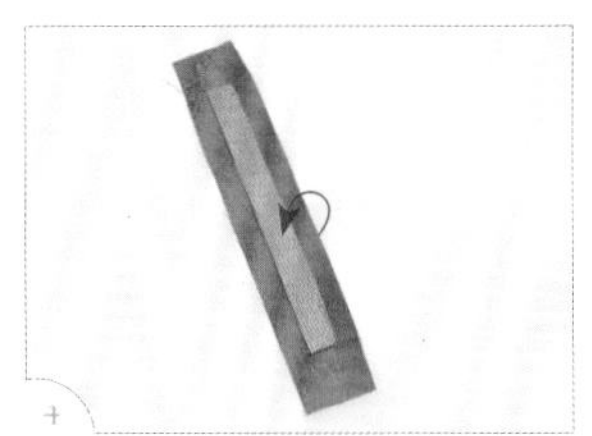

4 将布的长边沿着纸板边缘翻折并包住纸板。

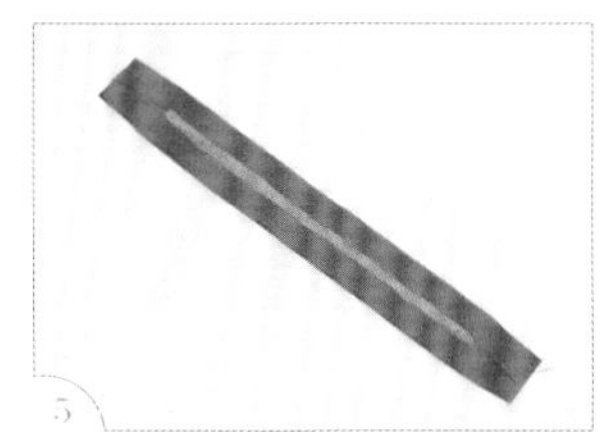

5 将另一条长边翻折并包住纸板。

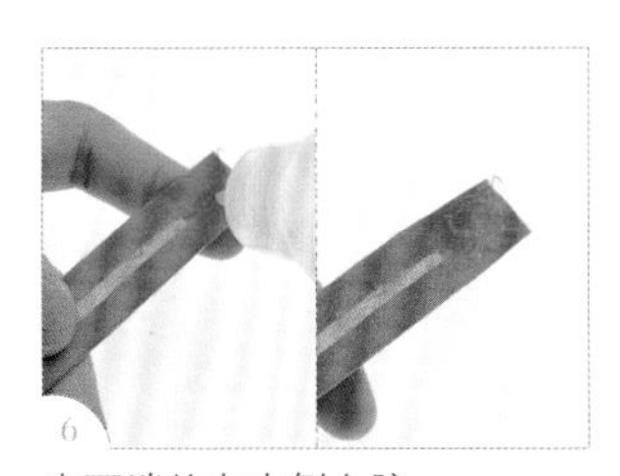

6 在两端的布内侧上胶。

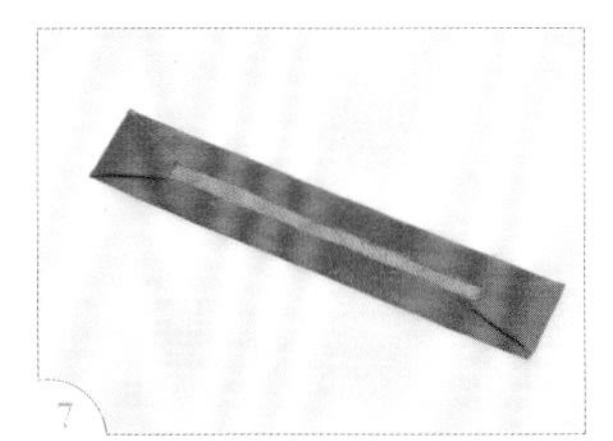

7 将两端的布翻折并包住纸板。

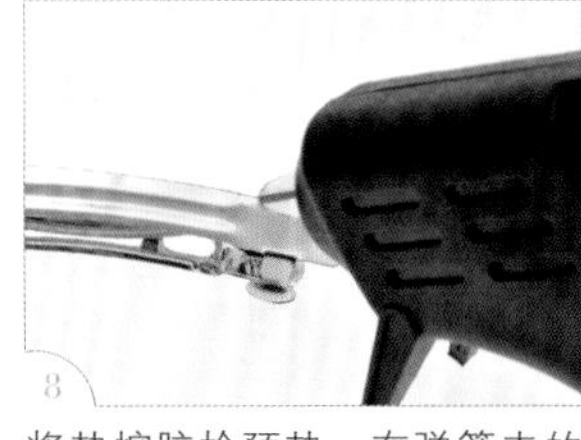

8 将热熔胶枪预热，在弹簧夹的凸面挤上热熔胶。

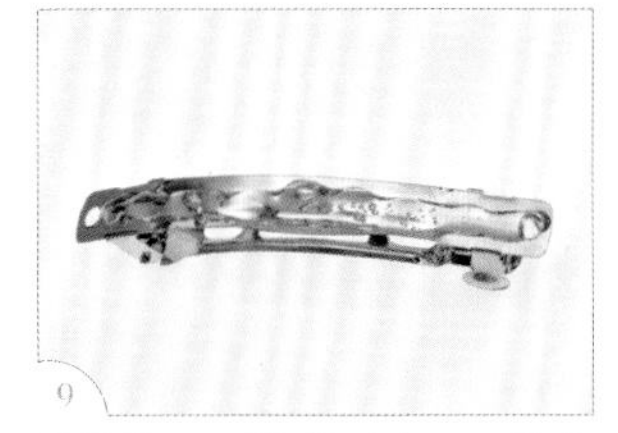

9 热熔胶不要挤得过多，不然容易溢出。

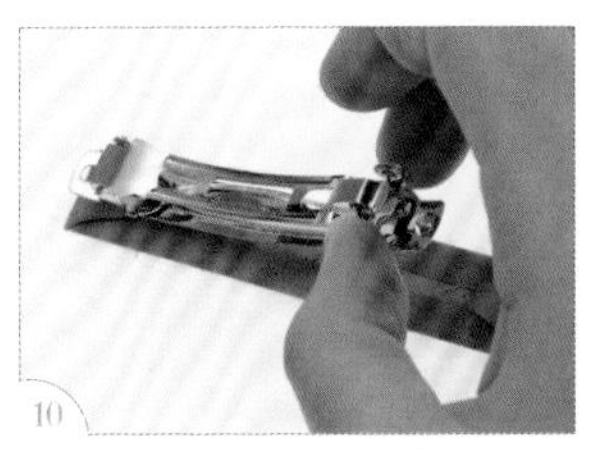

上胶面朝下，粘住包好布的纸板。

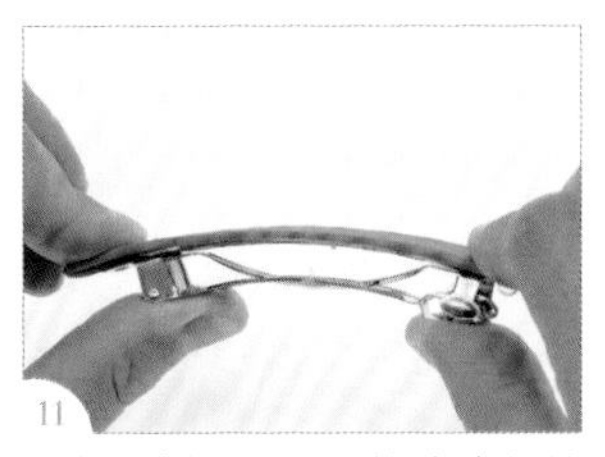

压紧两侧，直至热熔胶冷却并粘紧弹簧夹。

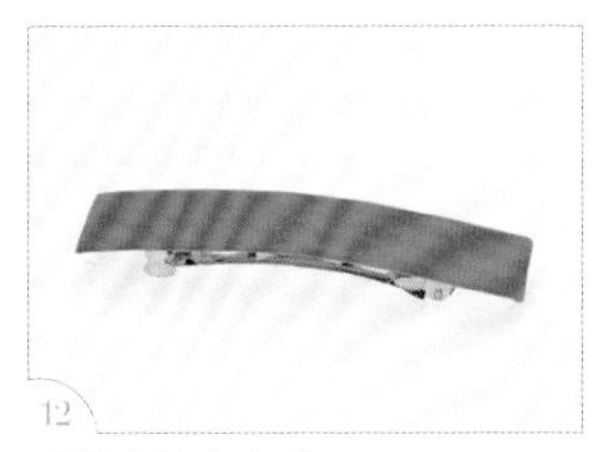

弹簧夹基底完成。

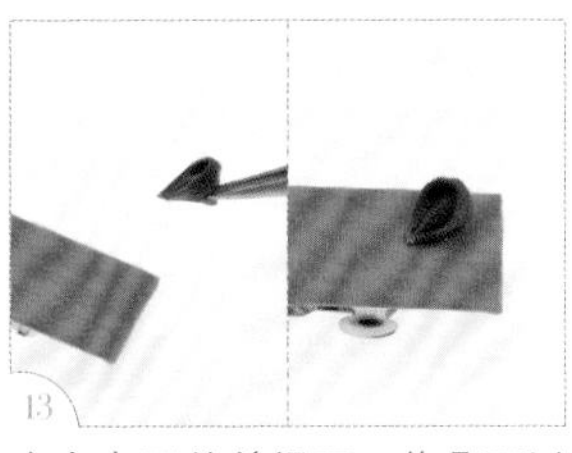

在有布面的前提下，花朵可以不加圆形底台，直接在花瓣底部上胶粘在布面上。

依个人喜好在布面粘上花朵。（注：花朵的做法可参考 P.18。）

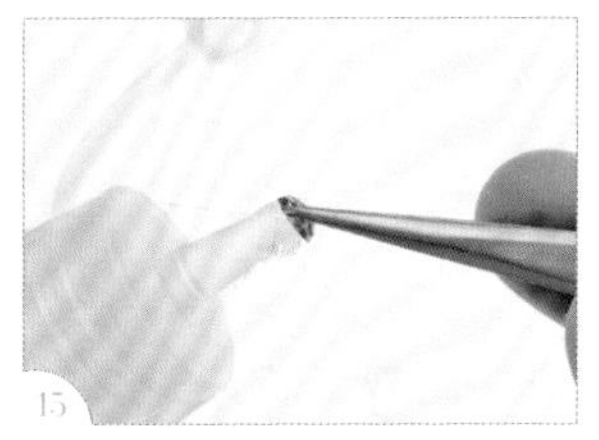

在平底钻底面上少许胶。

放在花芯处并粘好。

在叶子底部上少许胶，并粘在布面上。（注：叶子的做法可参考 P.35。）

完成。

纸板（9cm × 1.5cm）

布（12cm × 3cm）

金属配件
5

发梳

工具材料

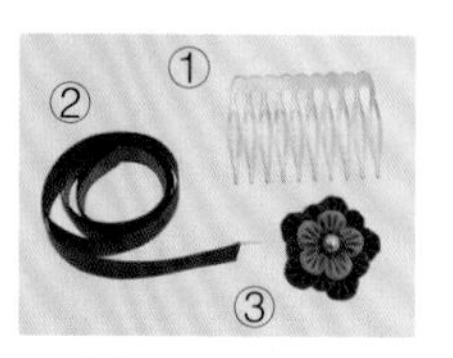

①发梳
②黑色缎带
③有铁丝的花朵

瞬间胶（膏状）
手工艺小剪刀
尖嘴钳
斜口钳
打火机

步骤说明

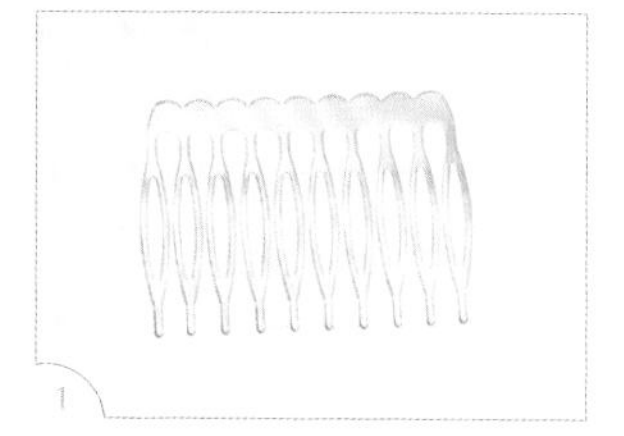

依花朵的大小和数量选择发梳的尺寸。

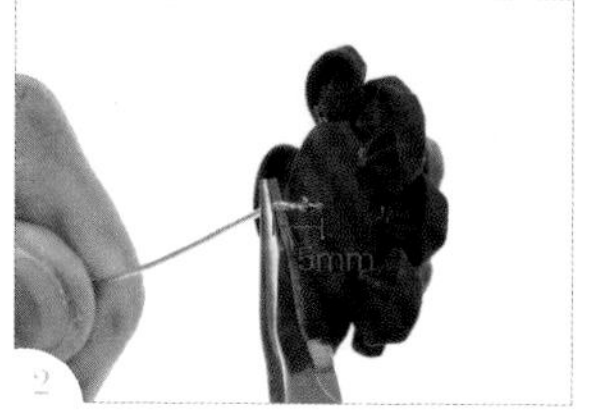

用尖嘴钳夹住距离铁丝根部5mm的位置，拗折90°。（注：有铁丝的花朵的做法可参考P.171步骤56~60。）

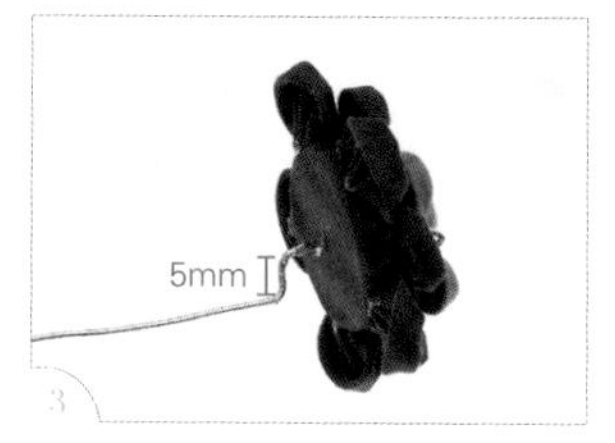

间隔5mm再拗折90°。

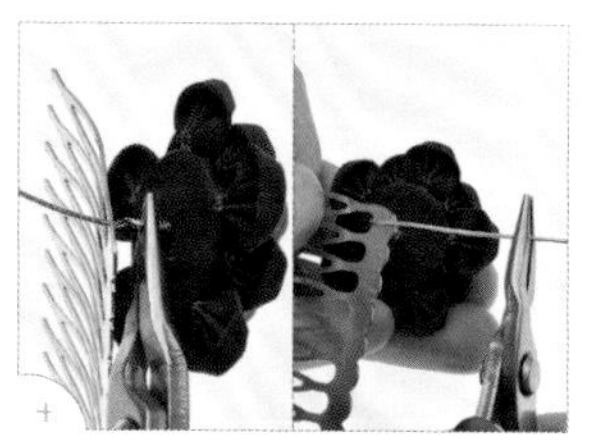

将铁丝从上方穿进发梳的第一个齿，继续拗折铁丝夹住发梳的柄。

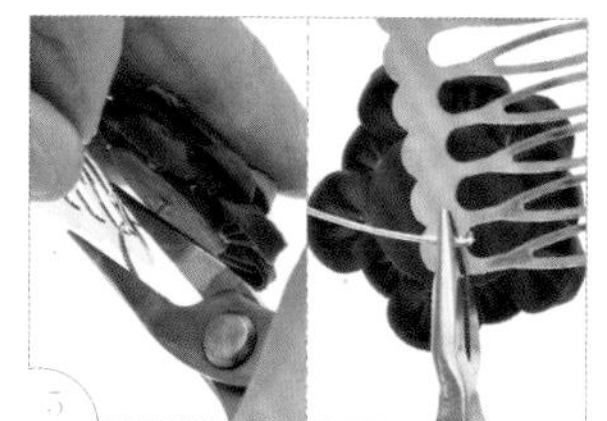

用尖嘴钳夹紧。

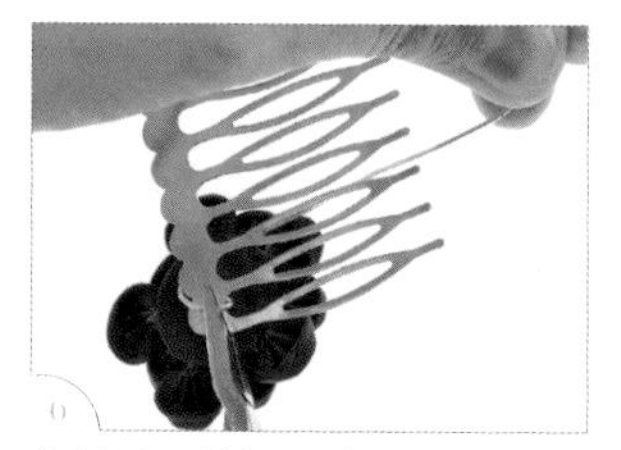

将铁丝沿着柄继续缠绕。

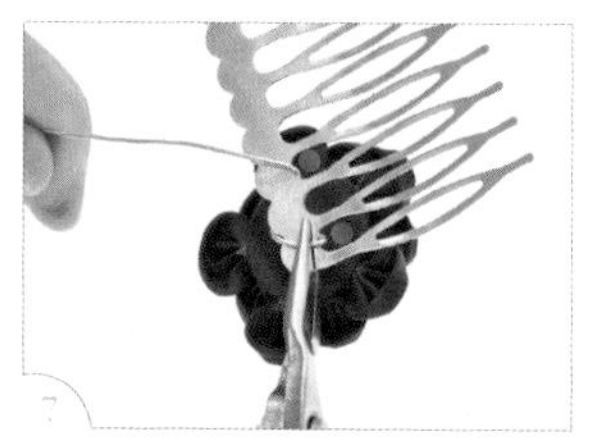

跳过一个梳齿，将铁丝沿着柄缠绕。

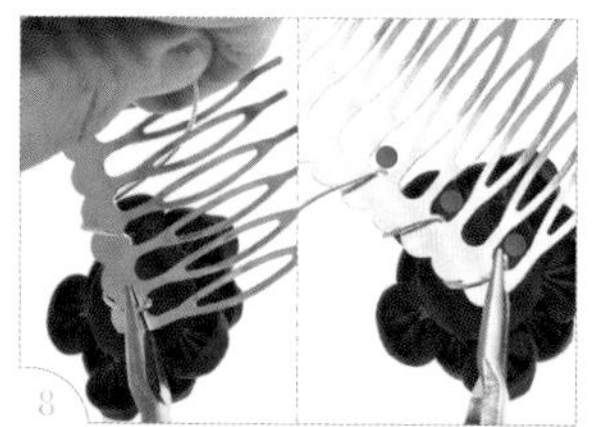

再跳过一个梳齿，将铁丝沿着柄缠绕。

用斜口钳剪掉多余的铁丝，并注意铁丝不可超出发梳的柄。

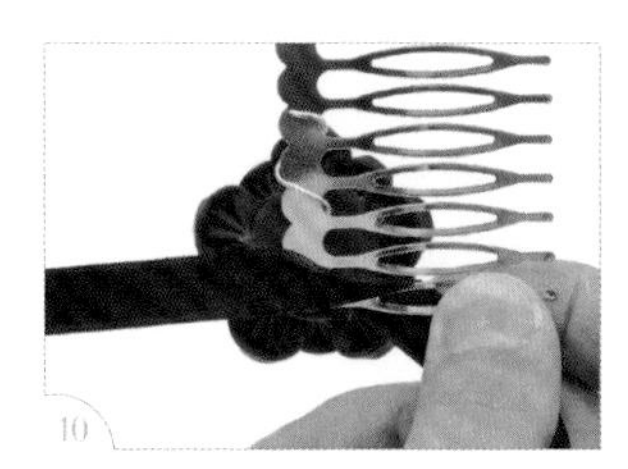
将缎带穿进第一个间隔。

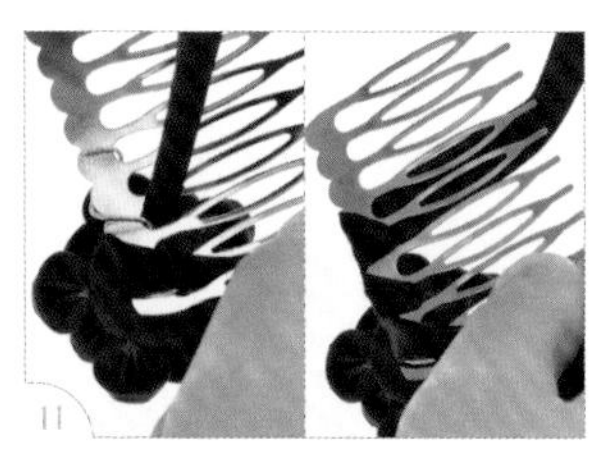
顺着铁丝的路径缠绕缎带。

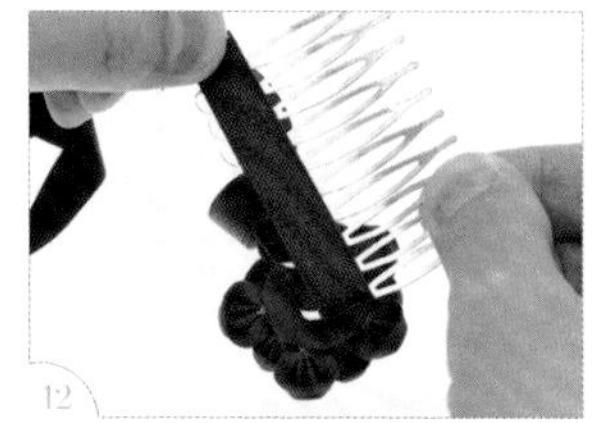
将缎带另一端折向发梳另一头后拉紧。

用缠绕的那端缎带往下压住另一端反折的缎带，并剪掉多余的部分。

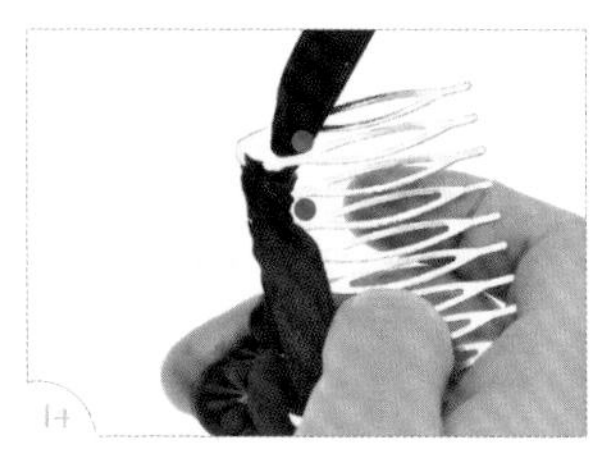
跳过一个间隔，把缎带继续朝向发梳另一端缠绕。

缠到底后折返回来，穿过刚刚跳过的间隔，沿着柄缠绕。

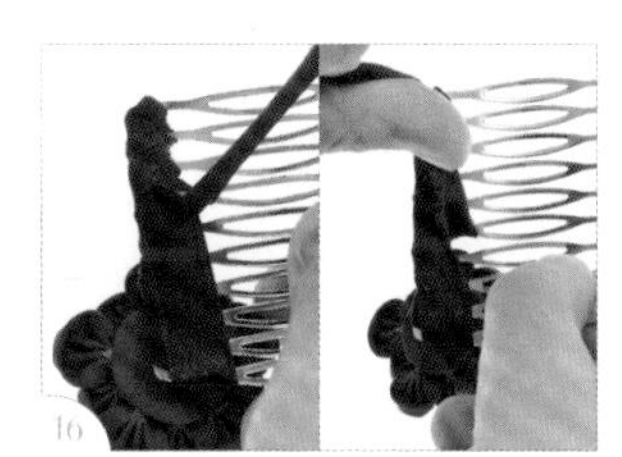
继续穿过跳过的间隔，把折过来的缎带和柄一起缠绕起来。（注：即同一个间隔只会绕一次。）

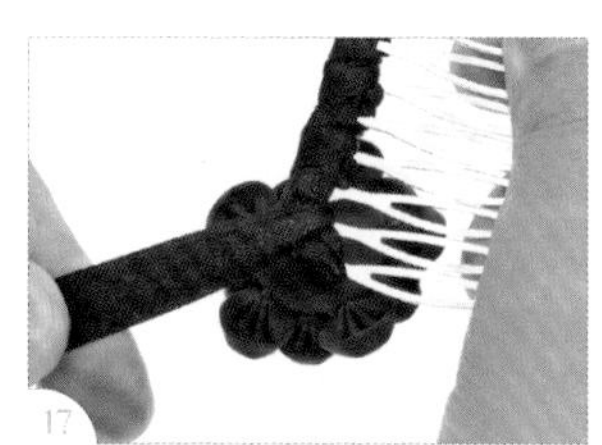
缠绕到起始处为止。

先抬起来一些缎带，在起始位置涂上少许瞬间胶。

粘上缎带。待胶干后，剪掉多余的缎带。

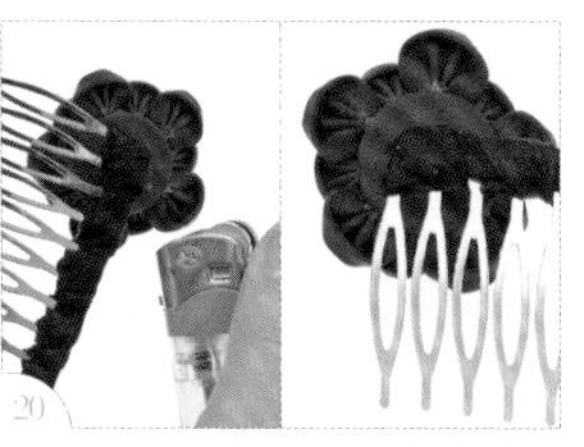
用打火机稍微烧一下缎带的剪口，避免脱丝。（注：注意不要烧到花朵。）

完成。

金属配件
6

直发钗

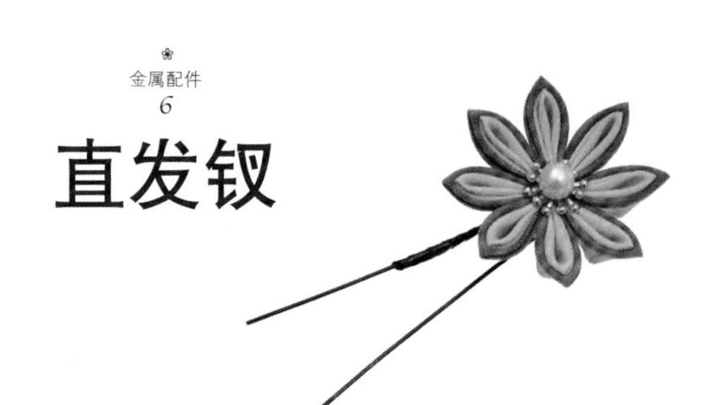

工具材料

① 直发钗
② 花朵 任意
③ 穿好铁丝的底台
④ 黑色胶带

热熔胶、热熔胶枪
镊子
手工艺小剪刀
平口尖嘴钳
斜口钳

步骤说明

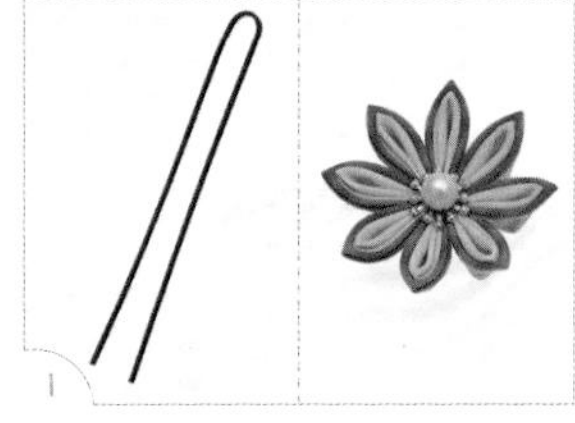

1 取直发钗和花朵。（注：直发钗适合单个尺寸较小的花朵。）

2 取穿好铁丝的底台，卡纸尺寸依照花朵大小选择。（注：有铁丝的圆形卡纸底台的做法可参考P.13。）

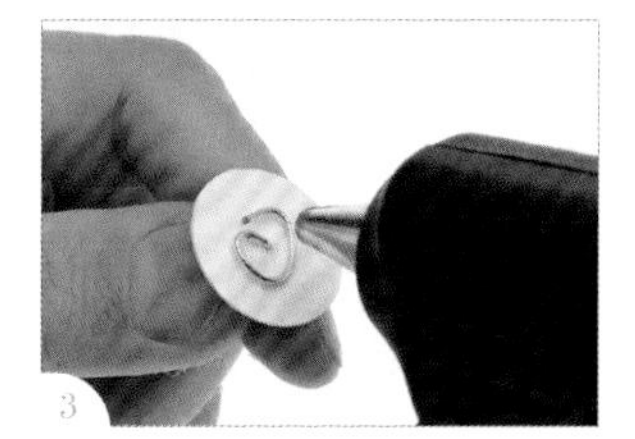

3 热熔胶枪预热，在底台上挤上热熔胶。

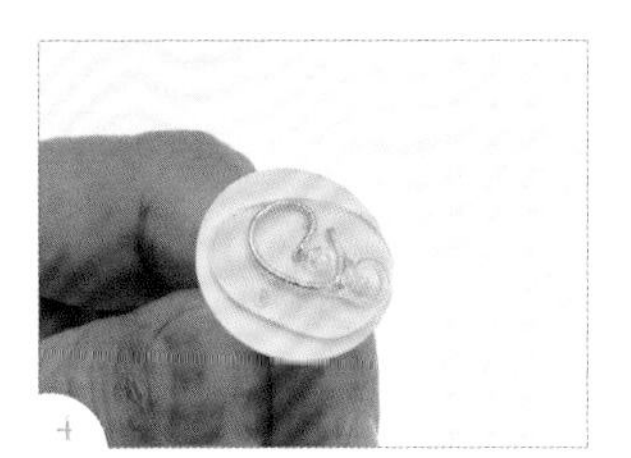

4 胶量要足够盖住铁丝。

5 将底台的胶面朝下，粘在花朵背面中心。

6 用镊子轻压，让热熔胶平贴花瓣底部。

花朵要搭配没有平台的金属配件时，都需要先加上有铁丝的底台。

用尖嘴钳夹住距离铁丝根部1cm 的位置。

拗折 90° 。

再将铁丝拗出符合发钗的弧度。

把黑色胶带从中间剪开，将宽度减半。

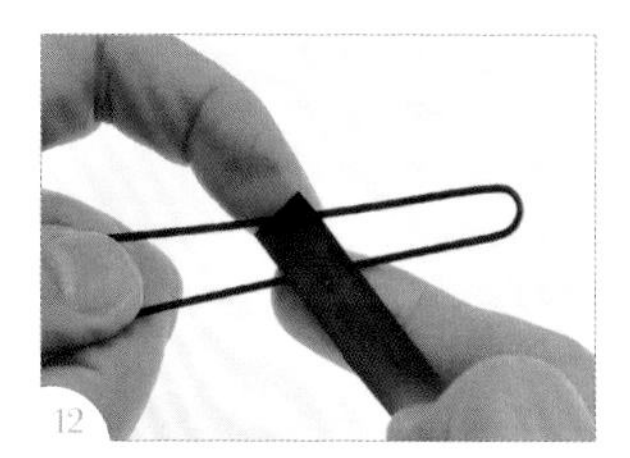

在发钗的中间位置粘上胶带，开始缠绕。

缠绕两三圈后，放上花朵，对照着位置剪断多余的铁丝。

连着铁丝一起，继续缠绕胶带。

缠到顶部为止，留下 1cm 后剪掉多余的胶带。

留下的胶带往回继续缠绕至粘完。

完成。

金属配件

7

波浪形发钗

工具材料

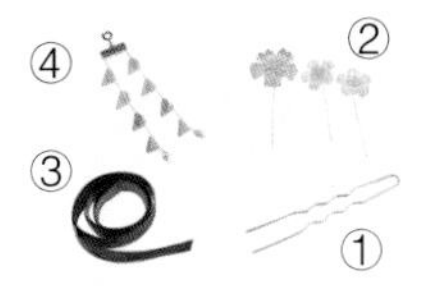

① 波浪形发钗
② 有铁丝的花朵
③ 黑色缎带
④ 坠饰

黑线
瞬间胶（膏状）
手工艺小剪刀
平口尖嘴钳
斜口钳

步骤说明

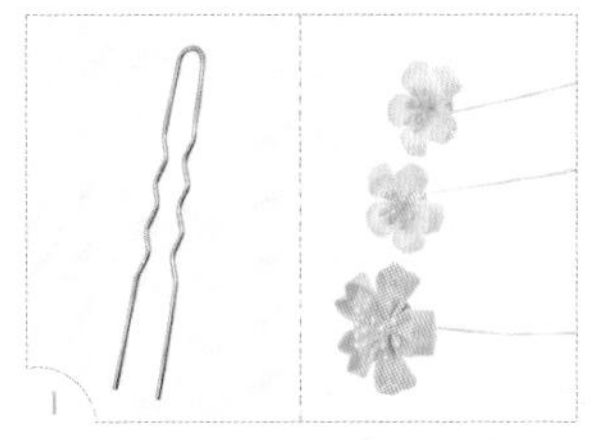

取波浪形发钗和有铁丝的花朵。（注：波浪形发钗插在头发上比较稳定，适合数量较多或尺寸较大的花朵。）

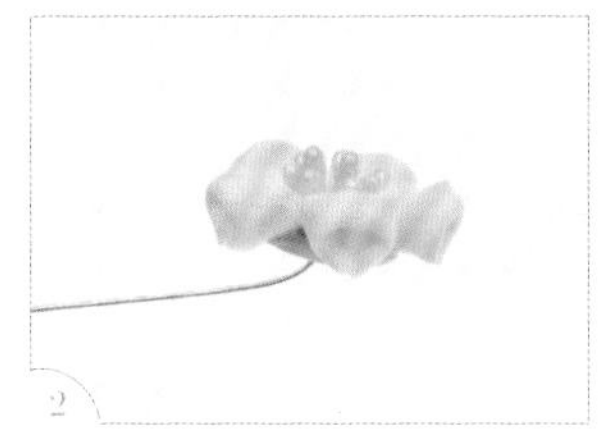

从铁丝根部的位置朝水平方向拗折 90°。

对着花朵边缘的位置，用尖嘴钳再次拗折铁丝。（注：花的尺寸越大需要保留的距离越大。）

将折好铁丝的花朵聚拢，拗折的部分靠在一起。

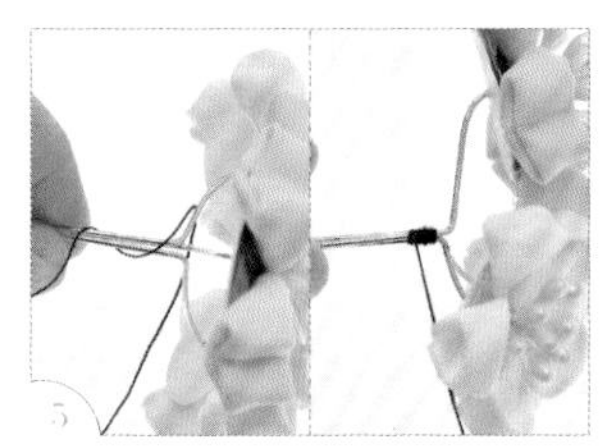

用黑线缠绕 3 根铁丝，并在弯曲处缠绕数圈后拉紧。

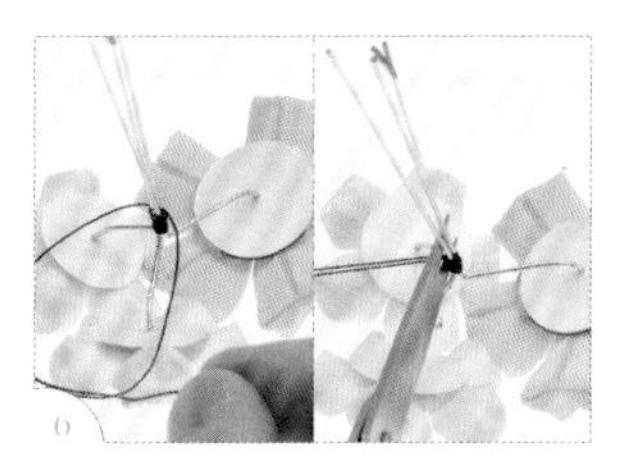

黑线打结，剪掉多余的线。

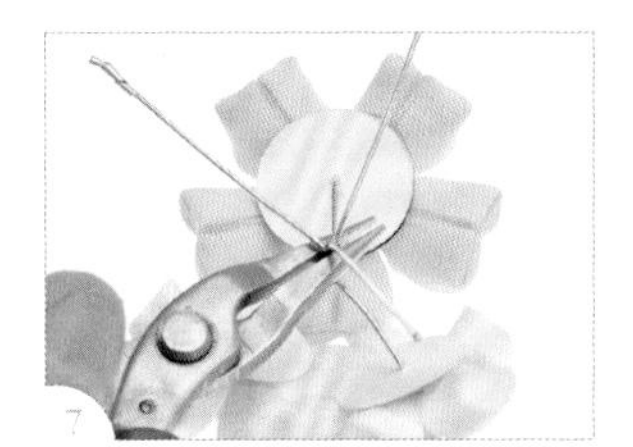

用尖嘴钳夹住黑线缠绕的位置。

其中 2 根铁丝转绕在一起，将 3 根铁丝规整成 2 束。

若是 4 朵花、4 根铁丝的情况，则每 2 根铁丝转绕在一起规整成 2 束，依此类推。

把 2 束铁丝拗成与发钗相同的弧形。

把铁丝和发钗靠在一起。

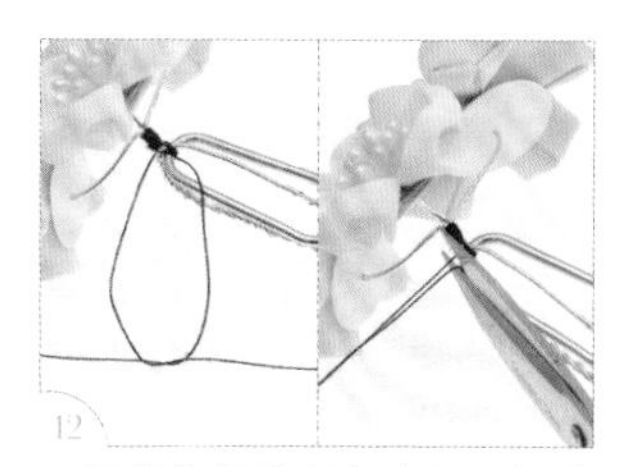

用黑线绑住铁丝与发钗，打结后剪掉多余的线。

取黑色缎带，如图将发钗和铁丝缠绕在一起。（注：若配戴者是金发，则选用金色缎带，前面步骤的黑线同理。）

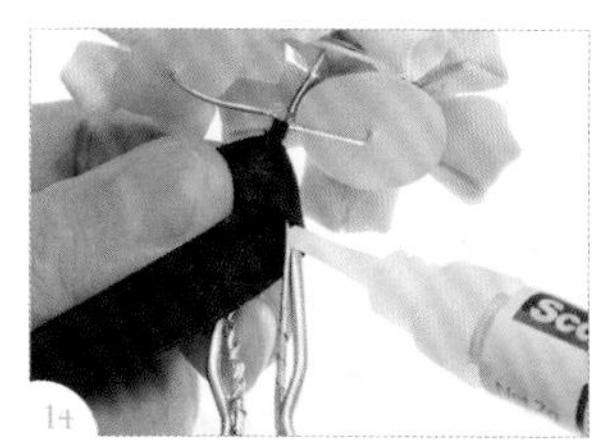

在铁丝和发钗上涂上少许瞬间胶，并将缎带缠绕 3 ~ 5 圈。

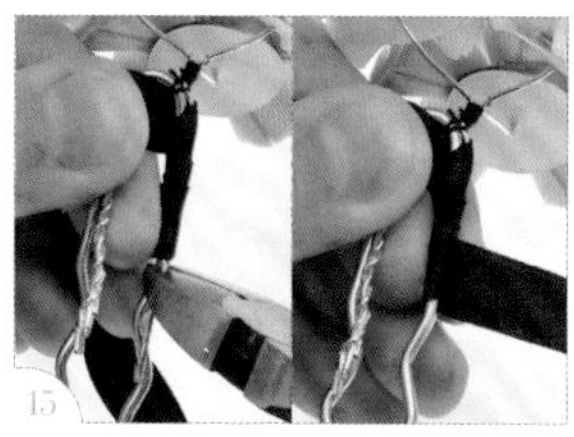

用斜口钳剪掉多余的铁丝后，继续用缎带缠绕。

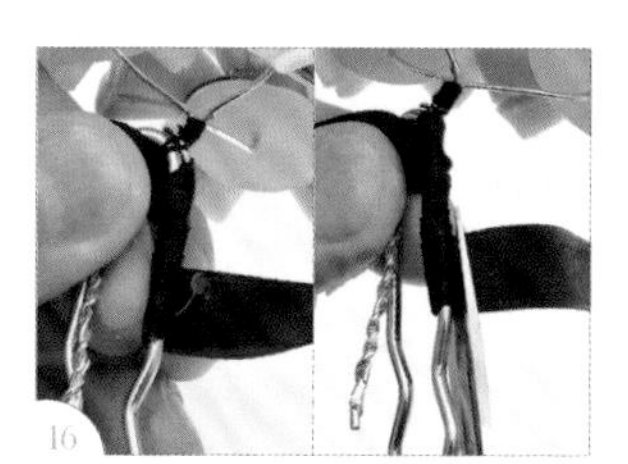

在缎带上涂上少许瞬间胶。涂胶部分缠绕完后，剪掉多余的缎带。

另一边的铁丝用同样的方法处理。

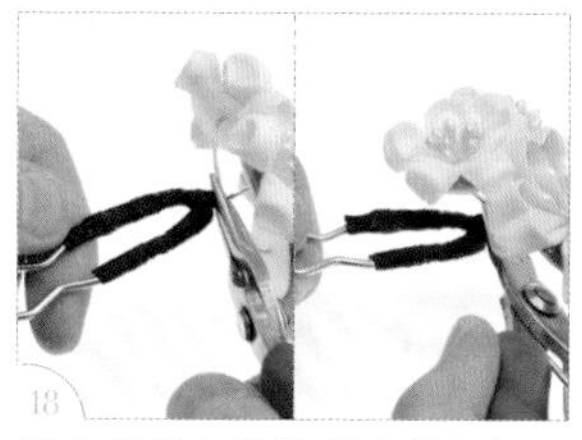

用尖嘴钳夹住铁丝束的根部，将花拗折到适当的角度。

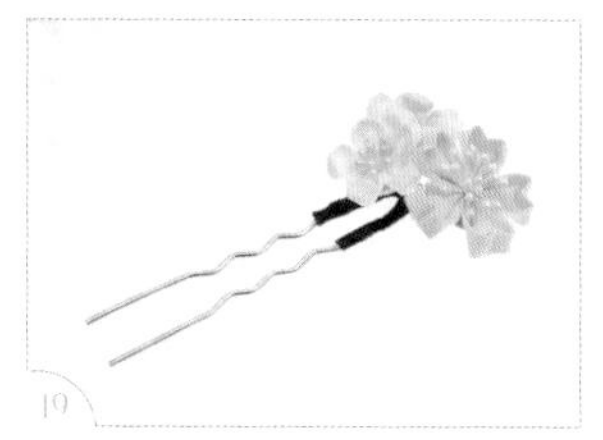

不搭配坠饰的话到此步骤即完成。

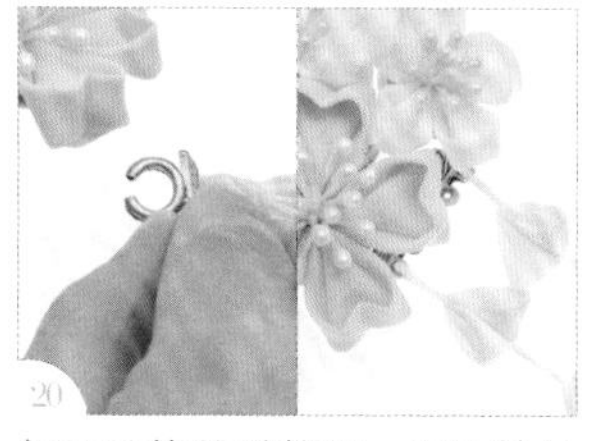

打开坠饰的弹簧扣，扣住铁丝束的根部。

完成。

金属配件
8

戒指托

工具材料

①戒指托　　热熔胶、热熔胶枪
②花朵 任意

步骤说明

取戒指托和花朵。（注：建议选平台上有洞的戒指托；花朵大小和平台相近。）

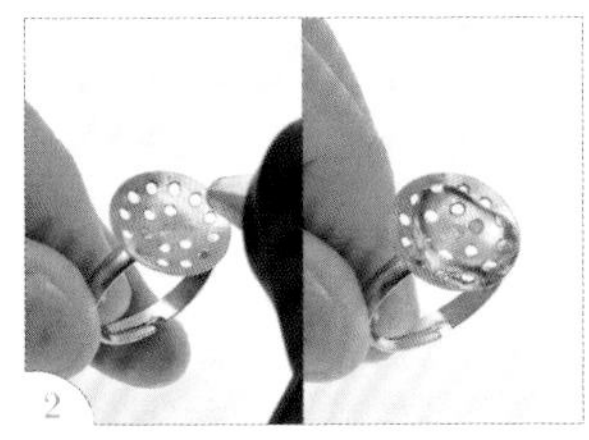

将热熔胶枪预热，在平台上挤上热熔胶。（注：不要一次挤满，待第一层胶稍微冷却后再继续将平台涂满胶。）

将平台上胶面朝下，粘住花朵背面中心，待胶冷却，完成。

金属配件
9

一字夹

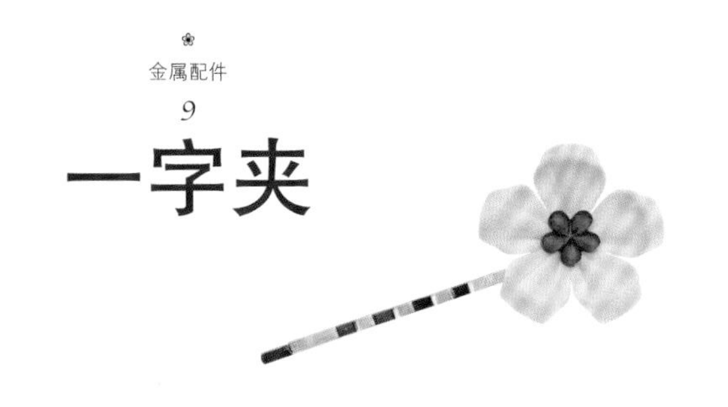

工具材料

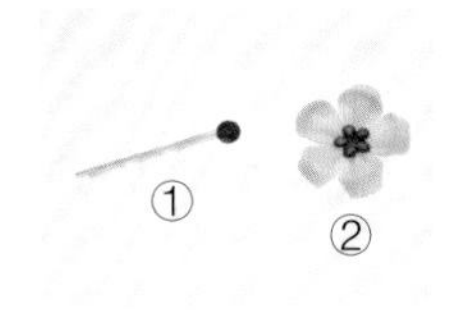

①一字夹　　热熔胶、热熔胶枪
②花朵 任意

步骤说明

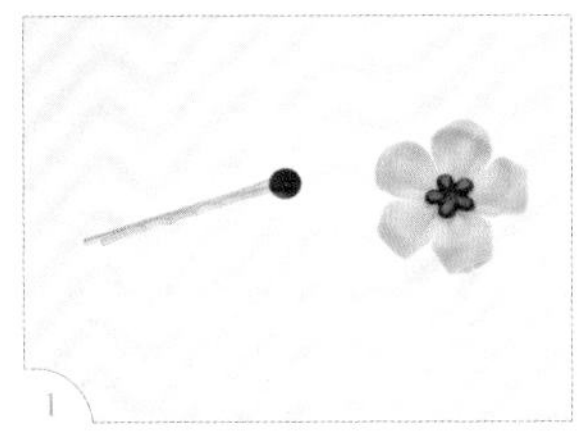

取一字夹和花朵。（注：建议选用带有平台的一字夹。）

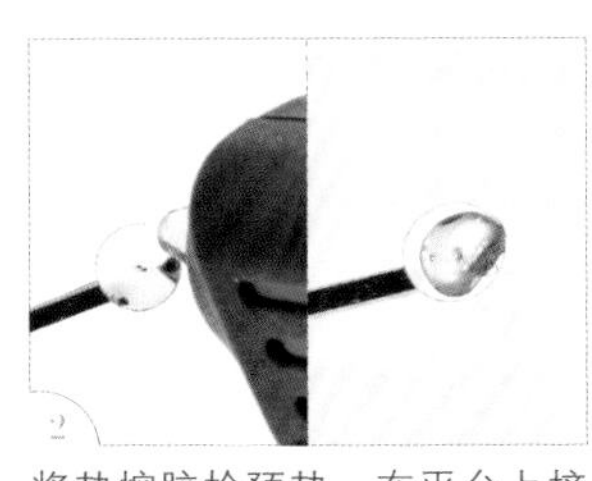

将热熔胶枪预热，在平台上挤上热熔胶。（注：胶量不要超出平台本身，因胶容易溢出。）

将平台上胶面朝下，粘住花朵背面中心，待胶冷却，完成。

Chapter

进阶花形制作

Advanced flower production

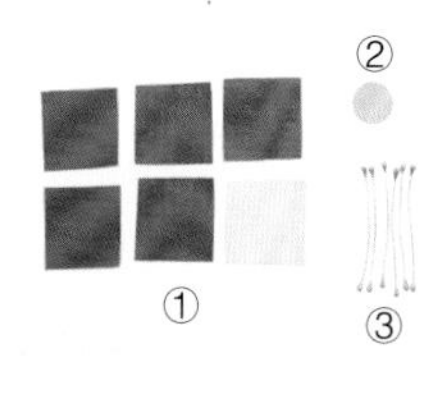

工具材料

① 布 5 片（紫）+1 片（白）（3.5cm×3.5cm）
② 圆形卡纸底台（直径 1.8cm）
③ 花蕊 6 根

拼布小剪刀
镊子
保丽龙胶
调色盘
糨糊
水
水彩笔
格线垫板

手工艺小剪刀

原大尺寸

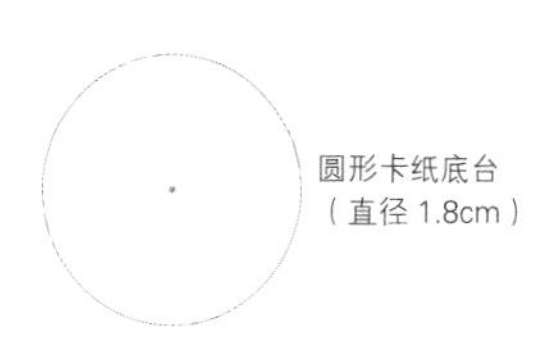

布（3.5cm×3.5cm）

步骤说明

拿起 1 片布片，用镊子夹住一角，将布片沿对角线对折成三角形。

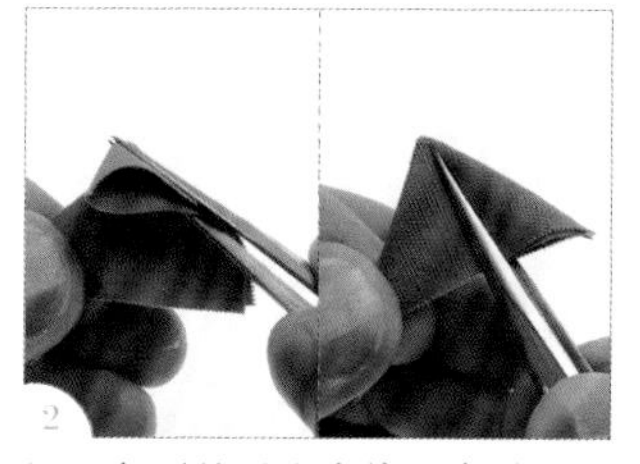

沿三角形的垂直中线再次对折，用镊子夹住三角形的正中间。

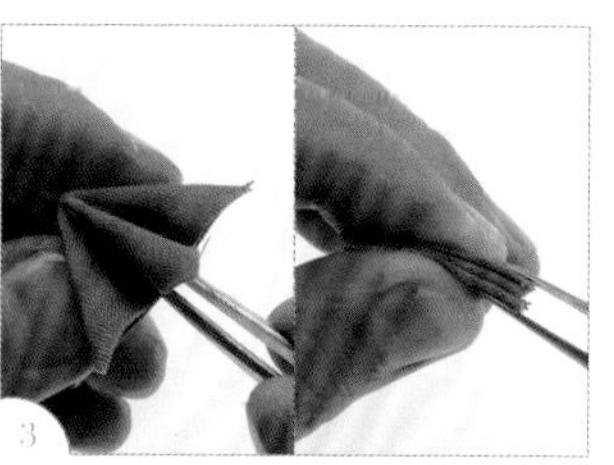

将两边分别翻起对折。

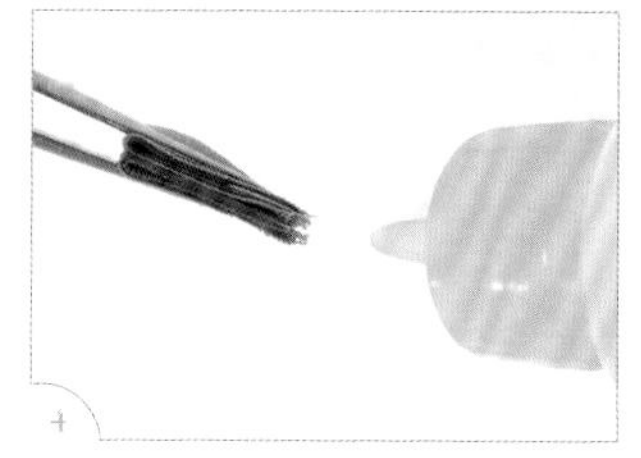

用镊子夹住，翻到背面，在布边开口处上胶。

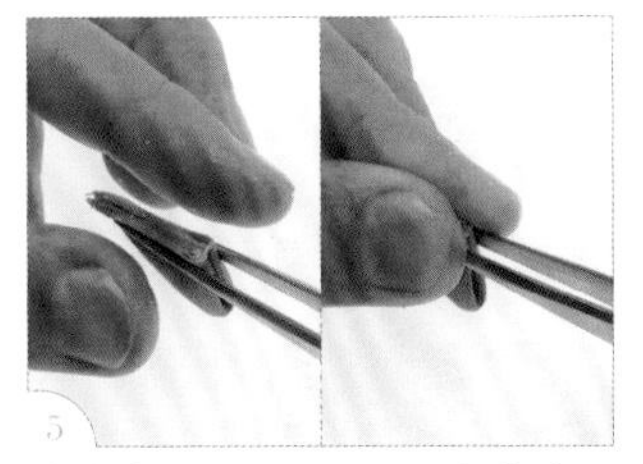

待胶半干后，用手指捏紧布边。（注：触摸时不粘手，但仍有软度即可。）

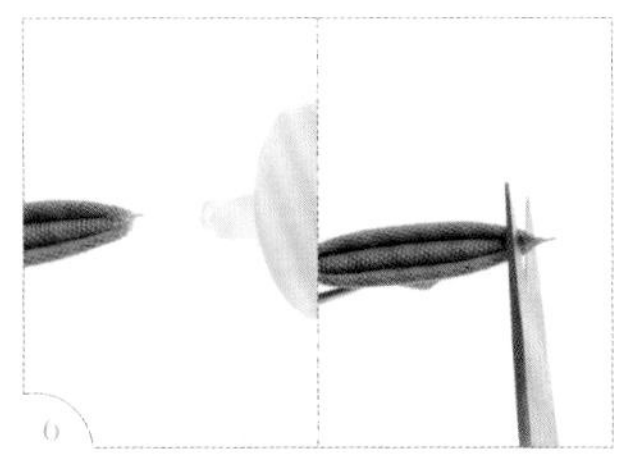

翻到正面，在尖端开口处上少许胶，待胶半干后，修齐尖端。

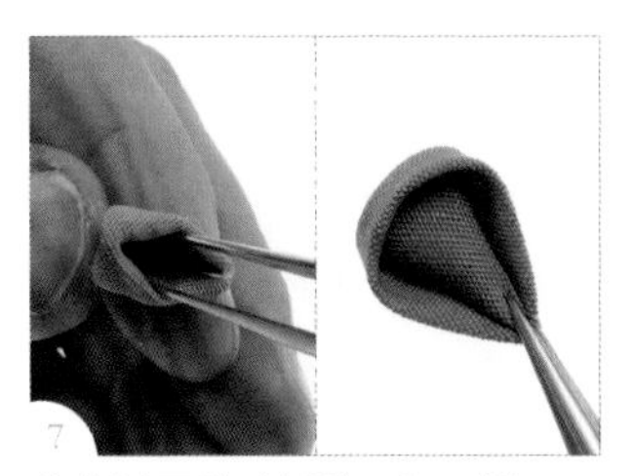

将花瓣尾端对折处用镊子撑开，使花瓣撑圆。

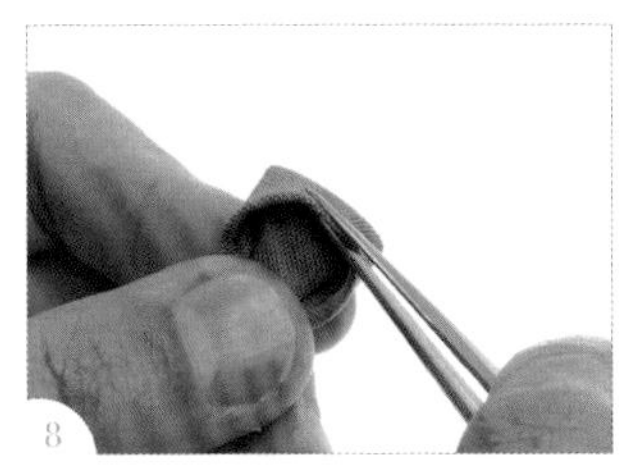

用镊子夹住花瓣的一侧。

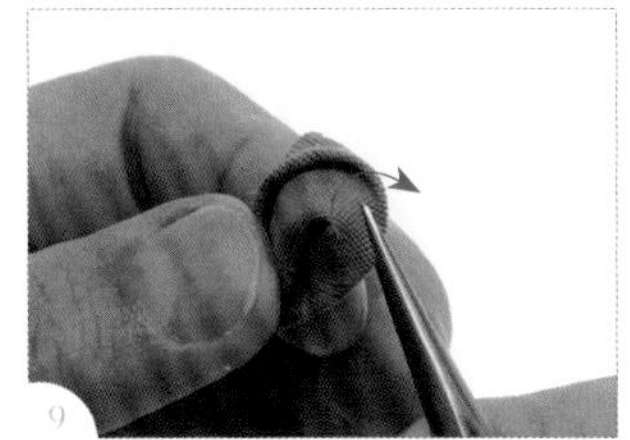

将花瓣的正面翻折到背面。

重复步骤 8、9，将花瓣另一侧的正面翻折到背面。

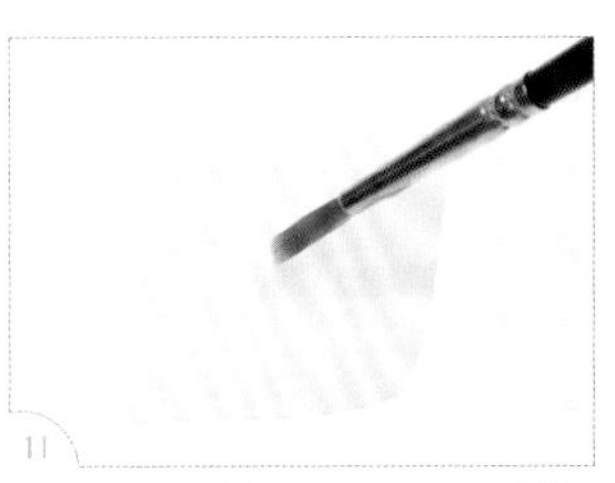

把糨糊和水按照 2 ∶ 1 的比例混合均匀。白色布片刷上糨糊水。（注：比例可依个人喜好及气温调整。）

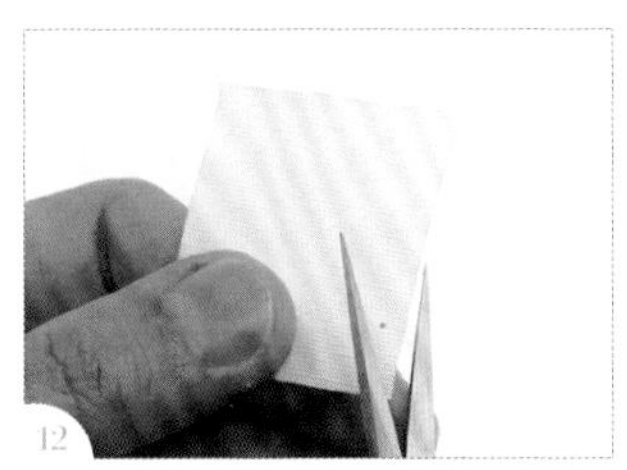

完全干后把布片剪成细长的三角形。

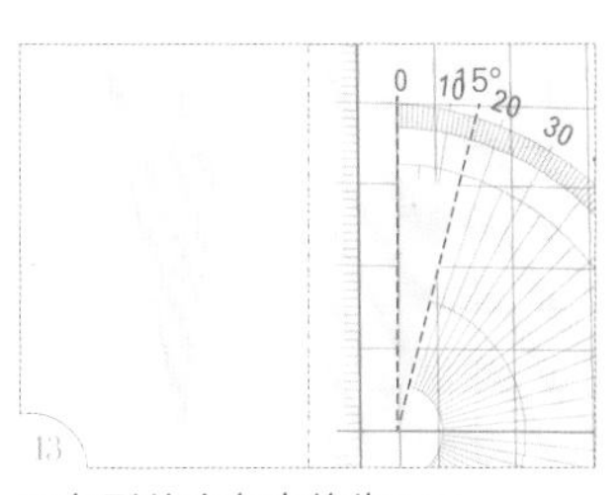

三角形的尖角大约为 15° 。

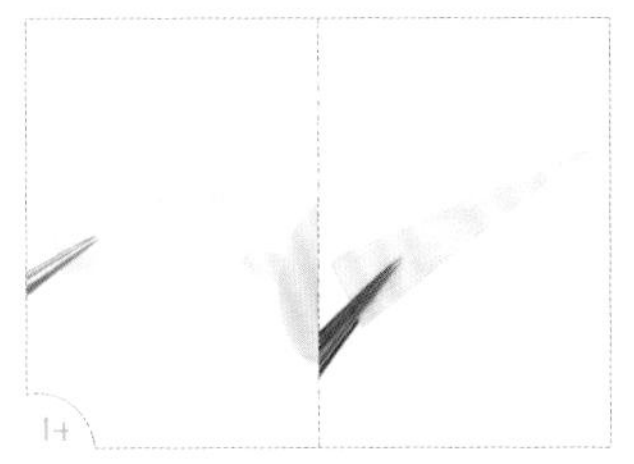

给三角形上薄薄的一层胶。（注：胶量若太多，容易溢出。）

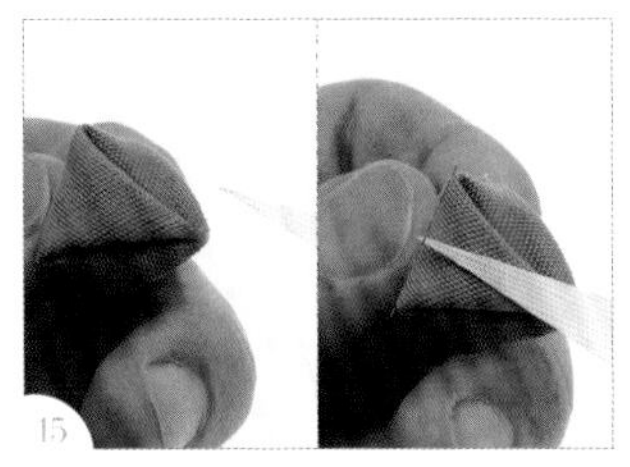

将三角形粘在花瓣正中央，三角形的尖端对齐花瓣两个尖角的连线。

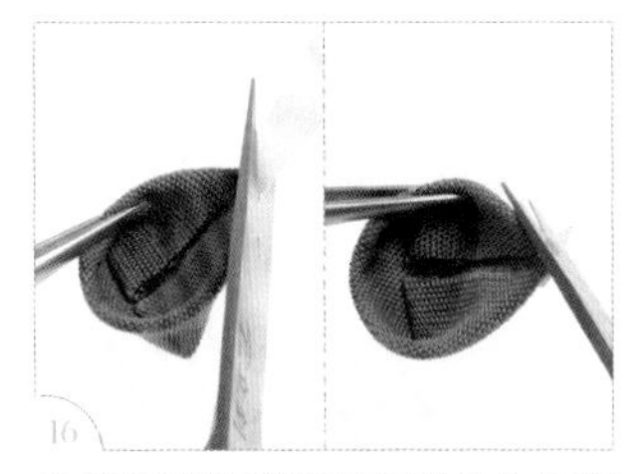

沿着花瓣边缘将三角形多余的部分修剪掉。

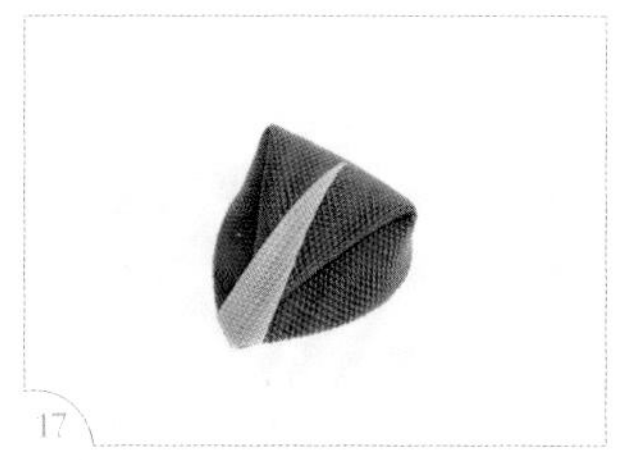

完成 1 片花瓣。

重复步骤 1~16，将所需的 5 片花瓣制作完成。

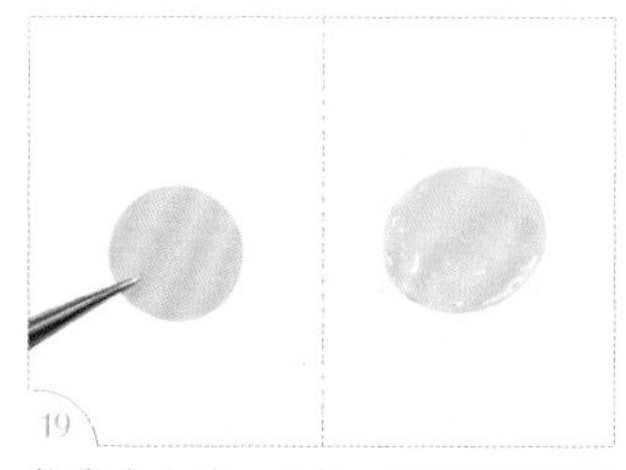

将底台上胶。（注：圆形卡纸的做法可参考 P.12。）

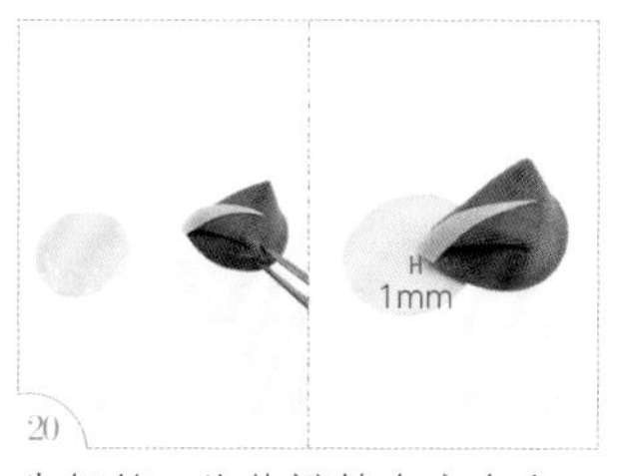

先把第 1 片花瓣粘在底台上，花瓣尖端对齐圆心，距离为 1mm。

将第 2 片花瓣粘在第 1 片花瓣对面偏一点的位置。

在第 2 片花瓣旁边粘上第 3 片花瓣。

依序粘上第 4 片和第 5 片花瓣。

完成花朵本体。

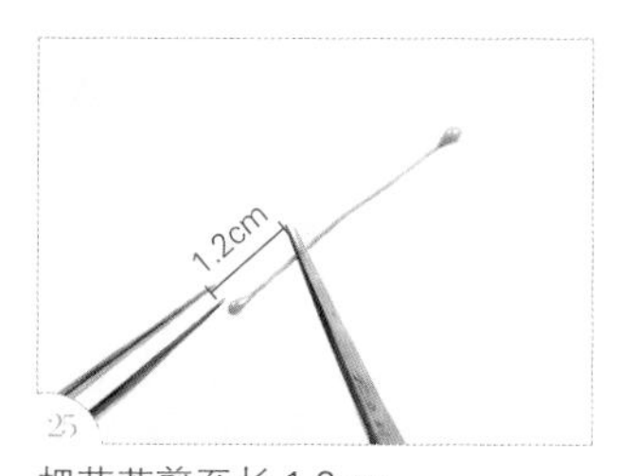

把花蕊剪至长 1.2cm。

在花朵中心处上胶。

将剪下的花蕊插进花朵中心处。

完成朝颜。

工具材料

①

②

① 布 6 片（4.5cm × 4.5cm）
② 花蕊 3 根

手工艺小剪刀
镊子
保丽龙胶

原大尺寸

布（4.5cm × 4.5cm）

步骤说明

1
拿起 1 片布片，用镊子夹住一角，将布片沿对角线对折成三角形。

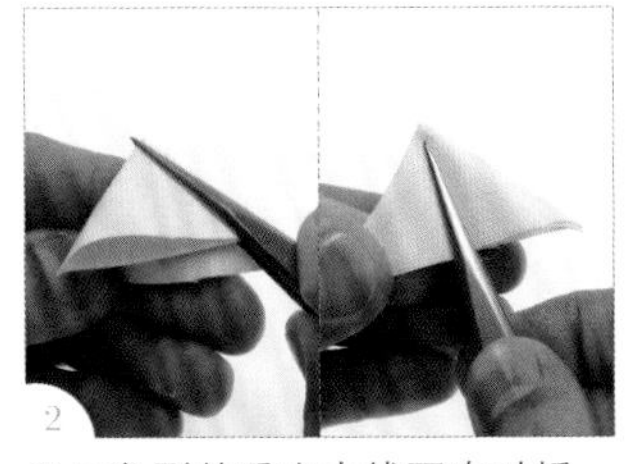
2
沿三角形的垂直中线再次对折，夹住三角形的正中间。

3
将三角形再次对折。

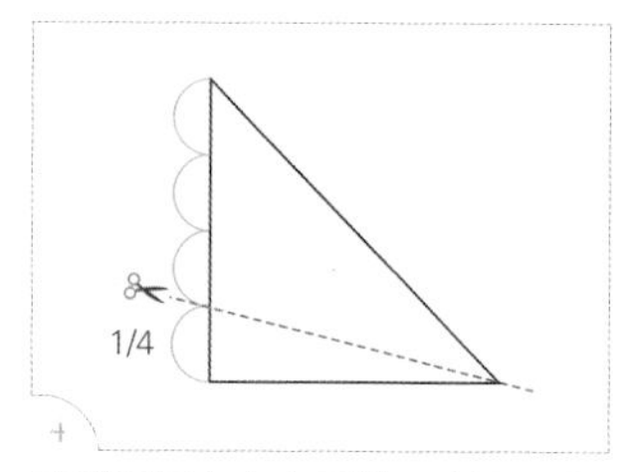

按照图示在布上画线。（注：图示为侧面图。）

用镊子夹住侧面，依照左图所示，折边 1/4 到花瓣尖端的连线用剪刀剪下。

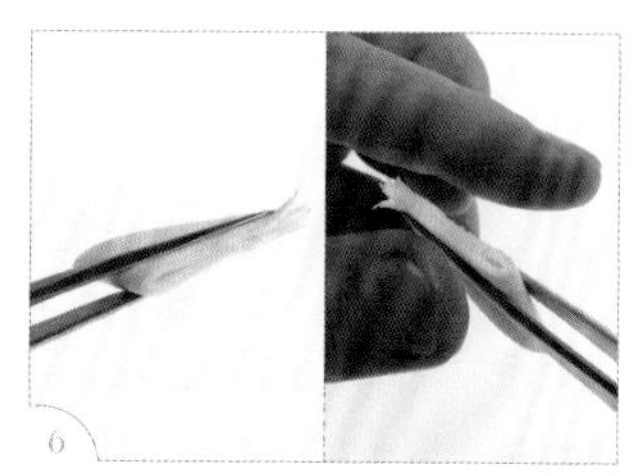

在布边开口处上胶，待胶半干后，用手指捏紧布边。（注：触摸时不粘手，但仍有软度即可。）

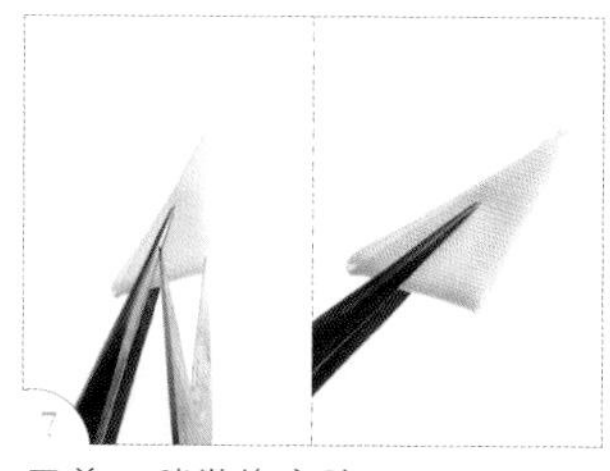

用剪刀稍微修齐胶面。（注：若有线头露出，需一起修掉。）

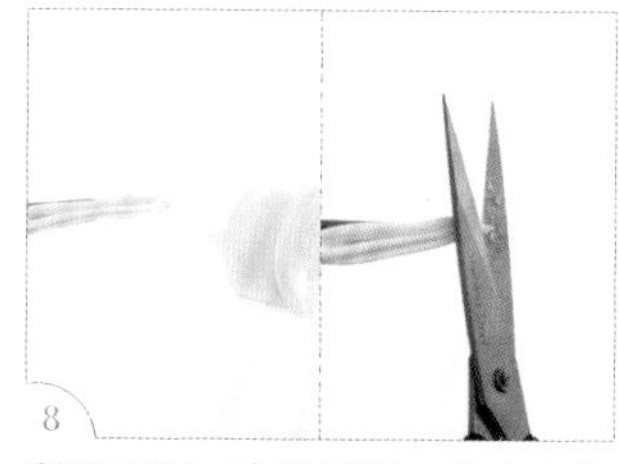

翻到正面，在尖端开口处上少许胶，待胶半干后，修齐尖端。

用镊子捏紧花瓣底部的上胶处。

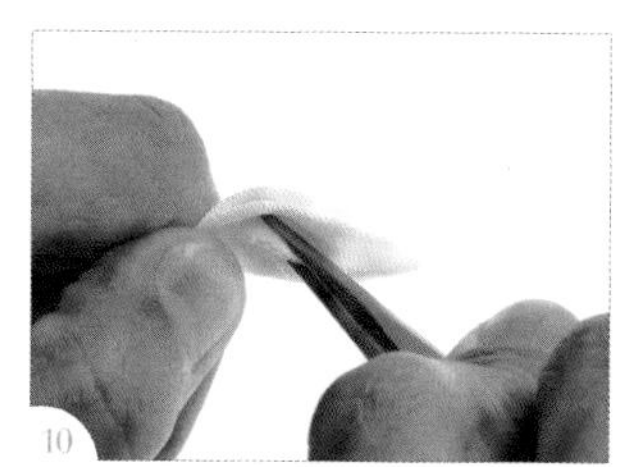

捏住花瓣外端，将花瓣的正面翻折到背面。

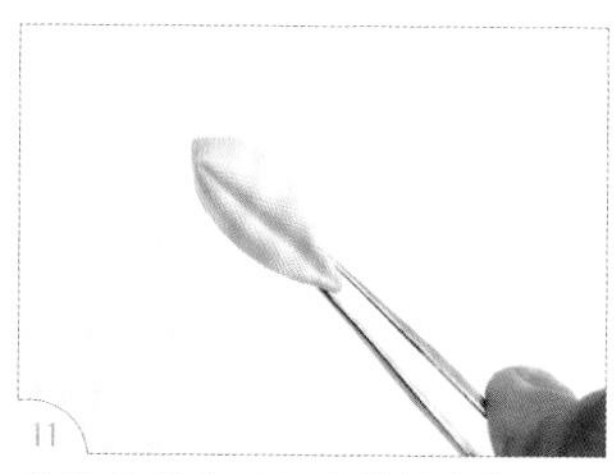

注意在翻的过程中花瓣底部不能散开，完成 1 片花瓣。

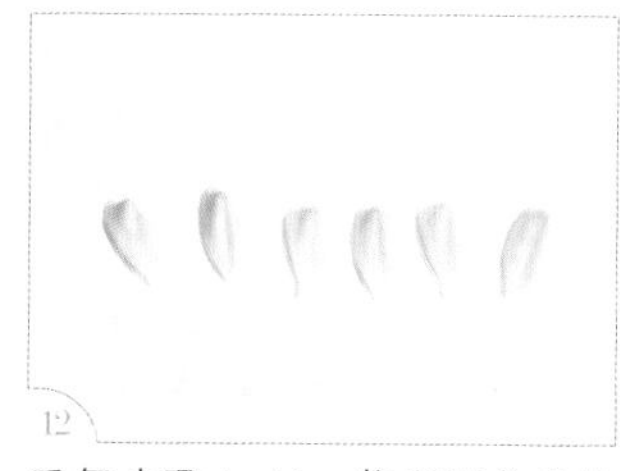

重复步骤 1~11，将所需的 6 片花瓣制作完成。

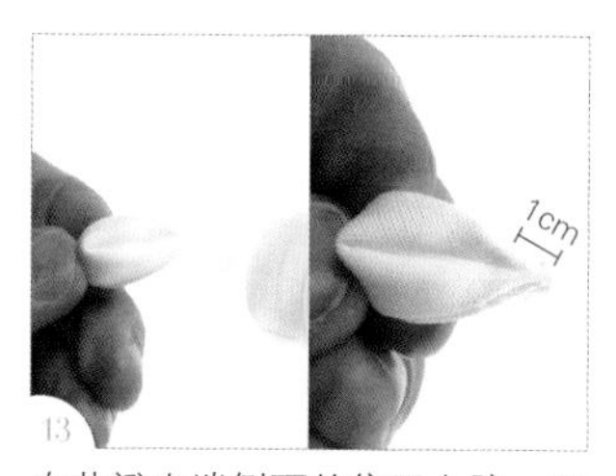

在花瓣尖端侧面的位置上胶，两侧各上 1cm。

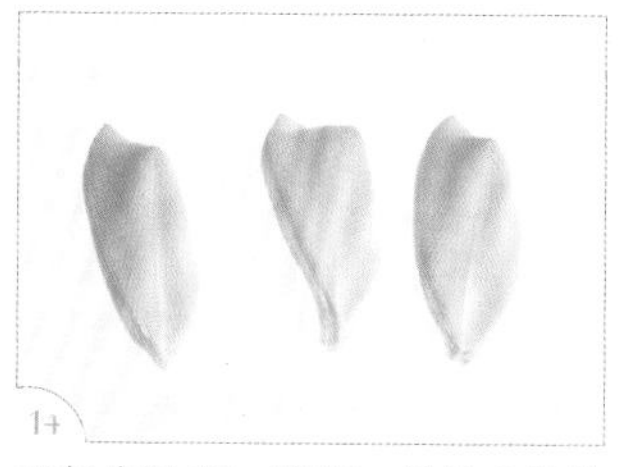

重复步骤 13，将第一层的 3 片花瓣上胶。

花瓣两两侧面相粘，尖端对齐。

再粘上第 3 片花瓣。

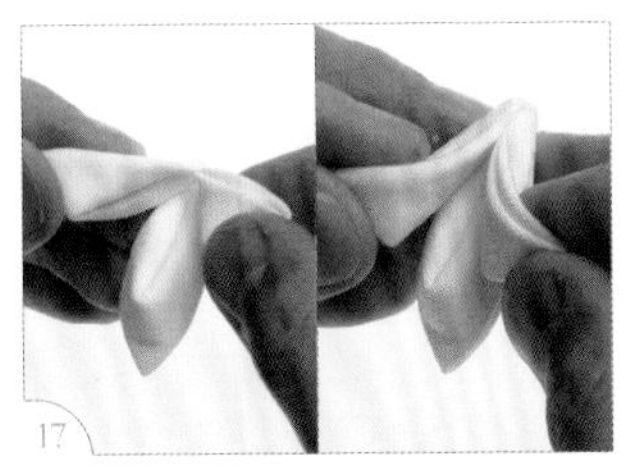

把第 3 片和第 1 片花瓣的侧面粘在一起后，拗折 3 片花瓣，聚拢成立体锥状。

完成第一层的花瓣。

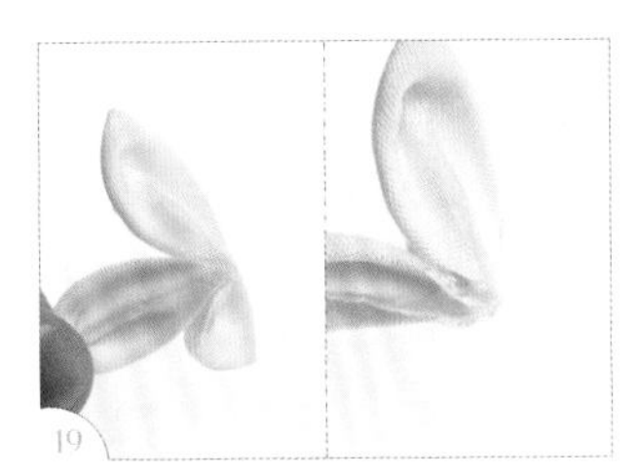

在花瓣相粘的位置上胶。

以花瓣交错的方式粘贴第二层的第 1 片花瓣。

如图粘上第 2 片花瓣。

第二层的 3 片花瓣都粘好后，将花瓣尖端对齐。

翻到正面，完成花朵本体。

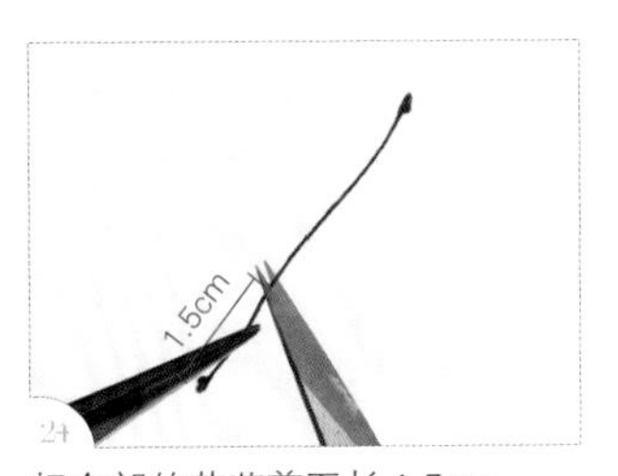

把全部的花蕊剪至长 1.5cm。

在花朵中心处上胶。

用镊子把 1 根花蕊插进花朵中心处。

把所有花蕊插进花朵中心处，完成百合。

进阶花形制作 *3*

水仙

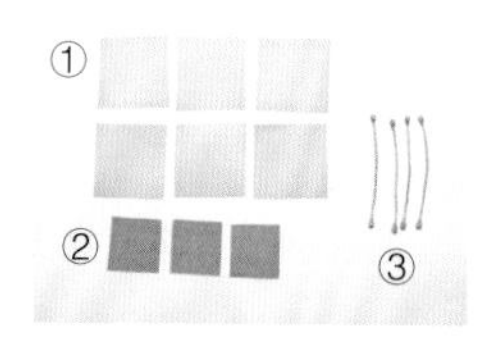

工具材料

① 布 6 片（3.5cm × 3.5cm）
② 布 3 片（2.5cm × 2.5cm）
③ 花蕊 4 根

镊子
保丽龙胶
牙签

手工艺小剪刀

原大尺寸

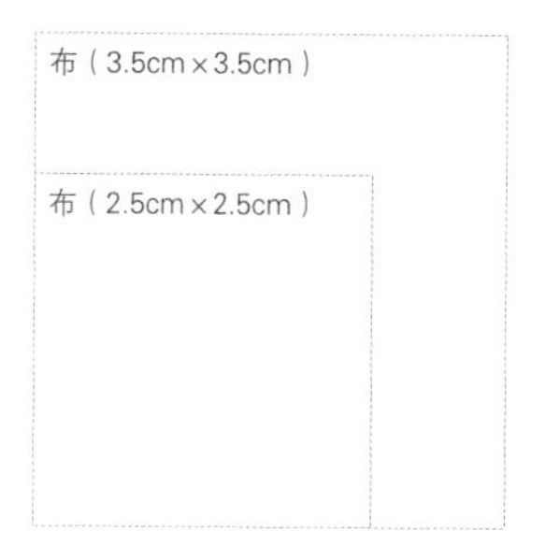

步骤说明

拿起 1 片边长 3.5cm 的布片。

沿对角线对折成三角形。

沿三角形的垂直中线再次对折。

用镊子夹住三角形的正中间。

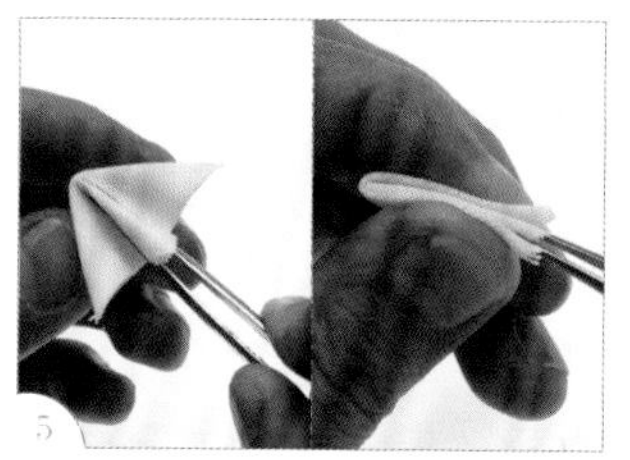

以步骤 3 的折线为中线，将两边分别翻起对折。

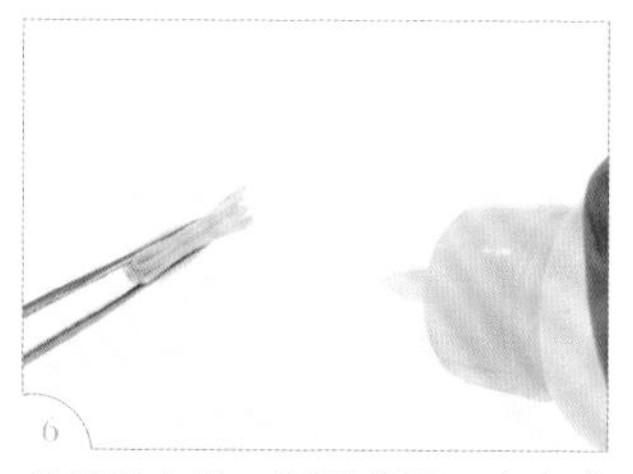

用镊子夹住，翻到背面，在布边开口处上胶。

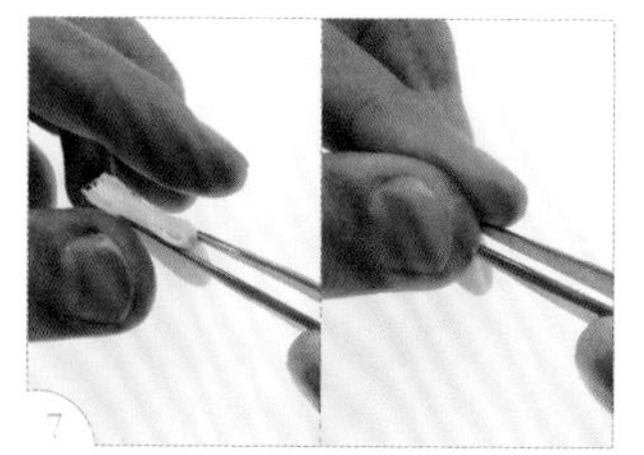

待胶半干后，用手指捏紧布边。（注：触摸时不粘手，但仍有软度即可。）

用剪刀稍微修齐胶面。（注：若有线头露出，需一起修掉。）

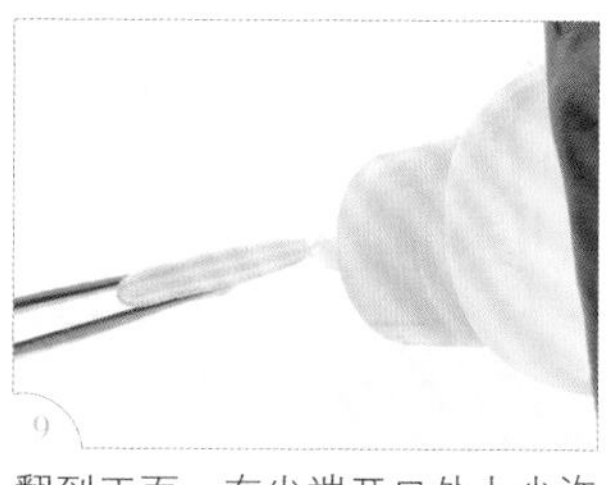

翻到正面，在尖端开口处上少许胶。

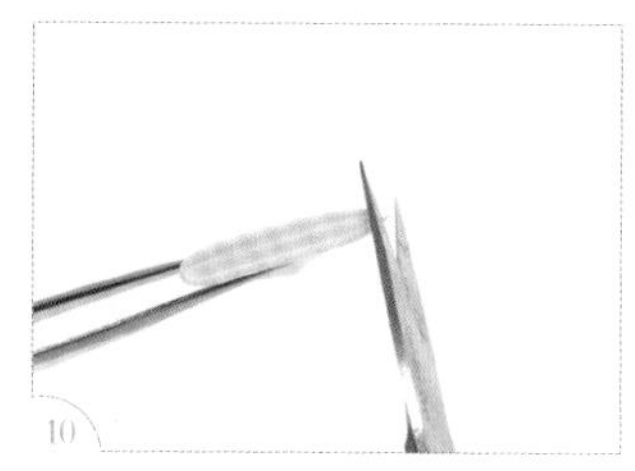

待胶半干后，修齐尖端。

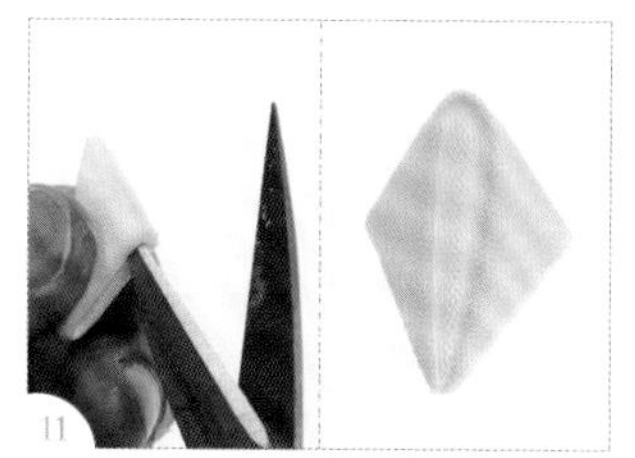

将剪刀伸进后端的开口，剪开上胶的布边，将花瓣打开。

重复步骤 1~11，将所需的 6 片花瓣制作完成后粘在一起。（注：花瓣粘在一起的做法可参考 P.28、P.29 的步骤 15~24。）

翻到正面，用镊子尾端将花瓣撑圆。

取保丽龙胶。

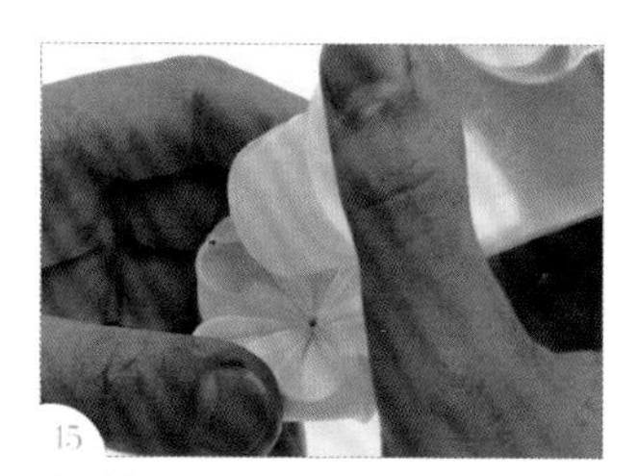

在花瓣弧形内侧正中间涂上胶。

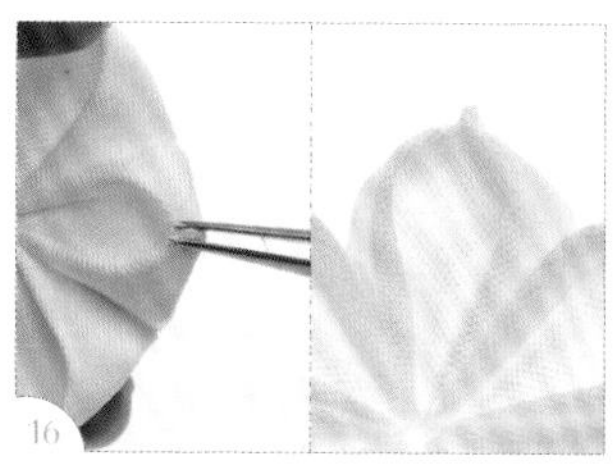

用镊子捏出尖角。

重复步骤 14~16，将 6 片花瓣的尖角完成。

拿起 1 片边长 2.5cm 的布片。

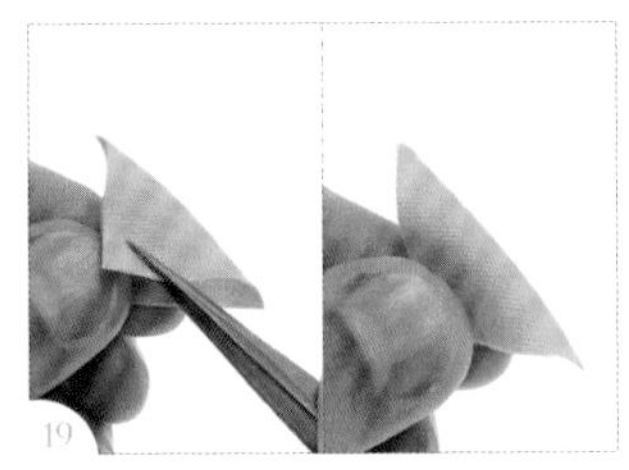

沿对角线对折成三角形。

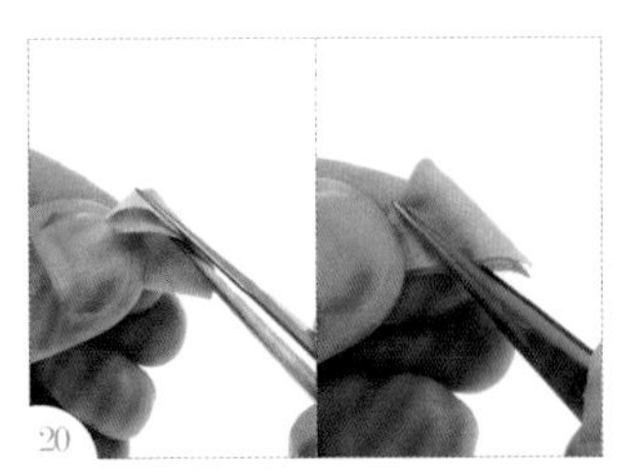

沿三角形的垂直中线再次对折。

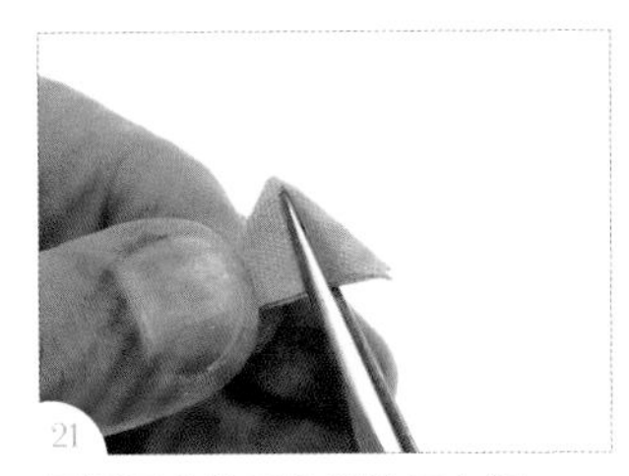

用镊子夹住三角形的正中间。

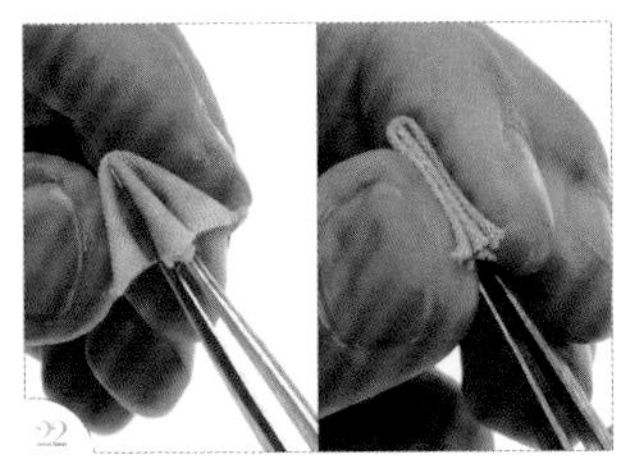

将两边分别翻起对折。

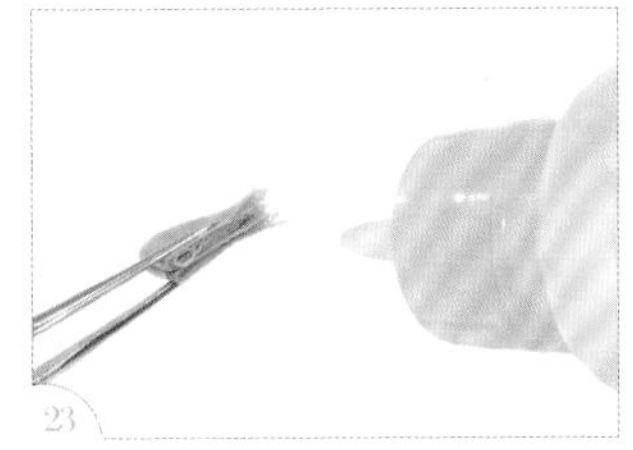

用镊子夹住，翻到背面，在布边开口处上胶。

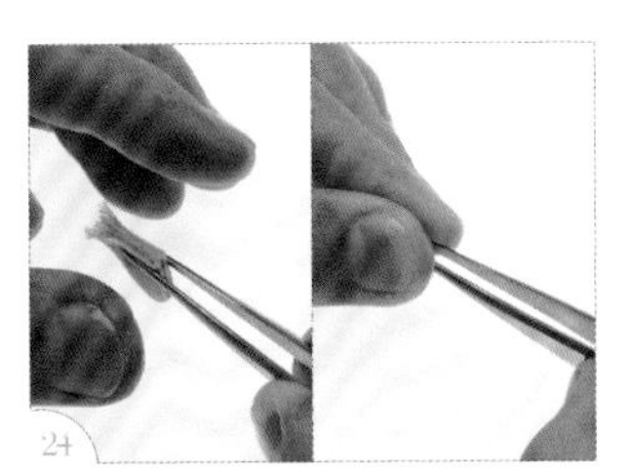

待胶半干后，用手指捏紧布边。（注：触摸时不粘手，但仍有软度即可。）

用剪刀稍微修齐胶面。（注：若有线头露出，需一起修掉。）

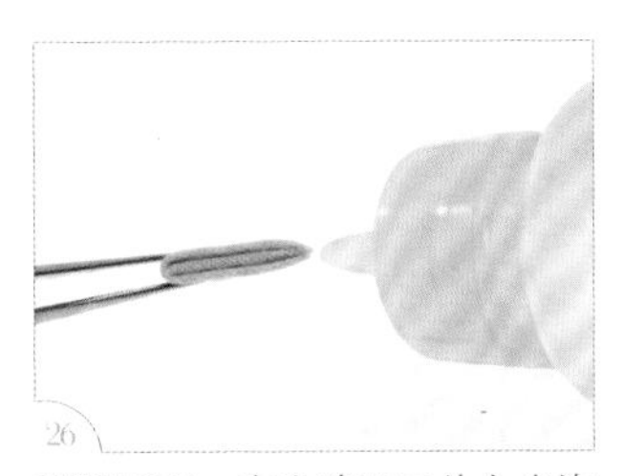

翻到正面，在尖端开口处上少许胶。

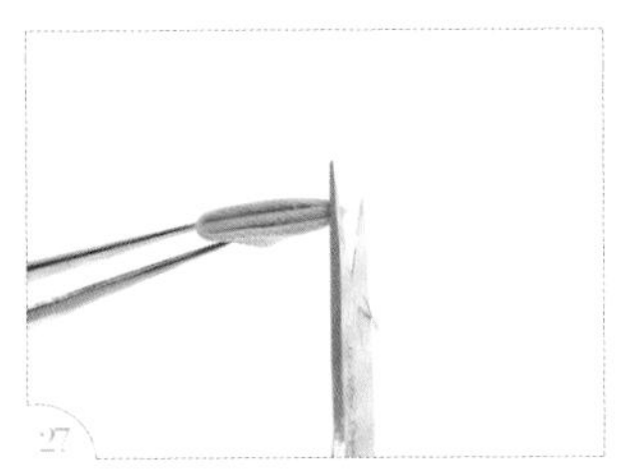

待胶半干后，修齐尖端。

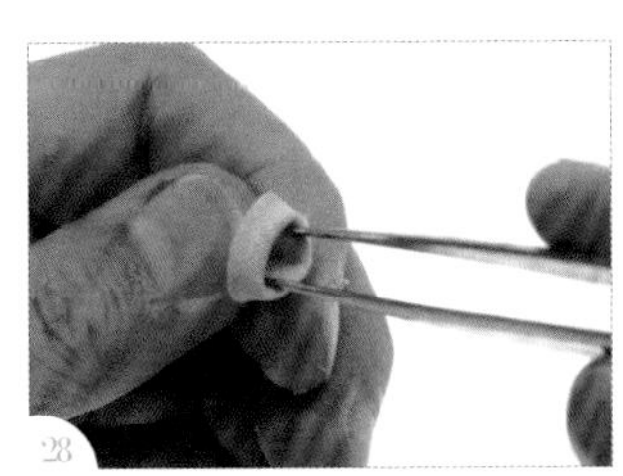

将镊子伸进花瓣后端，撑开花瓣。

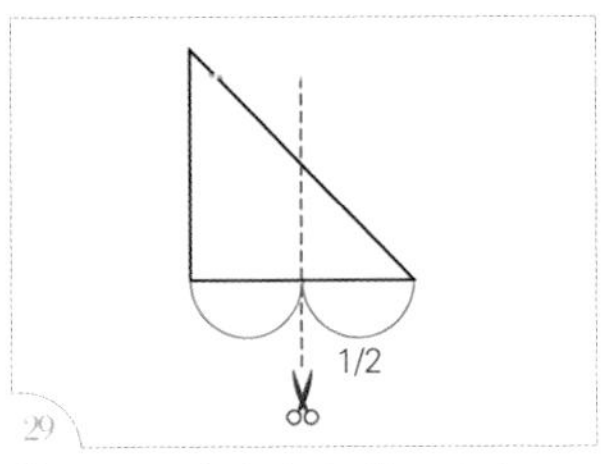

按照图示在布上画线。（注：图示为侧面图。）

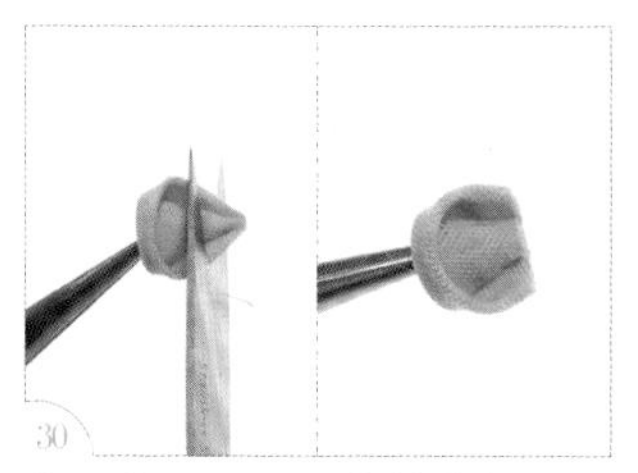

依照上图所示，剪掉花瓣的尖端，留下尾端，作为小花瓣。

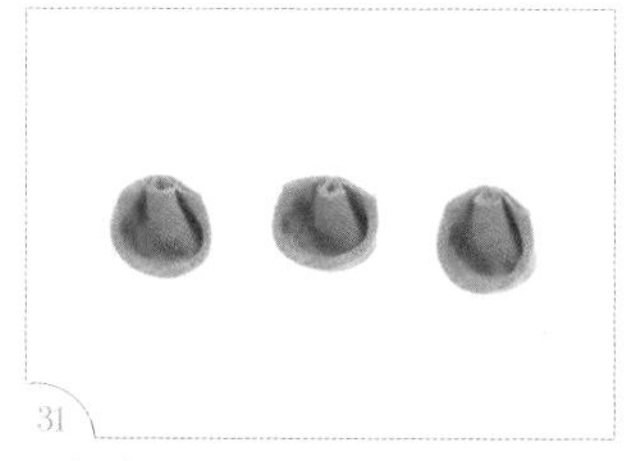

重复步骤 18~30，将所需的 3 片小花瓣制作完成。

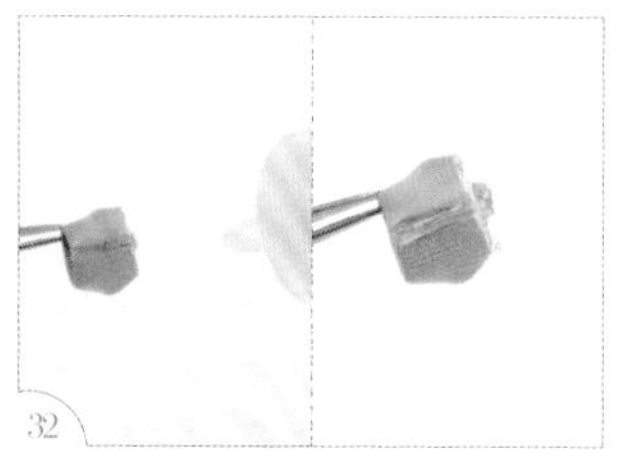

在小花瓣底部和修剪过的布边上胶。

把小花瓣从上方放入步骤 17 完成的花朵中央。

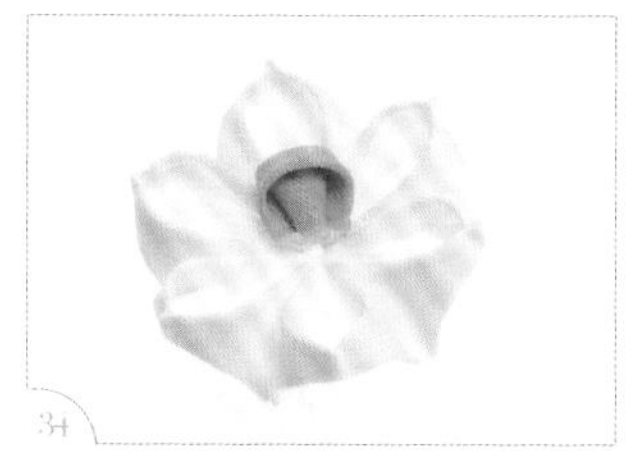

对齐其中 1 片大花瓣并粘在一起。

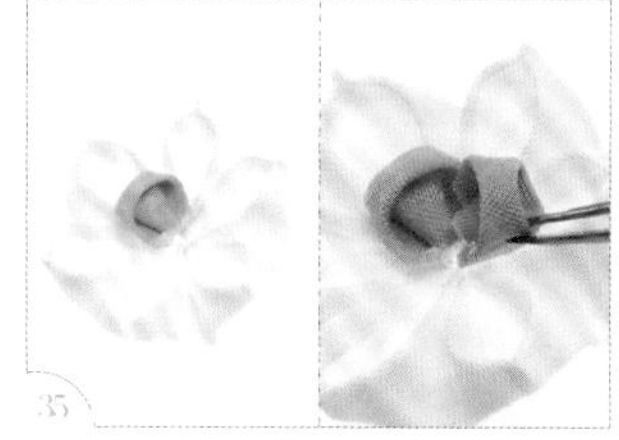

把第 2 片小花瓣对齐并粘在间隔 1 个花瓣的大花瓣上面。

用同样的方法将第 3 片花瓣粘好。

如图，3 片小花瓣的尖端相接，不要留下空隙。

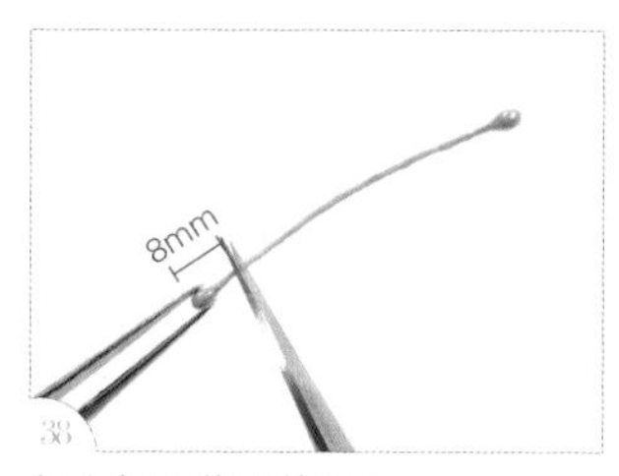

把全部的花蕊剪下 8mm。

在花朵中心处上胶。

将花蕊插入花朵中心处。

把所有花蕊插入，完成水仙。

进阶花形制作 4

紫阳花

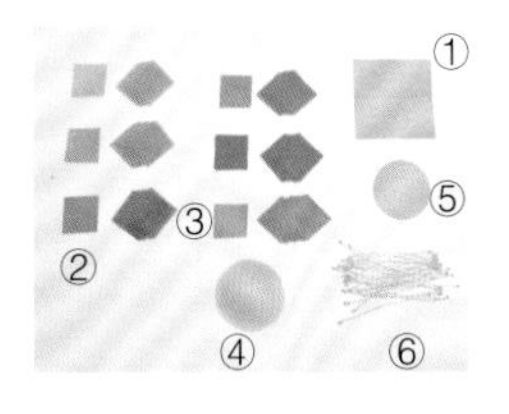

工具材料

① 布 1 片（5cm×5cm）
② 布各8片（5种不同的紫色）（2cm×2cm）
③ 布 12 片（绿色）（2cm×2cm）
④ 保丽龙球半颗（直径 3.5cm）
⑤ 圆形卡纸底台（直径 3.5cm）
⑥ 花蕊 30 根

手工艺小剪刀
镊子
保丽龙胶
水彩笔
珠针

原大尺寸

布（5cm×5cm）

布（2cm×2cm）

步骤说明

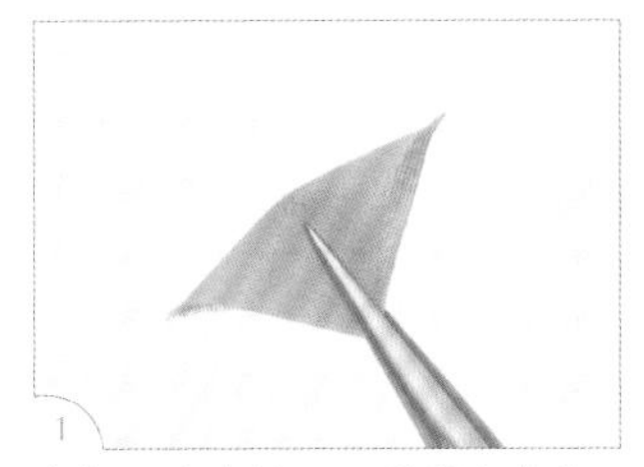

拿起 1 片边长 2cm 的紫色布片，沿对角线对折成三角形。

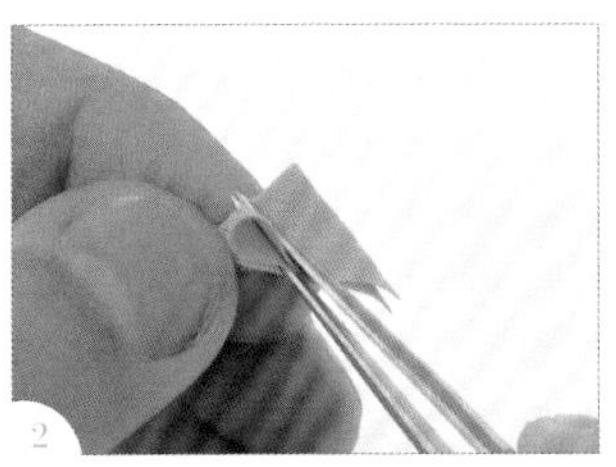

沿三角形的垂直中线再次对折。

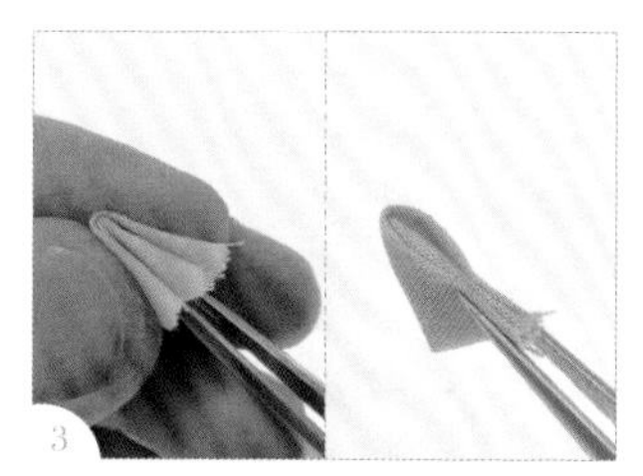

用镊子夹住三角形的正中间，将两边分别翻起对折。

翻到背面，在布边开口处上胶，待胶半干后捏紧，修剪胶面。

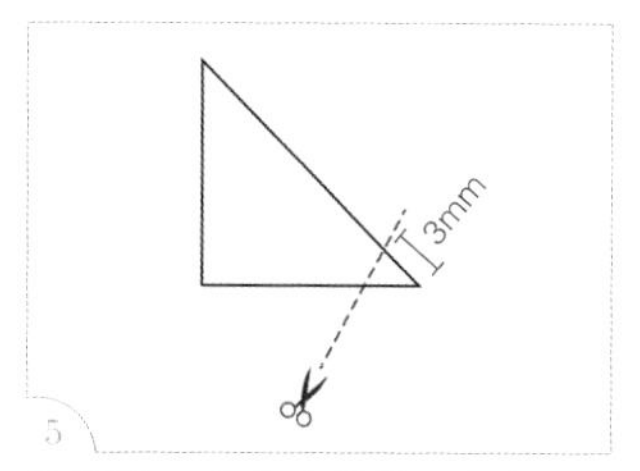

按照图示在布上画线。（注：图示为侧面图。）

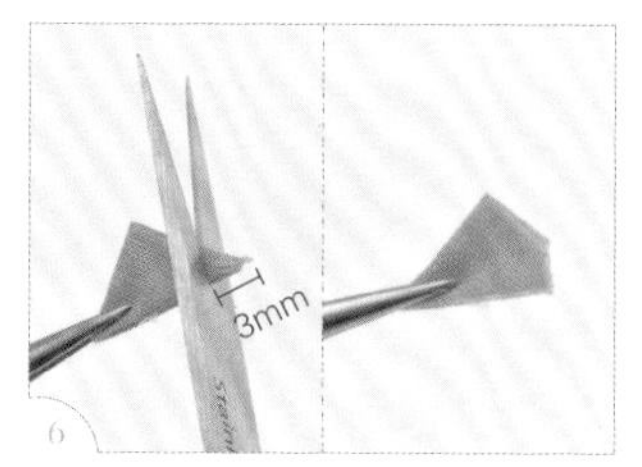

依照上图所示，剪掉尖端 3mm。

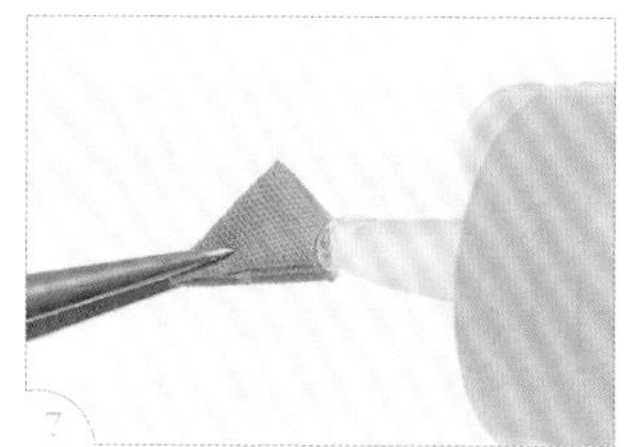

在修剪过的尖端布边上胶。

如图，待胶半干后捏紧，修剪胶面。

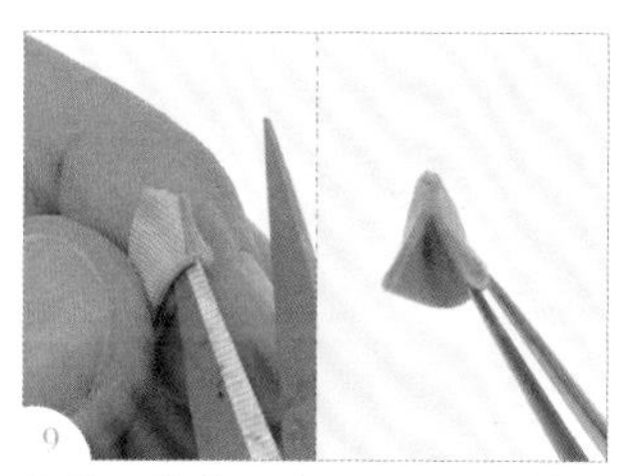

将剪刀伸进后端的开口，只剪开底部上胶的布边。（注：不要剪到前端黏合的部分。）

完成 1 片花瓣。

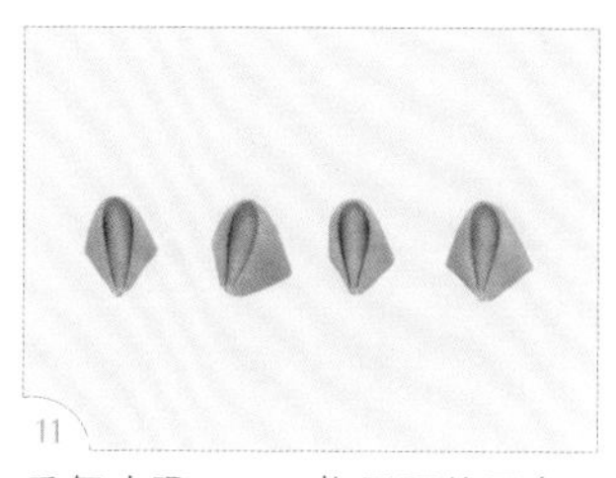

重复步骤 1~9，将需要的同色 4 片花瓣制作完成。

如图所示把花瓣翻到背面。取 2 片花瓣，把上胶的那条边对齐，再次上胶，待半干后用手指捏紧。

用同样的方法将 4 片花瓣粘贴在一起。

翻到正面。

将水彩笔尾端伸进花瓣凹陷处，用手指轻压外侧使花瓣撑圆。

重复步骤 15，将 4 片花瓣撑圆。

把花蕊从一端剪掉梗，只留下头。

在花朵中心处上少许胶。

粘上花蕊。

用同样的方法共粘上 3 个花蕊，完成 1 朵花。

重复步骤 1~20，总共做 10 朵花，颜色和数量可以依个人喜好自由搭配。

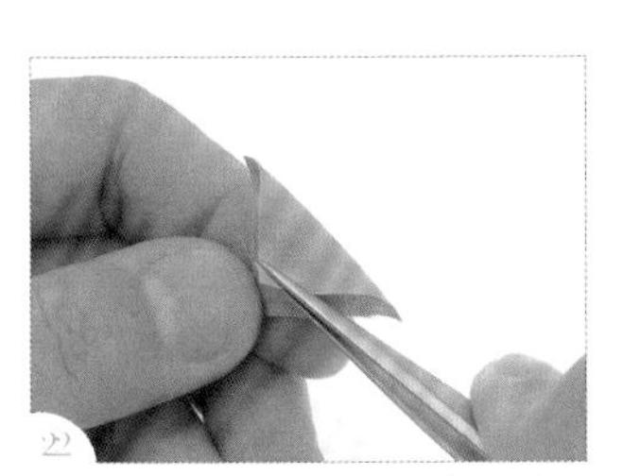
拿起 1 片边长 2cm 的绿色布片，将布片沿对角线对折成三角形。

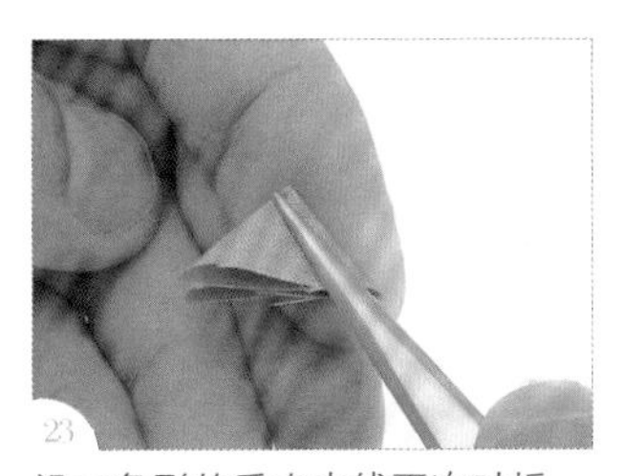
沿三角形的垂直中线再次对折。

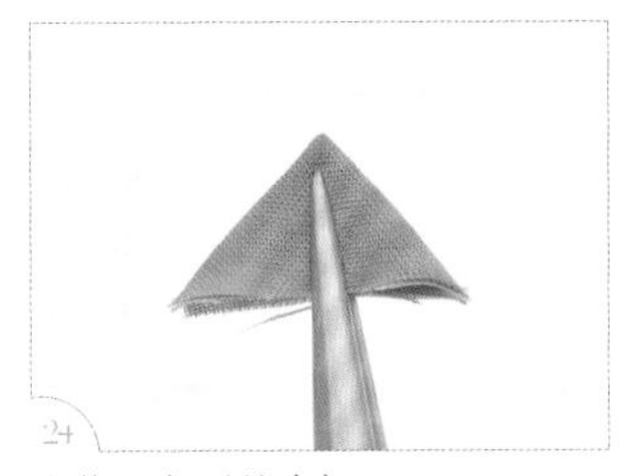
夹住三角形的中间。

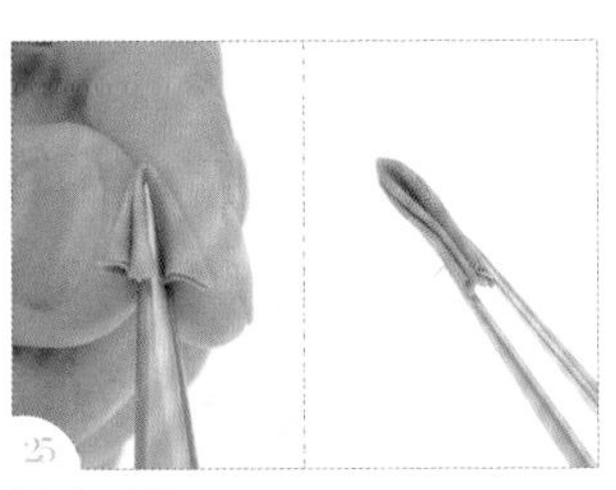
再次对折。

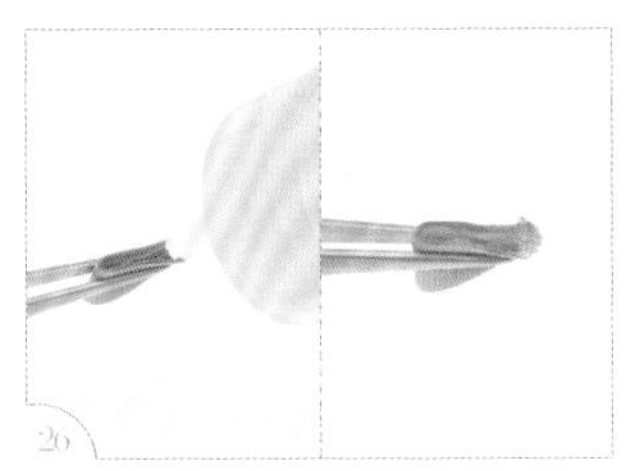
用镊子夹住翻到背面，在布边开口处上胶。

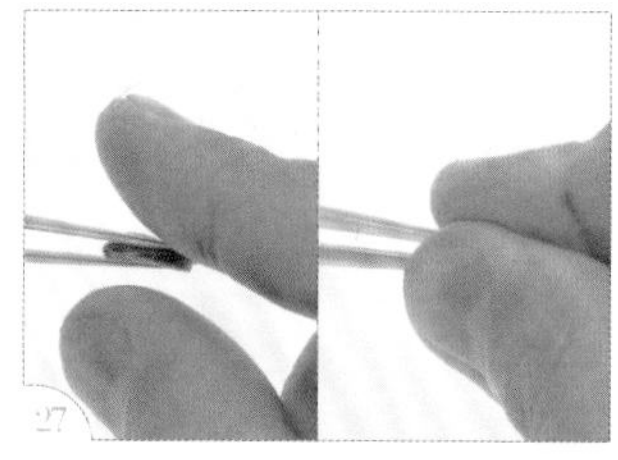
待胶半干，用手指捏紧后，用剪刀稍微修齐胶面。

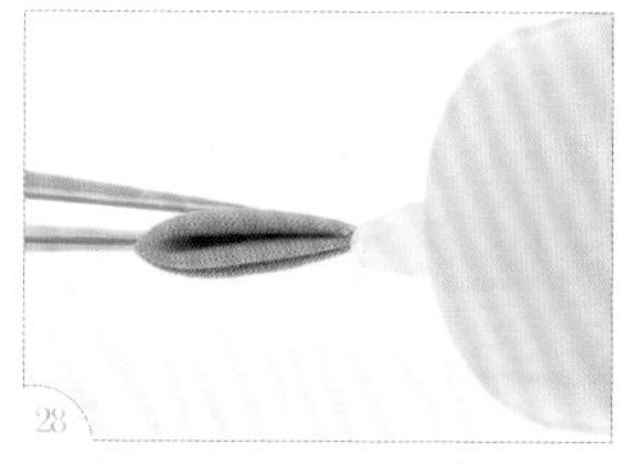
翻到正面，在尖端开口处上少许胶。

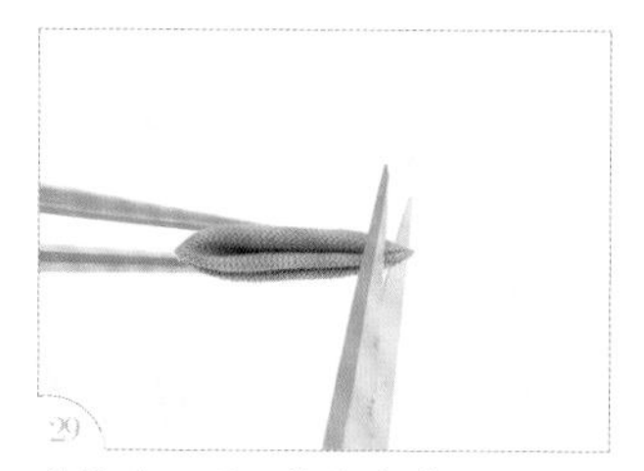
待胶半干后，修齐尖端。

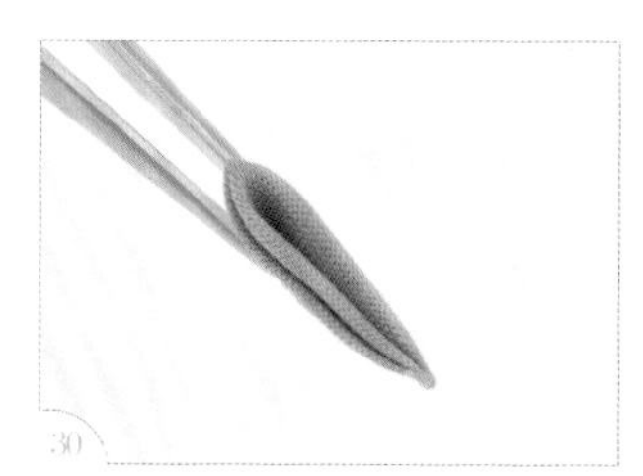
完成 1 片叶子。

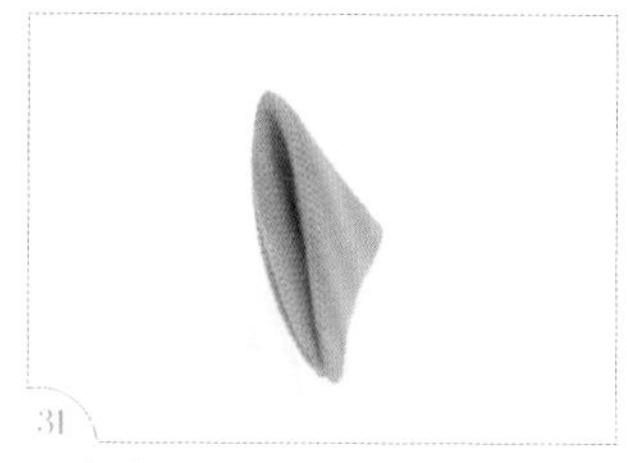
重复步骤 22~29，将所需的 12 片叶子制作完成。

使用半颗 3.5cm 保丽龙球。

在卡纸的一面上胶。（注：圆形卡纸的做法可参考 P.12。）

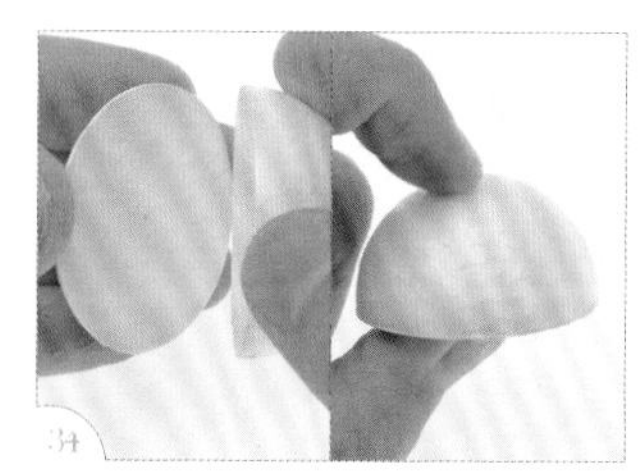
将半颗保丽龙球底部与卡纸粘在一起。

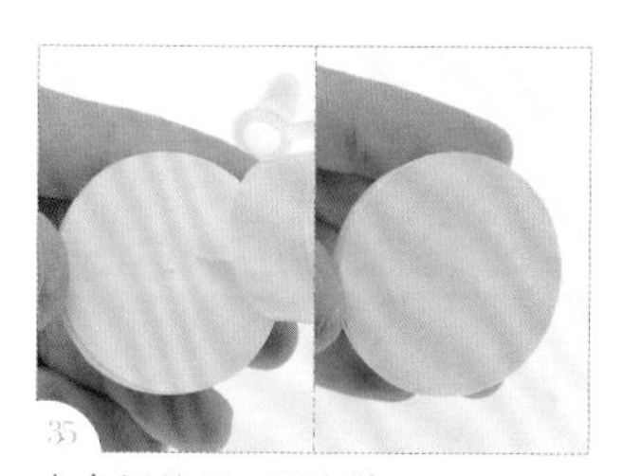
在卡纸的另一面上胶。

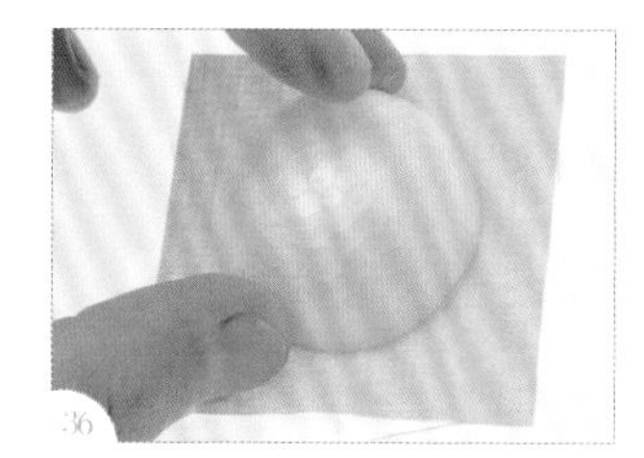
粘在边长 5cm 的布片中央。

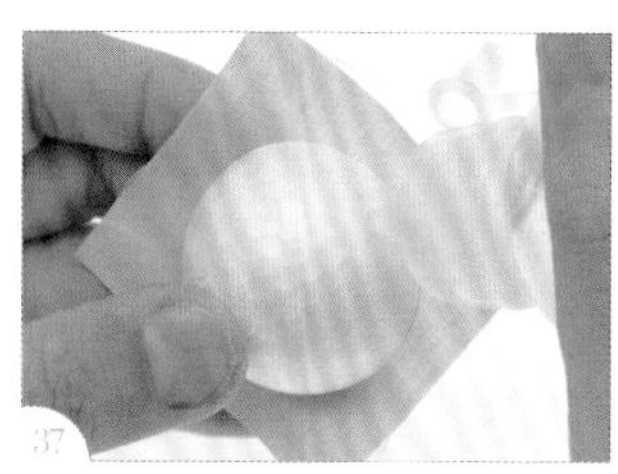
在半颗保丽龙球表面上胶。

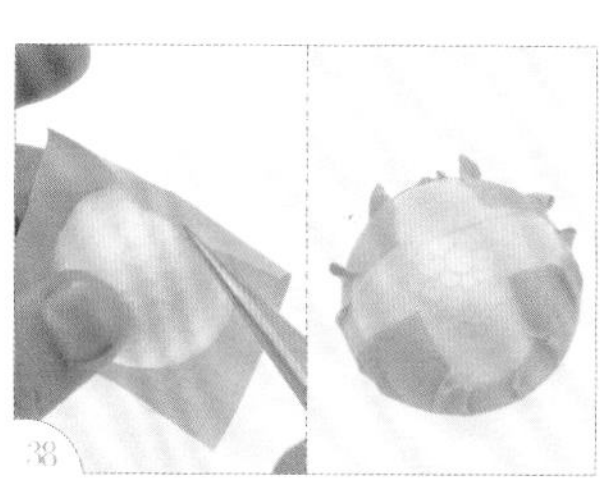
将布翻折起来，包住半颗保丽龙球。

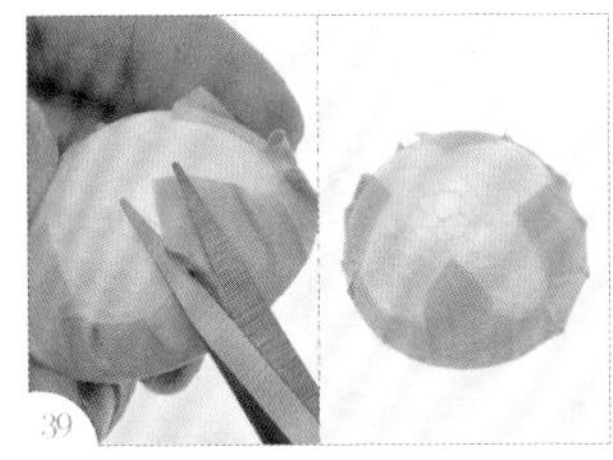

布的褶皱用剪刀修齐，完成底台。

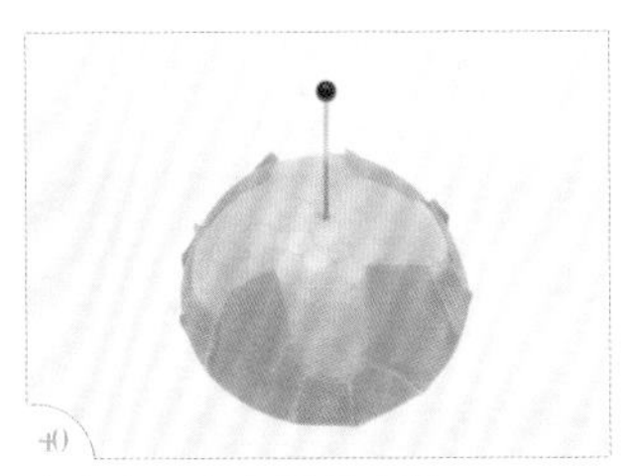

在底台正中央插进珠针。

取 1 朵花，并在底部上胶。

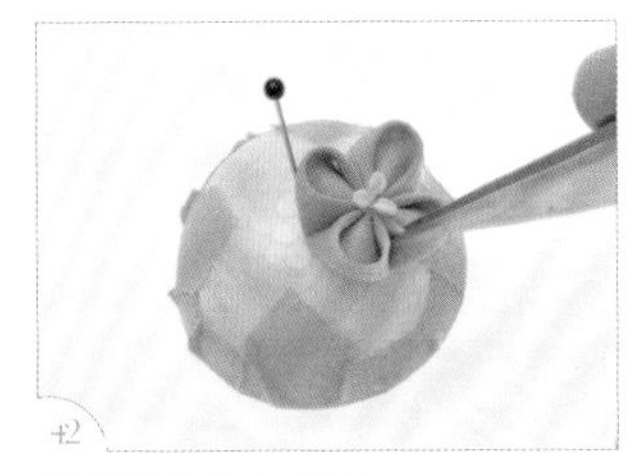

将花粘在底台表面。

先在中央部分粘上 3 朵花。

在中央 3 朵花的旁边粘上第 4 朵花。

再粘上第 5 朵花。

保持适当的距离，围绕底台一圈共粘 7 朵花。

如图，底台上共粘了 10 朵花。

拔掉珠针。

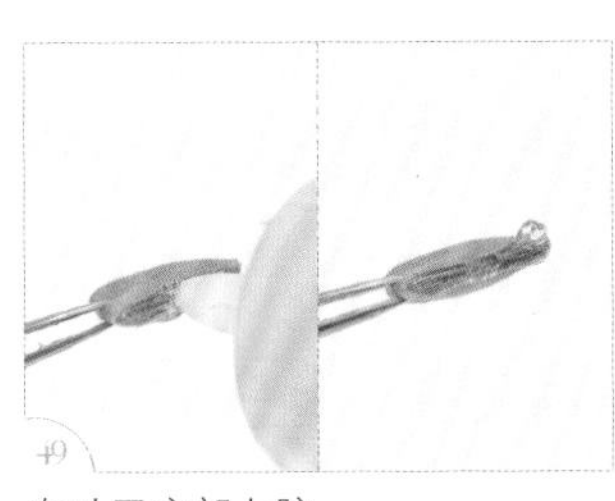

在叶子底部上胶。

把叶子粘在底台上花朵的空隙中。

用镊子稍微撑开叶面。

重复步骤 49~51，将所有的叶子粘在花朵的空隙中。

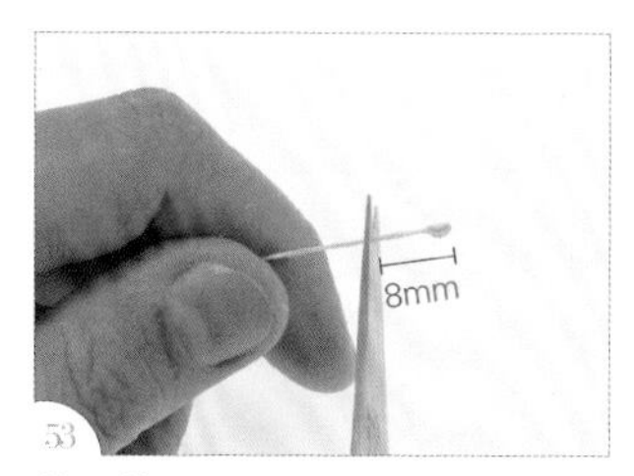

花蕊剪下 8mm。

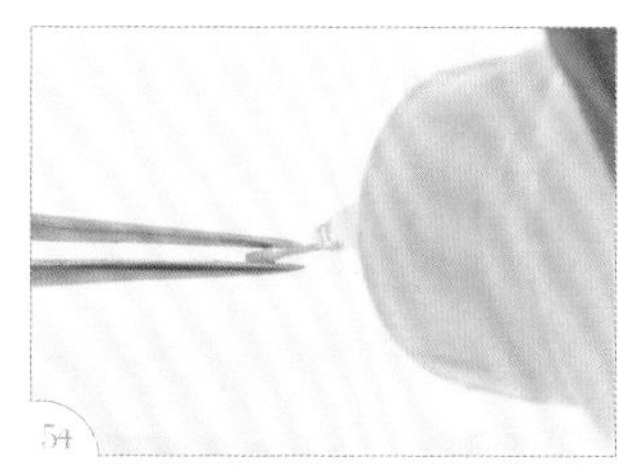

在花蕊根部上胶。

插进花朵和叶子之间的空隙。

完成紫阳花。

进阶花形制作 5

桃花

工具材料

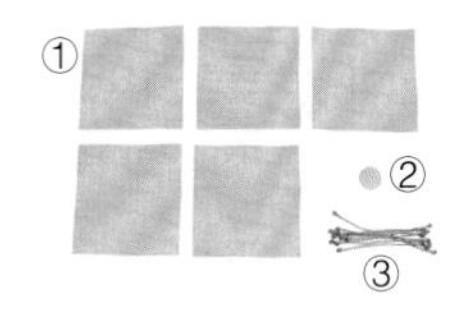

① 布 5 片（6cm × 6cm）
② 圆形卡纸底台（直径 1.2cm）
③ 花蕊 10 根

手工艺小剪刀
镊子
保丽龙胶
手缝线
手缝针

原大尺寸

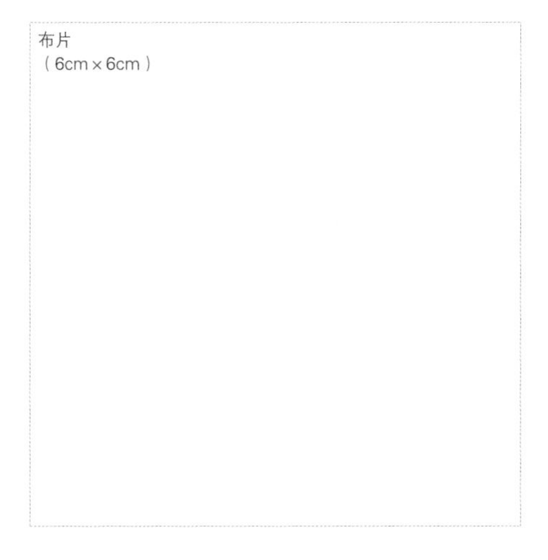

步骤说明

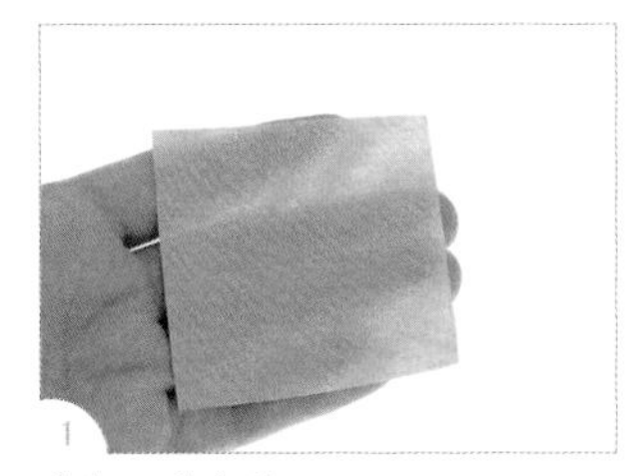

拿起 1 片布片。

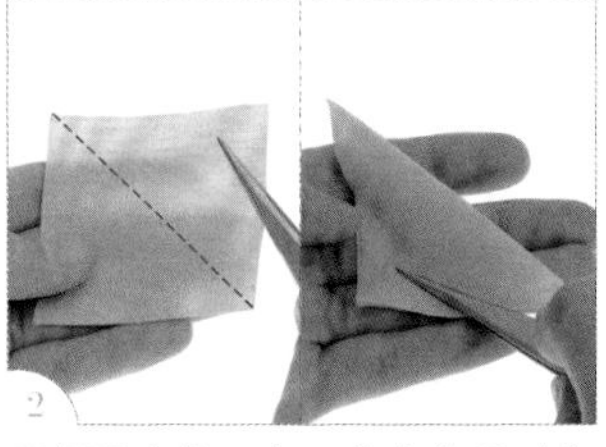

用镊子夹住一角，将布片沿对角线对折成三角形。

夹住三角形。

沿三角形的垂直中线再次对折。

夹住三角形的正中间再次对折。

用镊子夹住。

用镊子依图中角度夹住。

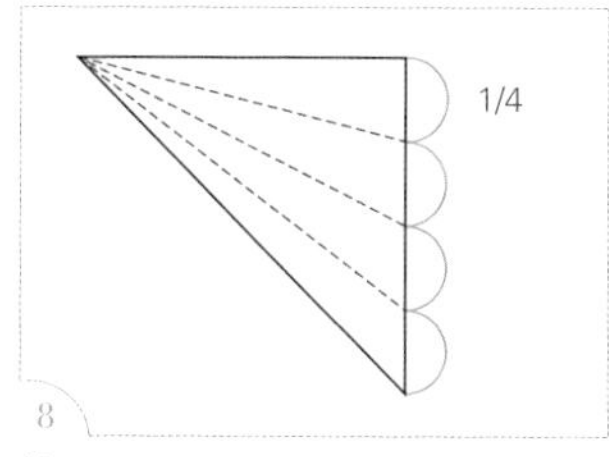

按照图示在布上画线。（注：图示为侧面图。）

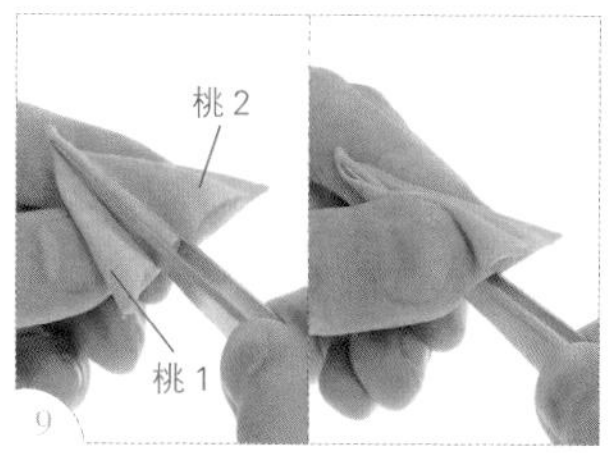

依照左图所示，将两边（桃 1、桃 2）往上翻折起 1/4。

用镊子夹住（桃 1、桃 2）后，翻转 180°。

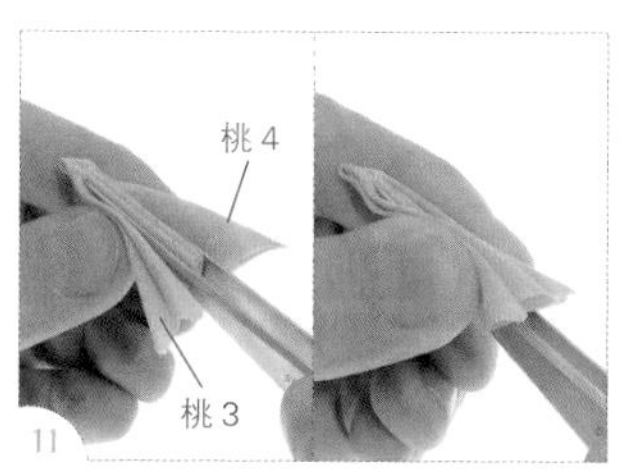

继续翻折 1/4（桃 3、桃 4）。

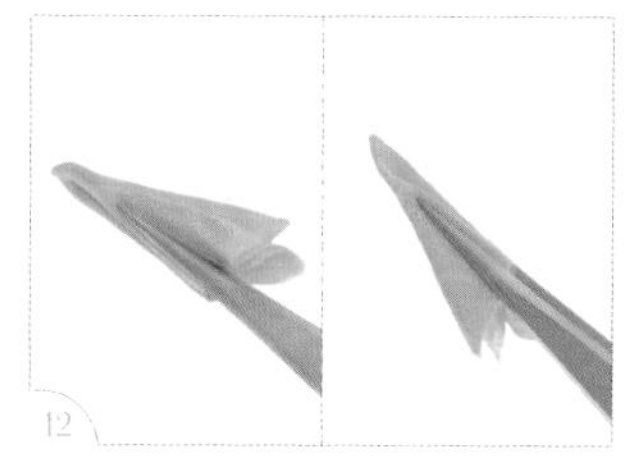

用镊子夹住（桃 3、桃 4）后，再翻转 180°。

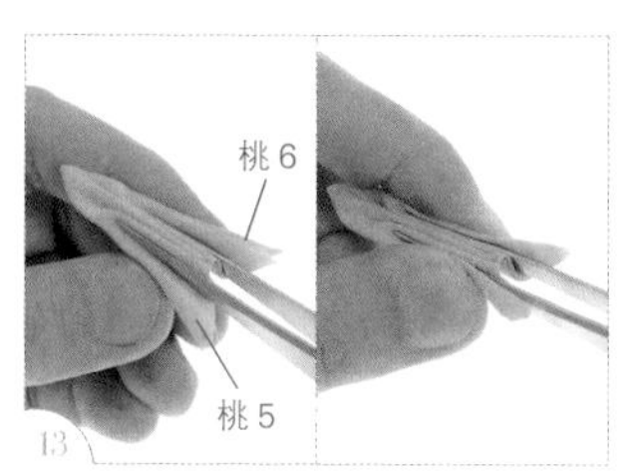

将剩下的 1/4（桃 5、桃 6）折完后，5 条折边齐平。

用镊子夹住侧面，并用剪刀沿中央较短的布边修剪掉多余的部分。

将另一侧也修剪掉。

在修剪过的布边开口处上胶。

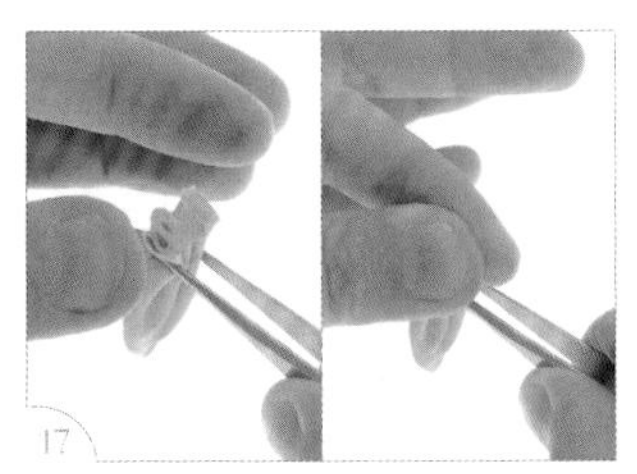

待胶半干后，用手指捏紧布边。（注：触摸时不粘手，但仍有软度即可。）

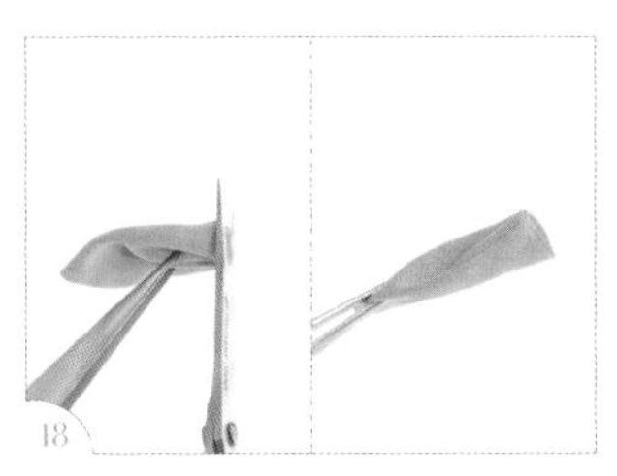

修齐胶面。

将花瓣翻到凸面。（注：图示为折花瓣时的反面。）

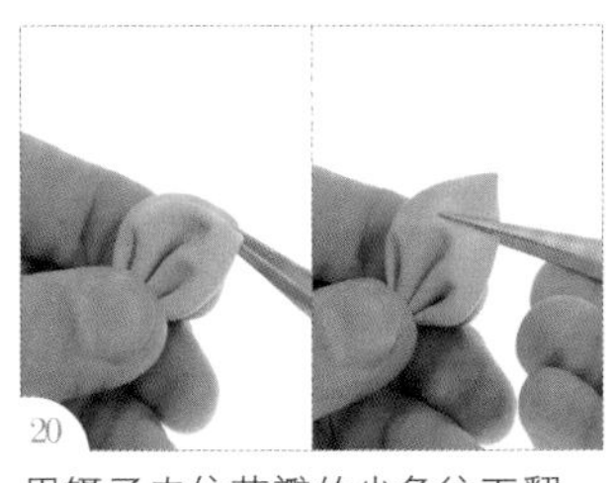

用镊子夹住花瓣的尖角往下翻，将花瓣中间部分鼓起来。

完成 1 片花瓣。

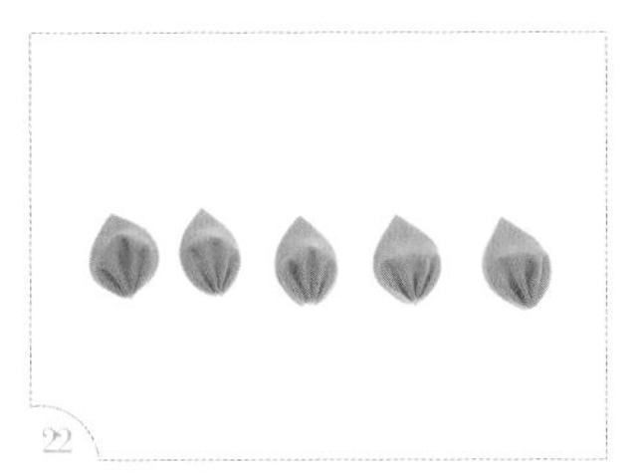

重复步骤 1~20，将所需的 5 片花瓣制作完成。

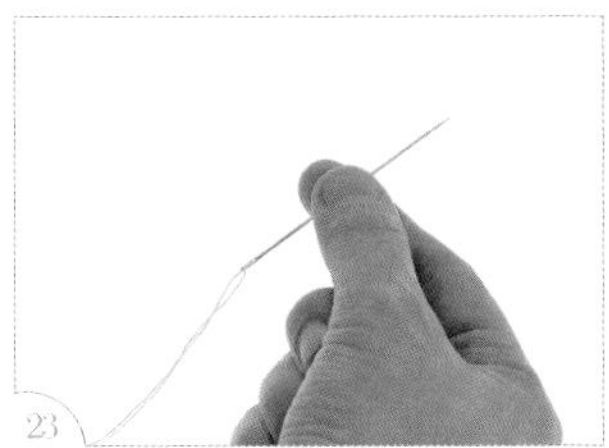

取一根手缝针并穿线。

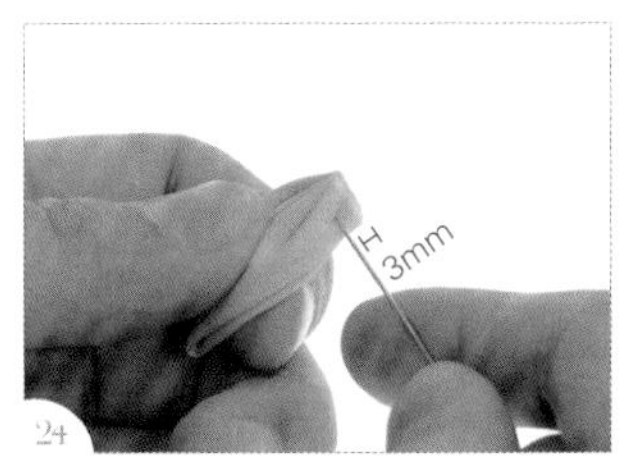

将手缝针从花瓣的一侧刺入，位置距离花瓣尖端 3mm。

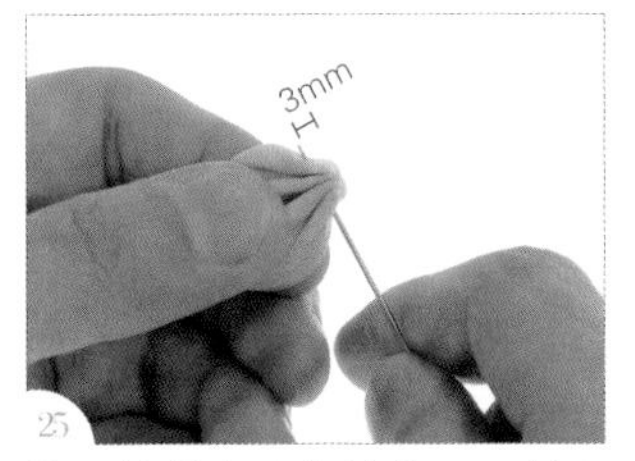

将手缝针穿透花瓣从另一侧出来，位置距离花瓣尖端 3mm。

将手缝针拉出，花瓣一侧留下足够长度的线备用。

用同样的方法将手缝针穿过第 2 片花瓣。

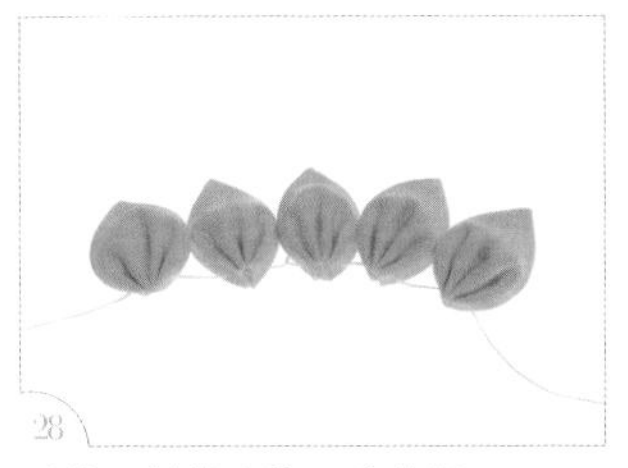

总共用针线连接 5 片花瓣。

将手缝线的两端拉紧。打结，使花瓣围成一圈。

将手缝线再打一个结。

将手缝线从花瓣的缝隙拉到背面。

修剪掉多余的手缝线，完成花朵本体。

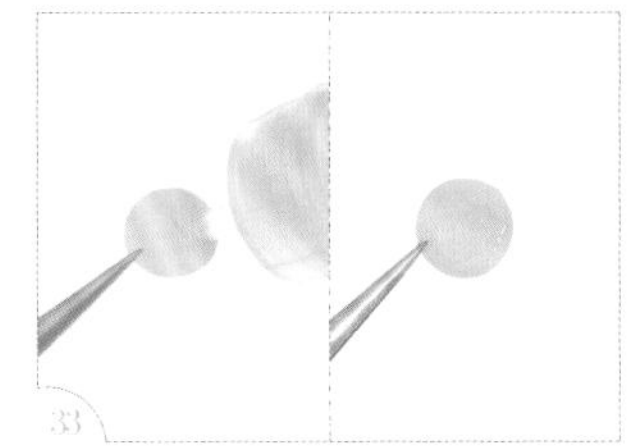

将卡纸一面上胶。（注：圆形卡纸的做法可参考 P.12。）

卡纸的上胶面朝下，粘在花朵背面中央，盖住中间的洞。

花朵翻回正面。

在花朵中心处上胶。

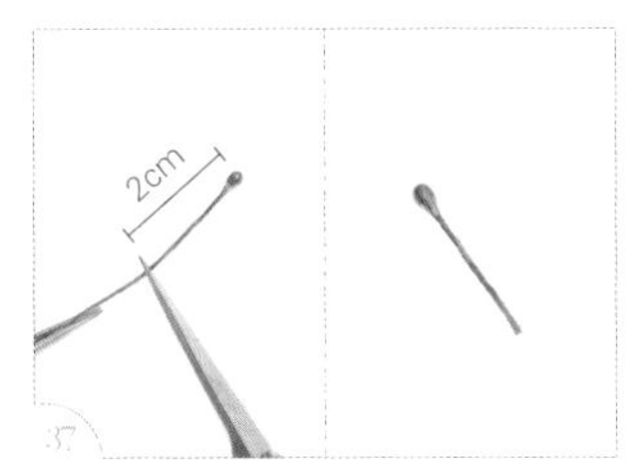

将花蕊剪下 2cm。

用镊子把 1 根花蕊插进花朵中心处。

将所有的花蕊插进花朵中心处，完成桃花。

进阶花形制作 6

山茶花

工具材料

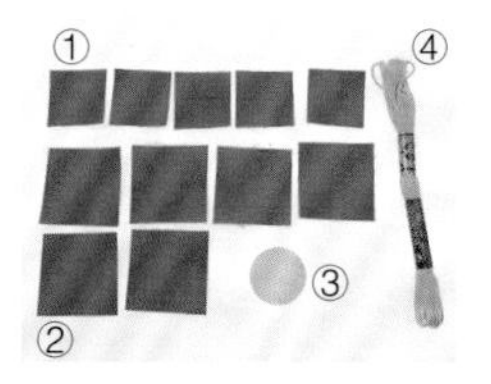

① 布 5 片（3.5cm×3.5cm）

② 布 6 片（4.5cm×4.5cm）

③ 圆形卡纸底台（直径3cm）

④ 绣线（80cm）

手工艺小剪刀
镊子
保丽龙胶
手缝线
梳子

原大尺寸

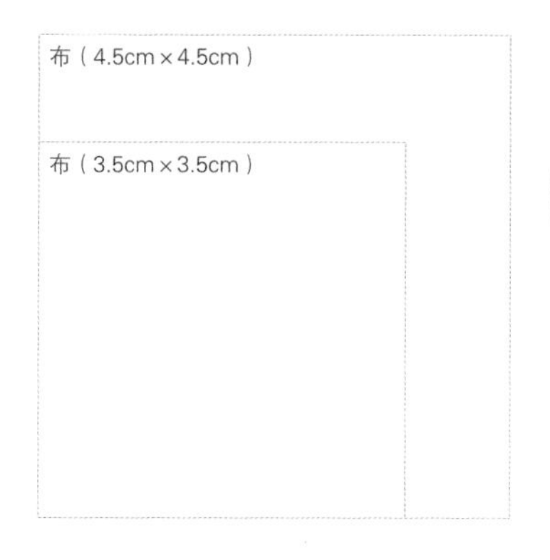

步骤说明

1 拿起 1 片边长 3.5cm 的布片，沿对角线对折成三角形。

2 沿三角形的垂直中线再次对折。

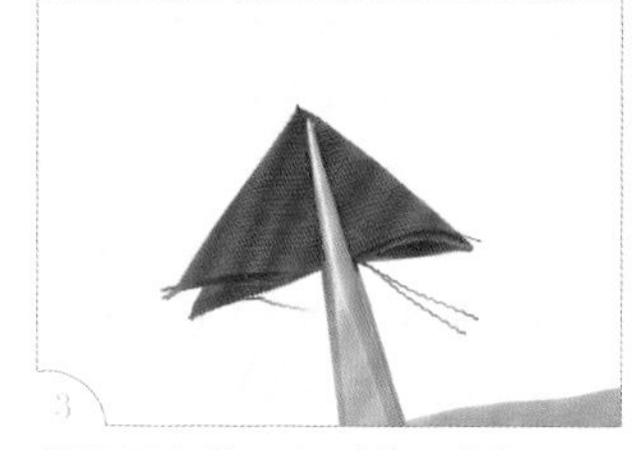

3 用镊子夹住三角形的正中间。

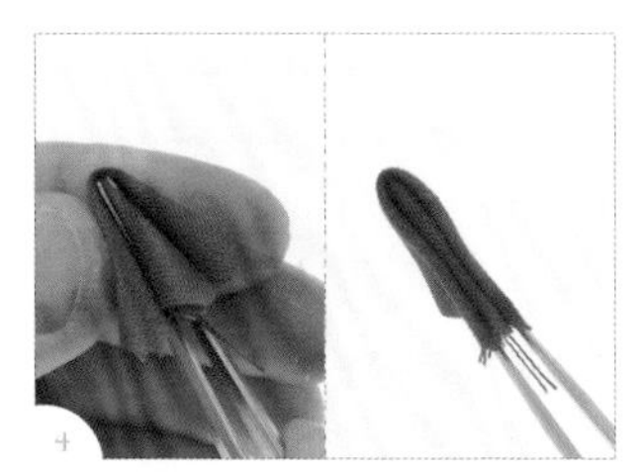

以步骤 2 的折线为中线，将两边分别翻起对折。

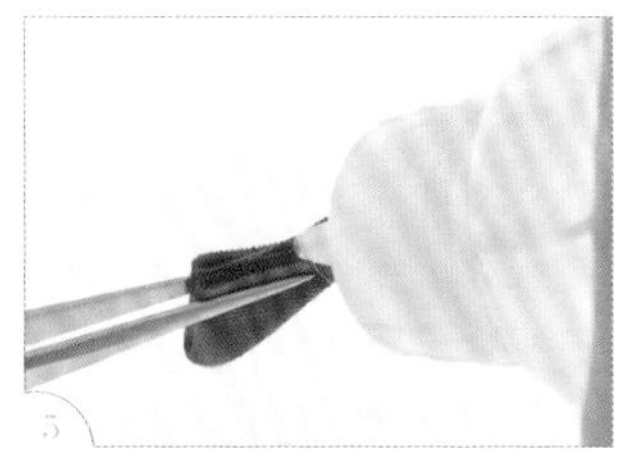

用镊子夹住，翻到背面，在布边开口处上胶。

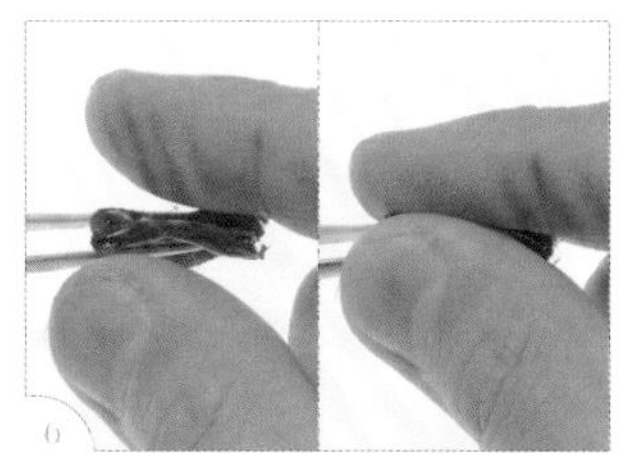

待胶半干后，用手指捏紧布边。（注：触摸时不粘手，但仍有软度即可。）

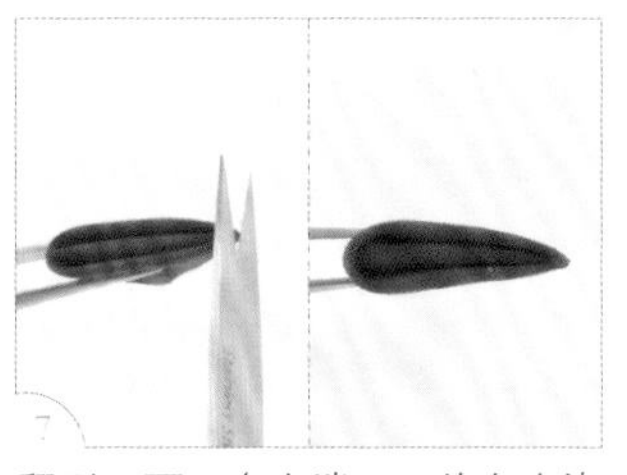

翻到正面，在尖端开口处上少许胶，待胶半干后，修齐尖端。

将剪刀伸进后端的开口，剪开上胶的布边。

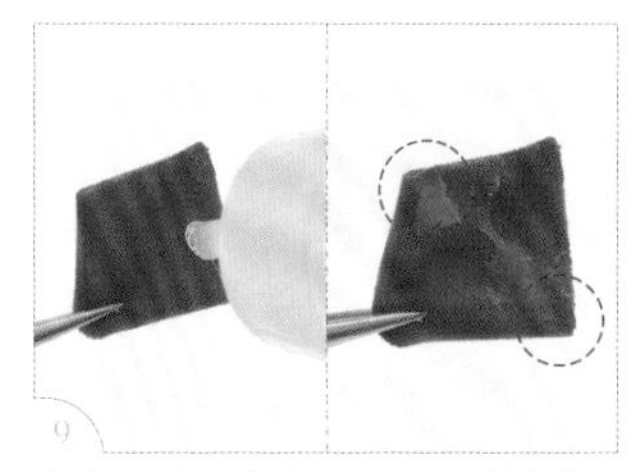

在花瓣背面左右两边各上少许胶。

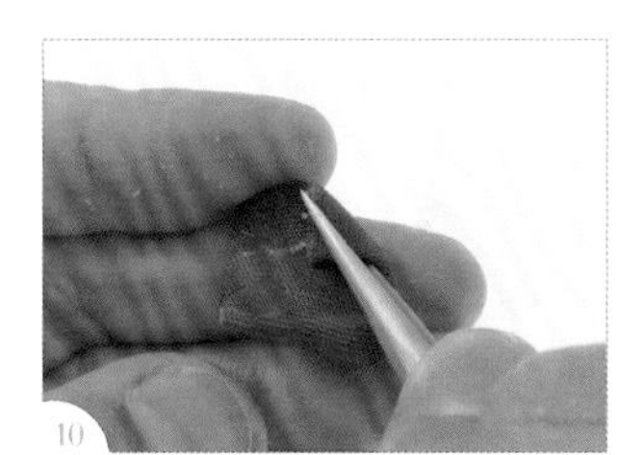

上胶的角往内折并粘住。

用同样的方法把另一角往内折粘住。

如图，折成 1 个六角形花瓣。

从六角形花瓣尖端的方向沿正中央剪开一半。

翻回正面，用镊子夹住花瓣圆弧的位置。

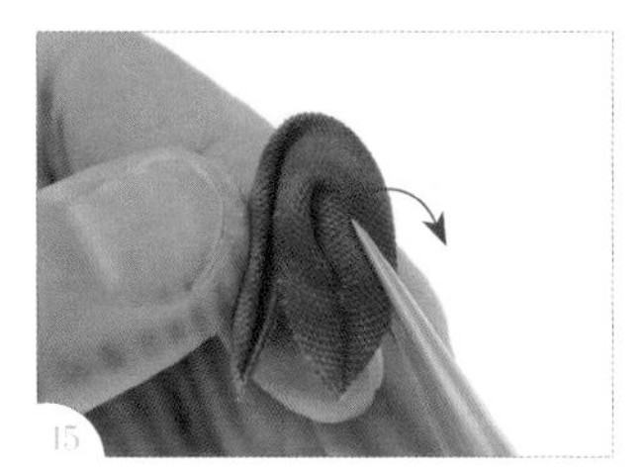

将花瓣圆弧正面翻折到背面。

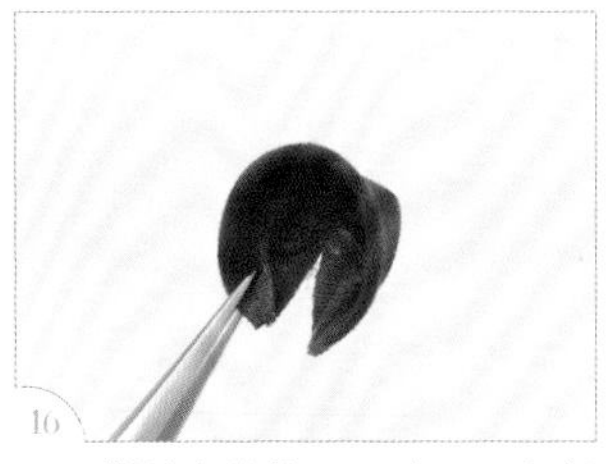

用同样的方法将另一边正面翻折到背面，翻的时候注意不要让黏合处崩开。

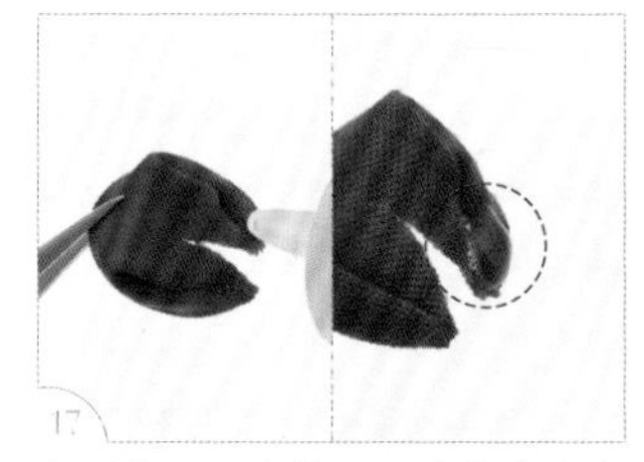

翻到背面，在剪开两半的右边尖角处上胶。

粘上第 2 片花瓣。

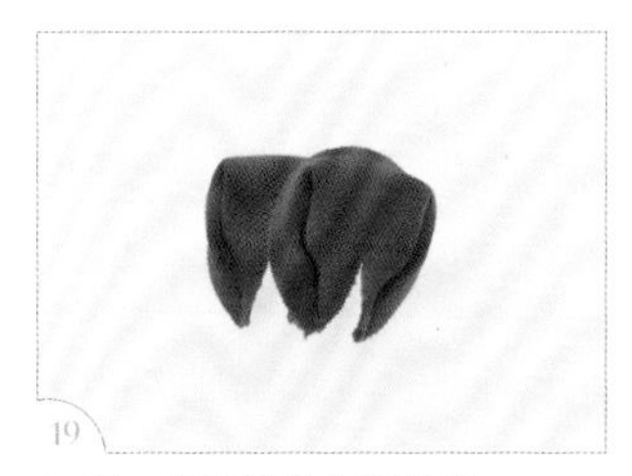

如图，尖角部分上下重叠。

重复步骤 17~18，依序粘上 5 片花瓣。

在最后 1 片花瓣的右边尖角位置上胶。

将最后 1 片花瓣与第 1 片花瓣粘在一起。

完成第一层 3.5cm 的小花瓣。

重复步骤 1~22，将第二层 4.5cm 的大花瓣制作完成。

将卡纸一面上胶。（注：圆形卡纸的做法可参考 P.12。）

粘在边长 4.5cm 的布片中央。

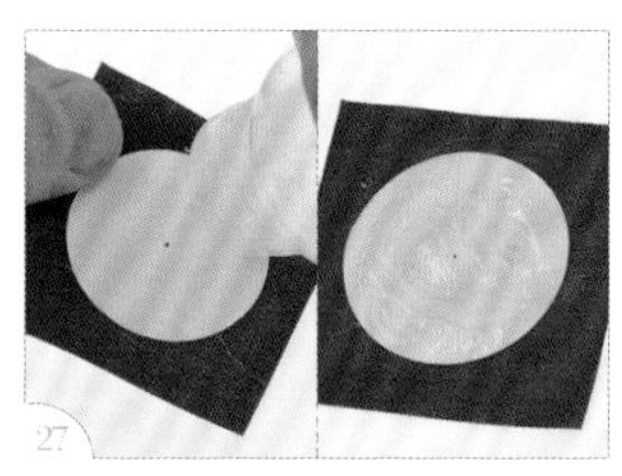

在卡纸另一面上胶。

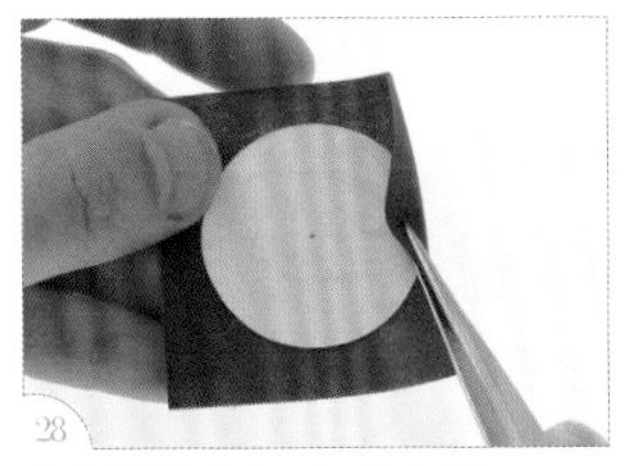

将布翻折进来，包住卡纸。

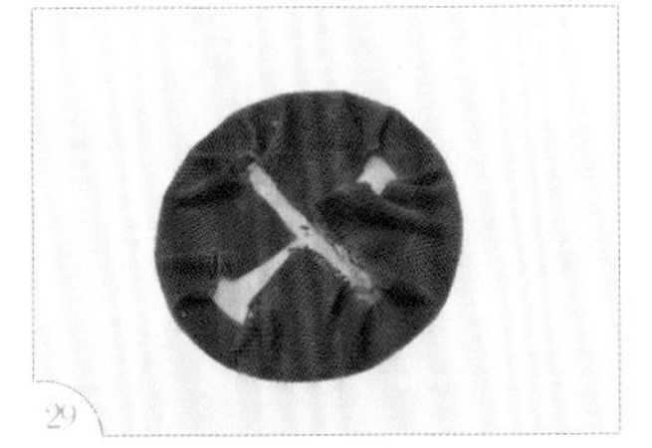

完成底台。（注：也可直接使用与布相同颜色的圆形卡纸。）

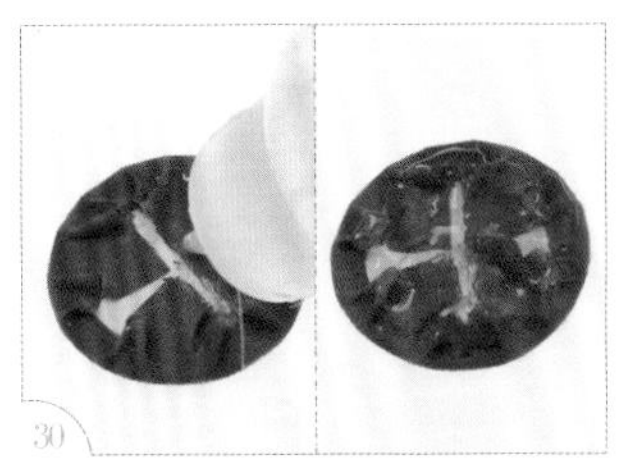

在底台上涂上一层胶。

取大花瓣，将花瓣翻到正面，中心往上推，花瓣向外翻平。

向下粘在底台上。

可以稍微压一下确认粘牢。

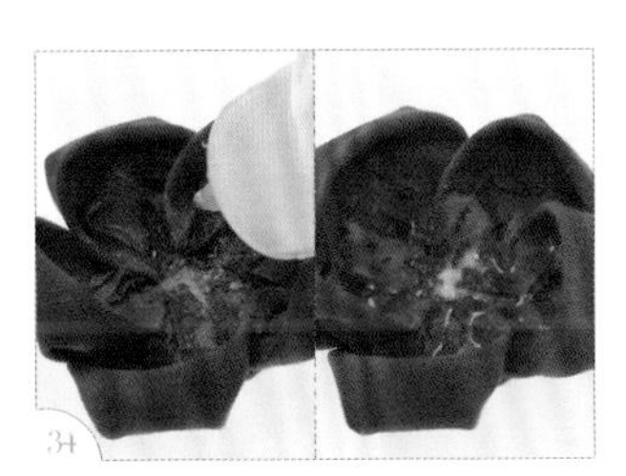

在粘好的大花瓣中央处上胶。

将小花瓣从上方粘进大花瓣中央。

粘住即可，不要用力压，保持花瓣之间的间隙。

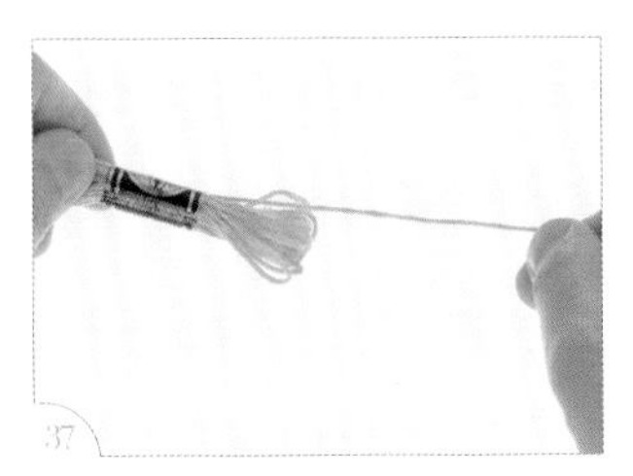

将绣线拉出需要的量。

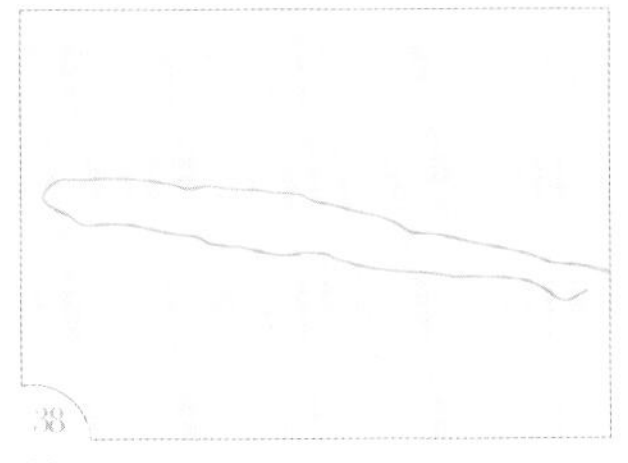

剪下 80cm。

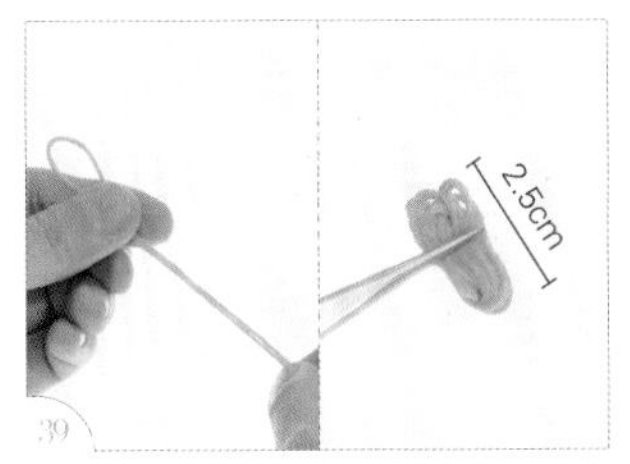

对折 5 次，变成长 2.5cm 的一束线。

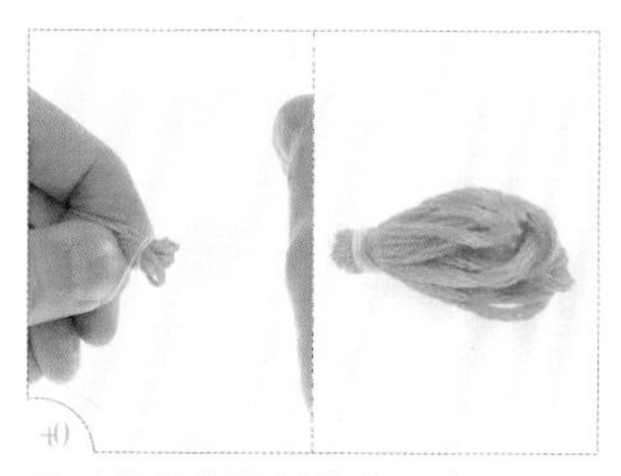

用手缝线绑紧绣线的一端。

剪开绣线较长一端。

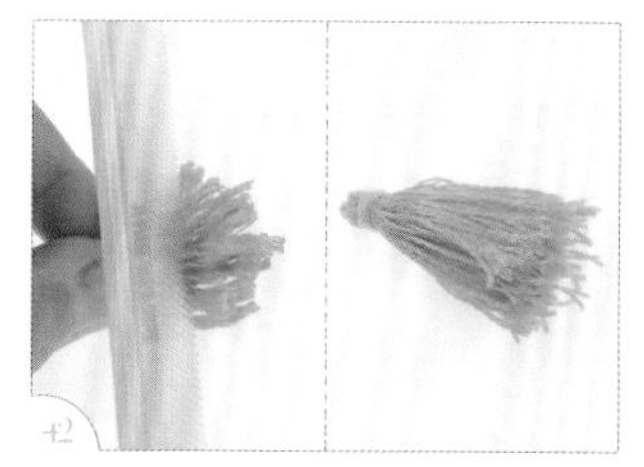

用梳齿较密的梳子，轻轻将绣线梳开。

先不要上胶，而把绣线直立着放入花朵中心处，长度稍微超出花瓣即可。

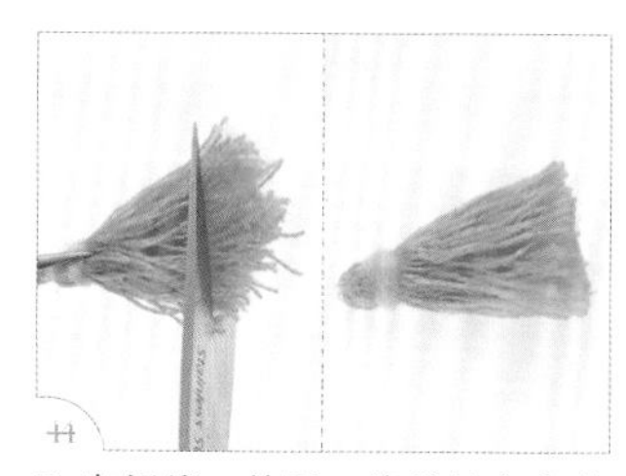

取出绣线，剪平，修剪掉多余的长度。

将绣线底端上胶。

粘在花朵中心处。

完成山茶花。

进阶花形制作 7

蔷薇

工具材料

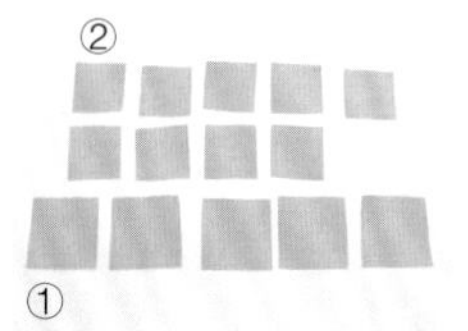

①布 5 片（4.5cm×4.5cm）

②布 9 片（3.5cm×3.5cm）

镊子

保丽龙胶

原大尺寸

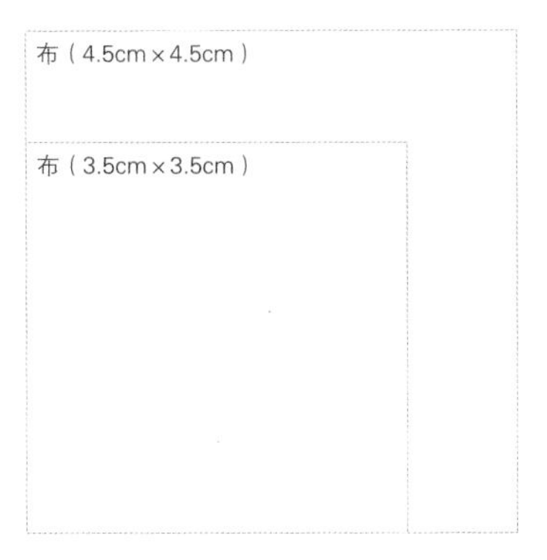

步骤说明

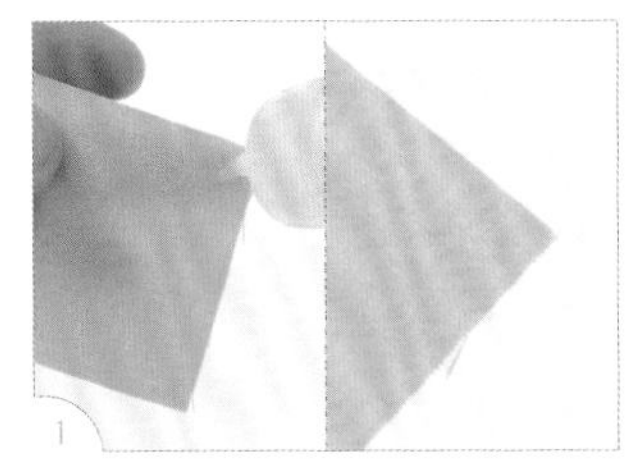

拿起 1 片布片，在其中一个角落处上少许胶。

沿对角线对折成三角形，粘住上胶的位置。

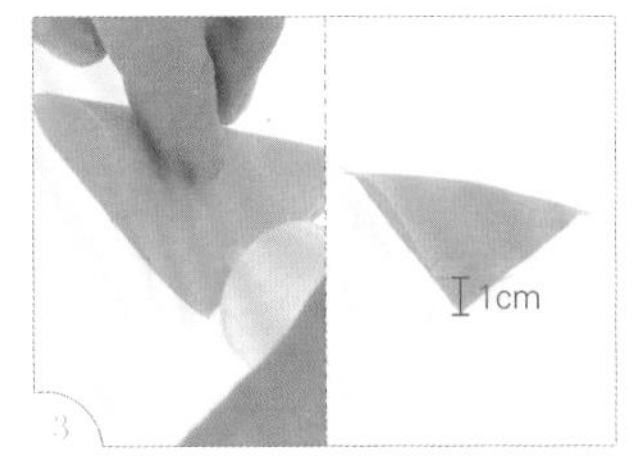

距离直角尖端约 1cm，横向涂上一条胶。

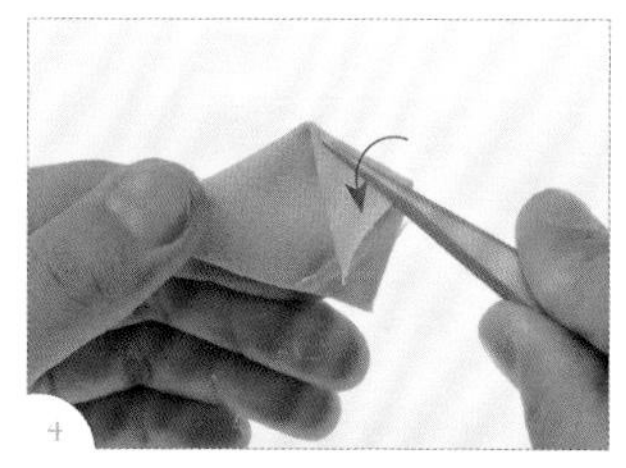

夹住一边尖角向下翻折并粘在上胶处。

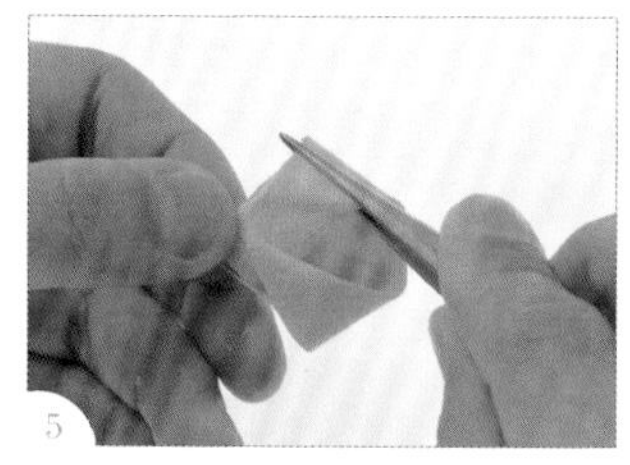

将另一边翻折并粘在上胶处。

花瓣呈钻石形。（注：折线不要压紧，备用。）

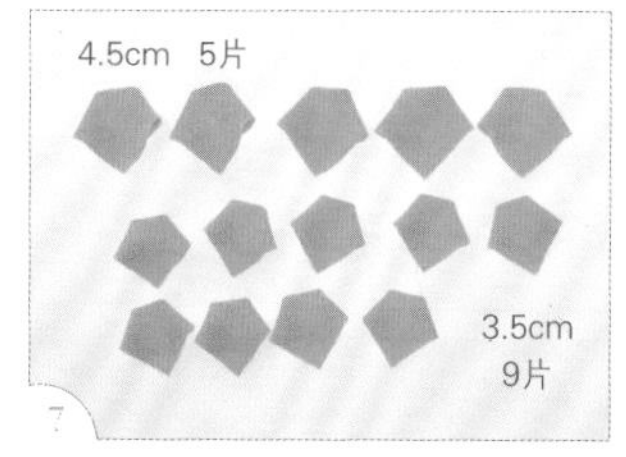

重复步骤 1~6，将所需的花瓣制作完成。

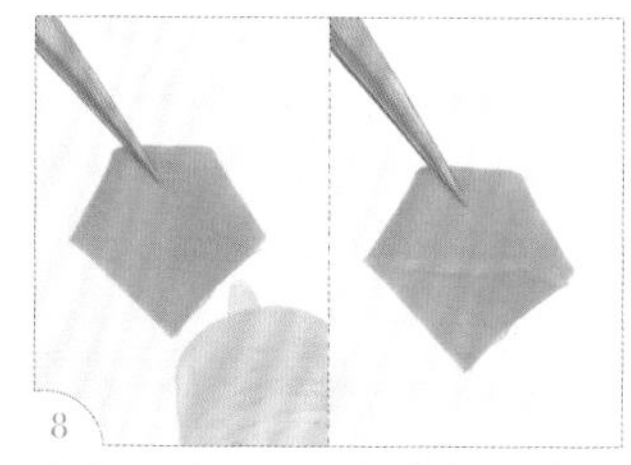

拿起 1 片 3.5cm 的花瓣，中央横向涂上一条胶。

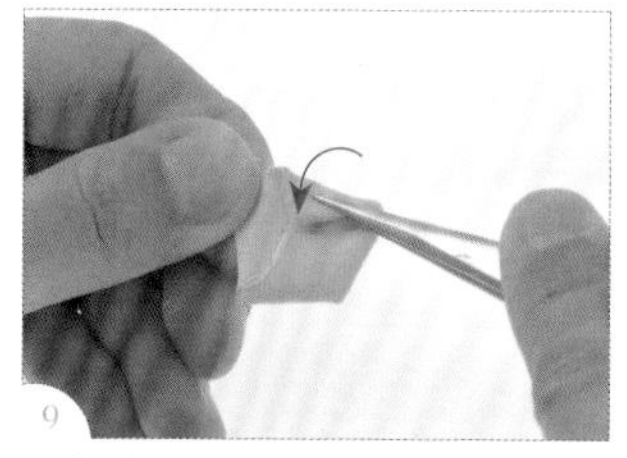

对齐中央往内折，粘住。

将另一边往内折，粘住。

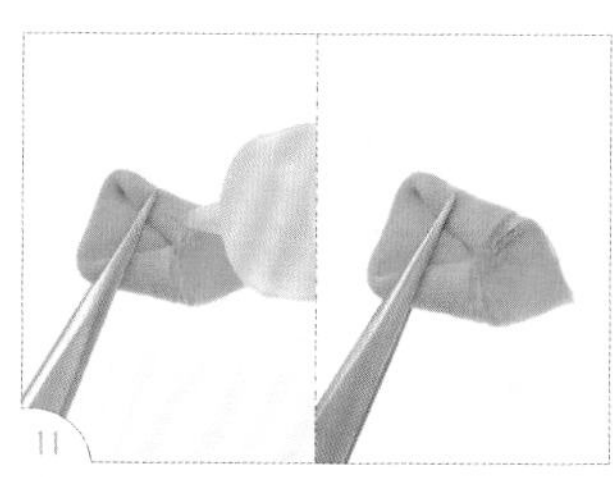

在折起来的位置上少许胶。

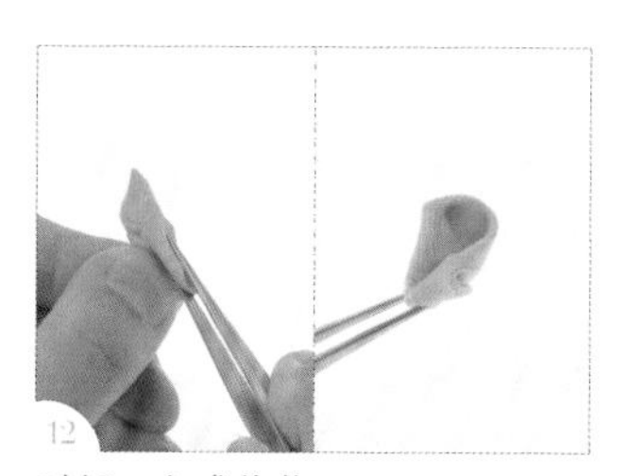

对折，完成花芯。

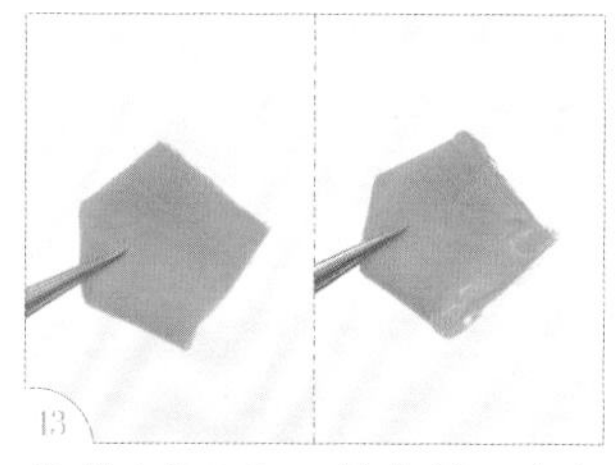

拿起 1 片 3.5cm 的花瓣，在布边开口的两边内侧涂上胶。

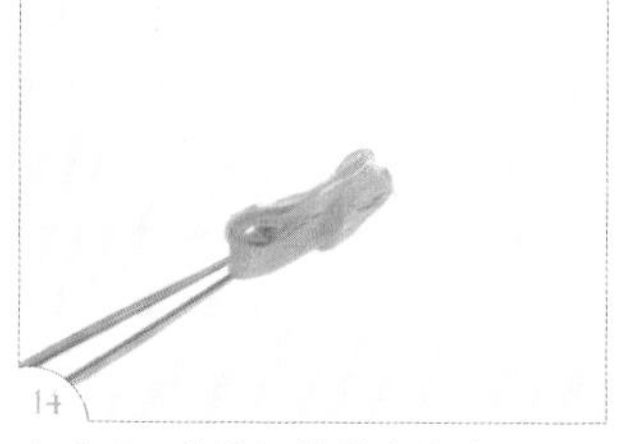

在步骤 6 中的折线处涂上胶。（注：除了花芯以外，剩下所有的花瓣都用这种方式上胶。）

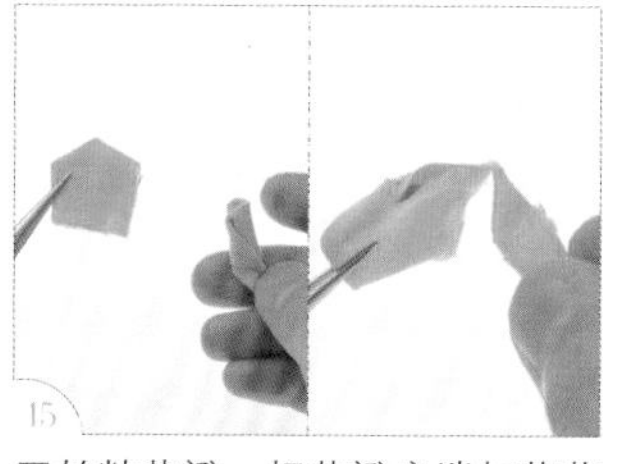

开始粘花瓣。把花瓣底端与花芯底端对准并黏合。

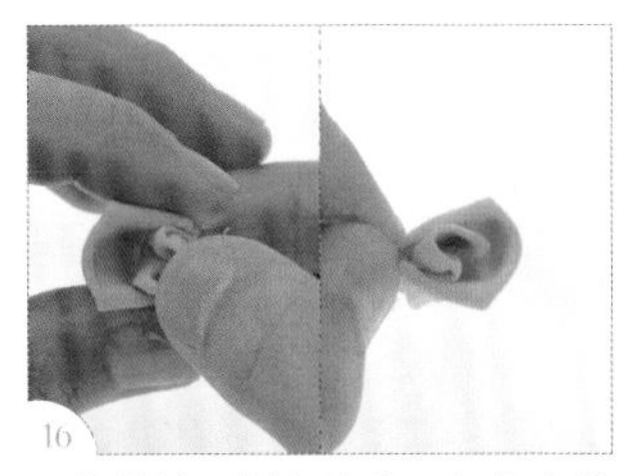
捏住花瓣两侧上胶处，捏紧和花芯的黏合处。

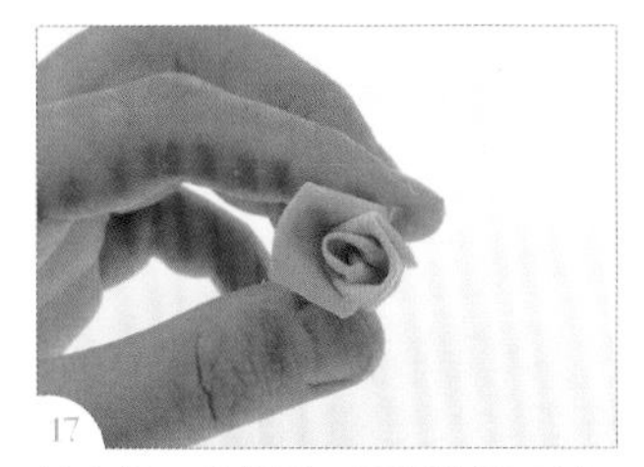
粘上第 2 片花瓣，捏紧花瓣两侧，确保粘好再松手。

粘上第 3 片花瓣，完成第一层。

第二层使用 3.5cm 的花瓣，重复步骤 13、14，上胶后，对准底端后粘在上面。

维持花瓣的弧度，越往外层花瓣包裹得越疏松。

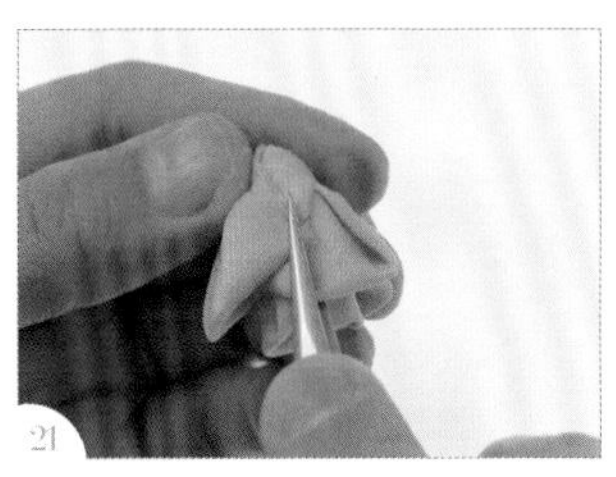
改用镊子伸进花瓣缝隙，捏紧黏合处。

依序将第二层 5 片花瓣粘好。

第三层使用 4.5cm 的花瓣，重复步骤 13、14，上胶后，依序将 5 片花瓣对准底端后粘好。

完成蔷薇。

玫瑰

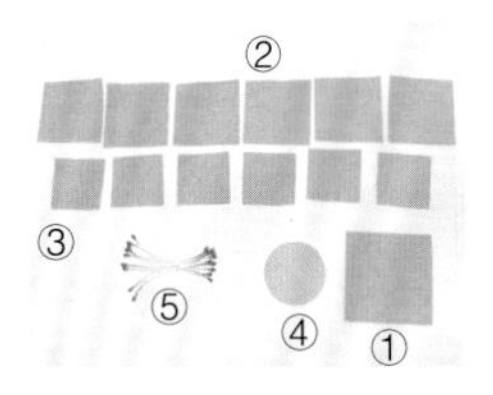

工具材料

① 布 1 片（5.5cm×5.5cm）
② 布 6 片（4.5cm×4.5cm）
③ 布 6 片（3.5cm×3.5cm）
④ 圆形卡纸底台（直径4cm）
⑤ 花蕊 10 根

手工艺小剪刀
镊子

保丽龙胶
手缝线

原大尺寸

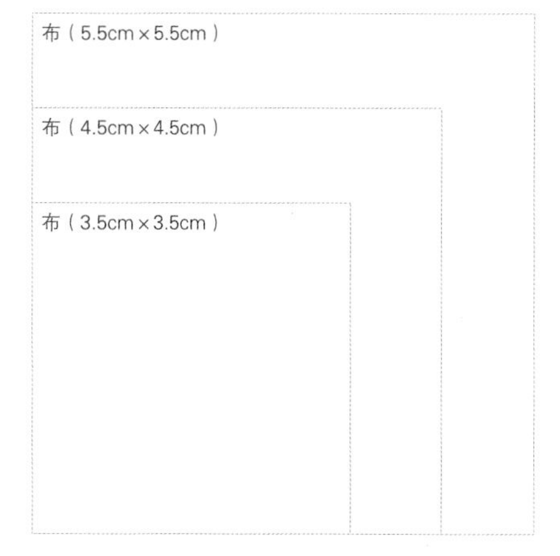

步骤说明

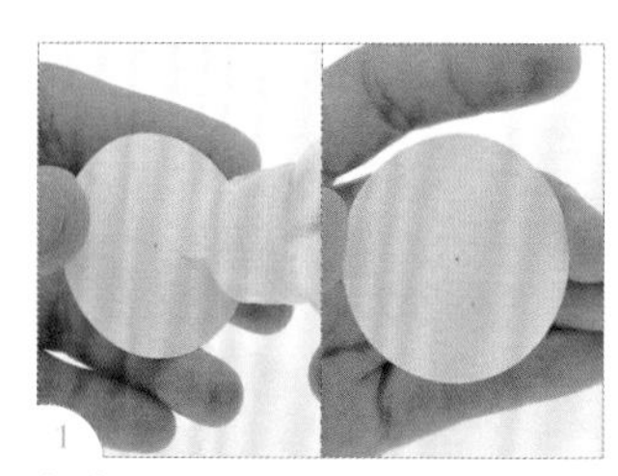

将卡纸的一面上胶。（注：圆形卡纸的做法可参考 P.12。）

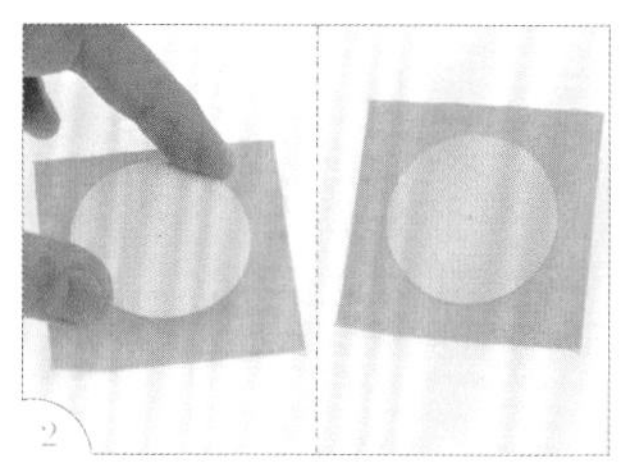

粘在边长 5.5cm 的布片中央。

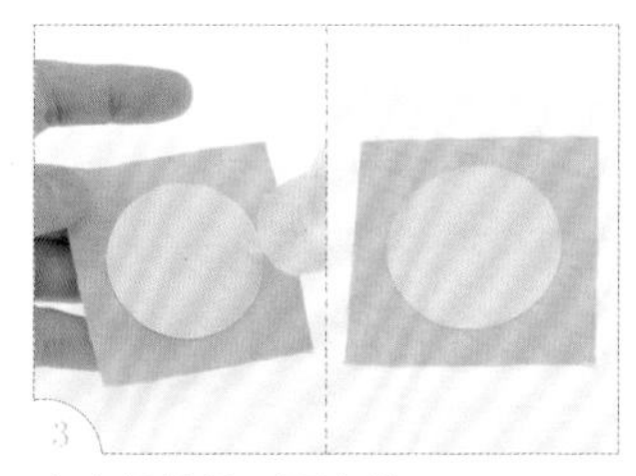

在卡纸的另一面上胶。

将布折起来，包住卡纸。

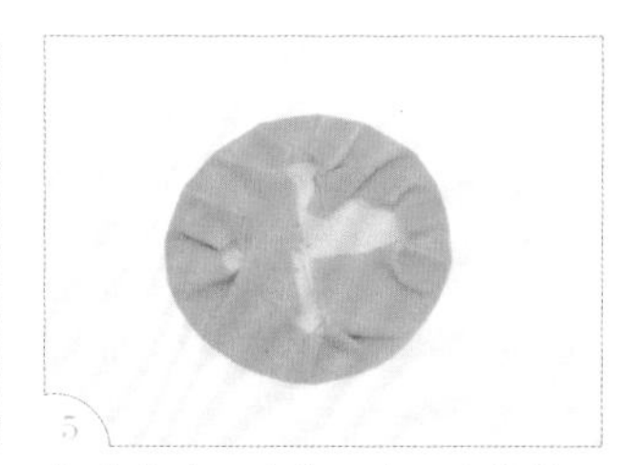

完成底台。（注：也可直接使用与布相同颜色的圆形卡纸。）

拿起 1 片边长 4.5cm 的布片，沿对角线对折成三角形。

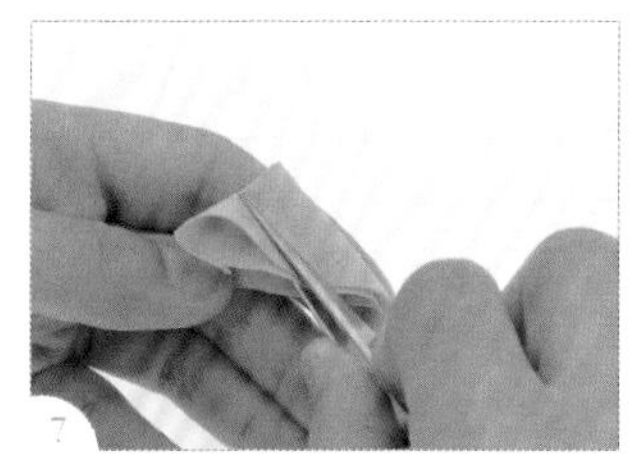

沿三角形的垂直中线再次对折。

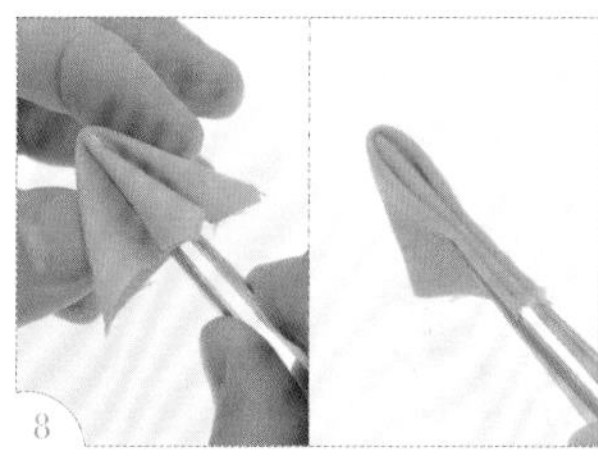

用镊子夹住三角形的正中间，将两边分别翻起对折。

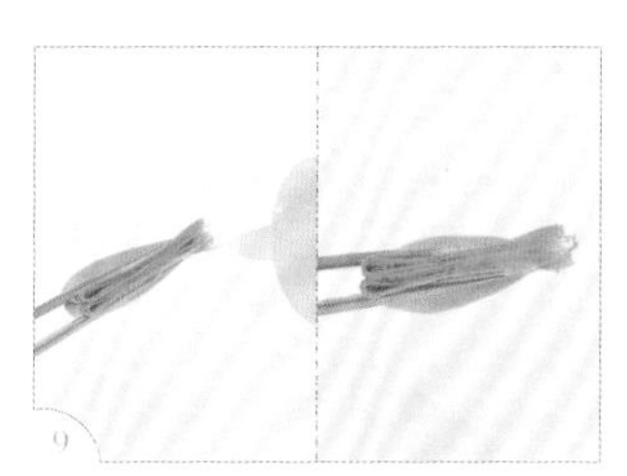

翻到背面，在布边开口处上胶。

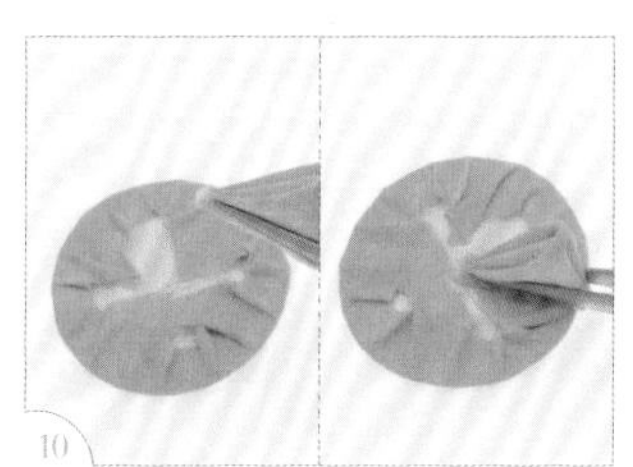

不用等胶干，直接放在底台上，花瓣外侧对齐底台边缘。

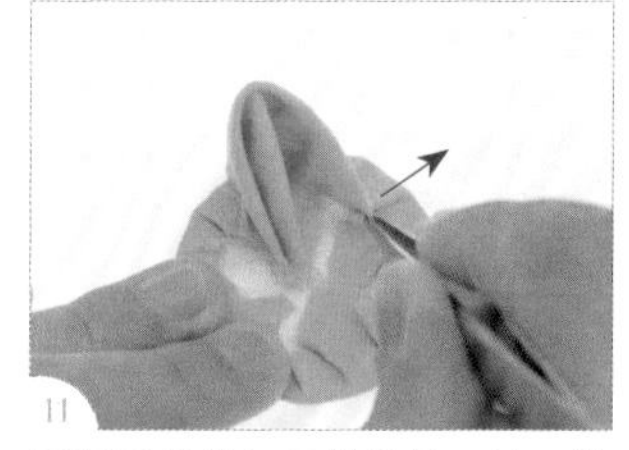

用镊子轻轻打开花瓣的一边，粘在底台上。

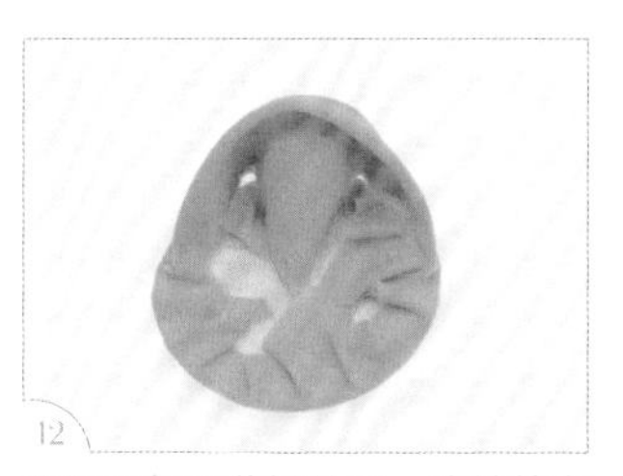

用镊子打开花瓣的另一边并粘在底台上。

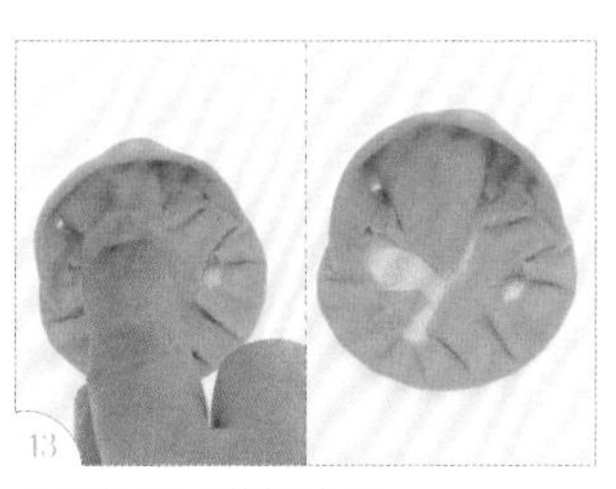

用手指压平花瓣中央。

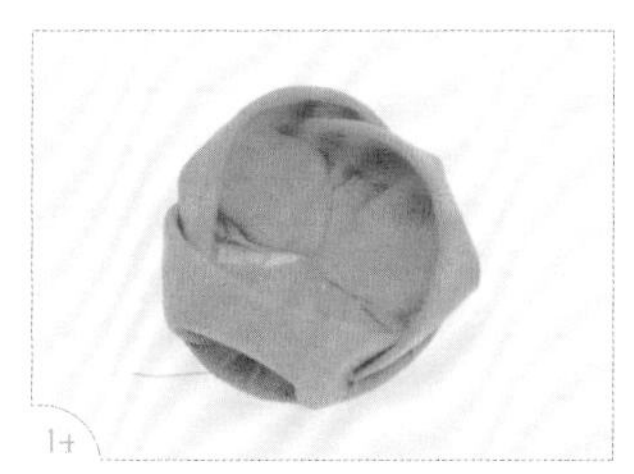

重复步骤 6~13，完成第一层 3 片花瓣。

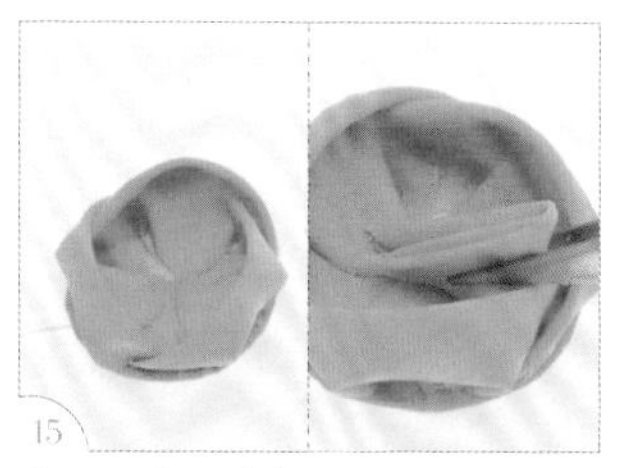

第二层使用边长 4.5cm 的布片制作花瓣，上完胶后从上方放在第一层花瓣下面的底台上。（注：注意不要让胶沾到已经粘好的花瓣。）

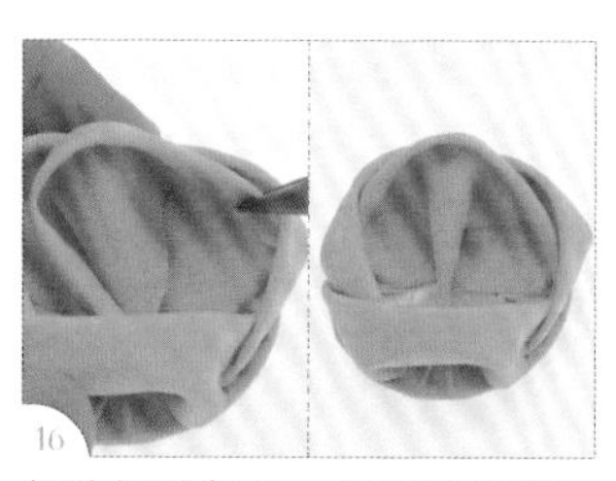

将花瓣粘好后，再打开花瓣两边。

重复步骤 15、16，将第二层 3 片花瓣依序粘好。

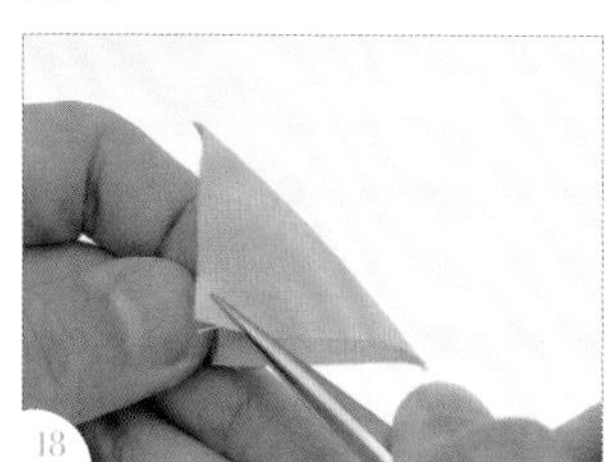

第三层使用边长 3.5cm 的布片制作花瓣，沿对角线对折成三角形。

沿三角形的垂直中线再次对折。

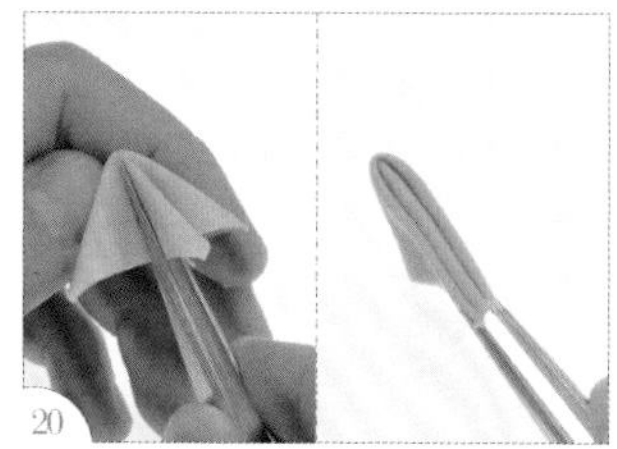

用镊子夹住三角形的正中间，将两边分别翻起对折。

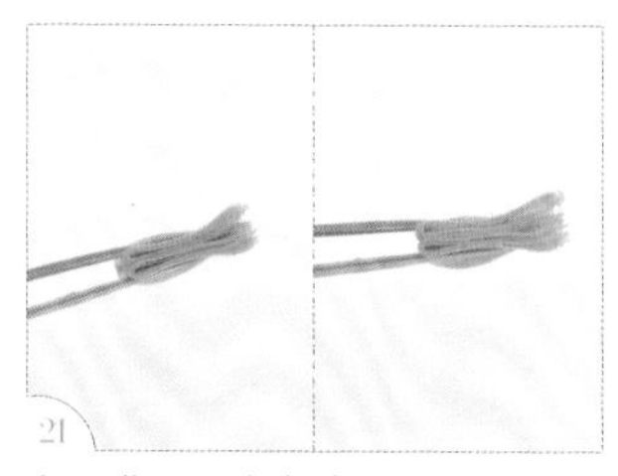

翻到背面，在布边开口处上胶。

从上方凹洞粘入。

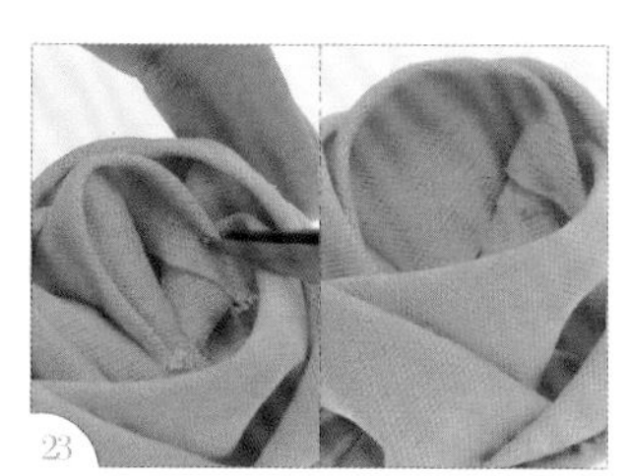

轻轻打开花瓣。

24

重复步骤 18~23，将第三层 3 片花瓣粘好。

25

第四层使用 3.5cm 的花瓣，从上方凹洞粘入。（注：花瓣层越多，中央的空间就越小，尽量把花瓣竖直放入，注意不要让胶沾到粘好的花瓣。）

26

将第四层 3 片花瓣粘好。

27

完成玫瑰本体。

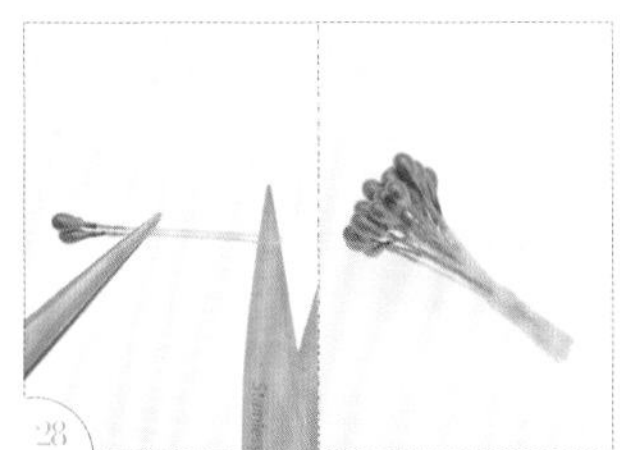

28

将每根花蕊对折并剪成 2 条，用手缝线绑成一束。

29

约留下 2.5cm 花蕊，将多余的部分剪掉。

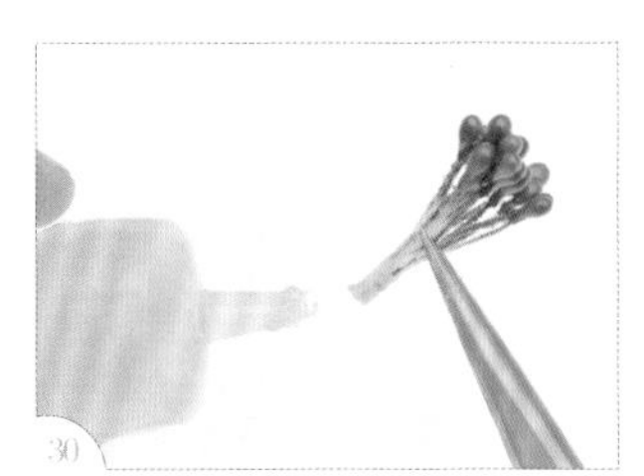

30

在花蕊底部上胶。

31

从上方粘入花瓣中央的凹洞。

32

完成玫瑰。

工具材料

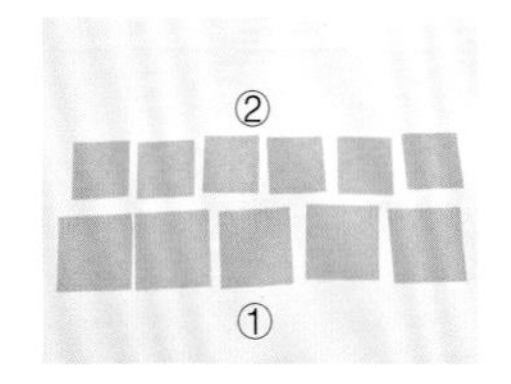

① 布 5 片（4.5cm × 4.5cm）
② 布 6 片（3.5cm × 3.5cm）

手工艺小剪刀
镊子
保丽龙胶
调色盘
糨糊
水
水彩笔

原大尺寸

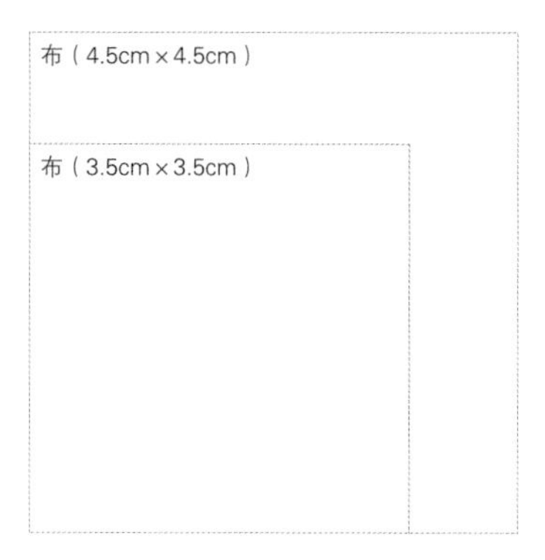

步骤说明

拿起 1 片边长 4.5cm 的布片，用镊子夹住一角，沿对角线对折成三角形。

沿三角形的垂直中线再次对折。

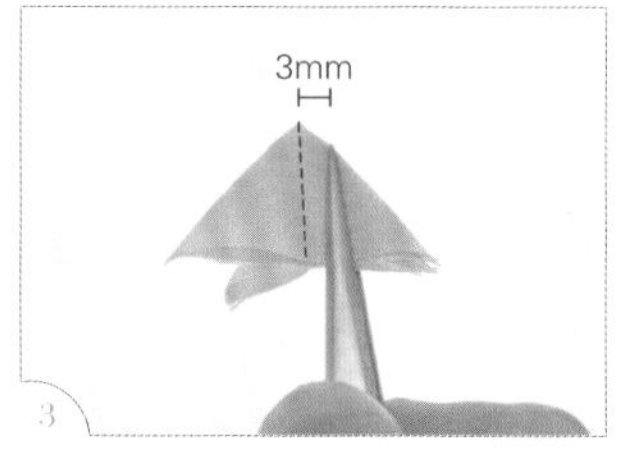

用镊子夹住距离垂直中线 3mm 的位置。

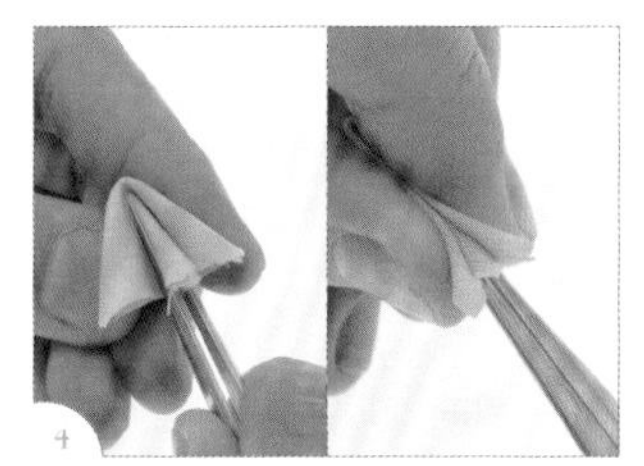

将两边分别翻起对折。

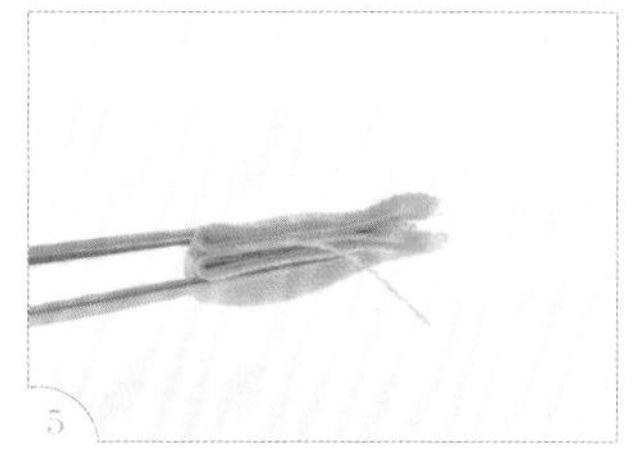

用镊子夹住，翻到背面。

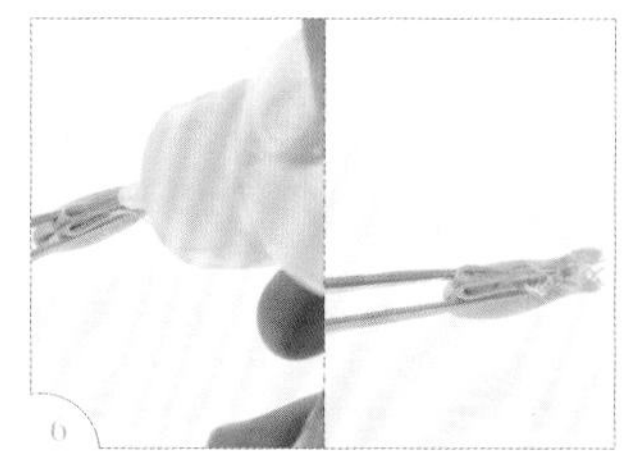

在布边开口处上胶。

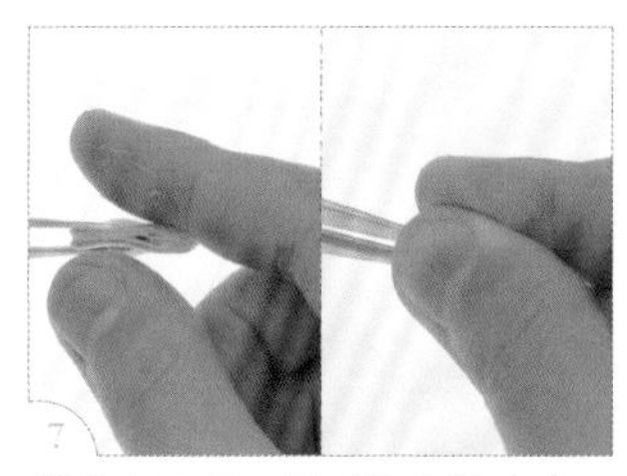

待胶半干后，用手指捏紧布边。（注：触摸时不粘手，但仍有软度即可。）

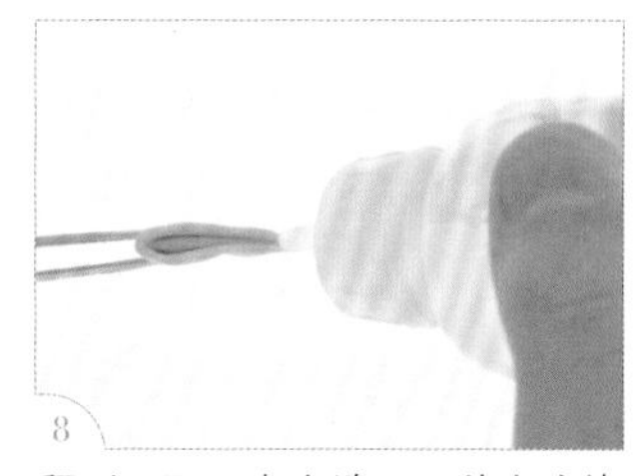

翻到正面，在尖端开口处上少许胶。

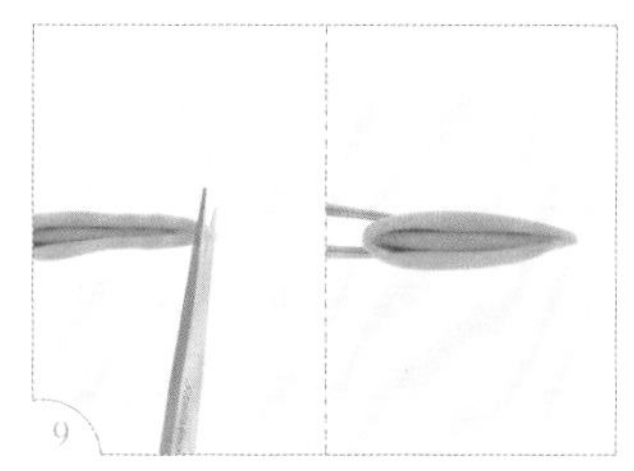

待胶半干后，修齐尖端。

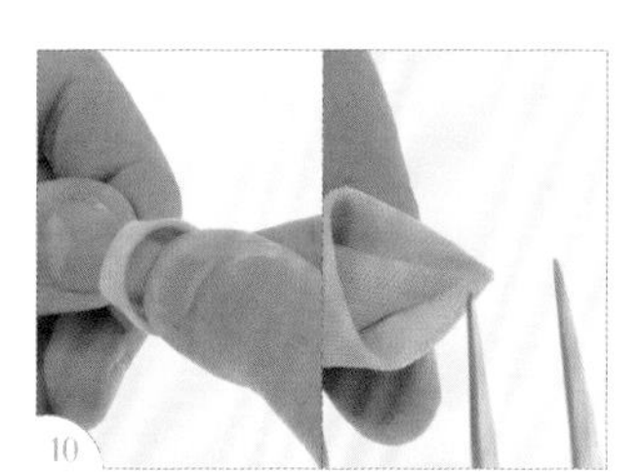

将花瓣撑圆，注意不要让尖端的部分绽开。

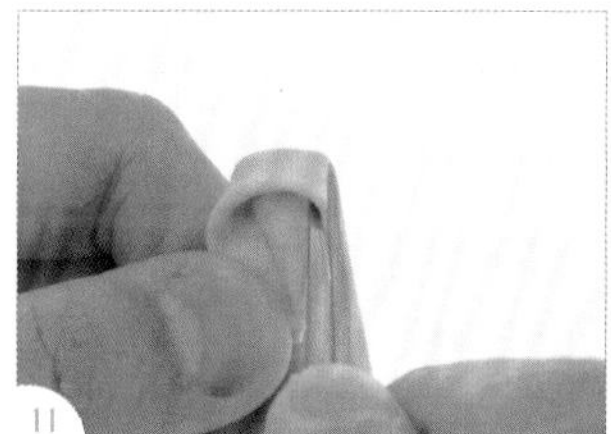

用镊子夹住花瓣圆弧的位置。

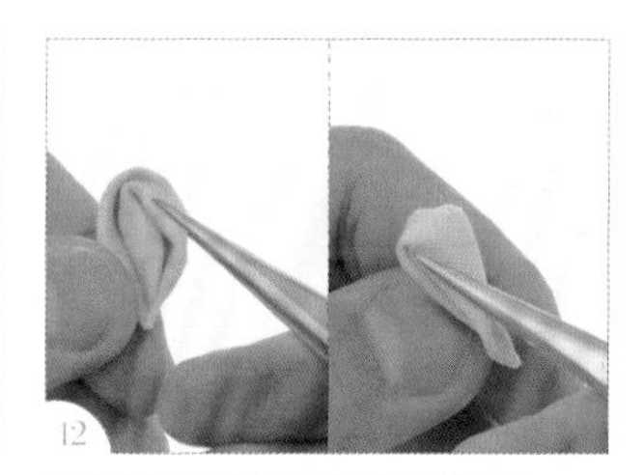

将花瓣圆弧正面翻折到背面。

用同样的方法将另一边正面翻折到背面。

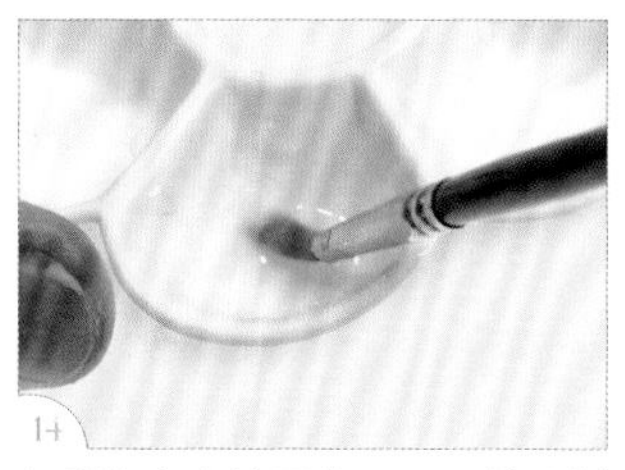

把糨糊和水按照约 2 ： 1 的比例混合均匀。（注：比例可依个人喜好及气温调整。）

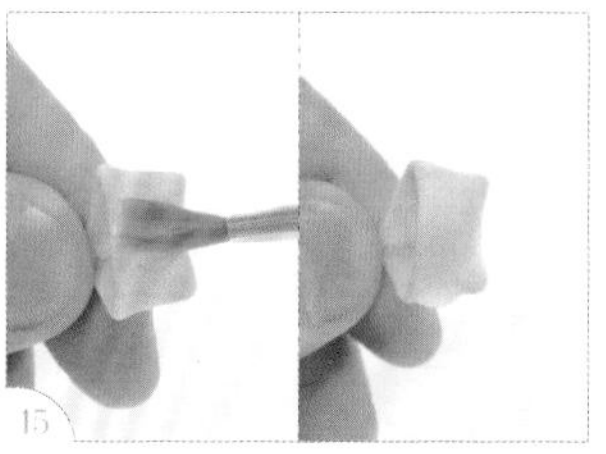

用水彩笔刷在花瓣圆弧的位置。

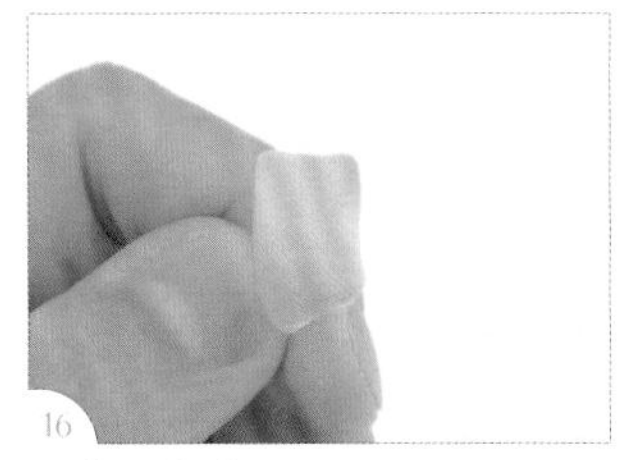

等待至七成干。（注：沾水后颜色变深的区域恢复到原本的颜色，但还没有全部变硬。）

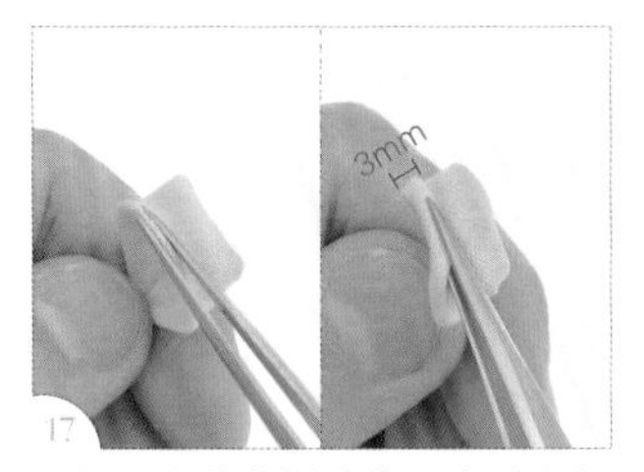

用镊子夹住花瓣边缘，向外翻折 3mm。

完成 1 片花瓣。

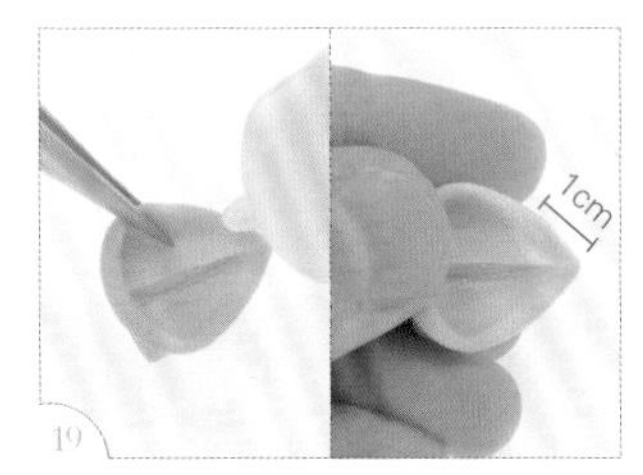

在花瓣靠尖端 1cm 的边缘处上胶。

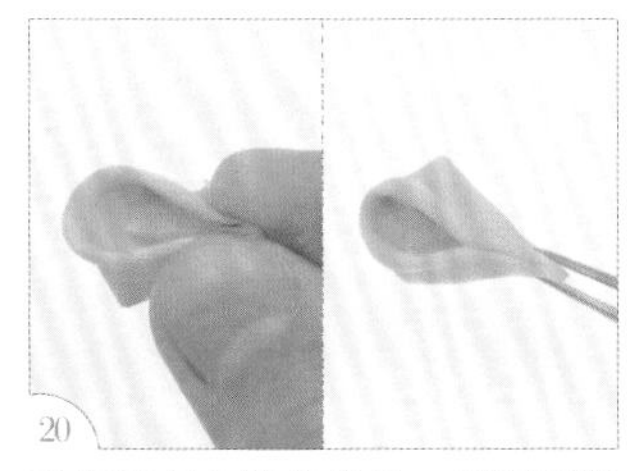

对折捏起上胶的位置，留下弧形的部分不要粘在一起。

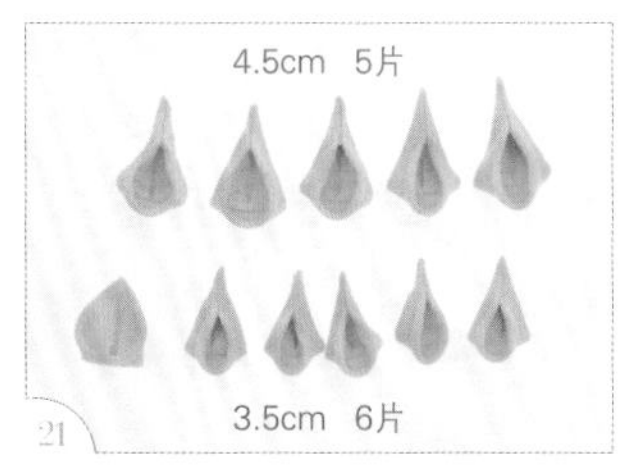

用同样的方法，将所需的 2 种尺寸的花瓣制作完成，其中 1 片 3.5cm 的花瓣不要粘边缘。

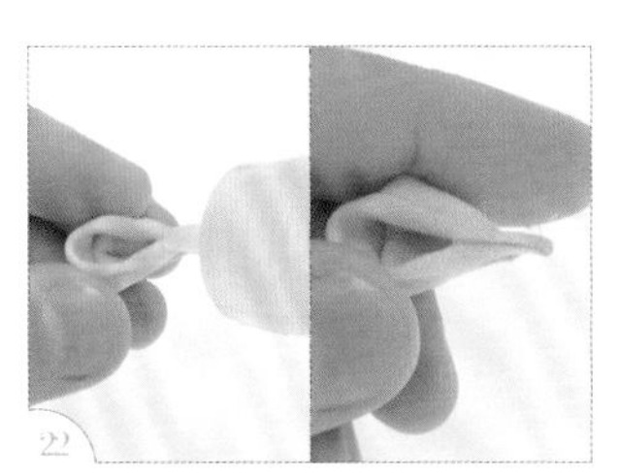

拿起 1 片 3.5cm 的花瓣，在边缘黏合处上胶。

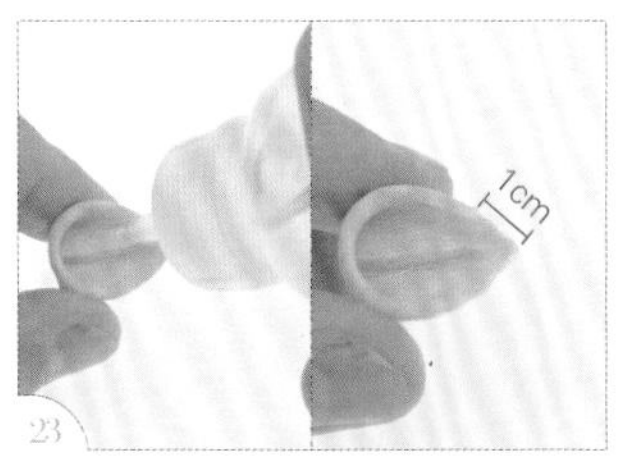

取 1 片没有黏合边缘的 3.5cm 的花瓣，并在靠近尖端 1cm 的边缘处上胶。

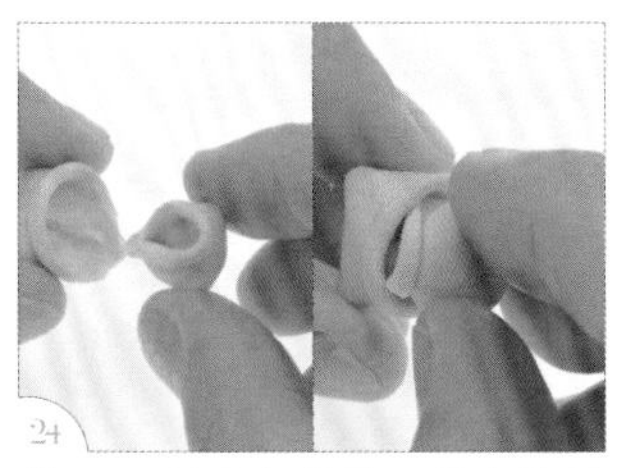

接 23，用它包住第 1 片上胶的花瓣。

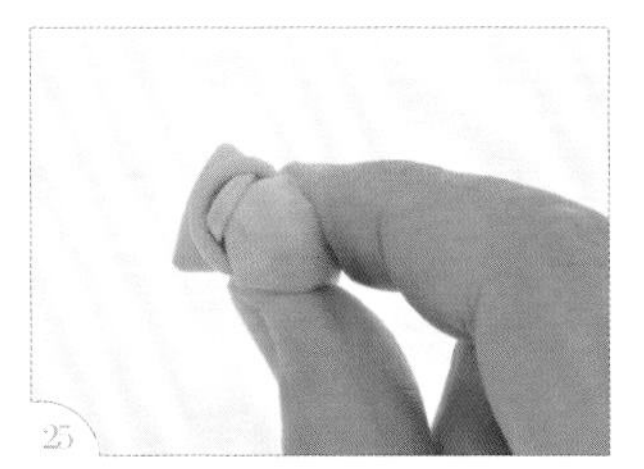

底端的部分稍微捏紧。

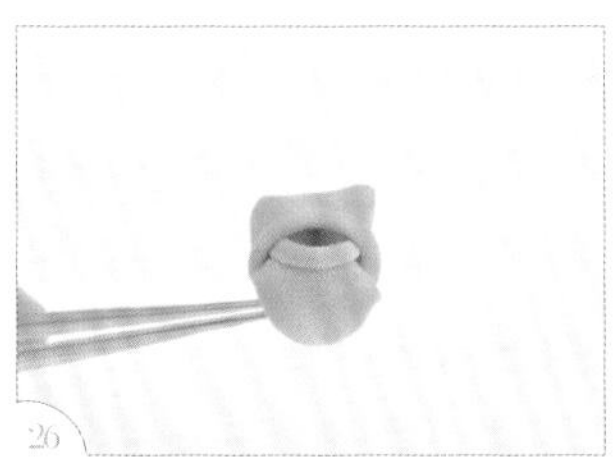

完成花芯。

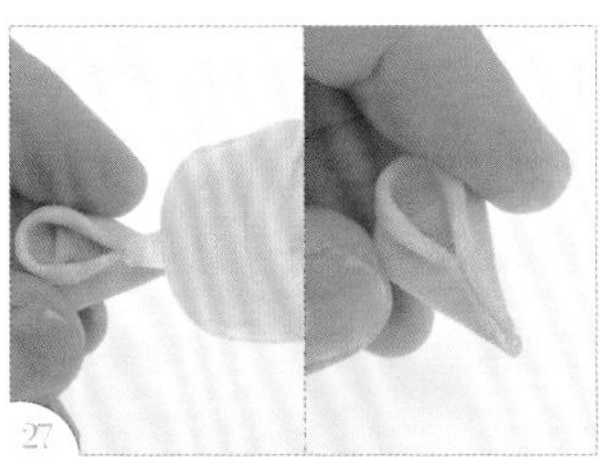

拿起 1 片 3.5cm 的花瓣，在黏合处上胶。

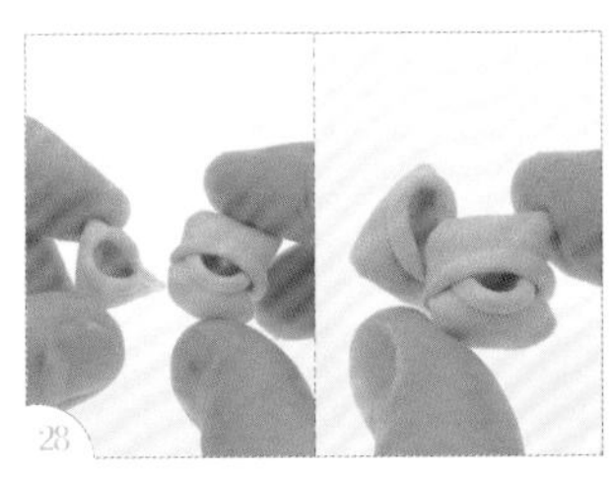

开始粘第 1 层花瓣。取 1 片 3.5cm 的花瓣，花瓣底端与花芯底端对准并粘上。

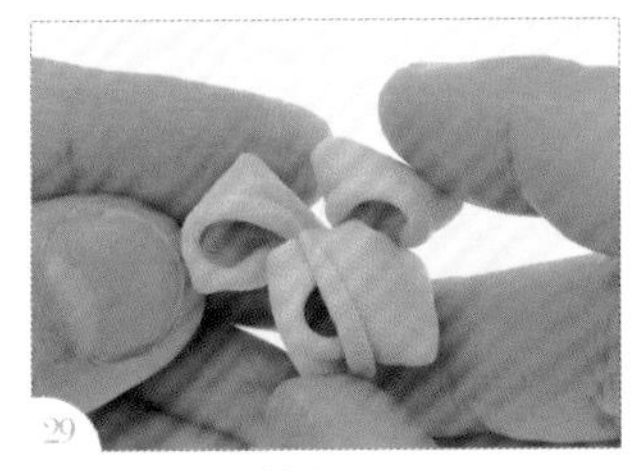

粘上第 2 片花瓣。

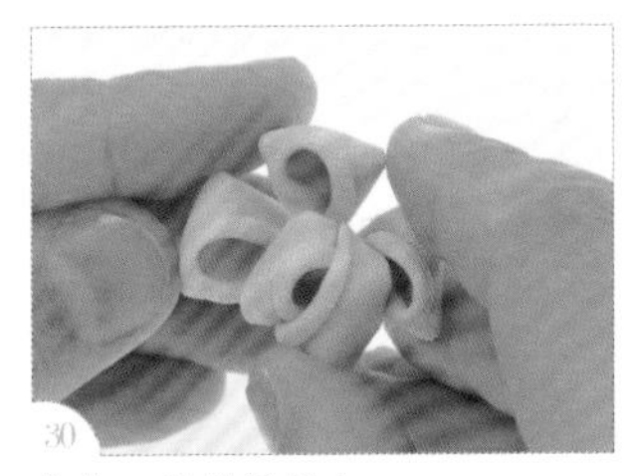

将第 3 片花瓣粘上。

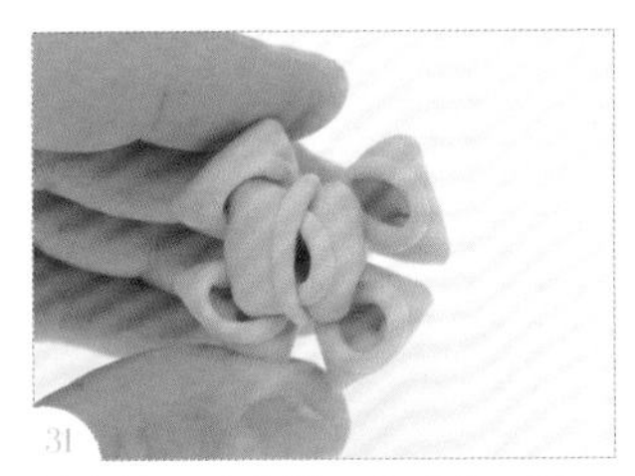

粘上第 4 片花瓣，完成第一层。

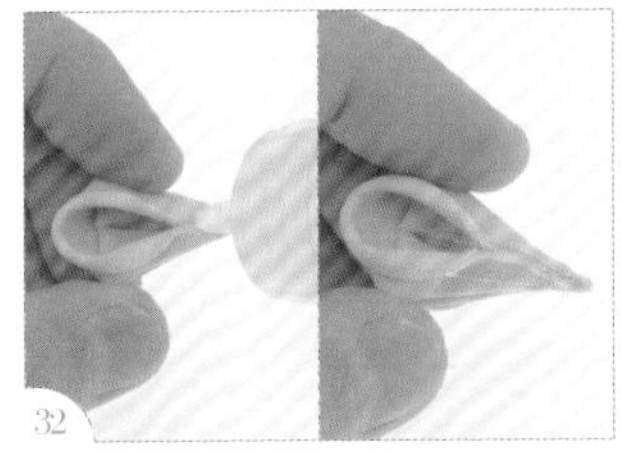

第二层使用 4.5cm 的花瓣，在边缘黏合处上胶。

花瓣底端与花芯底端对准并粘上。

用同样的方法粘上第 2 片花瓣。

将第二层 5 片花瓣全部粘上。

完成月季。

进阶花形制作 10

团菊

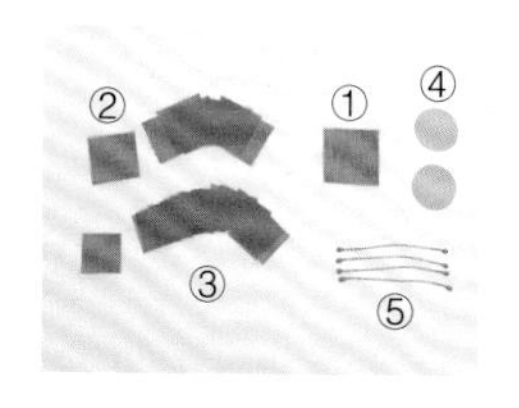

工具材料

① 布 1 片（3cm×3cm）
② 布 8 片（2.5cm×2.5cm）
③ 布 30 片（2cm×2cm）
④ 圆形卡纸底台 2 片（直径2.5cm）
⑤ 花蕊 4 根

手工艺小剪刀
镊子
保丽龙胶
拗折好的铁丝
锥子

原大尺寸

布（3cm×3cm）
布（2.5cm×2.5cm）
布（2cm×2cm）

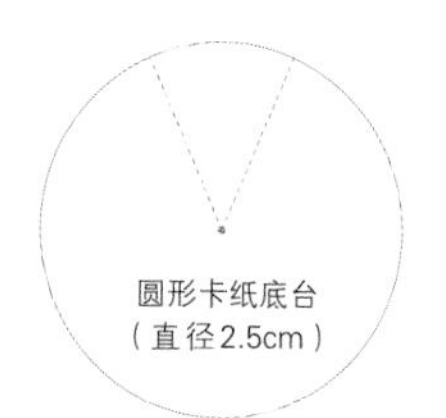

步骤说明

拿起 1 片边长 2.5cm 的布片，沿对角线对折成三角形。

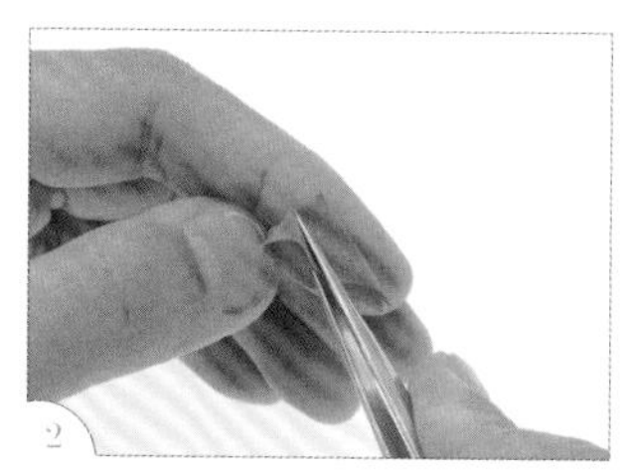

沿三角形的垂直中线再次对折。

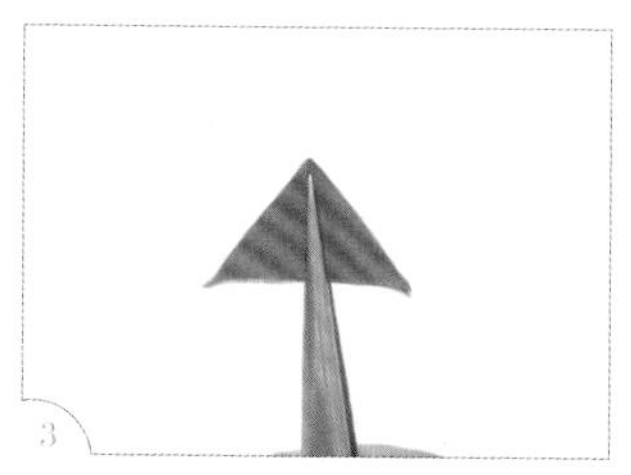

用镊子夹住中间。

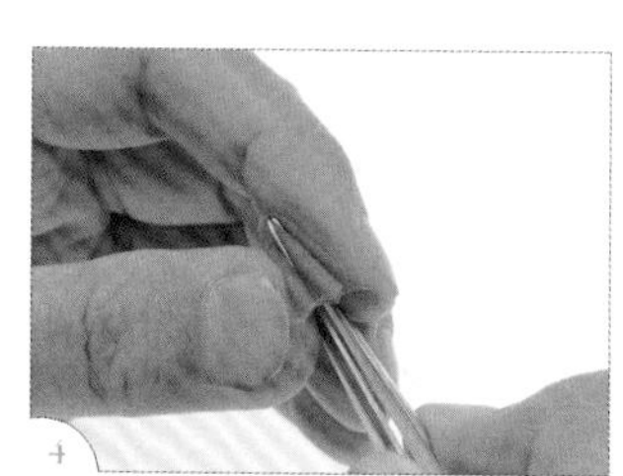

将两边分别翻起对折。

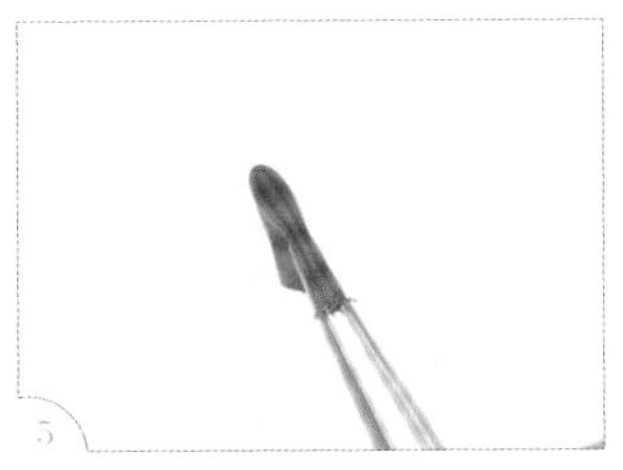

用镊子夹住。

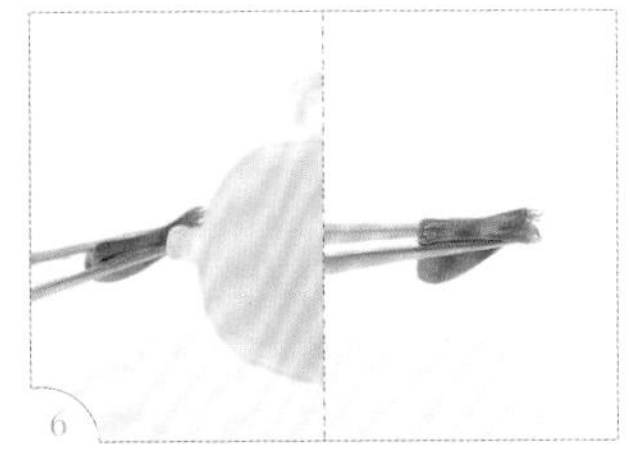

翻到背面，在布边开口处上胶。

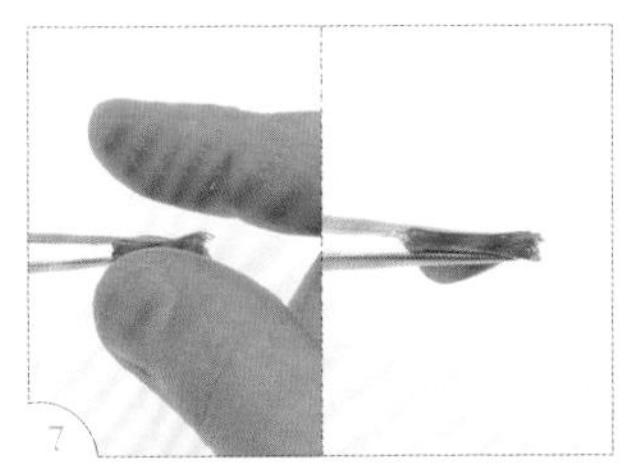

待胶半干时，用手指捏紧布边，用剪刀稍微修齐胶面。（注：触摸时不粘手，但仍有软度即可。）

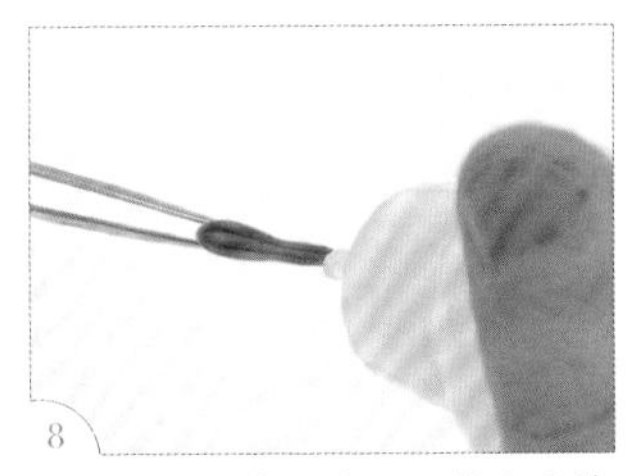

翻到正面，在尖端开口处上少许胶。

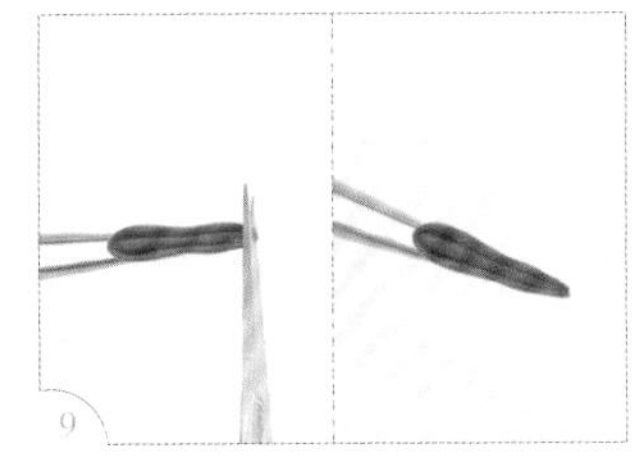

待胶半干后，修齐尖端。

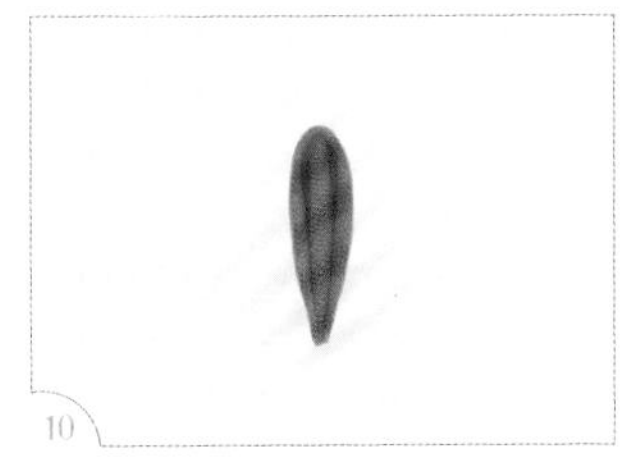

完成 1 片圆形花瓣。

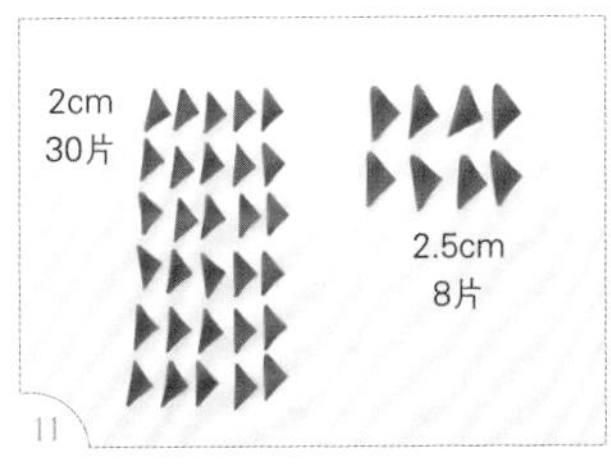

重复步骤 1~10，将所需的 2 种尺寸的花瓣制作完成。

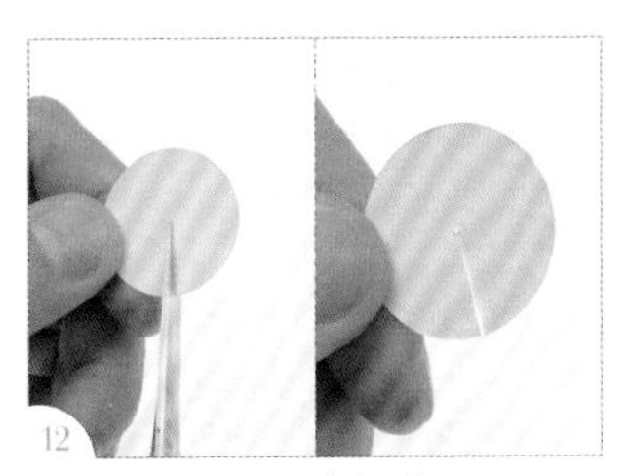

将卡纸沿着圆的半径剪开。（注：圆形卡纸的做法可参考 P.12。）

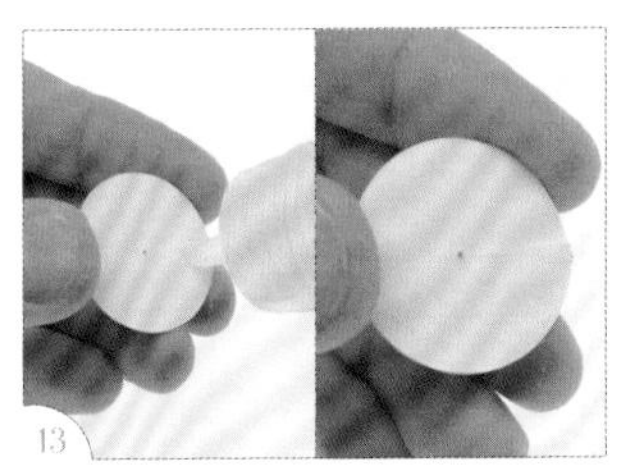

在剪口一侧上少许胶。

把剪口两侧重叠粘在一起，完成锥形底台。

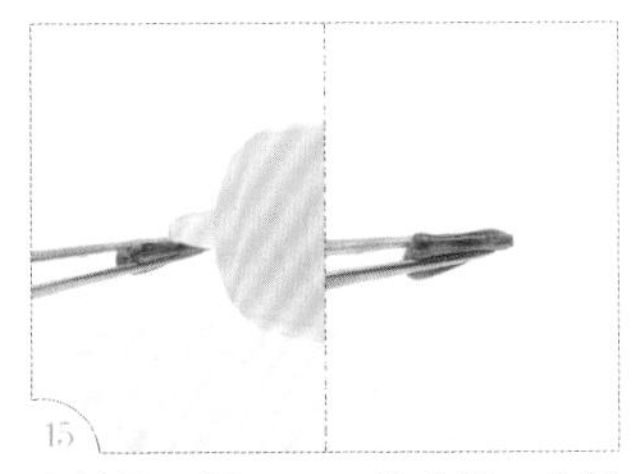

先粘第二层 2.5cm 的花瓣，花瓣底部上胶。

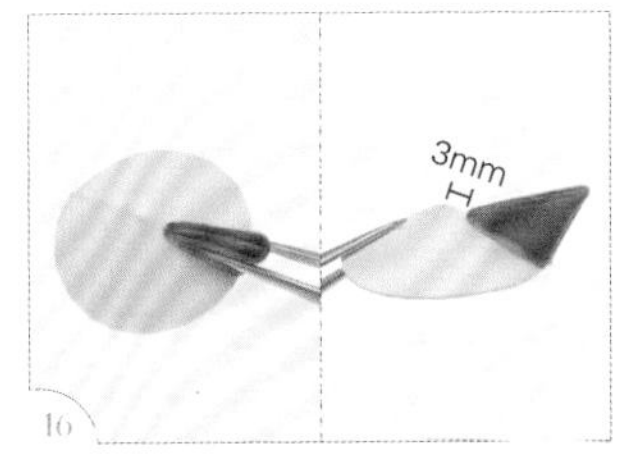

将花瓣粘在底台上，尾端对齐底台边缘，尖端距离圆心 3mm。

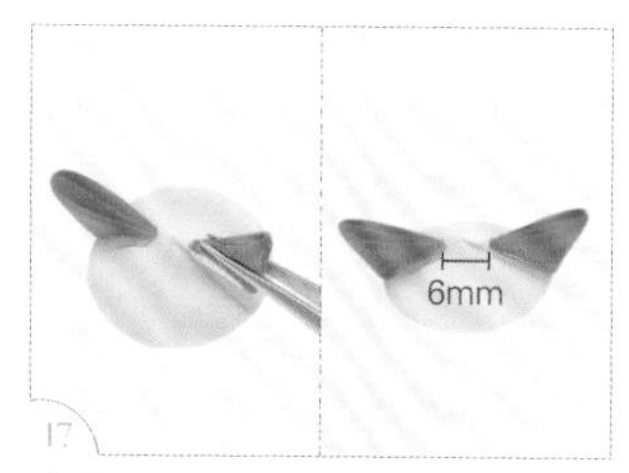

在第 1 片花瓣对面粘上第 2 片花瓣，两片花瓣尖端间隔 6mm。

重复步骤 15~17，依序粘上 8 片花瓣，完成第二层。

第一层使用 2.5cm 的花瓣，花瓣底部上胶，粘在第二层花瓣的间隔处，尖端距离圆心 1mm。

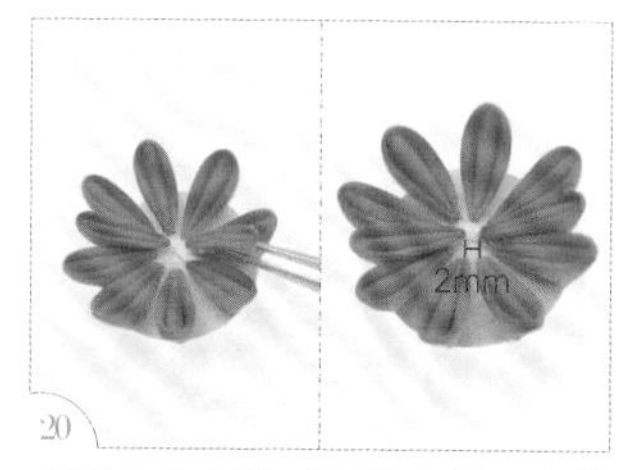

在第 1 片花瓣对面粘上第 2 片花瓣，两片花瓣尖端间隔 2mm。

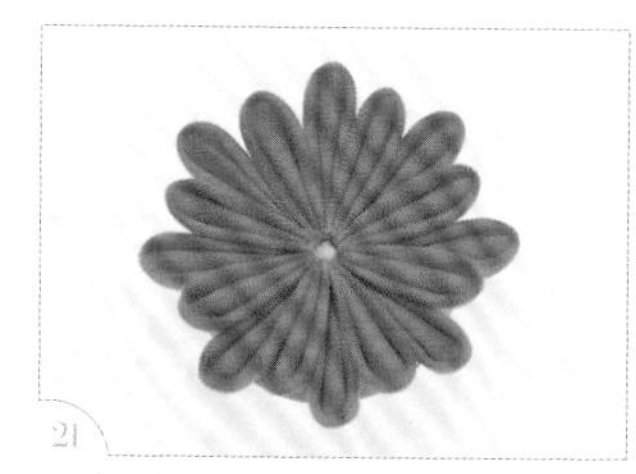

重复步骤 19、20，依序粘上 8 片花瓣，完成第一层。

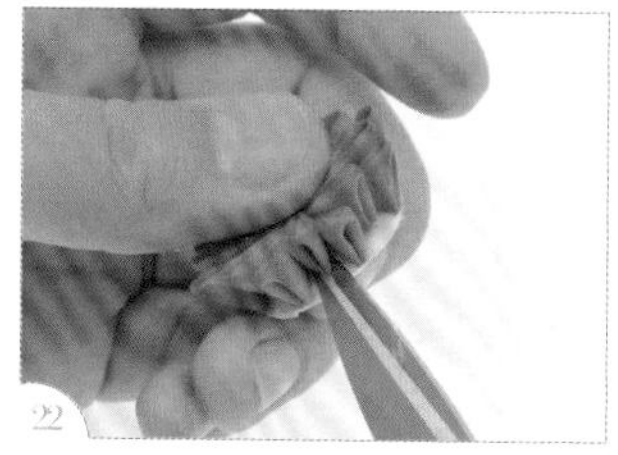

待胶干后，将剪刀伸进第一层花瓣的底部，将花瓣和底台黏合处剪开一半。

用镊子夹住第一层花瓣的尾端，往上拉。

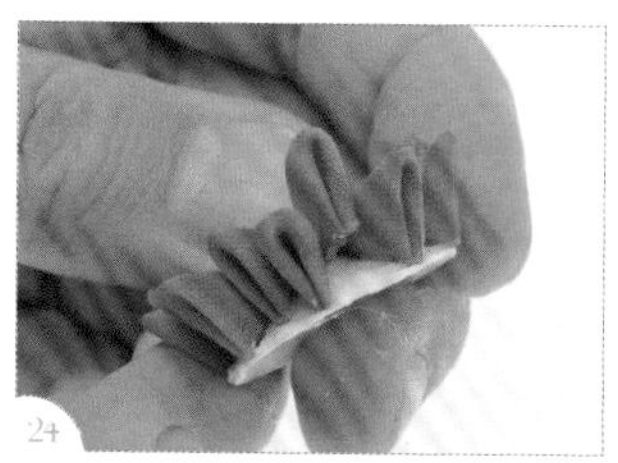

使这片花瓣的后半段悬空，不要粘在底台上。

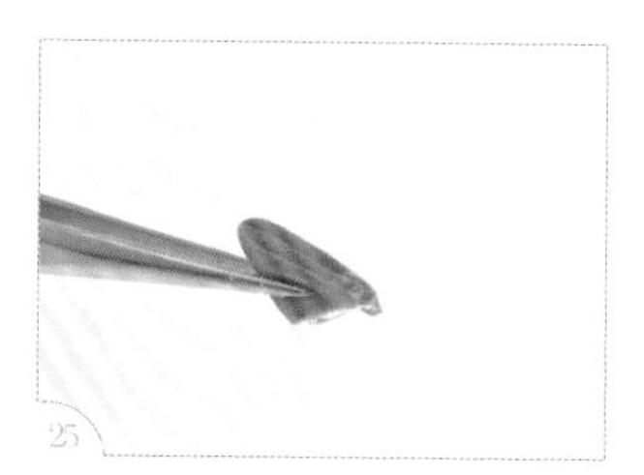

取 2.5cm 的花瓣，并在底部和正面尖端 1/3 处上胶。

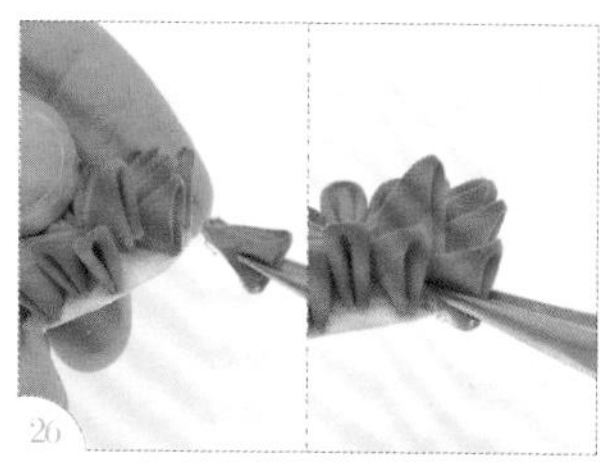

把这片花瓣粘进第一层花瓣正下方的空隙。

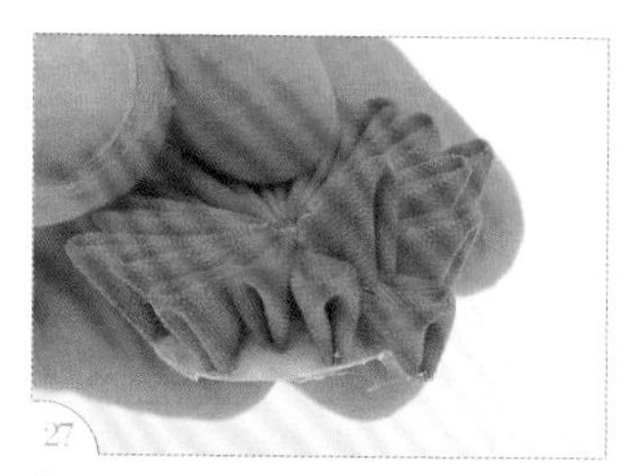

如图，两片花瓣对齐呈直线。

重复步骤 22~27，粘好第三层的 8 片花瓣。

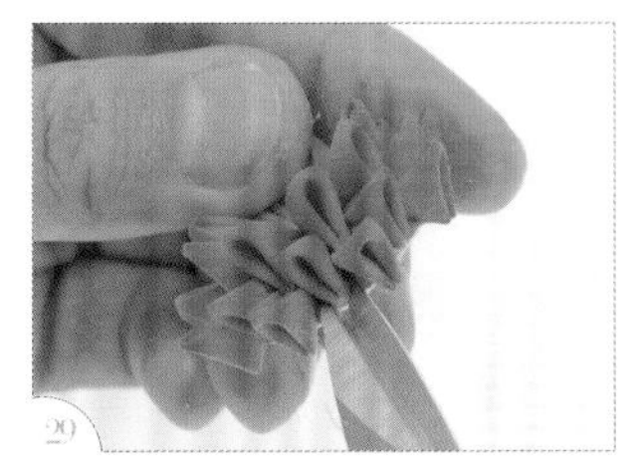
将剪刀伸进第二层花瓣的底部，将花瓣和底台黏合处剪开一半。

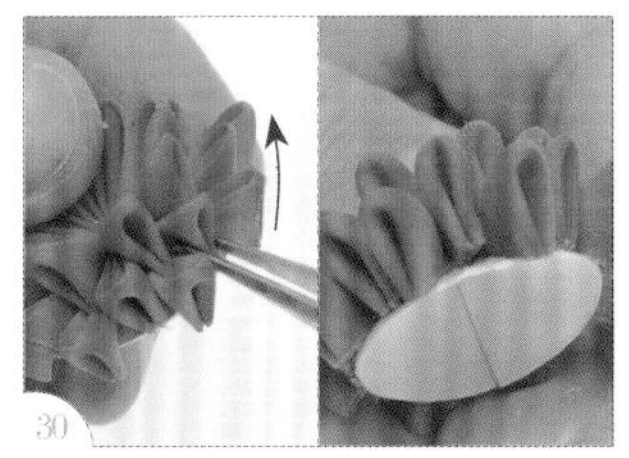
夹住花瓣尾端，往上拉，将后半段悬空。

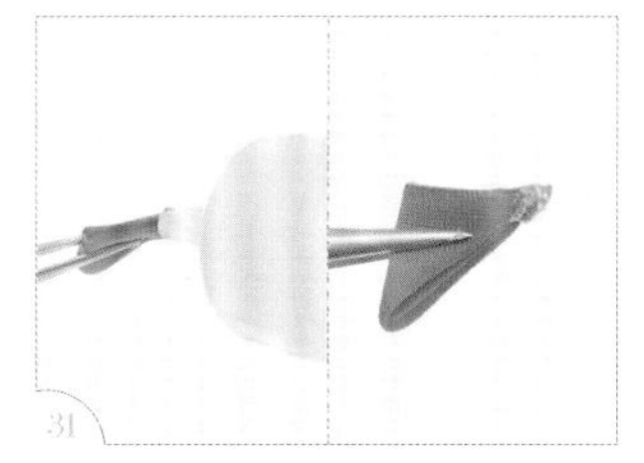
取 3cm 的花瓣，并在底部尖端和正面尖端 1/4 处上胶。

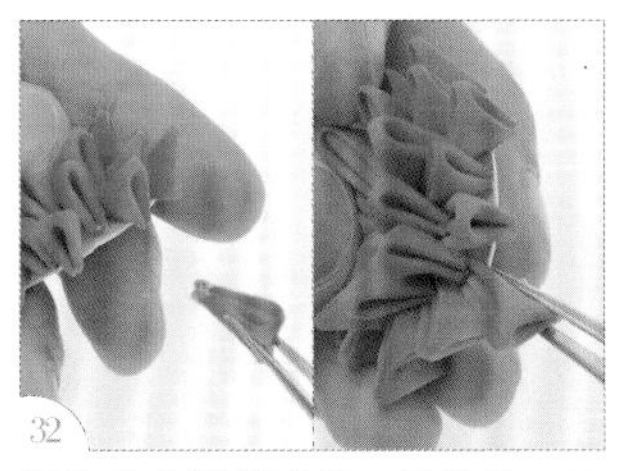
把这片花瓣粘进第二层花瓣正下方的空隙中。

如图，两层花瓣对齐呈直线。

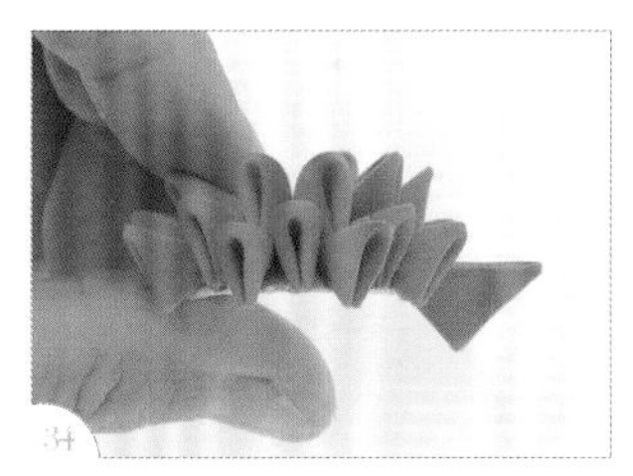
从侧面看花瓣的角度要越来越往外开，呈现出绽放的样子。

重复步骤 29~33，粘上第四层的 8 片花瓣。

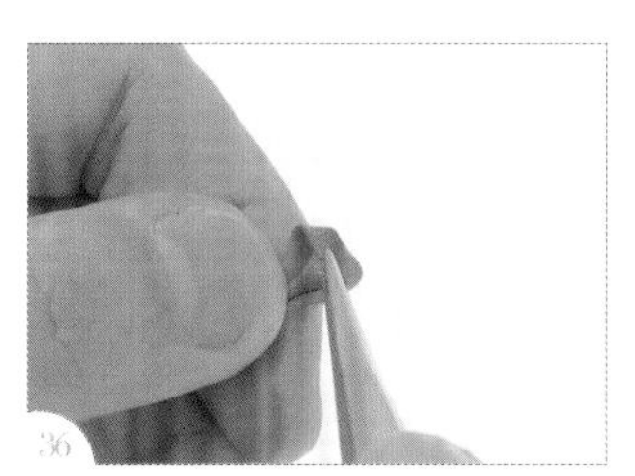
将 2.5cm 的花瓣尾端打开，弄圆。

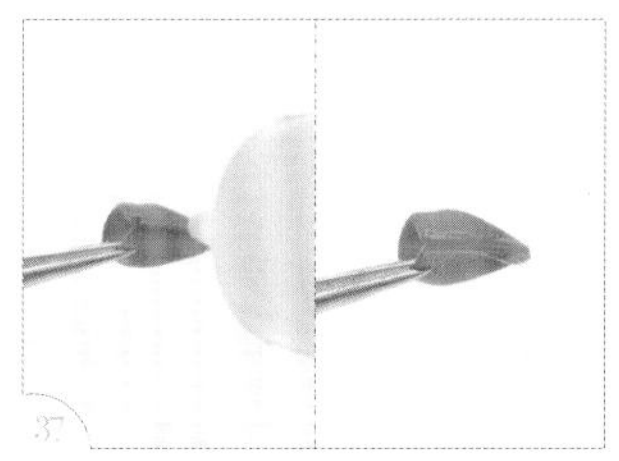
将 2.5cm 的花瓣底部上胶。

把这片花瓣粘进花朵中央，花瓣尖端紧贴圆心。

粘上第 2 片花瓣。

用同样的方法粘上第 3 片花瓣。

再取一片花瓣上胶，插进中央 3 片花瓣的间隙并粘好。

将剩下的花瓣全部粘上。

用镊子夹住花瓣外缘往内翻，将第一、二、三层的花瓣弄圆。

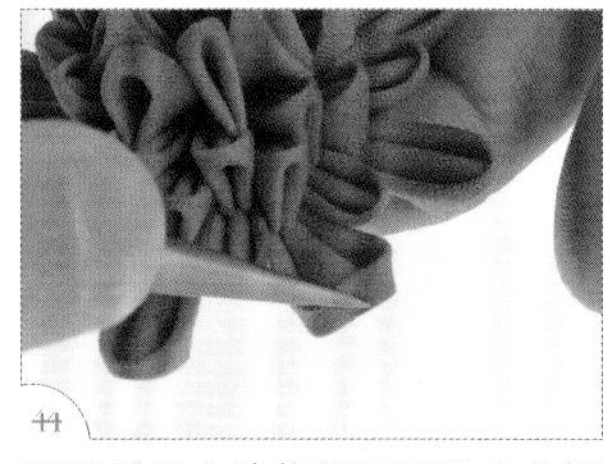

用同样的方法将第四层的大花瓣弄圆。

完成花朵本体。

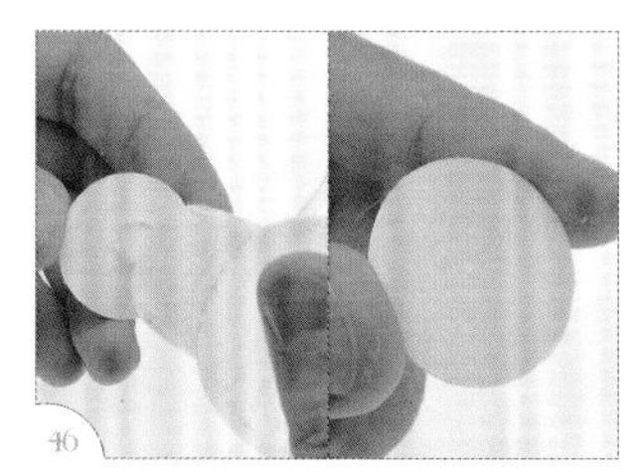

在第 2 片卡纸的一面上胶。（注：圆形卡纸的做法可参考 P.12。）

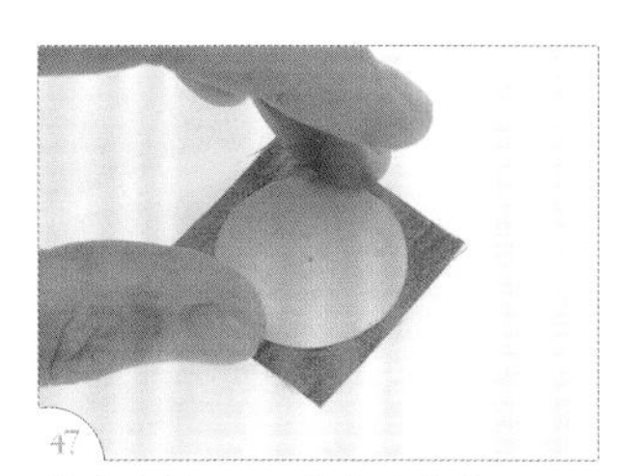

粘在边长 3cm 的布片中央。

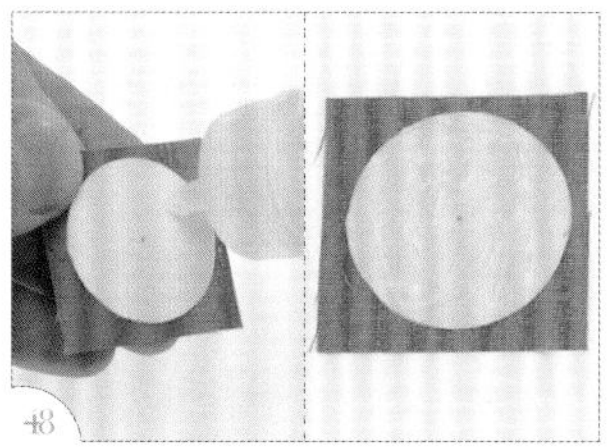

在卡纸的另一面上胶。

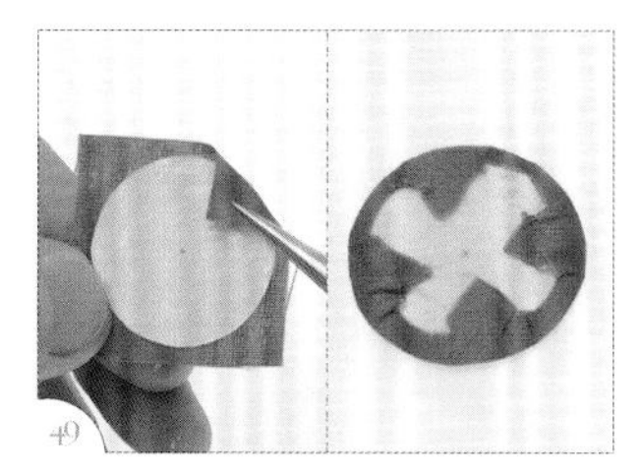

将布翻折进来粘住，包住卡纸。

※无铁丝的团菊

在包好的卡纸上面上胶。

花朵翻到背面，将卡纸粘上后，将花朵翻回正面。

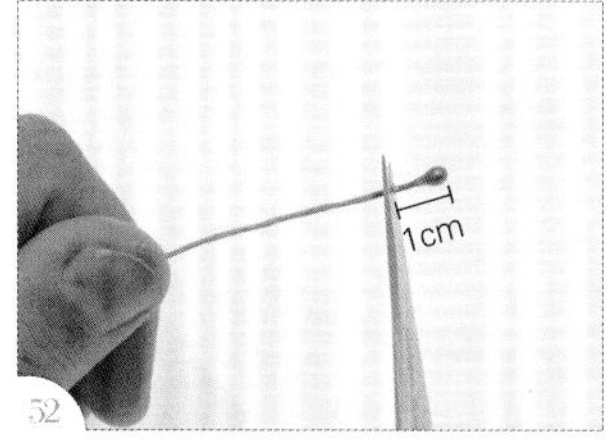

花蕊剪下 1cm。

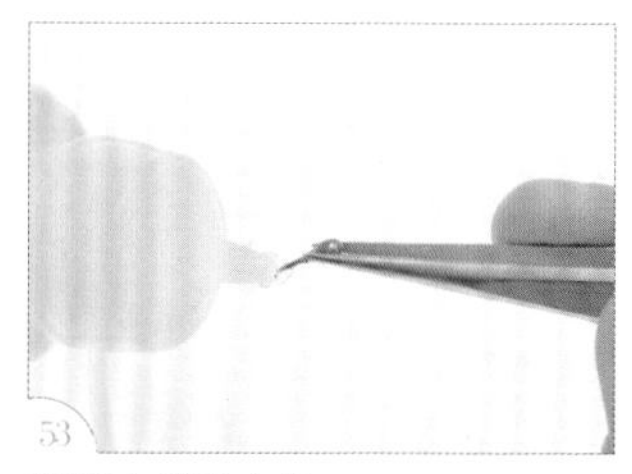
花蕊尖端沾上胶。

竖着粘进花中央。

重复步骤 52~54，将所有花蕊粘进花中央，完成无铁丝的团菊。

※有铁丝的团菊

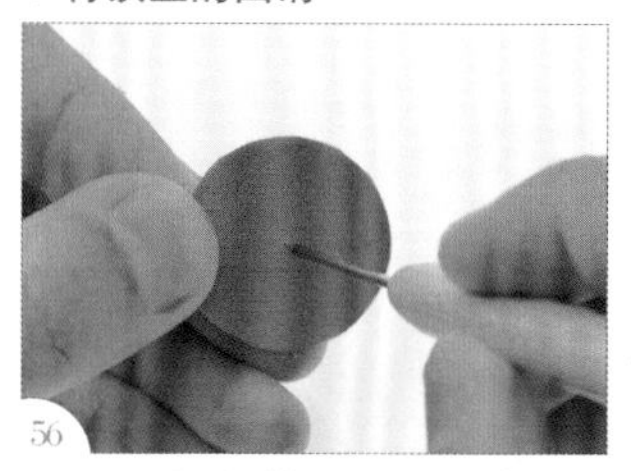
若需要组装铁丝，需承接步骤 49，用锥子在包好的卡纸中心戳出洞。

从包布的那一面戳穿过去。

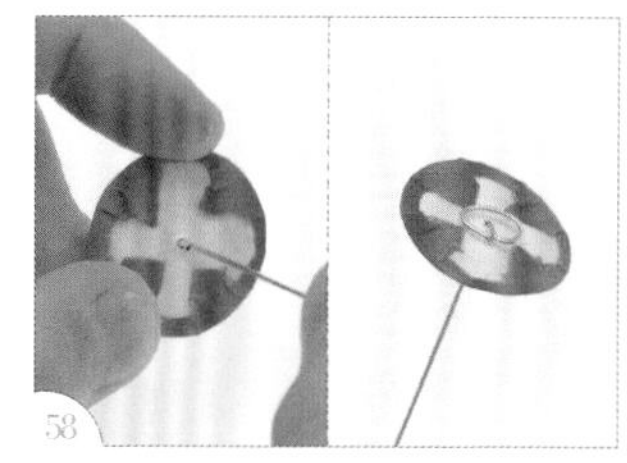
穿进拗折好的铁丝。（注：铁丝拗折的做法可参考 P.13 步骤 1~9。）

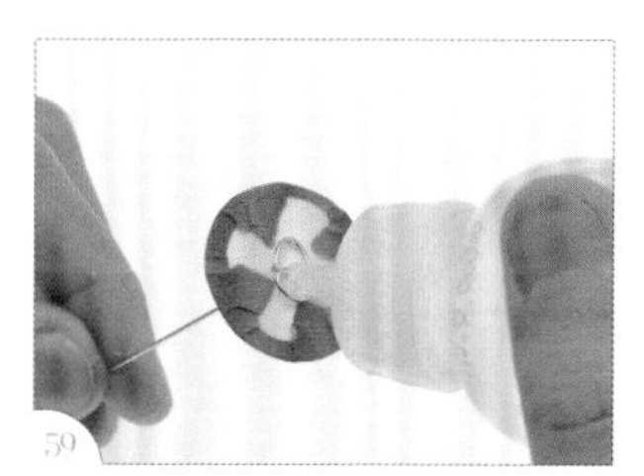
卡纸一面连同铁丝圈一起涂上较多的胶。

从花朵背面粘上，放置至干透，再重复步骤 52~54，将花蕊粘进花中央，完成有铁丝的团菊。

进阶花形制作 11

大丽花

工具材料

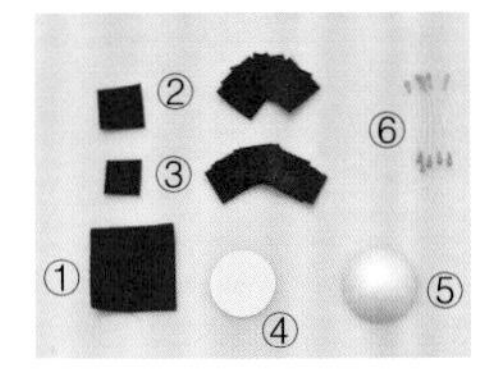

① 布 1 片（4.5cm×4.5cm）
② 布 8 片（2.5cm×2.5cm）
③ 布 30 片（2cm×2cm）
④ 圆形卡纸底台（直径 3.5cm）
⑤ 保丽龙球半颗（直径 4cm）
⑥ 花蕊 5 根

手工艺小剪刀
镊子
保丽龙胶
珠针
刀片

原大尺寸

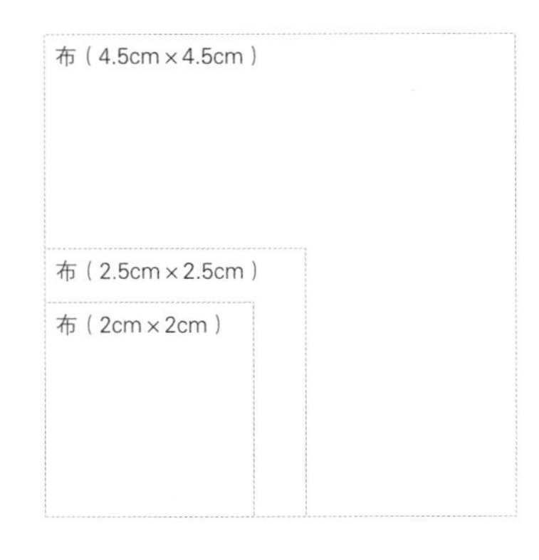

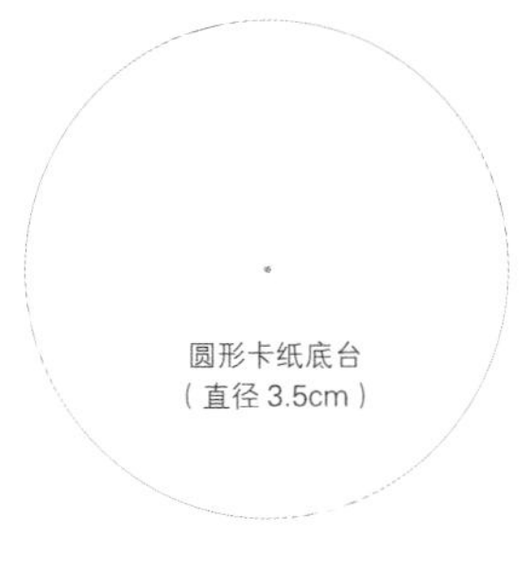

步骤说明

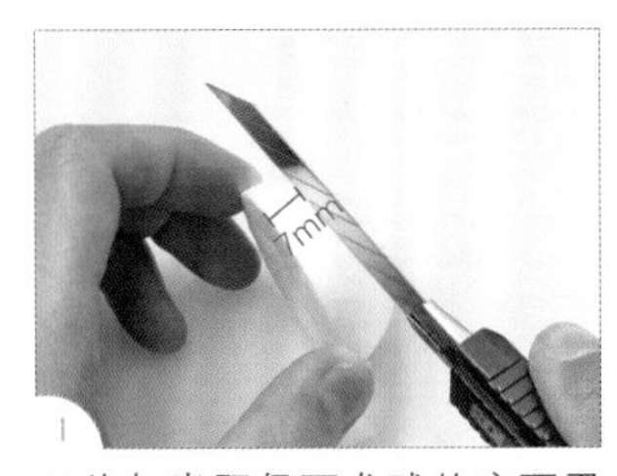

1 刀片与半颗保丽龙球的底面平行，距离底面 7mm 切下。

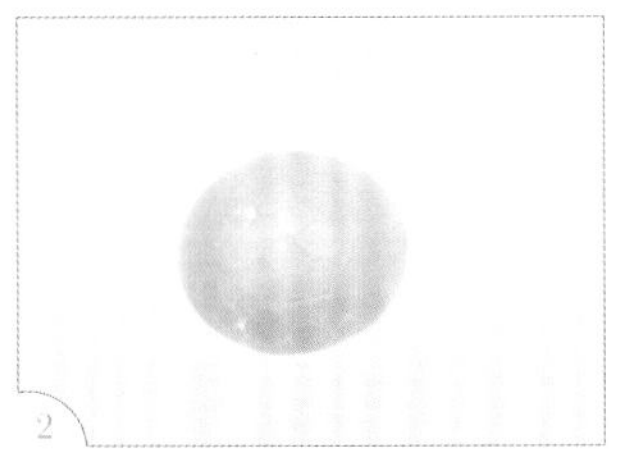

2 切好的保丽龙球底面直径为 3.5cm。

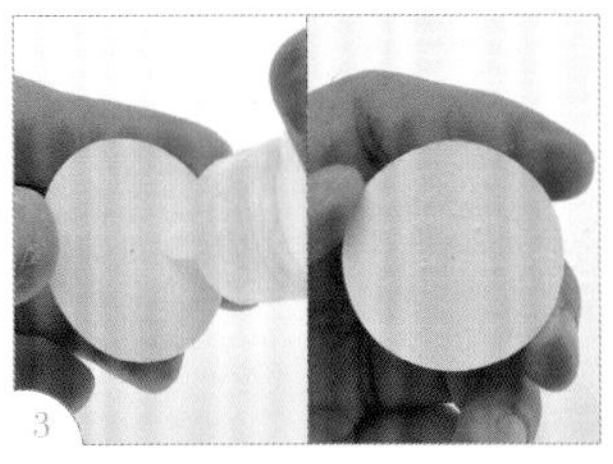

3 在卡纸的一面上胶。（注：圆形卡纸的做法可参考 P.12。）

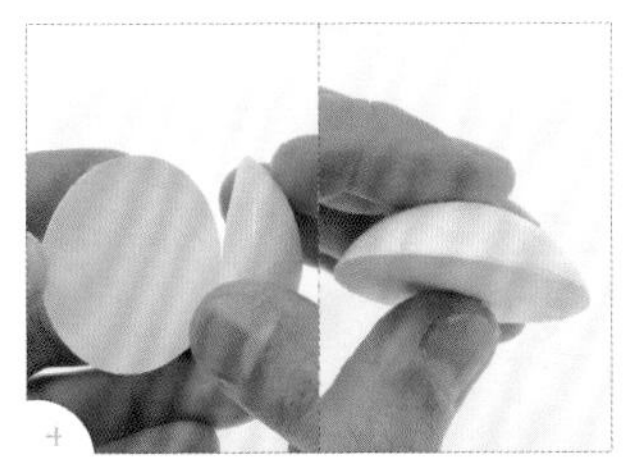
将卡纸和切好的保丽龙球底部粘在一起。

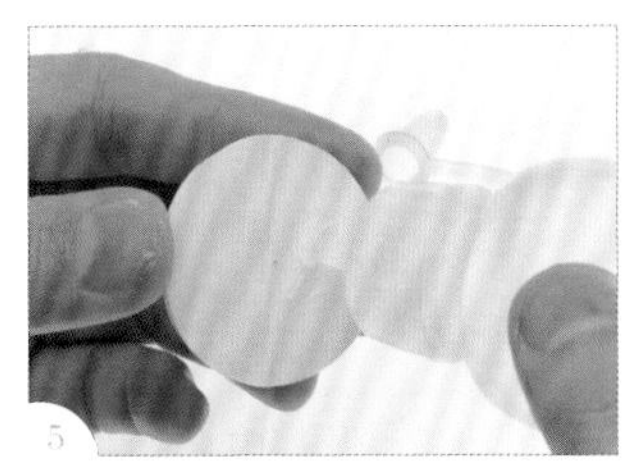
在卡纸的另一面上胶。

粘在边长 4.5cm 的布片中央。

将布剪成圆形。

在切好的保丽龙球边缘上一圈胶。

将布翻折起来，包住切好的保丽龙球。

沿着切好的保丽龙球表面用剪刀修剪布的褶皱。

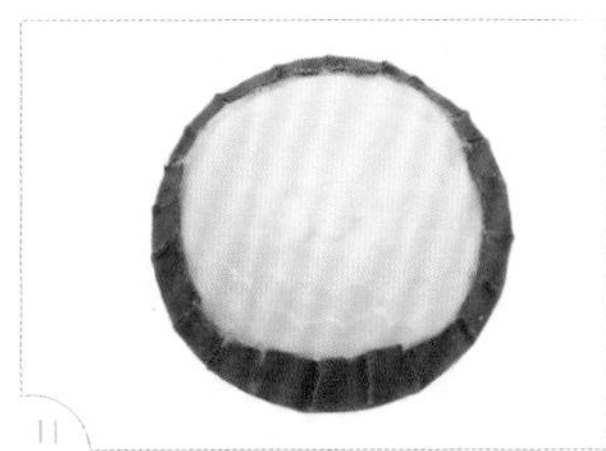
修掉全部的褶皱。

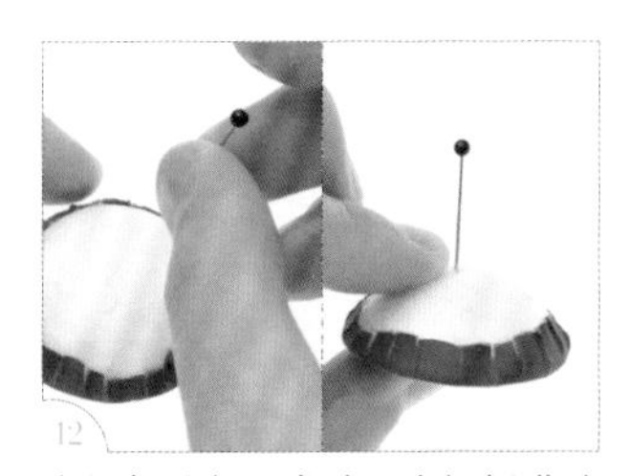
在切好的保丽龙球正中间插进珠针，作为对齐基准。完成底台。

拿起 1 片边长 2.5cm 的布片，用镊子夹住一角，将布片沿对角线对折成三角形。

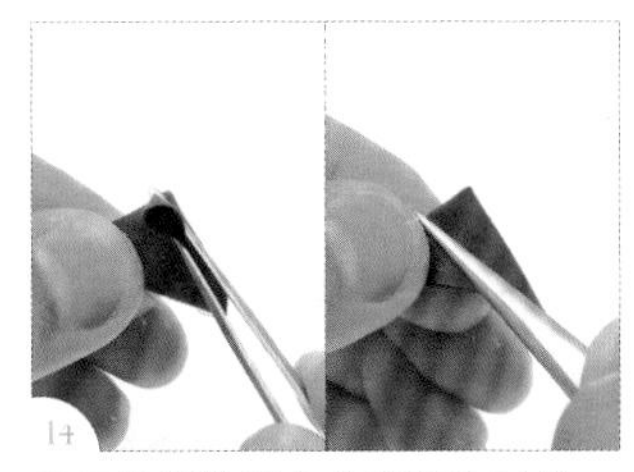
沿三角形的垂直中线再次对折。

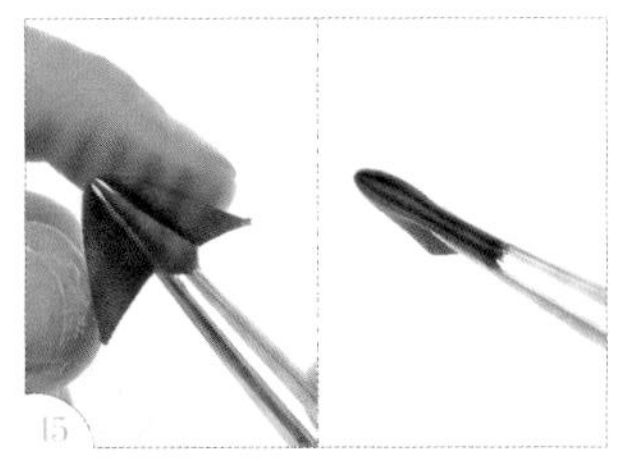
用镊子夹住三角形的正中间，将两边分别翻起对折。

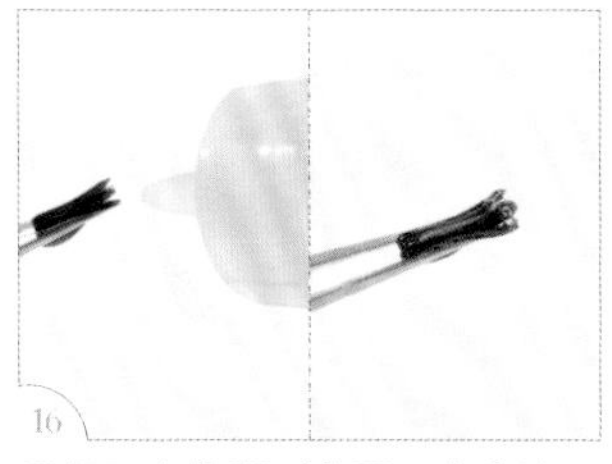

用镊子夹住翻到背面，在布边开口处上胶。

待胶半干后，用手指捏紧布边。（注：触摸时不粘手，但仍有软度即可。）

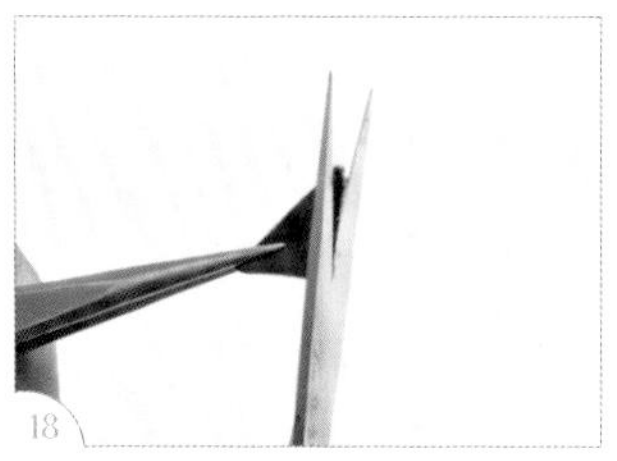

用剪刀稍微修齐胶面。（注：若有线头露出，需一起修掉。）

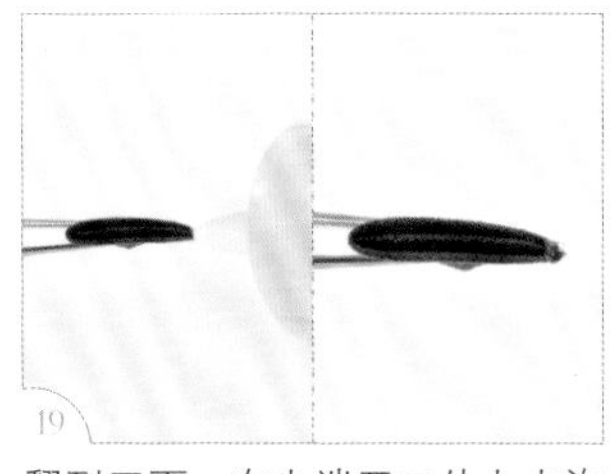

翻到正面，在尖端开口处上少许胶。

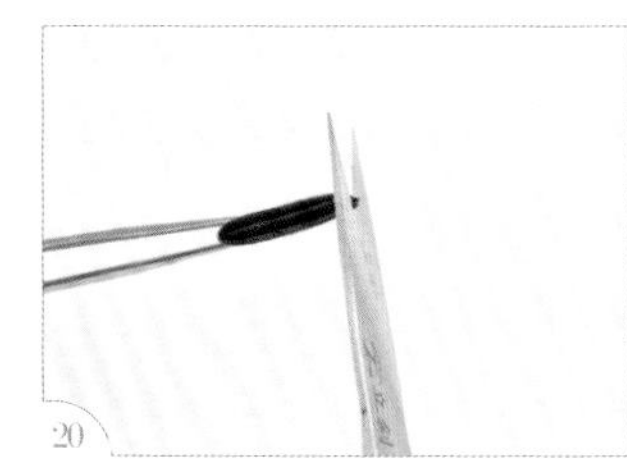

待胶半干后，修齐尖端。

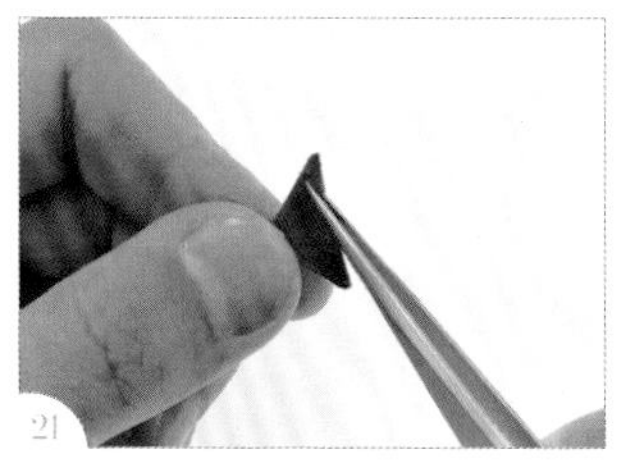

用镊子夹住花瓣外缘圆弧的位置。

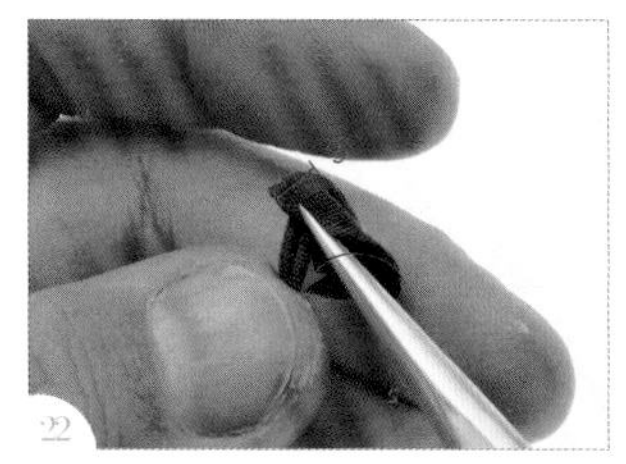

将花瓣正面 3mm 翻折到外侧，不要全翻。

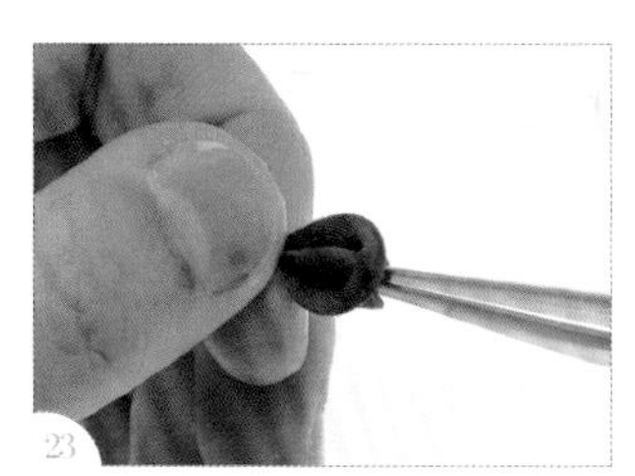

将镊子伸进花瓣尾端的对折开口。

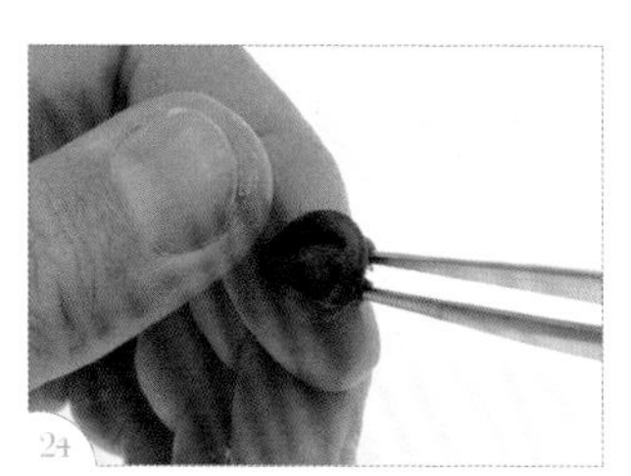

用镊子撑开花瓣，使花瓣撑圆。

完成 1 片花瓣。

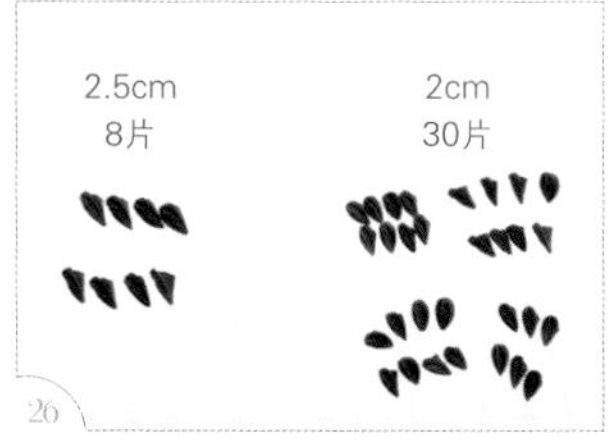

重复步骤 13~24，将所需的 2 种尺寸的花瓣制作完成。

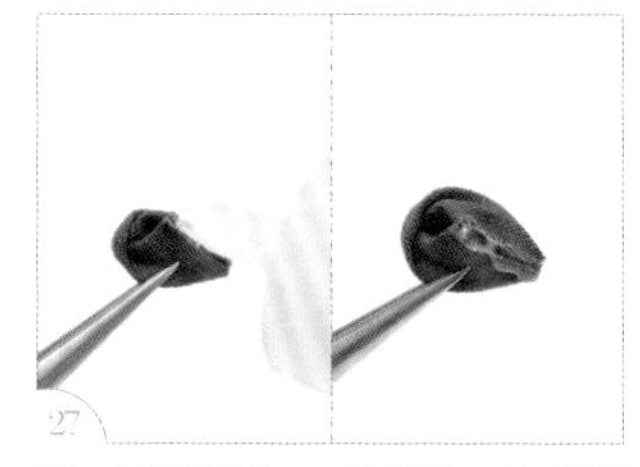

第一层使用 2cm 的花瓣，在底部上胶。

花瓣尖端距离珠针 4mm，粘上底台。

在第 1 片花瓣对面粘上对称的第 2 片花瓣。

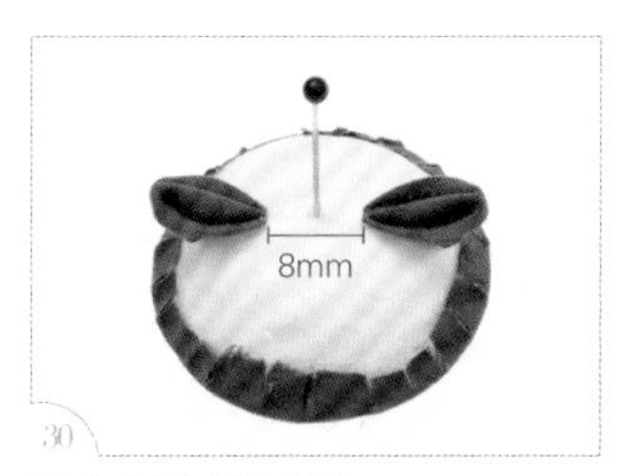

两片花瓣尖端相隔 8mm。

重复步骤 27~30，将第一层 8 片花瓣粘好。接下来制作的顺序是：第三层、第四层、第二层。

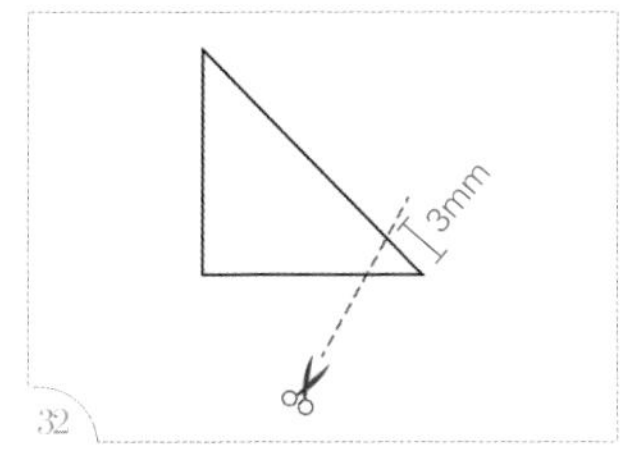

第三层使用 2.5cm 的花瓣，并按照图示在布上画线。（注：图示为侧面图。）

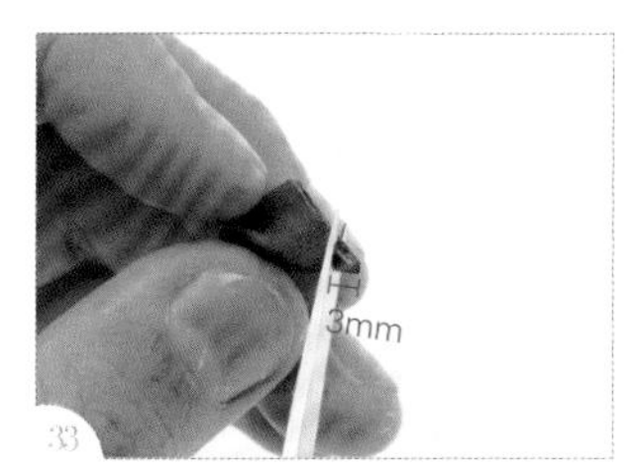

依左图所示，剪掉尖端 3mm。

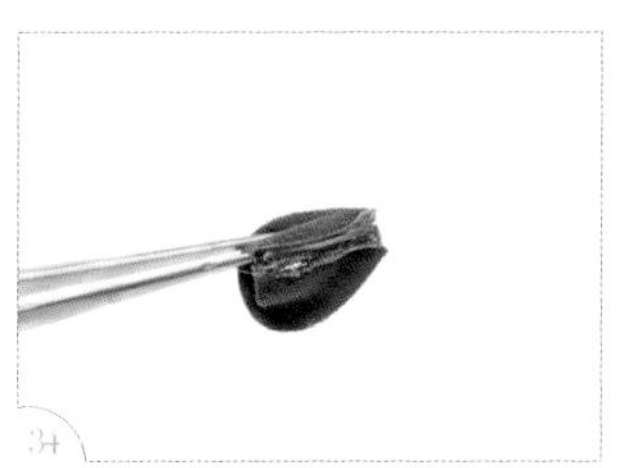

在花瓣底部和修剪过的开口处上胶。

尖端贴齐第一层花瓣的尾端粘在底台上。

第三层和第一层花瓣对齐呈直线，第三层花瓣的尾端贴齐底台外缘。

重复步骤 32~36，将第三层 8 片花瓣完成。

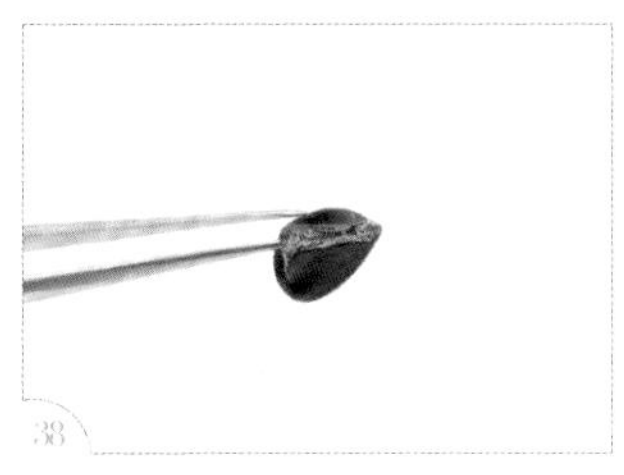

第四层使用 2cm 的花瓣，在底部上胶。

粘在第三层花瓣的间隔中。

花瓣尾端贴齐底台外缘。

尖端朝向圆心，对齐第一、三层花瓣的间隔。

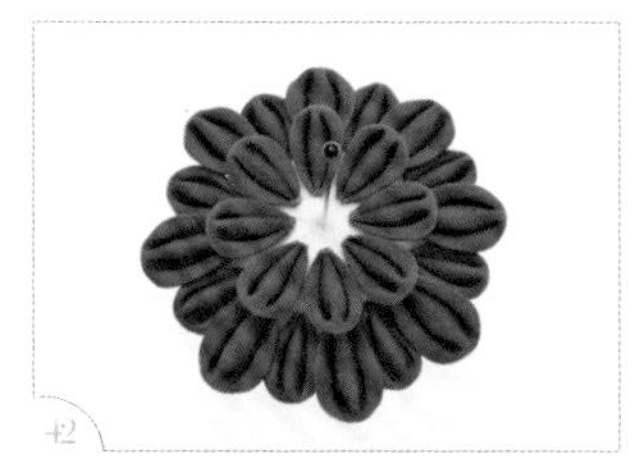

重复步骤 38~41，将第四层 8 片花瓣粘好。

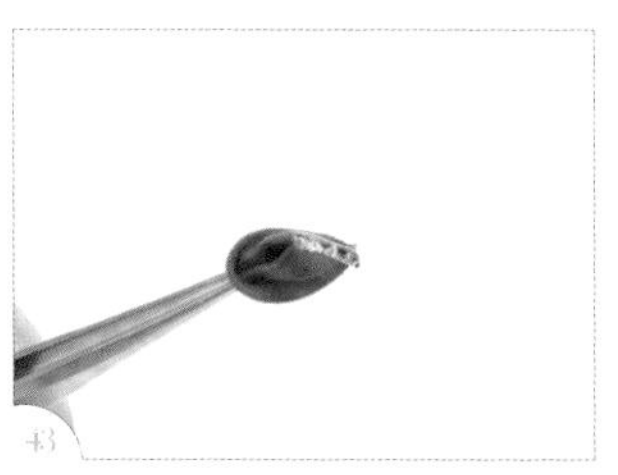

第二层使用 2cm 的花瓣，在底部上胶。

插进第一层花瓣的间隔中。

底端压在第四层花瓣的上面，粘住。

第二层与第四层花瓣对齐呈直线。

重复步骤 43~46，将第二层 8 片花瓣粘好。

取 2cm 的花瓣，并在底部上胶，粘在花朵中央。

花瓣尖端贴齐圆心，直接压在第一层花瓣的上面。

重复步骤 48、49，依序粘好 3 片花瓣，应均匀排列。

剩余的花瓣上胶，插进中央 3 片花瓣的间隙后粘好。

所有花瓣粘好后，完成花朵本体。

拔掉珠针。

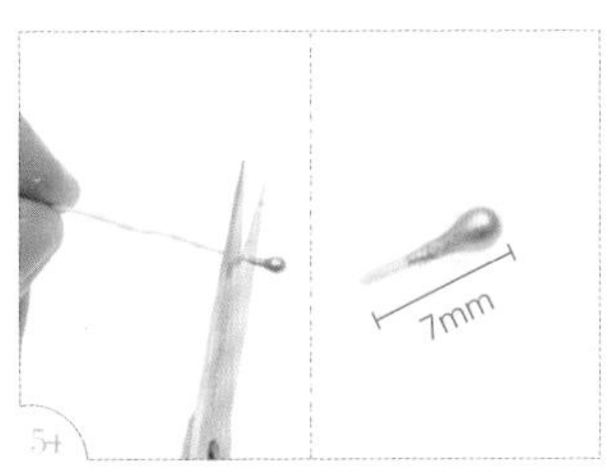

全部花蕊剪至 7mm。

在花蕊底部上少许胶。

竖着粘进花中央。

粘好所有花蕊，完成大丽花。

胖梅

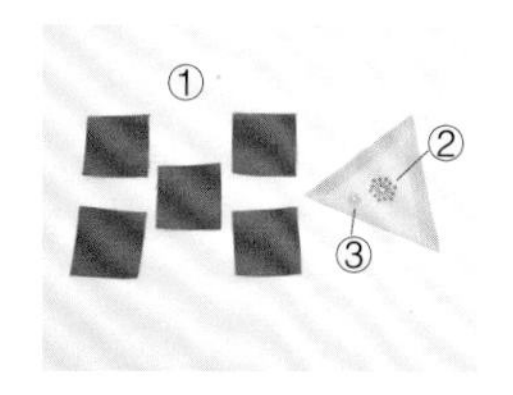

工具材料

① 布 5 片（3.5cm×3.5cm）
② 金属花蕊
③ 平底珍珠

手工艺小剪刀
镊子
保丽龙胶

原大尺寸

布（3.5cm×3.5cm）

步骤说明

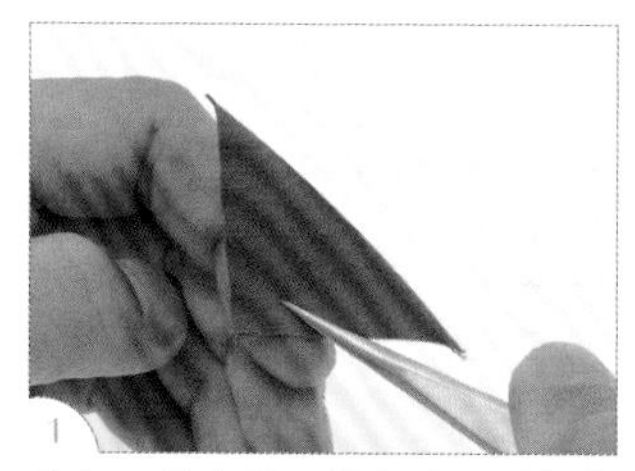

拿起 1 片布片，将布片沿对角线对折成三角形。

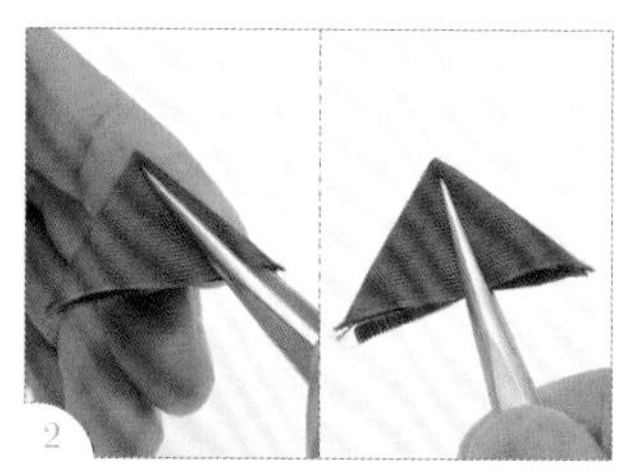

沿三角形的垂直中线再次对折。

用镊子依图中角度夹住。

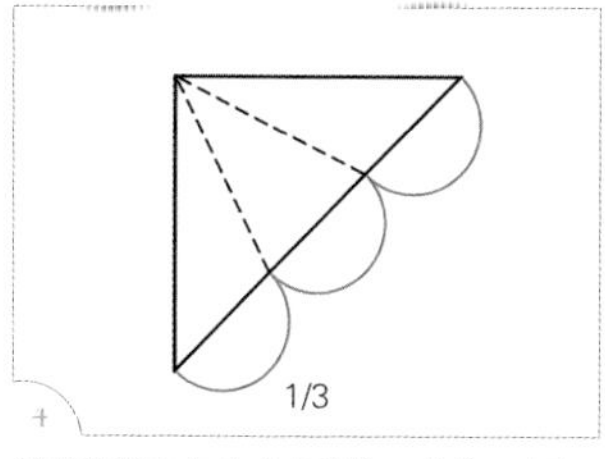

按照图示在布上画线。（注：图示为侧面图。）

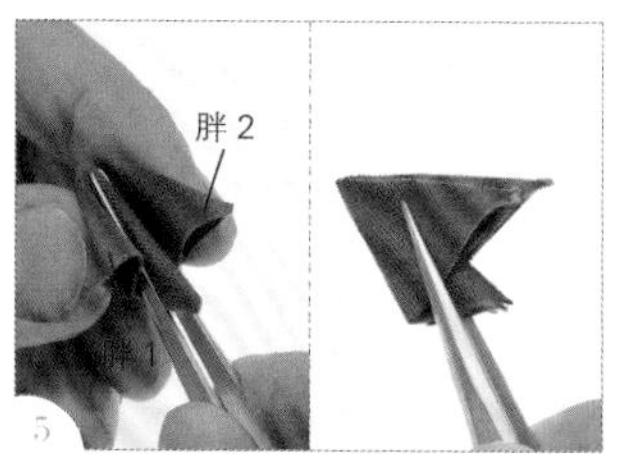

依照左图所示，将两边（胖 1、胖 2）各往上翻折起 2/3。

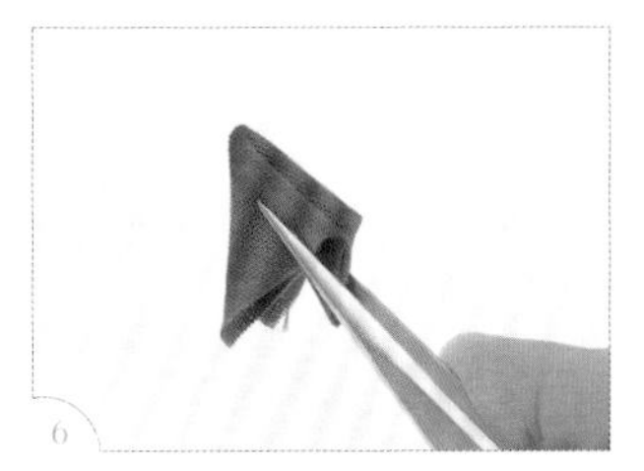

用镊子夹住两边（胖1、胖2）后，再翻转 180°。

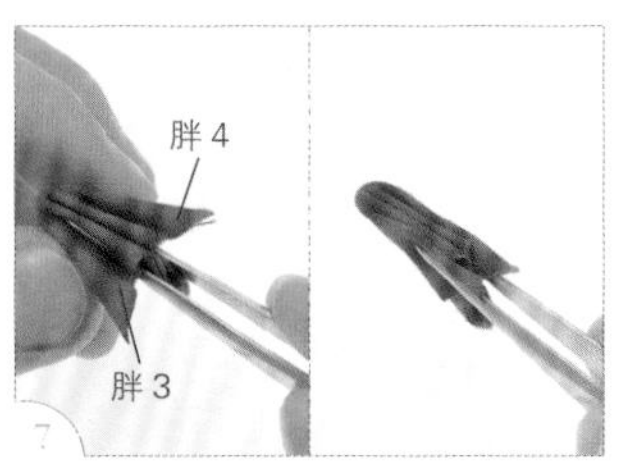

折完剩下的 1/3（胖3、胖4）后，4 条折边齐平。

用镊子夹住侧面，并用剪刀沿布边修剪掉多余的角。

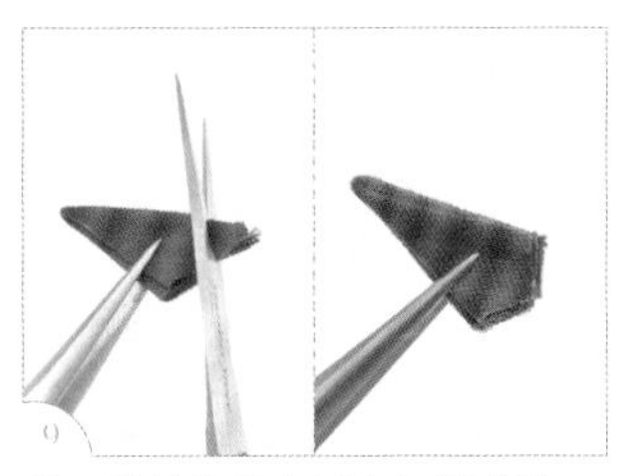

另一边的角沿内层布边修剪掉。

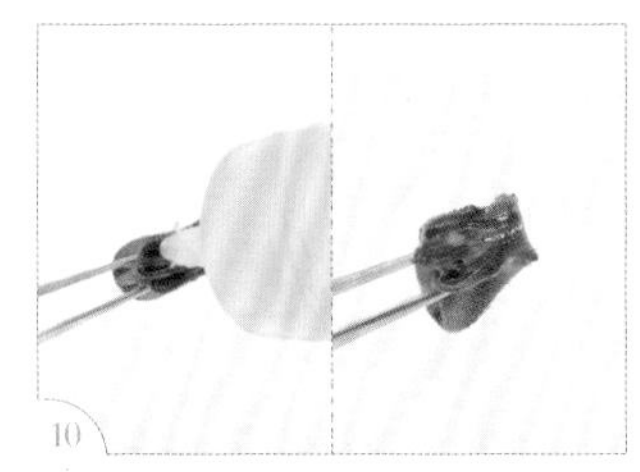

在修剪过的布边开口处上胶。

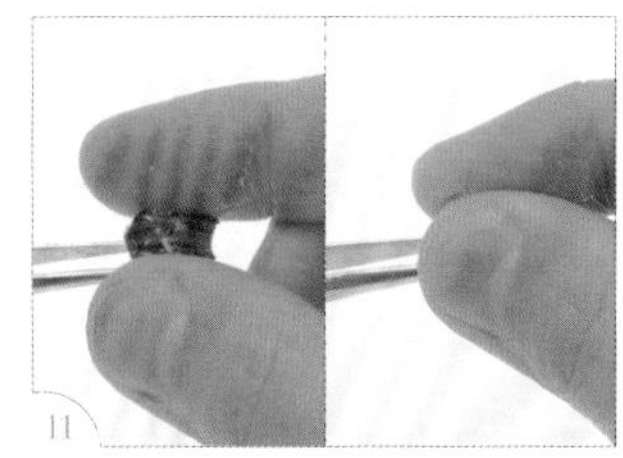

待胶半干后，用手指捏紧布边。（注：触摸时不粘手，但仍有软度即可。）

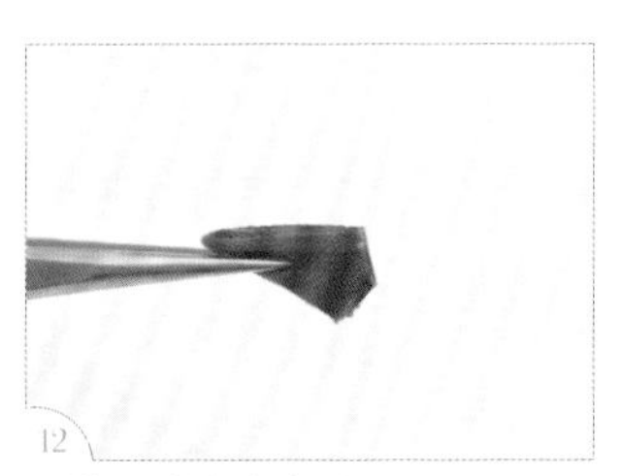

用剪刀稍微修齐胶面。（注：若有线头露出，需一起修掉。）

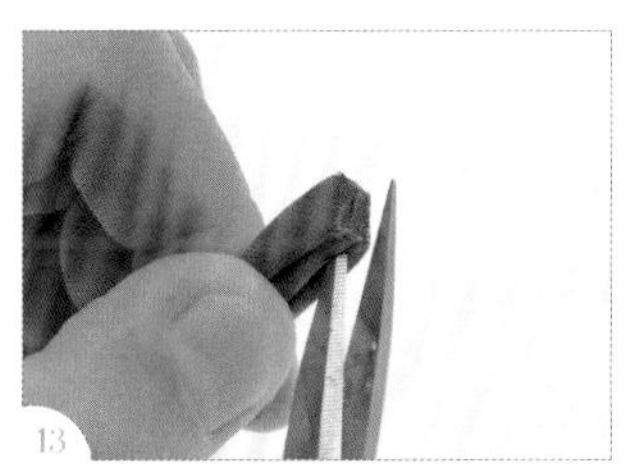

将剪刀伸进后端的开口，剪开上胶的底端布边。

将底端另一边剪开。

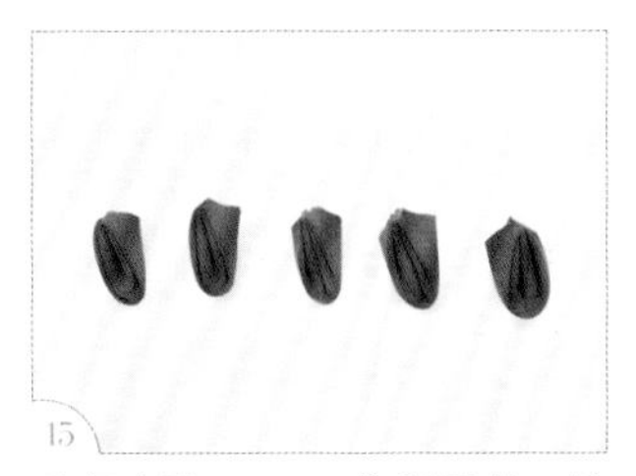

重复步骤 1~14，将所需的 5 片花瓣制作完成。

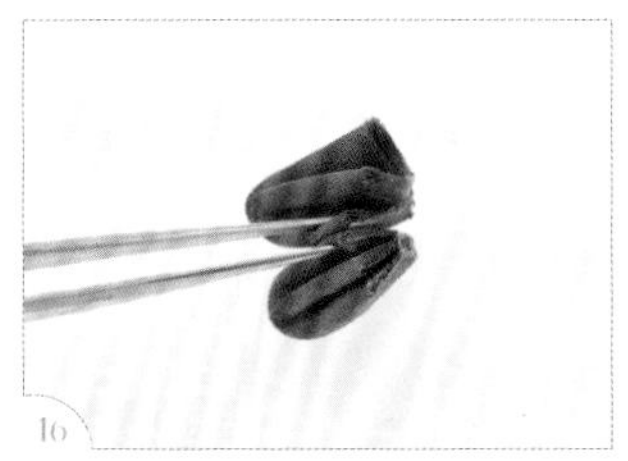

将两片花瓣的布边贴齐，并用镊子夹住。

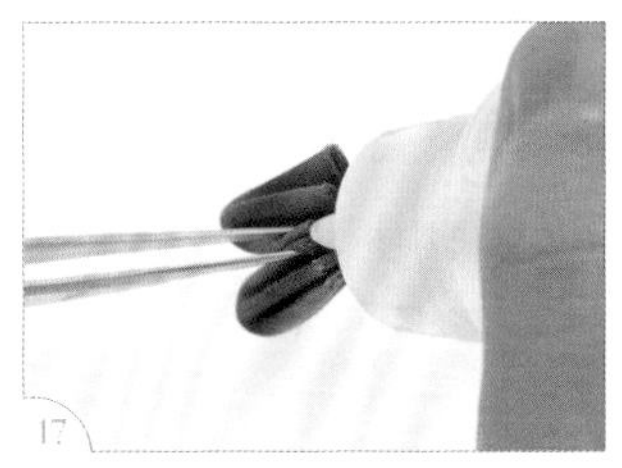

在布边的位置上胶，待胶半干后捏紧。

这是两片花瓣粘在一起的样子。

依序将5片花瓣粘在一起。（注：左图为背面；右图为正面。）

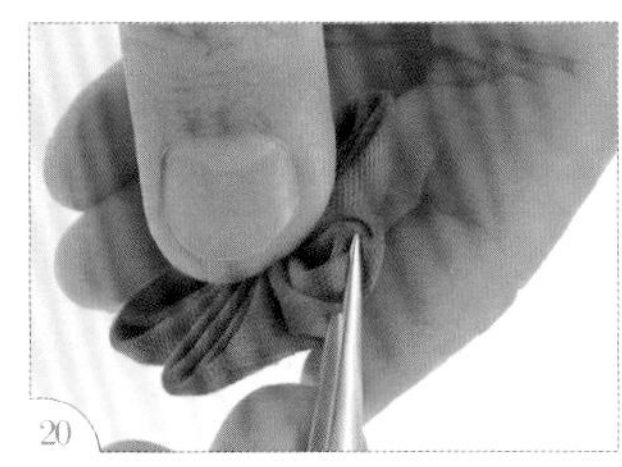

翻到正面，用镊子夹住花瓣往外翻，将花瓣翻圆。

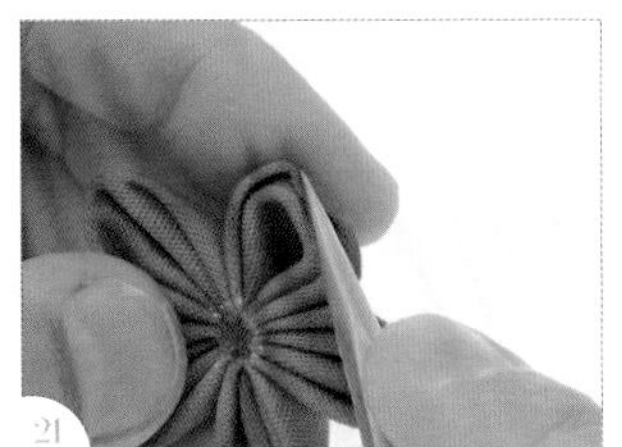

再夹住花瓣边缘往内折。

如图，做出花瓣的两圈圆弧。

重复步骤20、21，将5片花瓣都做出两圈圆弧。

在花朵中心处上胶。

将金属花蕊放进花朵中心处。

在金属花蕊中心处上少许胶。

将平底珍珠放进金属花蕊中心处。

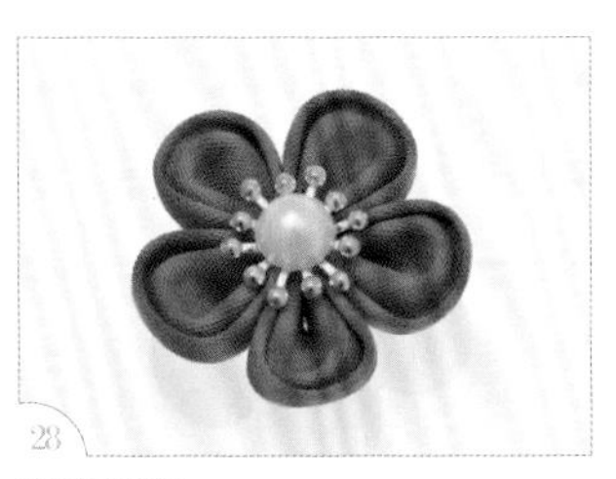

完成胖梅。

进阶花形制作 *13*

福助菊

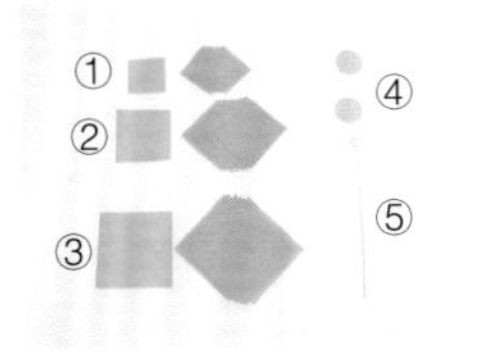

工具材料

①布 11 片（2.5cm×2.5cm）
②布 14 片（3.5cm×3.5cm）
③布 8 片（4.5cm×4.5cm）
④圆形卡纸底台 2 片（直径 2cm）
⑤22 号铁丝（10cm）

手工艺小剪刀
镊子
保丽龙胶
调色盘
糨糊
水
水彩笔
斜口钳

原大尺寸

布（4.5cm×4.5cm）

布（3.5cm×3.5cm）

布（2.5cm×2.5cm）

步骤说明

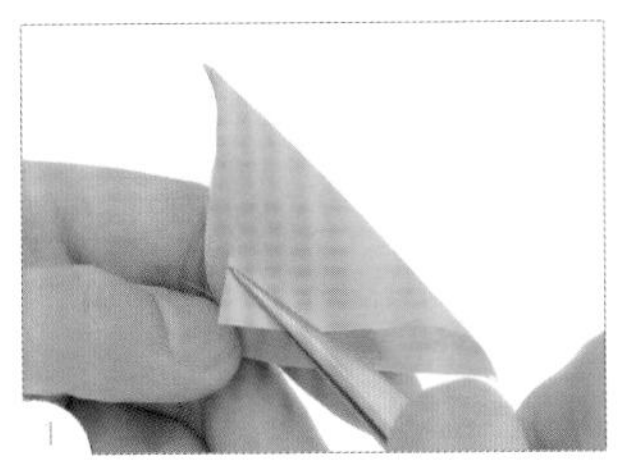

拿起 1 片边长为 2.5cm 的布片，用镊子夹住一角，沿对角线对折成三角形。

沿三角形的垂直中线再次对折。

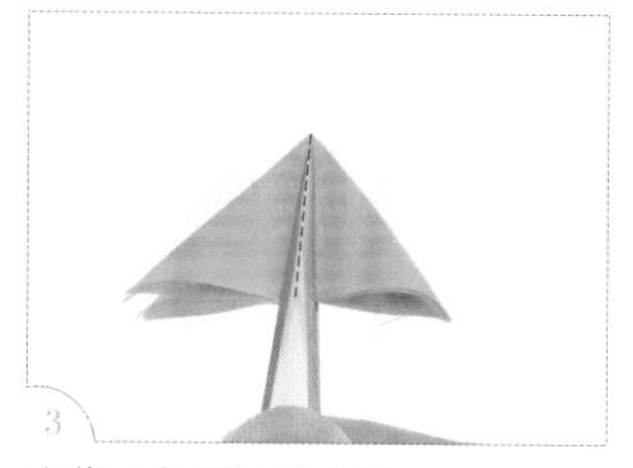

夹住三角形的正中间。

将三角形再次对折。

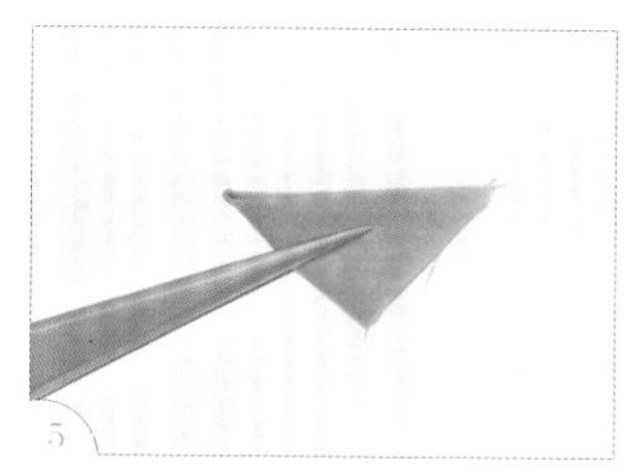

用镊子夹住侧面。

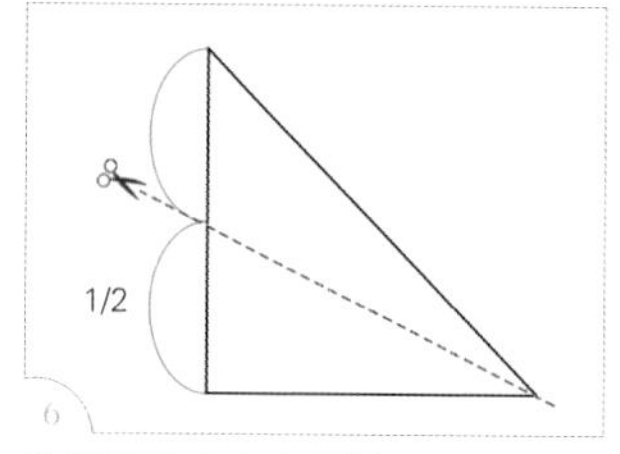

按照图示在布上画线。（注：图示为侧面图。）

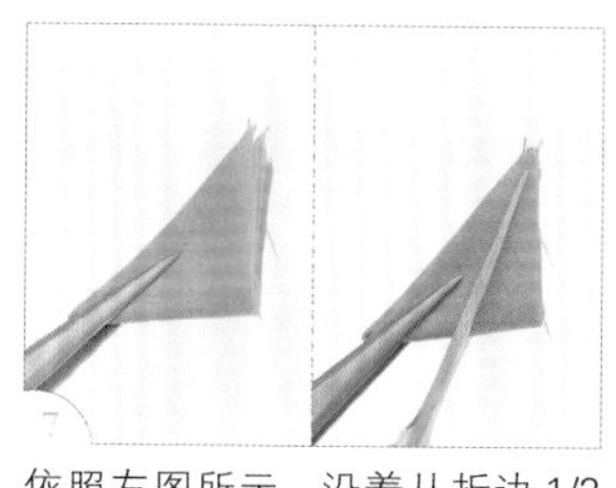

依照左图所示，沿着从折边 1/2 到花瓣尖端的连线用剪刀剪下。

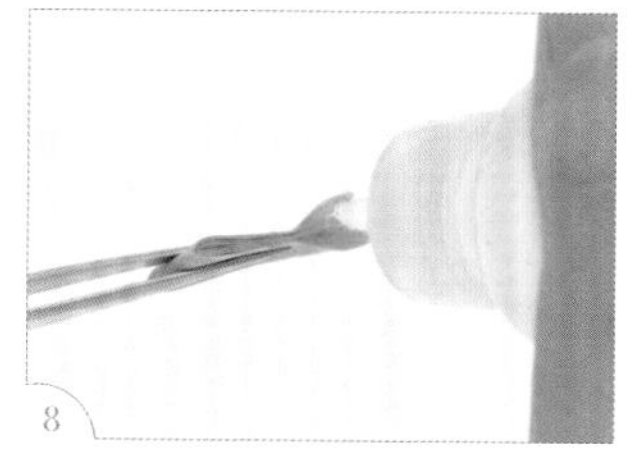

在布边开口处上胶。

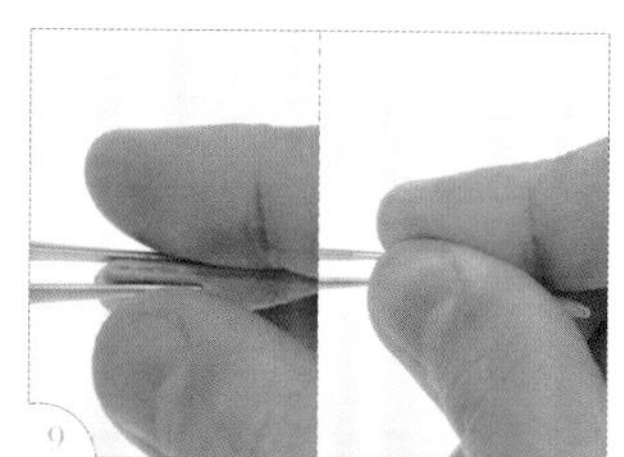

待胶半干后，用手指捏紧布边。（注：触摸时不粘手，但仍有软度即可。）

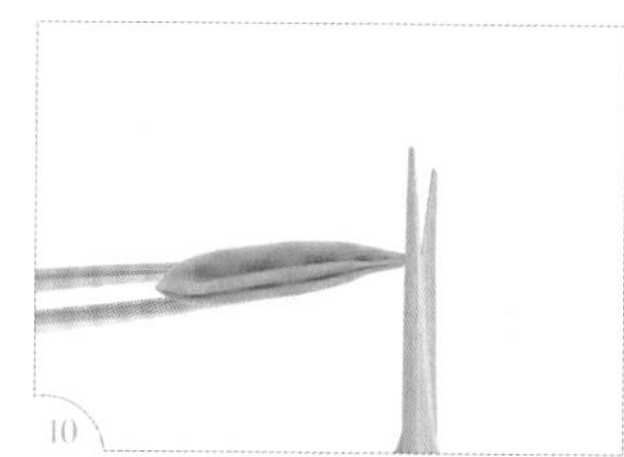

翻到正面，修齐尖端处。

打开花瓣。

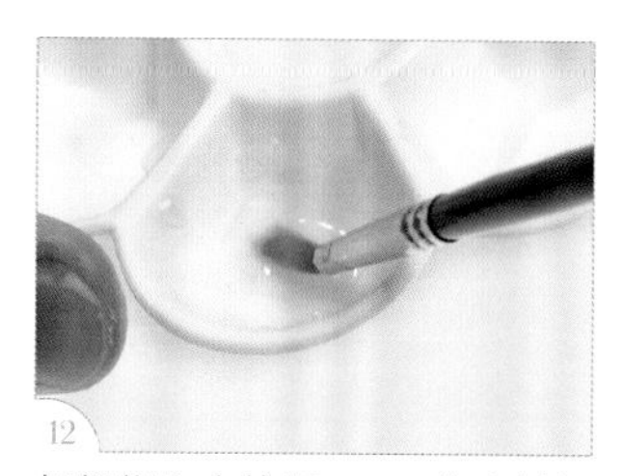

把糨糊和水按照 2 ：1 的比例混合均匀。

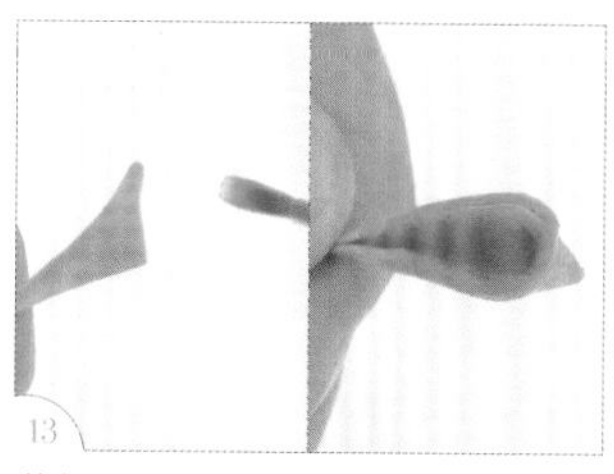

花瓣靠外端的 2/3 用水彩笔刷上糨糊水。

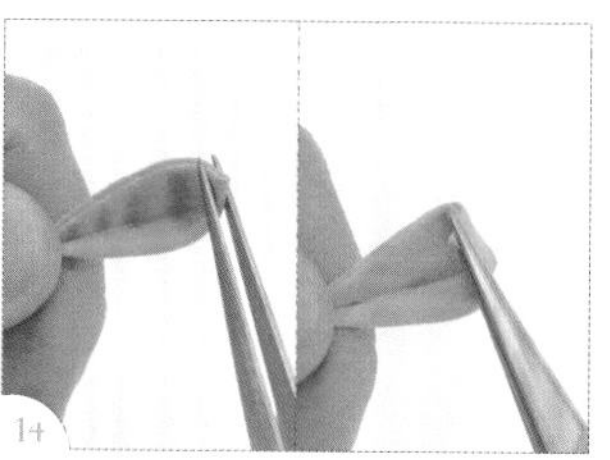

等待至七成干，用镊子夹住花瓣外端往内拗。

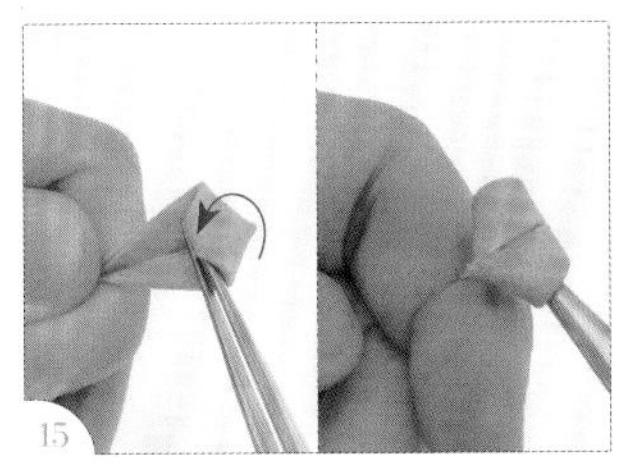

将整个花瓣继续向内卷起，注意不要让布边绽开。

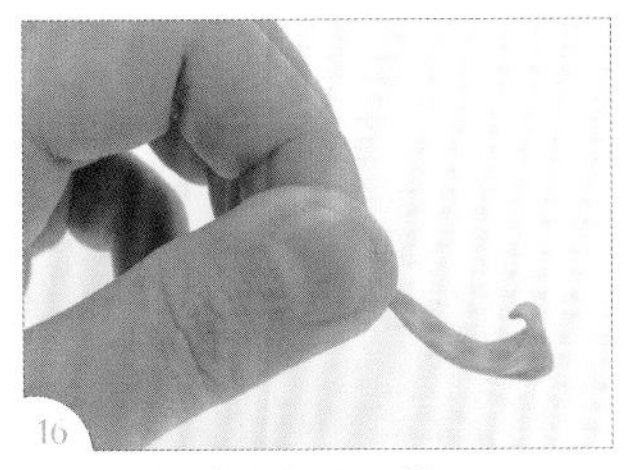

把花瓣做成卷翘的形状。

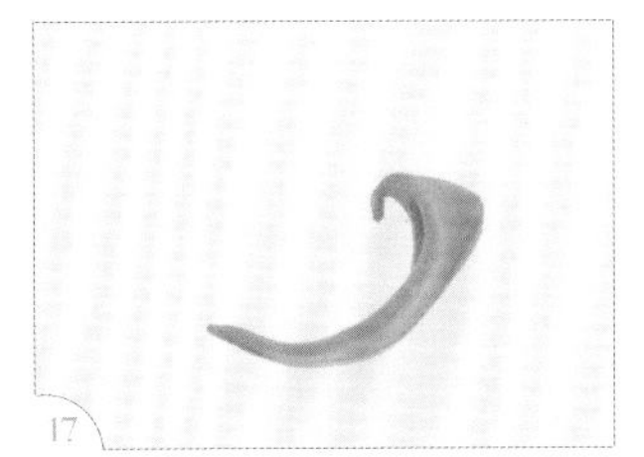

完成 1 片花瓣。

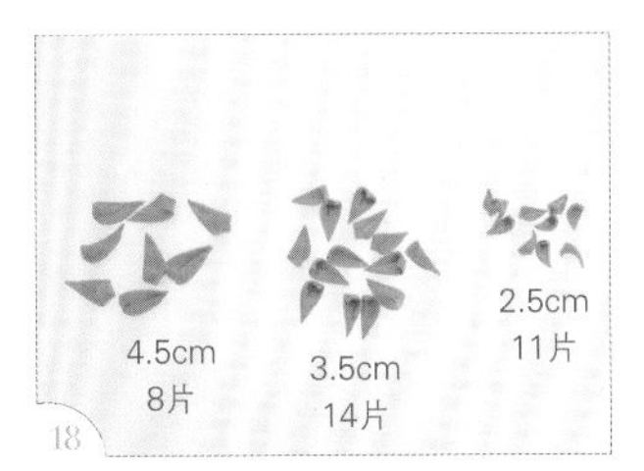

重复步骤 1~15，将所需的花瓣制作完成。

取 1 片圆形卡纸，沿着半径剪开（要对准圆心）。（注：圆形卡纸的做法可参考 P.12。）

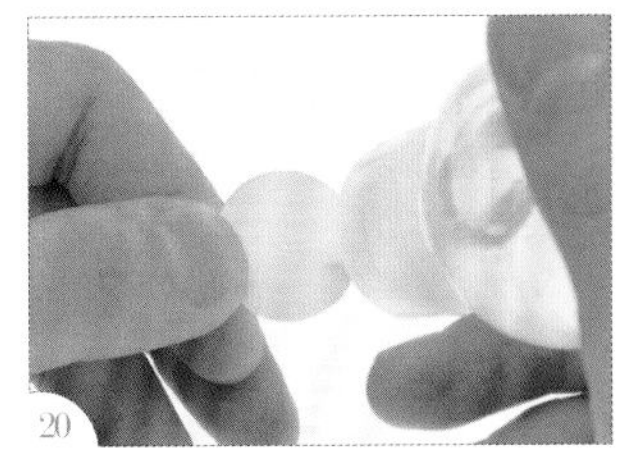

在剪口边缘处上少许胶。

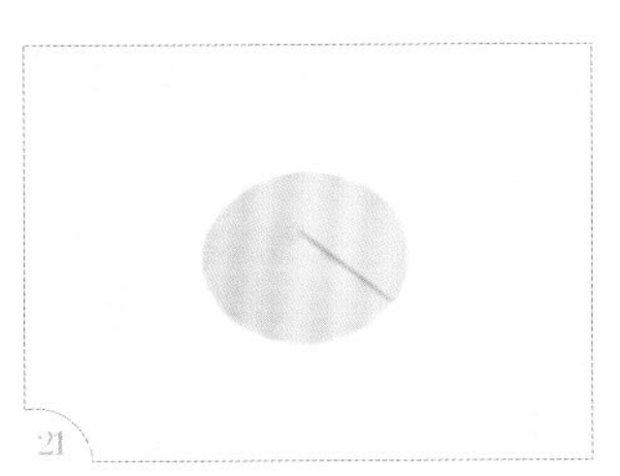

将剪口两端的卡纸重叠后，粘成一个锥形底台。

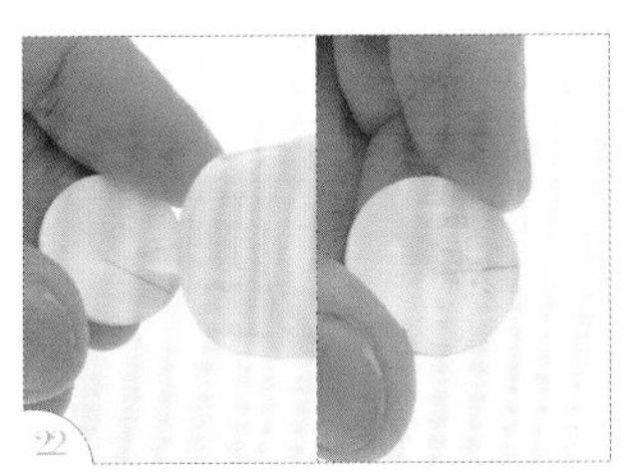

将底台凹面上少许胶。

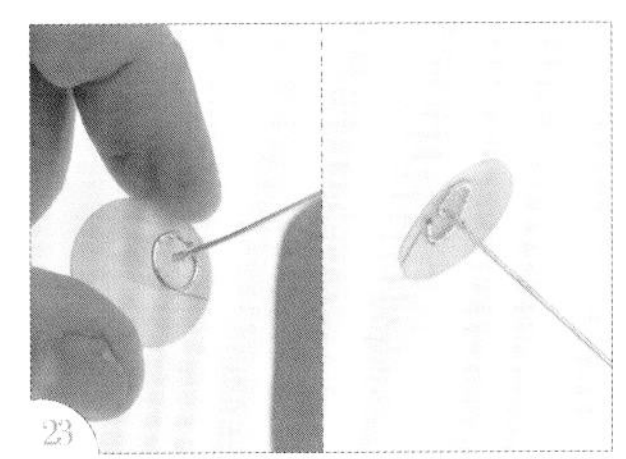

粘上铁丝，完成底台。（注：铁丝拗折的做法可参考 P.13 步骤 1~9。）

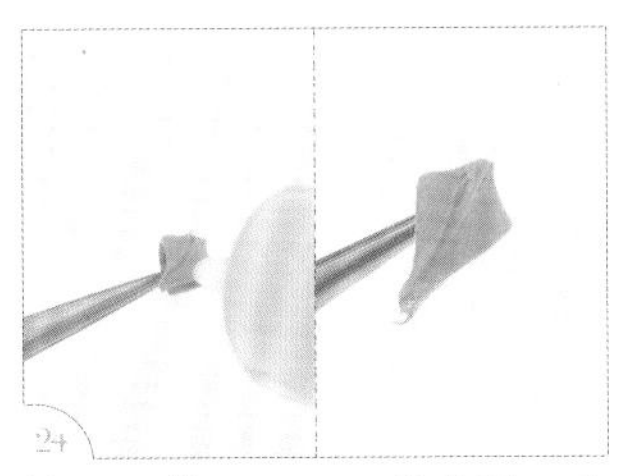

第一层使用 2.5cm 的花瓣，尖端底部上少许胶。

粘上底台，尖端靠着圆心。

重复步骤 24、25，粘好第一层的 3 片花瓣，花瓣保持竖立。

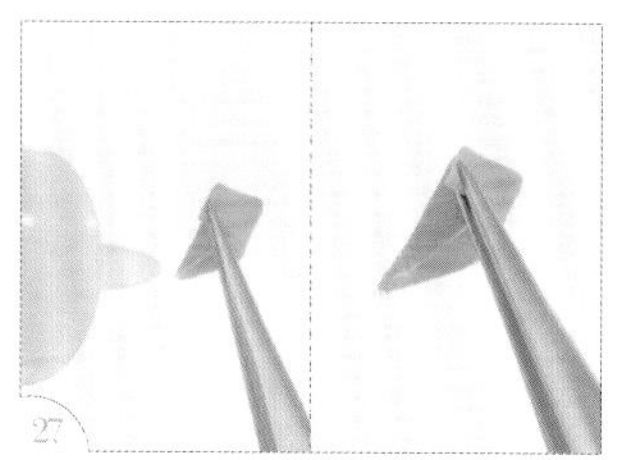

第二层使用 2.5cm 的花瓣，尖端正面上少许胶。

插进第一层花瓣和底台的中间，上胶的位置粘住第一层花瓣。

重复步骤 27、28，粘好第二层的 7 片花瓣，花瓣保持聚拢。

第三层使用 3.5cm 的花瓣，尖端正面上少许胶。

插进第二层花瓣和底台的中间，上胶的位置粘住第二层花瓣，花瓣保持聚拢。

重复步骤 30、31，粘好第三层的 6 片花瓣。（注：花瓣除了尖端粘住底台以外，其他部分与底台保持距离。）

第四层使用 3.5cm 的花瓣，尖端正面上少许胶。

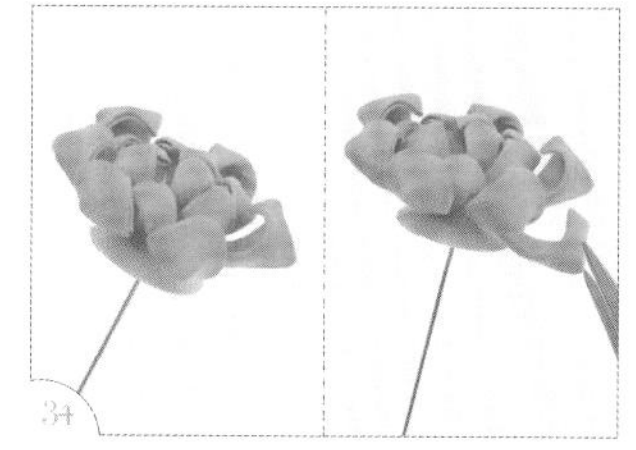

插进第三层花瓣和底台的中间，上胶的位置粘住第三层花瓣，花瓣角度开始往外倾斜。

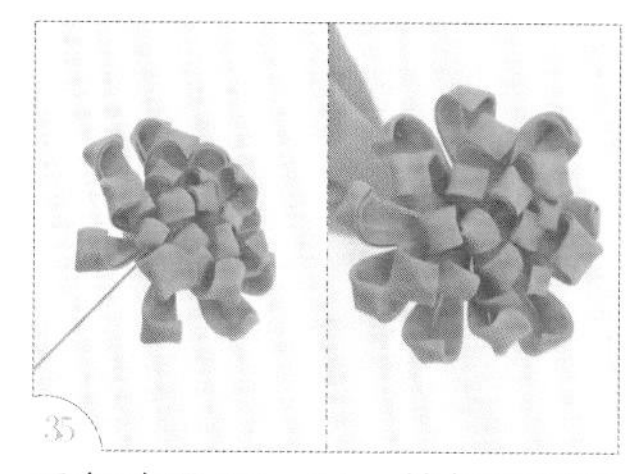

重复步骤 33、34，粘好第四层的 8 片花瓣。

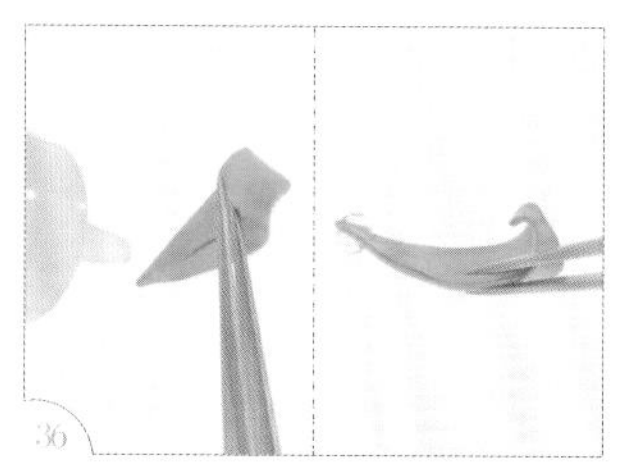

第五层使用 4.5cm 的花瓣，尖端正面和背面都上胶。

插进第四层花瓣和底台的中间，上胶的位置粘住第四层花瓣和底台。

重复步骤 36、37，粘好第五层的 8 片花瓣，花瓣自然散开，不用太过整齐。

用手从上方往下稍微拨散第四、第五层的花瓣，将最外层做出快要凋落的样子。

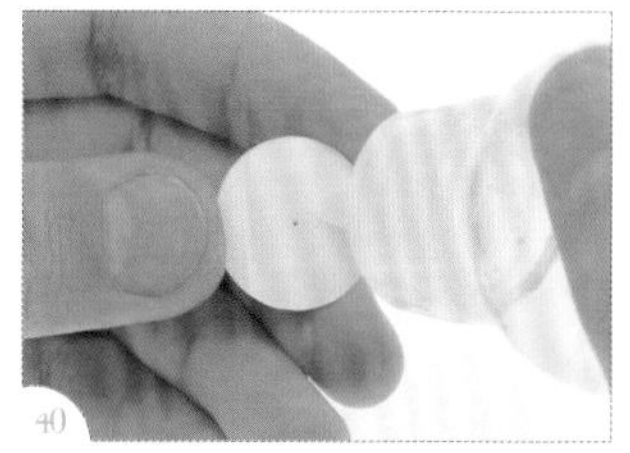

在另一片圆形卡纸一面上胶。（注：圆形卡纸的做法可参考 P.12。）

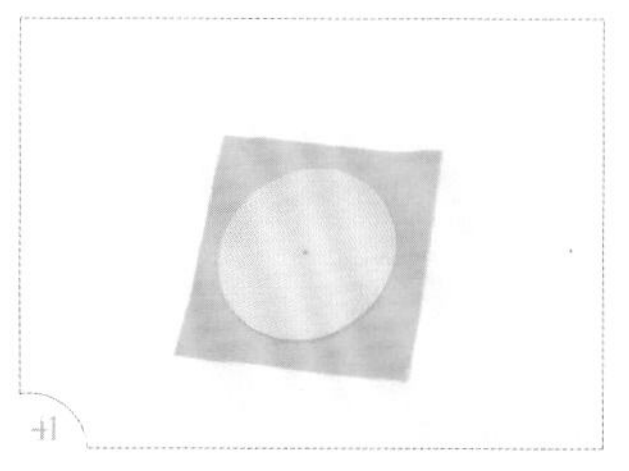

粘在剩下的边长 2.5cm 的布片中央。

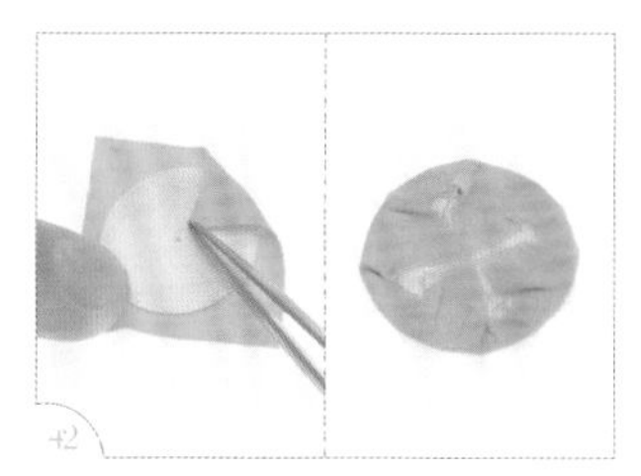

在卡纸另一面上胶，用布包起来。

将底台背面的铁丝对齐根部后剪掉。

包好的卡纸上胶，粘在花朵底部。

将花朵翻回正面，完成福助菊。

※有铁丝的福助菊

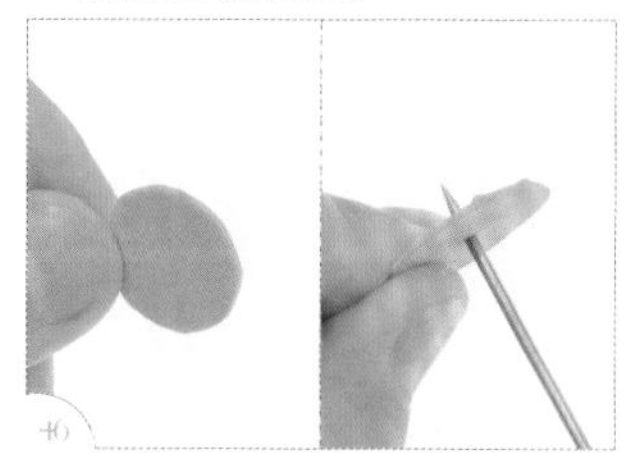

若要组装铁丝，需承步骤 43，用锥子从包布的那一面穿过去，在中心戳出洞。

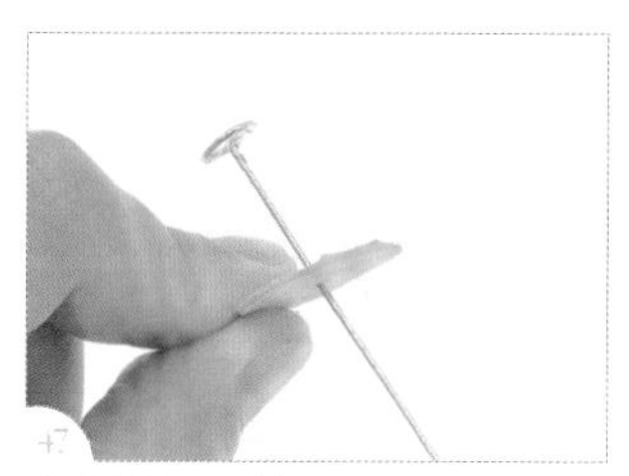

穿进拗好的铁丝。（注：铁丝拗折的做法可参考 P.13 步骤 1~9。）

涂上胶后粘在花朵背面，放置至干透。

完成有铁丝的福助菊。

进阶花形制作 14

莲花

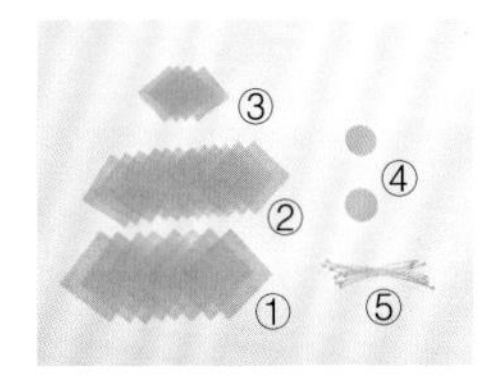

工具材料

① 布 8 片（3.5cm×3.5cm）
② 布 13 片（3cm×3cm）
③ 布 4 片（2.5cm×2.5cm）
④ 圆形卡纸底台 2 片（直径2cm）
⑤ 花蕊 10 根

手工艺小剪刀
镊子
保丽龙胶
调色盘
糨糊
水
水彩笔

原大尺寸

布（3.5cm×3.5cm）
布（3cm×3cm）
布（2.5cm×2.5cm）

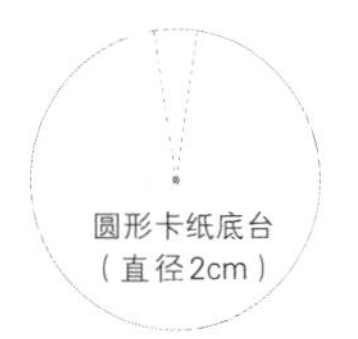

步骤说明

拿起 1 片边长 3.5cm 的布片，用镊子夹住一角，沿对角线对折成三角形。

沿三角形的垂直中线再次对折。

夹住三角形的正中间。

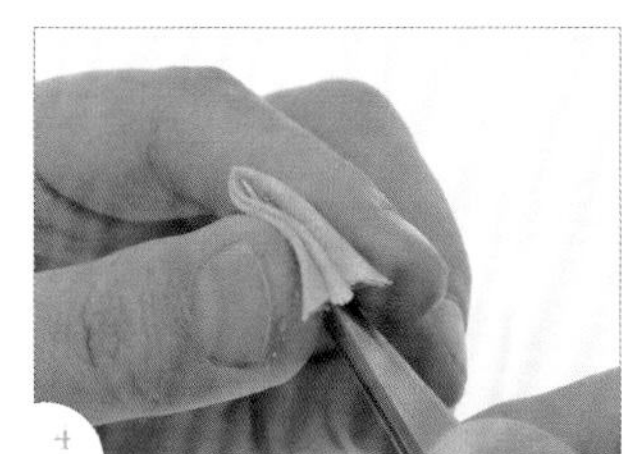

将三角形再次对折。

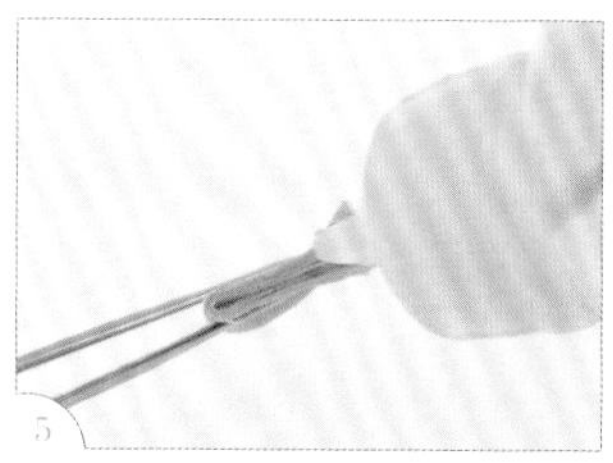

用镊子夹住花瓣，在布边开口处上胶。

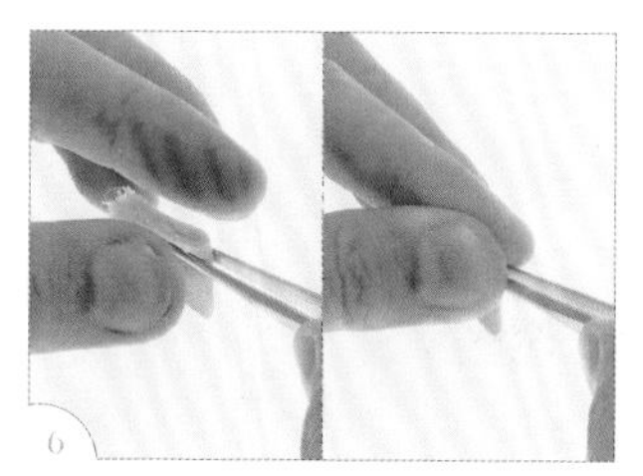

待胶半干后，用手指捏紧布边。（注：触摸时不粘手，但仍有软度即可。）

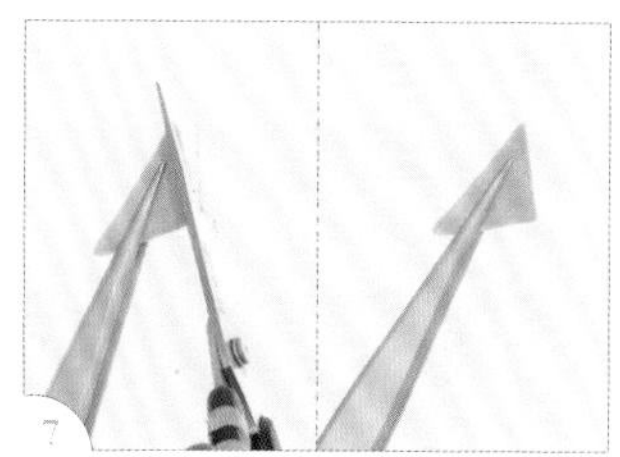

用剪刀稍微修齐胶面。

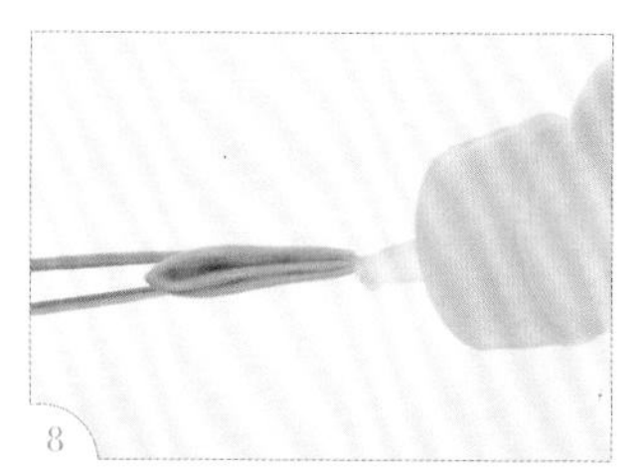

翻到正面，在尖端开口处上少许胶。

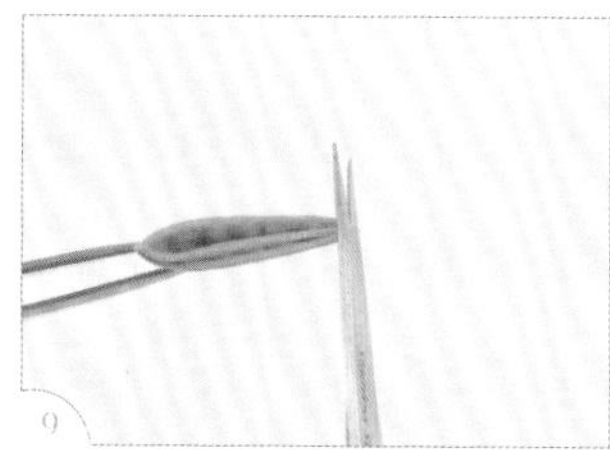

待胶半干后，修齐尖端。

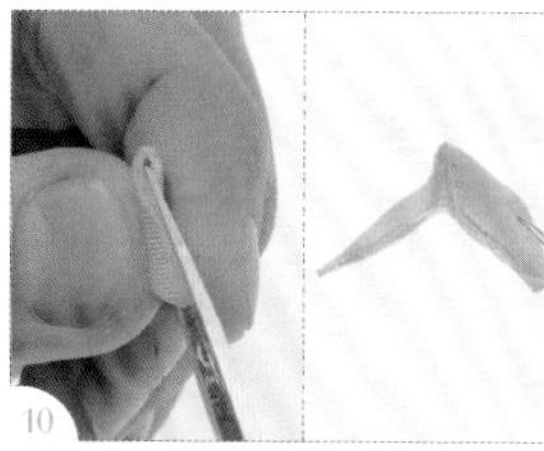

将剪刀伸进尖端中央缝隙，剪开布边的 2/3。

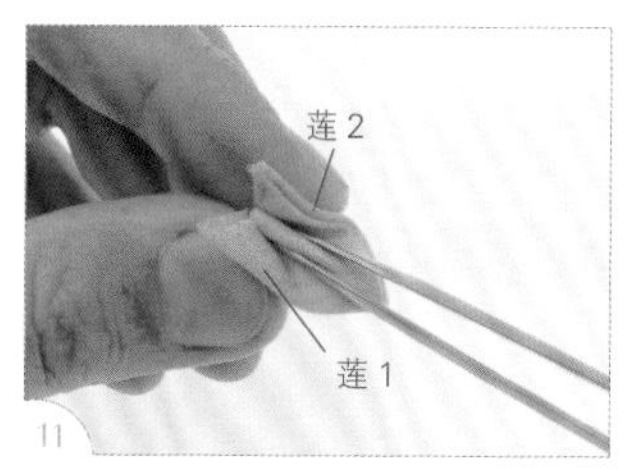

剪开的两片（莲 1、莲 2）往上翻折。

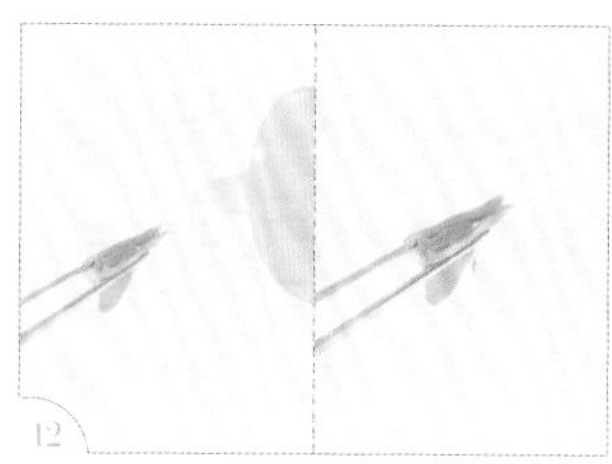

布边上胶。

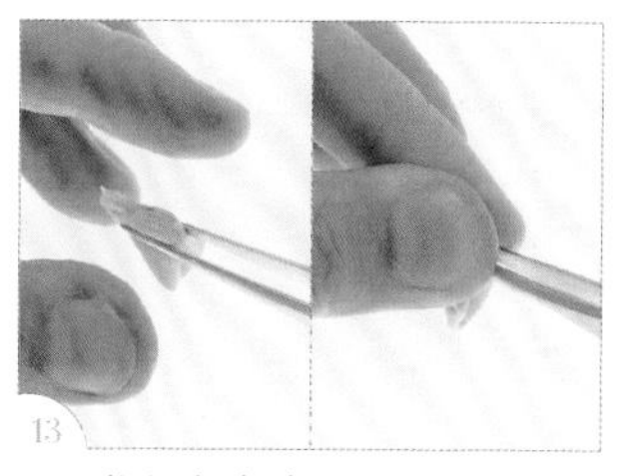

用手指捏紧布边。

完成 1 片花瓣。

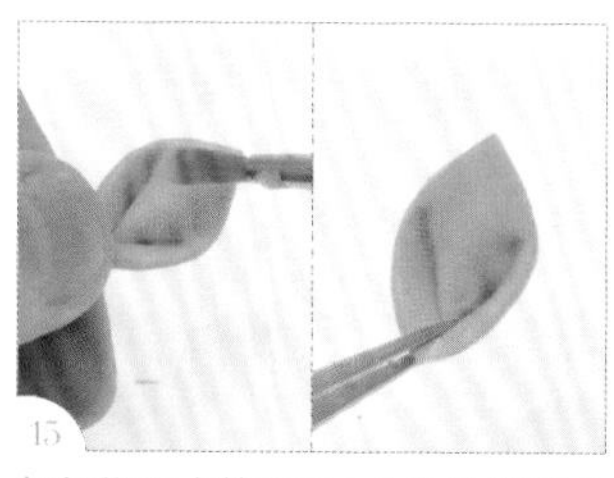

把糨糊和水按照 2：1 的比例混合均匀。用水彩笔在花瓣尖端刷上糨糊水。

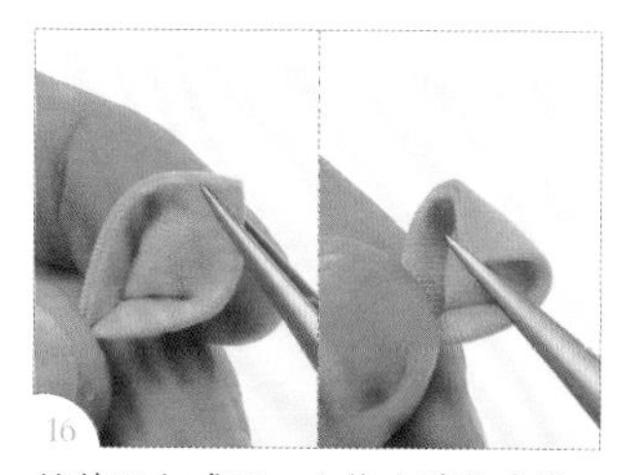

等待至七成干，夹住尖端往内拗。（注：沾水后颜色变深的区域恢复到原本的颜色，但还没有完全变硬。）

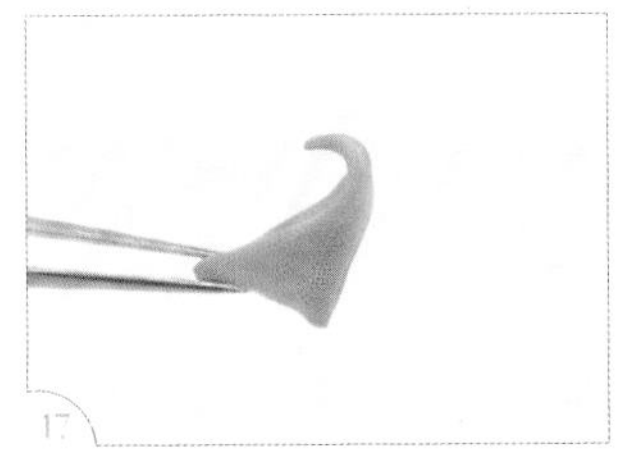

花瓣边缘呈钩形。

完成 1 片花瓣。

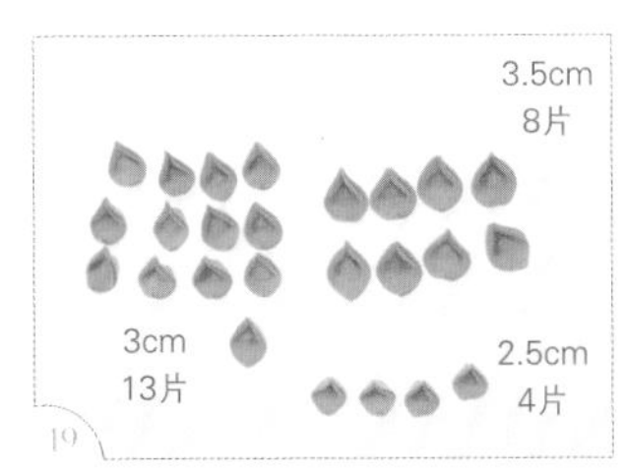

重复步骤 1~16，将所需的 3 种尺寸的花瓣制作完成。

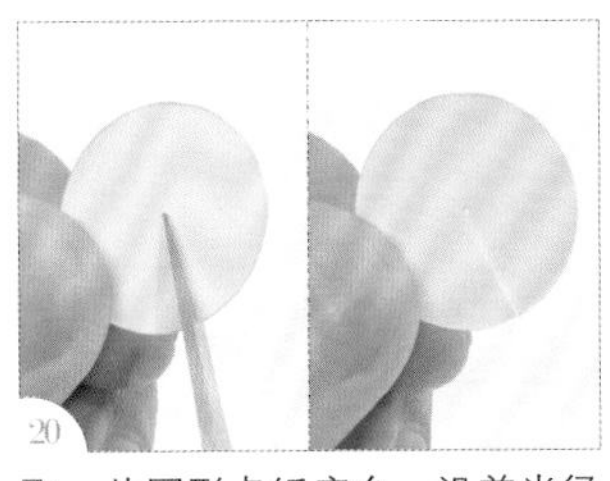

取一片圆形卡纸底台，沿着半径剪开。（注：圆形卡纸的做法可参考 P.12。）

剪口一侧上少许胶。

重叠后黏合，完成锥形底台。

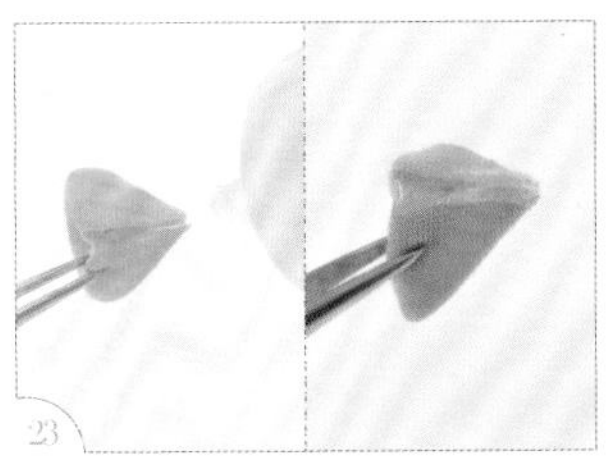

先粘第三层 3cm 的中花瓣，花瓣底部上胶。

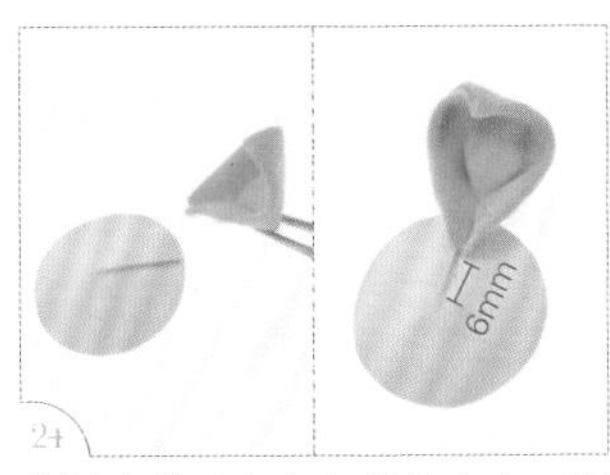

花瓣尖端对齐中心粘上底台，距离中心 6mm。

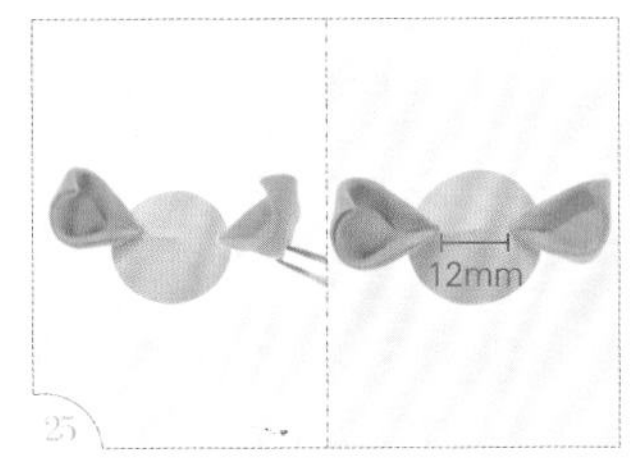

在第 1 片花瓣对面粘上第 2 片花瓣，2 片花瓣尖端间隔 12mm。

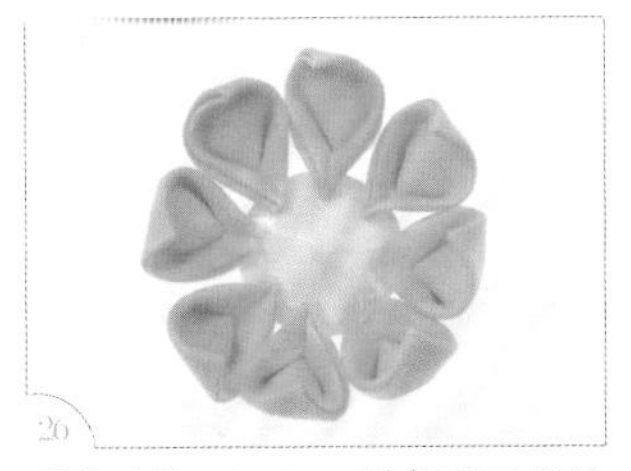

重复步骤 23~25，粘好第三层的 8 片花瓣。

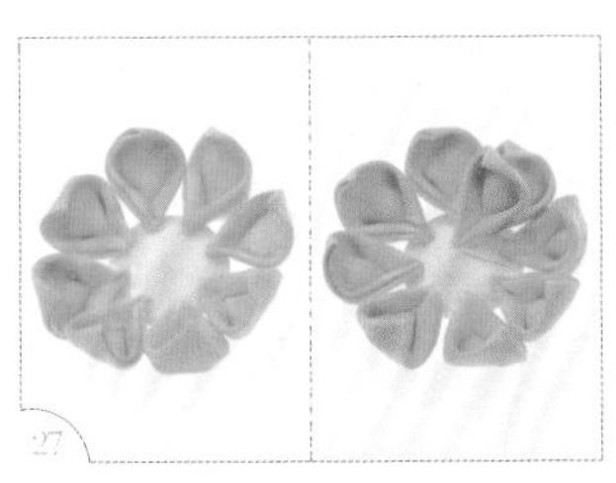

中花瓣底部上胶，在第三层里面粘上第二层的第 1 片花瓣。

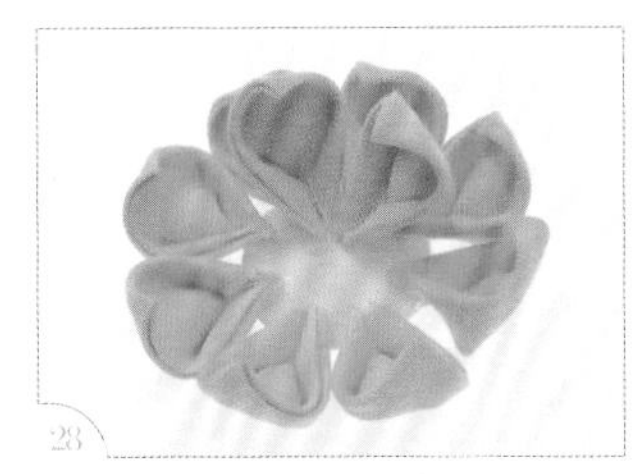

在旁边粘上第 2 片花瓣。

如图粘上第 3 片花瓣。

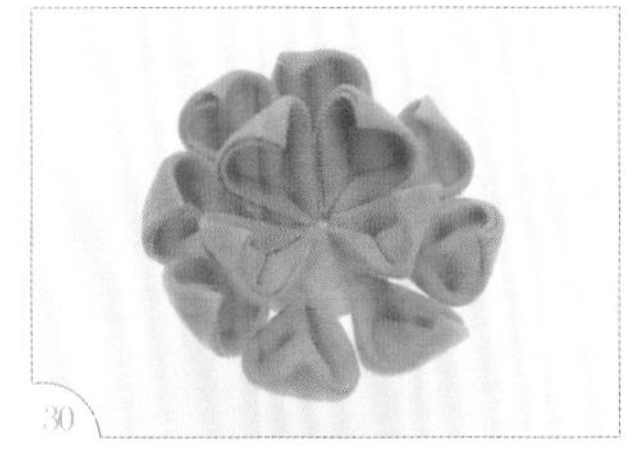
将第 4 片花瓣粘好。

第二层 5 片花瓣全部粘好。

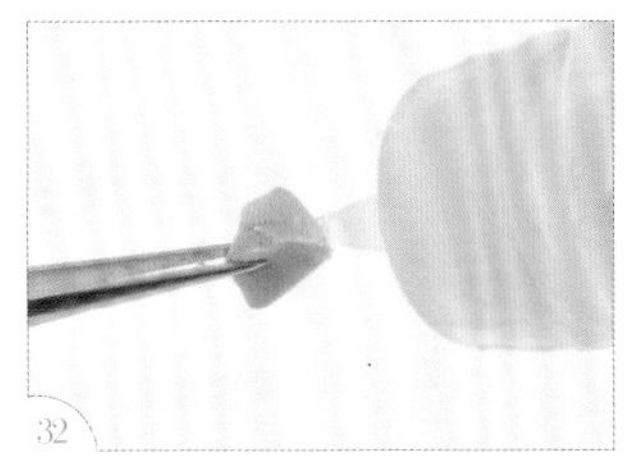
取 2.5cm 的小花瓣，并在底部上胶。

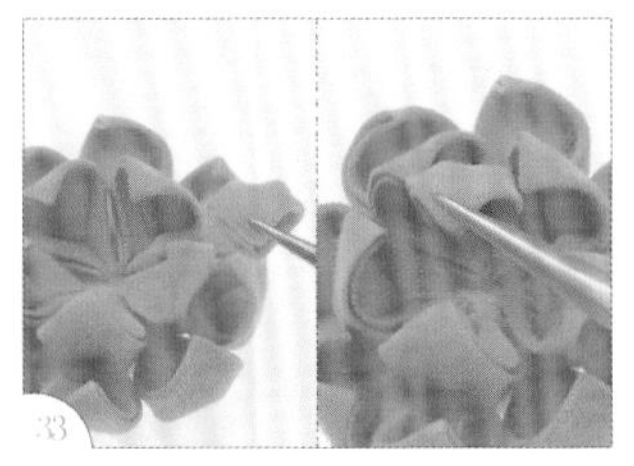
将小花瓣粘进中心，注意不要让胶沾到第二层花瓣。

重复步骤 32、33，将第一层 3 片小花瓣粘好，花瓣呈聚拢状。

将花朵翻过来。

取 3.5cm 的大花瓣，并在正面尖端上胶。

将花瓣反着向下粘住底台边缘。

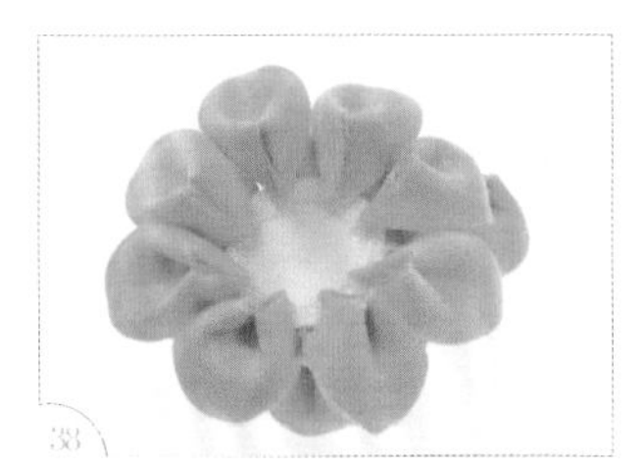
重复步骤 36、37，粘好第四层的 8 片花瓣。

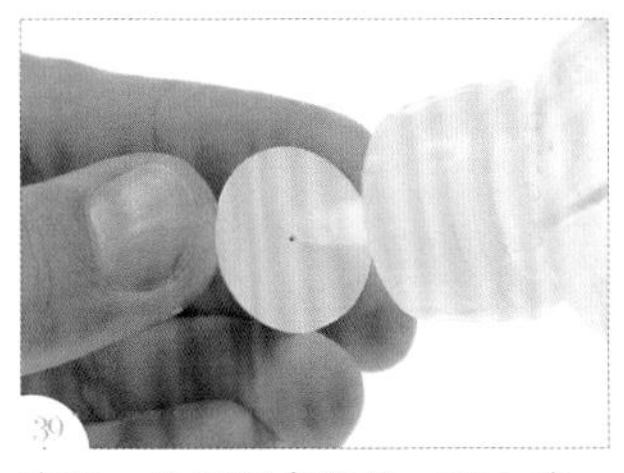
在另一片圆形卡纸的一面上胶。（注：圆形卡纸的做法可参考P.12。）

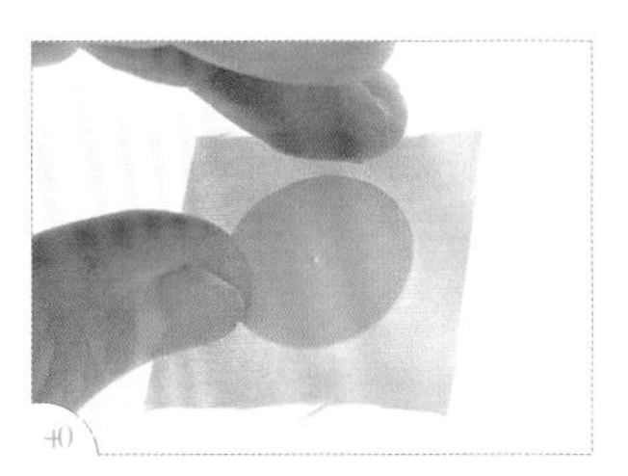
粘在剩下的边长 2.5cm 的布片中央。

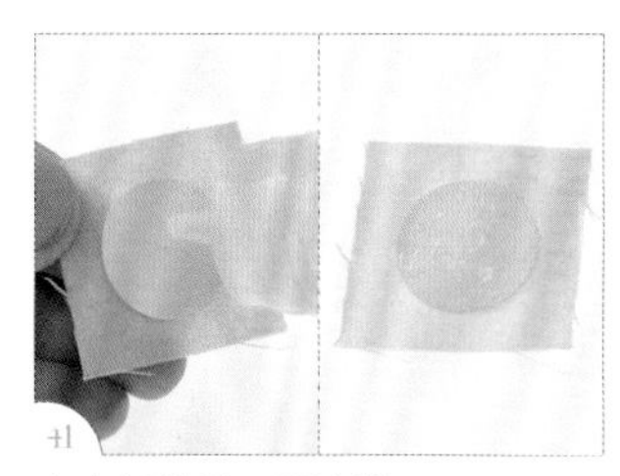

在卡纸的另一面上胶。

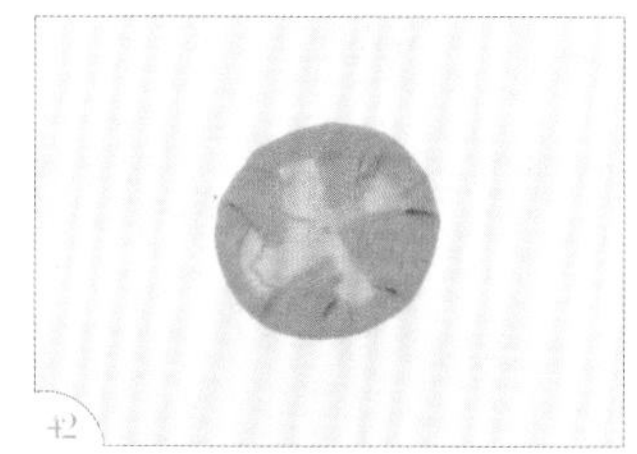

将布翻折进来，包住卡纸。

将包好的卡纸上胶，粘在花朵底部。

将花朵翻回正面。

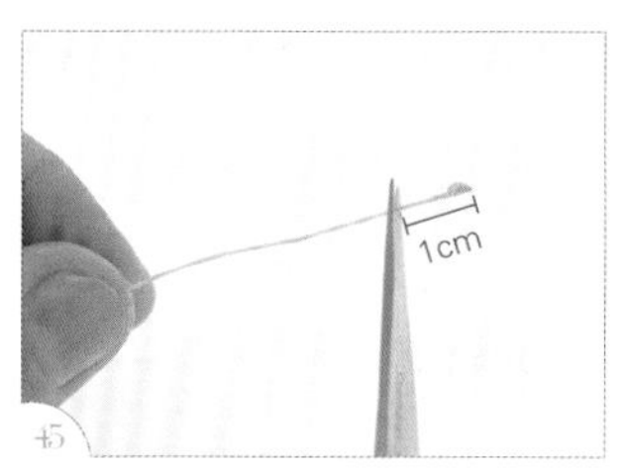

花蕊剪至 1cm。

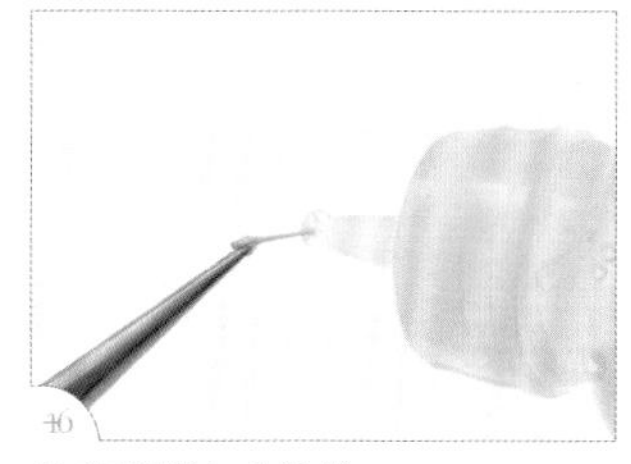

花蕊根部上少许胶。

将花蕊插进花朵中心处。

把所有的花蕊粘好，完成莲花。

大蕊萍

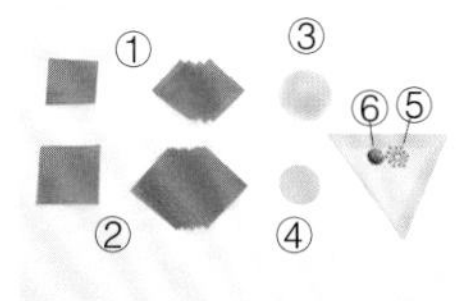

工具材料

① 布 5 片（3cm×3cm）
② 布 11 片（3.5cm×3.5cm）
③ 保丽龙球半颗（直径 3.5cm）
④ 圆形卡纸底台（直径 2.5cm）
⑤ 金属花蕊
⑥ 平底钻

手工艺小剪刀
镊子
保丽龙胶
珠针
刀片

原大尺寸

布（3.5cm×3.5cm）

布（3cm×3cm）

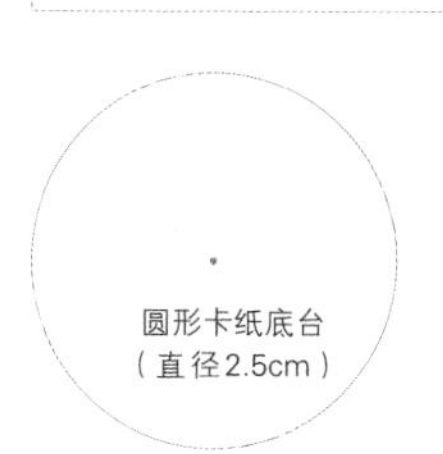

步骤说明

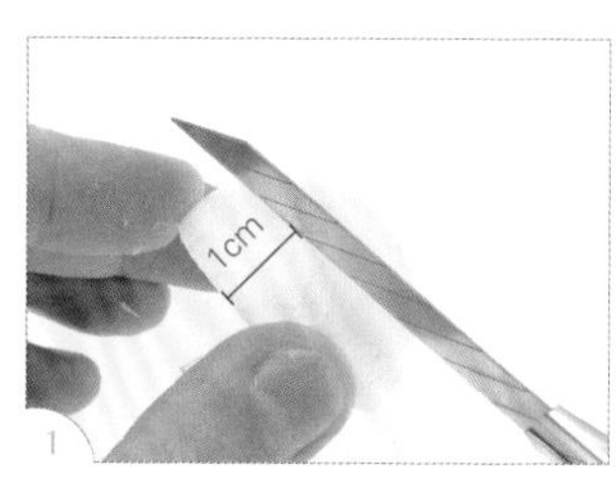

1 刀片与半颗保丽龙球的底面平行，将保丽龙球切下。

2 切好的保丽龙球底面直径为 2.5cm。

3 在卡纸的一面上胶。（注：圆形卡纸的做法可参考 P.12。）

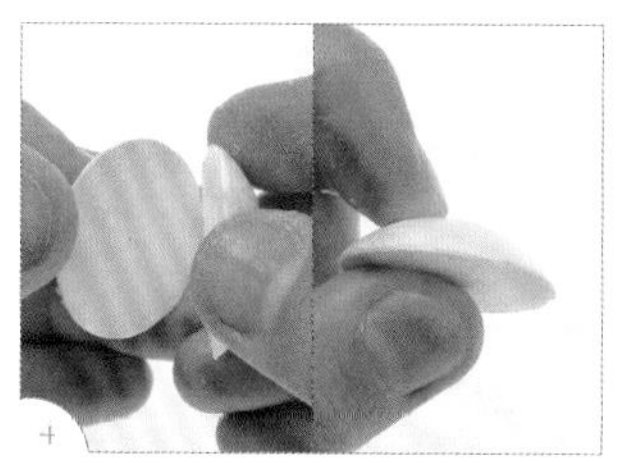

4 将卡纸和切好的保丽龙球底部粘在一起。

在卡纸的另一面上胶。

粘在边长 3.5cm 的布片中央。

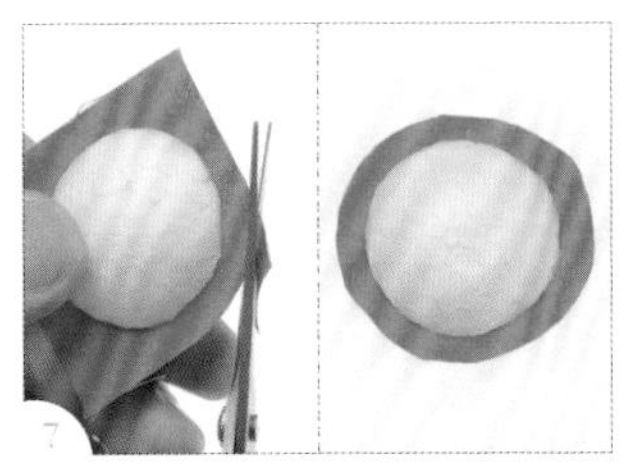

将布剪成圆形。

在切好的保丽龙球边缘上一圈胶。

将布翻折起来，包住切好的保丽龙球。

布的褶皱用剪刀修齐。

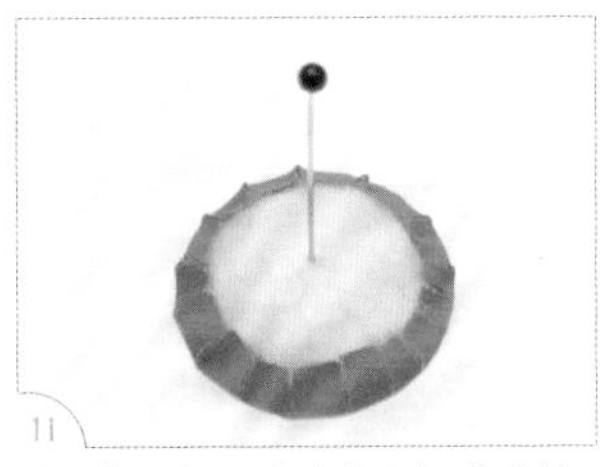

在切好的保丽龙球中央插进珠针，完成底台。

拿起 1 片边长为 3cm 的布片，用镊子夹住一角。

将布片沿对角线对折成三角形。

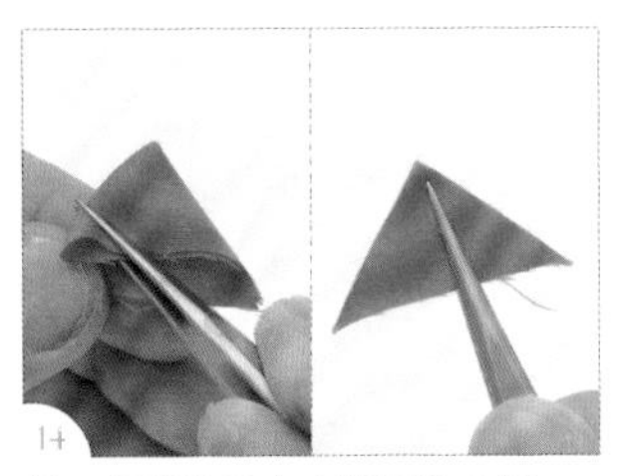

沿三角形的垂直中线再次对折。

用镊子依图中角度夹住。

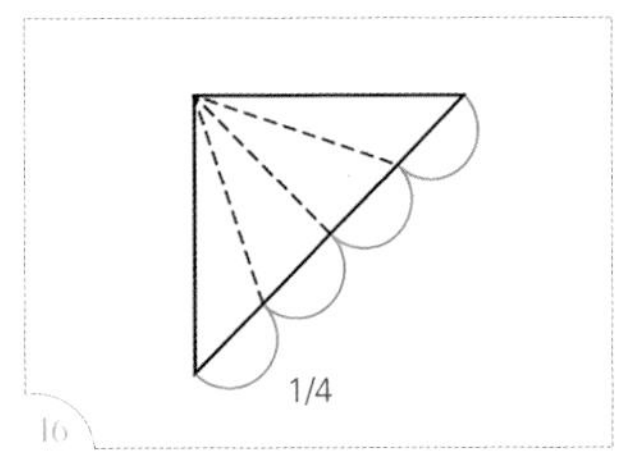

按照图示在布上画线。（注：图示为侧面图。）

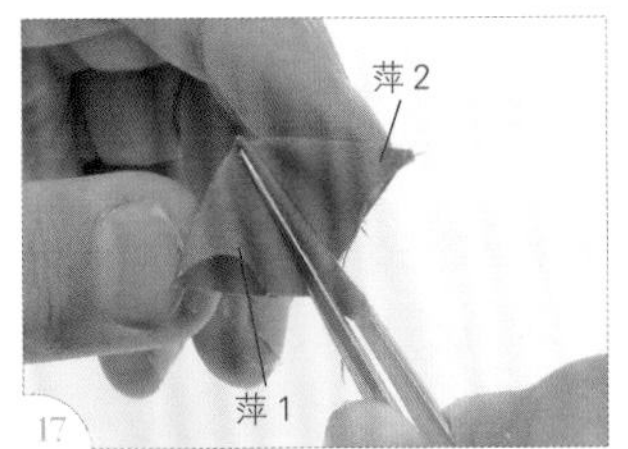

依照上图所示，将两边（萍 1、萍 2）各向上翻折起 1/4。

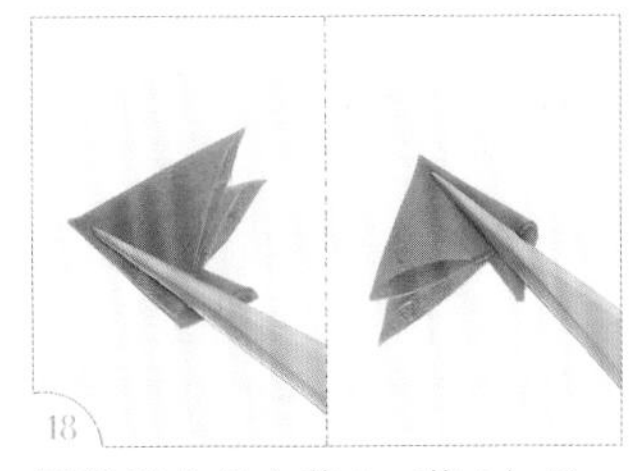

用镊子夹住（萍 1、萍 2）后，再翻转 180°。

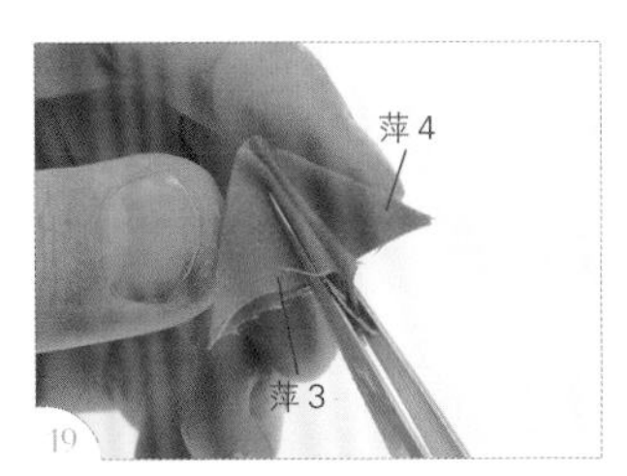

再向上翻折 1/4（萍 3、萍 4）。

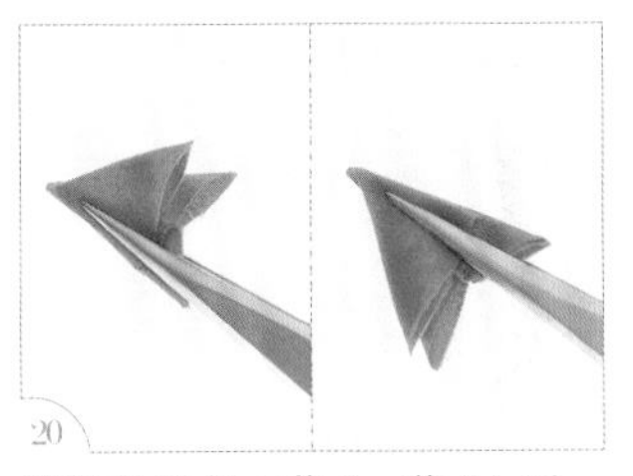

用镊子夹住（萍 3、萍 4）后，再翻转 180°。

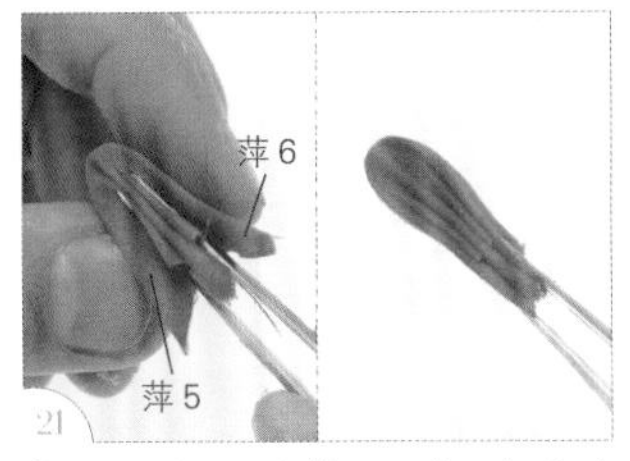

将剩下的 1/4（萍 5、萍 6）向上翻折完后，5 条折边齐平。

用镊子夹住侧面，与布边角度平行修剪，直到把最短处也修剪整齐。

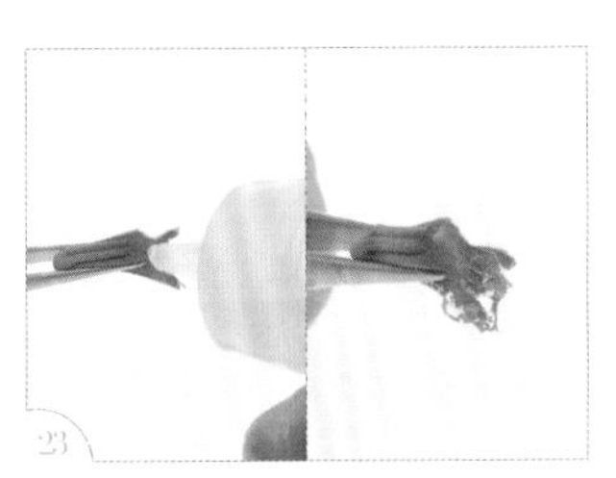

在修剪过的布边开口处上胶。

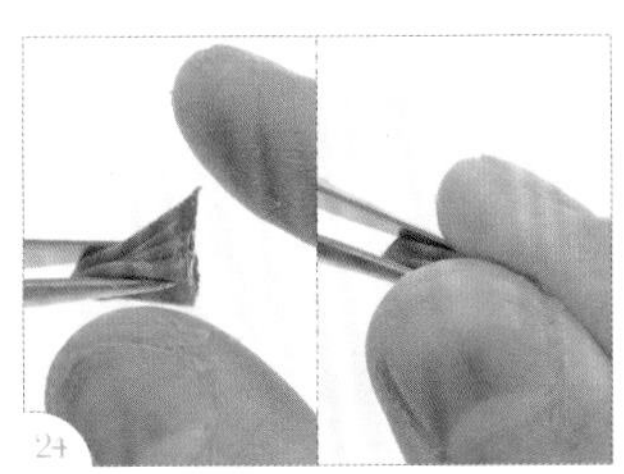

待胶半干后，用手指捏紧布边。（注：触摸时不粘手，但仍有软度即可。）

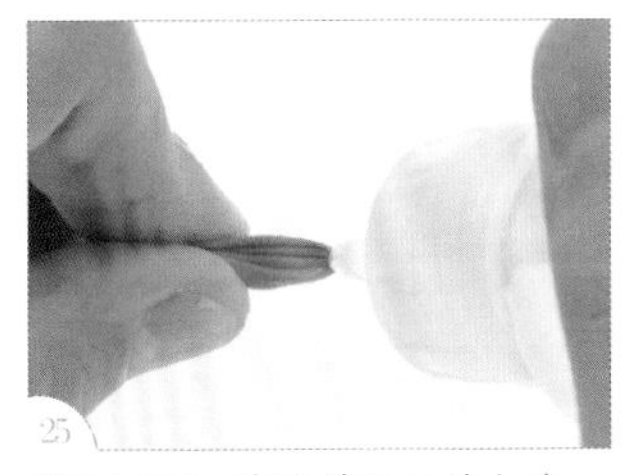

翻到正面，在尖端开口处上胶。

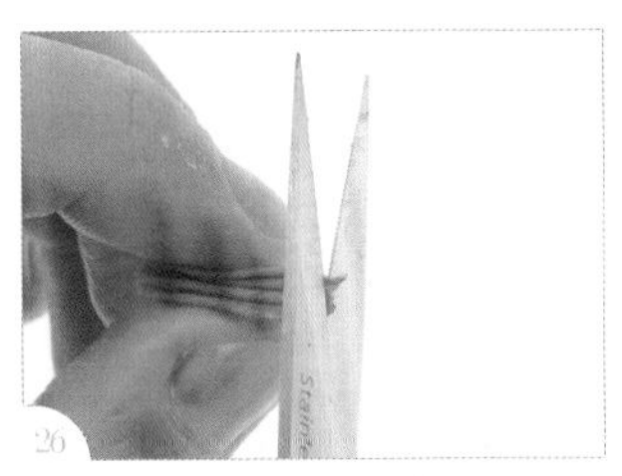

待胶半干后，修齐尖端。

用镊子夹住花瓣边缘。

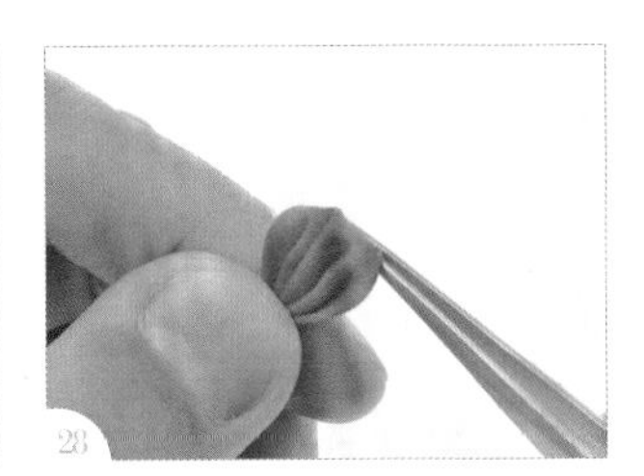

往外翻折至外侧。

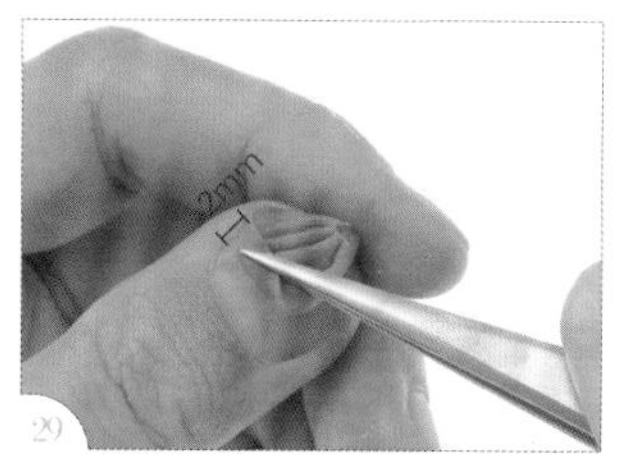

翻折的宽度约 2mm。

完成 1 片花瓣。

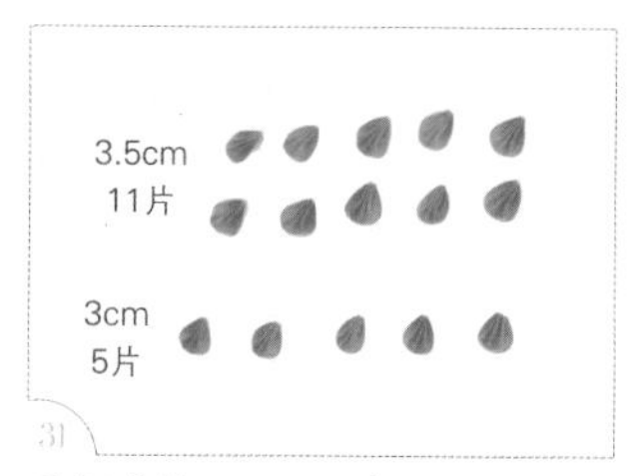

重复步骤 12~29，把所需的 2 种尺寸的花瓣制作完成。

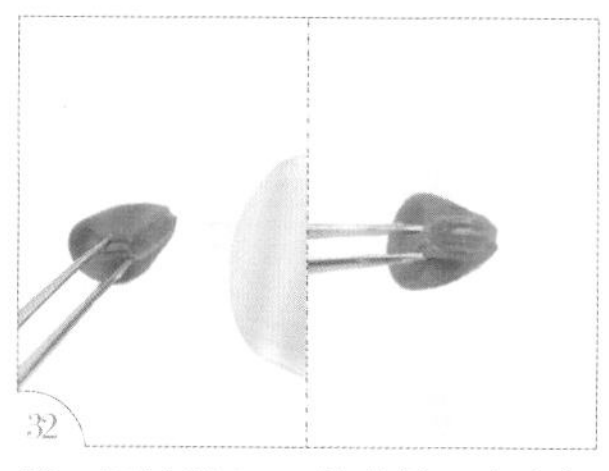

第一层使用 3cm 的花瓣，在底部上胶。

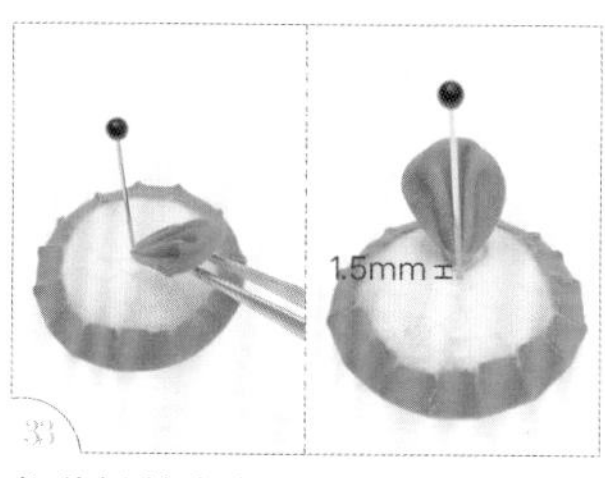

将花瓣粘在底台上，并以珠针为中心对齐，花瓣尖端距离中心 1.5mm。

将第一层 5 片花瓣都粘在底台上。

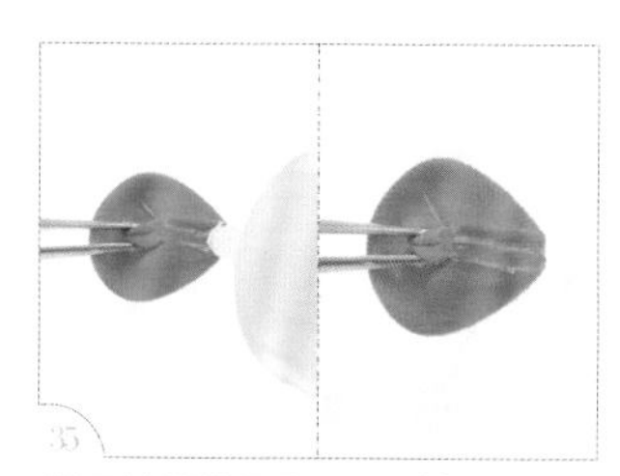

第二层使用 3.5cm 的花瓣，在底部上胶。

将 3.5cm 的花瓣插进第一层花瓣的间隔处后粘好。

将第二层 5 片花瓣都粘在底台上。

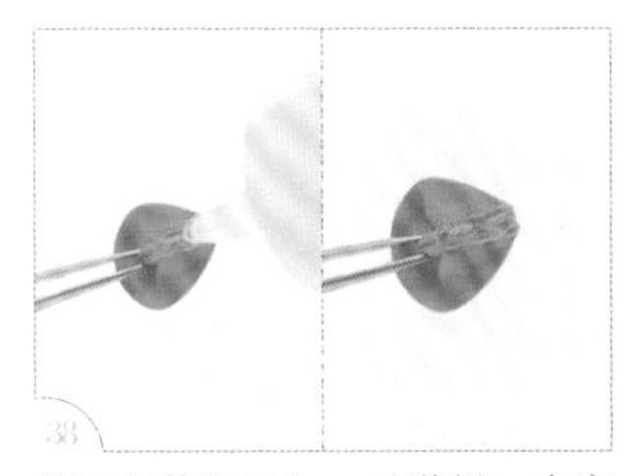

第三层使用 3.5cm 的花瓣，在底部上胶。

将 3.5cm 的花瓣插进第二层花瓣的间隔处，尖端贴住第一层花瓣的尾端。

将第三层 5 片花瓣完成。

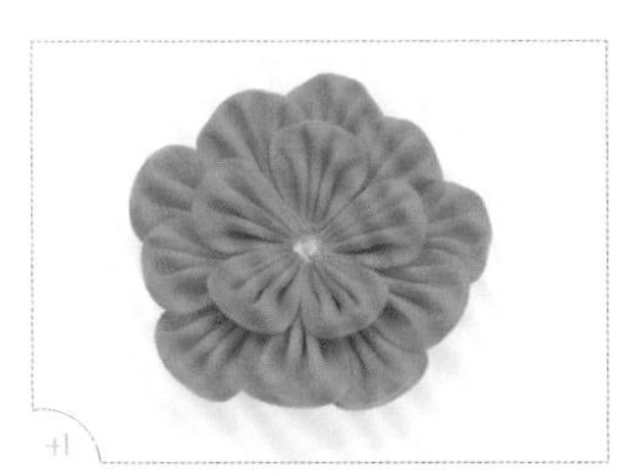

拔掉作为中心点的珠针。

在花朵中心处上胶。

将金属花蕊放进花朵中心处。

在金属花蕊中心处上少许胶。

将平底钻放进金属花蕊中心处。

完成大蕊萍。

工具材料

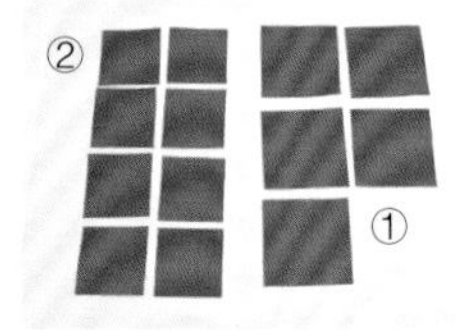

① 布 5 片（4.5cm×4.5cm）

② 布 8 片（3.5cm×3.5cm）

手工艺小剪刀
镊子
保丽龙胶
调色盘
糨糊
水
水彩笔

原大尺寸

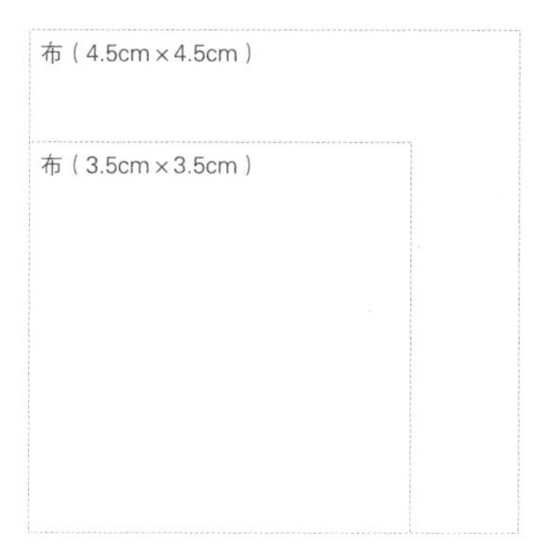

步骤说明

拿起 1 片边长为 4.5cm 的布片，用镊子夹住一角，沿对角线对折成三角形。

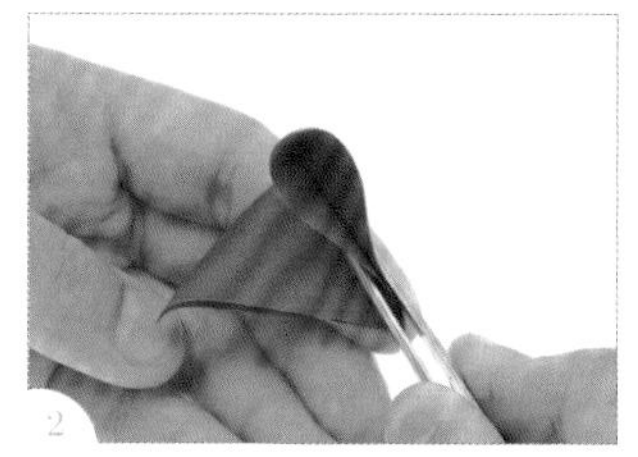

沿三角形的垂直中线再次对折。

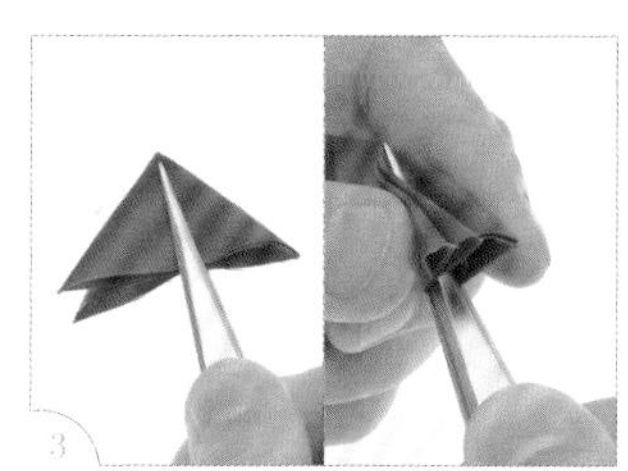

夹住三角形的正中间，将三角形再次对折。

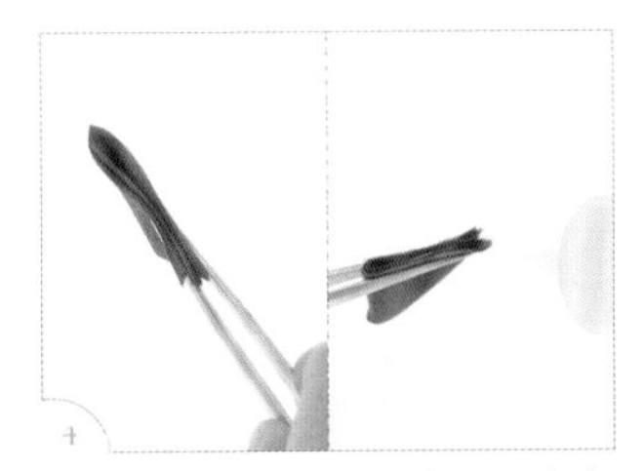

用镊子夹住花瓣翻到背面，在布边开口处上胶。

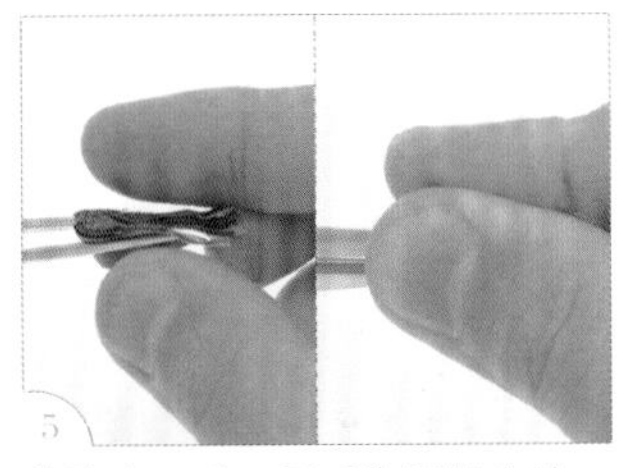

待胶半干后，用手指捏紧布边，用剪刀稍微修齐胶面。

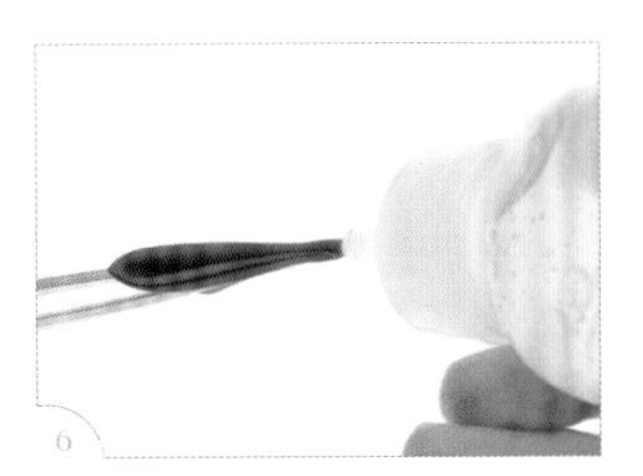

翻到正面，在尖端开口处上少许胶。

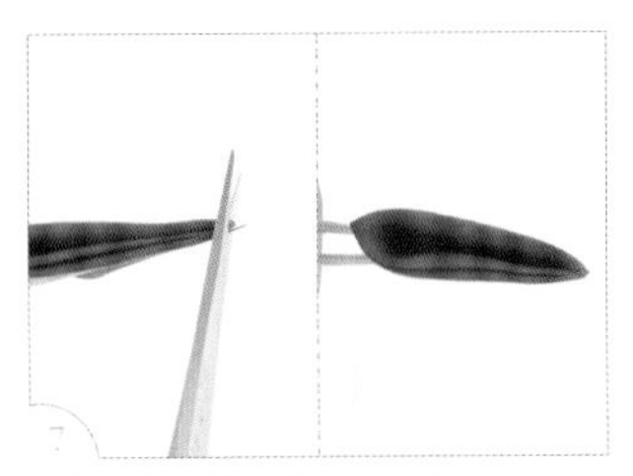

待胶半干后，修齐尖端。

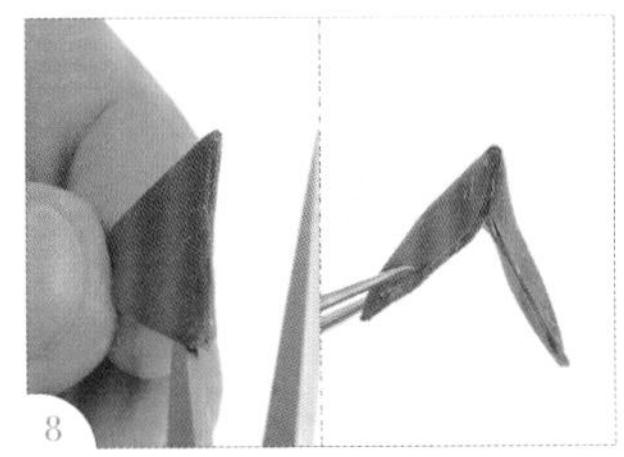

将剪刀伸进尖端中央缝隙，剪开布边的 3/4。

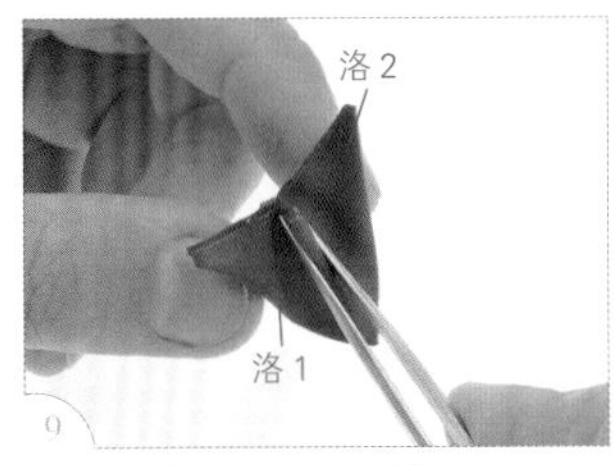

用手把剪开的两片（洛 1、洛 2）往上翻折。

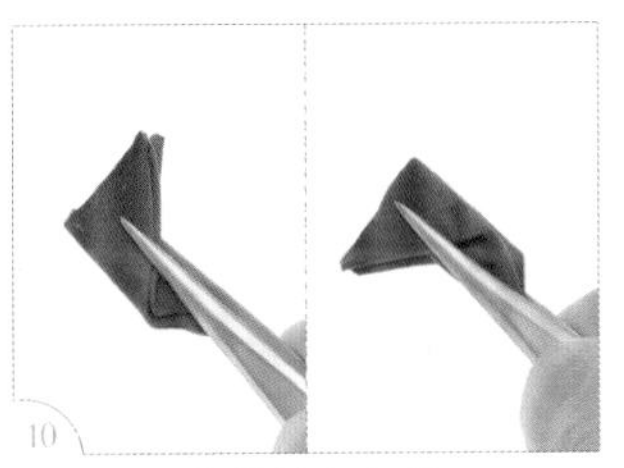

用镊子夹住整块布翻转 180°，使两个尖角朝下。

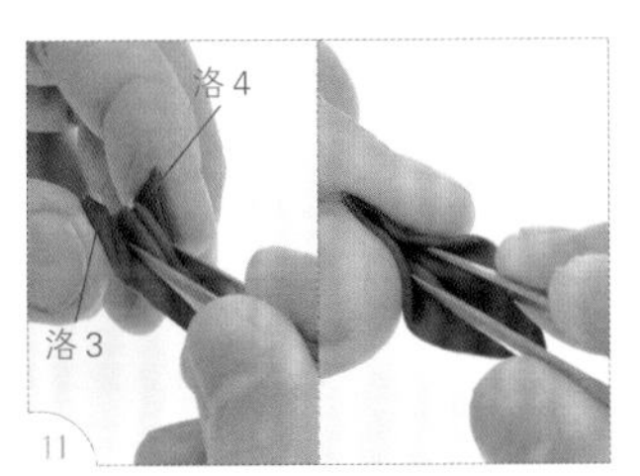

将洛 3、洛 4 的 2 个尖角用手往上翻折，夹住中间两折布边。

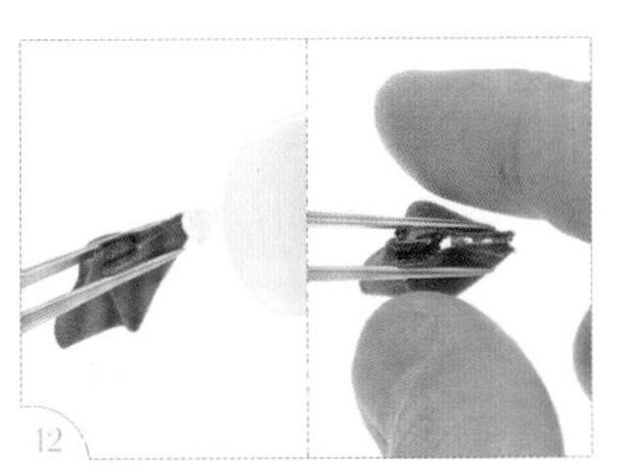

布边上胶粘住，用手指捏紧。

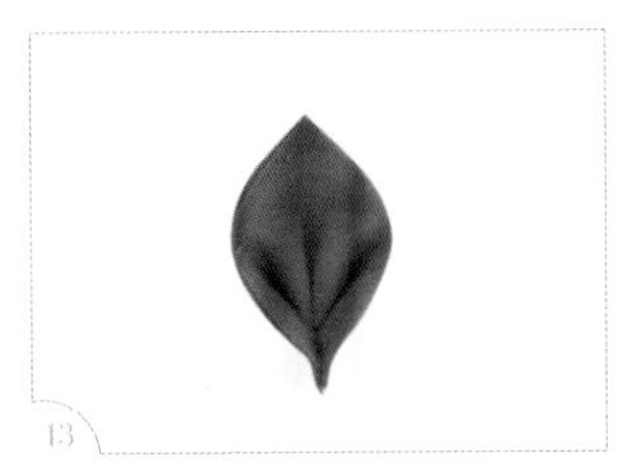

粘好 1 片花瓣。

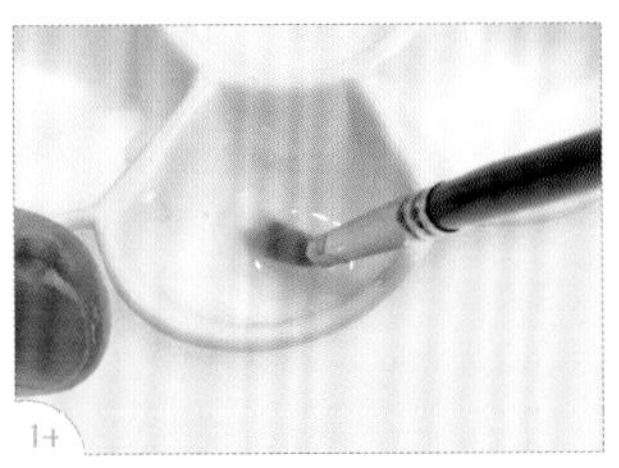

把糨糊和水按照 2 ： 1 的比例混合均匀。（注：比例可依个人喜好及气温调整。）

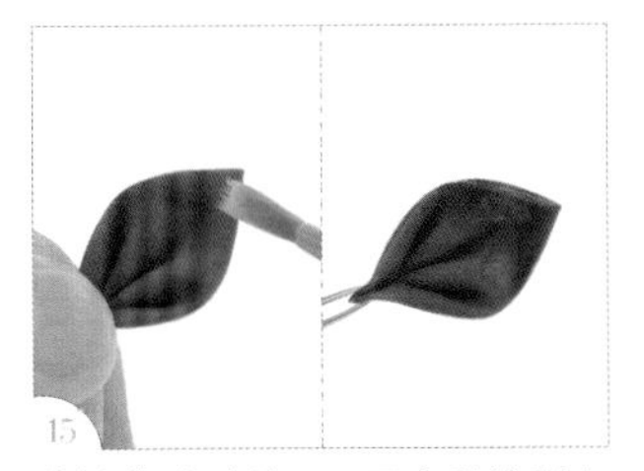

花瓣靠外端的 1/2 用水彩笔刷上糨糊水。

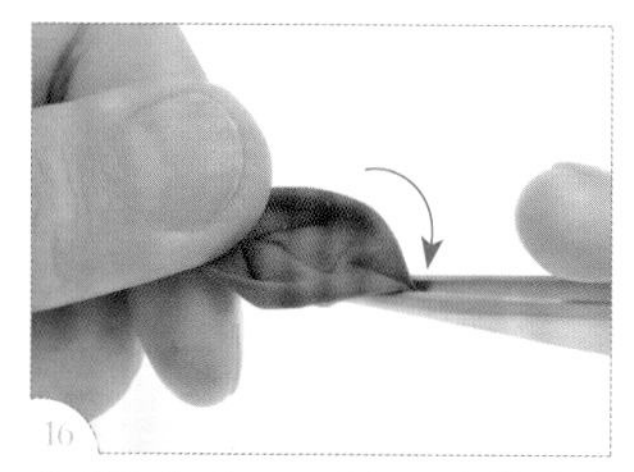
等待至七成干，用镊子夹住外端往外拗。

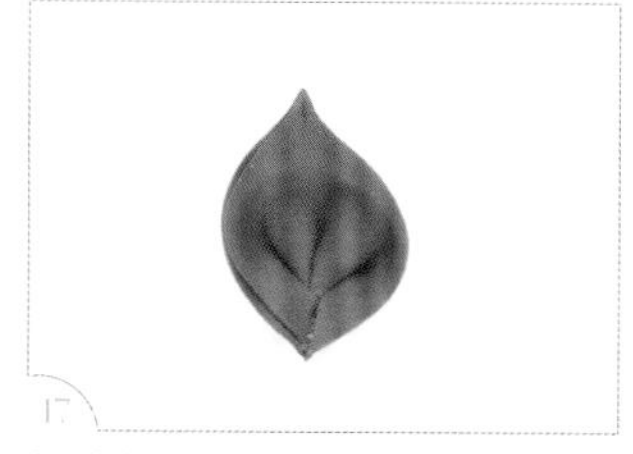
把花瓣边缘做成朝外的尖刺形状，完成 1 片花瓣。

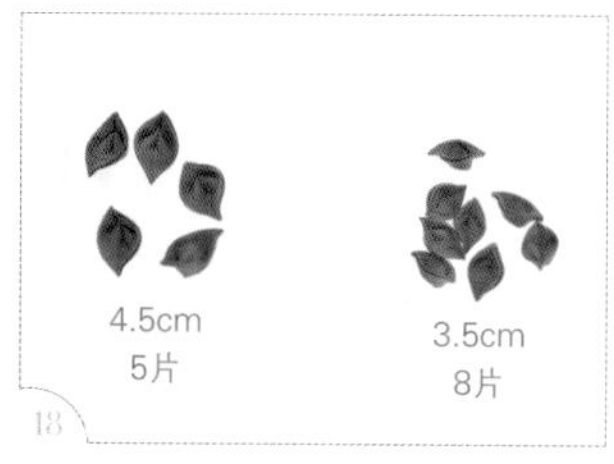

重复步骤 1~17，将所需的 2 种尺寸的花瓣制作完成。

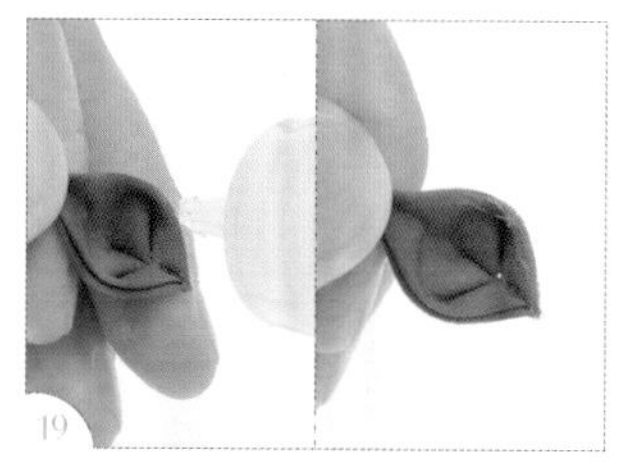
第一层使用 3.5cm 的花瓣，在花瓣下端右侧边缘涂上胶。

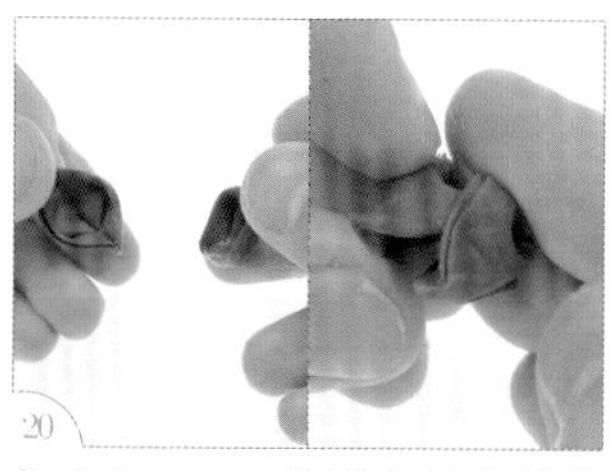
将 2 片 3.5cm 花瓣交叠着粘在一起。

用同样的方法将第 3 片花瓣粘好。

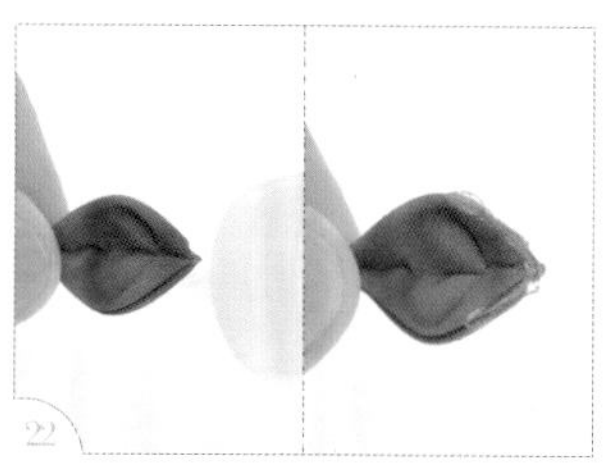
第二层使用 3.5cm 的花瓣，在花瓣下端两侧边缘涂上胶。

将 3.5cm 的花瓣底端对准第一层花瓣的底端粘好。

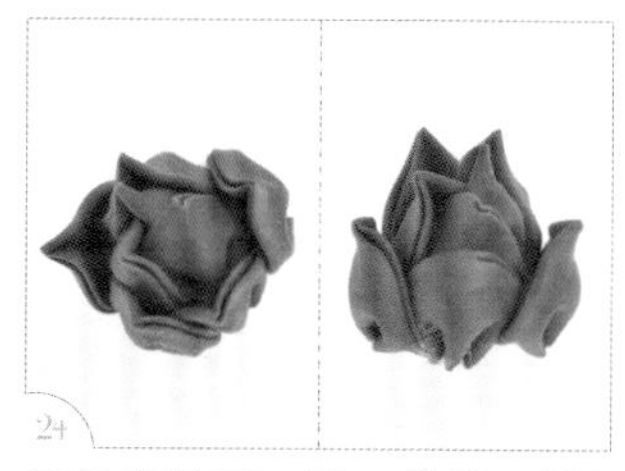
重复步骤 22、23，将第二层 5 片花瓣粘好，高度略低于第一层花瓣。

第三层使用 4.5cm 的花瓣，在花瓣下端两侧边缘涂上胶。

将 4.5cm 的花瓣底端对准第二层花瓣的底端粘好。

重复步骤 25、26，将第三层 5 片花瓣粘好，完成洛神花。

进阶花形制作 17

牡丹

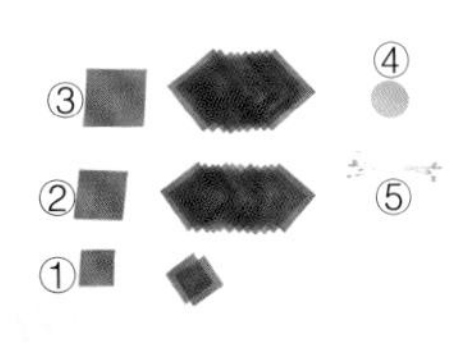

工具材料

① 布 3 片（2.5cm×2.5cm）
② 布 12 片（3.5cm×3.5cm）
③ 布 10 片（4.5cm×4.5cm）
④ 圆形卡纸底台 2 片（直径 2.5cm）
⑤ 花蕊 7 根

手工艺小剪刀
镊子
保丽龙胶
调色盘
糨糊
水
水彩笔
牙签

原大尺寸

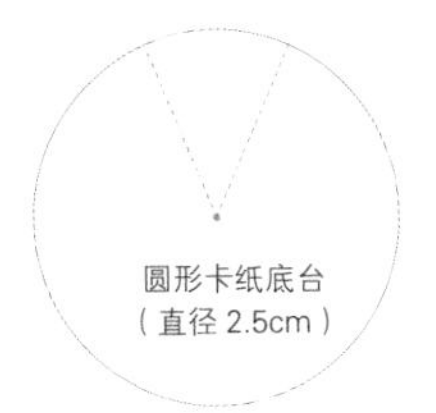

步骤说明

拿起 1 片边长 3.5cm 的布片，将布片沿对角线对折成三角形。

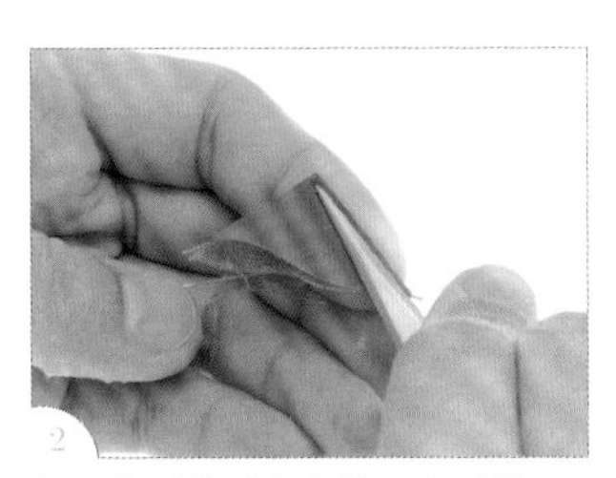

沿三角形的垂直中线再次对折。

用镊子依图中角度夹住。

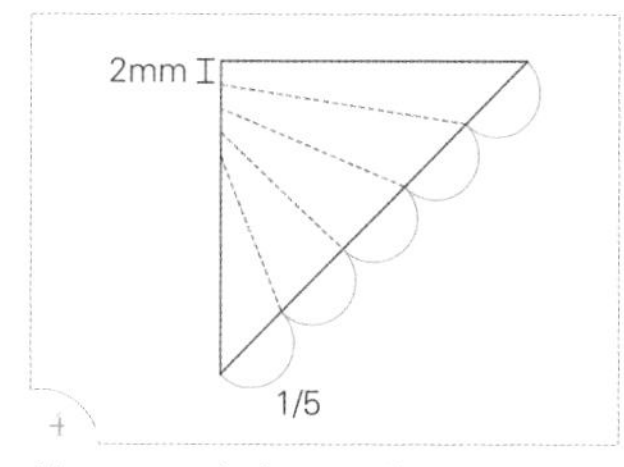

按照图示在布上画线。（注：图示为侧面图。）

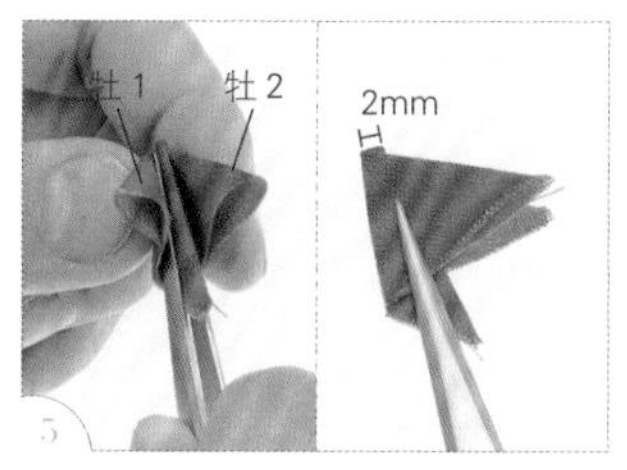

依照左图所示，用手把两边（牡 1、牡 2）往上翻折起 1/5，外侧留下 2mm。

用镊子夹住两边（牡 1、牡 2）后，再翻转 180°。

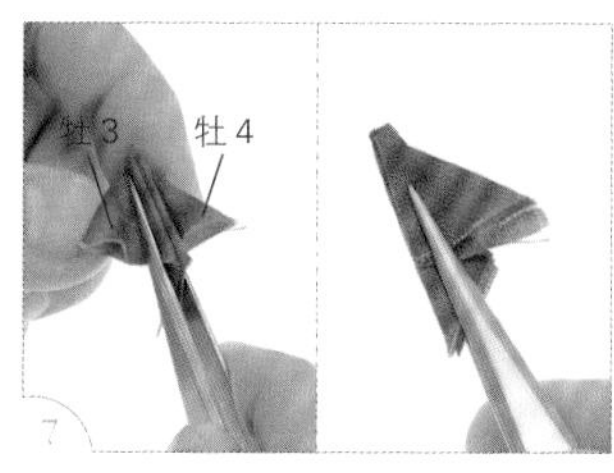

继续翻折 1/5（牡 3、牡 4），折边对齐前面的折边。

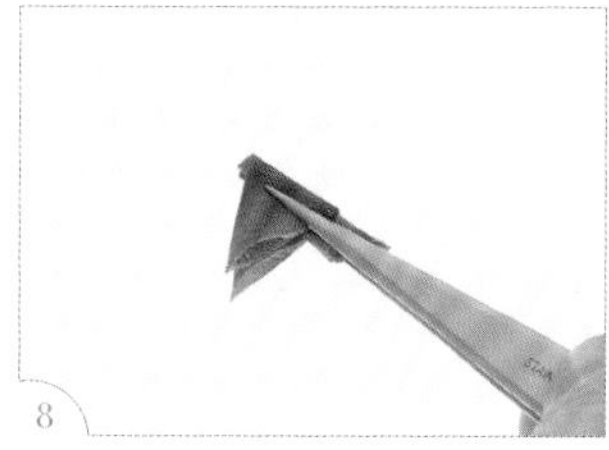

用镊子夹住（牡 3、牡 4）后，再翻转 180°。

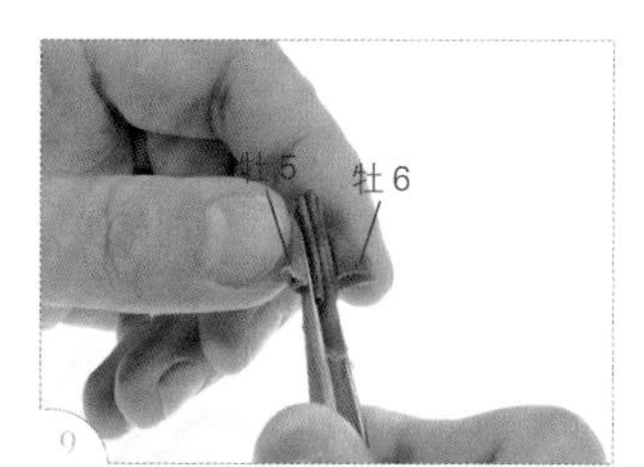

继续翻折 1/5（牡 5、牡 6），折边对齐前面的折边。

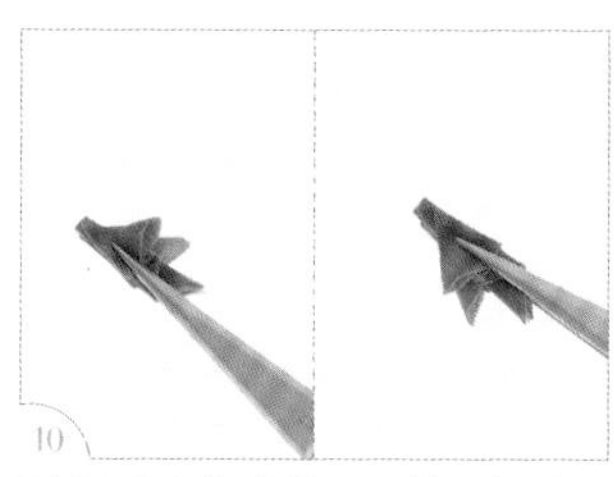

用镊子夹住（牡 5、牡 6）后，再翻转 180°。

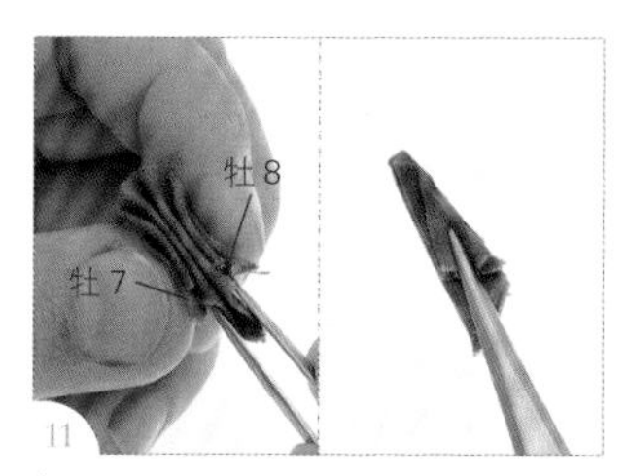

将剩下的 1/5（牡 7、牡 8）折完后，6 条折边齐平。

用镊子夹住侧面，按照图示用剪刀修剪。

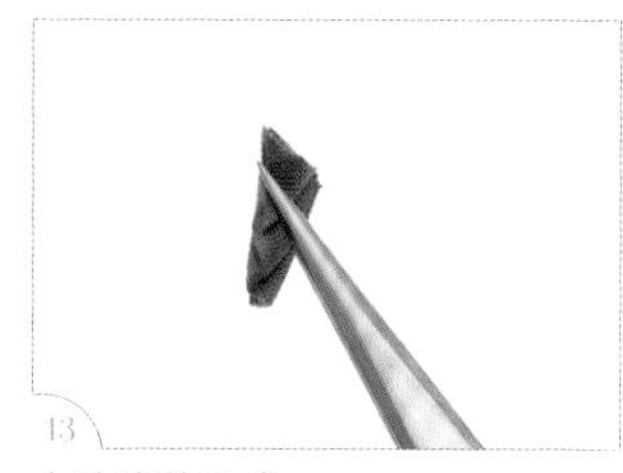

布边修剪完成。

在修剪过的布边开口处上胶。

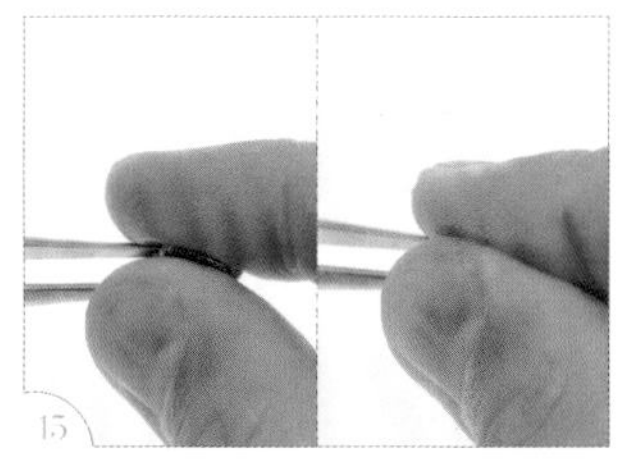

待胶半干后，用手指捏紧布边。（注：触摸时不粘手，但仍有软度即可。）

粘好 1 片花瓣。

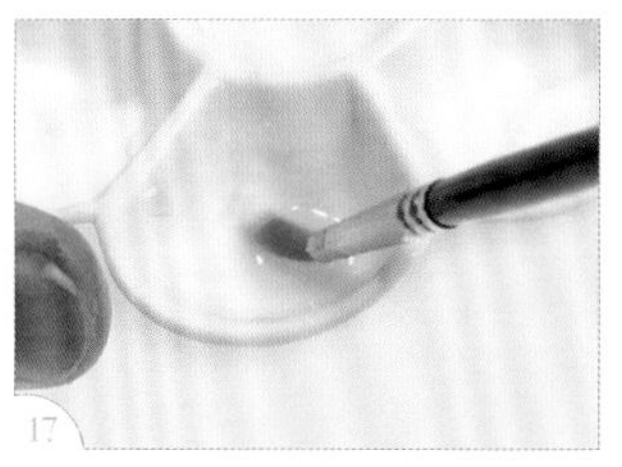

把糨糊和水按照 2 ： 1 的比例混合均匀。

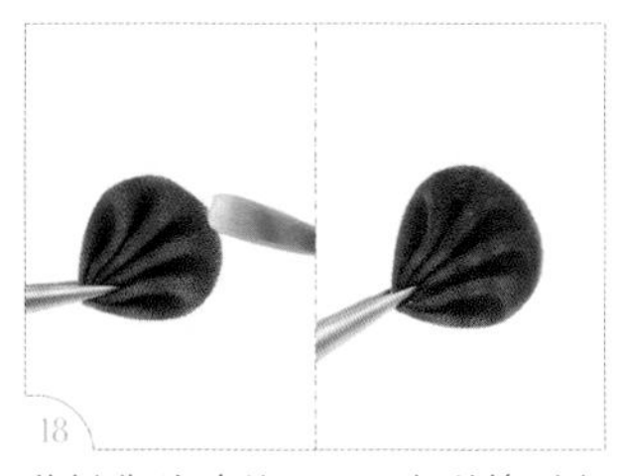

花瓣靠外端的 2/3 用水彩笔刷上糨糊水。

等待至七成干。（注：沾水后颜色变深的区域恢复到原本的颜色，但还没有全部变硬。）

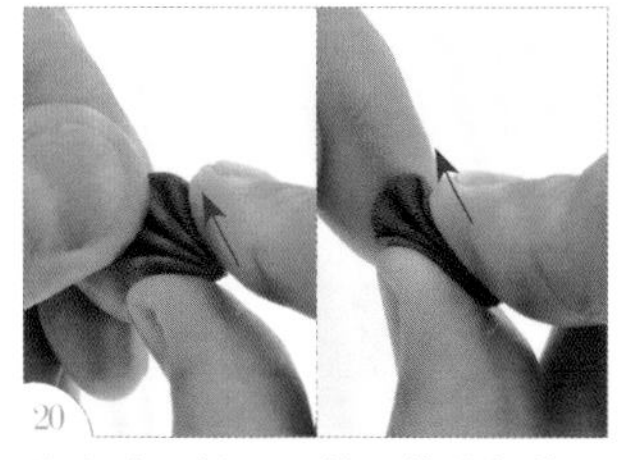

从尖端开始，沿着之前的折线，用手指捏出折痕。

将花瓣从尖端到尾端捏扁。

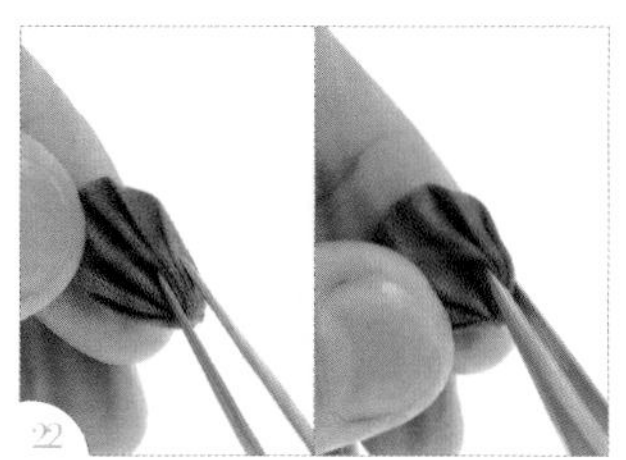

将 6 条折边用镊子平均分在两侧，再往两侧夹开，以打开花瓣。

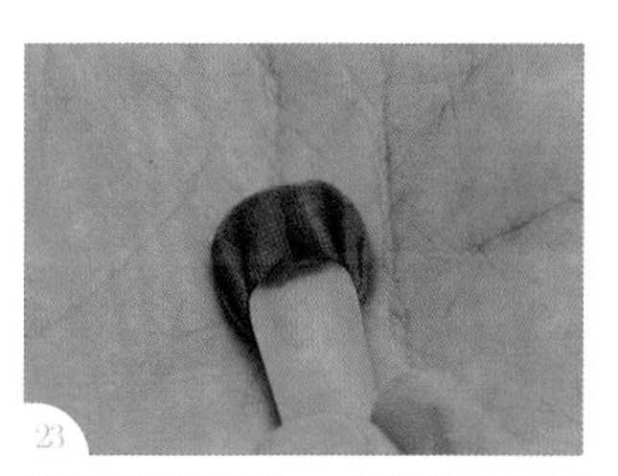

将花瓣放在掌心，用镊子的尾端压住花瓣中央下半部。

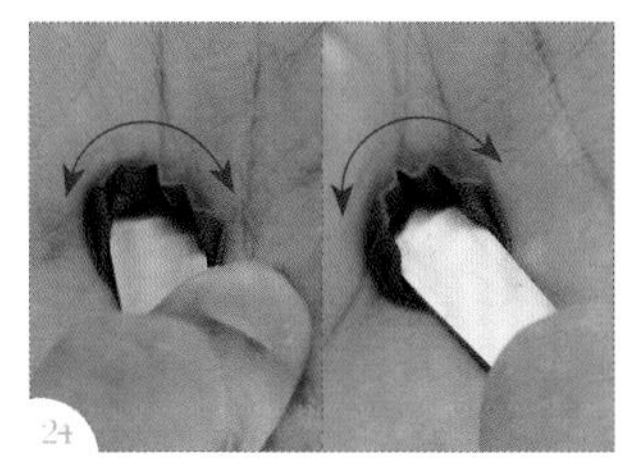

左右转动镊子，压开折边。

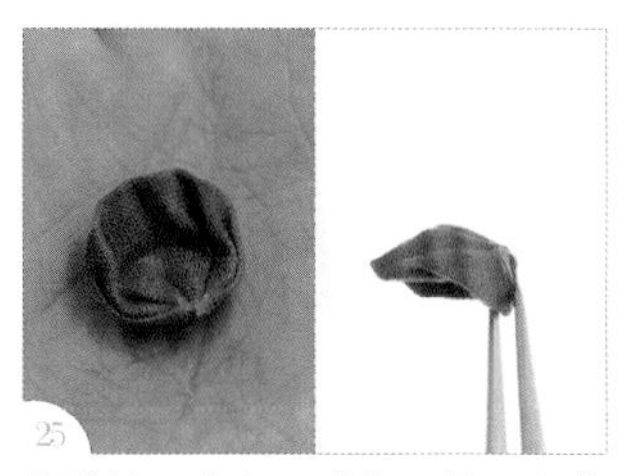

将花瓣下半部压成勺子状，上半部的折边保留折痕。

完成 1 片 3.5cm 的花瓣。

拿起 1 片 4.5cm 布片，将布片沿对角线对折成三角形。

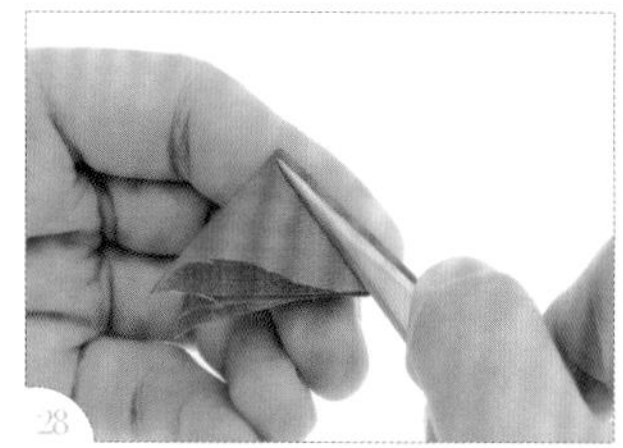

沿三角形的垂直中线再次对折。

用镊子依图中角度夹住。

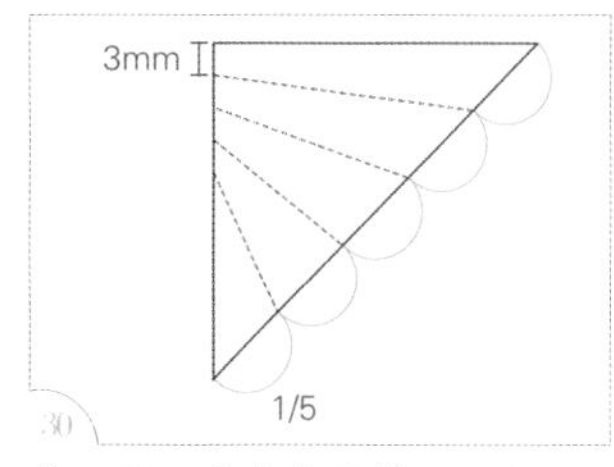

按照图示在布上画线。（注：图示为侧面图。）

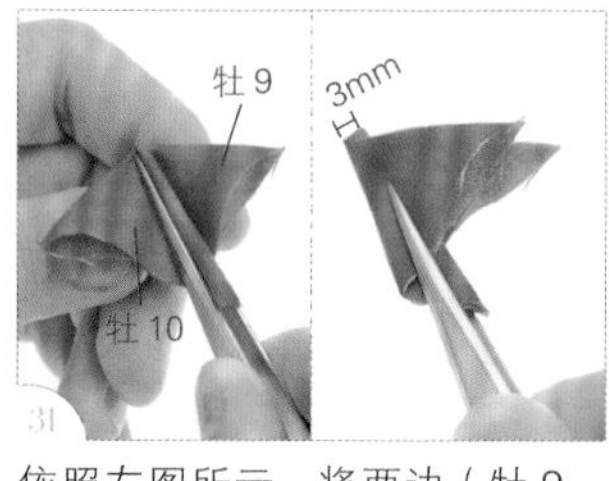

依照左图所示，将两边（牡 9、牡 10）往上翻折起 1/5，外侧留下 3mm。

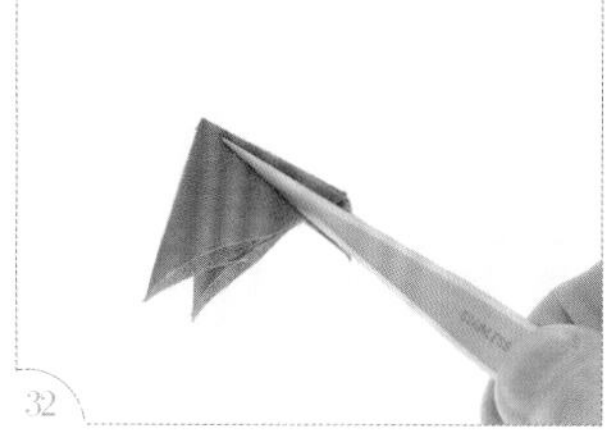

用镊子夹住（牡 9、牡 10）后，再翻转 180°。

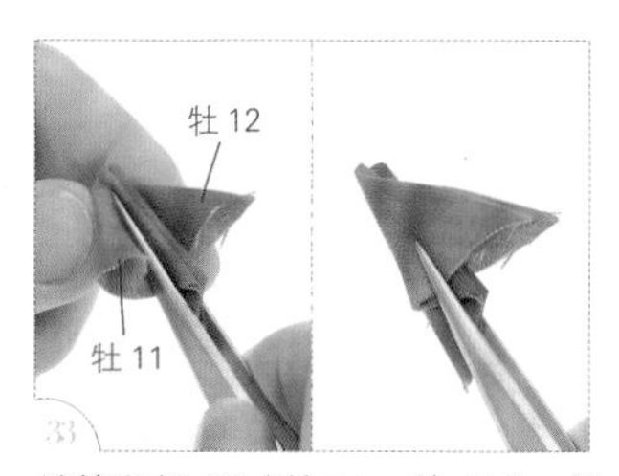

继续翻折 1/5（牡 11、牡 12），折边对齐前面的折边。

用镊子夹住（牡 11、牡 12）后，再翻转 180°。

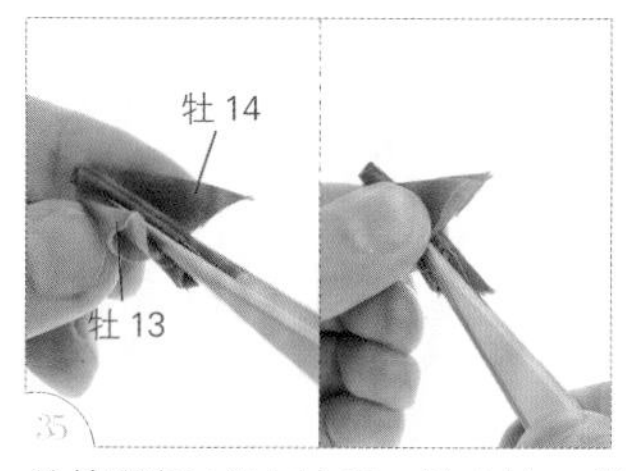

继续翻折 1/5（牡 13、牡 14），折边对齐前面的折边。

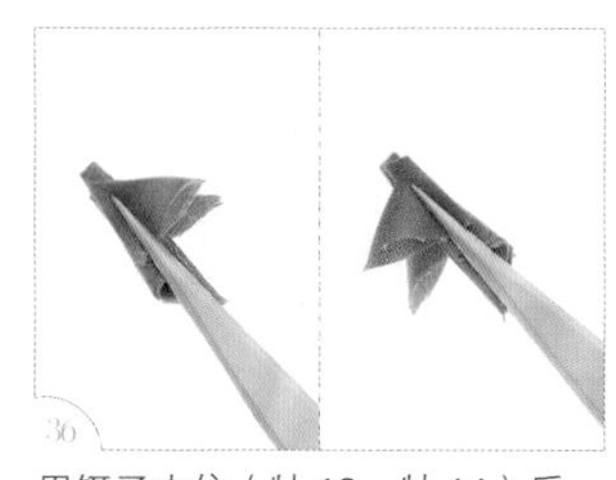

用镊子夹住（牡 13、牡 14）后，再翻转 180°。

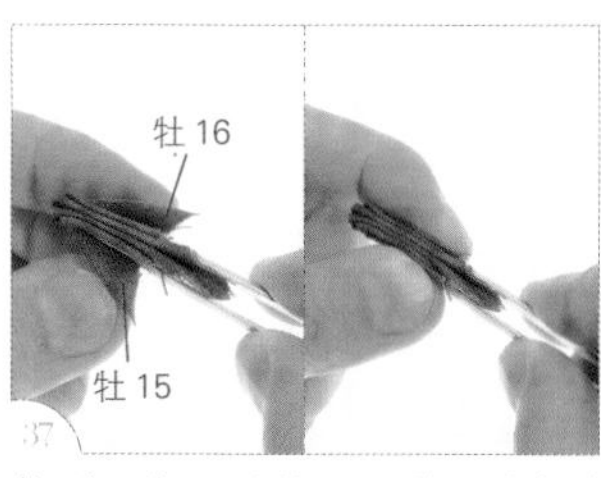

将剩下的 1/5（牡 15、牡 16）折完后，6 条折边齐平。

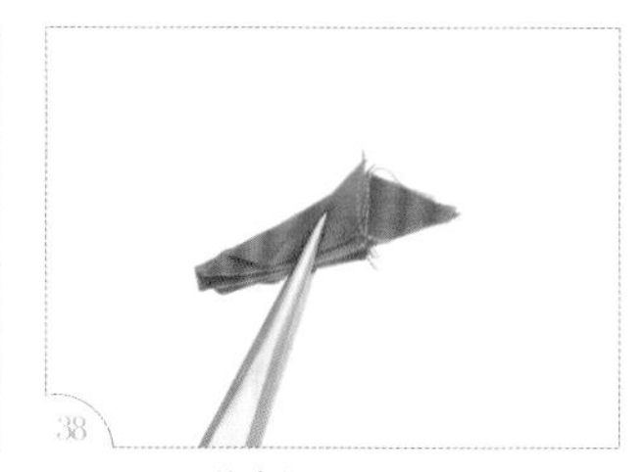

用镊子夹住侧面。

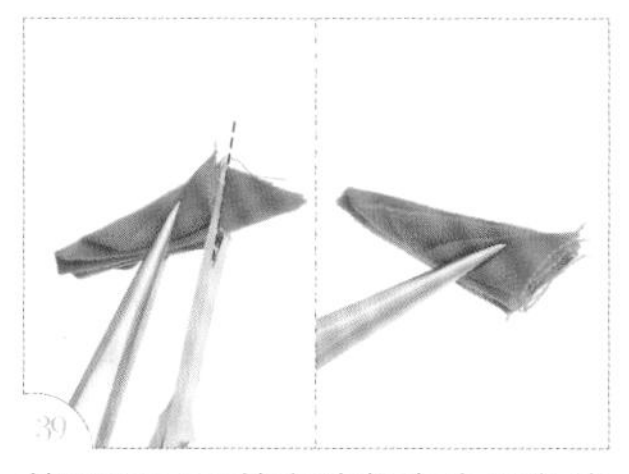

按照图示沿着布边将多余的角修剪掉。

在布边开口处上胶。

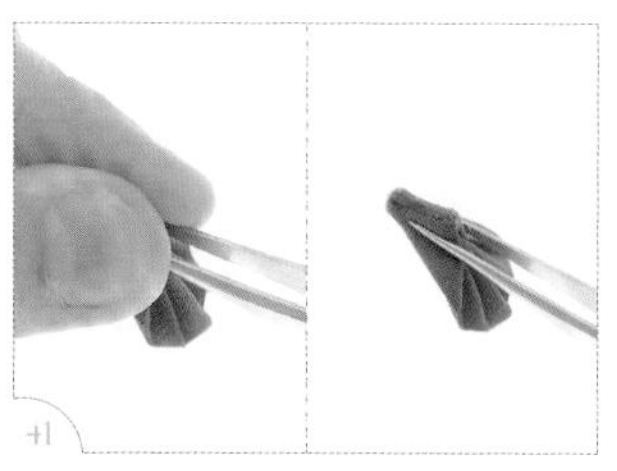

待胶半干后，用手指捏紧布边。（注：触摸时不粘手，但仍有软度即可。）

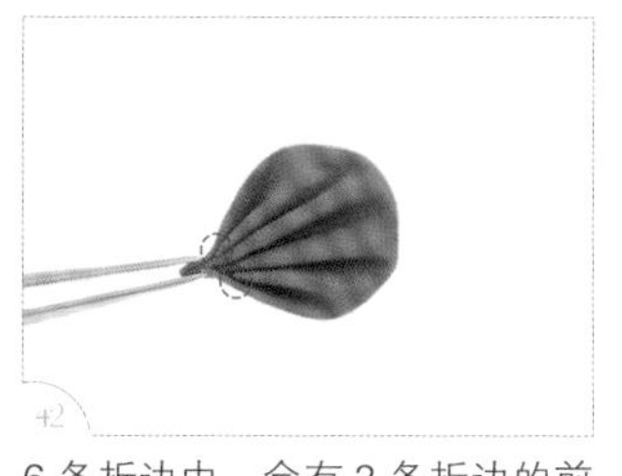

6 条折边中，会有 2 条折边的前端因为比较短没有被粘住。

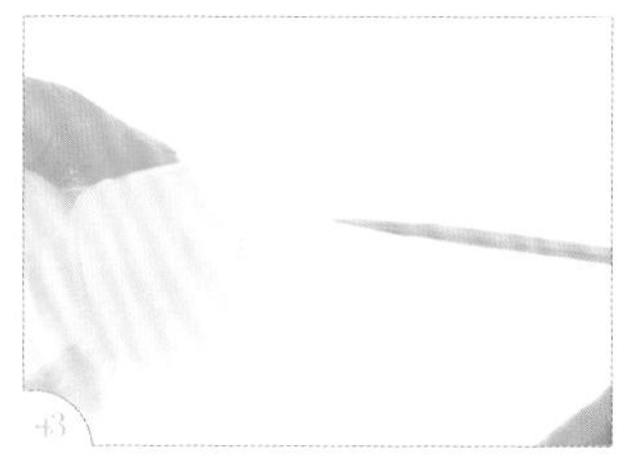

用牙签尖端沾少许胶。

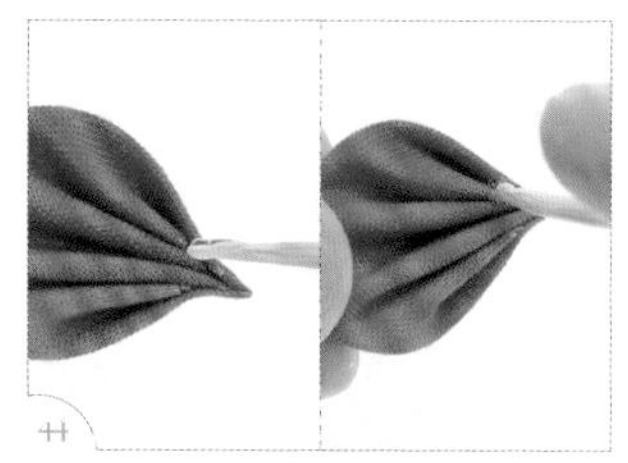

伸进第一折和第三折中间，在第二折布边的尖端处上胶。

夹住第二折，将尖端往下塞。

用镊子夹紧第一折和第三折，粘住上胶的第二折尖端。

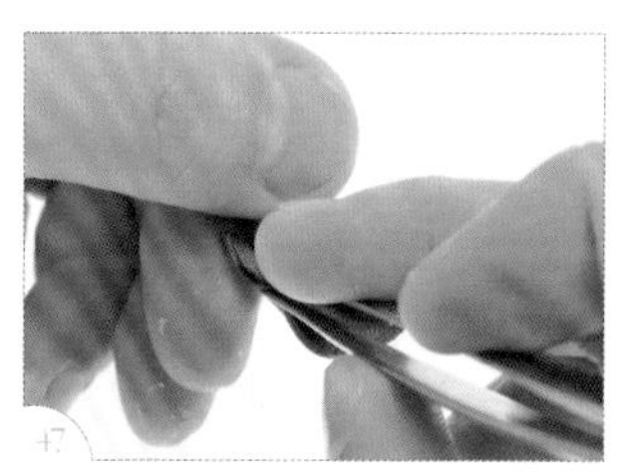

夹住第一、二、三折并往外拉。

另一边的第二折尖端，用沾胶的牙签上胶。

夹住第二折，将尖端往下塞。

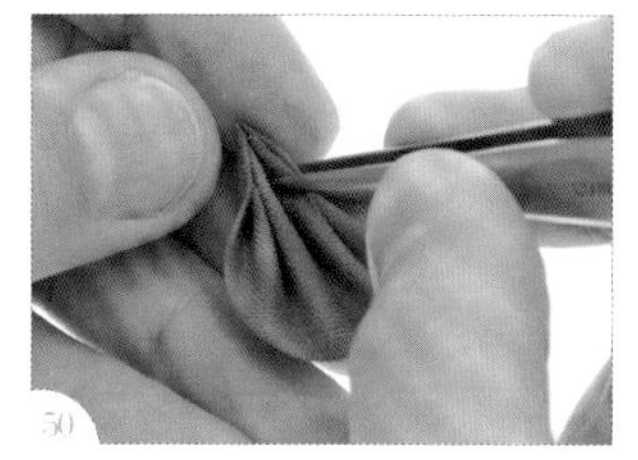

夹紧第一折和第三折，粘住上胶的第二折尖端。

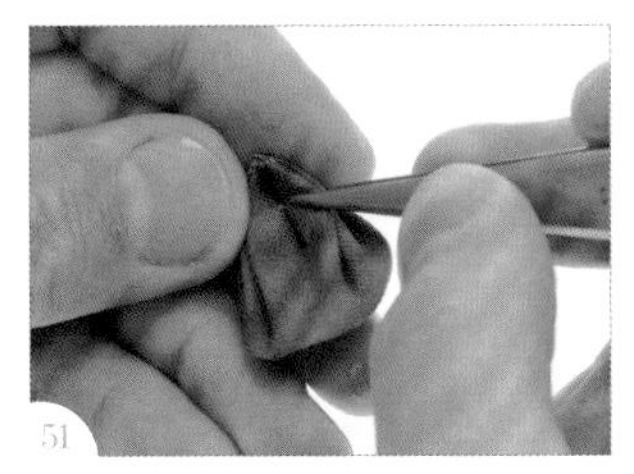

将第一、二、三折夹住并往外拉。

粘好 1 片花瓣。

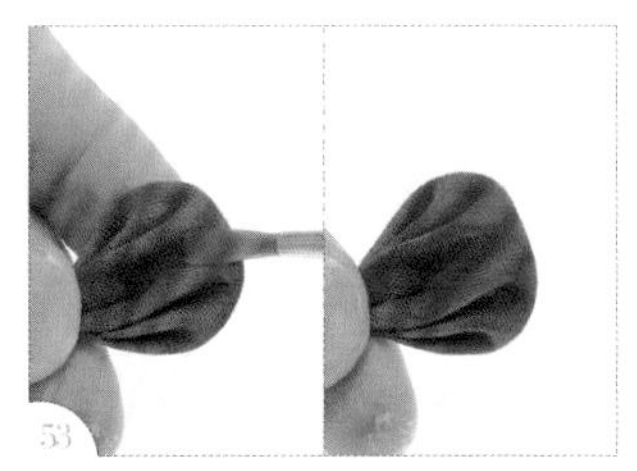

把糨糊和水按照 2：1 的比例混合均匀。花瓣靠外端的 2/3 用水彩笔刷上糨糊水。

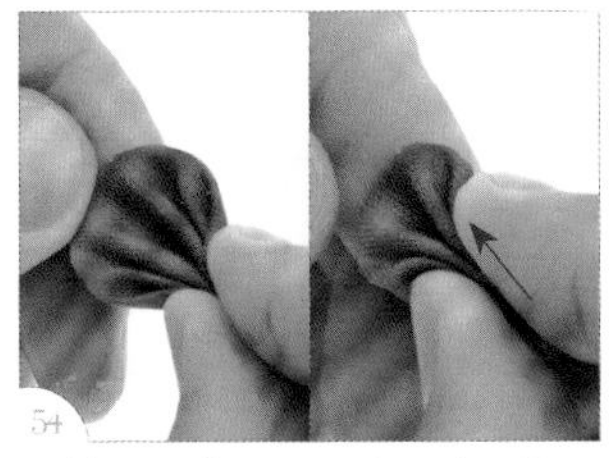

等待至七成干后，从尖端开始沿着之前折过的折线，用手指捏出折痕。

将花瓣尖端到尾端捏扁。

将花瓣放在掌心，用镊子的尾端压住花瓣中央下半部。

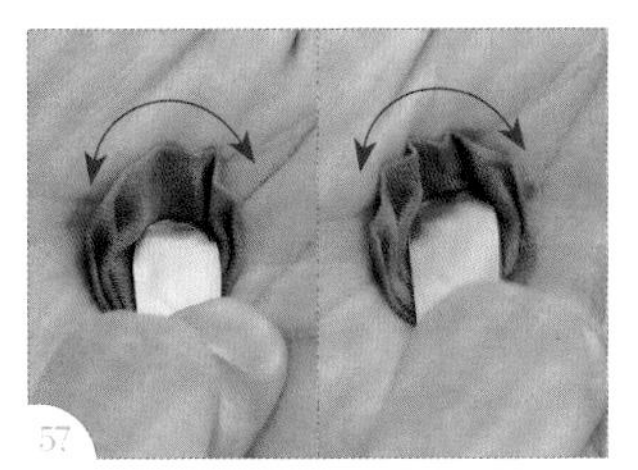

左右转动镊子压开折边。

将花瓣尖端下半部压成勺子状，上半部的折边保留折痕，完成 1 片 4.5cm 的花瓣。

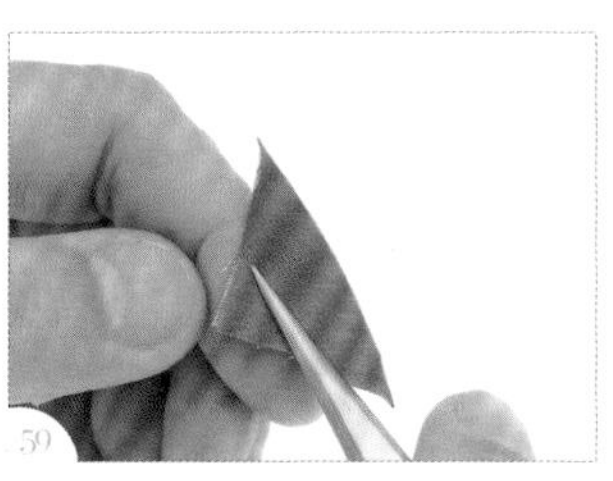

拿起 1 片边长 2.5cm 的布片，将布片沿对角线对折成三角形。

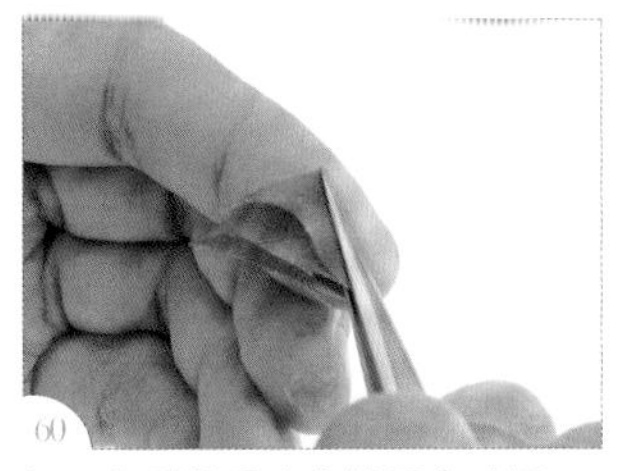

沿三角形的垂直中线再次对折。

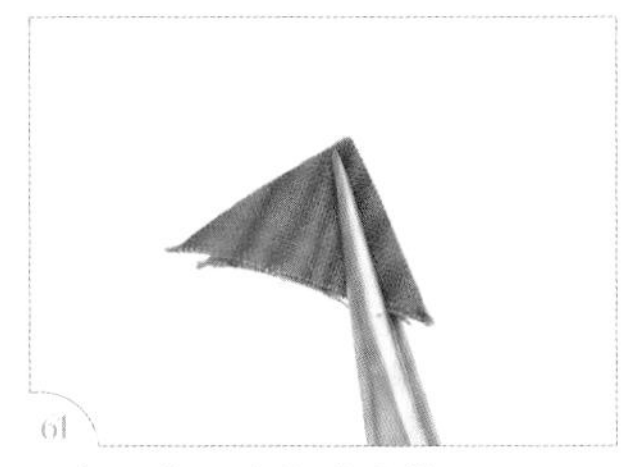

用镊子依图中角度夹住。

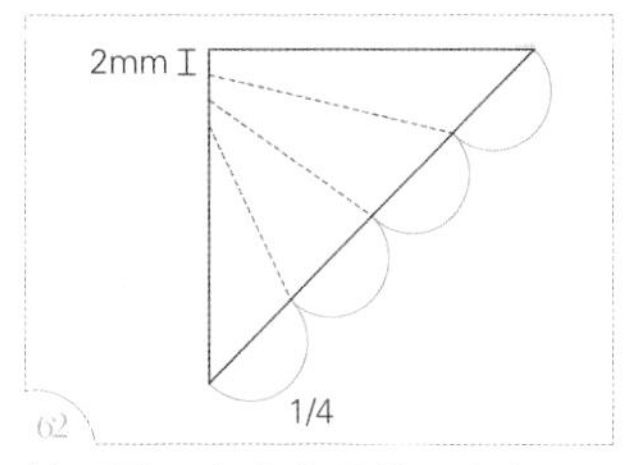

按照图示在布上画线。（注：图示为侧面图。）

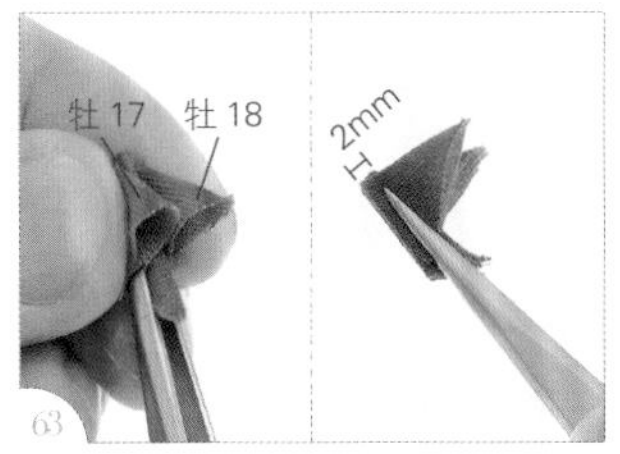

依照上图所示，将两边（牡 17、牡 18）往上翻折起 1/4，外侧留下 2mm。

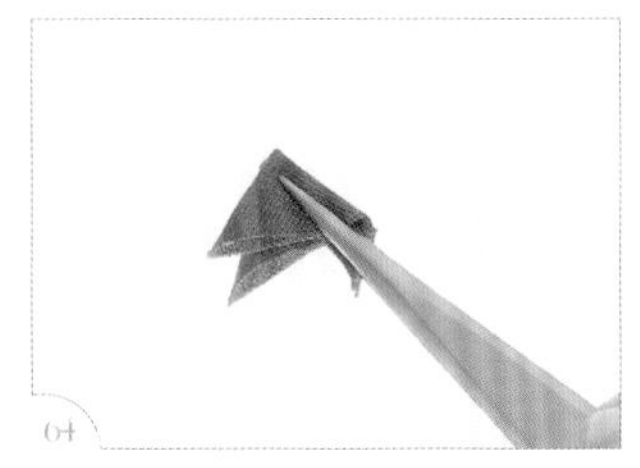

用镊子夹住（牡 17、牡 18）后，再翻转 180° 。

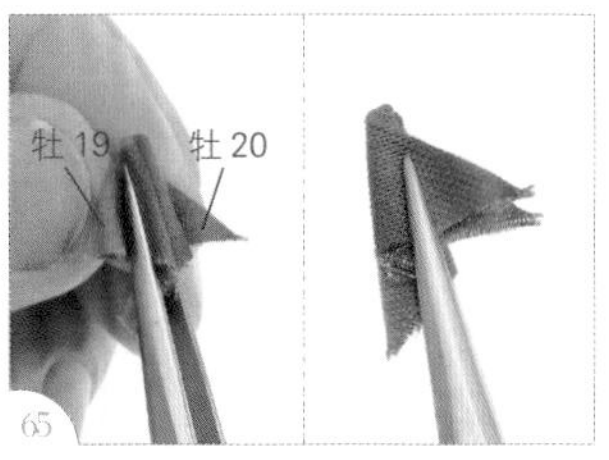

继续折 1/4（牡 19、牡 20），折边对齐前面的折边。

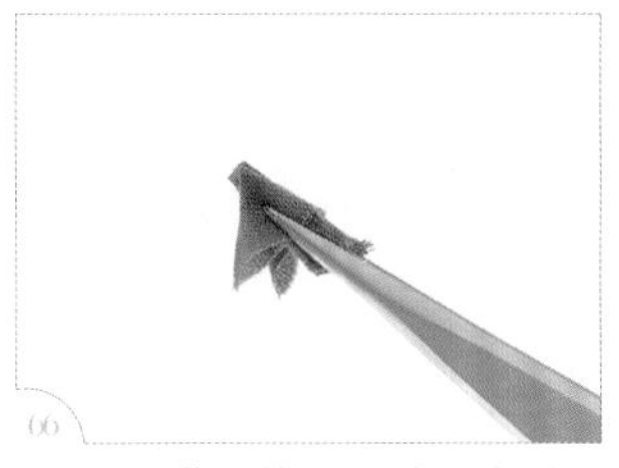

用镊子夹住（牡 19、牡 20）后，再翻转 180° 。

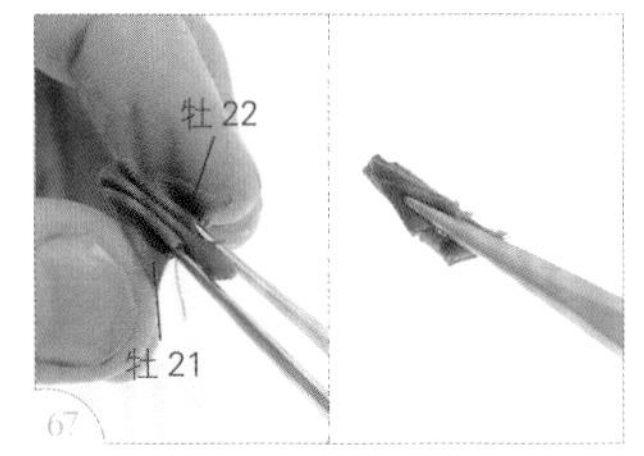

先用手将剩下的 1/4（牡 21、牡 22）折完后，5 条折边齐平。

用镊子夹住侧面，沿着布边修剪掉多余的角。

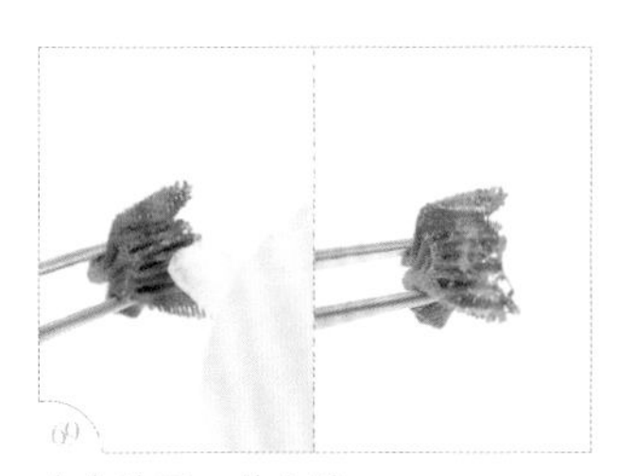

在布边开口处上胶。

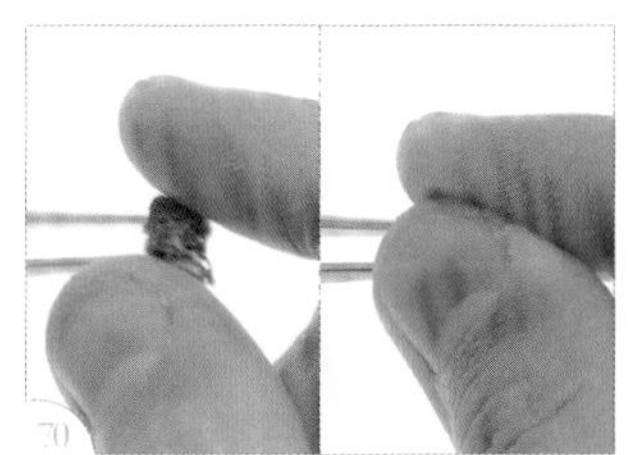

待胶半干后，用手指捏紧布边。（注：触摸时不粘手，但仍有软度即可。）

粘好 1 片花瓣。

把糨糊和水按照 2：1 的比例混合均匀。花瓣靠外端的 2/3 用水彩笔刷上糨糊水。

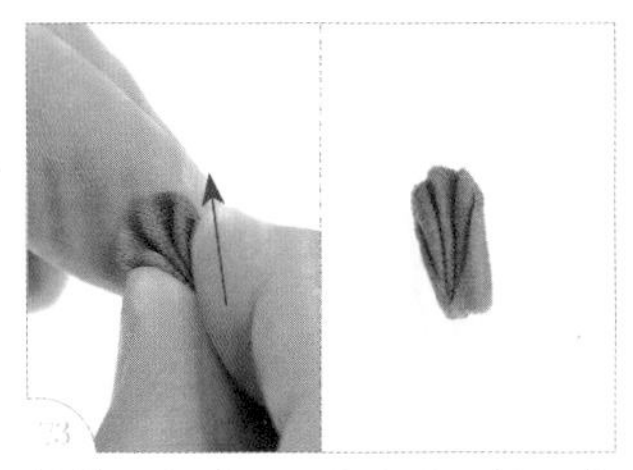

等待至七成干，从尖端开始沿着之前折过的折线，用手指捏出折痕。

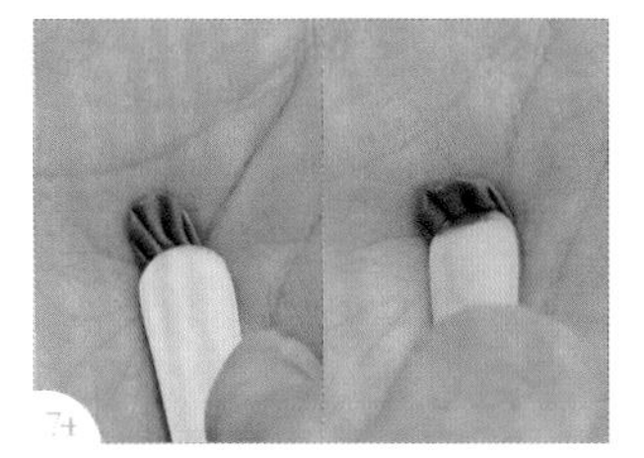

将花瓣放在掌心，用镊子的尾端压住花瓣中央下半部左右转动，压开折边。

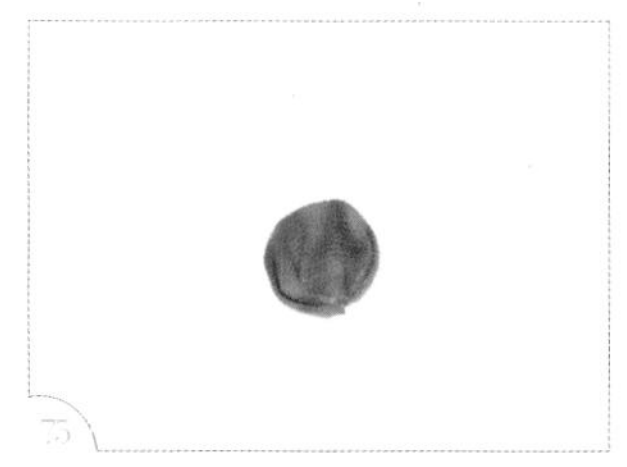

将花瓣尖端下半部压成勺子状，上半部的折边保留折痕，完成 1 片 2.5cm 的花瓣。

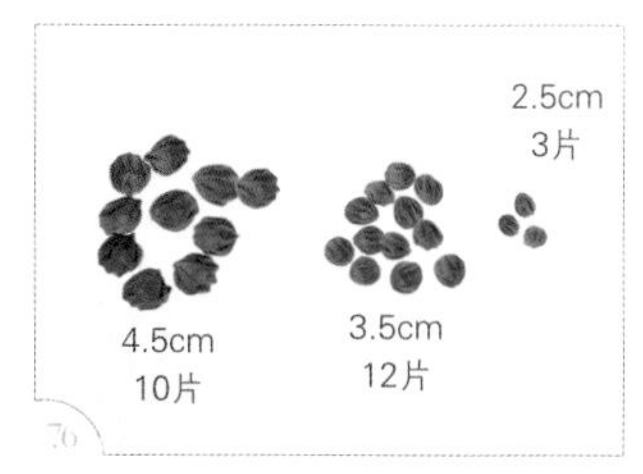

将所需的 3 种尺寸的花瓣制作完成。

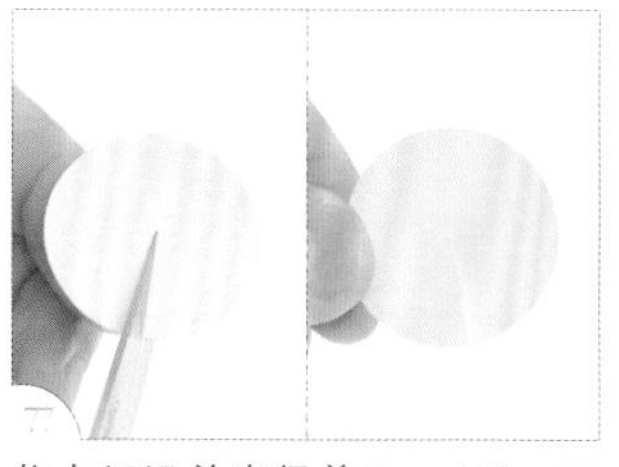

将卡纸沿着半径剪开。（注：圆形卡纸的做法可参考 P.12。）

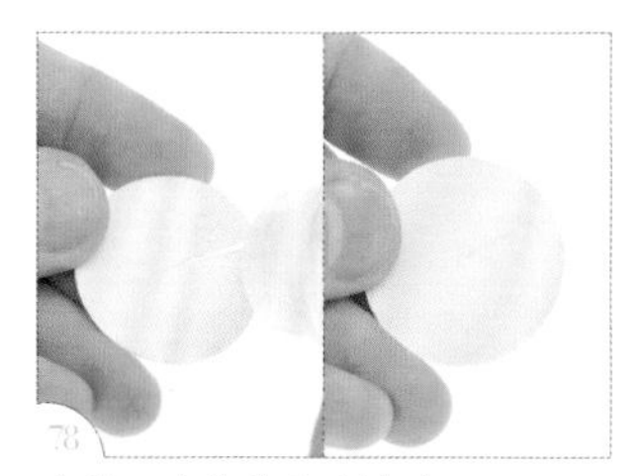

在剪口边缘处上少许胶。

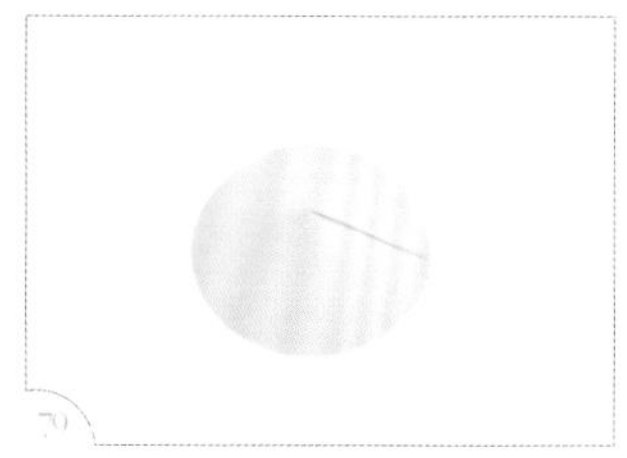

将剪口两端的卡纸重叠后粘在一起，完成锥形底台。

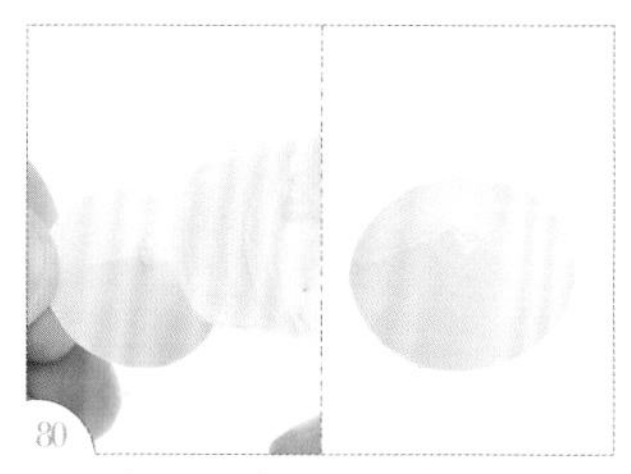

底台中央尖端处上少许胶。

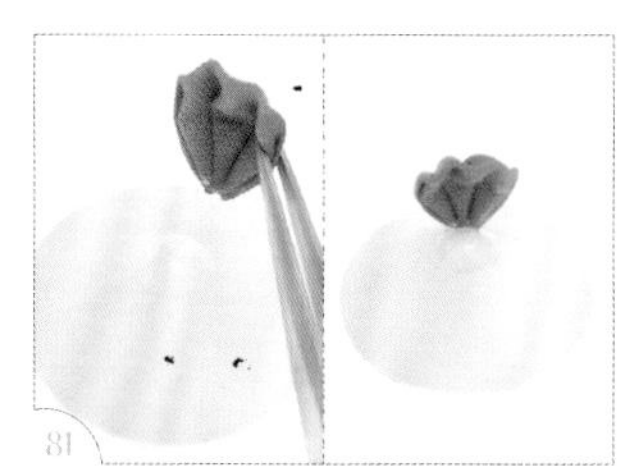

第一层使用 2.5cm 的花瓣粘上底台，尖端靠着圆心，花瓣保持竖立。

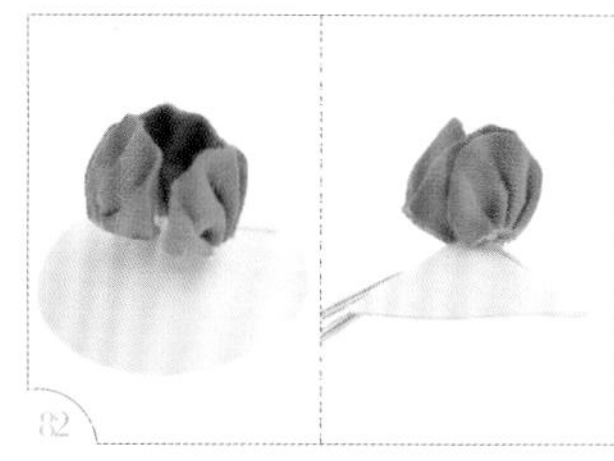

用同样的方法粘好第一层 3 片花瓣，花瓣保持聚拢。

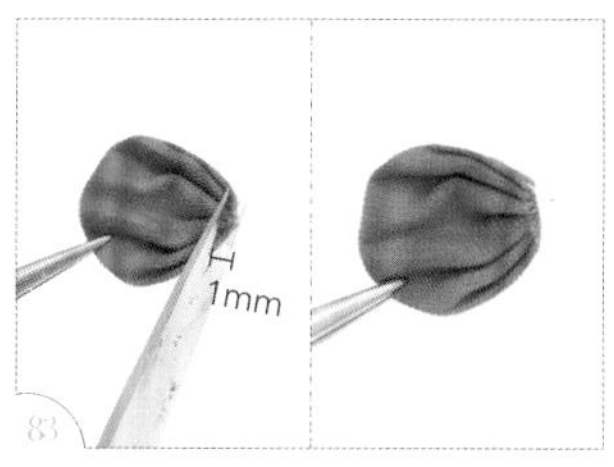

第二层使用 3.5cm 的花瓣，尖端修剪掉 1mm。

在尖端修剪过的位置上胶。

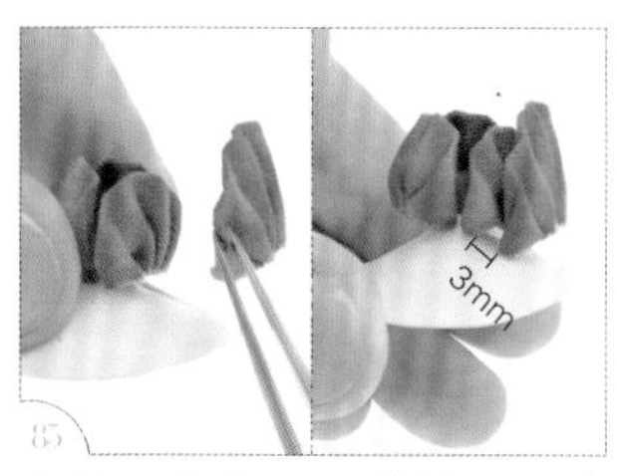

尖端距离第一层花瓣的尖端 3mm 粘上底台。

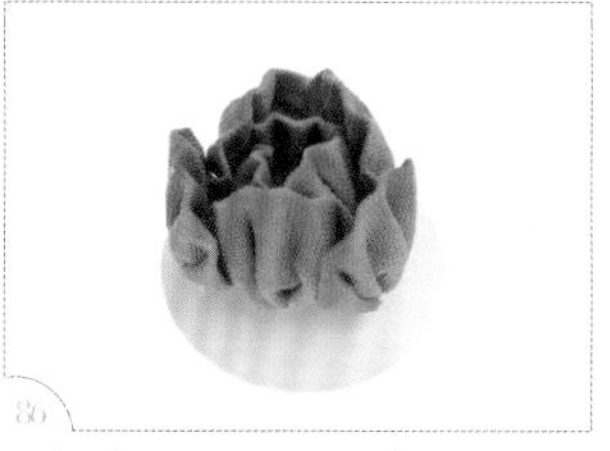

重复步骤 83~85，粘好第二层 5 片花瓣。

用手指稍微捏住第一、二层的花瓣，让花瓣保持聚拢。

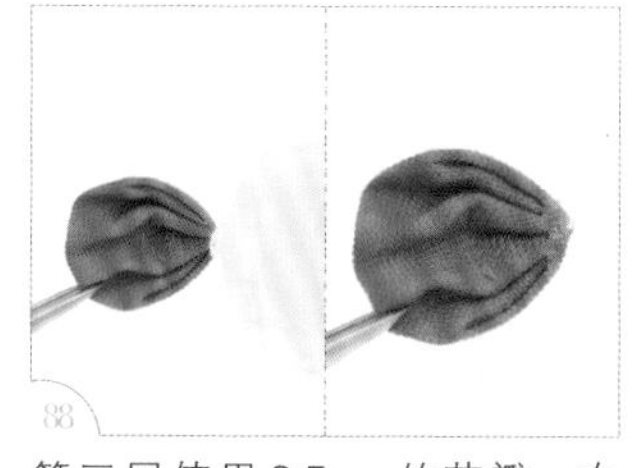

第三层使用 3.5cm 的花瓣。在尖端处上少许胶。

尖端与前一层花瓣的尖端保持 3mm 的距离粘上底台。

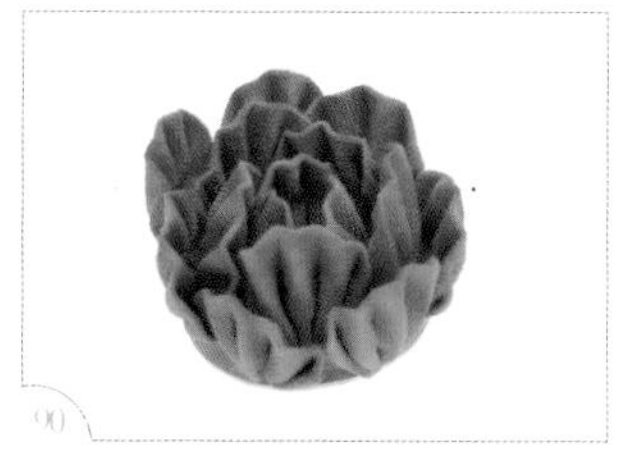

重复步骤 88、89，粘好第三层 7 片花瓣。

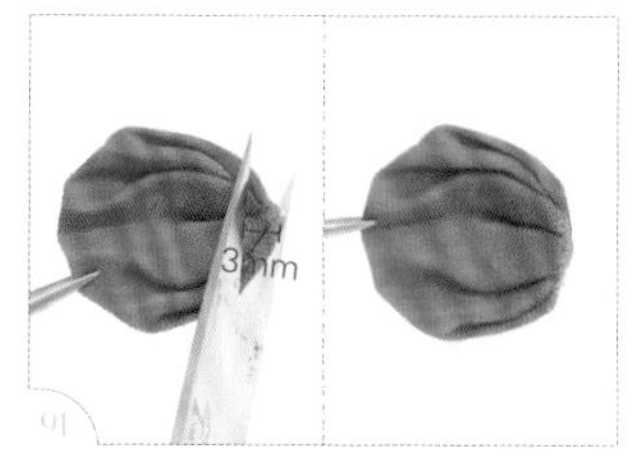

第四层使用 4.5cm 的花瓣，尖端修剪掉 3mm。

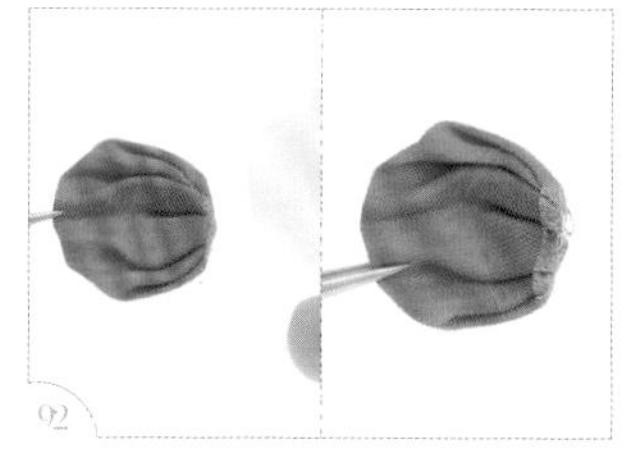

在尖端修剪过的位置上胶。

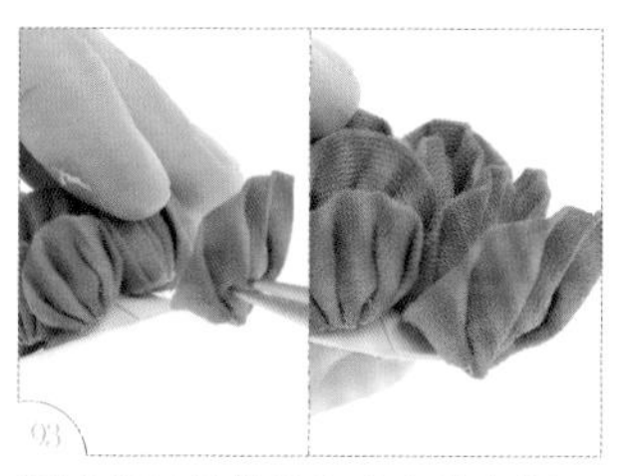

插进第三层花瓣和底台的中间，上胶的位置粘住第三层花瓣和底台。

重复步骤 91~93，粘好第四层 8 片花瓣。

用手聚拢花瓣。

用手指稍微将第四层花瓣的一部分拨散开来。

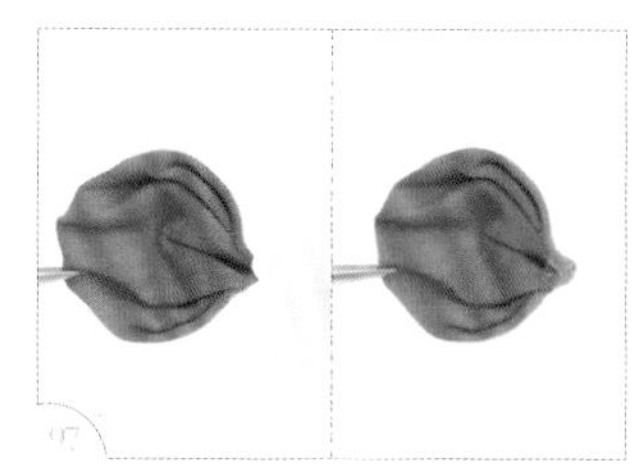

在剩下的 4.5cm 的花瓣尖端处上胶。

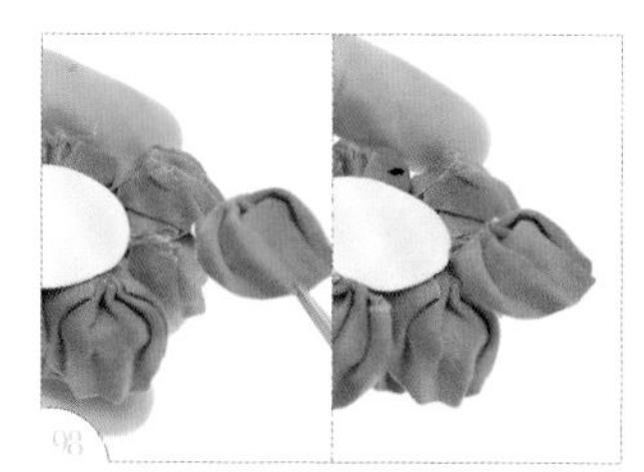

将花朵翻面，花瓣反着向下粘在第四层的花瓣的缝隙。

隔段距离再粘上 1 片花瓣。

做出外层花瓣绽放的样子。

在卡纸的一面上胶。（注：圆形卡纸的做法可参考 P.12。）

粘在边长 3.5cm 的布片中央。

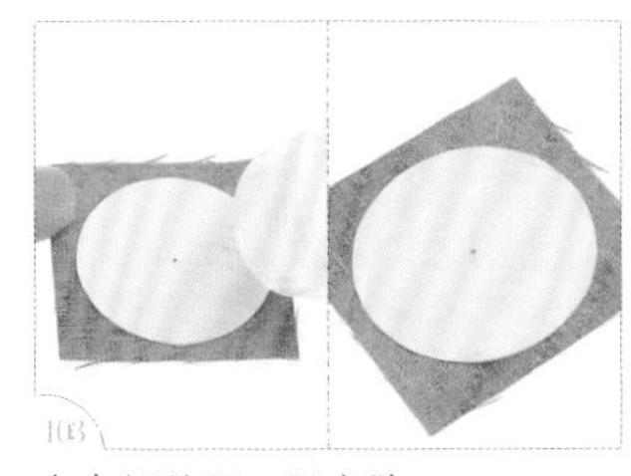

在卡纸的另一面上胶。

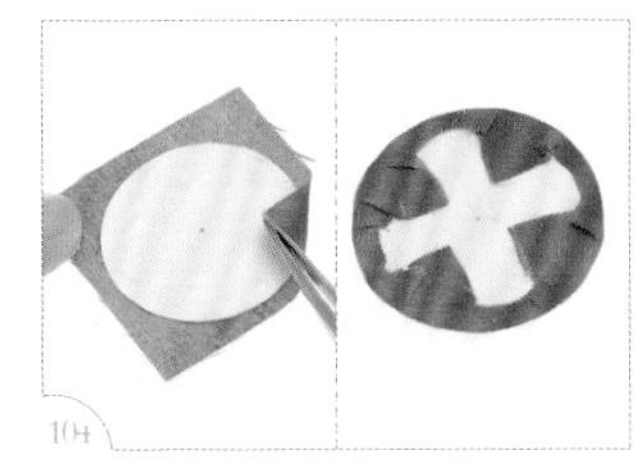

将布折起来，包住卡纸。

将包好的卡纸上胶，粘上花朵底部。

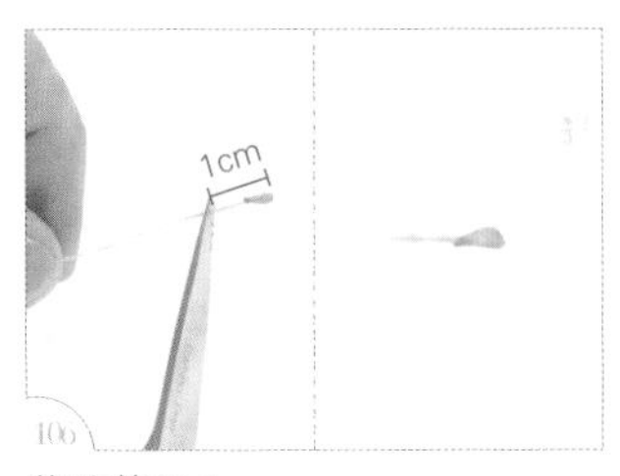

花蕊剪至 1cm。

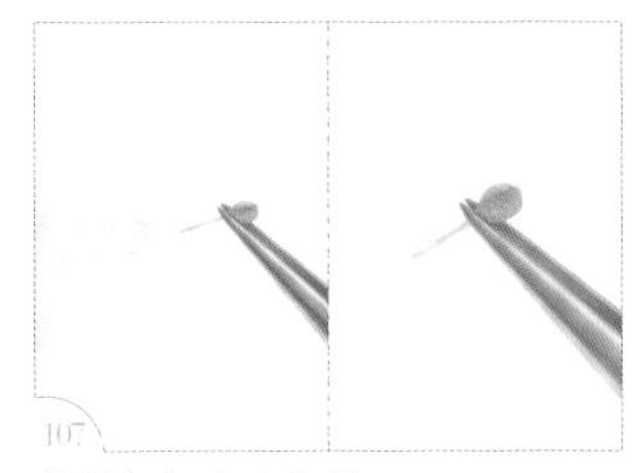

花蕊根部上少许胶。

花朵翻回正面，将花蕊插进花朵中心处。

重复步骤 106~108，粘好剩下的花蕊。

完成牡丹。

进阶花形制作 *18*

鹤

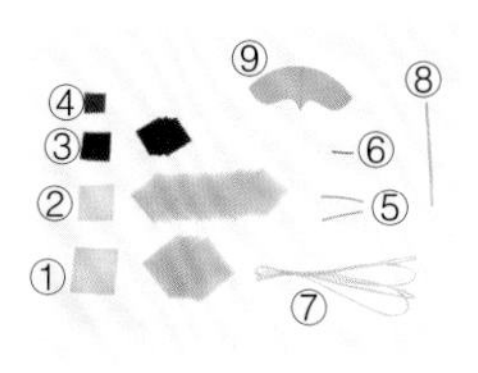

工具材料

① 布 白色 12 片（3.5cm×3.5cm）
② 布 白色 33 片（3cm×3cm）
③ 布 黑色 8 片（2.5cm×2.5cm）
④ 布 红色 1 片（1.5cm×1.5cm）
⑤ 1mm 金细绳 2 条（3cm）
⑥ 1mm 黑细绳（1.5cm）
⑦ 1mm 白细绳
⑧ 2mm 铝线（7.5cm）
⑨ 鹤形卡纸

手工艺小剪刀
镊子
保丽龙胶
平口尖嘴钳
打火机

原大尺寸

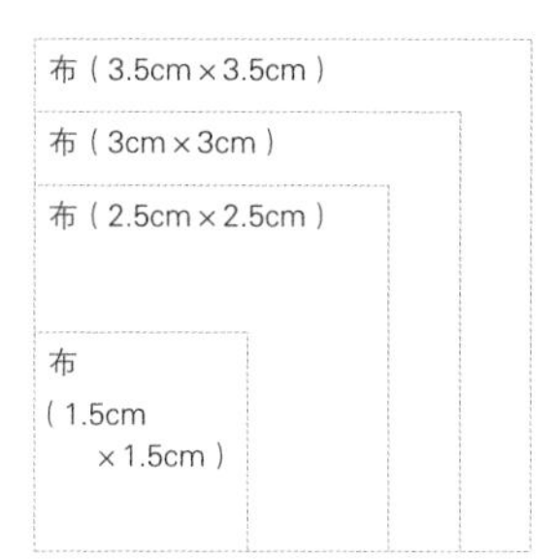

步骤说明

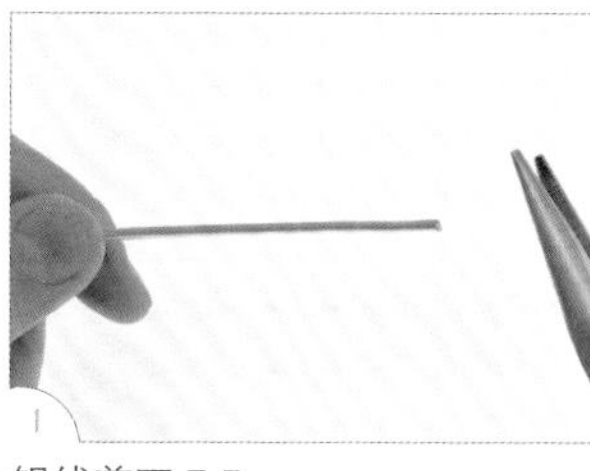

铝线剪下 7.5cm。

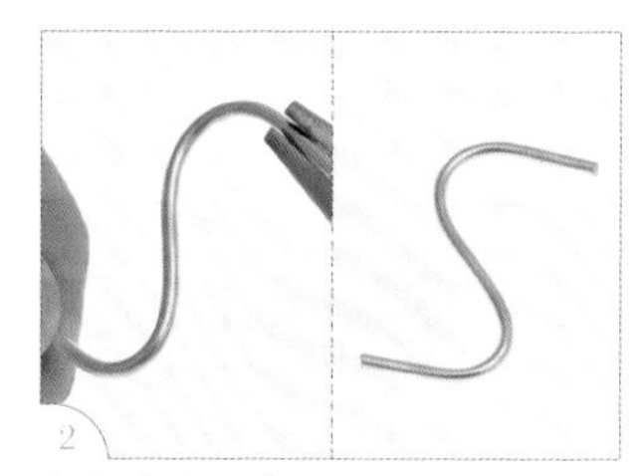

将铝线弯折成 S 形。

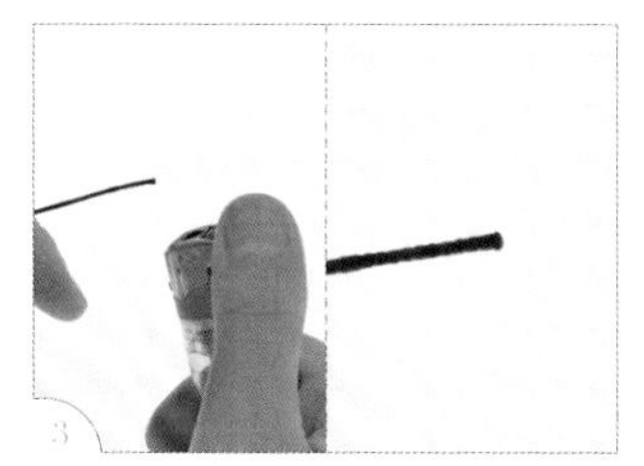

取 1.5cm 长的黑细绳，一端用打火机稍微烧过。

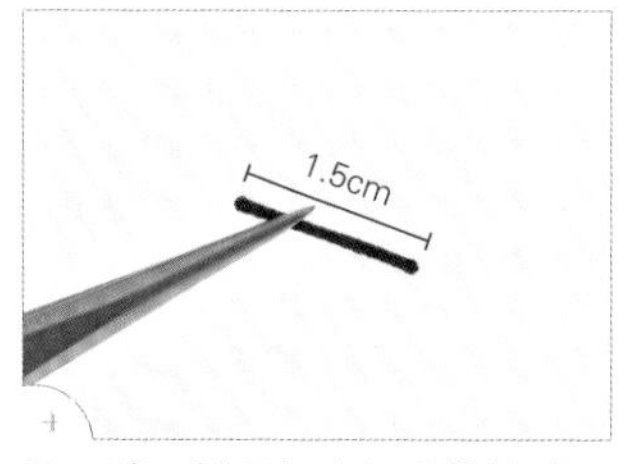

另一端同样用打火机稍微烧过，作为嘴巴。

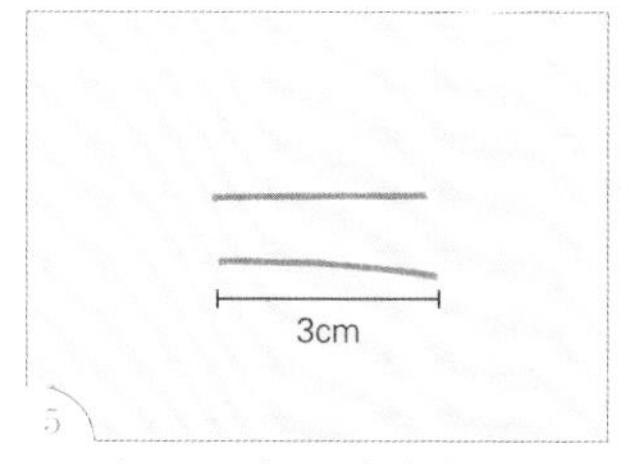

取 2 根 3cm 长的金色细绳，绳子两端用打火机烧过，作为两只脚。

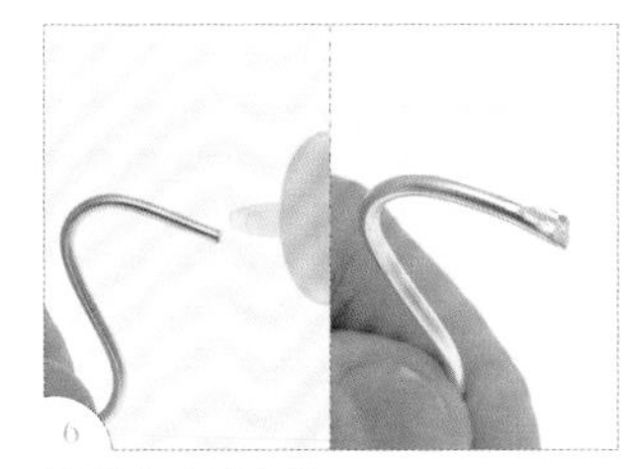

铝线的头端上胶。

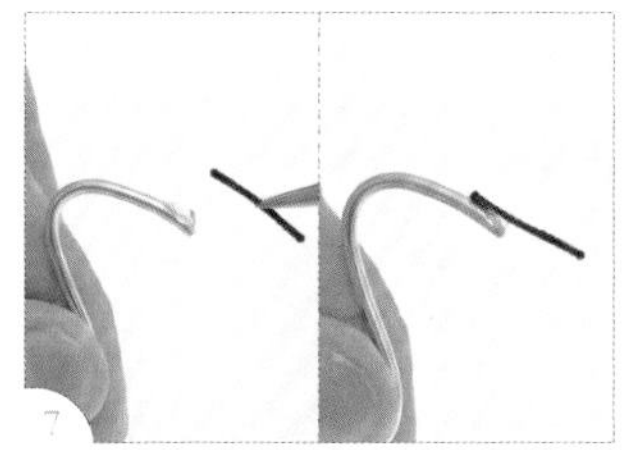

将黑细绳粘在正上方。

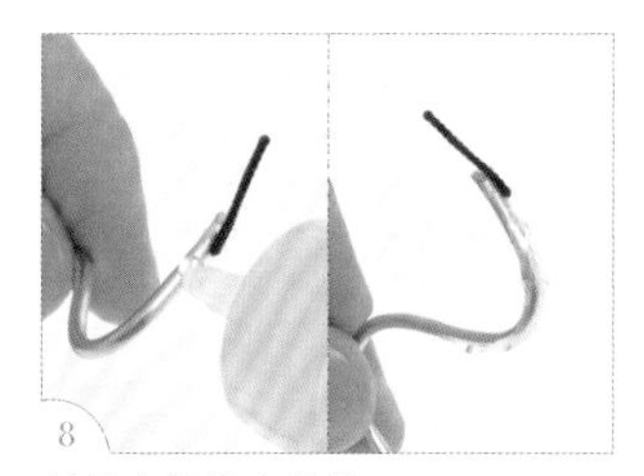

继续在铝线上涂胶。

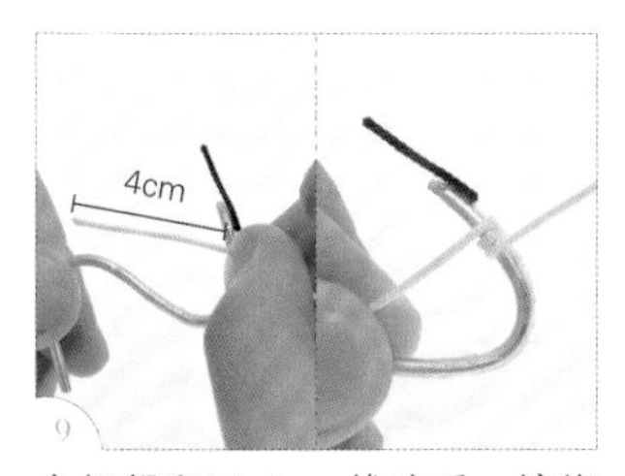

白细绳留下 4cm 线头后，缠绕铝线。

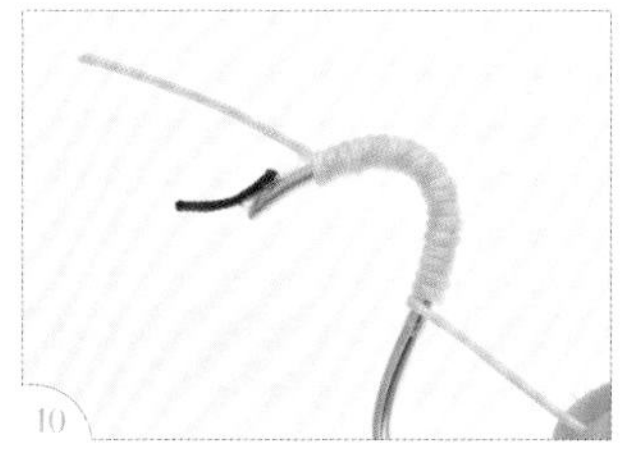

白细绳顺着铝线紧密缠绕，不要露出里面的铝线。

铝线的头端上胶。

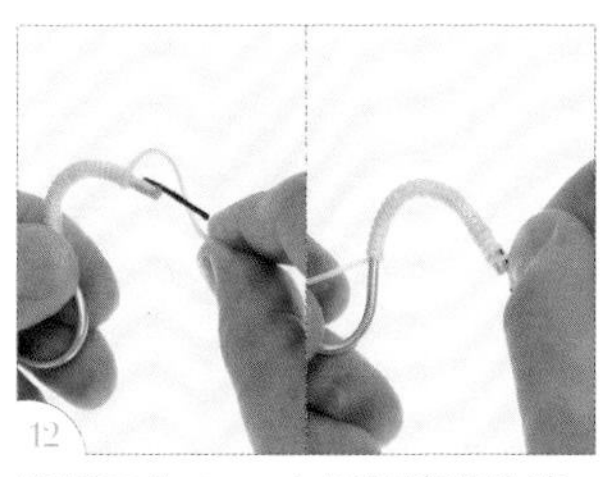

用留下的 4cm 白细绳缠绕头端。

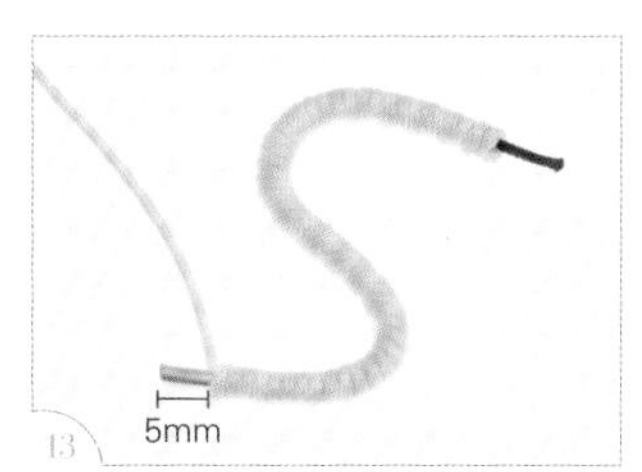

白细绳持续缠绕至铝线尾端，留下 5mm。

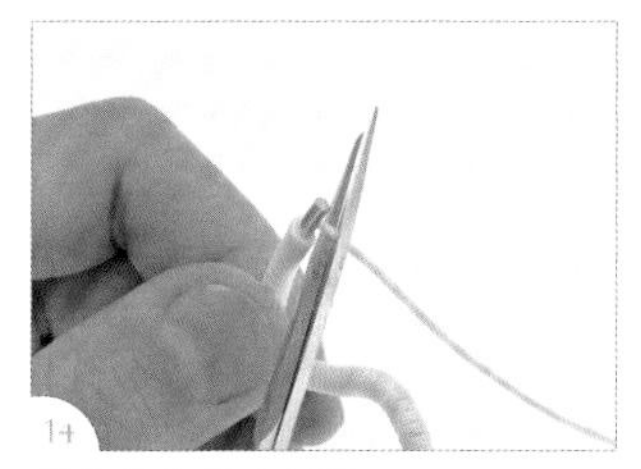

剪掉多余的白细绳。

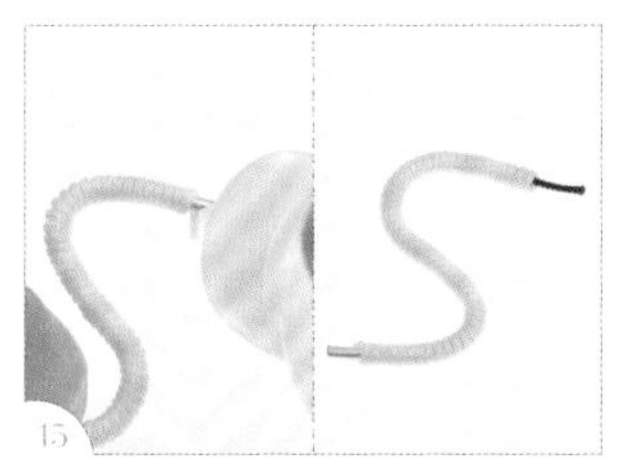

在白细绳上上胶并粘在尾端，完成脖子。

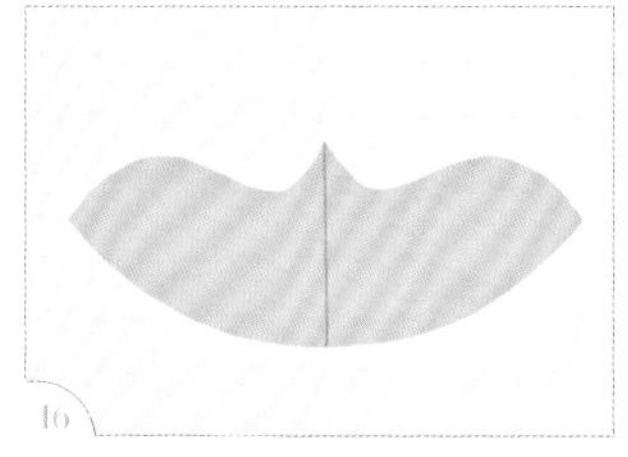

将 P.216 附上的鹤形纸型描在卡纸上，然后剪下。

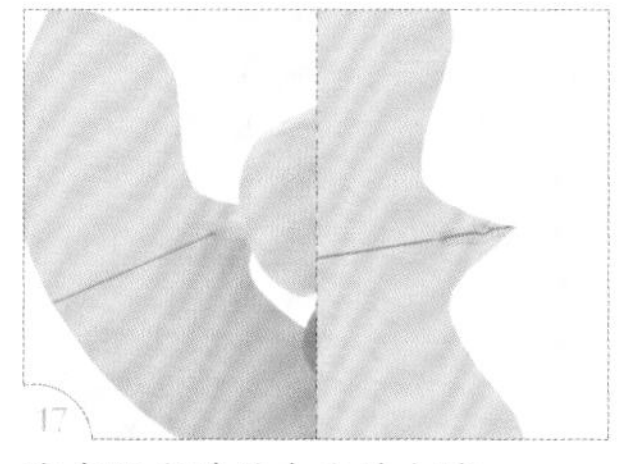

在卡纸尖端的中央处上胶。

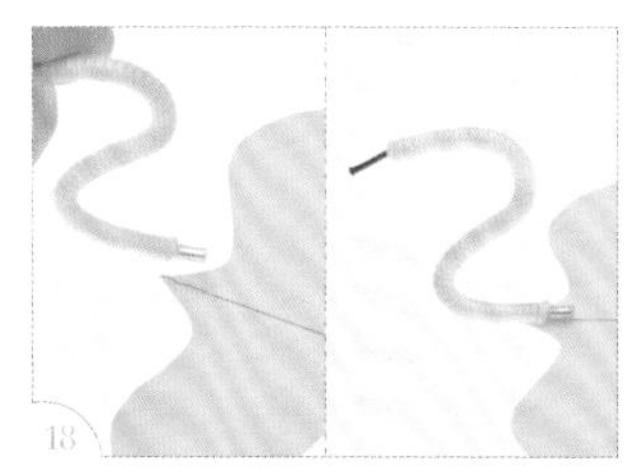

取脖子，粘在纸型中间的尖端处。

拿起 1 片黑色布片，沿对角线对折成三角形。

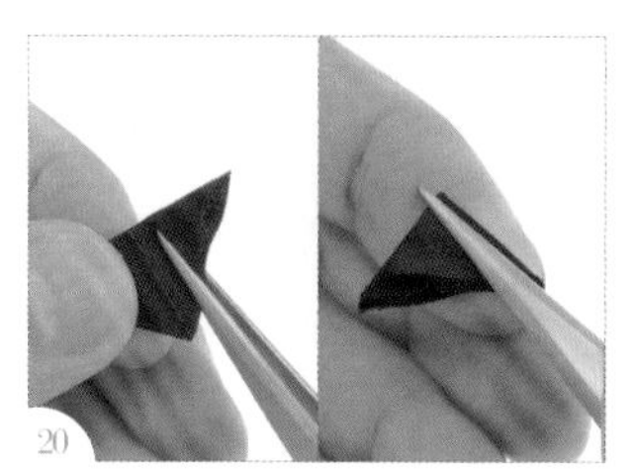

沿三角形的垂直中线再次对折。

用镊子夹住三角形的正中间。

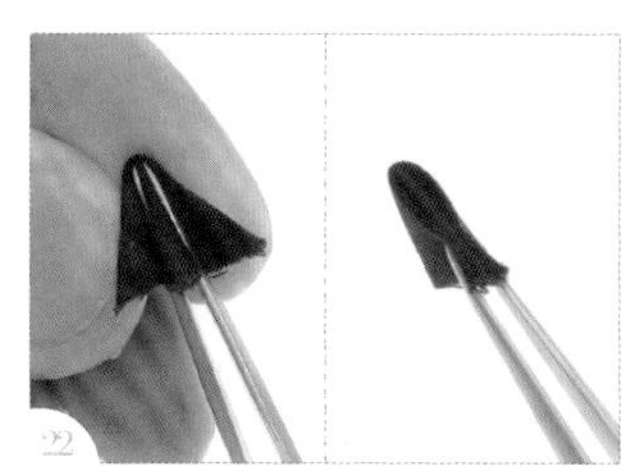

将两边分别翻起对折。

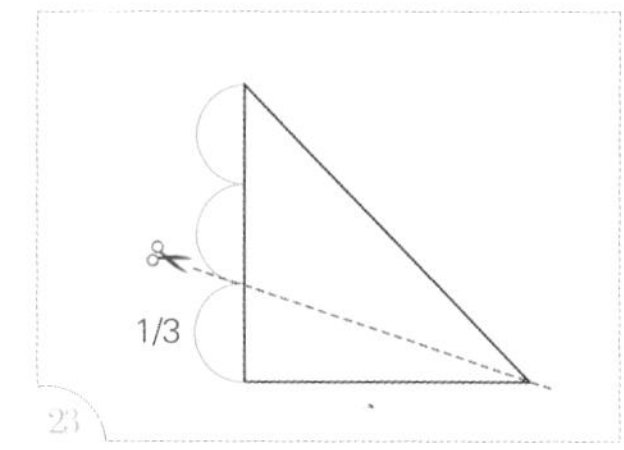

按照图示在布上画线。（注：图示为侧面图。）

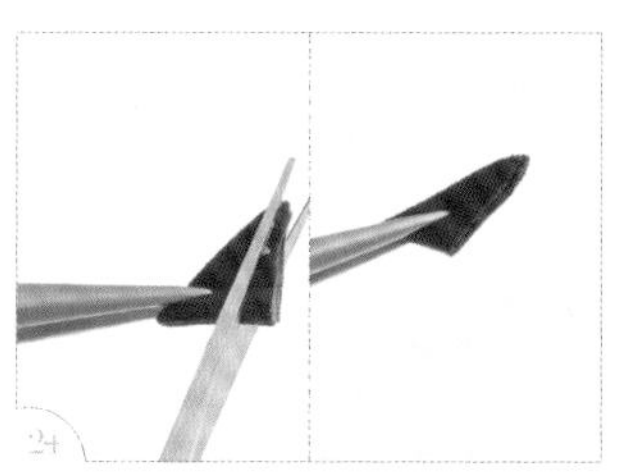

依照上图所示，沿着折边 1/3 到花瓣尖端的连线用剪刀剪下。

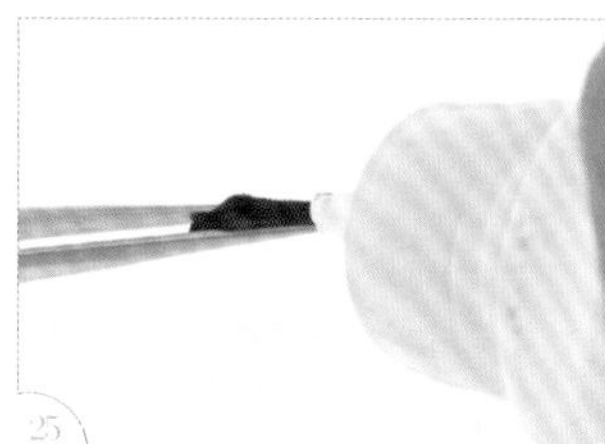

翻到背面，在布边开口处上胶。

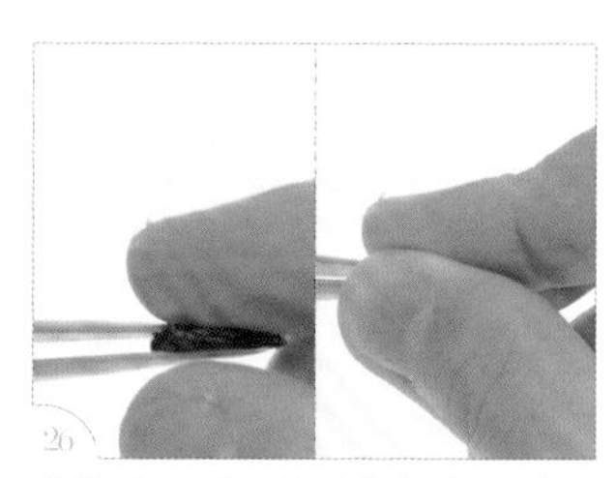

待胶半干后，用手指捏紧布边。（注：触摸时不粘手，但仍有软度即可。）

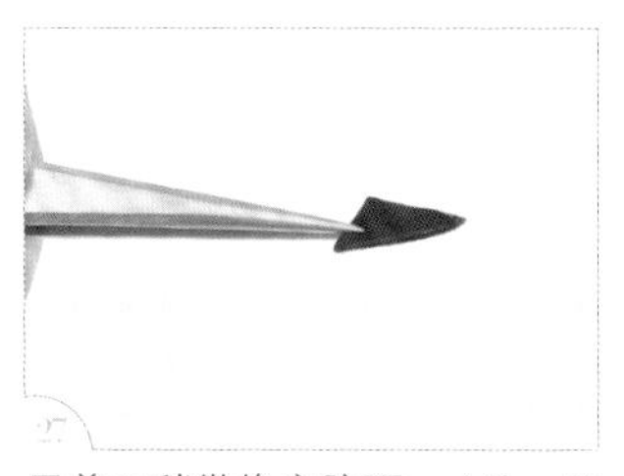

用剪刀稍微修齐胶面。（注：若有线头露出，需一起修掉。）

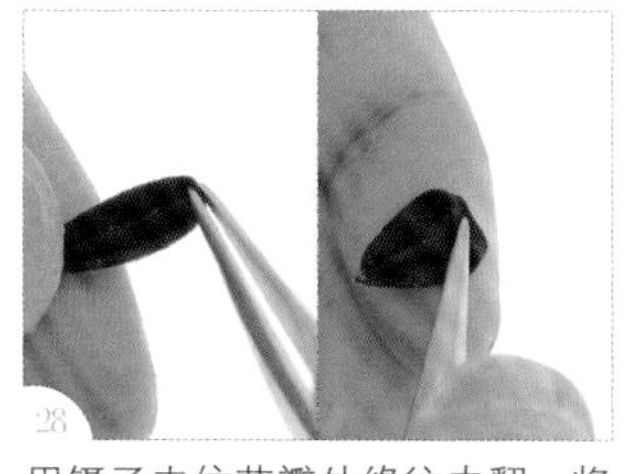

用镊子夹住花瓣外缘往内翻，将花瓣翻圆。

完成 1 片圆形花瓣。

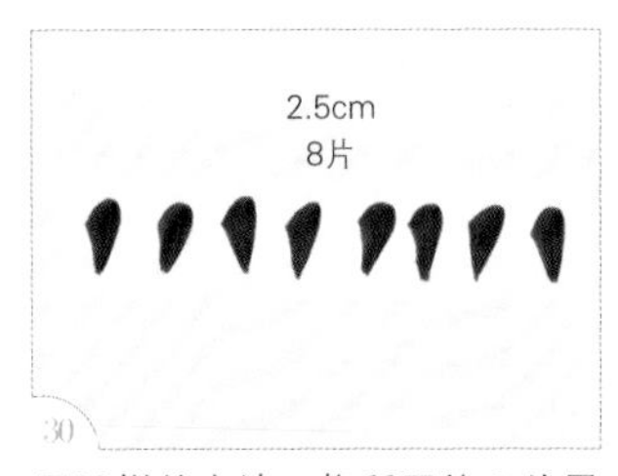

用同样的方法，将所需的 8 片黑色圆形花瓣制作完成。

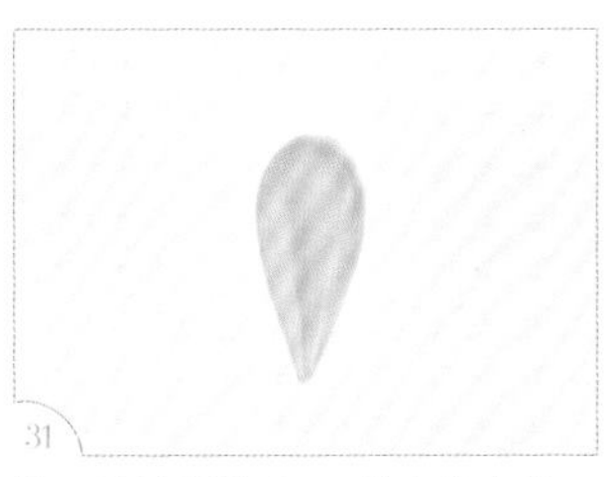

取一片边长为 3cm 的白色布片，重复步骤 19~28，完成 1 片圆形花瓣。

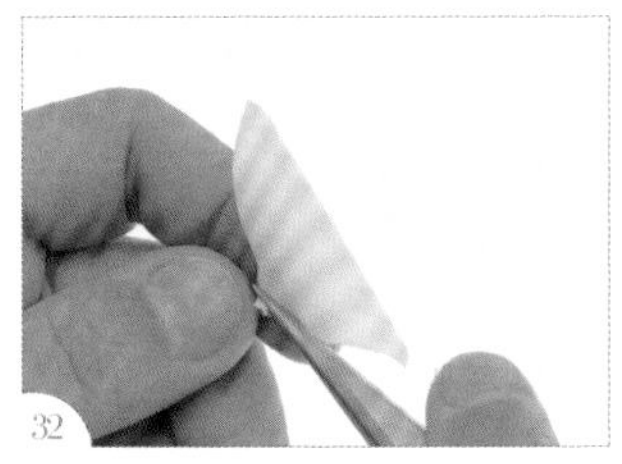

接下来制作白色尖形花瓣。拿起 1 片边长为 3cm 的白色布片，沿对角线对折成三角形。

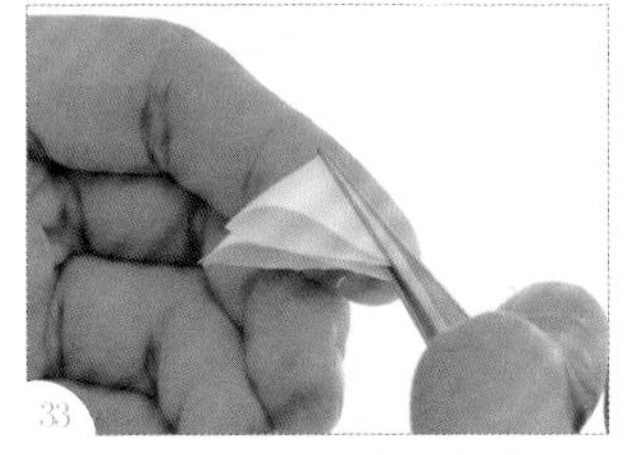

沿三角形的垂直中线再次对折。

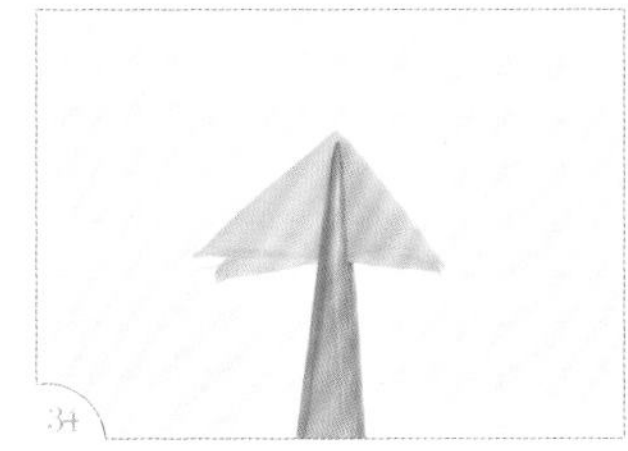

夹住三角形的正中间。

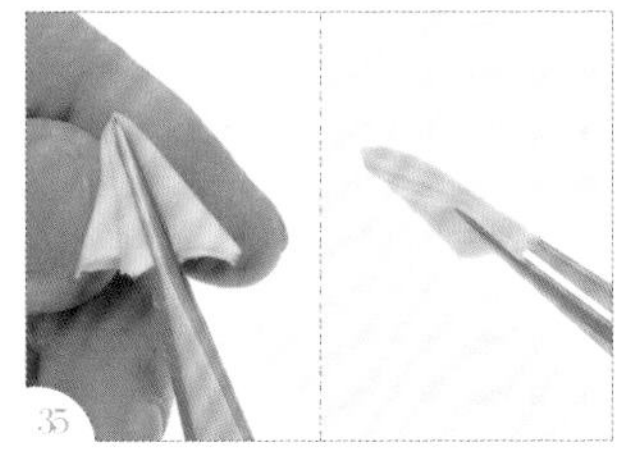

将三角形再次对折。

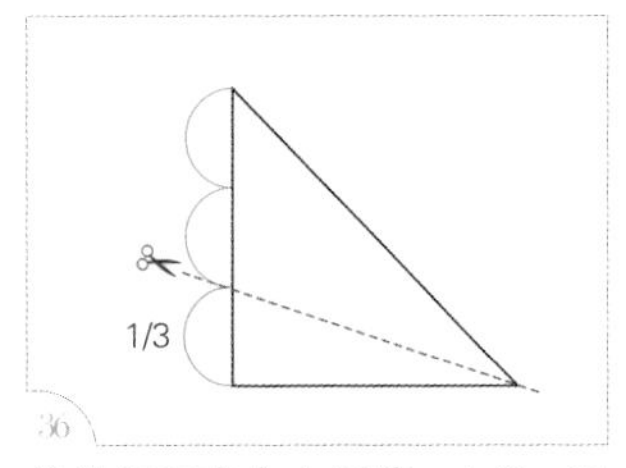

按照图示在布上画线。（注：图示为侧面图。）

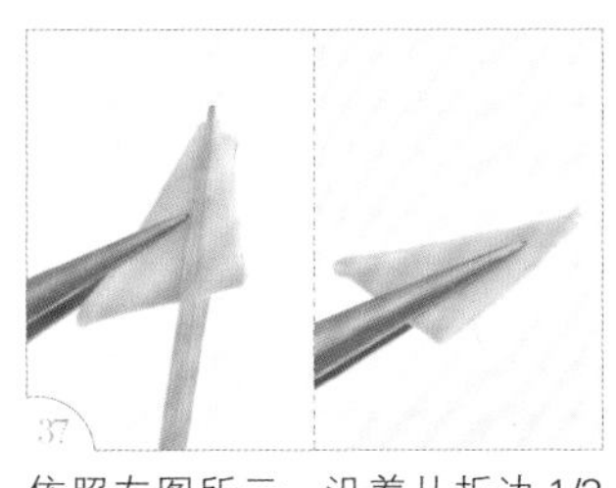

依照左图所示，沿着从折边 1/3 到花瓣尖端的连线用剪刀剪下。

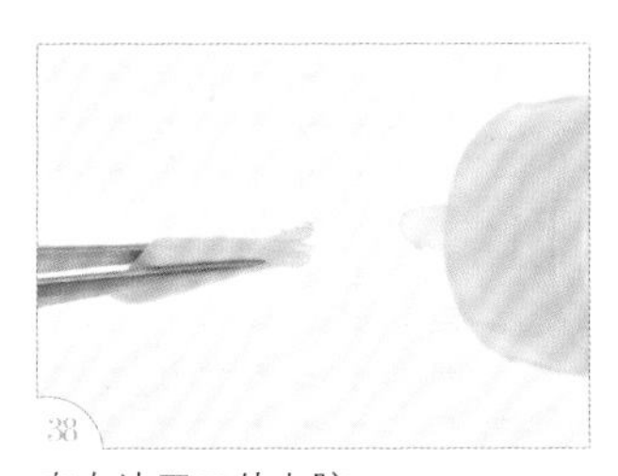

在布边开口处上胶。

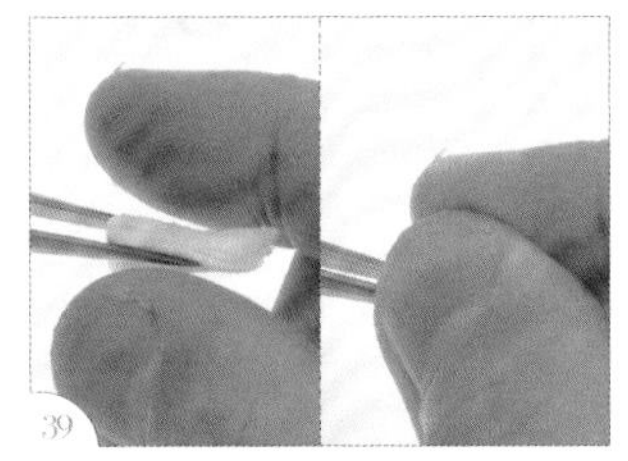

待胶半干后，用手指捏紧布边。（注：触摸时不粘手，但仍有软度即可。）

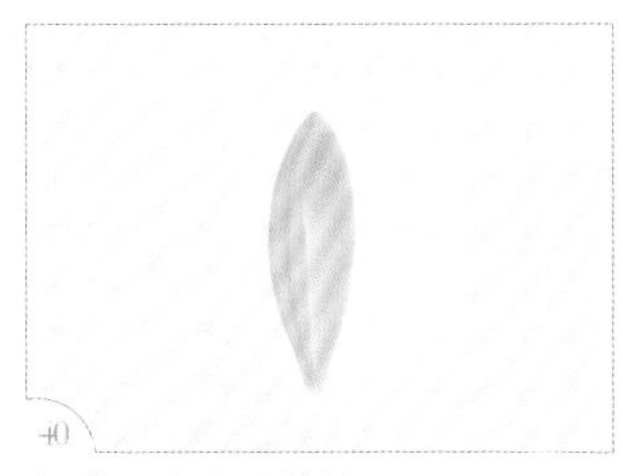

完成 1 片尖形花瓣。

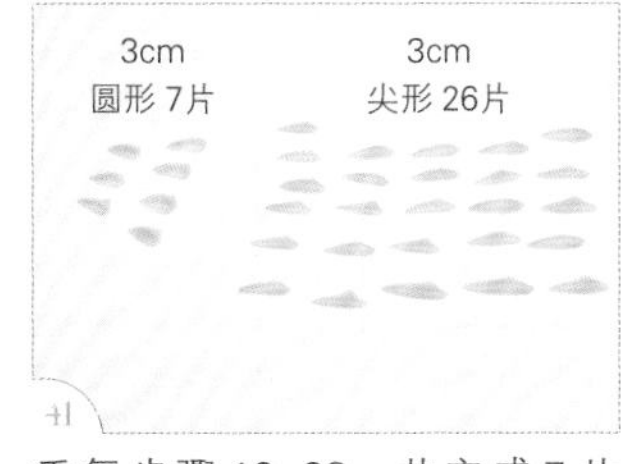

重复步骤 19~28，共完成 7 片 3cm 的圆形花瓣；重复步骤 32~39，共完成 26 片 3cm 的尖形花瓣。

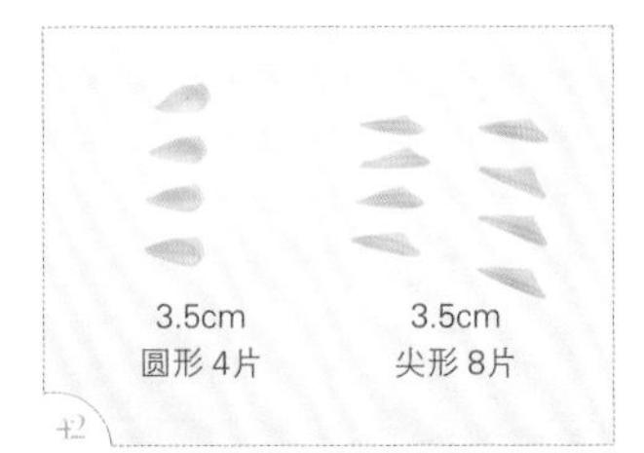

重复步骤 19~28，共完成 4 片 3.5cm 的圆形花瓣；重复步骤 32~39，共完成 8 片 3.5cm 的尖形花瓣。

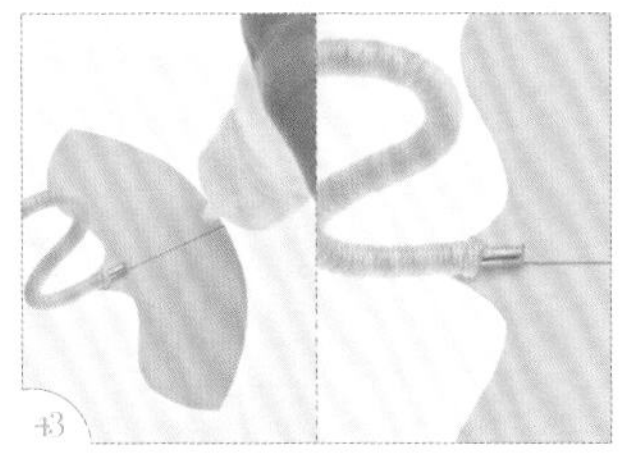

在纸型圆弧的一侧上胶。

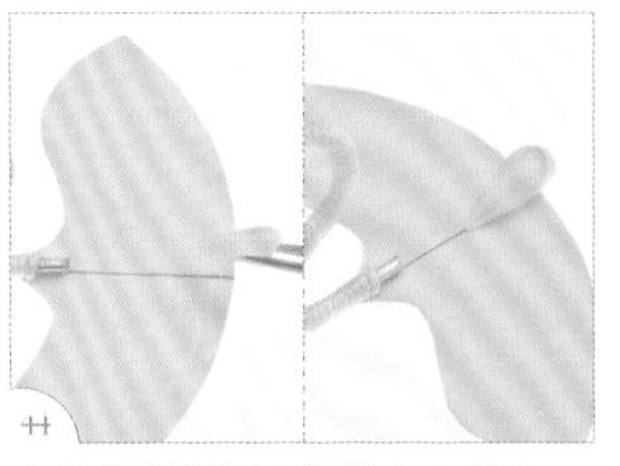

在纸型圆弧正中间粘上 1 片 3cm 的白色圆形花瓣，花瓣边缘贴齐纸型边缘。

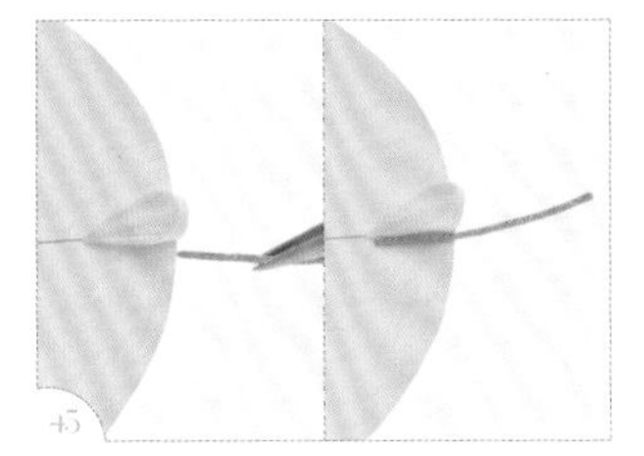

贴着花瓣左侧粘上左脚。

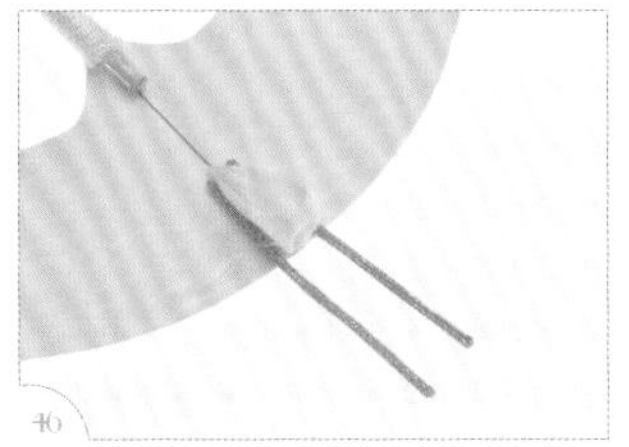

贴着花瓣右侧粘上右脚。

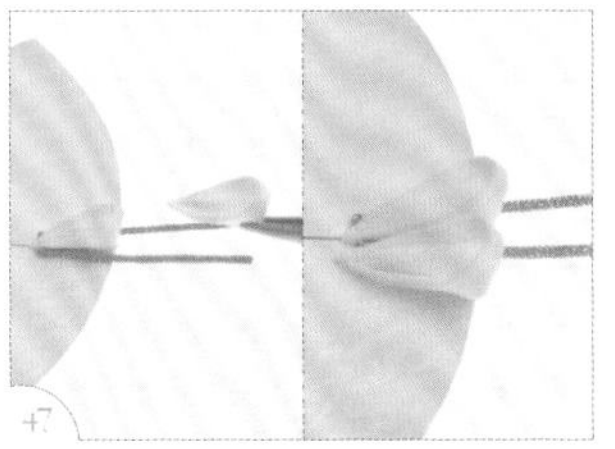

取 3cm 的白色圆形花瓣，粘在正中间的白色圆形花瓣左侧并夹住左脚。

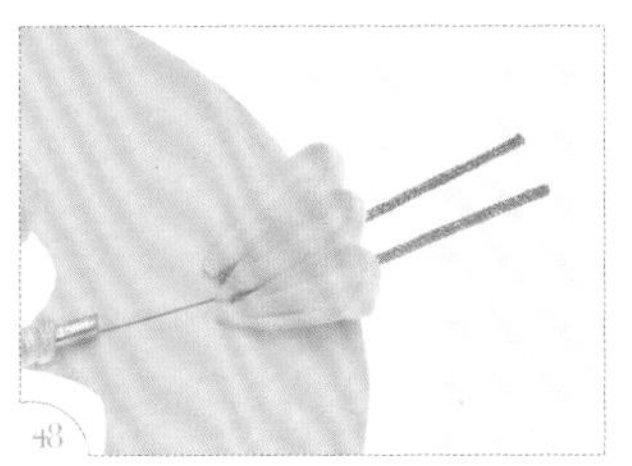

再取 3cm 的白色圆形花瓣粘好并夹住右脚。

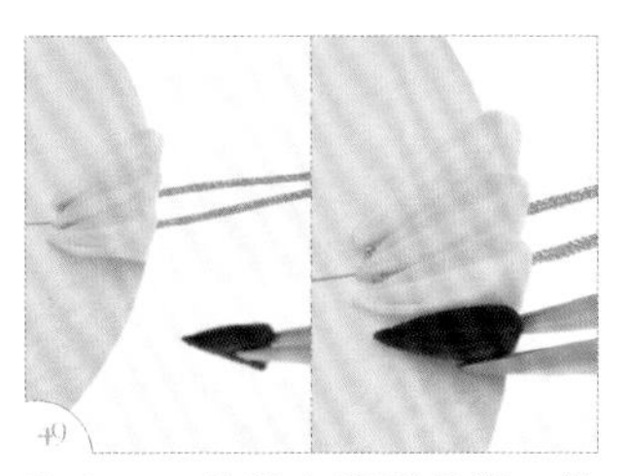

取 2.5cm 的黑色圆形花瓣，粘在 3cm 的白色圆形花瓣左侧。

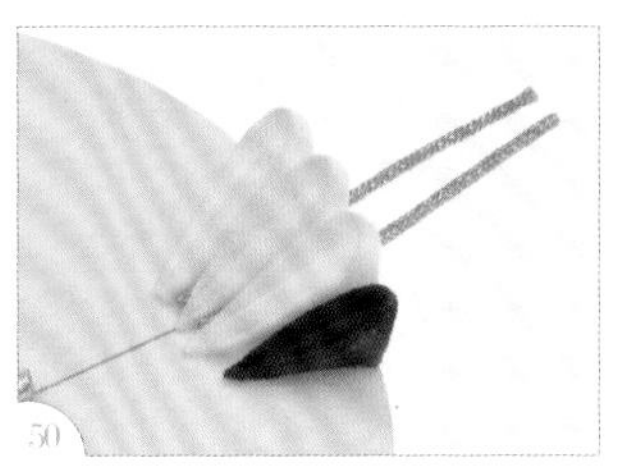

如图所示，花瓣边缘贴齐纸型边缘。

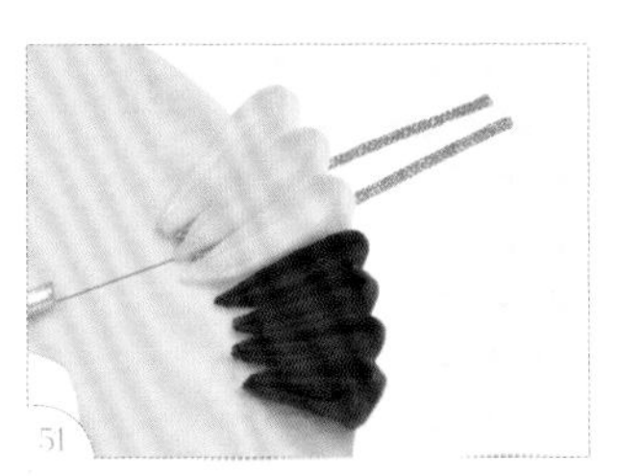

共并排粘上 4 片黑色圆形花瓣。

用同样的方法，在另一边对称位置并排粘上 4 片黑色圆形花瓣。

取 3cm 的白色尖形花瓣，粘在 2.5cm 的黑色圆形花瓣旁，花瓣边缘贴齐纸型边缘。

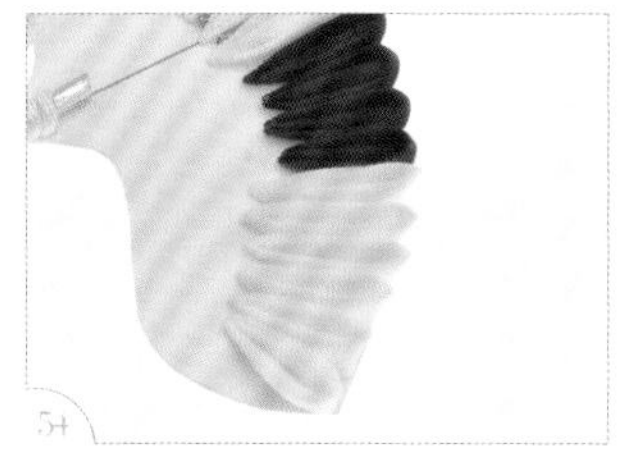

共并排粘上 6 片，直到纸型边缘。

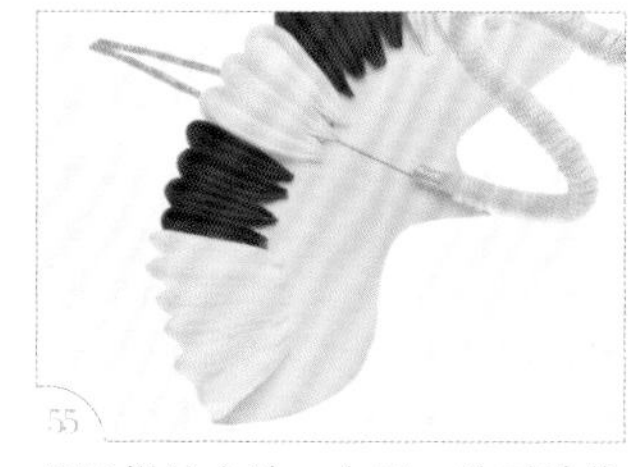

用同样的方法，在另一边对称位置并排粘上 6 片白色尖形花瓣。

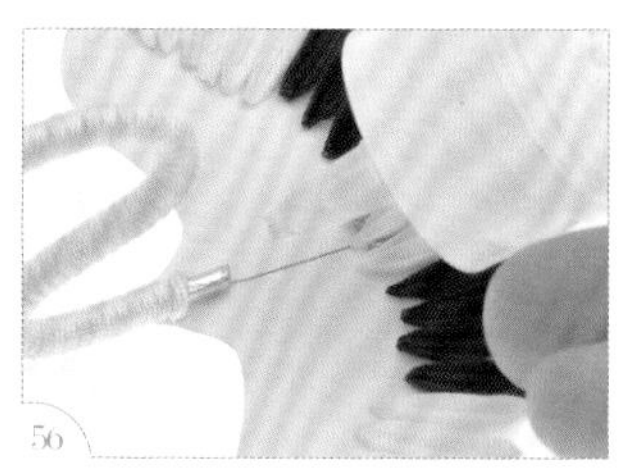

在纸型的中线上上少许胶。

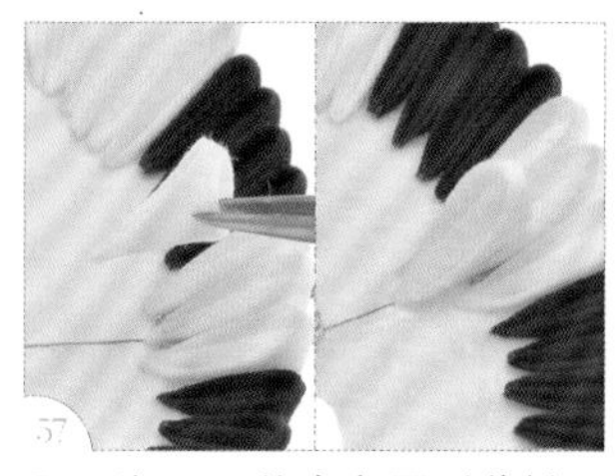

取 1 片 3cm 的白色圆形花瓣，花瓣尾端一半压住第一排正中间的 3cm 的白色圆形花瓣。

取 1 片 3.5cm 的白色圆形花瓣，尖端朝向脖子粘在 3cm 的白色圆形花瓣的左前方。

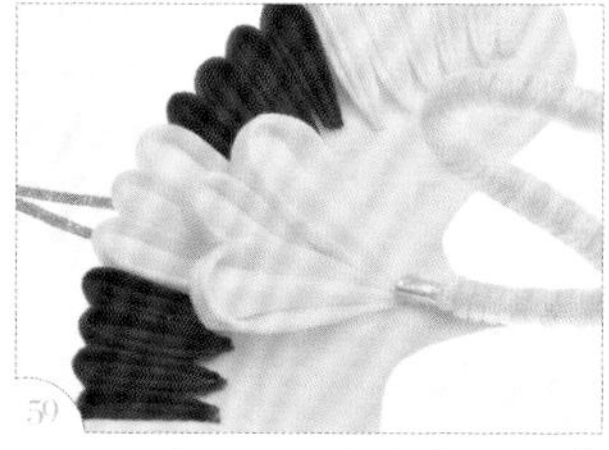

取另 1 片 3.5cm 的白色圆形花瓣，尖端朝向脖子粘在 3cm 的白色圆形花瓣的右前方，并夹住中间的花瓣。

取 3cm 的白色圆形花瓣，粘在 3.5cm 的白色圆形花瓣左侧。

并排粘上 4 片 3cm 的白色尖形花瓣。

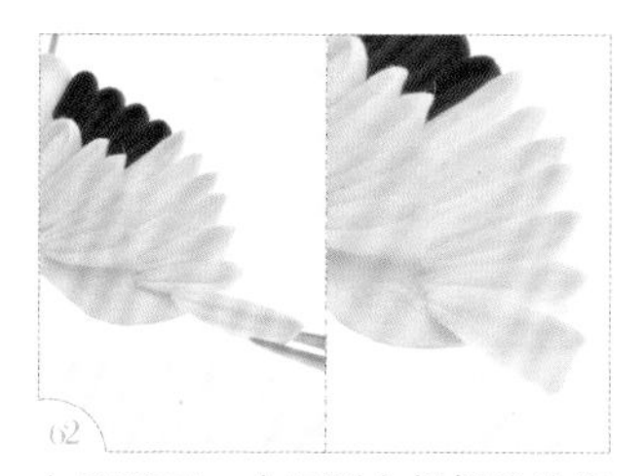

如图所示，在纸型左侧翅膀边缘粘上 3.5cm 的白色尖形花瓣的尖端，角度略往前倾。

取第 2 片 3.5cm 的白色尖形花瓣，将尖端粘在纸型上，角度继续往前倾。

取第 3 片 3.5cm 的白色尖形花瓣的尖端粘在纸型上，做成羽毛展开的样子。

用同样的方法在纸型右侧翅膀边缘粘上 3 片 3.5cm 的白色尖形花瓣，做成羽毛展开的样子。

在左侧翅膀上并排粘上 2 片 3cm 的白色尖形花瓣，尾端压住翅膀尖端的 3.5cm 的白色尖形花瓣。

用同样的方法在右侧翅膀上粘上 2 片 3cm 的白色尖形花瓣。

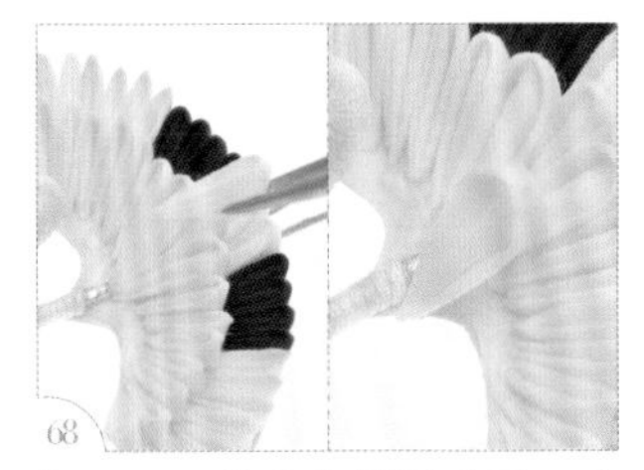

取 3.5cm 的白色圆形花瓣，尖端粘住脖子根部的左侧。

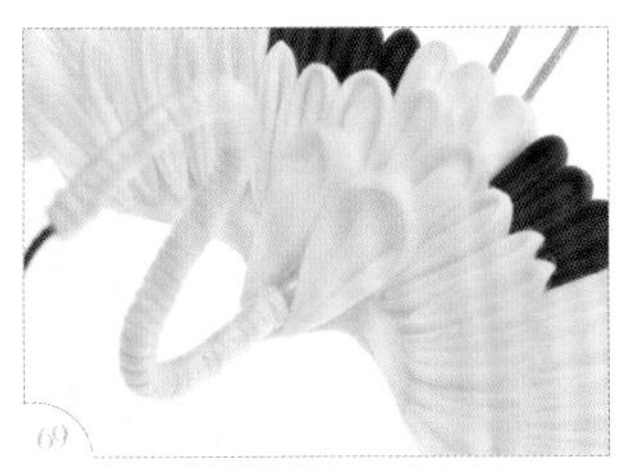

取另 1 片 3.5cm 的白色圆形花瓣，尖端粘在脖子根部的右侧并夹住中间的脖子。

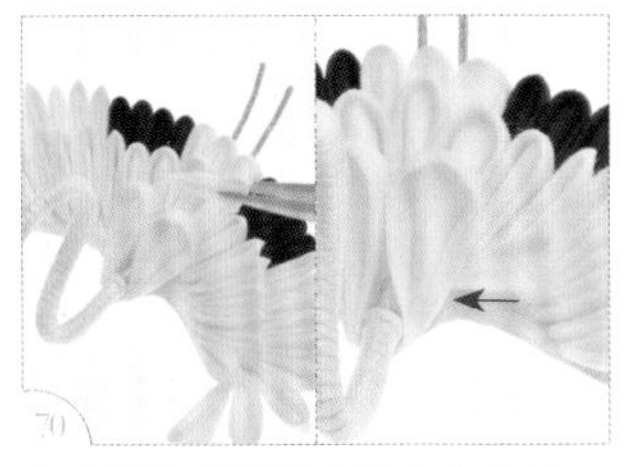

在脖子的左侧横向粘上 1 片 3cm 的白色尖形花瓣，尖端插入步骤 69 的 3.5cm 的白色圆形花瓣下面。

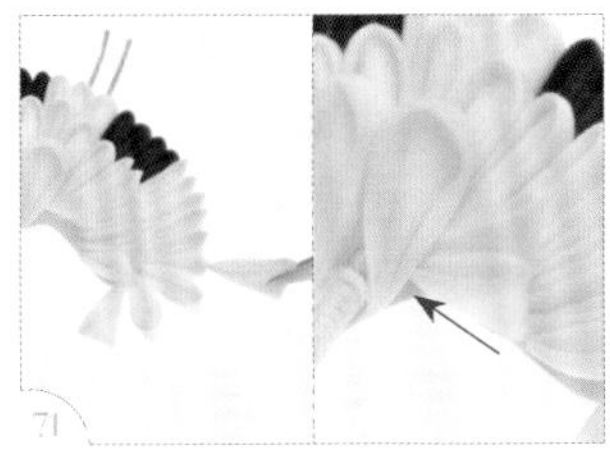

并排横向粘上 1 片 3.5cm 的白色尖形花瓣，尖端同样插入步骤 69 的 3.5cm 的白色圆形花瓣下面。

用同样的方法在脖子的右侧粘上花瓣。

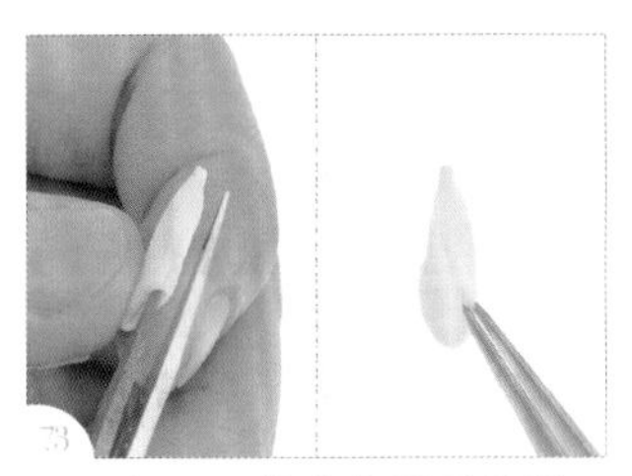

取 1 片 3cm 的白色圆形花瓣，在底端布边上胶处剪开一半。

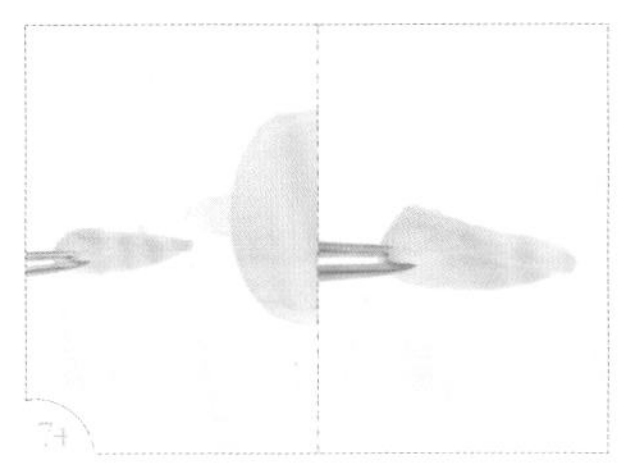

在底端上胶。

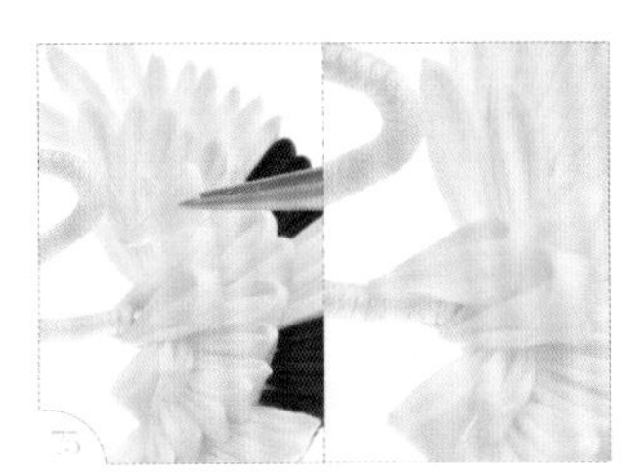

粘在脖子根部上方正中间。

剪开的两侧布边分别粘进 2 片 3.5cm 的白色圆形花瓣里面。

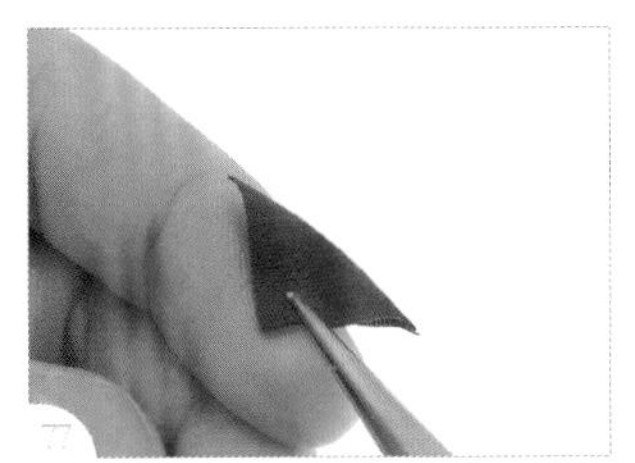

拿起 1 片红色布片，沿对角线对折成三角形。

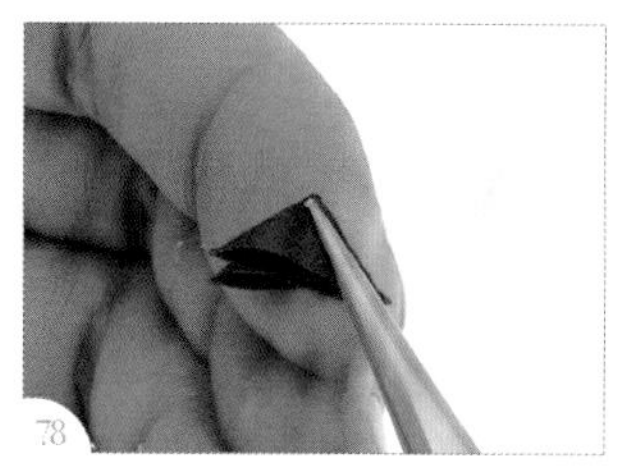

沿三角形的垂直中线再次对折。

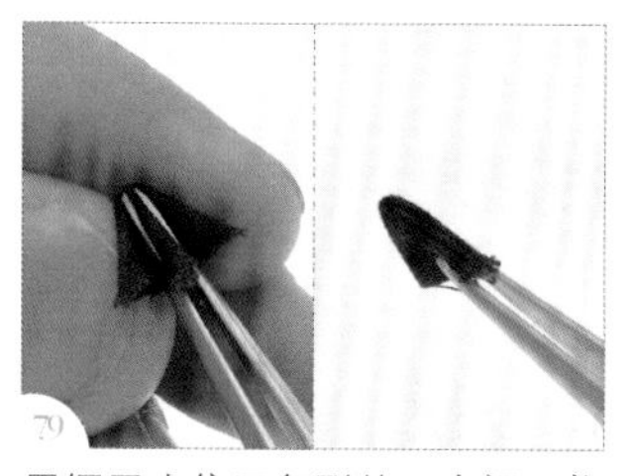

用镊子夹住三角形的正中间，将两边分别翻起对折。

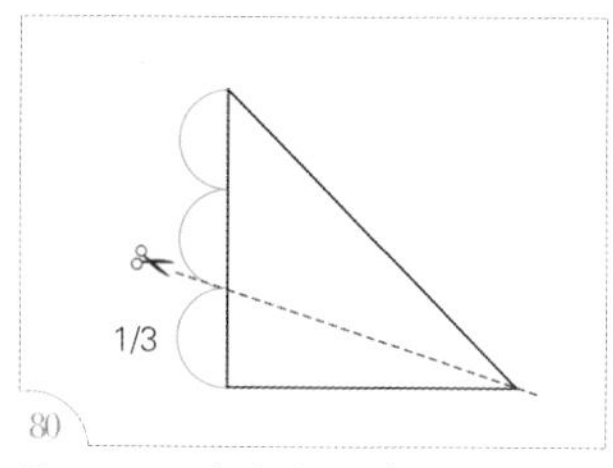

按照图示在布上画线。（注：图示为侧面图。）

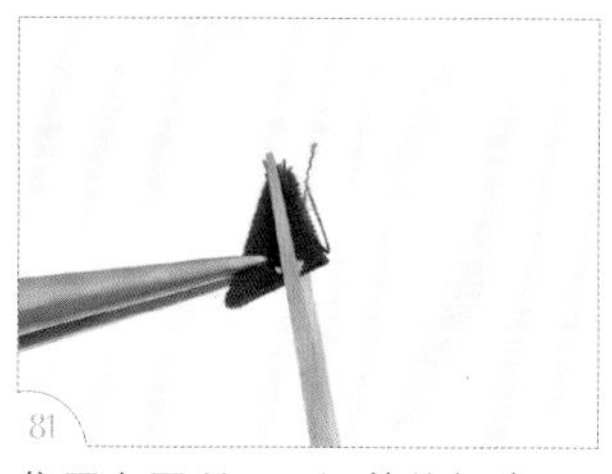

依照上图所示，沿着从折边 1/3 到花瓣尖端的连线用剪刀剪下。

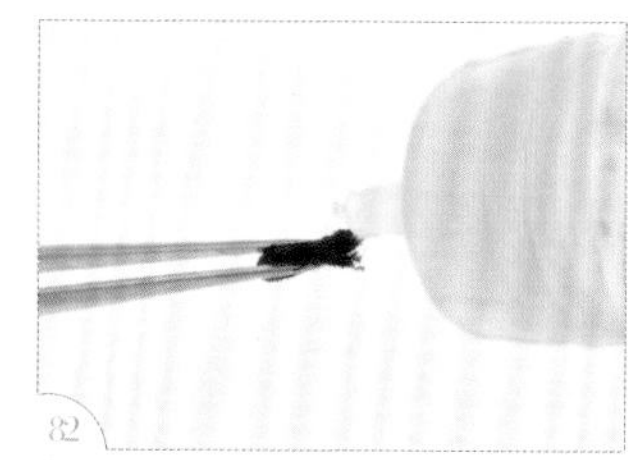

在布边开口处上胶。

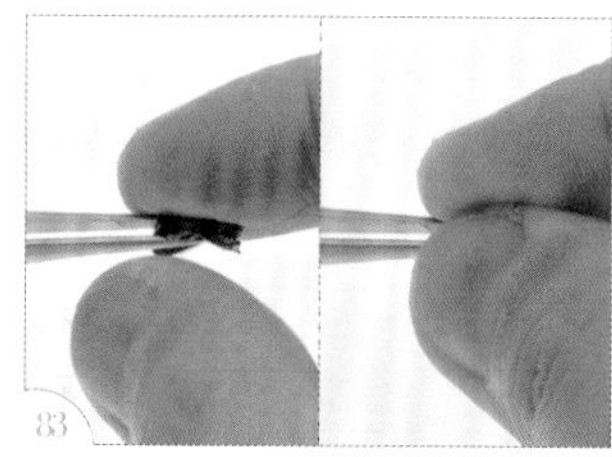

待胶半干后，用手指捏紧布边。（注：触摸时不粘手，但仍有软度即可。）

翻到正面，修剪尖端。

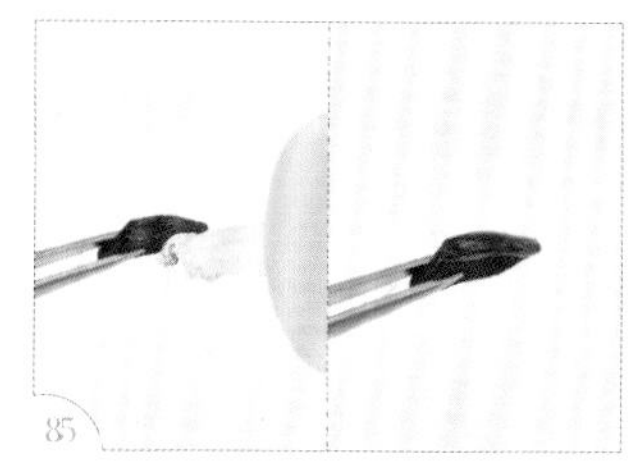

在花瓣底端上胶。

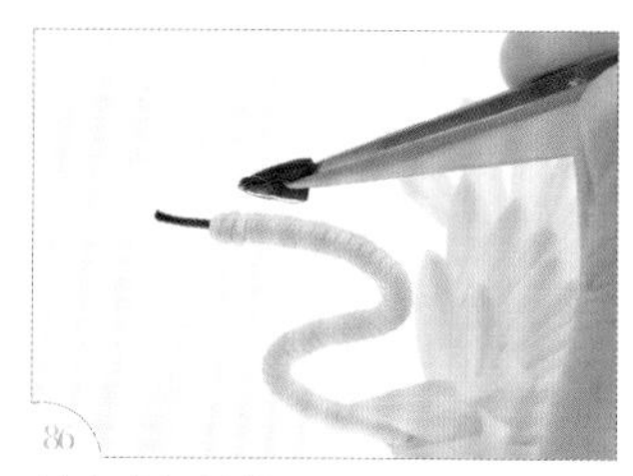

粘在头部的位置。

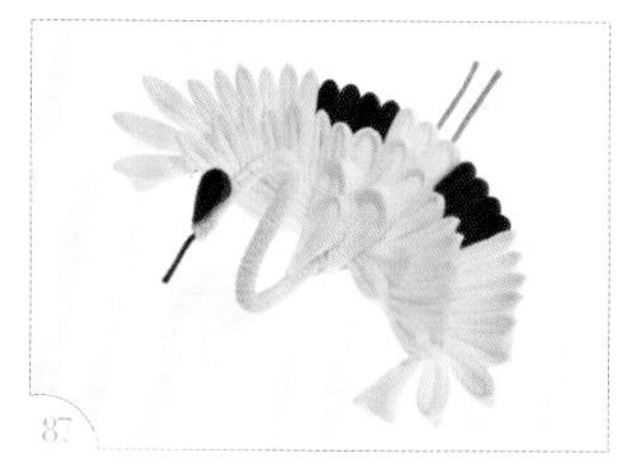

用镊子夹住外缘往内将花瓣翻圆，完成鹤。

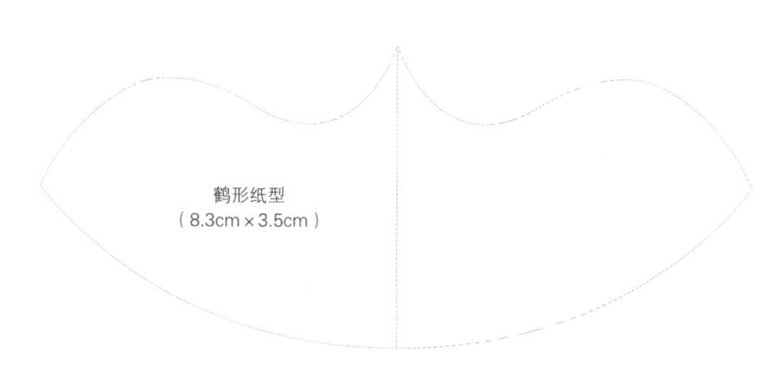

进阶花形制作 19

金鱼

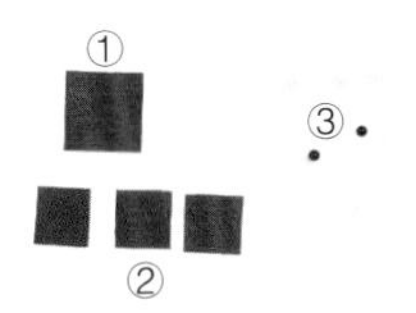

工具材料

① 布 1 片（3.5cm×3.5cm）
② 布 3 片（2.5cm×2.5cm）
③ 珠子 2 颗（直径 0.6cm）

手工艺小剪刀
镊子
保丽龙胶

原大尺寸

布（3.5cm×3.5cm）

布（2.5cm×2.5cm）

步骤说明

拿起 1 片边长 3.5cm 的布片。

用镊子夹住一角，将布片沿对角线对折成三角形。

沿三角形的垂直中线再次对折。

用镊子夹住三角形的正中间，将两边分别翻起对折。

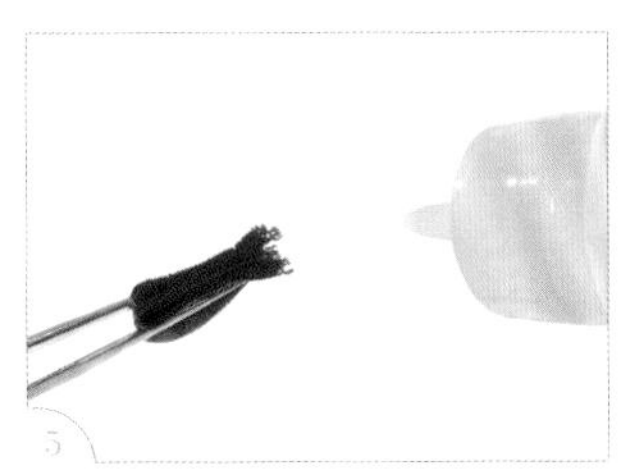

用镊子夹住翻到背面，在布边开口处上胶。

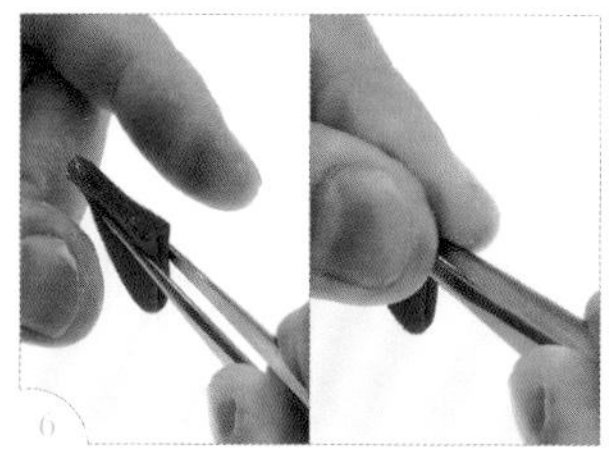

待胶半干后，用手指捏紧布边。（注：触摸时不粘手，但仍有软度即可。）

用剪刀稍微修齐胶面。（注：若有内层布露出，需一起修掉。）

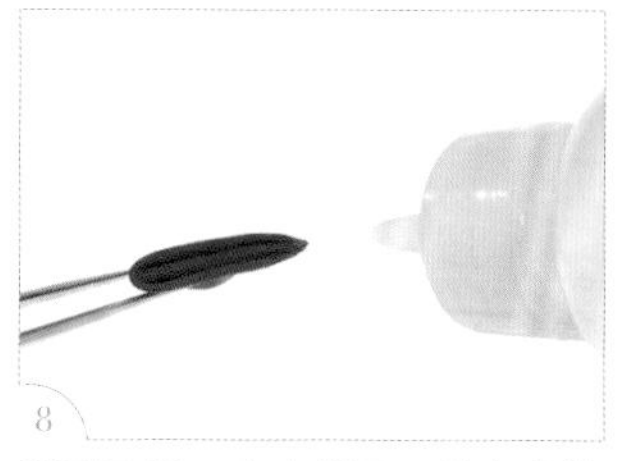

翻到正面，在尖端开口处上少许胶。

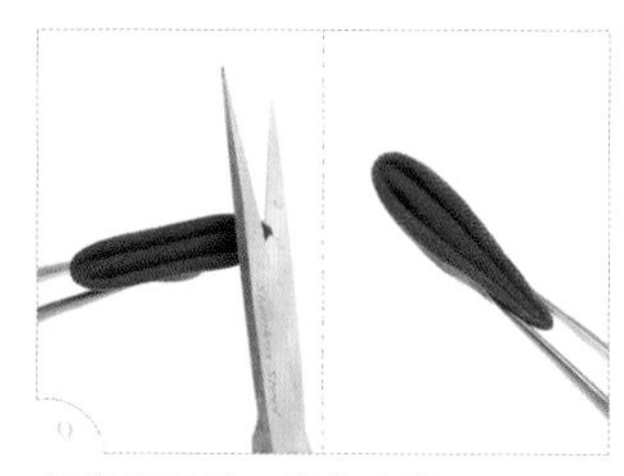

待胶半干后，修齐尖端。

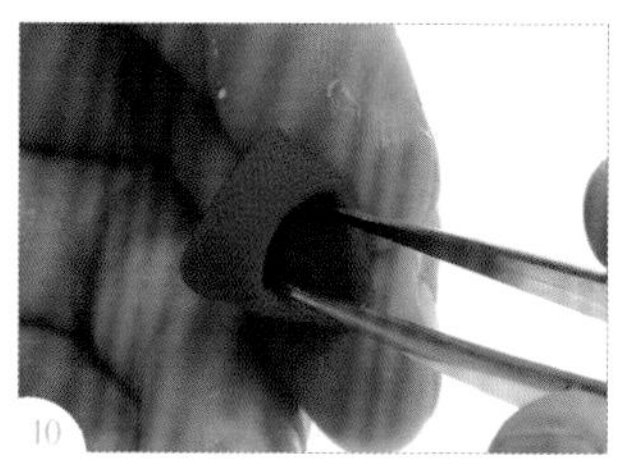

将花瓣尾端对折处用镊子撑开，使花瓣撑圆。

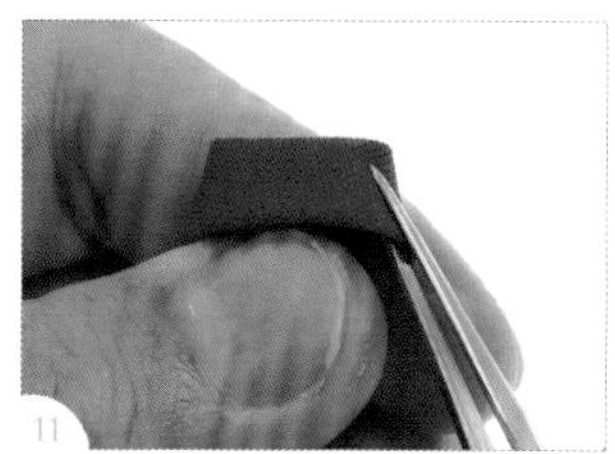

用镊子夹住花瓣一侧圆弧的位置，将正面翻折到背面。

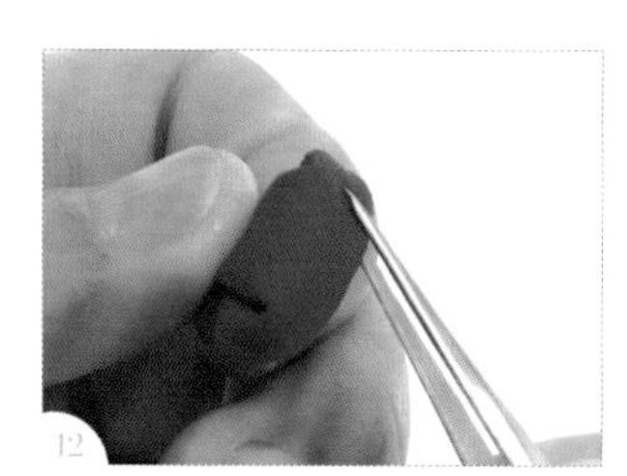

将另一侧夹住翻折到背面。

完成金鱼的身体。

拿起 1 片边长 2.5cm 的布片。

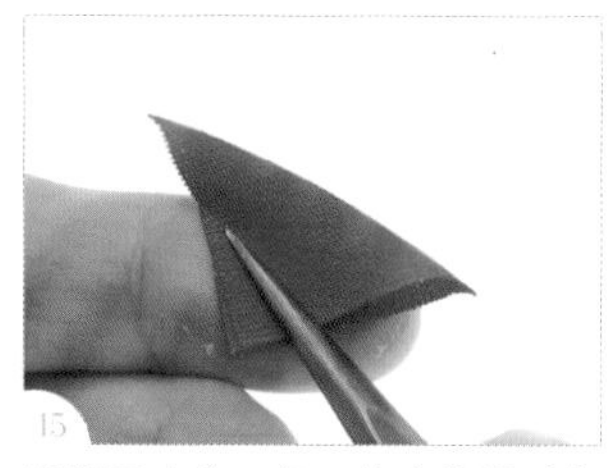

用镊子夹住一角，将布片沿对角线对折成三角形。

沿三角形的垂直中线再次对折。

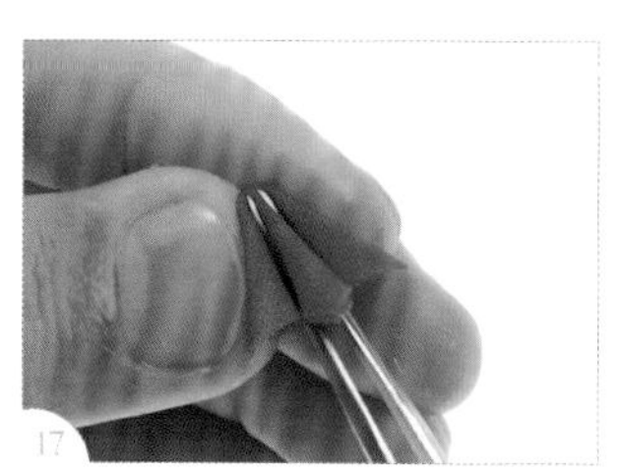

将两边分别翻起对折。

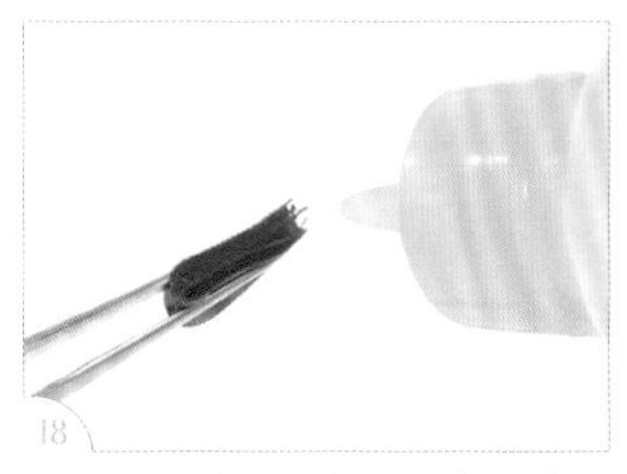

用镊子夹住翻到背面，在布边开口处上胶。

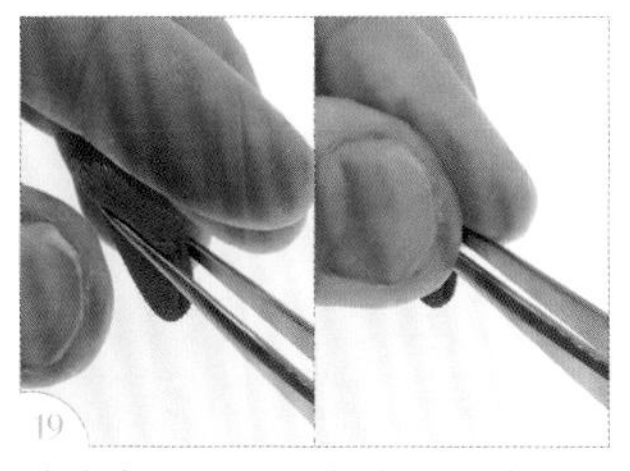

待胶半干后捏紧布边，用剪刀稍微修齐胶面。

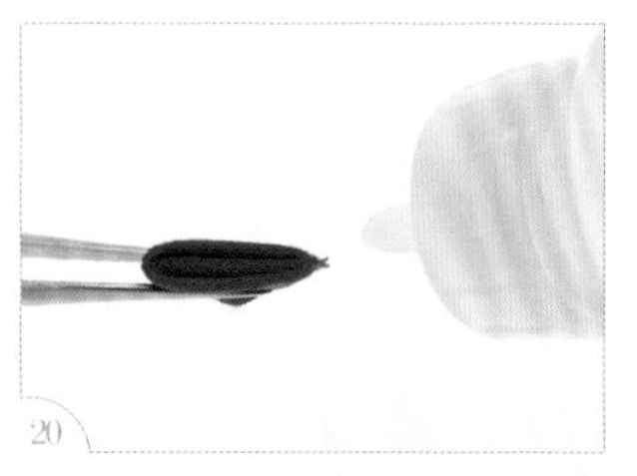

翻到正面，在尖端开口处上少许胶。

待胶半干后，修齐尖端。

重复步骤 14~21，将所需的 3 片花瓣制作完成。

将3片花瓣粘在一起，作为尾巴。（注：三合一圆形叶子的做法可参考 P.36。）

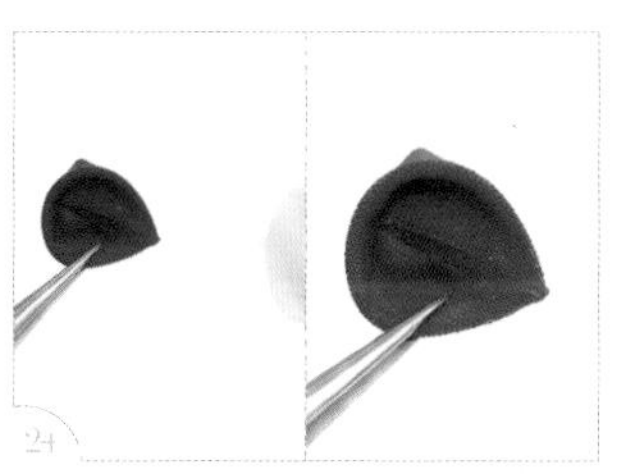

取金鱼的身体翻到背面，在尖端处上胶。

翻回正面，将身体和尾巴粘在一起。

完成金鱼本体。

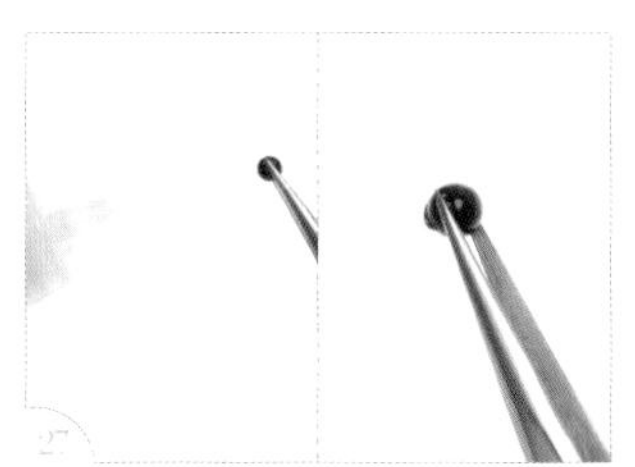

取 1 颗珠子并上少许胶。

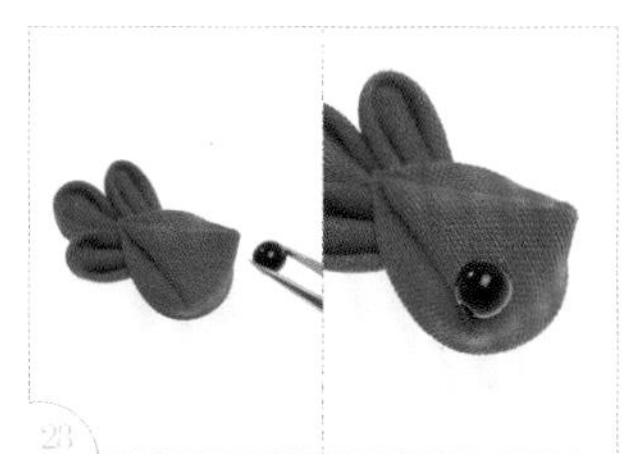

粘在金鱼身体的右前方。

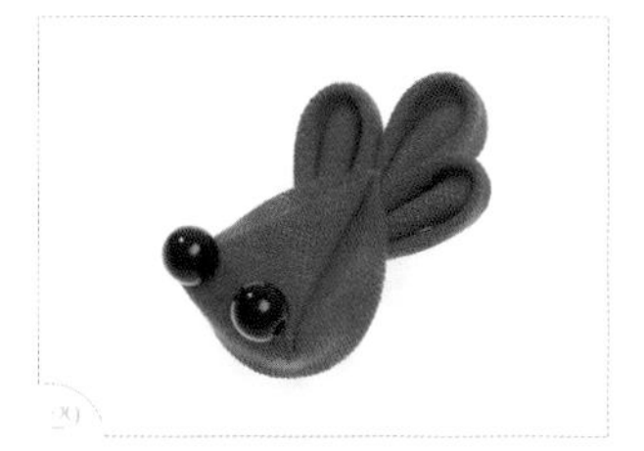

将另 1 颗珠子粘在身体的左前方，完成金鱼。

进阶花形制作 20

蝴蝶

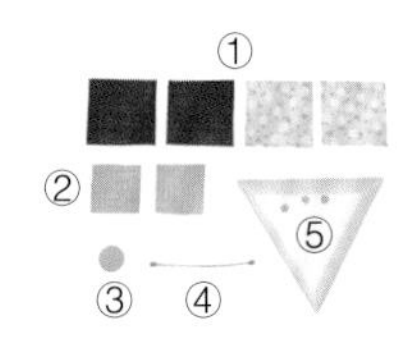

工具材料

① 布 2 片（红）+2 片（花）（3.5cm×3.5cm）
② 布 2 片（2.5cm×2.5cm）
③ 圆形卡纸底台（直径 1.2cm）
④ 花蕊 1 根
⑤ 珠子 3 颗（直径 0.4cm）

手工艺小剪刀
镊子
保丽龙胶

原大尺寸

布（3.5cm×3.5cm）

布（2.5cm×2.5cm）

圆形卡纸底台（直径 1.2cm）

步骤说明

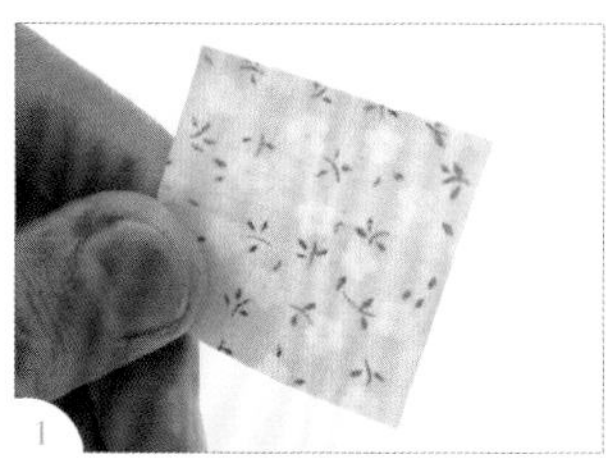

需要内、外层两种颜色的布片。先拿起 1 片边长 3.5cm 的内层花色的布片。

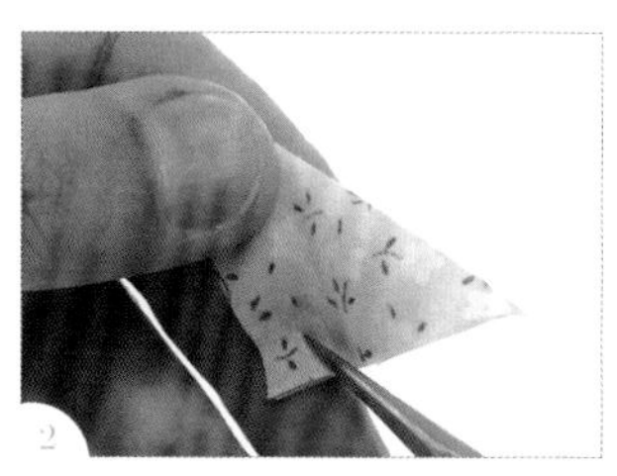

用镊子夹住一角，将布片沿对角线对折成三角形后备用。

拿起 1 片边长 3.5cm 的外层颜色的布片。

用镊子夹住一角，将布片沿对角线对折成三角形。

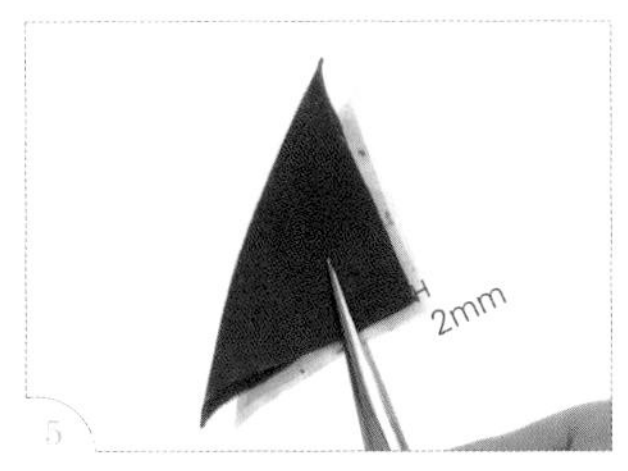

将内层、外层三角形重叠，内层的直角边缘留下 2mm 不要完全遮住。

将两层三角形一起夹住，再次对折。

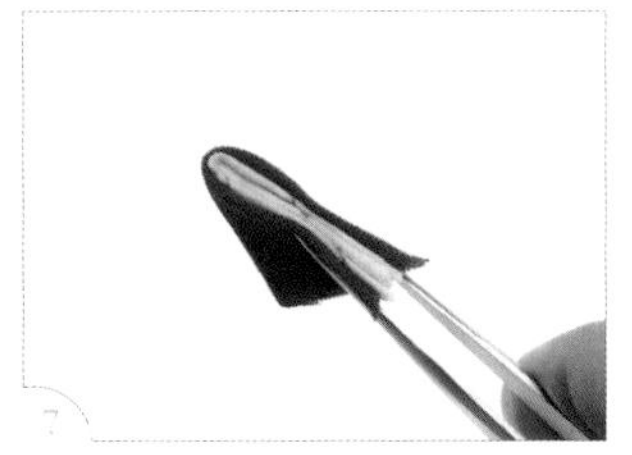

用镊子夹住内层三角形的中间，将两层布的两边分别翻起对折。

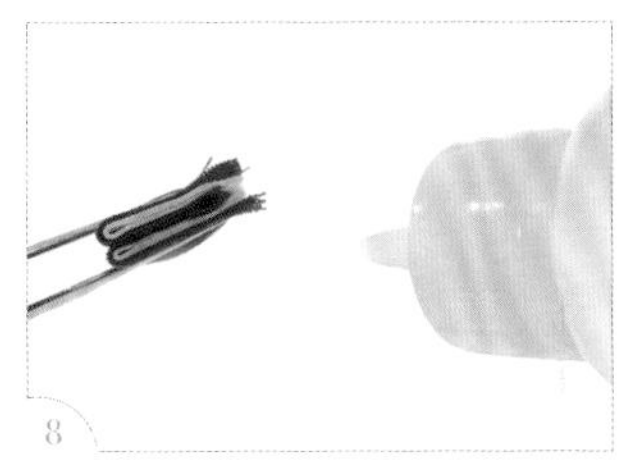

用镊子夹住翻到背面，在布边开口处上胶。

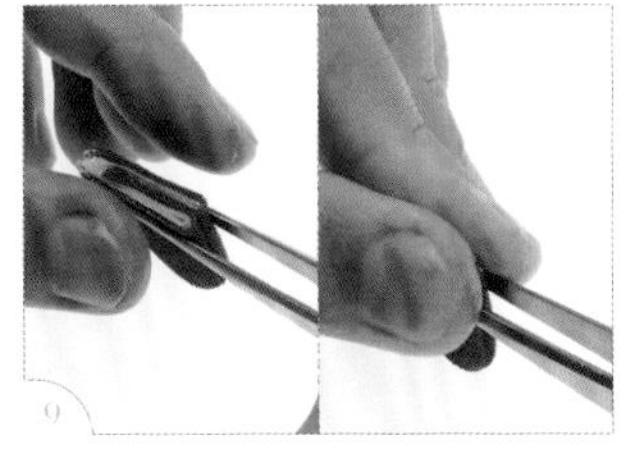

待胶半干后，用手指捏紧布边。（注：触摸时不粘手，但仍有软度即可。）

用剪刀稍微修齐胶面。（注：若有内层布露出，需一起修掉。）

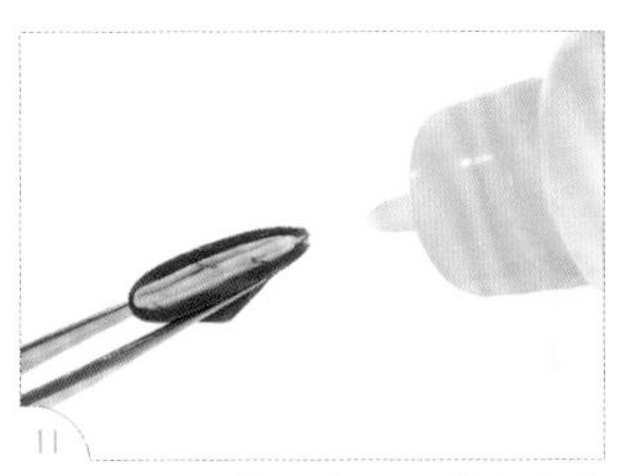

翻到正面，在尖端开口处上少许胶。

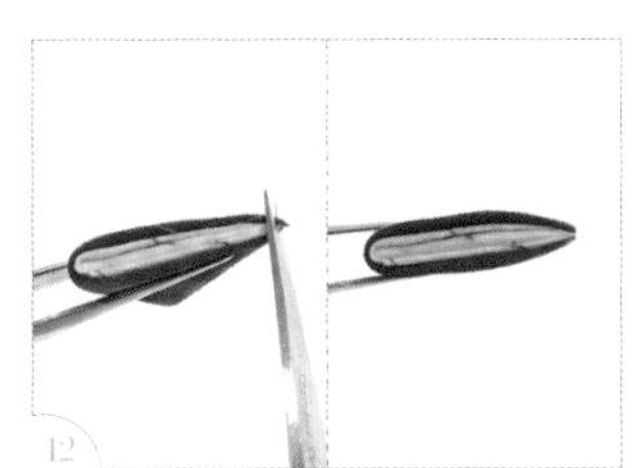

待胶半干后，修齐尖端。

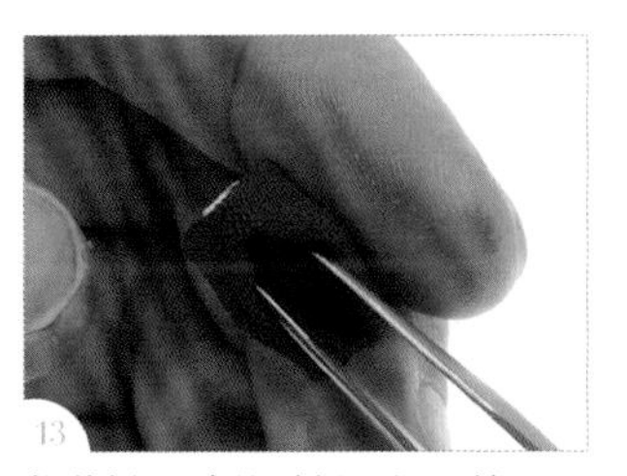

将花瓣尾端的对折用镊子撑开，使花瓣撑圆。

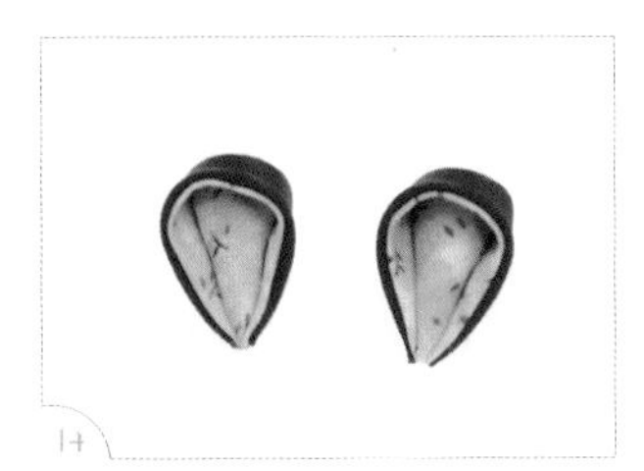

重复步骤 1~13，将所需的 2 片花瓣制作完成。

拿起 1 片边长 2.5cm 的布片，用镊子夹住一角，将布片沿对角线对折成三角形。

沿三角形的垂直中线再次对折。

用镊子夹住中间，将两边分别翻起对折。

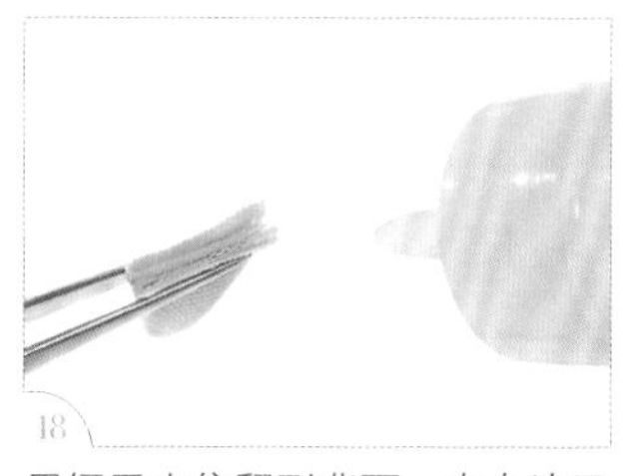

用镊子夹住翻到背面，在布边开口处上胶。

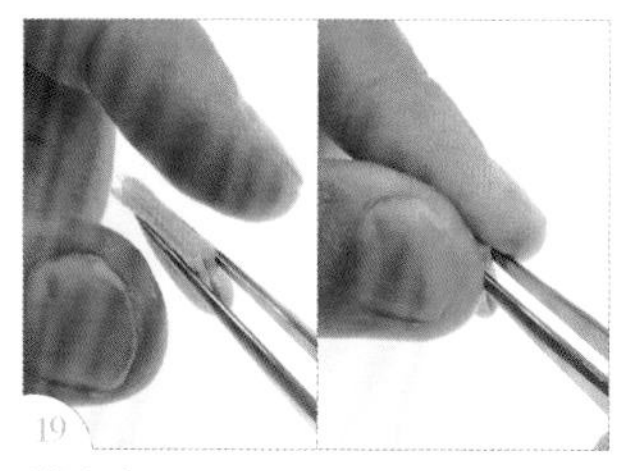

待胶半干后，用手指捏紧布边。（注：触摸时不粘手，但仍有软度即可。）

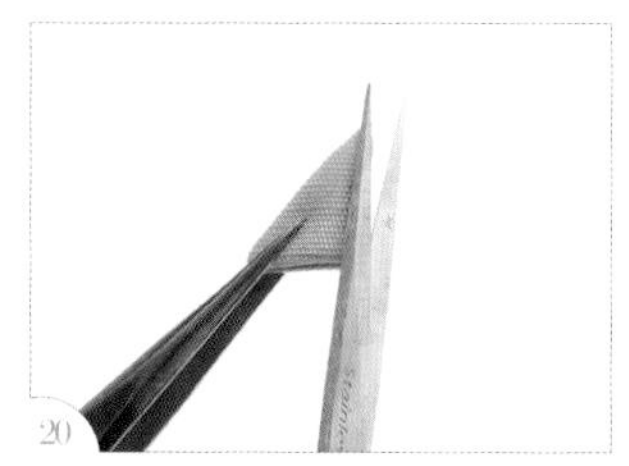

用剪刀稍微修齐胶面。

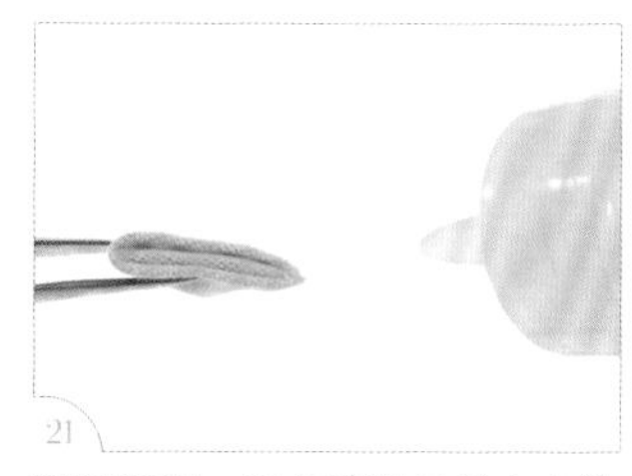

翻到正面，在尖端开口处上少许胶。

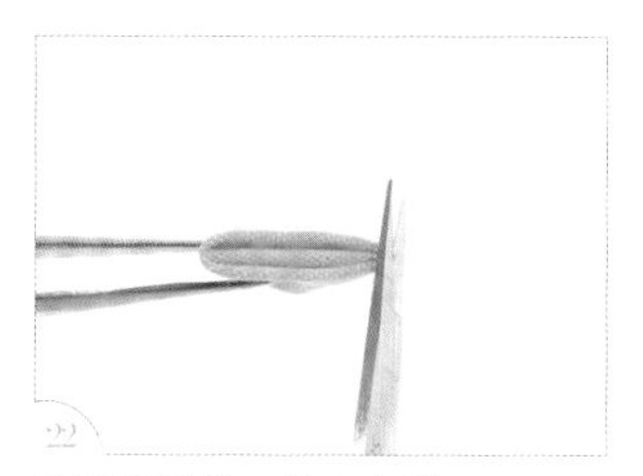

待胶半干后，修齐尖端。

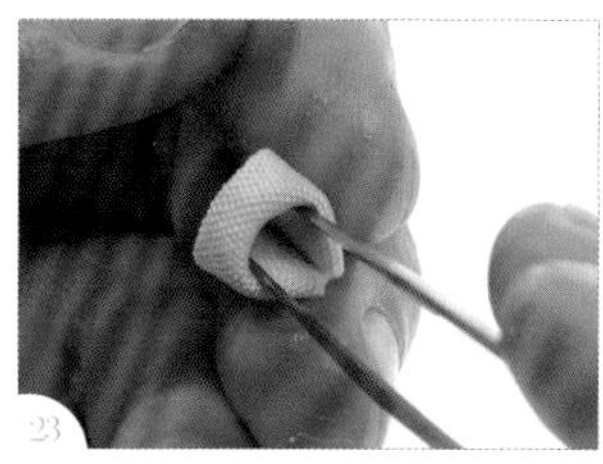

将花瓣尾端的对折处用镊子撑开，使花瓣撑圆。

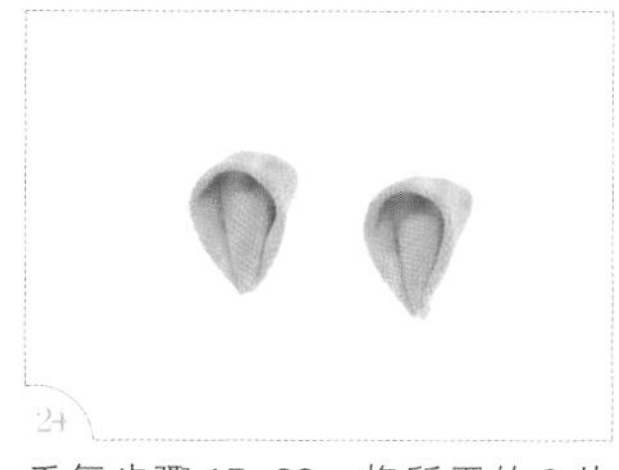

重复步骤 15~23，将所需的 2 片花瓣制作完成。

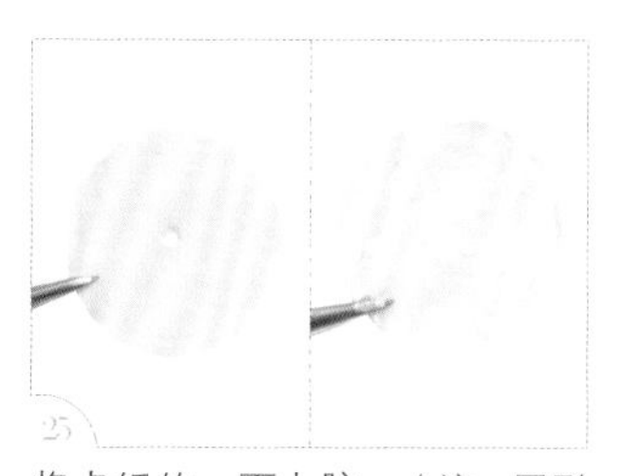

将卡纸的一面上胶。（注：圆形卡纸的做法可参考 P.12。）

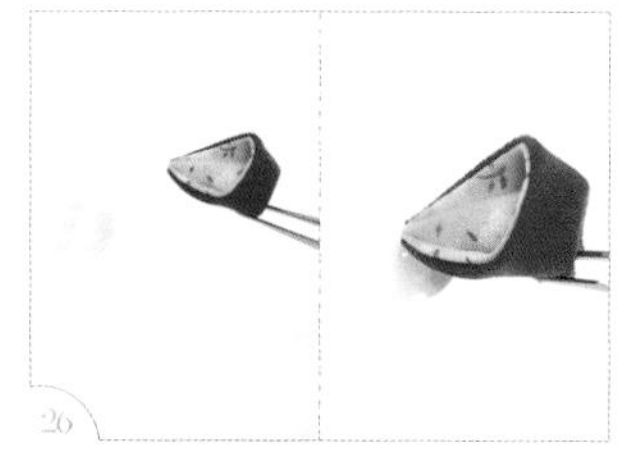

取 3.5cm 的花瓣，将尖端对准卡纸圆心并粘在上面。

将第 2 片 3.5cm 的花瓣粘在卡纸上面。

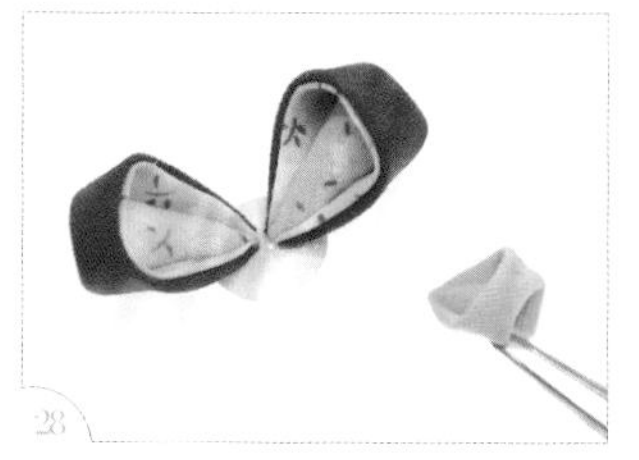

取 2.5cm 的花瓣，将尖端对准卡纸圆心并粘在上面。

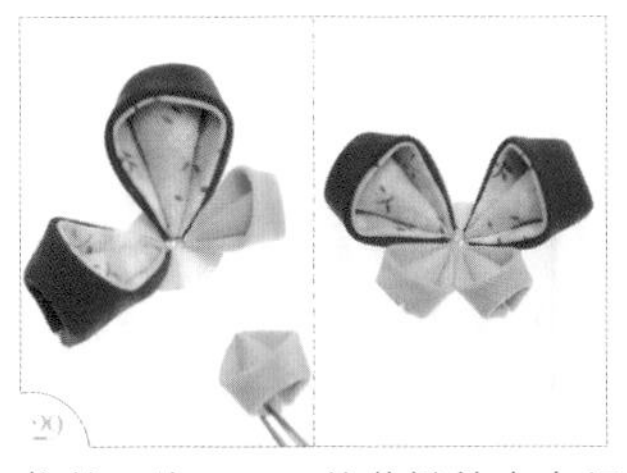

将第 2 片 2.5cm 的花瓣粘在卡纸上。

用剪刀修剪掉多余的卡纸。

沿着花瓣边缘修剪，不要剪到黏合处，完成蝴蝶本体。

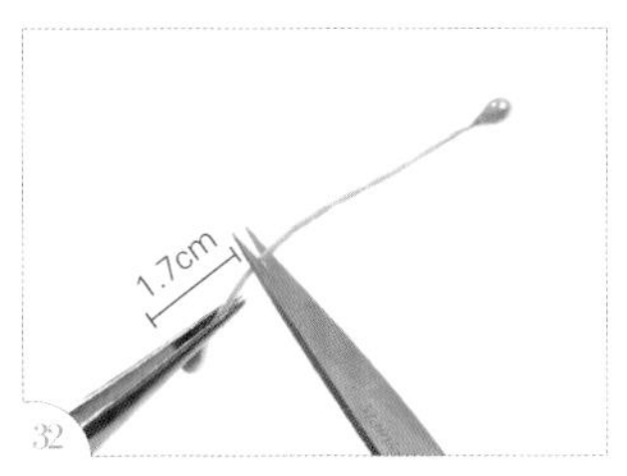

花蕊剪至 1.7cm。

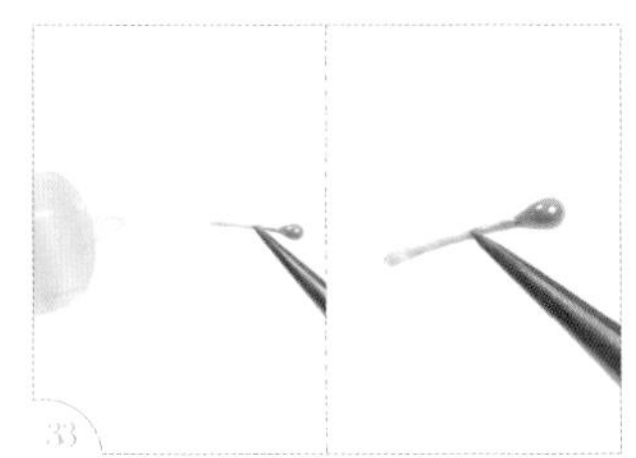

花蕊根部沾上胶。

粘在蝴蝶的中心处，作为触角。

重复步骤 32~34，将另 1 根花蕊粘好。

在蝴蝶中间的直线上上胶。

取 1 颗珠子粘在上面。

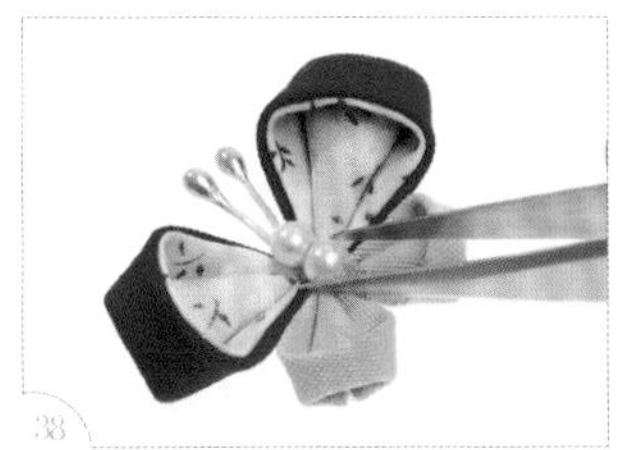

取第 2 颗珠子，并排粘好。

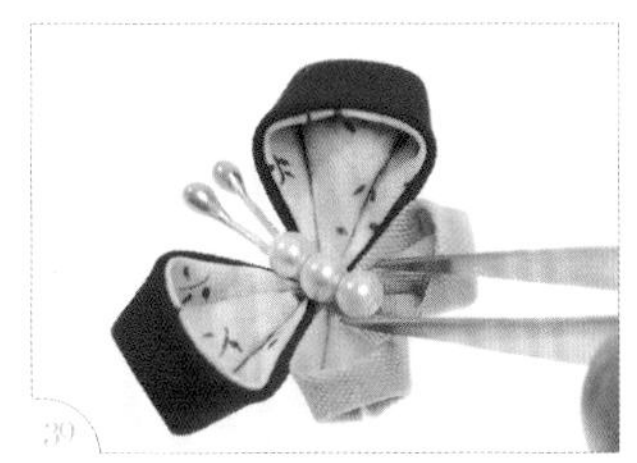

取第 3 颗珠子粘好。

完成蝴蝶。

中国手工艺网络大学
ONLINE UNIVERSITY OF HANDICRAFT

只做有品质的手工课程

为您带来本书同款作品视频教程

手把手教您细工花
制作基础技巧

扫码观看高清视频教程

单层花发圈
制作教程

双层花发卡
制作教程

访问中国手工艺网络大学 开启手工学习之旅

中国手工艺网络大学拉近您与一线名师的距离，使您高效、便捷地获取系统、专业、特色、高清的手工艺在线课程。

http://edu.5349diy.com 搜索

更多精彩 ➤

手艺大学网页版

玩美手工·公众号

爱玩美·小红书